21世纪高等院校信息与通信工程规划教材

21st Century University Planned Textbooks of Information and Communication Engineering

数字电路与系统设计

黄丽亚 杨恒新 朱莉娟 张苏 编著

Digital Circuits and System Designs

人民邮电出版社
北京

高校系列

图书在版编目（CIP）数据

数字电路与系统设计 / 黄丽亚等编著. -- 北京 : 人民邮电出版社, 2015.2
21世纪高等院校信息与通信工程规划教材
ISBN 978-7-115-37738-8

Ⅰ. ①数… Ⅱ. ①黄… Ⅲ. ①数字电路－系统设计－高等学校－教材 Ⅳ. ①TN79

中国版本图书馆CIP数据核字(2015)第010590号

内容提要

全书按照先组合电路后时序电路、先功能固定器件后功能可编程器件、先电路模块后系统的思路进行编写，共分 8 章。其内容包括数制与码制、逻辑代数理论及电路实现、组合逻辑电路、触发器、时序逻辑电路、可编程逻辑器件、数字系统设计基础、数模转换和模数转换。考虑到硬件描述语言 VHDL、Verilog 易于自学，因此不单独设章。将 HDL 语法规范作为附录。在各章的最后一节都介绍了如何用 VHDL 描述组合电路、时序电路等，并贯穿于整个教材，达到强化文本方式和描述硬件电路的目的。集成门电路的分类及其逻辑电平也在附录中做了简要说明。

本书可作为高等院校电子信息类、电气类、自动化类和计算机类等各专业“数字电路与逻辑设计”或“数字电子技术”课程的教材和教学参考书，也可作为相关工程技术人员的参考书。

◆ 编　　著　黄丽亚　杨恒新　朱莉娟　张　苏
责任编辑　武恩玉
责任印制　沈　蓉　彭志环

◆ 人民邮电出版社出版发行　　北京市丰台区成寿寺路 11 号
邮编　100164　　电子邮件　315@ptpress.com.cn
网址　http://www.ptpress.com.cn
北京捷迅佳彩印刷有限公司印刷

◆ 开本：787×1092　1/16
印张：23.25　　2015 年 2 月第 1 版
字数：570 千字　　2024 年 8 月北京第 20 次印刷

定价：54.00 元

读者服务热线：(010)81055256　印装质量热线：(010)81055316
反盗版热线：(010)81055315

前　言

数字电路是电子、通信、计算机、自动化、航天等专业的重要专业基础课。在当今信息数字化时代，随着 CMOS 工艺的发展，数字电子技术中 TTL 的主导地位被撼动。在工程实践中，数字电路的文本描述已逐渐取代图形描述。FPGA/CPLD 器件的大量应用，也改变了数字系统的设计理念、设计方法，使数字电子技术开创了新局面，不仅规模大，而且将硬件与软件相结合，使器件的功能更加完善，使用更灵活。因而，数字电路的教学内容也需要不断更新和改进，以适应人才培养的需要。

本书参照教育部“数字电路与逻辑设计课程教学基本要求（讨论稿）”，在东南大学出版社出版的《数字电路与系统设计》的基础上，总结多年本科“数字电路”课程教学改革经验编写而成。压缩了函数化简内容，精简了 MSI、SSI 电路介绍，加强了有限状态机设计、数字系统的分析与设计、HDL 语言及典型电路描述等内容。本教材的特色如下。

- 进一步强化自顶向下的数字系统设计理念。在整个设计过程中尽量运用概念（即抽象）去描述和分析设计对象，而不过早地考虑实现该设计的具体电路、元器件和工艺，以抓住主要矛盾，避免纠缠在具体细节上。本书详细介绍了如何设计一个思路清晰、可靠性高、维护性好的数字系统，并增设多个设计案例进行说明。
- 按工作特点不同，将 ROM 和 RAM 分开介绍。以 PROM 为重点，将 ROM 与其他 PLD 器件（PAL、PLA、GAL、CPLD 和 FPGA）有机地串接在一起；以 SRAM 为重点，将 RAM 与触发器有机地融合在一起。
- 每章设有浅显易懂的 VHDL 编程实例，让读者在潜移默化中理解 VHDL 语言的精髓。为便于查阅 VHDL 语法规范，同时考虑 Verilog 也广泛使用，以附录形式提纲挈领地讲解了这两种硬件描述语言的基本知识。
- 为让读者更好地适应主流 CAD 开发工具，顺利地阅读国外文献，本书的门电路符号均采用 IEEE Std 91a-1991 中的特定外形图形符号。为便于教学，中规模器件使用了示意性的简化符号；在门电路中缩减了逐渐退出的 TTL 门电路，重点介绍 CMOS 门电路。

本书由黄丽亚、杨恒新、朱莉娟和张苏共同编写。其中第 3 章、第 4 章、第 5 章由黄丽亚编写，第 8 章和第 5 章中的 5.7 小节由杨恒新编写，第 1 章、第 2 章和附录 C 由朱莉娟编写，第 6 章、第 7 章、附录 A 和附录 B 由张苏编写。全书由黄丽亚、杨恒新统稿、定稿，张盼盼进行汇总和格式整理。作者向多年从事数字电路课程教学、为本书积累了大量资料和编写思路的张顺兴老师表示衷心的感谢。此外，南京邮电大学电子科学与工程学院电子电路教学中心的老师为本书的编写提供了宝贵的意见，编者在此一并表示衷心的感谢！

由于编者水平有限，书中难免有不妥之处，恳请读者批评指正。

编　者

2014年10月

教学建议

章次	学习要点	教学要求	参考课时
1	（1）数制、码制的基本概念 （2）常用数制及其转换 （3）常用二进制码及 BCD 码	了解数制、码制的基本概念；掌握常用数制（二进制、八进制、十进制、十六进制）及转换方法；了解常用二进制码（自然二进制码、循环码、奇偶校验码）及 BCD 码（8421BCD、5421BCD、余 3BCD）	3
2	（1）逻辑代数的基本概念、基本运算、基本公式和规则 （2）逻辑函数的描述方式 （3）MOSFET 的开关特性 （4）CMOS 门电路 （5）逻辑函数简化的基本方法	掌握逻辑代数的基本概念、基本公式、基本规则；掌握逻辑函数的描述方式（真值表、表达式、电路图、卡诺图）及其相互转换方法；了解逻辑函数最简与或式的公式化简法，掌握逻辑函数（4 变量及以下）最简与或式的卡诺图化简法。 掌握 MOS 场效应管的开关特性和有关参数；掌握 CMOS 反相器的功能和主要外部电气特性；了解 CMOS 与非门、或非门、OD 门、三态门的工作原理	11
3	（1）SSI 组合电路的分析与设计 （2）MSI 组合电路（编码器、译码器、数据选择器、数据比较器、加法器）及其应用 （3）组合电路的竞争冒险及消除方法	掌握 SSI 组合电路的分析方法与双轨输入条件下的设计方法；了解 MSI 组合电路编码器、译码器、数据选择器、数据比较器、加法器的功能；掌握用 MSI 组合电路数据选择器、数据比较器、加法器实现组合逻辑设计的方法；了解组合电路中的竞争冒险现象；掌握增加多余项消除逻辑冒险的方法；了解取样法消除冒险的方法	10
4	（1）基本 SR 触发器 （2）钟控触发器 （3）常用触发器（边沿 DFF、边沿 JKFF）	掌握基本 SR 触发器的结构、工作原理；掌握描述触发器逻辑功能的各类方法；了解钟控触发器、边沿 DFF、边沿 JKFF 的工作原理；掌握触发器的逻辑功能及其应用；了解 RAM 的工作原理，掌握 RAM 的使用方法	5
5	（1）寄存器和移存器 （2）计数器 （3）序列码发生器 （4）顺序脉冲发生器 （5）一般时序电路的分析 （6）有限状态机建模及设计方法	掌握时序电路的基本概念；掌握寄存器和移存器电路结构的特点；了解典型 MSI 移存器 74194 的功能；了解二进制同步、异步计数器的一般结构和典型 MSI 二进制、十进制计数器的功能；掌握任意进制同步计数器分析和设计方法（异步清零法和反馈置零法、置最大数法、置最小数法）；了解计数器的级联方法；掌握序列码发生器（已知码型和已知序列长度两种情况）的设计方法；了解顺序脉冲发生器的构成方法；了解一般时序电路的分析方法；掌握有限状态机建模及根据状态机模型设计电路	17

续表

章次	学习要点	教学要求	参考课时
6	（1）PLD 的基本结构、基本原理、描述方法和分类 （2）PROM、PLA、PAL、GAL （3）掌握应用可编程逻辑器件实现组合逻辑电路和时序逻辑电路的基本方法	掌握 PLD 的基本结构和基本原理；了解 PLD 的描述方法和分类；了解 PROM、PLA、PAL、GAL 的基本结构和基本原理；掌握应用可编程逻辑器件实现组合逻辑电路和时序逻辑电路的基本方法；掌握 ROM 存储容量扩展方法	7
7	（1）数字系统概述 （2）寄存器传输语言 （3）ASM 图 （4）数字系统设计实例	了解数字系统设计的过程；了解寄存器传输语言描述数字系统的方法；掌握使用 ASM 图设计数字系统的方法	8
8	（1）D/A 和 A/D 转换 （2）典型 D/A 和 A/D 转换电路	掌握 D/A 和 A/D 转换电路的主要技术指标；掌握 D/A 和 A/D 转换的一般原理和过程；了解典型 D/A 和 A/D 转换电路的工作原理及其应用	3

目　录

第 1 章　数制与码制……1
1.1　数字信号与数字电路概述……1
1.1.1　数字信号……1
1.1.2　数字电路与系统……2
1.2　数制……3
1.2.1　数制的基本知识……3
1.2.2　常用数制……4
1.2.3　数制转换……5
1.3　码制……8
1.3.1　二进制码……8
1.3.2　二-十进制（BCD）码……10
1.4　算术运算与逻辑运算……12
1.4.1　算术运算……12
1.4.2　逻辑运算……12
1.5　HDL……13
习题……13
第 2 章　逻辑代数理论及电路实现……15
2.1　逻辑代数中的运算……15
2.1.1　基本逻辑及运算……15
2.1.2　复合逻辑运算……17
2.2　逻辑运算的电路实现……18
2.2.1　场效应管的开关特性……19
2.2.2　CMOS 反相器……21
2.2.3　其他类型的 CMOS 门电路……24
2.3　逻辑运算的公式……27
2.3.1　基本公式……27
2.3.2　常用公式……28
2.4　逻辑运算的基本规则……29
2.4.1　代入规则……29
2.4.2　反演规则……29
2.4.3　对偶规则……30
2.5　逻辑函数的标准形式……30
2.6　逻辑函数的化简……32
2.6.1　公式法化简……32
2.6.2　卡诺图法化简……34
2.7　VHDL 描述逻辑门电路……42
习题……43
第 3 章　组合逻辑电路……45
3.1　SSI 构成的组合电路的分析和设计……45
3.1.1　组合逻辑电路的分析……46
3.1.2　组合逻辑电路的设计……48
3.2　常用中规模集成组合逻辑电路（MSI）……50
3.2.1　编码器……50
3.2.2　译码器……55
3.2.3　数据选择器……65
3.2.4　数据比较器……70
3.2.5　全加器……73
3.2.6　基于 MSI 的组合电路的设计……75
3.3　竞争和冒险……78
3.3.1　竞争和冒险的概念……78
3.3.2　冒险的判别方法……80
3.3.3　冒险的消除方法……82
3.4　VHDL 描述组合逻辑电路……85
习题……87
第 4 章　触发器……90
4.1　概述……90
4.2　基本 SRFF……91
4.3　钟控电位触发器……95
4.3.1　钟控 SR 触发器……95
4.3.2　钟控 D 触发器……97
4.4　边沿触发器……98
4.4.1　DFF……98

4.4.2 JKFF……101
4.4.3 TFF 和 T'FF……103
4.5 集成触发器的参数……104
4.6 触发器应用举例……106
4.7 VHDL 描述触发器……110
习题……111
第 5 章 时序逻辑电路……116
5.1 概述……116
5.2 寄存器……117
5.2.1 移位寄存器工作原理……117
5.2.2 MSI 移位寄存器……119
5.3 计数器……124
5.3.1 同步计数器的分析……125
5.3.2 同步计数器的设计……130
5.3.3 MSI 同步计数器……132
5.3.4 异步计数器的分析和设计……139
5.3.5 移存型计数器……143
5.4 序列信号发生器……146
5.5 顺序脉冲发生器……152
5.6 一般时序逻辑电路的分析……154
5.7 一般同步时序电路的设计……157
5.8 VHDL 描述时序逻辑电路……172
习题……173
第 6 章 可编程逻辑器件……181
6.1 PLD 概述……182
6.1.1 PLD 的表示方法……182
6.1.2 可编程功能的实现……183
6.1.3 PLD 的制造工艺……183
6.1.4 PLD 的分类……186
6.1.5 PLD 的开发流程……189
6.2 可编程只读存储器（PROM）……190
6.2.1 PROM 的结构和功能……191
6.2.2 ROM 的应用……192
6.3 可编程逻辑阵列（PLA）和可编程阵列逻辑（PAL）……197
6.3.1 PLA 的结构与应用……197
6.3.2 PAL 的结构与应用……198
6.4 通用阵列逻辑（GAL）……200
6.4.1 GAL 的结构……200
6.4.2 GAL 的应用……204
6.5 复杂可编程逻辑器件（CPLD）……209
6.5.1 CPLD 的产生……209
6.5.2 CPLD 的结构……210
6.6 现场可编程门阵列（FPGA）……211
6.6.1 FPGA 的产生背景……211
6.6.2 FPGA 的结构……211
6.7 HDPLD 应用举例……220
习题……232
第 7 章 数字系统设计基础……233
7.1 概述……233
7.1.1 数字系统的基本模型……233
7.1.2 同步数字系统时序约定……236
7.1.3 数字系统的设计方法……239
7.1.4 数字系统的设计步骤……240
7.2 数字系统的描述工具……241
7.2.1 寄存器传输语言……241
7.2.2 方框图……246
7.2.3 算法流程图……248
7.2.4 算法状态机图……249
7.3 控制器设计……258
7.4 数字系统设计及 VHDL 实现……273
7.4.1 二进制乘法器设计……273
7.4.2 交通灯管理系统设计……282
7.4.3 A/D 转换系统设计……290
习题……298
第 8 章 数模转换和模数转换……304
8.1 数模转换（D/A）……304
8.1.1 数模转换原理……305
8.1.2 常见的 DAC 结构……306
8.1.3 DAC 的主要参数和意义……307
8.1.4 集成 DAC 及其应用举例……309
8.2 模数转换（A/D）……311

8.2.1 模数转换的一般过程…………311
8.2.2 常见的 ADC 结构…………312
8.2.3 ADC 的主要参数和意义…………318
8.2.4 集成 ADC 及其应用举例…………319
习题…………321
附录 A VHDL 简介…………322
附录 B Verilog 简介…………338
附录 C 集成门电路及逻辑电平…………360
参考文献…………362

第1章 数制与码制

内容提要 本章首先介绍数字电路的一些基本概念及数字电路中常用的数制与码制；然后介绍二进制数的算术运算及数字逻辑中的基本逻辑运算；最后介绍硬件描述语言。

随着数字电路与系统的开发和应用，现在众多的电子系统，如电子计算机、通信系统、自动控制系统、影视音响系统等，均使用了数字电路。相对于模拟电路而言，数字电路具有不可比拟的突出优势。数字电路中使用了二进制，通常采用“0”和“1”构成的代码来描述各种有关对象。而硬件描述语言则是对数字电路和系统进行性能描述和模拟的语言。

1.1 数字信号与数字电路概述

数字电路同模拟电路一样，也经历了由分立器件电路到集成电路的发展，且集成度已达到超大规模集成电路的水平。数字电路与系统的体积小，工作可靠性高，应用极其广泛。

1.1.1 数字信号

数字电路中处理的信号是数字信号。在现代技术的信号处理中，数字信号发挥的作用越来越大，几乎复杂的信号处理都离不开数字信号。

信号数据可用于表示任何信息，如符号、文字、语音、图像等。从表现形式上可归结为两类：模拟信号和数字信号。模拟信号与数字信号的区别可根据幅度取值是否离散来确定。

模拟信号指幅度的取值是连续的（幅值可由无限个数值表示）。模拟信号常常是物理现象中被测量对变化的响应。例如，声音、光、温度、位移、压强，这些物理量可以使用传感器测量。时间上离散的模拟信号是一种抽样信号，它是对模拟信号每隔时间 T 抽样一次所得到的信号。虽然其波形在时间上是不连续的，但其幅度取值是连续的，所以仍是模拟信号。当然，在电学上所提的模拟信号往往是指幅度和相位都连续的电信号，此信号可以被模拟电路进行各种运算，如放大、相加和相乘等。图 1.1.1 就是模拟信号的例子，正弦波信号是典型的模拟信号。

数字信号指人们抽象出来的时间上不连续的信号，其幅度的取值是离散的，且幅值被限制在有限个数值之内。十字路口的交通信号灯、数字式电子仪表、自动生产线上产品数量的统计等都是数字信号。图 1.1.2 就是数字信号的例子，矩形波信号是典型的数字信号。由图

1.1.2 可以看出，数字信号的特点是突变和不连续。数字电路中的波形都是这类不连续的波形，通常这类波形又称为脉冲。

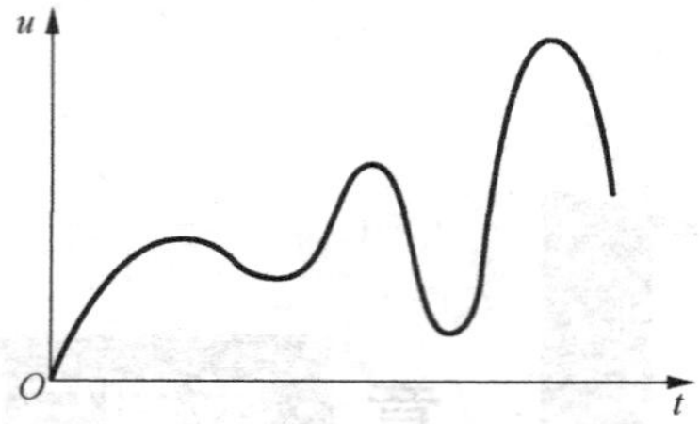

图 1.1.1　模拟信号

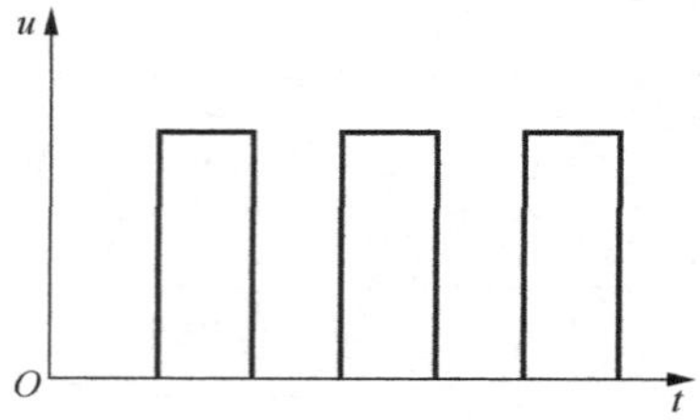

图 1.1.2　数字信号

1.1.2　数字电路与系统

传递与处理数字信号的电子电路称为数字电路或数字系统。由于它具有逻辑运算和逻辑处理功能，所以又称数字逻辑电路。数字电路与模拟电路相比主要有下列优点。

① 数字电路是以二值数字逻辑为基础的，只有“0”和“1”两个基本数字，易于用电路来实现。例如，可用二极管、三极管的导通与截止这两个对立的状态来表示数字信号的逻辑“0”和逻辑“1”。

② 由数字电路组成的数字系统工作可靠，精度较高，抗干扰能力强。它可以通过整形很方便地去除叠加于传输信号上的噪声与干扰，还可利用差错控制技术对传输信号进行查错和纠错。

③ 数字电路不仅能完成数值运算，而且能进行逻辑判断和运算，这在控制系统中是不可缺少的。

④ 数字信息便于长期保存。例如，可将数字信息存入磁盘、光盘等长期保存。

⑤ 数字集成电路产品系列多、通用性强、成本低。

由于具有一系列优点，数字电路在电子设备或电子系统中得到了越来越广泛的应用，计算机、计算器、电视机、音响系统、视频记录设备、光碟、长途电信及卫星系统等，无一不采用了数字系统。

按照电路有无集成元器件来分，数字电路可分为分立元件数字电路和集成数字电路。现代的数字电路大多是由半导体工艺制成的若干数字集成器件构造而成。按集成电路的集成度进行分类，数字电路可分为小规模集成数字电路（SSI，Small Scale Integrated Circuits）、中规模集成数字电路（MSI，Medium Scale Integrated Circuits）、大规模集成数字电路（LSI，Large Scale Integrated Circuits）和超大规模集成数字电路（VLSI，Very Large Scale Integrated Circuits）。

数字电路根据逻辑功能的不同特点，又可以分成两大类，一类叫组合逻辑电路（简称组合电路），另一类叫时序逻辑电路（简称时序电路）。组合逻辑电路在逻辑功能上的特点是任意时刻的输出仅仅取决于该时刻的输入，与电路原来的状态无关。而时序逻辑电路在逻辑功能上的特点是任意时刻的输出不仅取决于当时的输入信号，而且还取决于电路原来的状态，或者说，还与以前的输入有关。

1.2 数制

数制是计数体制（即计数的方法）的简称，有累加计数制和进位计数制两种。累加计数制是原始的计数方法，计多大的数就要使用与所计数目个数相等的各不相同的计数符号，很不方便。比较方便的计数方法是进位计数制，本章所述数制即指进位计数制。常用的进位计数制有十进位计数制（十进制）以及二进制、八进制、十六进制。

1.2.1 数制的基本知识

在介绍各种数制之前，首先介绍数制的基础知识。

1. 基本数码

基本数码是指计数制中使用的基本数字符号，简称数码。例如，十进制中的 0、1、2、3、4、5、6、7、8、9 便是数码。

2. 基数（*R*）

计数制中所使用的数码的个数称为基数，亦称底数。基数常用 R 表示，在十进制中 R=10。在基数为 R 的数制中，每一个数位上可以使用的数码包括 0 在内共有 R 个，最大数码是 R–1，而没有 R，因此计数时当某位数计到 R 时，则在该位记作 0，并向高位进一，即逢 R 进一，故基数为 R 的计数制称为 R 进制计数制。

3. 数位（*i*）

在由一串数码构成的数中，数码所在的位置称数位。数位的排序用 i 表示，i 的计算以小数点为界，向左依次为第 0 位、第 1 位……向右依次为第–1 位、第–2 位……例如，在十进制数 123.45 中，3 是第 0 位数，2 是第 1 位数，4 是第–1 位数等。

4. 位权（Weight）

位权亦称权值。在进位计数制的由一串数码构成的数中，各个数位上的数码所表示的数值的大小不但和该数码本身的大小有关，而且还和该数码所处的数位有关。例如，在十进制数 44 中，十位数 4 表示 4×10^1，个位数 4 表示 4×10^0。可见，不同的数位赋予该位上的数码以不同的表示数的大小的权力。我们把数位上的数码在表示数时所乘的倍数称为该数位的位权。

在 R 进制数中，第 i 位数位的权值用 W_i 表示，$W_i=R^i$。其中，R 是基数，i 是数位的位数。例如，十进制数的第 0 位（个位）、第 1 位、第–1 位的位权分别为 10^0、10^1、10^{-1}。

在由一串数码表示的数中，相邻两个数位中左边数位的位权是右边的 R 倍。

5. 数的表示方式

在进位计数制中，数的表示方式有位置记数法、按权展开式、和式 3 种。

以十进制数 123.45 为例，分别可以表示为

$$(N)_{10}=123.45 \cdots\cdots \text{位置计数法}$$

$$=1\times10^2+2\times10^1+3\times10^0+4\times10^{-1}+5\times10^{-2} \cdots\cdots \text{按权展开式}$$

$$=\sum_{i=-2}^{2} D_i\times10^i \cdots\cdots \text{和式}$$

其中，$(N)_{10}$ 的脚标 10 表示 N 为十进制数。二进制、八进制、十进制、十六进制数分别用脚标 2、8、10、16 或 B、O、D、H 表示。位置记数法是用一串数码来表示数，也称并列记数法；按权展开式是用多项式来表示一个数，又称多项式表示法，多项式中的各个乘积项由各个数位上的数码加权（即乘上权值）构成；和式则是把按权展开式表示为∑的形式，D_i 表示第 i 位数位上的十进制数码，10^i 为第 i 位的权值。

对于任意一个 R 进制数$(N)_R$，可以用三种方式表示为

$$(N)_R=a_{m-1}a_{m-2}\cdots a_1a_0.a_{-1}a_{-2}\cdots a_{-n} \cdots\cdots \text{位置计数法}$$

$$=a_{m-1}\times R^{m-1}+a_{m-2}\times R^{m-2}+\cdots+a_1\times R^1+a_0\times R^0+$$

$$a_{-1}\times R^{-1}+a_{-2}\times R^{-2}\cdots a_{-n}\times R^{-n} \cdots\cdots \text{按权展开式}$$

$$=\sum_{i=-n}^{m-1} a_i\times R^i \cdots\cdots \text{和式}$$

式中，$a_{m-1},a_{m-2},\cdots,a_{-n}$ 分别为第 $m-1$，$m-2$，…，$-n$ 位上的数码；R 为基数；m 和 n 分别为整数部分和小数部分的位数；i 为数位的序号。

1.2.2 常用数制

人们通常采用的数制有十进制、二进制、八进制和十六进制。下面将分别介绍二进制、八进制和十六进制。

1. 二进制（Binary）

数码：0、1；

基数：$R=2$；

第 i 位的权值：$W_i=2^i$。

表示方式示例：

$$(101.01)_2=1\times2^2+0\times2^1+1\times2^0+0\times2^{-1}+1\times2^{-2}$$

$$=\sum_{i=-2}^{2} B_i\times2^i$$

2. 八进制（Octal）

数码：0、1、2、3、4、5、6、7；

基数：$R=8$；

第 i 位的权值：$W_i=8^i$。

表示方式示例：

$$(25.6)_8 = 2\times8^1 + 5\times8^0 + 6\times8^{-1}$$
$$= \sum_{i=-1}^{1} O_i \times 8^i$$

3．十六进制（Hexadecimal）

数码：0、1、2、3、4、5、6、7、8、9、A、B、C、D、E、F；

基数：$R = 16$；

第 i 位的权值：$W_i = 16^i$。

其中，数码 A、B、C、D、E、F 依次与十进制数 10、11、12、13、14、15 等值，但 A、B、C、D、E、F 在十六进制中是 1 位数。

表示方式示例：

$$(12D.23)_{16} = 1\times16^2 + 2\times16^1 + 13\times16^0 + 2\times16^{-1} + 3\times16^{-2}$$
$$= \sum_{i=-2}^{2} H_i \times 16^i$$

需要说明的是，在数字技术中用得最多的是二进制数。这是因为二进制中只有两个数码，很容易用高低电平来表示；如果采用十进制，则需要用 10 个不同的状态来表示十进制中 10 个不同的数码，很不容易。此外，二进制数的运算也比较简单，因此机器数都用二进制数表示。但是用二进制表示的数往往很长，不便于书写和记忆，相对而言，八进制、十六进制数的书写和记忆比较方便，而且和二进制数之间的转换也很方便，因此，又常用八进制和十六进制数作为二进制数的缩写形式用于书写、输入和显示。

1.2.3 数制转换

下面将介绍各种数制间的转换方法。

1．二（八、十六）进制数→十进制数

将二进制、八进制、十六进制数转换成十进制数，只要把原数写成按权展开式再相加即可。

例 1.2.1 分别将$(101.01)_2$、$(74.5)_8$、$(3C.A)_{16}$转换成十进制数。

解： $(101.01)_2 = 1\times2^2 + 0\times2^1 + 1\times2^0 + 0\times2^{-1} + 1\times2^{-2} = (5.25)_{10}$

$(74.5)_8 = 7\times8^1 + 4\times8^0 + 5\times8^{-1} = (60.625)_{10}$

$(3C.A)_{16} = 3\times16^1 + 12\times16^0 + 10\times16^{-1} = (60.625)_{10}$

2．十进制数→二进制数

十进制数转换成二进制数只需将整数部分和小数部分分别转换成二进制数，再将转换结果连接在一起即可。

整数的转换用“除 2 取余法”：将十进制数除以基数 2，得商和余数，取下余数作为目标数制数的最低位数码；将所得的商再除以基数又得商和余数，取下余数作为目标数制数的次低位数码……如此连续进行，直至商为 0，余数小于目标数制的基数 2 为止，末次相除所得的余数为目标数制数的最高位数码。

小数的转换用“乘 2 取整法”：将被转换的十进制小数乘以目标数制的基数 2，取下所得乘积中的整数作为目标数小数的最高位；再将乘积中的小数部分乘以基数 2，取下乘积中的整数作为目标数小数的次高位……如此反复进行，直到乘积的小数部分为 0 或达到所需精度为止。各次相乘所得的整数即可构成目标数的小数，第一次相乘所得的整数为小数的最高位，末次相乘所得的整数为小数的最低位。

例 1.2.2 将$(60.625)_{10}$转换成二进制数。

解：（1）对整数 60 进行“除 2 取余”

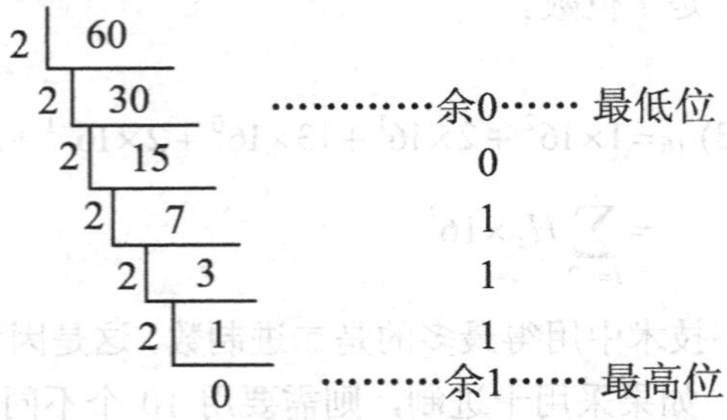

所以，$(60)_{10}=(111100)_2$。

（2）对小数 0.625 进行“乘 2 取整”

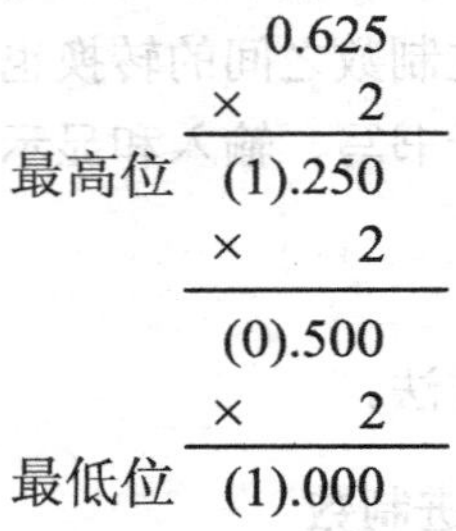

所以，$(0.625)_{10}=(0.101)_2$。

（3）整数和小数部分的转换结果连接在一起

$$(60.625)_{10}=(111100.101)_2$$

采用乘基数取整法将十进制小数转换成二进制、八进制、十六进制小数时，可能出现多次相乘后乘积的小数部分仍不为 0 的情况。这时应按照所需的精度来确定位数。

一个 R 进制 n 位小数的精度为 R^{-n}，如$(0.95)_{10}$的精度为 10^{-2}。

例 1.2.3 $(0.39)_{10}=(\ ?\ )_2$，要求精度达到 1%。

解：设转换后的二进制数小数点后面有 n 位小数，则其精度为 2^{-n}，由题意可知

$$2^{-n}\leqslant 1\%$$

解得 $n\geqslant 7$，取 $n=7$。

$$
\begin{array}{lr}
 & 0.39 \\
 & \times \quad 2 \\ \hline
\text{最高位} & (0).78 \\
 & \times \quad 2 \\ \hline
 & (1).56 \\
 & \times \quad 2 \\ \hline
 & (1).12 \\
 & \times \quad 2 \\ \hline
 & (0).24 \\
 & \times \quad 2 \\ \hline
 & (0).48 \\
 & \times \quad 2 \\ \hline
 & (0).96 \\
 & \times \quad 2 \\ \hline
\text{最低位} & (1).92
\end{array}
$$

所以，$(0.39)_{10}=(0.0110001)_2$。

3. 二进制数和十六进制数之间的相互转换

十六进制数的进位基数是 $16=2^4$，因此二进制数和十六进制数之间的转换非常简单。将二进制数转换成十六进制数时，整数部分从低位起每 4 位分成一组，最高位一组不足 4 位时以零补足，小数部分从高位起每 4 位分成一组，最低位一组不足 4 位时也以零补足，然后，依次以 1 位 16 进制数替换 4 位二进制数即可。

例 1.2.4 将二进制数 101101.01001 转换成十六进制数。

解： $(101101.01001)_2=(\underline{0010}\ \underline{1101}.\underline{0100}\ \underline{1000})_2=(2D.48)_{16}$

将十六进制数转换成二进制数时，其过程正好相反，即用 4 位二进制数替换 1 位 16 进制数。

例 1.2.5 将十六进制数$(23A.D)_{16}$转换成二进制数。

解： $(23A.D)_{16}=(\underline{0010}\ \underline{0011}\ \underline{1010}.\underline{1101})_2=(1000111010.1101)_2$

4. 二进制数和八进制数之间的相互转换

八进制数的进位基数是 $8=2^3$，将二进制数转换成八进制数时，整数部分从低位起每 3 位分成一组，最高位一组不足 3 位时以零补足，小数部分从高位起每 3 位分成一组，最低位一组不足 3 位时也以零补足，然后，依次以 1 位 8 进制数替换 3 位二进制数即可。

例 1.2.6 将二进制数 10101.00111 转换成八进制数。

解： $(10101.00111)_2=(\underline{010}\ \underline{101}.\underline{001}\ \underline{110})_2=(25.16)_8$

将八进制转换成二进制数时，用 3 位二进制数依次替换 1 位 8 进制数即可。

例 1.2.7 将八进制数$(27.3)_8$转换成二进制数。

解： $(27.3)_8=(\underline{010}\ \underline{111}.\underline{011})_2=(10111.011)_2$

5. 十进制数转换成十六进制数、八进制数

十进制数转换成十六进制数和八进制数时，通常采用的方法是首先把十进制数转换成二进制数，然后再把得到的二进制数转换成十六进制数或八进制数。所用到的转换方法上面均已介绍过。

例 1.2.8 将十进制数 215.625 转换成十六进制数和八进制数。

解：$(215.625)_{10}=(11010111.101)_2=(D7.A)_{16}=(327.5)_8$

1.3 码制

用文字、符号或数码来表示各个特定对象的过程称为编码，编码所得的每组符号称为代码或码字，代码中的每个符号称为基本代码或码元。在数字电路中通常用二进制数码构成的代码来表示各有关对象（如十进制数、字符等）。码制是指编码的制式，不同的码制编码时遵循不同的规则。

1.3.1 二进制码

所谓二进制码是指用二进制数码“0”和“1”构成的代码。n 位的二进制码可以有 2^n 个代码。

表 1.3.1 给出了几种典型的二进制码。

表 1.3.1 **典型二进制码**

十进制数	4 位自然二进制码	典型格雷码（循环码）	8421 奇（偶）校验码	
			信息码 P（奇）	信息码 P（偶）
0	0 0 0 0	0 0 0 0	0 0 0 0 1	0 0 0 0 0
1	0 0 0 1	0 0 0 1	0 0 0 1 0	0 0 0 1 1
2	0 0 1 0	0 0 1 1	0 0 1 0 0	0 0 1 0 1
3	0 0 1 1	0 0 1 0	0 0 1 1 1	0 0 1 1 0
4	0 1 0 0	0 1 1 0	0 1 0 0 0	0 1 0 0 1
5	0 1 0 1	0 1 1 1	0 1 0 1 1	0 1 0 1 0
6	0 1 1 0	0 1 0 1	0 1 1 0 1	0 1 1 0 0
7	0 1 1 1	0 1 0 0	0 1 1 1 0	0 1 1 1 1
8	1 0 0 0	1 1 0 0	1 0 0 0 0	1 0 0 0 1
9	1 0 0 1	1 1 0 1	1 0 0 1 1	1 0 0 1 0
10	1 0 1 0	1 1 1 1	1 0 1 0 1	1 0 1 0 0
11	1 0 1 1	1 1 1 0	1 0 1 1 0	1 0 1 1 1
12	1 1 0 0	1 0 1 0	1 1 0 0 1	1 1 0 0 0
13	1 1 0 1	1 0 1 1	1 1 0 1 0	1 1 0 1 1
14	1 1 1 0	1 0 0 1	1 1 1 0 0	1 1 1 0 1
15	1 1 1 1	1 0 0 0	1 1 1 1 1	1 1 1 1 0

1．自然二进制码

自然二进制码是通常用以表示数值的一种二进制码。从编码的角度看，二进制数也是一种表示数的代码，称为自然二进制码。例如，1100 既可以说它是数 12 的二进制数，又可以说它是数 12 的自然二进制码。不过，虽然一个数的自然二进制码和其二进制数在写法上完全一样，但在概念上是不一样的，前者是码制中的概念，后者是数制中的概念。表 1.3.1 中给出了 4 位自然二进制码，代码中每个码元的位权自左至右分别为 8、4、2、1，16 个代码依次分别用来表示数 0～15。

2．格雷码、循环码

在一组数的编码中，若任意两个相邻数的代码中只有一位对应的码元不同，则称这种编码为格雷码（Gray Code）。格雷码的种类很多，循环码是其中的典型。在循环码中，不仅相邻的两个代码只有 1 位码元不同，而且首尾两个代码也是如此，表 1.3.1 中给出了 4 位循环码。使用循环码可以减少电路工作时出错的可能。通常把两个代码中取值不同的码元的位数称为两个代码的间距，把两个相邻代码中只有一位对应码元取值不同的特点称为单位间距特性。格雷码和循环码都具有单位间距特性，因此，它们都是单位间距码。

循环码的各个代码除最左位以外，其他各位均以最左位 0 和 1 的水平分界线为轴镜像对称；循环码的最左位，分界线以上均为 0，以下均为 1。上述特点称为循环码的反射特性。利用反射特性可以由 n 位循环码方便地写出 $n+1$ 位循环码。例如，1 位、2 位、3 位、4 位循环码如图 1.3.1 所示。

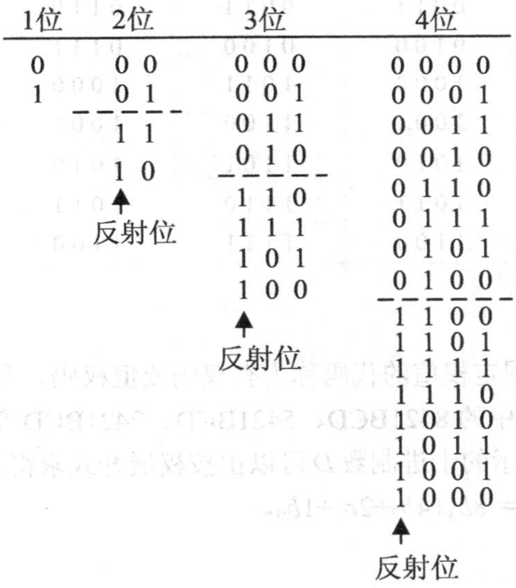

图 1.3.1　1 位、2 位、3 位、4 位循环码

3．奇（偶）校验码

奇（偶）校验码示于表 1.3.1 中。这种码由信息码加一个奇校验位 P（奇）或偶校验位 P（偶）构成，其中校验位的取值（0 或 1）将使各个代码（包括信息码和校验位）中“1”的个数为奇数或偶数。若使“1”的个数为奇数，称为奇校验码；为偶数，则称为偶校验码。奇（偶）校验码的用处是通过检测经传输以后的代码中“1”的个数是否为奇数（或是否为偶数），即进行奇校验（或偶校验）来判断信息在传输过程中是否有一位码元出错。

格雷码、循环码、奇（偶）校验码都是一种可靠性编码。奇、偶校验码具有一定的检测错码的能力，是一种误差检验码，但只能检错而不能纠错。使用海明码则可以达到检测并纠正错码的要求。

1.3.2 二-十进制（BCD）码

所谓二-十进制码又称 BCD（Binary Coded Decimal）码，是指用二进制数码 0 和 1 来表示的十进制数码 0，1，2，…，9，或者说是十进制数码 0，1，2，…，9 的二进制编码。要表示 0～9 这 10 个十进制数码，使用的代码至少需要有 4 位码元。由于 4 位二进制数可以构成 16 个不同的代码，因此，构成 BCD 码的方案可以有多种，不过最常用的也只是其中的几种。BCD 码可以分为有权码和无权码两大类，表 1.3.2 列出了几种最常用的 BCD 码，其编码规则各不相同。

表 1.3.2　几种常用的 BCD 码

十进制数	8421 码	5421 码	2421 码	余 3 码	余 3 循环码	格雷码
0	0000	0000	0000	0011	0010	0000
1	0001	0001	0001	0100	0110	0001
2	0010	0010	0010	0101	0111	0011
3	0011	0011	0011	0110	0101	0010
4	0100	0100	0100	0111	0100	0110
5	0101	1000	1011	1000	1100	0111
6	0110	1001	1100	1001	1101	0101
7	0111	1010	1101	1010	1111	0100
8	1000	1011	1110	1011	1110	1100
9	1001	1100	1111	1100	1010	1000

1. 有权码

代码中的每一位都有固定权值的代码称为有权码或恒权码。有权码的名称通常用 4 个码位的位权来命名。表 1.3.2 中的 8421BCD、5421BCD、2421BCD 都是有权码。

各种有权 BCD 码所表示的十进制数 D 可以由按权展开式求得。例如，8421BCD 码 $b_3b_2b_1b_0$ 所表示的十进制数码为 $D = 8b_3+4b_2+2b_1+1b_0$。

2. 无权码

代码中的各位没有固定权值的代码称为无权码。表 1.3.2 中的余 3 码、余 3 循环码和格雷码都是无权码。

余 3 BCD 码由 8421BCD 码加 3 得到，其主要特点是 0 和 9、1 和 8、2 和 7、3 和 6、4 和 5 的代码互为反码，具有这种特点的代码称为自补码（Self Complementing Code）。

表 1.3.2 中的余 3 BCD 循环码和格雷 BCD 码分别由表 1.3.1 的 4 位二进制代码中的典型格雷码（循环码）去掉 6 个代码构成，仍具有原代码所具有的单位间距特性或检错特性。其中，余 3 BCD 循环码是从循环码的第 4 个码字开始依次取 10 个而形成。

每种 4 位二进制代码共有 16 个代码，在表 1.3.2 所列的各种常用 BCD 码中，未列出的代码是该码制中不允许出现的代码，称为禁用码或非法码，因为它们不与单个十进制数码相对应，是不允许出现的。如 8421BCD 码中的 1010～1111 六个代码即是 8421BCD 码中的禁用码（非法码）。

一个多位的十进制数可以用多个 BCD 代码表示，表示时代码之间应有间隔。例如，用 8421BCD 码表示$(123)_{10}$时，其书写形式为

$$(123)_{10}=(0001\ 0010\ 0011)_{8421BCD}$$

应该注意，用 BCD 码表示的十进制数不是二进制数，也不能直接转化为二进制数。要转换，应先将其转换成十进制数，再由十进制数转换成二进制数。

3．8421BCD 码的加法运算

两个 8421BCD 码相加时，可把其当作自然二进制码相加，如在相加所得结果中未出现 8421BCD 码的非法码，则该结果就是所需的 8421BCD 码。但如在相加结果中出现了 8421BCD 码的非法码或在相加过程中在 BCD 数位上出现了向高位的进位，则应对非法码及产生进位的代码进行“加 6(0110)修正”。在作多位 8421BCD 码相加时，如果在“加 6(0110)修正”过程中又出现非法码，则还需继续作“加 6 修正”。

例 1.3.1　试用 8421BCD 码分别求 1+9 及 8+8。

解：①

```
          0001
        + 1001
     ---------
          1010  ←— 非法码
        + 0110  ←— 加6修正
     ---------
     0001 0000
```

所以，$1+9=(0001\ 0000)_{8421BCD}=(10)_{10}$。

②

```
          1000
        + 1000
     ---------
         10000  ←— 个位产生进位
        + 0110  ←— 加6修正
     ---------
     0001 0110
```

所以，$8+8=(0001\ 0110)_{8421BCD}=(16)_{10}$。

例 1.3.2　试用 8421BCD 码求 712+989。

```
          0111 0001 0010
        + 1001 1000 1001
     -------------------
     0001 0000 1001 1011  ←— 个位是非法码，百位产生进位
        + 0110      0110  ←— 在个位和百位上加6修正
     -------------------
     0001 0110 1010 0001  ←— 十位是非法码
        +      0110       ←— 在十位上加6修正
     -------------------
     0001 0111 0000 0001
```

所以，$712+989=(0001\ 0111\ 0000\ 0001)_{8421BCD}=(1701)_{10}$。

4．8421BCD 码的减法运算

8421BCD 码相减时，由于在进行减法运算时使用了四位二进制减法运算“借一当十六”的规则，而 8421BCD 码相减时应为“借一当十”，故当发生借位时应进行“减 6 修正”。

例 1.3.3 试用 8421BCD 码求 113−55。

解:

```
    0001  0001  0011
 -  0000  0101  0101
 ----------------------
    0000  1011  1110  ←— 个位、十位有借位
 -        0110  0110  ←— 在个位和十位上减6修正
 ----------------------
    0000  0101  1000
```

所以，113−55=$(0000\ 0101\ 1000)_{8421BCD}$=$(58)_{10}$。

1.4 算术运算与逻辑运算

在数字电路中，1 位二进制数码的 0 和 1 不仅可以表示数量的大小，而且可以表示两种不同的逻辑状态。当两个二进制数码表示两个数量大小时，它们之间可以进行数值运算，这种运算称为算术运算；当两个二进制数码表示两种不同逻辑状态时，它们之间可以进行逻辑运算。

1.4.1 算术运算

二进制数算术运算的法则和十进制数的运算法则基本相同。唯一的区别在于十进制数是逢十进一、借一当十，而二进制数是逢二进一、借一当二。

以两个二进制数 1001 和 0101 为例，其算术运算如下。

```
  加法运算            减法运算
    1001                1001
  + 0101              - 0101
  ------              ------
    1110                0100

  乘法运算            除法运算
      1001                    1.11……
    × 0101            0101)1001
    ------                -0101
      1001                 1000
     0000                 -0101
    1001                    0110
  +0000                    -0101
  --------                 -----
   0101101                   001
```

需要说明的是，在数字电路中为了简化运算电路，通常二数相减的运算是用其补码的加法来实现的，乘法运算则用移位和加法两种操作来完成，而除法运算是用移位和减法操作来完成，因此，二进制数的加、减、乘、除都可以用加法电路完成。所以在数字设备中加法器是极为重要的运算部件。

1.4.2 逻辑运算

在数字电路中，1 位二进制数码的 0 和 1 不仅可以表示数量的大小，而且可以表示两种不同的逻辑状态。例如，可以用 1 和 0 分别表示一件事情的是和非、真和伪、有和无、好和坏，或者表示电路的通和断、电灯的亮和暗等。这种只有两种对立逻辑状态的逻辑关系称为

二值逻辑。

逻辑代数中只有三种基本运算：与、或、非。只有当决定一件事情的条件全部具备之后，这件事情才会发生，这种因果关系称为与逻辑；当决定一件事情的几个条件中，只要有一个或一个以上条件具备，事情就会发生，这种因果关系称为或逻辑；某事情发生与否，仅取决于一个条件，且条件具备时事情不发生，条件不具备时事情才发生，这种因果关系称为非逻辑。

除了以上三种基本逻辑运算外，还有一些逻辑运算是综合运用了上述三种基本运算，形成了各种复合逻辑运算。

关于逻辑运算的详细讨论将在第 2 章中进行。

1.5 HDL

HDL（Hardware Description Language）是硬件描述语言。硬件描述语言是一种对数字电路和系统进行性能描述和模拟的语言，即利用高级语言来描述硬件电路的功能、信号连接关系以及各器件间的时序关系。数字电路和数字系统设计者利用这种语言来描述自己的设计思想，然后利用电子设计自动化工具进行仿真、综合，最后利用专用集成电路或可编程逻辑器件来实现其设计功能。其设计理念是将硬件设计软件化，即采用软件的方式来描述硬件电路。

硬件描述语言（HDL）有很多种，目前在我国广泛应用的硬件描述语言主要有 ABEL 语言、AHDL 语言、VerilogHDL 语言和 VHDL 语言等。其中，VerilogHDL 语言和 VHDL 语言最为流行，它们作为 IEEE 标准化的硬件描述语言，具有许多优点：能够抽象地描述电路结构和行为，支持逻辑设计层次与领域的描述，硬件描述与实现工艺无关，易于理解和可移植性好等。但是 VHDL 相对于 Verilog HDL 而言，语法上更严谨些。虽然这样也使它失去了一些灵活性和多样性，但是从文档记录、综合性以及器件和系统级的仿真上讲，VHDL 是一种更好的选择。

VHDL 的英文全名是 Very-High-Speed Integrated Circuit Hardware Description Language，诞生于 1982 年。1987 年底，VHDL 被 IEEE 和美国国防部确认为标准硬件描述语言。自 IEEE 公布了 VHDL 的标准版本 IEEE-1076（简称 87 版）之后，各 EDA 公司相继推出了自己的 VHDL 设计环境，或宣布自己的设计工具可以和 VHDL 接口。此后 VHDL 在电子设计领域得到了广泛的接受，并逐步取代了原有的非标准的硬件描述语言。1993 年，IEEE 对 VHDL 进行了修订，从更高的抽象层次和系统描述能力上扩展 VHDL 的内容，公布了新版本的 VHDL，即 IEEE 标准的 1076-1993 版本（简称 93 版）。

习题

1.1 数字信号和模拟信号有何区别？

1.2 数字电路有哪些特点？

1.3 将下列各数写成按权展开式。

$(352.6)_{10}$，$(101.101)_{2}$，$(54.6)_{8}$，$(13A.4F)_{16}$

1.4 按十进制数 0～17 的顺序，列表写出相应的二进制、八进制、十六进制数。

1.5 二进制数 00000000～11111111 和 0000000000～1111111111 分别可以代表多少个数？

1.6 将下列各数分别转换成十进制数。

$(1111101000)_2$，$(1750)_8$，$(3E8)_{16}$

1.7 将下列各数分别转换成二进制数。

$(210)_8$，$(136)_{10}$，$(88)_{16}$

1.8 将下列各数分别转换成八进制数。

$(111111)_2$，$(63)_{10}$，$(3F)_{16}$

1.9 将下列各数分别转换成十六进制数。

$(11111111)_2$，$(377)_8$，$(255)_{10}$

1.10 转换下列各数，要求转换后保持原精度。

$(1.125)_{10} = (\qquad\qquad)_2$

$(0010\ 1011\ 0010)_{2421BCD} = (\qquad\qquad)_2$

$(0110.1010)_{余3循环BCD} = (\qquad\qquad)_2$

1.11 用下列代码表示$(123)_{10}$，$(1011.01)_2$：

（1）8421BCD 码；（2）余 3 BCD 码数。

1.12 将下列十进制数分别转换成二进制、八进制、十六进制数。

$(127)_{10}$，$(130.525)_{10}$，$(218.5)_{10}$

1.13 已知 $A = (1011010)_2$，$B = (101111)_2$，$C = (1010100)_2$，$D = (110)_2$。

（1）按二进制运算规律求 $A+B$，$A-B$，$C\times D$，$C\div D$；

（2）将 A、B、C、D 转换成十进制数后，求 $A+B$，$A-B$，$C\times D$，$C\div D$，并将结果与（1）进行比较。

1.14 试用 8421BCD 码完成下列十进制数的运算。

（1）5+8；（2）9+8；（3）58+2；（4）9−3；（5）87−25；（6）843−348。

1.15 试导出 1 位余 3 BCD 码加法运算的规则。

第2章 逻辑代数理论及电路实现

内容提要 逻辑代数是分析和设计数字电路的数学工具。本章首先介绍逻辑代数中的各种运算及其电路实现、逻辑运算的公式和规则；然后介绍逻辑函数的标准形式和逻辑函数的化简方法；最后介绍逻辑门电路的 VHDL 描述。

逻辑代数是分析和设计逻辑电路的数学基础。逻辑代数是由英国科学家乔治·布尔（George Boole）创立的，故又称布尔代数。用以实现逻辑运算的电子电路称为逻辑门电路。本章将开始详细介绍逻辑代数理论及其电路实现。

2.1 逻辑代数中的运算

1847 年，英国数学家乔治·布尔提出了用数学分析方法表示命题陈述的逻辑结构，并成功地将形式逻辑归结为一种代数演算，从而诞生了著名的“布尔代数”。1938 年，克劳德·向农将布尔代数应用于电话继电器的开关电路，提出了“开关代数”。随着电子技术的发展，集成电路逻辑门已经取代了机械触点开关，故“开关代数”这个术语已很少使用。为了与“数字系统逻辑设计”这一术语相适应，人们更习惯于把开关代数叫作逻辑代数。

客观世界中某一事件（结果）是否发生总是和发生该事件的条件（原因）是否具备有关，所谓逻辑就是指条件和结果之间的因果关系。事物间最基本的因果关系是与、或、非三种逻辑关系，任何复杂的因果关系都可由它们复合而成。

2.1.1 基本逻辑及运算

与逻辑、或逻辑和非逻辑是三种最基本的逻辑关系。逻辑代数中的基本运算也只有三种：与运算、或运算和非运算。

1. 与逻辑和与运算

只有当决定一件事情的条件全部具备之后，这件事情才会发生，我们把这种因果关系称为与逻辑。图 2.1.1（a）是用以说明与逻辑的指示灯控制电路，只有当该图中的所有开关都合上时灯才亮。

可以用列表的方式表示上述逻辑关系，并用二值逻辑“0”和“1”来表示，称为逻辑真值表，如图 2.1.1（b）所示。这里假设“1”表示开关闭合或灯亮，“0”表示开关断开或灯不亮。

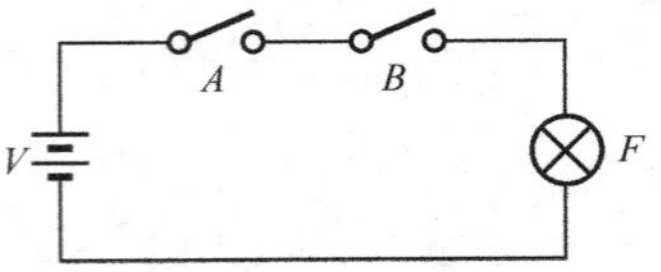

（a）电路图

A	*B*	*F*
0	0	0
0	1	0
1	0	0
1	1	1

（b）逻辑真值表

图 2.1.1　与逻辑

若用逻辑表达式来描述，则可写为

$$F = A\cdot B$$

与逻辑的算符用“·”（或者“×”、“∧”、“∩”、“AND”）表示，读作“乘”，在不需要特别标出的地方，逻辑乘的算符通常可以省略不写。

与运算的规则为：“输入有 0，输出为 0；输入全 1，输出为 1”。即满足以下规则：

$0\cdot 0=0$　　$1\cdot 0=0$

$0\cdot 1=0$　　$1\cdot 1=1$

与运算可以推广到多变量，即

$$F = A\cdot B\cdot C\cdots$$

2．或逻辑和或运算

当决定一件事情的几个条件中，只要有一个或一个以上条件具备，这件事情就会发生，我们把这种因果关系称为或逻辑。

图 2.1.2（a）是用以说明或逻辑的指示灯控制电路，只要有一个或一个以上的开关合上灯就亮。或运算的真值表如图 2.1.2（b）所示。

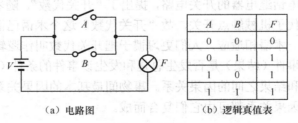

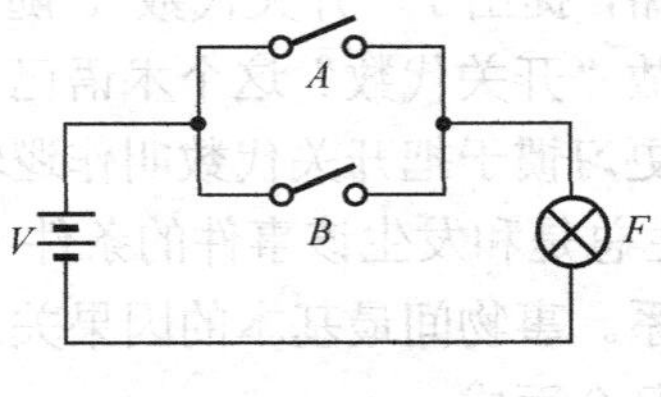

（a）电路图

A	*B*	*F*
0	0	0
0	1	1
1	0	1
1	1	1

（b）逻辑真值表

图 2.1.2　或逻辑

若用逻辑表达式来描述，则可写为

$$F = A + B$$

或逻辑的算符用“+”（或者“∨”、“∪”、“OR”）表示，读作“加”。

或运算的规则为：“输入有 1，输出为 1；输入全 0，输出为 0”。 即满足以下规则：

$0+0=0$　　$1+0=1$

$0+1=1$　　$1+1=1$

或运算也可以推广到多变量，即

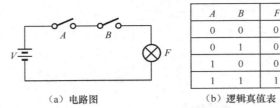

$$F = A+B+C\cdots$$

3. 非逻辑和非运算

某事情发生与否，仅取决于一个条件，而且是对该条件的否定，即条件具备时事情不发生，条件不具备时事情才发生，我们把这种因果关系称为非逻辑。

图 2.1.3（a）是用以说明非逻辑的指示灯控制电路，当开关闭合时，灯不亮；而当开关不闭合时，灯亮。非运算的真值表如图 2.1.3（b）所示。

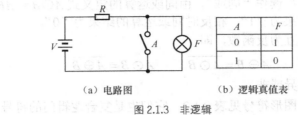

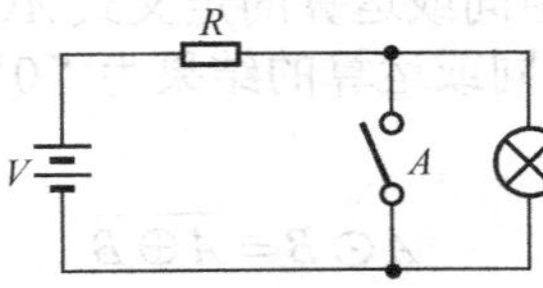

（a）电路图

A	F
0	1
1	0

（b）逻辑真值表

图 2.1.3 非逻辑

若用逻辑表达式来描述，则可写为

$$F = \overline{A}$$

非逻辑的算符用“¯”表示，读作“非”。

非运算的规则为

$$\overline{0} = 1 \quad \overline{1} = 0$$

4. 基本逻辑运算的图形符号

在数字电子技术中，与、或、非三种基本逻辑运算分别由与门、或门和非门（也叫反相器）实现。表 2.1.1 是三种基本逻辑运算的图形符号，也是逻辑门的符号。

表 2.1.1 三种基本逻辑运算的图形符号

	我国标准	美国标准	曾 用
与逻辑	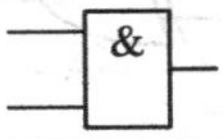	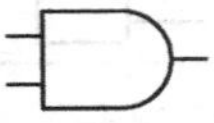	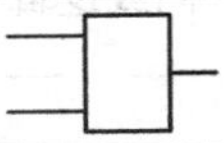
或逻辑	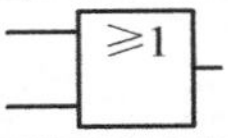	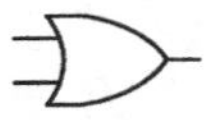	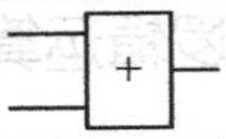
非逻辑	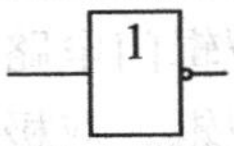	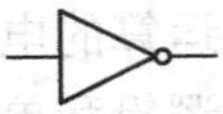	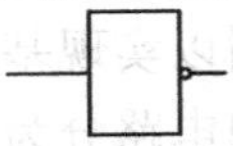

2.1.2 复合逻辑运算

单独运用上述与、或、非运算，只能解决与之相应的基本逻辑。求解复杂的逻辑问题需要综合运用上述基本运算，这就是所谓的复合运算。常用的复合运算及其相应的算式有以下几种。

或非运算：$F = \overline{A + B}$

与非运算：$F = \overline{AB}$

与或非运算：$F = \overline{AB + CD}$

异或运算：　$F = A \oplus B = \bar{A}B + A\bar{B}$

同或运算：　$F = A \odot B = AB + \bar{A}\bar{B}$

上述复合逻辑的运算顺序是先做单个变量的非运算，再做乘运算，然后做加运算，最后做连接多个变量上的非号运算。

异或运算的算符“⊕”读作“异或”。由异或运算的定义式 $A \oplus B = \bar{A}B + A\bar{B}$ 可知，两个变量相反时异或运算的结果为“1”，相同时异或运算的结果为“0”。

同或运算的算符“⊙”读作“同或”。由同或运算的定义式 $A \odot B = AB + \bar{A}\bar{B}$ 可知，两个变量相同时同或运算的结果为“1”，相反时同或运算的结果为“0”。

两变量的异或、同或互为反函数，即

$$A \oplus B = \overline{A \odot B} \qquad A \odot B = \overline{A \oplus B}$$

因此，有时也把同或称作异或非。

各种复合逻辑运算的图形符号见表 2.1.2，它们也是复合逻辑门的符号。

表 2.1.2　　**复合逻辑运算的图形符号**

	我国标准	美国标准	曾　用
与非逻辑	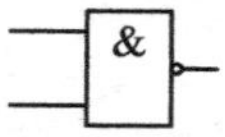	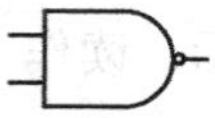	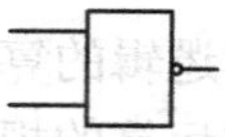
或非逻辑	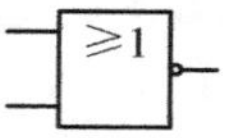	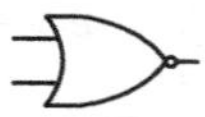	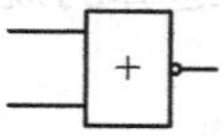
与或非逻辑	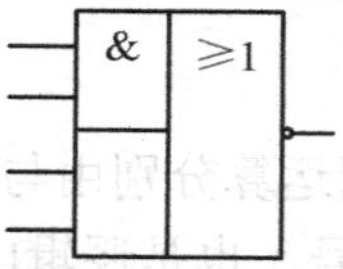	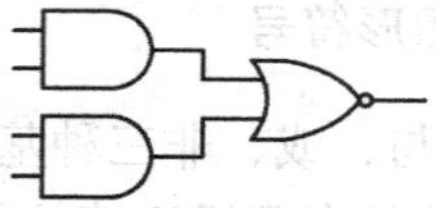	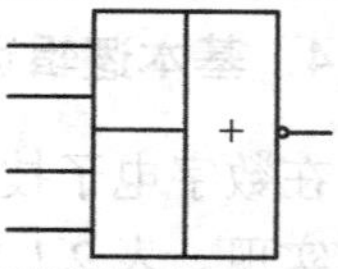
异或逻辑	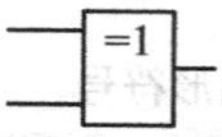	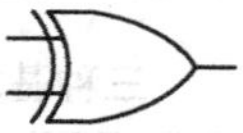	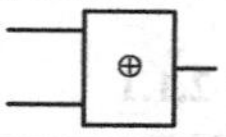
同或逻辑	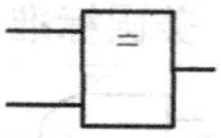	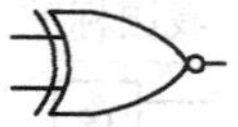	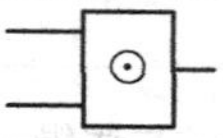

2.2　逻辑运算的电路实现

用以实现基本和常用逻辑运算的电子电路称为逻辑门电路，简称门电路。从制造工艺来看，门电路分为双极型晶体管逻辑和单极型晶体管逻辑。双极型晶体管是多数载流子和少数载流子同时参加导电的半导体器件。场效应晶体管在工作时只有一种载流子（多数载流子）起着运载电流的作用，所以场效应晶体管又称为单极型晶体管，也称为场效应管。场效应管与双极型晶体管相比有很多优点：它的输入偏流仅为 10^{-10}～10^{-12}A，且与工作电流大小无关，所以它的输入电阻高达 $10^{10}\Omega$ 以上；制造工艺简单，集成密度高，特别适用于大规模集成；热稳定性好，抗辐射能力强等。因此，场效应管已经成为集成电路的主流器件。

按照其结构，场效应管又可以分为结型场效应管（JFET）和绝缘栅场效应管（JGFET）两种。绝缘栅场效应管的栅极和沟道间隔了一层很薄的绝缘体，比起结型场效应管的反偏 PN 结来说，其输入阻抗更大（一般大于 $10^{12}\Omega$），而且功耗更低，集成度高，在大规模集成电路中得到了更为广泛的应用。本节只介绍由绝缘栅场效应管构成的典型集成逻辑门电路。

2.2.1 场效应管的开关特性

绝缘栅场效应管的绝缘层采用二氧化硅，各电极用金属铝引出，故又称为 MOS 管（Metal Oxide Semiconductor）。根据导电沟道不同，MOS 管可分为 N 沟道和 P 沟道两类，简称 NMOS 管和 PMOS 管。每一类又分为增强型和耗尽型两种。因此，MOS 管有四种类型：N 沟道增强型管、N 沟道耗尽型管、P 沟道增强型管和 P 沟道耗尽型管。数字电路中普遍采用增强型的 MOS 管。下面介绍增强型 MOS 管的原理及其开关特性。

N 沟道增强型绝缘栅场效应管的结构如图 2.2.1（a）所示。该类场效应管以一块掺杂浓度较低、电阻率较高的 P 型硅半导体薄片作为衬底，利用扩散工艺制作两个高掺杂的 N^+区，然后在 P 型硅表面制作一层很薄的二氧化硅绝缘层，并在二氧化硅的表面及两个 N^+区的表面上分别安置三个金属铝电极——栅极 G（Gate）、源极 S（Source）、漏极（Drain），就成了 N 沟道 MOS 管。

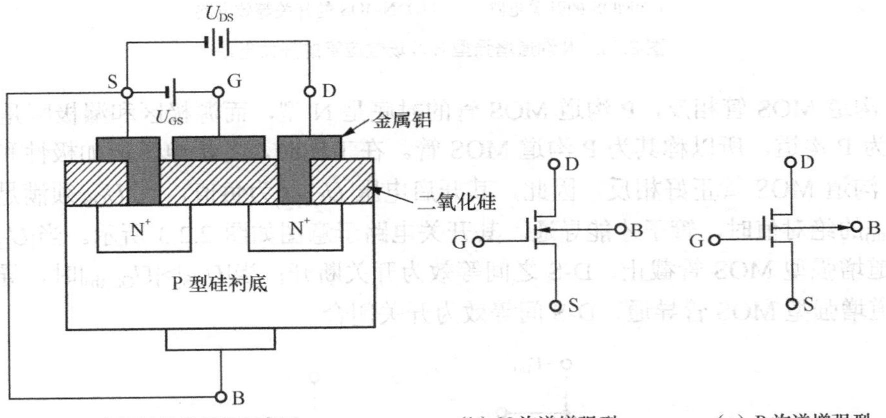

（a）N 沟道结构示意图　（b）N 沟道增强型　（c）P 沟道增强型

图 2.2.1　绝缘栅场效应管的结构和符号

由于栅极与源极、漏极均无电接触，故称“绝缘栅极”，图 2.2.1（b）是 N 沟道增强型绝缘栅场效应管的代表符号，图 2.2.1（c）是 P 沟道增强型绝缘栅场效应管的代表符号。和 N 沟道 MOS 管相反，P 沟道 MOS 管的衬底是 N 型，而源极区和漏极区是 P 型，在电路符号上是用衬底引线上箭头的方向区分两者。

N 沟道增强型 MOS 管在工作时，通常将源极与衬底相连并接地，在栅极和源极之间加正电压 U_{GS}，在漏极与源极之间加正电压 U_{DS}，如图 2.2.1（a）所示。如果栅极—源极之间不加电压，即 $U_{GS}=0$ 时，漏极—源极之间是两只背向的 PN 结，不存在导电沟道，因此，即使漏极—源极之间加上电压，D-S 间也不导通，呈现极大的截止内阻（一般在 $10^6\Omega$之上），MOS 管处于截止状态，因此可以把 D-S 间看成是断开的开关。当加上正电压 U_{GS} 后，由于源极和衬底相连，加在栅极和源极间的正电压同时也加到了栅极和衬底之间，并将产生一个电场，这个电场将排斥紧靠绝缘层表面的空穴，而把电子吸引到绝缘层表面。当 U_{GS} 足够大，在紧靠绝缘层的地方将形成一个薄薄的反型层（P 型转变成 N 型），它在两个 N^+区之间形成一个电子导电沟道，此沟道是电子作载流子，故称 N 沟道。形成这种沟道所需的栅源电压值称为阈值电压或开启电压，用 $U_{GS(th)}$表示。沟道形成后，如果让 U_{DS} 加上正电压，源极的自由电子将沿着沟道到达漏极，形成漏极电流。MOS 管进入导通状态，这时 D-S 间的导通电阻很小，通常在几十至几百欧以内，所以 D-S 间可以看成是接通的开关。

根据上面的分析，N 沟道增强型 MOS 管的开关特性总结如下。

当 $U_{GS}<U_{GS(th)}$时，N 沟道增强型 MOS 管截止，D-S 之间相当于开路，即等效为开关断开，漏极输出高电平；当 $U_{GS}\geqslant U_{GS(th)}$时，导电沟道形成，N 沟道增强型 MOS 管导通，忽略导通电阻，则 D-S 间相当于短路，即等效为开关闭合，输出近似为 0 的低电平。其开关电路示意图如图 2.2.2 所示。

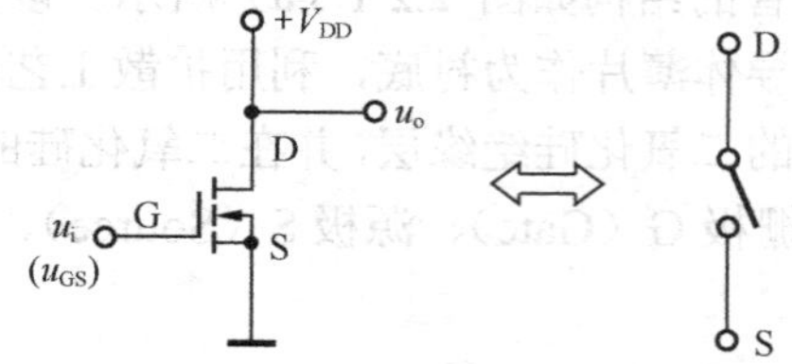

（a）NMOS 的开关电路　（b）NMOS 的开关等效电路

图 2.2.2　N 沟道增强型 MOS 场效应管的开关电路

和 N 沟道 MOS 管相反，P 沟道 MOS 管的衬底是 N 型，而源极区和漏极区是 P 型，其导电沟道为 P 沟道，所以称其为 P 沟道 MOS 管。在工作时，各极电压所加极性和漏极电流方向与 N 沟道 MOS 管正好相反。因此，其开启电压 $U_{GS(th)}$为负值，且 U_{GS} 须满足其绝对值大于 $U_{GS(th)}$的绝对值时，管子才能导通。其开关电路示意图如图 2.2.3 所示。当$|U_{GS}|<|U_{GS(th)}|$时，P 沟道增强型 MOS 管截止，D-S 之间等效为开关断开；当$|U_{GS}|>|U_{GS(th)}|$时，导电沟道形成，P 沟道增强型 MOS 管导通，D-S 间等效为开关闭合。

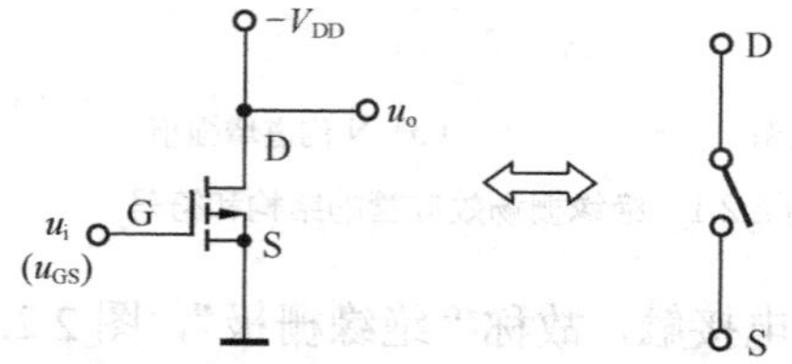

（a）PMOS 的开关电路　（b）PMOS 的开关等效电路

图 2.2.3　P 沟道增强型 MOS 场效应管的开关电路

理想的开关特性中，MOS 管在导通与截止两种状态之间瞬间完成转换，即转换时间为零，但事实上，两者之间发生转换时是需要时间的，这一动态特性主要取决于与电路有关的杂散电容充、放电所需的时间。图 2.2.4 给出了一个 NMOS 管组成的电路充放电示意图。当输入电压由高变低，MOS 管由导通状态变为截止状态时，电源 V_{DD} 通过漏极电阻 R_D 向杂散电容 C_L 充电，充电时间常数为 $\tau_1 = R_D C_L$，可见输出电压 U_o 要经过一定的时延才能由低电平变为高电平；当输入电压由低变高，MOS 管由截止状态变为导通状态时，杂散电容通过漏极和源极间的导通电阻 r_{ds} 进行放电，其放电时间常数为 $\tau_2 \approx r_{ds}C_L$。因此，输出电压 U_o 也要经过一段时间的时延才能由高电平变为低电平。但是由于 r_{ds} 远远小于 R_D，所以截止到导通的转换时间要比从导通到截止的转换时间短。

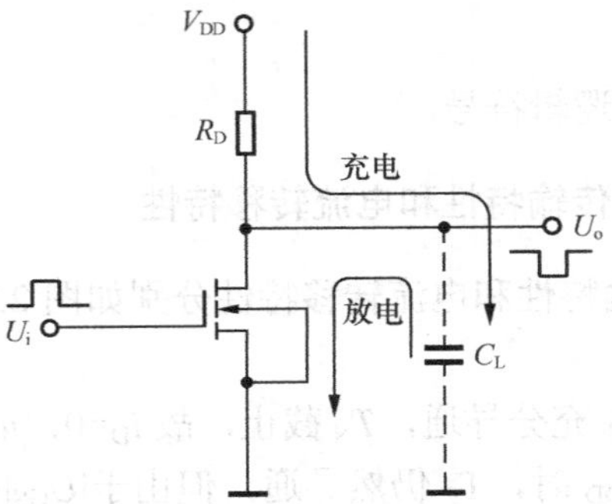

图 2.2.4　NMOS 开关电路的充放电示意图

2.2.2　CMOS 反相器

CMOS 是“互补金属氧化物半导体”（Complementary Metal Oxide semiconductor）的英文缩写。由于 CMOS 电路中巧妙地利用了 N 沟道增强型 MOS 管和 P 沟道增强型 MOS 管特性的互补性，因而不仅电路结构简单，而且在电气特性上也有突出的优点。因此 CMOS 电路的制作工艺在数字集成电路中得到了广泛的应用。

1．CMOS 反相器的电路及工作原理

CMOS 反相器（非门）是 CMOS 集成电路最基本的逻辑元件之一，其电路如图 2.2.5（a）所示，它是由一个增强型 NMOS 管 T_N 和一个 PMOS 管 T_P 按互补对称形式连接而成。

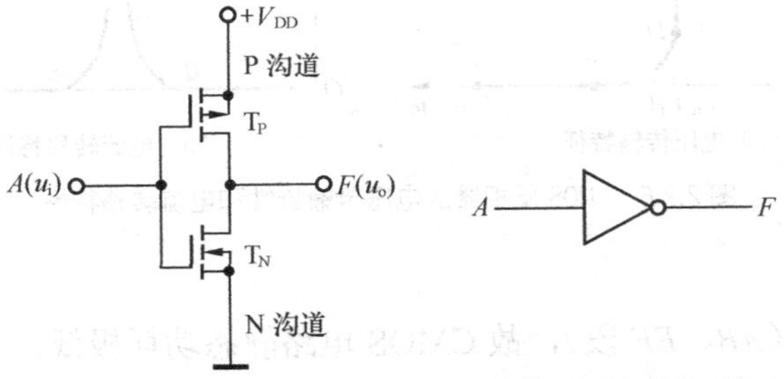

（a）电路　　（b）逻辑符号

图 2.2.5　CMOS 反相器

两管的栅极相连作为反相器的输入端，漏极相连作为输出端，T_P 管的衬底和源极相连后接电源 V_{DD}，T_N 管的衬底与源极相连后接地，一般地，$V_{DD}>(U_{TN}+|U_{TP}|)$（U_{TN} 和$|U_{TP}|$分别是 T_N 和 T_P 的开启电压）。

当输入电压 u_i=0V（低电平）时，对于 NMOS 管 T_N，$u_{GS}=0<U_{TN}$，T_N 截止，D-S 间相当于断开；而对于 PMOS 管，$|U_{GS}|=|-V_{DD}|>|U_{TP}|$，所以 PMOS 管 T_P 导通，D-S 间相当于短路。因此输出电压为 $u_o \approx V_{DD}$，输出高电平。

当输入电压 $u_i= V_{DD}$（高电平）时，对于 NMOS 管，$u_{GS}= V_{DD}>U_{TN}$，T_N 导通，D-S 间相当于短路；而对于 PMOS 管，$|U_{GS}|=0<|U_{TP}|$，所以 PMOS 管 T_P 截止，D-S 间相当于断开。因此输出电压为 u_o=0V，输出低电平。

可见此电路当输入为低电平时，输出为高电平；输入为高电平时，输出为低电平，从而

实现了逻辑“非”功能。

图 2.2.5（b）是反相器的逻辑符号。

2．CMOS 反相器的电压传输特性和电流转移特性

CMOS 反相器的电压传输特性和电流转移特性分别如图 2.2.6（a）和图 2.2.6（b）所示。这两种曲线可以分为五部分。

① AB 段：$u_i<U_{TN}$ 时，T_P 充分导通，T_N 截止，故 $i_D=0$，$u_o=V_{DD}$。

② BC 段：$U_{TN}<u_i<0.5V_{DD}$ 时，T_P 仍然导通，但由于$|U_{GS}|$有所下降，所以其导通电阻升高；T_N 此时开始导通，由于 U_{GS} 较低，其导通电阻仍然较高。因此，i_D 开始形成，且随着 u_i 的增加而增加，u_o 有所下降。

③ CD 段：$u_i\approx0.5V_{DD}$ 时，T_P、T_N 均导通；当 $u_i=0.5V_{DD}$ 时，两者导通程度相同，$u_o=0.5V_{DD}$，i_D 达到最大值。若 u_i 此时有略微的变化，u_o 和 i_D 就会有很大的变化。

④ DE 段：与 BC 段类似。

⑤ EF 段：与 AB 段类似。

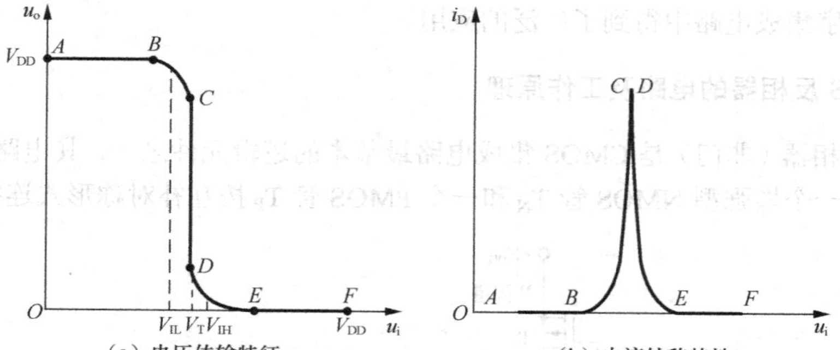

图 2.2.6　CMOS 反相器的电压传输特性和电流转移特性

由此可以看出：

① 静态时，$i_D=0$（*AB*、*EF* 段），故 CMOS 电路静态功耗极低。

② 假设 V_{OL} 和 V_{OH} 是反相器的额定输出低电平和高电平，则 $V_{OL}=0V$，$V_{OH}=V_{DD}$。同时假设 V_{IL} 和 V_{IH} 是反相器输入端的阈值电压，则当反相器的输入 $u_i\leqslant V_{IL}$ 时，反相器输出为高电平；当 $u_i\geqslant V_{IH}$ 时，反相器输出为低电平；当 $V_{IL}\leqslant u_i\leqslant V_{IH}$ 时，电路处于不定态。可见，V_{IL} 是保证可靠的逻辑“1”状态 CMOS 反相器的最大输入电压，V_{IH} 是保证可靠的逻辑“0”状态 CMOS 反相器的最小输入电压。于是，定义噪声容限如下。

低电平噪声容限：　　　$NM_L=V_{IL}-0=V_{IL}$

高电平噪声容限：　　　$NM_H=V_{DD}-V_{IH}$

因此，CMOS 电路的噪声容限较高，而且只要提高电源电压 V_{DD}，即可提高电路的抗干扰能力。

另外，由于在过渡区域，传输特性变化比较急剧，人们通常近似取阈值电压为 $V_T=\frac{1}{2}V_{DD}$，近似认为在 $u_i=V_T$ 处，输出端发生高低电平的转换。

3. CMOS 反向器的输出特性

当输入电压为高电平 V_{DD} 时，T_P 管截止，T_N 管导通，输出电压为低电平。此时，负载电流 I_{OL} 灌入 T_N 管，如图 2.2.7（a）所示。灌入的电流就是 N 沟道管的 I_{DN}，输出特性曲线如图 2.2.7（b）所示。可见，输出电平 V_{OL} 随着 I_{OL} 增加而提高，而在同样的 I_{OL} 下，V_{DD} 越高，V_{GSN} 越大，R_{ON} 越小，V_{OL} 越低。

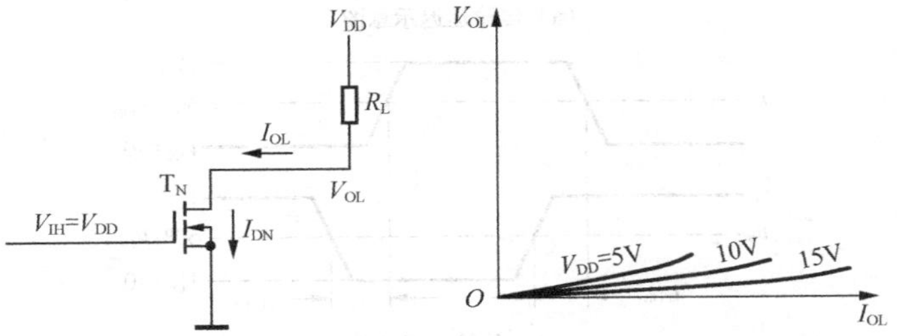

（a）灌电流示意图　（b）低电平输出特性

图 2.2.7　CMOS 反相器输出为低电平时的输出特性

当输入电压为低电平时，T_P 管导通，T_N 管截止，输出高电平。此时，负载电流是拉电流，如图 2.2.8（a）所示。输出电压 $V_{OH}=V_{DD}-V_{DSP}$，拉电流 $I_{OH}=I_{DP}$，输出特性曲线如图 2.2.8（b）所示。可见，在同样的 I_{OH} 下，V_{DD} 越高，$|V_{GSP}|$ 越大，R_{ON} 越小，T_P 上的导通压降越小，V_{OH} 下降得越少。

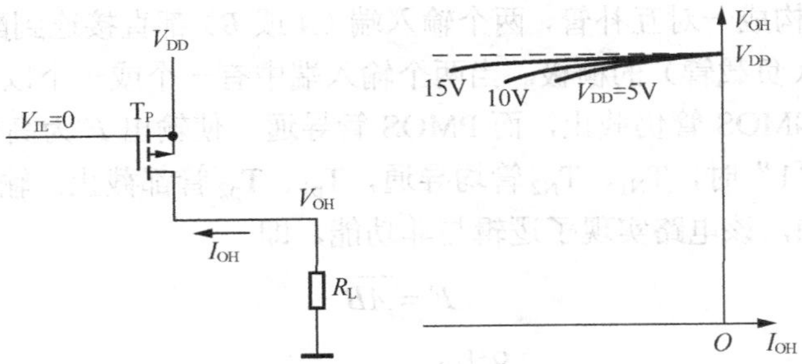

（a）拉电流示意图　（b）高电平输出特性

图 2.2.8　CMOS 反相器输出为高电平时的输出特性

4. CMOS 反向器的传输延迟时间

由场效应管的开关特性可知，场效应管导通和截止过程的转换需要一定的时间。CMOS 反相器的输入信号发生变化时，输出信号的变化滞后于输入信号，如图 2.2.9 所示。我们把 u_i 上升沿的中点与 u_o 下降沿的中点的时间间隔记为 t_{PHL}，把 u_i 下降沿的中点与 u_o 上升沿的中点的时间间隔记为 t_{PLH}，则 t_{PHL} 和 t_{PLH} 的平均值称为 CMOS 反相器的平均传输延迟时间。它是衡量门电路开关速度的一个重要指标。一般情况下，t_{PHL} 和 t_{PLH} 主要是由于负载电容的充放电所产生的，为了缩短传输延迟时间，必须减小负载电容和 MOS 管的导通电阻。

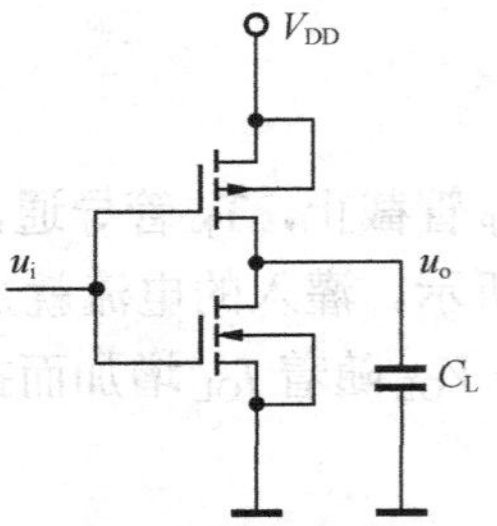

（a）传输延迟示意图

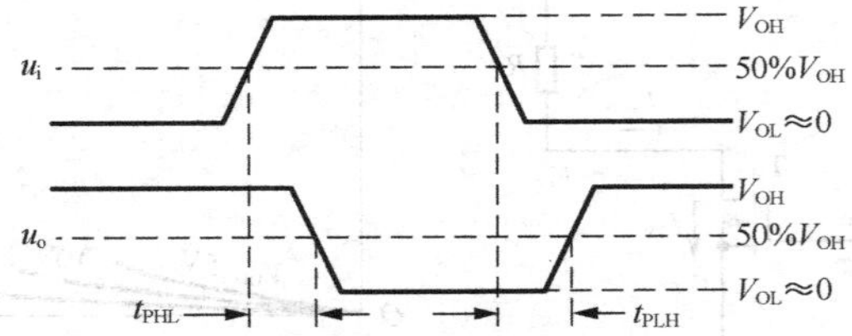

（b）传输延迟特性

图 2.2.9　CMOS 反相器的传输延迟特性

2.2.3　其他类型的 CMOS 门电路

1．CMOS 与非门电路

CMOS 与非门电路如图 2.2.10 所示，设 CMOS 管的输出高电平为“1”，低电平为“0”，图中 T_{N1}、T_{N2} 为两个串联的 NMOS 管，T_{P1}、T_{P2} 为两个并联的 PMOS 管，T_{N1}、T_{P1} 构成一对互补管，T_{N2}、T_{P2} 构成一对互补管，两个输入端（*A* 或 *B*）都直接连到配对的 NMOS 管（驱动管）和 PMOS 管（负载管）的栅极。当两个输入端中有一个或一个以上为低电平“0”时，与低电平相连接的 NMOS 管仍截止，而 PMOS 管导通，使输出 *F* 为高电平；只有当两个输入端同时为高电平“1”时，T_{N1}、T_{N2} 管均导通，T_{p1}、T_{p2} 管都截止，输出 *F* 为低电平。

由以上分析可知，该电路实现了逻辑与非功能，即

$$F = \overline{AB}$$

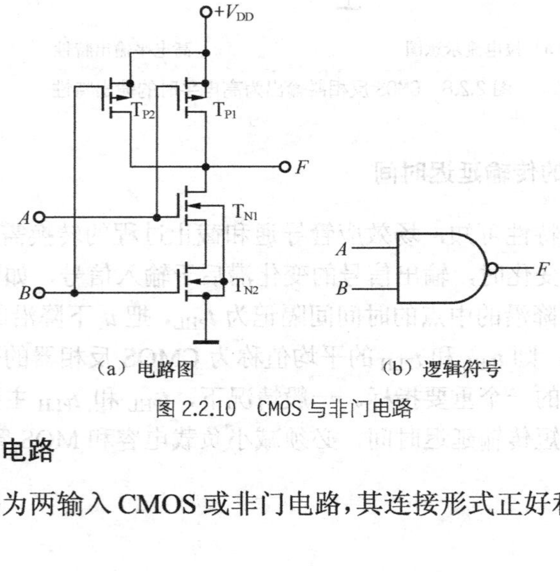

（a）电路图　　　　（b）逻辑符号

图 2.2.10　CMOS 与非门电路

2．CMOS 或非门电路

图 2.2.11 所示电路为两输入 CMOS 或非门电路，其连接形式正好和与非门电路相反，T_{N1}、

T_{N2} 两个 NMOS 管是并联的，作为驱动管，T_{P1}、T_{P2} 两个 PMOS 管是串联的，作为负载管，两个输入端 A、B 仍接至 NMOS 管和 PMOS 管的栅极。

其工作原理是：当输入端 A、B 中只要有一个或一个以上为高电平“1”时，与高电平直接连接的 NMOS 管 T_{N1} 或 T_{N2} 就会导通，PMOS 管 T_{P1} 或 T_{P2} 就会截止，因而输出 F 为低电平；只有当两个输入均为低电平“0”时，T_{N1}、T_{N2} 管才截止，T_{P1}、T_{P2} 管都导通，故输出 F 为高电平“1”，因而实现了或非逻辑关系，即

$$F = \overline{A + B}$$

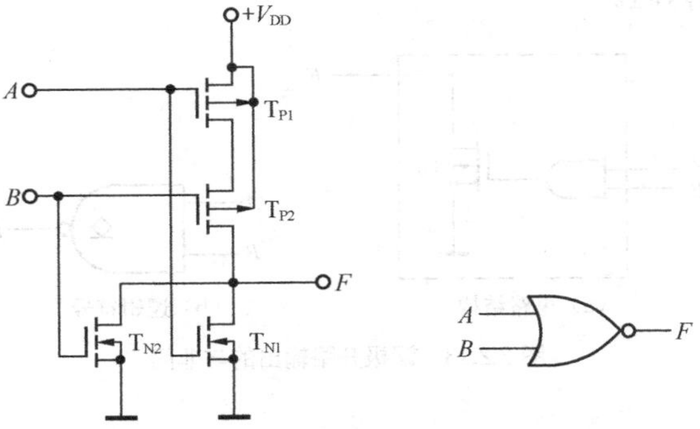

（a）电路图　　　　（b）逻辑符号

图 2.2.11　CMOS 或非门电路

3. CMOS 传输门电路

CMOS 传输门也是 CMOS 集成电路的基本单元，其功能是对所要传送的信号电平起允许通过或者禁止通过的作用。

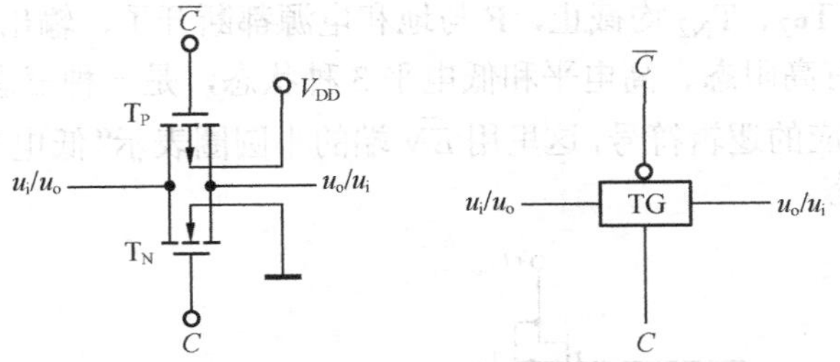

（a）电路图　　　　（b）逻辑符号

图 2.2.12　CMOS 传输门电路

CMOS 传输门的基本电路及逻辑符号如图 2.2.12 所示，它是由一只增强型 NMOS 管 T_N 和一只增强型 PMOS 管 T_P 接成的双向开关，其开关状态由加在 C 端和 $\overline{C}$ 端的控制信号决定。

当 $C = 0V$（低电平“0”）时，两个 MOS 管同时截止，u_o 无输出信号，该传输门停止工作。当 $C = V_{DD}$（高电平“1”）时，双向传输门开始工作。u_i 在 $0 \sim V_{DD}$ 间变化时，T_P 和 T_N 中至少有一个导通，因此 $u_o = u_i$，相当于传输门导通，信号可以通过。输入输出可以互换使用，因此这是一个双向器件。

双向传输门的用途很广泛，可以构成各种复杂的逻辑电路，如数据选择器、计数器、寄

存器等。

4．漏极开路的 CMOS 门（OD 门）

在 CMOS 门电路的输出结构中，有一种漏极开路输出结构（Open Drain），这种输出结构的门电路称为 OD 门。图 2.2.13 是漏极开路输出与非门的电路结构和逻辑符号。从它的输出端看进去是一只漏极开路的 MOS 管。人们用与非门逻辑符号里面的菱形标记表示它是开路输出结构，同时用菱形下面的短横线表示当输出为低电平时输出端的 MOS 管是导通的，门电路的输出电阻为低内阻。

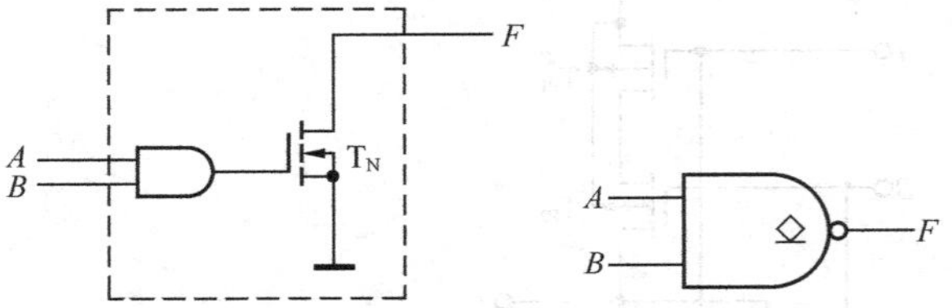

（a）电路结构　　（b）逻辑符号

图 2.2.13　漏极开路输出的与非门

5．CMOS 三态输出门电路

在三态输出的门电路中，输出端除了有高电平和低电平两种可能的状态外，还有第三种可能的状态——高阻态。CMOS 三态门实现的方法很多，图 2.2.14（a）是三态输出反相器的一种典型电路结构。

其工作原理如下。

① 当 $\overline{EN}=0$ 时，T_{P2}、T_{N2} 均导通，T_{P1}、T_{N1} 构成反相器，$F=\overline{A}$。

② 当 $\overline{EN}=1$ 时，T_{P2}、T_{N2} 均截止，F 与地和电源都断开了，输出端呈现为高阻态。

可见电路的输出有高阻态、高电平和低电平 3 种状态，是一种三态门。

图 2.2.14(b)是对应的逻辑符号，这里用 $\overline{EN}$ 端的小圆圈表示"低电平有效"，即 $\overline{EN}=0$时，电路处于反相工作状态。

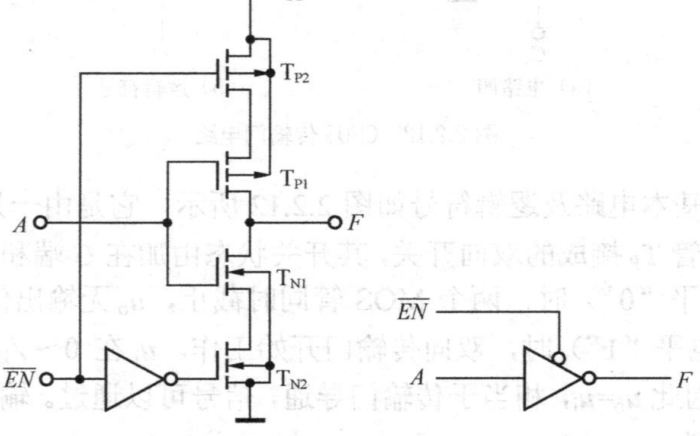

（a）电路图　　（b）逻辑符号

图 2.2.14　CMOS 三态输出门电路

在反相器、与非门和或非门这三种基本电路结构的基础上，可以组成其他一些逻辑功能的门电路和更复杂的逻辑电路。例如，在与非门的输出端再接入一级反相器就可得到与门，在或非门的输出端再接入一级反相器就可得到或门。有时还在反相器的输出端再接入一级反相器，构成不反相的缓冲器（也叫同相缓冲器）。同相缓冲器不作任何逻辑运算，用于集成电路芯片内部电路与引出端之间的隔离。

2.3 逻辑运算的公式

逻辑运算的公式分为基本公式和常用公式两大类，其中常用公式是由基本公式推导而得，使用常用公式可以提高逻辑函数化简的速度。

2.3.1 基本公式

逻辑运算的基本公式共有 17 个，见表 2.3.1。

表 2.3.1　　逻辑运算的基本公式

基本公式名称	基本公式	
自等律	$A+0=A$	$A\cdot 1=A$
吸收律	$A+1=1$	$A\cdot 0=0$
重叠律	$A+A=A$	$A\cdot A=A$
互补律	$A+\overline{A}=1$	$A\cdot\overline{A}=0$
还原律	$\overline{\overline{A}}=A$	
交换律	$A+B=B+A$	$A\cdot B=B\cdot A$
结合律	$A+B+C=(A+B)+C$ $=A+(B+C)$	$A\cdot B\cdot C=(A\cdot B)\cdot C$ $=A\cdot(B\cdot C)$
分配律	$A\cdot(B+C)=AB+AC$	$A+B\cdot C=(A+B)\cdot(A+C)$
反演律	$\overline{A+B}=\overline{A}\cdot\overline{B}$	$\overline{A\cdot B}=\overline{A}+\overline{B}$

表 2.3.1 中各公式说明如下。

自等律和吸收律是变量和常量间的运算规则。自等律指出任何逻辑值加上“0”或乘以“1”都等于原值不变；吸收律则说明变量与“1”相加或与“0”相乘将分别被“1”或“0”所吸收。

重叠律指出，一个变量多次相加或自乘结果仍为原来的变量。这说明逻辑代数中不存在倍乘和幂运算。重叠律又称同一律。

互补律指出，互补的变量其和为“1”，其积为“0”。

还原律指出，变量经过二次求反运算以后将还原为原来变量。

交换律、结合律和普通代数中的交换律、结合律相同；乘对加的分配律也和普通代数中乘对加的分配律相同。需要注意的是加对乘的分配律，即 $A+BC=(A+B)(A+C)$ 在普通代数中不成立，但在逻辑代数中是正确的，容易被忽视。

反演律又称德 • 摩根（De Morgan）定理。变量 A 求反后记作 $\overline{A}$，A 称为原变量，$\overline{A}$ 称

为反变量。反演律指出，对变量之和求反等于反变量之积；对变量之积求反等于反变量之和。反演律推广到多个变量的情况下仍然正确。

在表 2.3.1 中，右列公式和左列公式存在对偶关系（后述）。

基本公式的正确性可以用列真值表的办法予以证明。

例 2.3.1 试用真值表证明公式：$A+BC=(A+B)(A+C)$。

解：列真值表，见表 2.3.2。

表 2.3.2 **例 2.3.1 的函数真值表**

A	B	C	$A+BC$	$(A+B)(A+C)$
0	0	0	0	0
0	0	1	0	0
0	1	0	0	0
0	1	1	1	1
1	0	0	1	1
1	0	1	1	1
1	1	0	1	1
1	1	1	1	1

因为 $A+BC$ 和 $(A+B)(A+C)$ 的真值表相同，所以公式成立。

2.3.2 常用公式

常用公式可由基本公式推导而得，使用这些公式可以提高逻辑函数化简的速度。

1. 合并相邻项公式 $AB+A\overline{B}=A$

只有一个变量互补而其余部分都相同的两个积项称为相邻项。两个相邻的积项相加可以消去互补的部分而合并为共有的部分。

利用代入规则（后述），可将公式中的变量推广到代数式，使公式推广使用。如：

$$ABCD+AB\overline{CD}=AB$$

下述其他公式同样可用代入规则使其推广使用。

2. 消项公式 A+AB=A

两个积项相加时，如果一个积项恰为另一个积项的因子，则该积项可消去以它为因子的积项。推广举例：

$$AB+ABCD=AB$$

3. 消去互补因子公式 $A+\overline{A}B=A+B$

两个积项相加时，如果一个积项和另一个积项中的某个因子互补，则该“某个因子”是多余的，可以舍去。推广举例：

$$AB+\overline{AB}CD=AB+CD$$

4．多余项（生成项）公式 $AB+\overline{A}C+BC=AB+\overline{A}C$

三个积项相加时，如果在其中的两个积项中有互补部分，而该两项的其余部分相乘恰好又构成了第三项，则该第三项是多项的（称为多余项或生成项）。推广举例：

$$AB+\overline{A}C+BCDEF=AB+\overline{A}C$$

以上公式都可以写成对偶形式，用于或与式的化简。

2.4 逻辑运算的基本规则

逻辑运算中包含三种基本规则：代入规则、反演规则和对偶规则。下面将一一介绍这几种基本规则。

2.4.1 代入规则

代入规则适用于等式。

设有等式 $F_1(x_1,x_2,\cdots,x_n)=F_2(x_1,x_2,\cdots,x_n)$，并有函数 G。将 G 代入等式两边的 x_1，则有

$$F_1(G,x_2,\cdots,x_n)=F_2(G,x_2,\cdots,x_n)$$

代入规则可叙述为：对于一个等式，如在等式两边所有出现某个变量的地方，都用同一个函数代入，则等式仍成立。

例 2.4.1 若 $\overline{A+B}=\overline{A}\cdot\overline{B}$，$F=B+C$，利用代入规则进行变换。

解：将等式两边的 B 用 F 代入，则有

$$\overline{A+B+C}=\overline{A}\cdot\overline{B+C}=\overline{A}\cdot\overline{B}\cdot\overline{C}$$

代入规则之所以能成立，是因为函数和变量的取值同样只能是“0”或“1”。

使用代入规则时应注意在等式中凡有所要代换的变量出现的地方都要用函数代替，尤其不要忘记代入非号下应被代换的变量。

利用代入规则可以将基本公式推广为更多变量的形式。

2.4.2 反演规则

对函数 F 求反称为反演，F 称为原函数，求反后的函数记作 $\overline{F}$，称为反函数。反函数和原函数对于输入变量的任何取值组合，其函数值都相反。

反演规则可以叙述为：求一个函数 F 的反函数 $\overline{F}$，只要将原函数式中所有的变量原、反互换，所有的算符“•”、“+”互换，所有的常量“0”、“1”互换即可。

例 2.4.2 若 $F=A+BC+1$，则 $\overline{F}=\overline{A}\cdot(\overline{B}+\overline{C})\cdot 0$。

例 2.4.3 若 $F=A\overline{BC}+\overline{B+C}\cdot D+E$，则 $\overline{F}=(\overline{A}+\overline{\overline{B}+\overline{C}})\cdot(\overline{\overline{B}\cdot\overline{C}}+\overline{D})\cdot\overline{E}$。

使用反演规则应注意：

① 反演前后，对应变量运算顺序的先后不应改变。为此，变换前的与项变成或项以后需加括号，如例 2.4.2 中的 $(\overline{B}+\overline{C})$。

② 反演时，不是单个变量上的非号（或说连接多个变量的非号、跨越运算符号的非号）应保留，如例 2.4.3 中的 $\overline{BC}$ 和 $\overline{B+C}$ 上方的非号在反演式中仍然保留。

德·摩根定律是反演规则的特例，两者都可以用来求取反函数。

2.4.3 对偶规则

对于任意一个逻辑函数 F，如果将函数式中所有的算符“·”、“+”互换，所有的常量“0”、“1”互换，就可得到一个新的函数，该函数称为原函数的对偶函数，记作 F'。

例 2.4.4 若 $F = A(B+\overline{C})$，则 $F' = A + B\overline{C}$；若 $F = A + B\overline{C}$，则 $F' = A\cdot(B+\overline{C})$。

使用对偶规则时应注意：

① 求 F' 时，变量不作原反互换，否则就变为求 $\overline{F}$。

② 对偶前后，对应变量的运算顺序也应保持不变（同反演律）。

此外，常有以下关系：

① $(F')' = F$。

② 若 $F = G$，则 $F' = G'$；若 $F' = G'$，则 $F = G$。

对偶规则可用于等式的证明，当不易证明某一等式时，只要能证明相应的对偶式相等即可确认原等式也成立。

使用对偶式可以推广已有的公式，以增加公式的数量，如表 2.3.1 逻辑代数的基本公式中，右列公式即是左列公式的对偶式。

另外，将 F' 中的变量原反互换后即可得 $\overline{F}$；反之，将 $\overline{F}$ 中的变量原反互换后即可得 F'。

2.5 逻辑函数的标准形式

逻辑函数的一般形式具有多样性，而标准形式具有唯一性，它们和真值表有严格的对应关系。逻辑函数的标准形式（标准表达式）有最小项表达式和最大项表达式两种。这里将以最小项表达式为例进行介绍。

1．最小项、最小项表达式

逻辑函数的最小项是一个乘积项，在该乘积项中逻辑函数的所有变量都要以原变量或反变量的形式出现一次，而且只能出现一次。例如，对于三变量函数 $F(A,B,C)$，ABC 和 $\overline{A}BC$ 便是两个最小项。最小项可以用符号 m_i 表示，其中 m 表示最小项，i 是最小项的编号。i 等于把该最小项中的变量按 $F(A,B,C\cdots)$中括号内的变量排列顺序，即自左向右为 A，B，$C\cdots$ 的次序排列后，再把原变量用“1”表示，反变量用“0”表示后组成的二进制数的十进制值。例如，对于函数 $F(A,B,C)$中的最小项 $A\overline{C}B$，把该最小项中的变量按 A,B,C 的顺序排列后得最小项 $AB\overline{C}$，再把原变量用“1”表示，反变量用“0”表示得到二进制数 110，因此，$i = 6$，所以该最小项可记作 m_6。

表 2.5.1 列出了三变量函数 $F(A,B,C)$的 8 个取值组合及与之对应的 8 个最小项。

表 2.5.1　　三变量函数 $F(A,B,C)$的最小项

ABC 的取值	000	001	010	011	100	101	110	111
对应的最小项	$\overline{A}\overline{B}\overline{C}$ (m_0)	$\overline{A}\overline{B}C$ (m_1)	$\overline{A}B\overline{C}$ (m_2)	$\overline{A}BC$ (m_3)	$A\overline{B}\overline{C}$ (m_4)	$A\overline{B}C$ (m_5)	$AB\overline{C}$ (m_6)	ABC (m_7)

函数的最小项表达式是指每个与项都是最小项的与或表达式，也称标准与或式。下述①、②、③、④式是最小项表达式的几种不同表达形式：

$$F(A,B,C)=\overline{A}\overline{B}\overline{C}+\overline{A}B\overline{C}+A\overline{B}\overline{C}\cdots\cdots①$$
$$=m_0+m_2+m_4\cdots\cdots②$$
$$=\sum(m_0,m_2,m_4)\cdots\cdots③$$
$$=\sum m(0,2,4)\cdots\cdots④$$

2．最小项的主要性质

最小项具有以下几个主要的性质。

① 对于任意一个最小项，在该函数自变量的所有取值组合中，只有一组取值组合能使该最小项的值为 1，其余所有的各组取值组合均使该最小项的值为 0。例如，对于$\overline{A}\overline{B}\overline{C}$，只有$ABC=000$，才能使其值为 1，$ABC$ 的 i 其余取值组合均使其值为 0。由于输入变量变化时，使最小项等于 1 的机会最小，故曰最小项。

② $\sum_{i=0}^{2^n-1} m_i=1$（n 为函数的变量数）。此式表明，如果在一个具有 n 个变量的函数的最小项表达式中包含了所有的 2^n 个最小项，则其函数值恒为 1。

③ $m_i\cdot m_j=0$(i和j为满足$0\leqslant i(j)\leqslant 2^n-1$的正整数，且$i\neq j$)。

④ $m_i\cdot\overline{m_j}=m_i$($i$和$j$为满足$0\leqslant i(j)\leqslant 2^n-1$的正整数，且$i\neq j$)。

⑤ 若 $F=\sum m_j$，则 $\overline{F}=\sum m_k$（k 为 0 ~2^n–1 中除了 j 以外的所有正整数）。

例如，$F(A,B,C)=\Sigma(0,1,2)$，则 $\overline{F}(A,B,C)=\sum(3,4,5,6,7)$。

⑥ 若 $\overline{F}=\sum m_j$,则$F'=\sum m_k[k=(2^n-1)-j]$。

上式表明，对于一个函数的反函数和对偶函数的最小项表达式，两者项数相同，且两者最小的编号以（2^n–1）为补。其中，n 为函数的变量数。

例如，$\overline{F}(A,B,C)=\sum m(0,1,2)$,则$F'(A,B,C)=\sum m(7,6,5)$。

3．写出最小项表达式的方法

写出最小项表达式通常有两种方法，一种是用公式法，一种是根据真值表写出最小项表达式。

公式法即先把函数的一般表达式转换成与或式，然后利用公式 $A+\overline{A}=1$，把非最小项拆项成最小项即可。

例 2.5.1 把 $F(A,B,C)=(A\overline{B}+\overline{A}B)C+AB$ 变换成最小项表达式。

解：
$$F(A,B,C)=(A\overline{B}+\overline{A}B)C+AB$$
$$=A\overline{B}C+\overline{A}BC+AB$$
$$=A\overline{B}C+\overline{A}BC+AB(C+\overline{C})$$
$$=A\overline{B}C+\overline{A}BC+ABC+AB\overline{C}$$

由真值表写出最小项表达式的方法是：真值表中所有使函数值为 1 的取值组合对应的各最小项之和即函数的最小项表达式。

例 2.5.2 将表 2.5.2 的真值表所表示的逻辑函数用最小项表达式来表示。

表 2.5.2　例 2.5.2 的函数真值表

输入		输出
A	B	F
0	0	1
0	1	0
1	0	1
1	1	0

解：最小项表达式为

$$F(A,B)=\overline{A}\overline{B}+A\overline{B}=m_0+m_2$$

2.6　逻辑函数的化简

逻辑函数简单，实现该函数的电路也比较简单，既能节省材料且工作也可靠。未经化简的逻辑函数往往比较复杂，在用电路实现函数之前，首先要化简表达式。

表达式最简的标准是：① 表达式中的项数最少；② 每项中的变量数最少；③ 当要求电路的工作速度较高时，应在考虑级数最少的前提下按标准①、②的要求进行化简。满足以上条件的表达式就是最简表达式，用门电路实现时使用的器件和连线都将最少，有利于降低成本和提高工作的可靠性。

逻辑函数的最简表达式有最简与或式和最简或与式两种。本节主要介绍把表达式化简为最简与或式，其原因主要有以下三方面。

① 逻辑函数的公式主要以与或形式表示，可以较方便地用于与或式的化简。

② 与非门是最常用的器件，可以构成各种所需的电路。最简与或式可以方便地经二次求反以后转换成与非—与非式而用二级与非门实现。

③ 最简与或式可以方便地转换成其他类型的表达式而用其他逻辑门实现。（但需注意，当用最简与或式直接转换成其他表达式时，有时所得结果并非最简。）

由最简标准可知，把函数化简为最简与或式就是要消去多余的乘积项和乘积项中多余的变量。化简的方法有公式法和卡诺图法两种。

2.6.1　公式法化简

公式化简法即灵活利用逻辑代数的基本公式和常用公式，对逻辑函数进行化简。化简过程中有一定的技巧。

1. 与或式的化简

（1）相邻项合并法

利用合并相邻项公式 $AB+A\overline{B}=A$ 把两个相邻项合并为一项（消去互补变量合并为一个由公有变量构成的积项）。

例 2.6.1　$F(A,B,C,D)=AB+CD+A\overline{B}+C\overline{D}=(AB+A\overline{B})+(CD+C\overline{D})=A+C$

例 2.6.2　$F(A,B,C)=A\overline{B\overline{C}}+AB\overline{C}=A$

（2）消项法

利用消项公式 $A+AB=A$ 或多余项公式 $AB+\overline{A}C+BC=AB+\overline{A}C$ 消去多余项。

例 2.6.3　$A\overline{B}+A\overline{B}CD(E+F)=A\overline{B}$

例 2.6.4　$A\overline{B}+BD+BCD=A\overline{B}+BD$

（3）消去互补因子法

利用消去互补因子公式 $A+\overline{A}B=A+B$ 消去较长的乘积项中的互补因子。

例 2.6.5　$\overline{A}+A\overline{BC}D+B=\overline{A}+\overline{BC}D+B=\overline{A}+\overline{C}D+B$

（4）拆项法

利用互补律 $x+\overline{x}=1$，把式中某项乘以 $x+\overline{x}$，使该项拆为两项，再利用前述三种方法和其他项合并以达到简化目的。需要说明的是，所拆得的项应能和其他项合并，避免因拆项反而增加了项数或变量数。

例 2.6.6

$$\begin{aligned}A\overline{B}+B\overline{C}+\overline{B}C+\overline{A}B &= A\overline{B}+B\overline{C}+(A+\overline{A})\overline{B}C+(C+\overline{C})\overline{A}B\\ &= A\overline{B}+B\overline{C}+A\overline{B}C+\overline{A}\overline{B}C+\overline{A}BC+\overline{A}B\overline{C}\\ &= (A\overline{B}+A\overline{B}C)+(B\overline{C}+\overline{A}B\overline{C})+(\overline{A}\overline{B}C+\overline{A}BC)\\ &= A\overline{B}+B\overline{C}+\overline{A}C\end{aligned}$$

（5）添项法

① 有时，我们可以根据公式 $A+A=A$，重写某一项有利于化简。

例 2.6.7　$\overline{A}B\overline{C}+\overline{A}BC+ABC=(\overline{A}B\overline{C}+\overline{A}BC)+(\overline{A}BC+ABC)=\overline{A}B+BC$

② 有时，可以利用多余项公式增写多余项，所增写的多余项至少应吸收掉一个比多余项变量数更多的乘积项或者和其他项合并成一个比多余项变量数更少的积项，从而达到化简的目的。

例 2.6.8

$$\begin{aligned}F(A,B,C) &= A+\overline{B}C+\overline{B}D+B\overline{D}+B\overline{C}\\ &= A+\overline{B}D+B\overline{C}+\overline{B}C+B\overline{D}+C\overline{D} && \text{（}C\overline{D}\text{是增加的多余项）}\\ &= A+\overline{B}D+B\overline{C}+\overline{B}C+C\overline{D} && \text{（利用}C\overline{D}\text{吸收掉}B\overline{D}\text{项）}\\ &= A+\overline{B}D+B\overline{C}+C\overline{D} && \text{（利用}C\overline{D}\text{吸收掉}\overline{B}C\text{项）}\end{aligned}$$

（6）综合法

综合运用上述各法和各种公式、定律、规则进行化简。

2．或与式的化简

或与式的化简原则上可利用或与形式的公式，但在对或与形式的公式不熟练的情况下往往采用二次对偶法更为方便。

二次对偶法：

F	$\xrightarrow{\text{一次对偶}}$	F'	$\xrightarrow{\text{二次对偶}}$	F
或与式（未化简）		与或式（进行化简）		或与式（已化简）

例 2.6.9　把 $F(A,B,C)=(A+B+C)(A+B+\overline{C})$ 化为最简或与式。

解： $F'(A,B,C)=ABC+AB\overline{C}$ （一次对偶）

$=AB$ （进行化简）

$F=(F')'=(AB)'=A+B$ （二次对偶）

2.6.2 卡诺图法化简

公式化简法有一定的技巧，不易判断是否已经是最简表达式。卡诺图化简法简单直观，有一定的步骤和方法，很容易判断结果是否是最简。但它仅适合变量个数较少的情形，多用于四变量及四变量以下函数的化简。

1. 逻辑函数的卡诺图表示

（1）卡诺图的结构

所谓卡诺图实际上就是一张特殊结构的格图形式的真值表。例如，图 2.6.1（a）所示真值表也可以改画成图 2.6.1（b）的形式，图（b）就是图（a）函数的卡诺图。作卡诺图时，变量被分割成两组写在格图的左上角，变量对应的取值按循环码的变化规律写在格图的左侧和上方。

输入			输出
A	B	C	F
0	0	0	0
0	0	1	1
0	1	0	0
0	1	1	0
1	0	0	1
1	0	1	0
1	1	0	1
1	1	1	1

(a) 真值表

A \ BC	00	01	11	10
0	0	1	0	0
1	1	0	1	1

(b) 卡诺图

图 2.6.1 函数的真值表和卡诺图

（2）卡诺图和最小项的关系

卡诺图可以看成是最小项的方块图。每个小格代表一个最小项，该最小项的序号为该小格对应的取值组合组成的二进制数的十进制值。三变量最小项在卡所诺图上的位置如图 2.6.2 所示。由图可见，卡诺图中几何上相邻的小格（也包括每行、每列的首尾两格）所代表的最小项逻辑上也相邻（只有一个变量互补，其余变量都相同）。

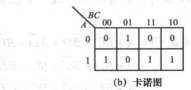

A \ BC	00	01	11	10
0	$\overline{A}\overline{B}\overline{C}$ m_0	$\overline{A}\overline{B}C$ m_1	$\overline{A}BC$ m_3	$\overline{A}B\overline{C}$ m_2
1	$A\overline{B}\overline{C}$ m_4	$A\overline{B}C$ m_5	ABC m_7	$AB\overline{C}$ m_6

图 2.6.2 三变量函数最小项在卡诺图上的位置

二变量、四变量、五变量卡诺图的结构形式和每小格代表的最小项的序号分别如图 2.6.3

(a)、(b)、(c) 所示。在五变量卡诺图中，以中轴线为对称的小格所代表的最小项在逻辑上也是相邻的。

A \ B	0	1
0	m_0	m_1
1	m_2	m_3

(a) 二变量卡诺图

AB \ CD	00	01	11	10
00	0	1	3	2
01	4	5	7	6
11	12	13	15	14
10	8	9	11	10

(b) 四变量卡诺图

AB \ CDE	000	001	011	010	110	111	101	100
00	0	1	3	2	6	7	5	4
01	8	9	11	10	14	15	13	12
11	24	25	27	26	30	31	29	28
10	16	17	19	18	22	23	21	20

(c) 五变量卡诺图

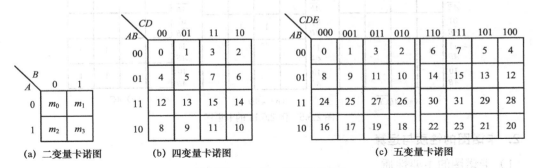

图 2.6.3　二、四、五变量卡诺图

(3) 卡诺图和函数最小项表达式的关系

卡诺图和函数最小项表达式的关系是："1" 格代表的最小项进入函数的最小项表达式，"0" 格代表的最小项不进入函数的最小项表达式。

例 2.6.10　将图 2.6.4 所示卡诺图用最小项表达式表示。

A \ BC	00	01	11	10
0	0	1	0	0
1	1	0	0	1

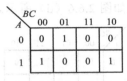

图 2.6.4　例 2.6.10 的卡诺图

解： $F(A,B,C)=m_1+m_4+m_6=\overline{A}\,\overline{B}C+A\overline{B}\,\overline{C}+AB\overline{C}$

(4) 函数的几种移植方法

① 按真值表中所表示的变量取值组合和函数值的关系直接填卡诺图。

② 把逻辑函数的一般式转换成最小项表达式，在卡诺图中序号和表达式中最小项序号相同的小格内填 "1"。

③ 观察法。一般与或式的观察法是在卡诺图中逐次填写每个乘积项，填完所有的乘积项。每个乘积项的填写方法为：把变量取值中的 "0" 看成对应变量的反变量，把变量取值中的 "1" 看成对应变量的原变量；把卡诺图的每个小格看成所有对应的原变量和反变量构成的最小项。在凡同时包含了所要填图的乘积项中全部变量的所有小格中都填 "1"。

例 2.6.11　试将 $F(A,B,C,D)=AB\overline{C}\,\overline{D}+\overline{A}BD+AC$ 用卡诺图表示。

解： 作四变量卡诺图，如图 2.6.5 所示。为了清楚，把函数中三个乘积项分别填入图 2.6.5 (a)、(b)、(c) 三个卡诺图中（实际上应填在一张卡诺图中）。

$AB\overline{C}\,\overline{D}$：在位于 AB (1 1) 行和 $\overline{C}\,\overline{D}$ (0 0) 列的交叉点位置的小格内填 "1"，如图 2.6.5 (a) 所示。

$\overline{A}BD$：在位于 $\overline{A}B$ (0 1) 行和 $\overline{C}D$ (0 1)、CD (1 1) 列交叉点位置的小格内填 "1"，如图 2.6.5 (b) 所示。

AC：在位于 AB (1 1)、$A\overline{B}$ (1 0) 行和 $C\overline{D}$ (1 0)、CD (1 1) 列的交叉点位置上的小格内填 "1"，如图 2.6.5 (c) 所示。

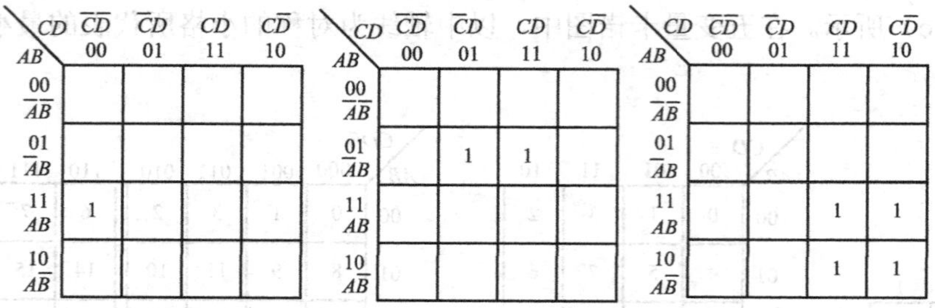

(a) $AB\overline{C}\overline{D}$　(b) $\overline{A}BD$　(c) AC

图 2.6.5　例 2.6.11 的卡诺图

2．卡诺图的性质与运算

（1）卡诺图的主要性质

卡诺图中所有小格若全为“1”，则 F=1；若全为“0”，则 F=0。

（2）卡诺图的运算

① 两卡诺图相加，对应小格相加：有“1”填“1”，如图 2.6.6（a）所示。

② 两卡诺图相乘，对应小格相乘：全“1”填“1”，如图 2.6.6（b）所示。

③ 两卡诺图相异或，对应小格相异或：相异填“1”，如图 2.6.6（c）所示。

④ 卡诺图反演，各小格取反，如图 2.6.6（d）所示。

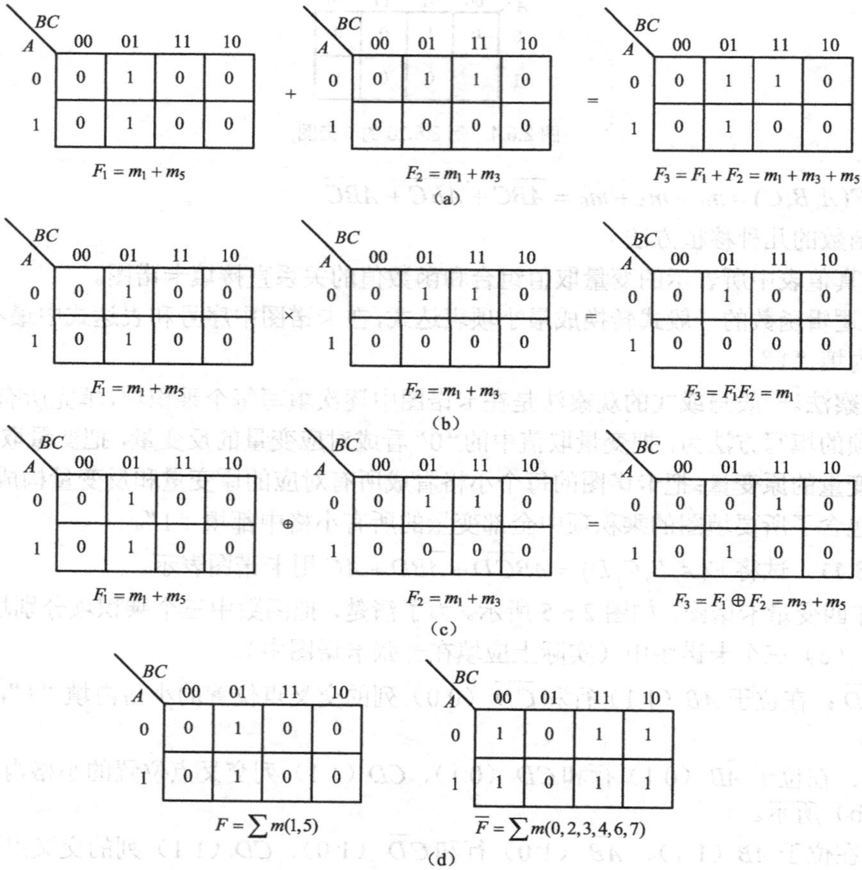

图 2.6.6　卡诺图的运算

3. 用卡诺图化简逻辑函数

(1) 最小项的合并

① 合并的对象和依据。合并的对象是卡诺图中几何上相邻的、并构成矩形框的填“1”的 2 个、4 个、8 个（2^n 个）小格内所包含的最小项。所谓几何上相邻的小格是指几何上相连接、相对（行或列的两头）或相重（以竖中轴线为对称）的小格。合并的依据是卡诺图中几何上相邻的小格所代表的最小项逻辑上也相邻（是相邻项），因此，可直接在图中找出可以使用公式 $AB+\overline{A}B=B$ 进行合并的最小项并将其圈起来。

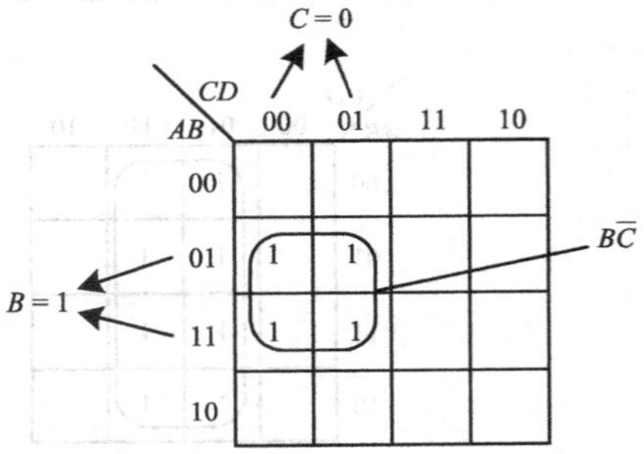

图 2.6.7 合并项的写法

② 合并项的写法。观察圈内各小格对应的变量取值，把同为“0”取值的变量写为反变量，同为“1”取值的变量写为原变量，合并项由它们的乘积构成。如对于图 2.6.7 中所圈的四个小格，有相同取值的变量是 $B=1$，$C=0$，所以该四个小格代表的四个最小项可合并为 B 的原变量和 C 的反变量构成的乘积项 $B\overline{C}$。

③ 圈法举例。

a. 圈两格（或紧接，或在同一行（列）的两端）可消去一个变量，如图 2.6.8 所示。

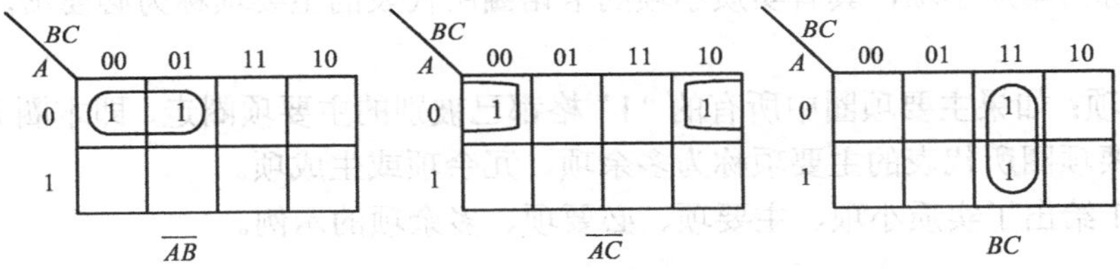

图 2.6.8 两个小格的圈法举例

b. 圈 4 格（或方块、或一行、或一列、或两端、或四角）可消去两个变量，如图 2.6.9 所示。

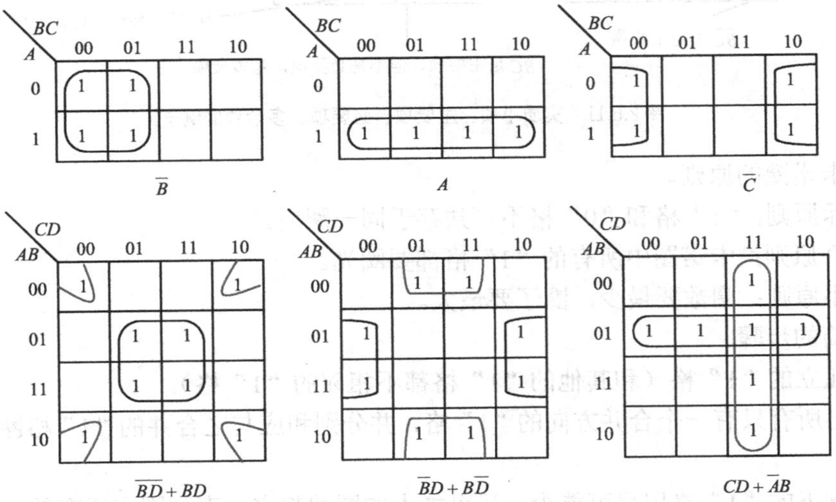

图 2.6.9 4 个小格的圈法举例

c．圈 8 格可消去 3 个变量，如图 2.6.10 所示。

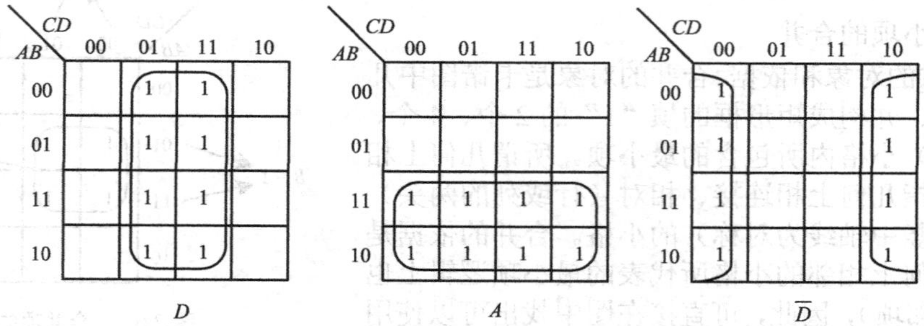

图 2.6.10　8 个小格的圈法举例

（2）化简的原则和步骤

① 名词解释。

a．主要项：不能再扩大的卡诺圈（再扩大就会圈到“0”格）所对应的合并项称为主要项，亦称素项。

b．实质小项、必要项：卡诺圈中未被其他主要项圈覆盖而为本圈所独有的“1”格所代表的最小项称为实质小项，具有实质小项的卡诺圈所代表的主要项称为必要项，也称实质主要项。

c．多余项：如果主要项圈中所有的“1”格都已被别的主要项圈走，即本圈无独占的“1”格，这种主要项圈所代表的主要项称为多余项、冗余项或生成项。

图 2.6.11 给出了实质小项、主要项、必要项、多余项的示例。

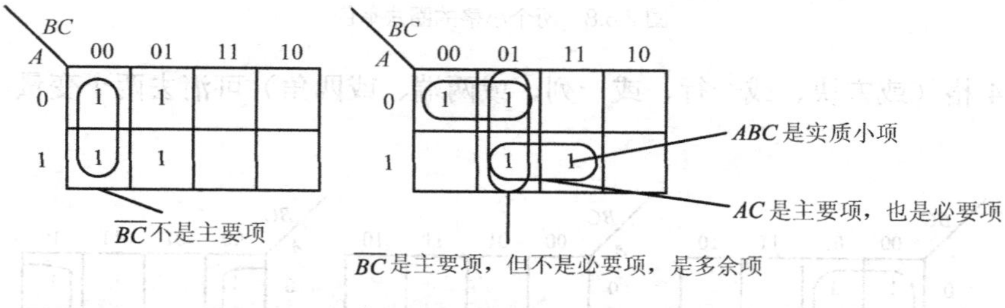

图 2.6.11　实质小项、主要项、必要项、多余项的例子

② 圈卡诺圈的原则。

a．排斥原则：“1”格和“0”格不可共存于同一圈内。

b．闭合原则：卡诺图中所有的“1”格都要圈光。

c．最小原则：圈数要最少，圈子要最大。

③ 化简的步骤。

a．圈孤立的“1”格（和其他的“1”格都不相邻的“1”格）。

b．找出所有只有一个合并方向的“1”格，并分别和应与之合并的“1”格圈成尽可能大的圈。

c．将剩下的“1”格用尽可能少、尽可能大的圈圈起来，直到圈完所有的“1”格为止。

注意事项：

a．“0”格不可圈进。

b．圈中的“1”格只能为 2^M 个（$M=0$，1，2，…），且是相邻的。

c．已圈过的“1”格可再圈进别的圈中。

d．每个圈中必须要有该圈独有的“1”格。

e．首先要圈数尽可能少，其次是每圈要尽可能大。

f．圈法不是唯一的。

（3）化简举例

例 2.6.12 化简函数 $F(A,B,C,D)=\sum m(0,2,5,6,7,9,10,14,15)$ 为最简与或式。

解：第一步：作出相应的卡诺图，如图 2.6.12（a）所示。

第二步：圈出孤立项 m_9，如图 2.6.12（b）所示。

第三步：找出只有一种合并方向的最小项 m_0、m_5、m_{10}、m_{15}，并分别将其与相邻项圈好，如图 2.6.12（c）所示。

说明：虽然 m_0、m_5 有两种圈法，但都是一种圈法包含在另一种之中，因此都认为只有一个合并方向。

第四步：所有的最小项都被圈到，而且每一圈中都有独占的最小项（如 m_0、m_5、m_9、m_{10}、m_{15}），因而没有多余项。写出化简结果为

$$F(A,B,C,D)=\overline{A}\,\overline{B}\,\overline{D}+\overline{A}BD+A\overline{B}\,\overline{C}D+BC+C\overline{D}$$

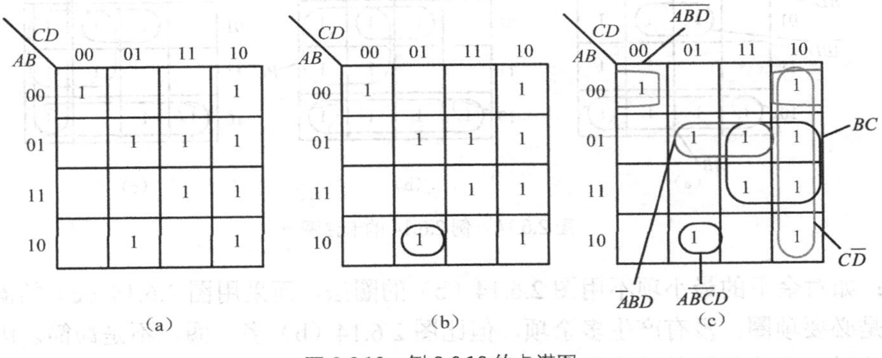

图 2.6.12 例 2.6.12 的卡诺图

例 2.6.13 化简函数 $F(A,B,C,D)=\sum m(3,4,5,7,9,13,14,15)$ 为最简与或式。

解：因为无孤立项，所以先找出只有一种合并方向的最小项 m_3、m_4、m_9、m_{14}，并由它们出发圈出 4 个主要项，如图 2.6.13（a）所示。由于所有的“1”格都已被圈入，同时每圈都有独占的“1”格，因此化简结束，结果为

$$F(A,B,C,D)=\overline{A}B\overline{C}+A\overline{C}D+\overline{A}CD+ABC$$

说明：此题如按图 2.6.13（b）所示先圈出中间 4 个相邻项 m_5、m_{13}、m_7、m_{15}，然后再圈其余最小项，就会出现多余项圈 BD（m_5、m_{13}、m_7、m_{15}）。可见不要一开始就圈最大的圈，而应按化简步骤进行。

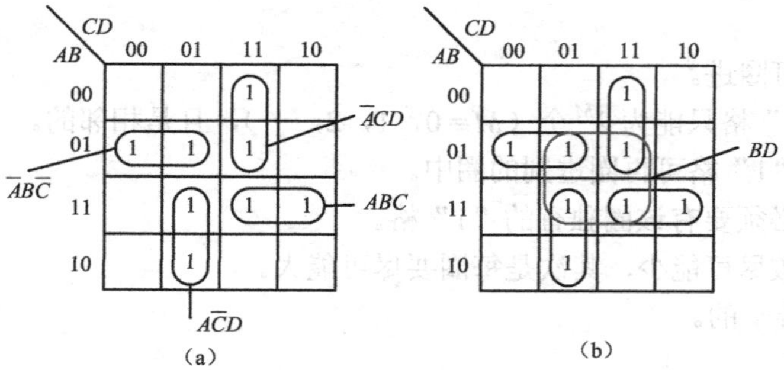

图 2.6.13　例 2.6.13 的卡诺图

例 2.6.14　化简函数 $F(A,B,C,D)=\sum m(0,2,5,6,7,8,9,10,11,14,15)$ 为最简与或式。

解：① 无孤立项，先找出只有一个合并方向的最小项 m_0、m_5、m_9，并分别将其与相邻项圈好，如图 2.6.14（a）所示。

② 将余下的最小项 m_6、m_{15}、m_{14} 用最少、最大的圈圈好，如图 2.6.14（b）所示。

③ 写出化简结果为

$$F(A,B,C,D)=\overline{B}\overline{D}+A\overline{B}+\overline{A}BD+BC$$

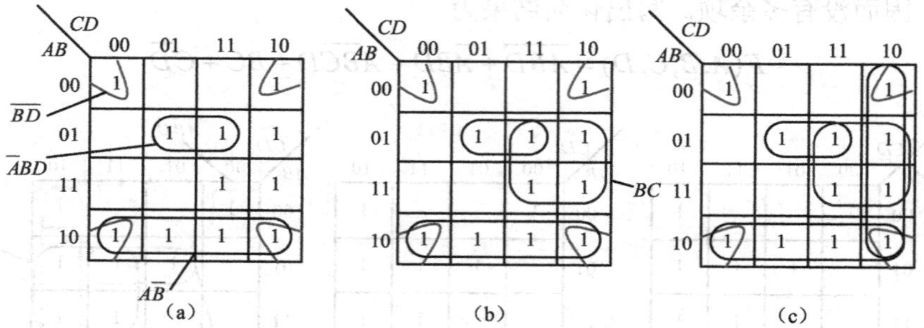

图 2.6.14　例 2.6.14 的卡诺图

说明：如对余下的最小项不用图 2.6.14（b）的圈法，而采用图 2.6.14（c）的圈法，虽然每个圈都是必要项圈，没有产生多余项，但比图 2.6.14（b）多一圈，不是最简。因此，当有不同的圈法时，应选用圈数最少的圈法。

例 2.6.15　化简函数 $F(A,B,C,D)=\sum m(1,2,3,5,7,8,12,13)$ 为最简与或式。

解：方法一：圈法如图 2.6.15 所示，解题步骤如下。

① 一种合并方向的最小项及圈法。

$m_2 \rightarrow \Sigma m\,(2,3)$

$m_8 \rightarrow \Sigma m\,(8,12)$

m_1 或 $m_7 \rightarrow \Sigma m\,(1,3,5,7)$

② 余下的 $m_{13} \rightarrow \Sigma m\,(12,13)$

方法二：圈法如图 2.6.16 所示，解题步骤如下。

① 同方法一之①。

② 余下的 $m_{13} \to \Sigma m\,(13,5)$

结论：方法一和方法二简化程度一样，都正确，说明逻辑函数的最简式可能有两个或更多个。

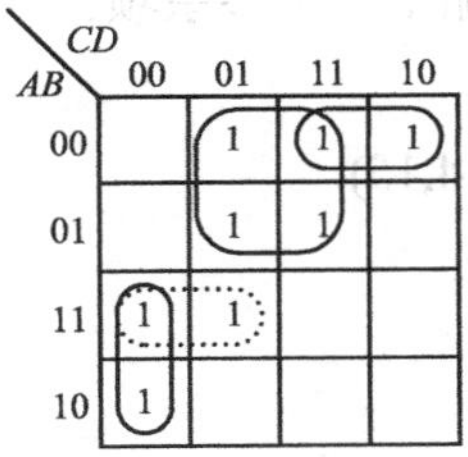

图 2.6.15　例 2.6.15 方法一的卡诺图

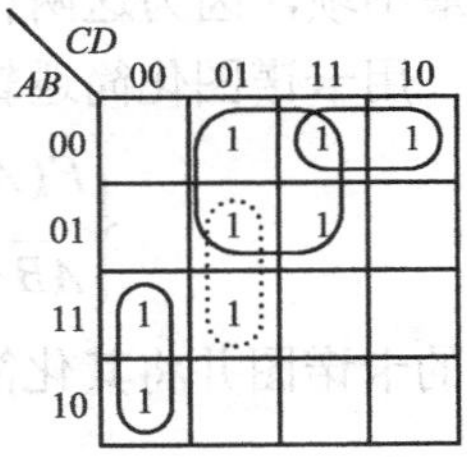

图 2.6.16　例 2.6.15 方法二的卡诺图

4．非完全描述逻辑函数的化简

（1）约束项、任意项、无关项及非完全描述逻辑函数

逻辑问题中不可能出现的取值组合所对应的最小项称为约束项，出现以后函数值既可以是“0”也可以是“1”的取值组合所对应的最小项称为任意项。约束项和任意项统称为无关项。具有无关项的逻辑函数因其真值表不能对所有的取值组合都给出肯定的函数值，故称为非完全描述的逻辑函数。

约束项可以用约束条件表示。例如，$ABC = 000$ 不可能出现，则 $\overline{ABC}$ 就是约束项，该约束项可以用约束条件 $\overline{ABC} = 0$ 表示，因为对于可以出现的取值组合，$\overline{ABC}$ 的值都为 0。

具有约束项的函数可以用函数式和约束条件方程联立表示，如：

$$\begin{cases} F(A,B,C) = \sum m(0,1,2,5) \\ \overline{A}BC + ABC = 0 \end{cases}$$

上述联立方程中的约束条件方程 $\overline{A}BC + ABC = 0$ 表示 $\overline{A}BC$ 和 ABC 是约束项，即取值组合 $ABC = 011$ 和 $ABC = 111$ 是不可能出现的。

具有无关项（约束项和任意项）的函数都可以表示为如下形式：

$$F(A,B,C) = \sum m(0,1,2,5) + \sum m_{\varnothing}(3,7)$$

上式中，$\sum m_{\varnothing}(3,7)$ 表示 m_3 和 m_7 是无关项（既可能是约束项，也可能是任意项）。

在真值表和卡诺图中，与无关项对应的取值组合的函数值可以填为“×”或“∅”。

（2）非完全描述逻辑函数的化简

用代数法化简非完全描述的逻辑函数时，无关项可以写入表达式，也可以不写入表达式。其原因是，对于约束项而言，因所能出现的取值组合都使其值为“0”，所以把约束项写进与或式也只是增加了一次“+0”的或运算，不影响函数值，和未写进表达式一样。对于任意项而言，则当与其对应的取值组合出现时，反正函数值是“0”或“1”都可以，因此任意项写进或不写进表达式都可以。

由于与无关项对应的取值组合的函数值既可以写为“0”，又可以写为“1”，因此当用卡诺图化简非完全描述的逻辑函数时，无关项小格既可以作为“1”格处理，也可以作为“0”格处理，以使化简结果最简为准。需要说明的是，化简时圈中不可全是无关项，也不可把无关项作为实质最小项，因为这两种圈法化简的结果都是增加了一个多余项。

例 2.6.16 用卡诺图化简逻辑函数：

$$\begin{cases} F(A,B,C,D)=\sum m(4,5,6,13,14,15) \\ A\overline{B}=0 \end{cases}$$

解：作 F 的卡诺图并将其化简，如图 2.6.17 所示。

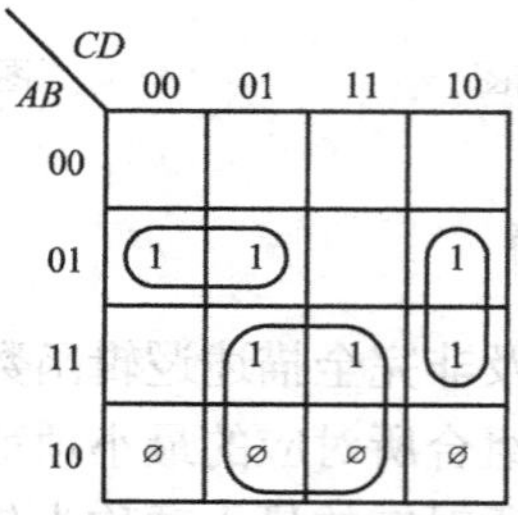

图 2.6.17 例 2.6.16 的卡诺图

化简结果为

$$F(A,B,C,D)=\overline{A}B\overline{C}+BC\overline{D}+AD$$

（3）无关项的运算规则

当两个函数相加、相乘、相异或时，两卡诺图对应的小格相加、相乘、相异或。此时，∅和 0、1、∅的运算规则如图 2.6.18 所示。

+	0	1	∅
∅	∅	1	∅

（a）∅和0、1、∅相加

×	0	1	∅
∅	0	∅	∅

（b）∅和0、1、∅相乘

⊕	0	1	∅
∅	∅	∅	∅

（c）∅和0、1、∅相异或

图 2.6.18 任意项的运算规则

2.7 VHDL 描述逻辑门电路

VHDL 共有 7 种逻辑操作符，它们是 and（与）、or（或）、nand（与非）、nor（或非）、xor（异或）、xnor（同或）、not（取反）。利用以上逻辑操作符，可以方便地实现各种逻辑门电路。

例 2.7.1 设计一个二输入与门电路，实现 $F=AB$。

```
LIBRARY IEEE;
USE IEEE.STD_LOGIC_1164.ALL;
ENTITY and2 IS
PORT (A, B: IN STD_LOGIC;
   F: OUT STD_LOGIC;)
END and2;
```

```
ARCHITECHTER and2_arc1OF and2 IS
BEGIN
   F <= A and B;
END and2_arc1;
```

如果把上述程序的语句 F <= A and B 分别修改为 F <= A or B、F <= A nand B、F <= A nor B、F <= A xor B、F <= A nxor B、F <= not A，就可以分别实现二输入或门、与非门、或非门、异或门、同或门及非门。

多输入的门电路，其逻辑关系与二输入的对应电路相似，差异仅在于多了几个输入引脚，对应到 VHDL 程序中，则需要多定义几个输入端口引脚。下面以四输入与非门电路为例介绍。

例 2.7.2 四输入与非门电路设计的示例程序。

```
LIBRARY IEEE;
USE IEEE.STD_LOGIC_1164.ALL;
ENTITY nand4 IS
PORT (A, B: IN STD_LOGIC;
      C, D: IN STD_LOGIC;
   F: OUT STD_LOGIC;)
END nand4;
ARCHITECHTER nand4_arc1 OF nand4 IS
BEGIN
   F<=NOT(A and B and C and D);
END nand4_arc1;
```

习题

2.1 有 A、B、C 三个输入信号，试列出下列问题的真值表，并写出其最小项表达式 $\Sigma m(\,)$。

（1）如果 A、B、C 均为 0 或其中一个信号为 1 时，输出 $F=1$，其余情况下 $F=0$。

（2）若 A、B、C 中出现奇数个 0 时输出为 1，其余情况下输出为 0。

（3）若 A、B、C 中有两个或两个以上为 1 时，输出为 1，其余情况下输出为 0。

2.2 试用真值表证明下列等式。

（1）$\overline{A\overline{B}+B\overline{C}+\overline{A}C}=ABC+\overline{ABC}$。

（2）$\overline{AB}+\overline{BC}+\overline{AC}=\overline{AB}\cdot\overline{BC}\cdot\overline{AC}$。

2.3 对下列函数，说明对输入变量的哪些取值组合使其输出为“1”。

（1）$F(A,B,C)=AB+BC+AC$。

（2）$F(A,B,C)=(A+B+C)(\overline{A}+\overline{B}+\overline{C})$。

（3）$F(A,B,C)=(\overline{A}B+\overline{B}C+A\overline{C})AC$。

2.4 试直接写出下列各式的反演式和对偶式。

（1）$F(A,B,C,D,E)=[(A\overline{B}+C)\cdot D+E]\cdot B$。

（2）$F(A,B,C,D,E)=AB+\overline{C}\,\overline{D}+\overline{BC+\overline{D}+\overline{C}E+\overline{B+E}}$。

（3）$F(A,B,C)=\overline{\overline{A}\,\overline{B}+C}+\overline{\overline{\overline{AB}}\cdot\overline{C}}$。

2.5 用公式证明下列等式。

（1）$\overline{A}\,\overline{C}+\overline{A}\,\overline{B}+BC+\overline{A}\,\overline{C}\,\overline{D}=\overline{A}+BC$ 。

（2）$AB+\overline{A}C+(\overline{B}+\overline{C})D=AB+\overline{A}C+D$ 。

（3）$\overline{B}C\overline{D}+B\overline{C}D+ACD+\overline{A}B\overline{C}\,\overline{D}+\overline{A}\,\overline{B}CD+B\overline{C}\,\overline{D}+BCD=\overline{B}C+B\overline{C}+BD$ 。

（4）$\overline{\overline{A\overline{BC}}+\overline{\overline{BC}+B\overline{CD}}}=\overline{A}+B+\overline{C}+\overline{D}$ 。

2.6 已知 $a\oplus b=\overline{a}b+a\overline{b}$ ，$a\odot b=\overline{a}\,\overline{b}+ab$ ，证明：

（1）$a\oplus b\oplus c=a\odot b\odot c$。

（2）$\overline{a\oplus b\oplus c}=\overline{a}\odot\overline{b}\odot\overline{c}$ 。

2.7 试证明：

（1）若 $\overline{a}\,\overline{b}+ab=0$，则 $\overline{ax+by}=a\overline{x}+b\overline{y}$ 。

（2）若 $\overline{a}b+a\overline{b}=c$ ，则 $\overline{a}c+a\overline{c}=b$ 。

2.8 将下列函数展开成最小项之和。

（1）$F(ABC)=A+BC$ 。

（2）$F(A,B,C,D)=(B+\overline{C})D+(\overline{A}+B)C$ 。

（3）$F(A,B,C)=\overline{A+B+C}+\overline{\overline{\overline{A}+B}+C}$ 。

2.9 试写出下列各函数表达式 F 的 $\overline{F}$ 和 F' 的最小项表达式。

（1）$F=ABCD+ACD+B\overline{C}\,\overline{D}$ 。

（2）$F=A\overline{B}+\overline{A}B+BC$ 。

2.10 试用公式法把下列各表达式化简为最简与或式。

（1）$F=A+AB\overline{C}+ABC+BC+B$ 。

（2）$F=(A+B)(A+B+C)(\overline{A}+C)(B+C+D)$ 。

（3）$F=\overline{\overline{AB+\overline{A}\,\overline{B}}\cdot\overline{BC+\overline{B}\,\overline{C}}}$ 。

（4）$F=A\overline{C}\,\overline{D}+BC+\overline{B}D+A\overline{B}+\overline{A}C+\overline{B}\,\overline{C}$ 。

（5）$F=\overline{\overline{AC+\overline{B}C}+B(\overline{A}C+A\overline{C})}$ 。

2.11 用卡诺图法将函数化简为最简或与式。

$$F(A,B,C)=\sum m(0,1,2,4,5,7)$$

2.12 用卡诺图法将函数化简为最简或与式。

$$F(A,B,C,D)=\sum m(0,2,5,6,7,9,10,14,15)$$

2.13 用卡诺图法将函数化简为最简或与式。

$$F(A,B,C,D)=\sum m(0,1,4,7,9,10,13)+\sum \phi(2,5,8,12,15)$$

2.14 用卡诺图法将下列函数化简为最简或与式。

（1）$F(A,B,C,D)=\sum m(7,13,15)$ ，且 $\overline{A}\,\overline{B}\,\overline{C}=0$ ，$\overline{A}B\overline{C}=0$ ，$\overline{A}\,\overline{B}C=0$ 。

（2）$F(A,B,C,D)=AB\overline{C}+A\overline{B}\,\overline{C}+\overline{A}\,\overline{B}C\overline{D}+A\overline{B}C\overline{D}$ ，且 $ABCD$ 不可同时为 1 或同时为 0。

2.15 已知 $F_1(A,B,C)=\sum m(1,2,3,5,7)+\sum\varnothing(0,6)$，$F_2(A,B,C)=\sum m(0,3,4,6)+\sum\varnothing(2,5)$，求 $F=F_1\oplus F_2$ 的最简与或式。

第3章 组合逻辑电路

内容提要 基于组合逻辑电路和时序逻辑电路的区别，本章首先说明了组合电路的结构特点。然后介绍组合逻辑电路的分析、设计方法，重点讲解了常用中规模组合逻辑电路的工作原理和应用，包括编码器、译码器、数据选择器、数据比较器和全加器。通过实例说明了基于中规模器件的组合电路的设计。本章最后介绍了竞争和冒险的概念、产生的原因、判别方法以及消除冒险现象的方法。

数字逻辑电路分为两大类：组合逻辑电路和时序逻辑电路。在组合逻辑电路中，任一时刻的输出取决于当时的输入。在时序逻辑电路中，任一时刻的输出不仅取决于当时的输入，还取决于过去的输入序列，或者过去的电路状态，在时间上可以追溯到任意早以前。

在第 2 章我们学习过的逻辑函数表达式中，逻辑函数 F 是输入变量的函数，如 $F(A,B,C)=A+\overline{B}C$，F 的变化只取决于 A、B 和 C 的变化，与 F 之前是 0 还是 1 无关。如果将逻辑表达式用电路实现，得到的电路属于组合逻辑电路。组合逻辑电路从输入到输出的通路上可以含有任意数目的逻辑门电路，但不存在反馈通路。反馈通路是指允许一个门的输出被传回到输入的通路，这种反馈通路产生时序电路特性。时序逻辑电路的分析和设计比组合逻辑电路要复杂，我们将在第 5 章介绍时序逻辑电路。

3.1 SSI 构成的组合电路的分析和设计

随着半导体技术的发展，在一个半导体芯片上集成的电子元件的数目越来越多，并按集成电子元件数目的多少可分为小规模集成电路（SSI）、中规模集成电路（MSI）、大规模集成电路（LSI）和超大规模集成电路（VLSI）。小规模集成电路主要是完成基本逻辑运算的逻辑器件，例如各种门电路和第 4 章将要介绍的触发器都属于 SSI 电路；中规模集成电路能够完成一定的逻辑功能（如选择器、译码器、计数器等），通常称为逻辑组件（也称为逻辑部件，或称为模块）；大规模、超大规模集成电路是一个逻辑系统，例如，微型计算机中的中央处理器（CPU，Central Processing Unit）、单片微机及大容量的存储器等。

尽管现在已进入大规模集成电路时代，但其基础电路仍然是中、小规模集成电路，以 SSI 为单元构成的组合逻辑电路的分析和设计是数字电路学习不可缺少的部分，这部分内容对于我们以后分析和设计较大规模集成电路所构成的数字系统十分有用。

3.1.1 组合逻辑电路的分析

对于一个给定的组合逻辑电路，应用逻辑代数分析它的性质，判断该电路的逻辑功能，称为组合逻辑电路的分析。分析组合逻辑电路，一般按照以下 3 个步骤进行。

① 根据给定的逻辑电路，从输入到输出逐级地推导输出函数表达式。

② 利用代数法或卡诺图法对表达式进行化简，然后列真值表。

③ 根据真值表判断电路的逻辑功能。

真值表可以比较直观地反映电路的逻辑功能，是判断电路功能的依据，因此分析的关键步骤是将真值表列出。

例 3.1.1 分析如图 3.1.1（a）所示逻辑电路的逻辑功能。

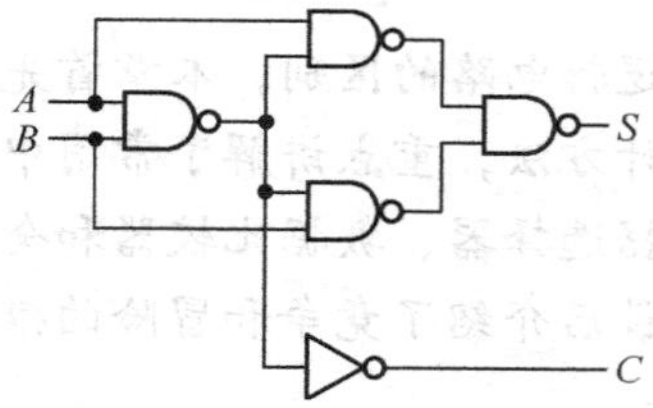

（a）电路

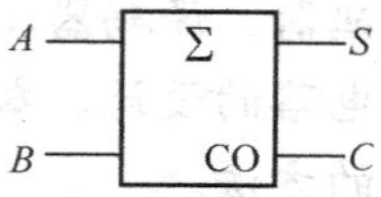

（b）半加器逻辑符号

图 3.1.1 例 3.1.1 的逻辑电路及其符号

解： 根据电路图 3.1.1（a），从输入到输出逐级地推导输出函数表达式，并进行化简：

$$S=\overline{\overline{A\cdot\overline{AB}}\cdot\overline{B\cdot\overline{AB}}}=A\cdot\overline{AB}+B\cdot\overline{AB}=A\overline{B}+\overline{A}B=A\oplus B$$

$$C=\overline{\overline{AB}}=AB$$

根据上述表达式列真值表，见表 3.1.1。

表 3.1.1 **例 3.1.1 的真值表**

输入		输出	
A	B	S	C
0	0	0	0
0	1	1	0
1	0	1	0
1	1	0	1

由真值表可以看出，图 3.1.1（a）电路完成两个一位二进制数的加法，其中 S（Sum）为本位和，C（Carrier）为本位向高位的进位。这种加法电路没有来自低位的进位，称为半加器。图 3.1.1（b）为半加器的逻辑符号。

对于两个多位二进制数求和，如 $A_2A_1A_0$ 与 $B_2B_1B_0$ 的求和方法为

$$\begin{array}{rccc} & A_2 & A_1 & A_0 \\ + & B_2 & B_1 & B_0 \\ & C_2 & C_1 & C_0 \\ \hline C_2 & S_2 & S_1 & S_0 \end{array}$$

其中，最低位为半加器求和，得到本位和 S_0 和本位向高位的进位 C_0；次低位的求和要考虑低

位向本位的进位 C_0，以得到本位和 S_1 和本位向高位的进位 C_1。这种既要考虑低位向本位的进位，也要计算本位向高位进位的加法运算称为全加运算，全加器电路参见例 3.1.4。

例 3.1.2 已知图 3.1.2 所示的电路用于数据分类，试分析该电路的用途。

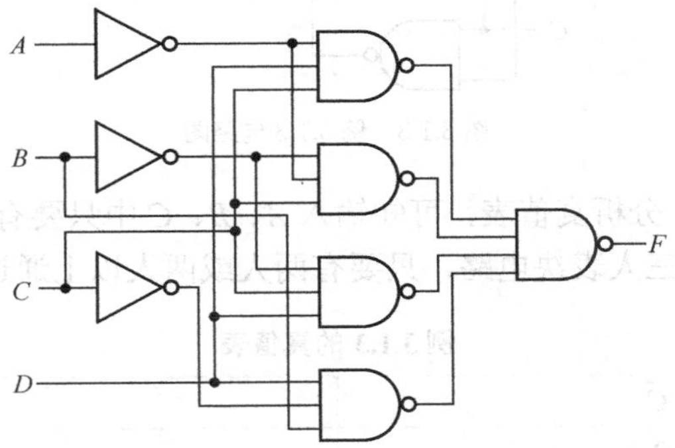

图 3.1.2 例 3.1.2 电路图

解： 首先求 F 的逻辑表达式，得

$$F=\overline{\overline{\overline{A}CD}\cdot\overline{\overline{A}\overline{B}C}\cdot\overline{\overline{B}CD}\cdot\overline{B\overline{C}D}}=\overline{A}CD+\overline{A}\overline{B}C+\overline{B}CD+B\overline{C}D$$

根据表达式列出真值表，见表 3.1.2。从真值表可以看出，当输入 4 位二进制数对应的十进制数为 2、3、5、7、11、13 时，F 输出“1”，可以判断出该电路用来得到 4 位二进制数中的素数。

表 3.1.2 **例 3.1.2 的真值表**

输入 A	B	C	D	输出 F
0	0	0	0	0
0	0	0	1	0
0	0	1	0	1
0	0	1	1	1
0	1	0	0	0
0	1	0	1	1
0	1	1	0	0
0	1	1	1	1
1	0	0	0	0
1	0	0	1	0
1	0	1	0	0
1	0	1	1	1
1	1	0	0	0
1	1	0	1	1
1	1	1	0	0
1	1	1	1	0

例 3.1.3 分析如图 3.1.3 所示电路的功能。

解： 输出逻辑表达式为

$$F=\overline{\overline{AB}\cdot\overline{BC}\cdot\overline{AC}}=AB+BC+AC$$

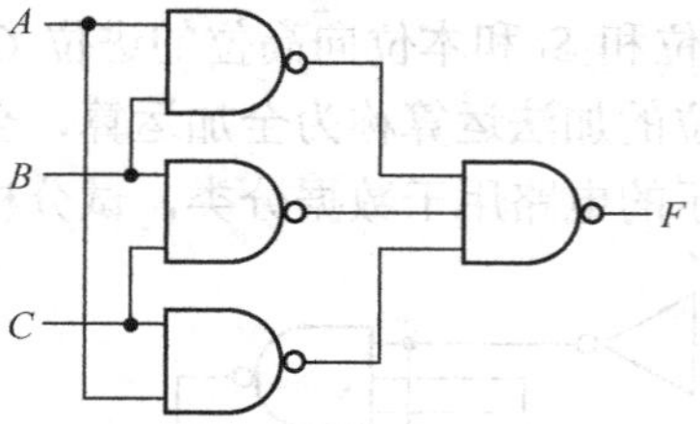

图 3.1.3　例 3.1.3 电路图

列真值表为表 3.1.3。分析真值表，可知输入 A、B、C 中只要有两个或三个输入为 1，则输出为 1，因此该电路为三人表决电路，只要有两人或两人以上通过，则决议通过。

表 3.1.3　　例 3.1.3 的真值表

A　B　C	F
0　0　0	0
0　0　1	0
0　1　0	0
0　1　1	1
1　0　0	0
1　0　1	1
1　1　0	1
1　1　1	1

由以上三个例子可以看出组合电路的分析中前两个步骤并不难，难点是如何确定电路的逻辑功能，这需要多练习、多积累。

3.1.2　组合逻辑电路的设计

组合逻辑电路的设计是组合逻辑电路分析的逆过程。根据电路逻辑功能的要求，确定满足该逻辑功能的电路，这个过程为组合电路的设计。如果输入信号源可以提供原、反两种变量，我们称这种输入方式为双轨输入。如果只提供原变量输入，则为单轨输入。当前流行的可编程逻辑器件，其输入信号均为双轨输入，因此本书所涉及的设计方法都是针对双轨输入。

组合逻辑电路设计步骤如下。

① 根据给定的逻辑功能，确定输入、输出信号的数量，并根据两者之间的关系列出真值表。

② 根据所列真值表写出逻辑函数，并依据所选器件类型，写出相应形式的最简表达式。

③ 画出逻辑电路图。

设计组合电路的关键是第一步，根据功能确定电路的真值表。

例 3.1.4　试设计一个 1 位二进制数的全加器电路。

解： 全加的概念在前面介绍过，它是指既考虑本位对高位的进位，又要考虑低位向本位的进位的二进制加法运算，因此可以确定 1 位全加器有三个输入信号，两个输出端。设 A_i、B_i 为被加数和加数，C_{i-1} 表示低位对本位的进位，这三个为输入变量；输出则为本位和 S_i 和本位向高位的进位 C_i。据此我们可以列出真值表 3.1.4。

表 3.1.4 **例 3.1.4 的真值表**

A_i	B_i	C_{i-1}	S_i	C_i
0	0	0	0	0
0	0	1	1	0
0	1	0	1	0
0	1	1	0	1
1	0	0	1	0
1	0	1	0	1
1	1	0	0	1
1	1	1	1	1

将真值表 3.1.4 填入卡诺图，如图 3.1.4 所示，可以得出输出函数的最简与或表达式。

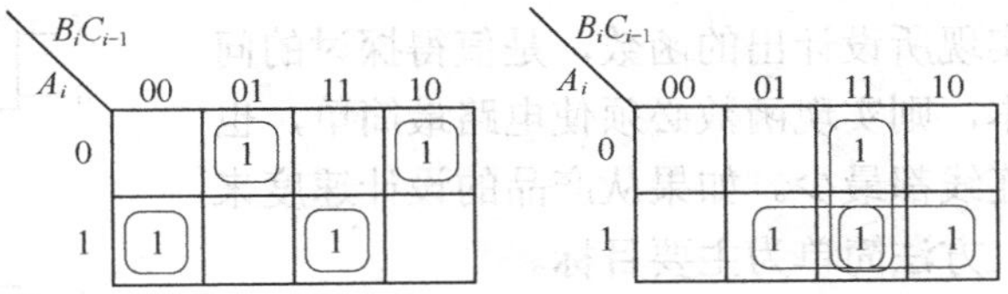

（a）S_i 的卡诺图　　（b）C_i 的卡诺图

图 3.1.4　例 3.1.3 的卡诺图

$$S_i = \overline{A}_i\overline{B}_iC_{i-1} + \overline{A}_iB_i\overline{C}_{i-1} + A_i\overline{B}_i\overline{C}_{i-1} + A_iB_iC_{i-1}$$
$$C_i = A_iB_i + B_iC_{i-1} + A_iC_{i-1}$$

如果用与非门（也可用与门和或门）实现该电路需要 9 个门，电路较繁琐。本设计要求中未指定器件类型，故可以较灵活地选择器件实现电路。观察 S_i 的卡诺图，输出“1”的方格均处于对角线的位置，表明两乘积项之间有两个变量均互为反变量，因此表达式用异或门或者同或门实现会使电路更简单。变换 S_i 和 C_i 可得

$$S_i = \overline{B}(A_i \oplus C_{i-1}) + B(A_i \odot C_{i-1}) = A_i \oplus B_i \oplus C_{i-1}$$
$$C_i = C_{i-1}(A_i \oplus B_i) + A_iB_i$$

用异或门、与门和或门来实现全加器，只需要 5 个门，电路得到简化，如图 3.1.5（a）所示。图 3.1.5（b）为全加器的逻辑符号。

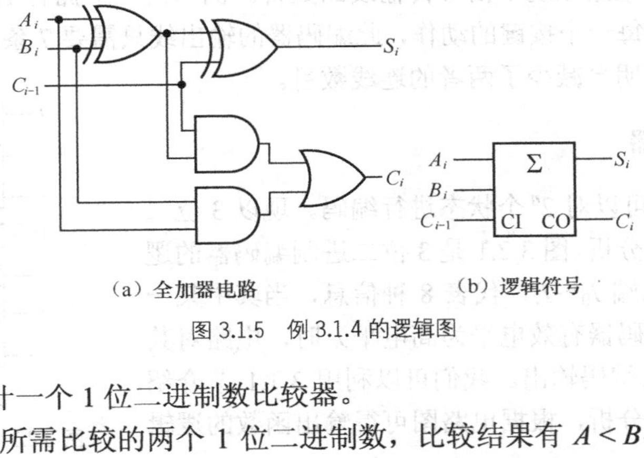

（a）全加器电路　　（b）逻辑符号

图 3.1.5　例 3.1.4 的逻辑图

例 3.1.5　试设计一个 1 位二进制数比较器。

解： 设 A、B 是所需比较的两个 1 位二进制数，比较结果有 $A<B$、$A=B$ 和 $A>B$，令

$F_{A<B}$、$F_{A=B}$ 和 $F_{A>B}$ 分别表示上述三个比较结果，列真值表见表 3.1.5。

表 3.1.5 **例 3.1.5 的真值表**

A	B	$F_{A<B}$	$F_{A=B}$	$F_{A>B}$
0	0	0	1	0
0	1	1	0	0
1	0	0	0	1
1	1	0	1	0

由于此设计的输入输出关系简单，可直接写出表达式为

$$F_{A<B} = \overline{A}B \quad F_{A>B} = A\overline{B} \quad F_{A=B} = \overline{A}\overline{B} + AB = \overline{F_{A<B} + F_{A>B}}$$

图 3.1.6 为实现电路。

如何用门电路来实现所设计出的函数，是值得探讨的问题。如果考虑实现成本，则实现函数必须使电路最简单，也就是门电路的个数和连线都最少。如果从产品的设计速度来说，就要以设计过程、方法简单为主要目标。

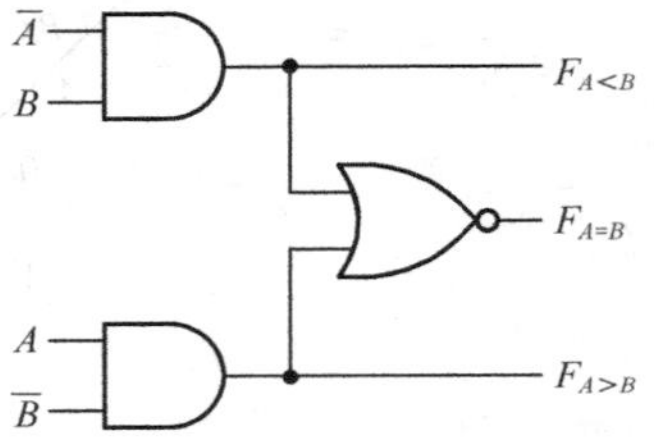

图 3.1.6 例 3.1.5 的逻辑图

3.2 常用中规模集成组合逻辑电路（MSI）

人们在实践中遇到的逻辑问题层出不穷，为了解决这些逻辑问题而设计的逻辑电路也不胜枚举。然而人们发现，有些逻辑电路经常出现在各种数字系统当中，如编码器、译码器、数据选择器、数据比较器、全加器等。为了使用方便，这些逻辑电路已经被制成了中规模标准化集成电路（MSI）产品。用 MSI 实现逻辑电路具有结构简单、功耗低、可靠性高及成本低等特点。本节对于 MSI 主要介绍它的逻辑功能和使用方法，其内部逻辑不作重点介绍。

3.2.1 编码器

编码是对特定信息（十进制数、符号等信息）进行二进制或 BCD 代码的编制。实现编码功能的电路称为编码器（Encoder）。编码器有若干个输入，在某一时刻只有一个输入信号被转换成对应的编码。编码器是数字电路（包括工业控制、微处理系统）常用电路，使用编码器可以大大减少数字电路系统中信号传输线的数目。例如，一个拥有 107 个按键的计算机键盘，若以编码器区分每一个按键的动作，此编码器的输出线只需要 7 条（$2^7=128$），键盘通过编码器连接到计算机明显减少了两者的连线数目。

1. 二进制编码器

n 位二进制代码可以对 2^n 个状态进行编码。现以 3 位二进制编码器为例加以分析。图 3.2.1 是 3 位二进制编码器的逻辑图。它有 8 个输入端 I_0～I_7，代表 8 种信息，当其中某一个为有效电平（该编码器有效电平为高电平）时，电路对其编码，A、B、C 为其编码输出。我们可以利用 3.1.1 节介绍的方法对该电路进行分析，根据电路图可得输出函数的逻辑

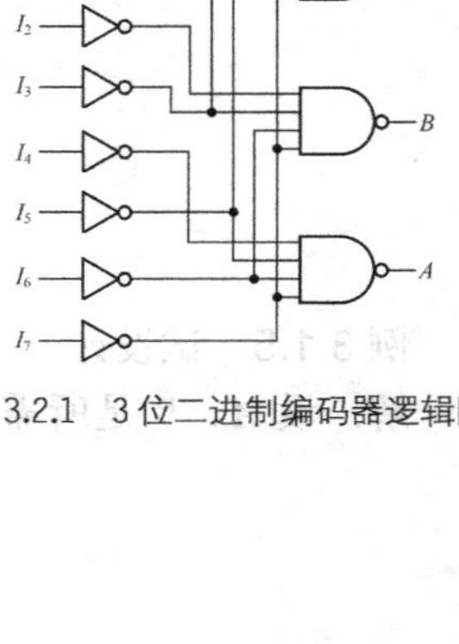

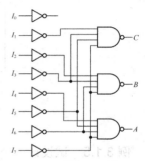

图 3.2.1 3 位二进制编码器逻辑图

表达式为

$$A=\overline{\overline{I}_4\cdot\overline{I}_5\cdot\overline{I}_6\cdot\overline{I}_7}=I_4+I_5+I_6+I_7$$

$$B=\overline{\overline{I}_2\cdot\overline{I}_3\cdot\overline{I}_6\cdot\overline{I}_7}=I_2+I_3+I_6+I_7$$

$$C=\overline{\overline{I}_1\cdot\overline{I}_3\cdot\overline{I}_5\cdot\overline{I}_7}=I_1+I_3+I_5+I_7$$

由上式不难得到其真值表，由于该编码器在任何时刻只能对一个有效输入端进行编码，所以不允许两个或两个以上输入端同时为高电平，也就是说 I_0～I_7 是一组互相排斥的变量。将真值表中禁止输入的取值组合去掉，就得到其功能表，见表 3.2.1。功能表往往是真值表的简化形式，侧重说明电路的逻辑功能。

表 3.2.1　　3 位二进制编码器功能表

I_0	I_1	I_2	I_3	I_4	I_5	I_6	I_7	A	B	C
1	0	0	0	0	0	0	0	0	0	0
0	1	0	0	0	0	0	0	0	0	1
0	0	1	0	0	0	0	0	0	1	0
0	0	0	1	0	0	0	0	0	1	1
0	0	0	0	1	0	0	0	1	0	0
0	0	0	0	0	1	0	0	1	0	1
0	0	0	0	0	0	1	0	1	1	0
0	0	0	0	0	0	0	1	1	1	1

从功能表可以看出，当 I_0～I_7 中某一个输入端为高电平时，编码器将其编码为该线十进制下标的二进制代码，如 I_6=1 时，则 $ABC=110$。I_0～I_7 8 个信息线可以编码为 3 位二进制码，故该编码器被称为 8-3 线编码器。

该编码器的缺陷就是上面提到的：同一时刻只允许一个输入信号有效（高电平），如果同一时刻出现两个或两个以上的输入端有效，编码器就会产生逻辑错误。例如，若 I_3=1、I_4=1，其余为 0，此时编码器输出为 111，既不是 I_3 的编码，也不是 I_4 的编码。

优先权编码器解决了普通编码器要求输入信号互斥的缺陷，它可以对其中优先权最高的信号进行编码。图 3.2.2（a）是中规模器件 8-3 线优先编码器 74148 的逻辑图，图 3.2.2（b）为其简化符号。为了便于分析理解，在本书中 MSI 器件均使用简化符号。74148 中“74”代表国际通用 74 系列，“148”代表 8-3 线优先编码器的编号，74 系列是一种在逻辑集成电路中经常使用的电路。74 系列曾经是 TTL（晶体管—晶体管逻辑电路）的代名词，如 74H××表示 TTL 高速型，74L××表示 TTL 低功耗型，74S××表示 TTL 肖特基型。随着 MOS 技术的成熟，CMOS（互补 MOS）型 74 系列得到普及，如 74HC××表示高速 CMOS 型。

图 3.2.2（a）中，输入端 $\overline{I}_0$ ～ $\overline{I}_7$ 上面的非号表示低电平有效，在逻辑符号中用小圈表示，如图 3.2.2（b）所示。输出端 $\overline{Y}_2$、$\overline{Y}_1$、$\overline{Y}_0$ 上面的非号指的是输出编码是二进制编码的反码，在逻辑符号中同样用小圈表示，如图 3.2.2（b）所示。图 3.2.2（a）中与输入端相连的非门逻辑符号的小圈画在了输入端，是为了强调其低电平有效的特性。

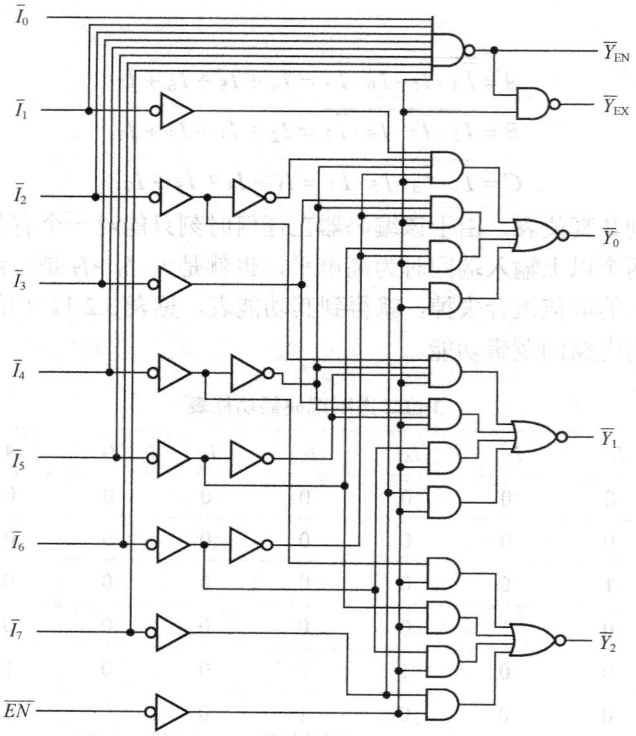

（a）逻辑图

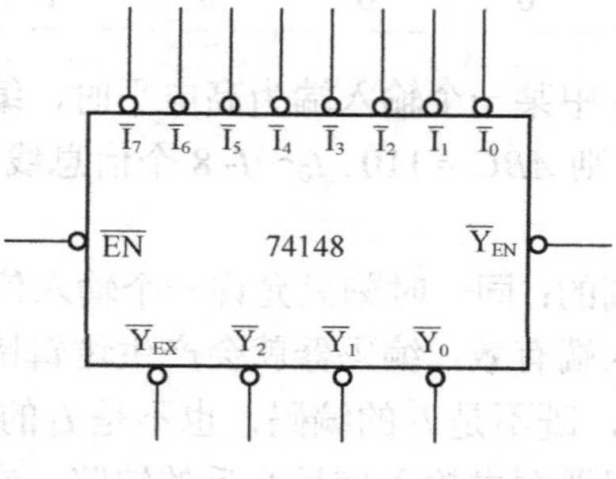

（b）简化逻辑符号

图 3.2.2　8–3 线优先编码器 74148 的逻辑图和符号

8 根输入线中按顺序$\bar{I}_7$具有最高优先权，$\bar{I}_0$优先权最低。如果$\bar{I}_7=0$，则不管其余线是什么电平，编码器编码输出其下标的二进制代码的反码，见表 3.2.2 中第三行$\bar{Y}_2\bar{Y}_1\bar{Y}_0=000$；而当高位无请求时，如$\bar{I}_7$、$\bar{I}_6$、$\bar{I}_5$均为 1 时，可响应$\bar{I}_4=0$的编码请求信号，编码输出 100 的反码 011。

$\overline{EN}$是输入使能端，低电平有效。$\bar{Y}_{EX}$为输出有效标志，低电平有效。当$\overline{EN}=1$时编码器禁止工作，无论$\bar{I}_0\sim\bar{I}_7$有无请求信号，$\bar{Y}_2\bar{Y}_1\bar{Y}_0$均输出无效电平 111，且$\bar{Y}_{EX}=1$，表示输出无效，如表 3.2.2 中第一行所示；当$\overline{EN}=0$时，编码器正常工作。若此时$\bar{I}_0\sim\bar{I}_7$均为 1，即输入没有有效信号，输出有效标志$\bar{Y}_{EX}$也为 1，表示输出$\bar{Y}_2\bar{Y}_1\bar{Y}_0=111$为无效编码，如表 3.2.2 中第二行所示；最后一行的 111 是对$\bar{I}_0$请求的编码，输出有效，故$\bar{Y}_{EX}=0$。

表 3.2.2 **8-3 线优先编码器 74148 功能表**

使能输入	输入								输出			输出标志	使能输出
$\overline{EN}$	$\overline{I}_7$	$\overline{I}_6$	$\overline{I}_5$	$\overline{I}_4$	$\overline{I}_3$	$\overline{I}_2$	$\overline{I}_1$	$\overline{I}_0$	$\overline{Y}_2$	$\overline{Y}_1$	$\overline{Y}_0$	$\overline{Y}_{EX}$	$\overline{Y}_{EN}$
1	∅	∅	∅	∅	∅	∅	∅	∅	1	1	1	1	1
0	1	1	1	1	1	1	1	1	1	1	1	1	0
0	0	∅	∅	∅	∅	∅	∅	∅	0	0	0	0	1
0	1	0	∅	∅	∅	∅	∅	∅	0	0	1	0	1
0	1	1	0	∅	∅	∅	∅	∅	0	1	0	0	1
0	1	1	1	0	∅	∅	∅	∅	0	1	1	0	1
0	1	1	1	1	0	∅	∅	∅	1	0	0	0	1
0	1	1	1	1	1	0	∅	∅	1	0	1	0	1
0	1	1	1	1	1	1	0	∅	1	1	0	0	1
0	1	1	1	1	1	1	1	0	1	1	1	0	1

$\overline{Y}_{EN}$ 是使能输出端，与输入使能端 $\overline{EN}$ 配合使用，可以实现电路扩展。图 3.2.3 是将两片 8-3 线优先编码器扩展为 16-4 线优先编码器。图中片（Ⅱ）的输出使能 $\overline{Y}_{EN}$ 连接至片（Ⅰ）的输入使能 $\overline{EN}$。当片（Ⅱ）$\overline{I}_8$～$\overline{I}_{15}$ 中有一个为 0 时，其 $\overline{Y}_{EN}$=1，让片（Ⅰ）禁止工作，$\overline{Y}_2\overline{Y}_1\overline{Y}_0$（Ⅰ）=111，总的 $\overline{Y}_2\overline{Y}_1\overline{Y}_0$ 取决于 $\overline{Y}_2\overline{Y}_1\overline{Y}_0$（Ⅱ）输出。例如，当 $\overline{I}_{15}\overline{I}_{14}$=11，$\overline{I}_{13}$=0 时，$\overline{Y}_2\overline{Y}_1\overline{Y}_0$（Ⅱ）=010，$\overline{Y}_{EX}$（Ⅱ）=0，$\overline{Y}_2\overline{Y}_1\overline{Y}_0$（Ⅰ）=111，总输出 $\overline{Y}_3\overline{Y}_2\overline{Y}_1\overline{Y}_0$=0010，为 13 的二进制码的反码，且 $\overline{Y}_{EX}$=0，$\overline{Y}_{EN}$=1。当 $\overline{I}_8$～$\overline{I}_{15}$ 全为 1 时，$\overline{Y}_{EN}$（Ⅱ）=0，使得 $\overline{EN}$（Ⅰ）=0，片（Ⅰ）正常工作。例如 $\overline{I}_5$～$\overline{I}_{15}$ 全为 1，$\overline{I}_4$=0，则 $\overline{Y}_2\overline{Y}_1\overline{Y}_0$（Ⅱ）=111，$\overline{Y}_2\overline{Y}_1\overline{Y}_0$（Ⅰ）=011，$\overline{Y}_{EX}$（Ⅱ）=1，因此总输出 $\overline{Y}_3\overline{Y}_2\overline{Y}_1\overline{Y}_0$=1011，为 4 的二进制反码，且 $\overline{Y}_{EX}$=0，$\overline{Y}_{EN}$=1。

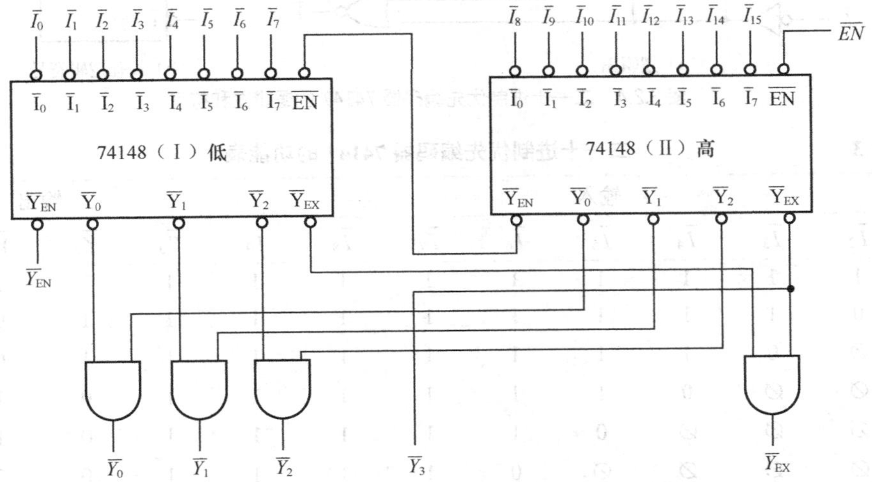

图 3.2.3 8-3 线优先编码器扩展为 16-4 线优先编码器

2. 二—十进制优先编码器

二—十进制编码器能将 $\overline{I}_1$～$\overline{I}_9$ 9 个输入信号分别编成 9 个 8421BCD 码。图 3.2.4（a）

是 74147（二—十进制优先编码器）的逻辑图，表 3.2.3 是 74147 的功能表。$\overline{I}_1$～$\overline{I}_9$是 9 个输入线，均是低电平有效。$\overline{Y}_3$～$\overline{Y}_0$是 4 个输出线，编码为反码。$\overline{I}_1$～$\overline{I}_9$输入线按顺序$\overline{I}_9$具有最高优先权，$\overline{I}_1$的优先权最低。$\overline{Y}_3$～$\overline{Y}_0$是对有效输入线的下标进行 8421BCD 编码，并以反码输出。二—十进制编码器对每一个十进制数字独立编码，无需扩展编码位数，因此它没有扩展功能端。

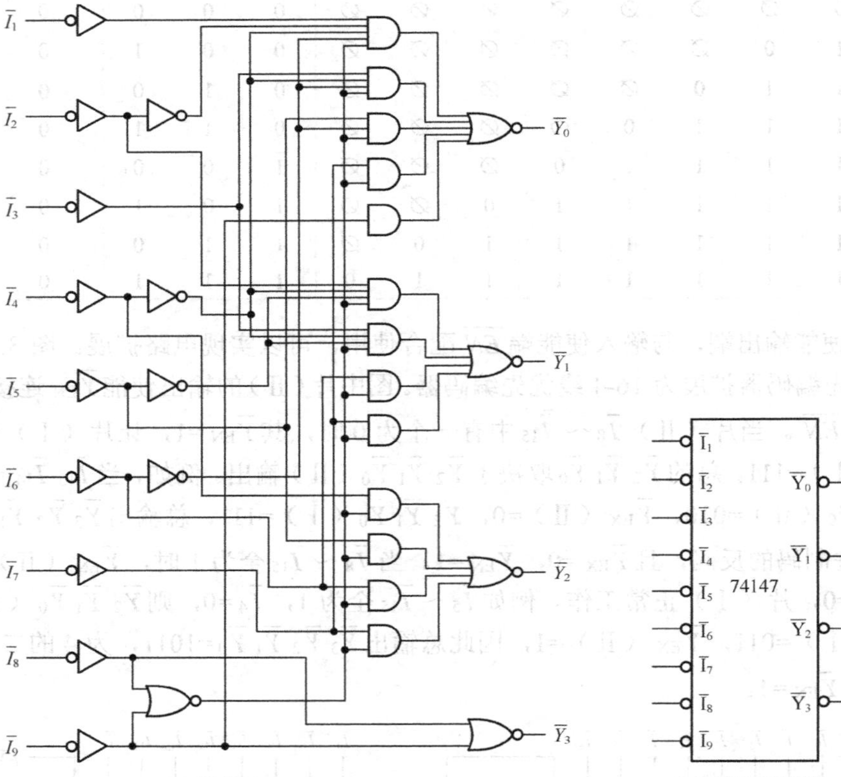

（a）逻辑图　　　　（b）简化逻辑符号

图 3.2.4　二—十进制优先编码器 74147 的逻辑图和符号

表 3.2.3　　　　二—十进制优先编码器 74147 的功能表

输入									输出			
$\overline{I}_1$	$\overline{I}_2$	$\overline{I}_3$	$\overline{I}_4$	$\overline{I}_5$	$\overline{I}_6$	$\overline{I}_7$	$\overline{I}_8$	$\overline{I}_9$	$\overline{Y}_3$	$\overline{Y}_2$	$\overline{Y}_1$	$\overline{Y}_0$
0	1	1	1	1	1	1	1	1	1	1	1	0
∅	0	1	1	1	1	1	1	1	1	1	0	1
∅	∅	0	1	1	1	1	1	1	1	1	0	0
∅	∅	∅	0	1	1	1	1	1	1	0	1	1
∅	∅	∅	∅	0	1	1	1	1	1	0	1	0
∅	∅	∅	∅	∅	0	1	1	1	1	0	0	1
∅	∅	∅	∅	∅	∅	0	1	1	1	0	0	0
∅	∅	∅	∅	∅	∅	∅	0	1	0	1	1	1
∅	∅	∅	∅	∅	∅	∅	∅	0	0	1	1	0
1	1	1	1	1	1	1	1	1	1	1	1	1

3.2.2　译码器

译码是编码的逆过程，它是将输入编码翻译成输出控制电平。实现这种功能的电路称为译码器。译码器是使用比较广泛的器件，可分为二进制译码器、码制变换译码器、显示译码器等。

1. 二进制译码器

二进制译码器是将输入的 n 位二进制码转换成 2^n 个不同状态。常用的 MSI 二进制译码器有 74139（双 2-4 线译码器）、74138（3-8 线译码器）、74154（4-16 线译码器）等。

（1）2-4 线译码器

图 3.2.5（a）是 2-4 线译码器的逻辑图，由图中可以看出这是一个多输出的组合电路。

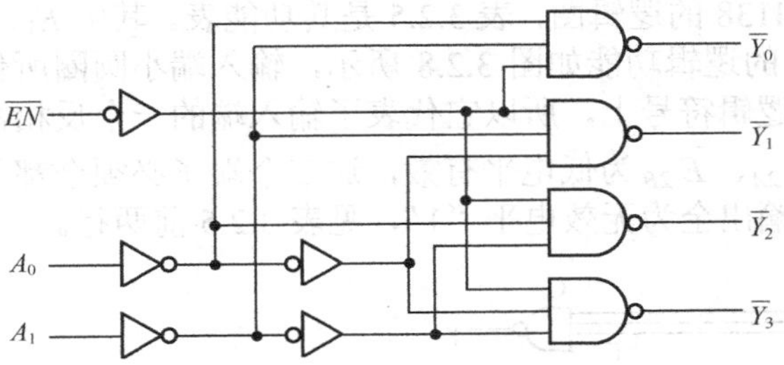

（a）逻辑图

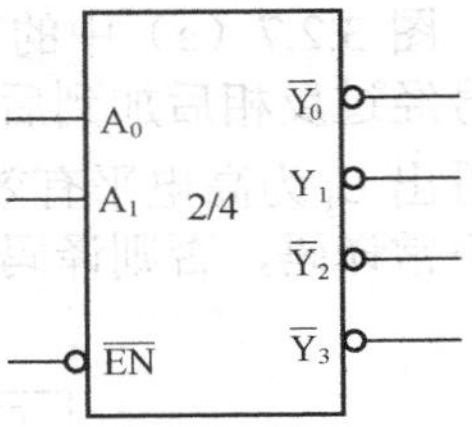

（b）简化逻辑符号

图 3.2.5　2-4 线译码器

当 $\overline{EN}=1$ 时，$\overline{Y}_0=\overline{Y}_1=\overline{Y}_2=\overline{Y}_3=1$，芯片不工作。

当 $\overline{EN}=0$ 时，$\overline{Y}_0=\overline{\overline{A}_1\overline{A}_0}=\overline{m}_0$，$\overline{Y}_1=\overline{\overline{A}_1A_0}=\overline{m}_1$，$\overline{Y}_2=\overline{A_1\overline{A}_0}=\overline{m}_2$，$\overline{Y}_3=\overline{A_1A_0}=\overline{m}_3$。

$\overline{EN}$ 同样为输入使能端，低电平有效。在 $\overline{EN}$ 有效的情况下，对应译码地址输入端 A_1A_0 的每一组二进制代码，都能把下标为地址代码的十进制数的译码输出端译为“0”电平，而其余译码输出端为“1”电平。例如，输入地址代码 A_1A_0=01，则对应 $\overline{Y}_1=0$，把“0”称为译码器的译码输出有效电平，可见低电平有效，因此输出函数加上非号，在图 3.2.5（b）所示的简化逻辑符号中以输出端有小圈体现出来。表 3.2.4 是 2-4 线译码器的功能表。

表 3.2.4　　2-4 线译码器的功能表

使能输入	输入		输出			
$\overline{EN}$	A_1	A_0	$\overline{Y}_0$	$\overline{Y}_1$	$\overline{Y}_2$	$\overline{Y}_3$
1	∅	∅	1	1	1	1
0	0	0	0	1	1	1
0	0	1	1	0	1	1
0	1	0	1	1	0	1
0	1	1	1	1	1	0

74139 是双 2-4 线译码器，一个芯片中含有两个上述的 2-4 线译码器，简化逻辑符号如图 3.2.6 所示。

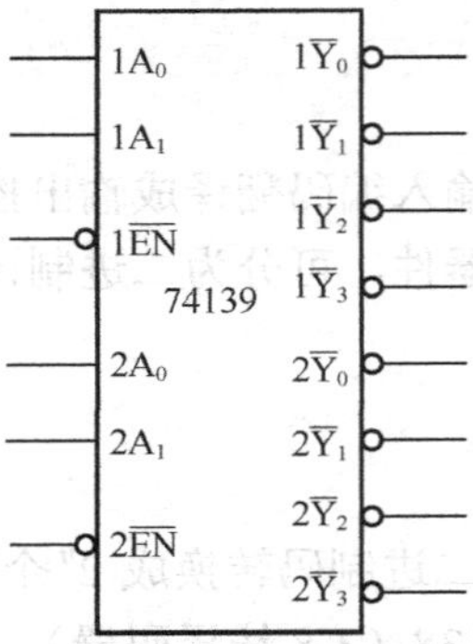

图 3.2.6 74139 双 2-4 线译码器的简化逻辑符号

（2）3-8 线译码器

图 3.2.7（a）是 3-8 线译码器 74138 的逻辑图，表 3.2.5 是其功能表。其中 E_1、$\overline{E}_{2A}$、$\overline{E}_{2B}$ 为使能端。图 3.2.7（a）中的 G_8 门的逻辑功能如图 3.2.8 所示，输入端小圆圈所代表的含意是输入信号经过反相后加到后面的逻辑符号上，所以它代表了输入端的一个反相器。从电路图中可以看出 E_1 为高电平有效，$\overline{E}_{2A}$、$\overline{E}_{2B}$ 为低电平有效，这三个端子必须全都使能时，译码器才能正常译码，否则译码器的输出全为无效电平“1”，见表 3.2.5 前两行。

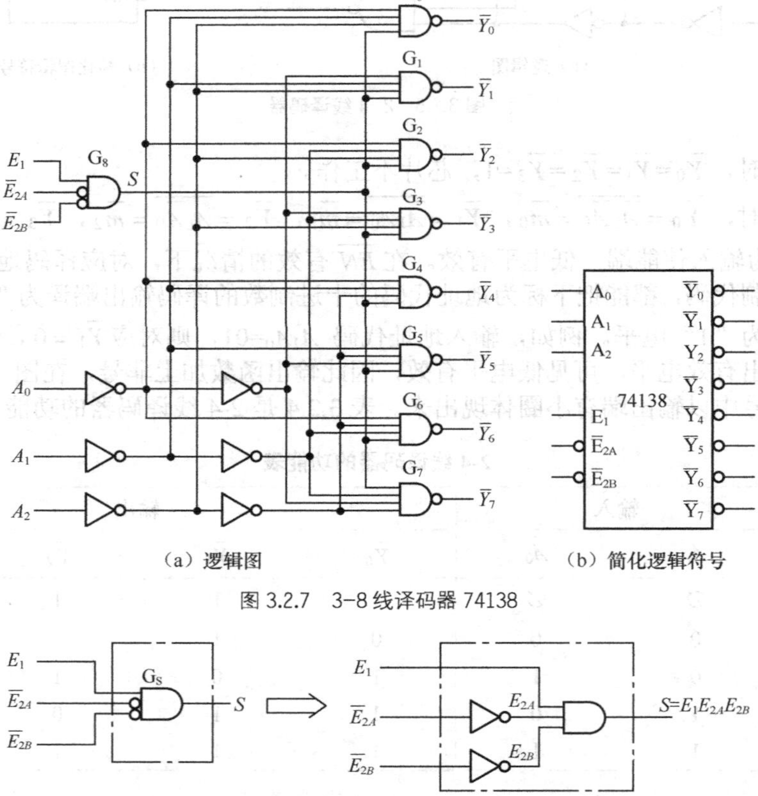

（a）逻辑图　　　　（b）简化逻辑符号

图 3.2.7 3-8 线译码器 74138

图 3.2.8 门电路输入端反相记号的等效替代

表 3.2.5　　3-8 线译码器 74138 的功能表

输入					输出							
E_1	$\overline{E}_{2A}+\overline{E}_{2B}$	A_2	A_1	A_0	$\overline{Y}_0$	$\overline{Y}_1$	$\overline{Y}_2$	$\overline{Y}_3$	$\overline{Y}_4$	$\overline{Y}_5$	$\overline{Y}_6$	$\overline{Y}_7$
∅	1	∅	∅	∅	1	1	1	1	1	1	1	1
0	∅	∅	∅	∅	1	1	1	1	1	1	1	1
1	0	0	0	0	0	1	1	1	1	1	1	1
1	0	0	0	1	1	0	1	1	1	1	1	1
1	0	0	1	0	1	1	0	1	1	1	1	1
1	0	0	1	1	1	1	1	0	1	1	1	1
1	0	1	0	0	1	1	1	1	0	1	1	1
1	0	1	0	1	1	1	1	1	1	0	1	1
1	0	1	1	0	1	1	1	1	1	1	0	1
1	0	1	1	1	1	1	1	1	1	1	1	0

（3）译码器的逻辑扩展

使用译码器时常会遇到输入端太少，不能满足使用要求的情况。这时可以把几片有使能端的译码器连接成输入端较多的译码器。例如，可用两片 2-4 线译码器扩展成一个 3-8 线译码器，两片 3-8 线译码器则能扩展成一片 4-16 线译码器，如图 3.2.9 所示。图 3.2.9（a）的扩展思路见表 3.2.6。当 3-8 线译码器的地址最高端 A_2=0 时，让其中的一片 2-4 线译码器工作，另一片禁止。由于2-4线译码器(74139)的使能端是低电平有效，因此A_2=0时，应该使 $1\overline{EN}$=0，$2\overline{EN}$=1；当 A_2=1 时，两者刚好相反。可见扩展的关键是如何用 A_2 控制两片 2-4 线译码器的使能端。根据上述分析，电路中应将 A_2 直接连 $1\overline{EN}$，A_2 取反后连 $2\overline{EN}$，如图 3.2.9（a）所示。图 3.2.9（b）的思路相同，只是由于 74138 有 3 个使能端，其扩展方法有多种，图 3.2.9（b）所示的扩展方法是较简单的一种，不需要额外增加门电路。

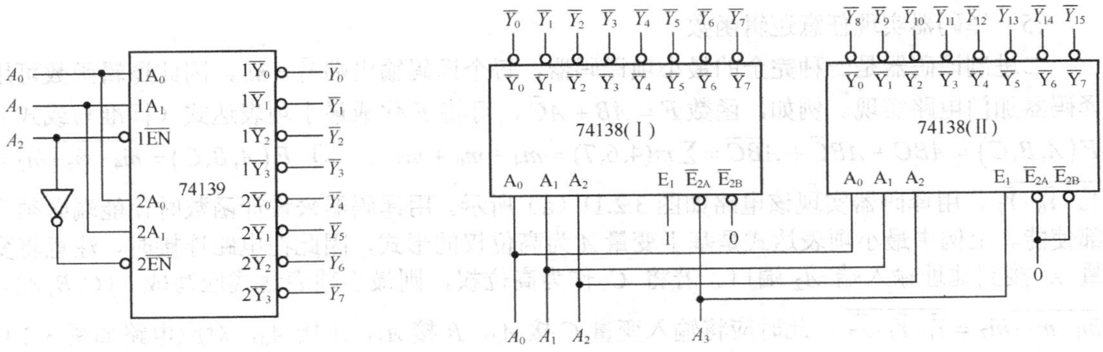

（a）两片 2-4 线译码器扩展为 3-8 线译码器　　（b）两片 3-8 线译码器扩展为 4-16 线译码器

图 3.2.9　译码器的逻辑扩展

（4）译码器实现数据分配器

应用使能端，还可以将译码器另作它用，如作为数据分配器。数据分配器类似一个单刀多掷传输开关，如图 3.2.10（a）所示。数据 D 按照地址 AB 被分配到输出端，当 AB=00 时，数据 D 从 $\overline{Y}_0$ 输出，当 AB=01 时，D 从 $\overline{Y}_1$ 输出。用 2/4 线译码器可以实现该数据分配器，电路如图 3.2.10（b）所示。将数据 D 接使能端 $\overline{EN}$。当 D=0 时，译码器使能，按 AB 地址译码相应端口输出为 0；当 D=1 时，译码器不工作，$\overline{Y}_0 \sim \overline{Y}_3$ 全出“1”，因此可以看成按地址将数据 D 分配至相应输出端。

表 3.2.6　　2-4 线译码器扩展为 3-8 线译码器的功能表

输入			使能输入		输出							
A_2	A_1	A_0	$1\overline{EN}$	$2\overline{EN}$	$1\overline{Y}_0$	$1\overline{Y}_1$	$1\overline{Y}_2$	$1\overline{Y}_3$	$1\overline{Y}_4$	$1\overline{Y}_5$	$1\overline{Y}_6$	$1\overline{Y}_7$
0	0	0	0	1	0	1	1	1	1	1	1	1
0	0	1	0	1	1	0	1	1	1	1	1	1
0	1	0	0	1	1	1	0	1	1	1	1	1
0	1	1	0	1	1	1	1	0	1	1	1	1
1	0	0	1	0	1	1	1	1	0	1	1	1
1	0	1	1	0	1	1	1	1	1	0	1	1
1	1	0	1	0	1	1	1	1	1	1	0	1
1	1	1	1	0	1	1	1	1	1	1	1	0
A_2	A_1	A_0			$\overline{Y}_0$	$\overline{Y}_1$	$\overline{Y}_2$	$\overline{Y}_3$	$\overline{Y}_4$	$\overline{Y}_5$	$\overline{Y}_6$	$\overline{Y}_7$

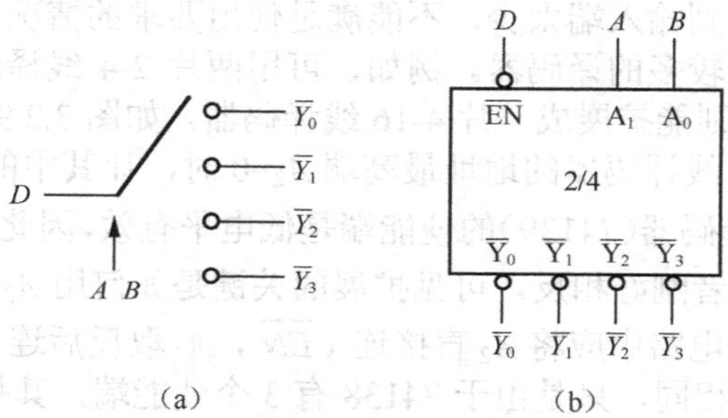

图 3.2.10　译码器作为数据分配器

（5）译码器实现任意逻辑函数

二进制译码器是一种完全的最小项译码器，每个译码输出端 $\overline{Y}_i = \overline{m}_i$，因此逻辑函数可用译码器加门电路实现。例如，函数 $F = AB + A\overline{C}$，可将 F 化成最小项表达式（标准与或式）$F(A,B,C) = ABC + AB\overline{C} + A\overline{B}\overline{C} = \sum m(4,6,7) = m_4 + m_6 + m_7$，即 $F(A,B,C) = \overline{\overline{m}_4 \cdot \overline{m}_6 \cdot \overline{m}_7} = \overline{\overline{Y}_4 \cdot \overline{Y}_6 \cdot \overline{Y}_7}$，用译码器实现该电路如图 3.2.11（a）所示。用译码器来设计函数时使能端必须全部使能。上例中最小项表达式是基于变量 A 为高位权的形式，因此在电路连接时，注意将变量 A 接到地址输入端 A_2 端口。若将 C 作为高位权，则最小项表达式应写成 $F(C,B,A) = \overline{\overline{m}_1 \cdot \overline{m}_3 \cdot \overline{m}_7} = \overline{\overline{Y}_1 \cdot \overline{Y}_3 \cdot \overline{Y}_7}$，此时应将输入变量 C 接 A_2，B 接 A_1，A 接 A_0，对应电路如图 3.2.11（b）所示。

用译码器可以方便地实现多输出函数。在一个译码器的译码输出端，接不同的门电路，可以一次实现多个不同的函数，如图 3.2.12 所示，这是三输出函数：

$$\begin{cases} F_1 = AC + \overline{B}C \\ F_2 = A + \overline{C} \\ F_3 = A + B + C \end{cases}$$

分析过程略。

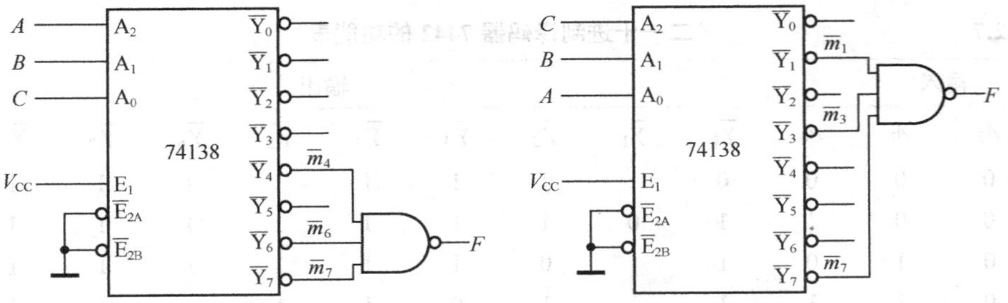

（a）　　　　　　　　　　（b）

图 3.2.11　$F = AB + A\overline{C}$ 的译码器实现电路

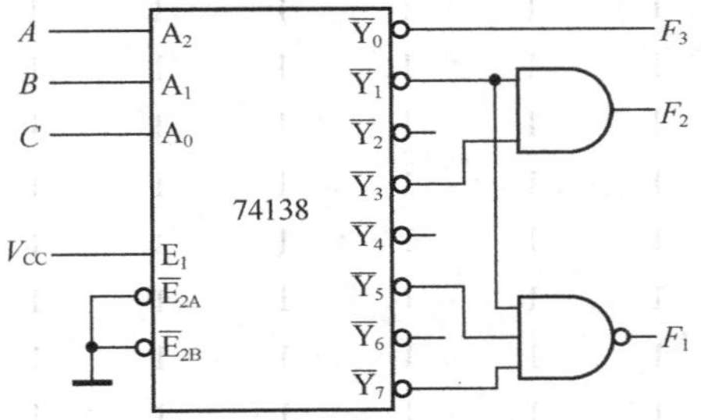

图 3.2.12　译码器实现多输出函数

2. 二—十进制译码器

图 3.2.13 是二—十进制译码器 7442 的逻辑图，表 3.2.7 是其功能表。输入端 $A_3A_2A_1A_0$ 是按 8421BCD 编码的地址输入，$\overline{Y}_0$～$\overline{Y}_9$ 是译码输出端，低电平有效。当 A_3～A_0 输入 8421BCD 非法码时，$\overline{Y}_0$～$\overline{Y}_9$ 输出全为无效电平。

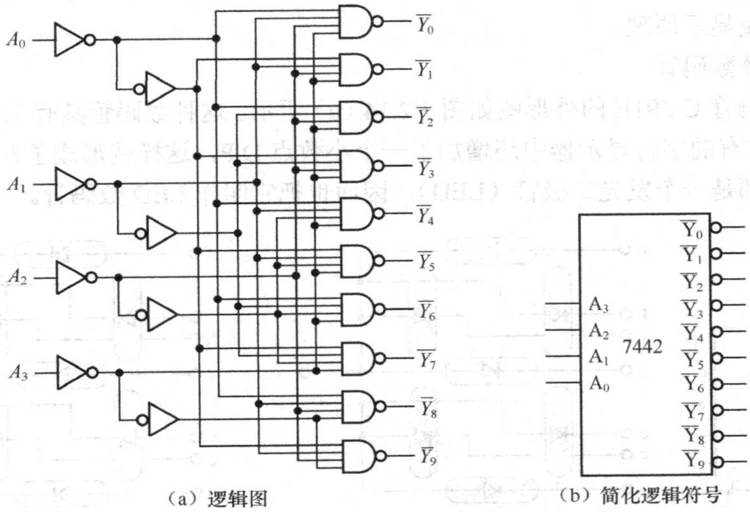

（a）逻辑图　　　　　　（b）简化逻辑符号

图 3.2.13　二—十进制译码器 7442 逻辑图及符号

表 3.2.7　　　　二—十进制译码器 7442 的功能表

输入				输出									
A_3	A_2	A_1	A_0	$\overline{Y}_0$	$\overline{Y}_1$	$\overline{Y}_2$	$\overline{Y}_3$	$\overline{Y}_4$	$\overline{Y}_5$	$\overline{Y}_6$	$\overline{Y}_7$	$\overline{Y}_8$	$\overline{Y}_9$
0	0	0	0	0	1	1	1	1	1	1	1	1	1
0	0	0	1	1	0	1	1	1	1	1	1	1	1
0	0	1	0	1	1	0	1	1	1	1	1	1	1
0	0	1	1	1	1	1	0	1	1	1	1	1	1
0	1	0	0	1	1	1	1	0	1	1	1	1	1
0	1	0	1	1	1	1	1	1	0	1	1	1	1
0	1	1	0	1	1	1	1	1	1	0	1	1	1
0	1	1	1	1	1	1	1	1	1	1	0	1	1
1	0	0	0	1	1	1	1	1	1	1	1	0	1
1	0	0	1	1	1	1	1	1	1	1	1	1	0
1	0	1	0	1	1	1	1	1	1	1	1	1	1
1	0	1	1	1	1	1	1	1	1	1	1	1	1
1	1	0	0	1	1	1	1	1	1	1	1	1	1
1	1	0	1	1	1	1	1	1	1	1	1	1	1
1	1	1	0	1	1	1	1	1	1	1	1	1	1
1	1	1	1	1	1	1	1	1	1	1	1	1	1

3. 显示译码器

在数字系统中，常常需要将测量和运算结果用十进制数显示出来，在实际应用中，广泛使用七段字符显示器，或称作七段数码管。这种字符显示器由七段可发光的线段拼合而成。常见的七段字符显示器有半导体数码管和液晶显示器 2 种。下面以半导体数码管 C-391E 为例介绍其构成及显示原理。

（1）半导体数码管

半导体数码管 C-391E 的外形图如图 3.2.14（a）所示。这种数码管具有七个线段 a、b、c、d、e、f、g，在有的字符显示器中还增加了一个小数点 D.P，这样就形成了八段数码显示器。由于每个线段都是一个发光二极管（LED），因而也把它叫作 LED 数码管。

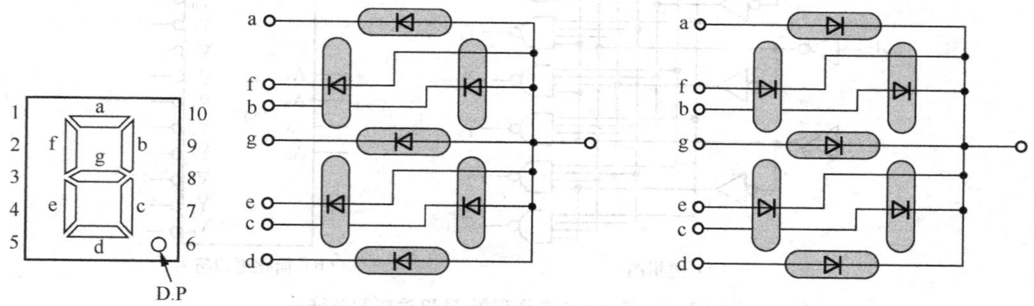

（a）外形图　　（b）共阳极七段数码管结构　　（b）共阴极七段数码管结构

图 3.2.14　半导体数码管 C-391E

发光二极管使用的材料与普通的硅二极管和锗二极管不同，有磷砷化镓、磷化镓、砷化镓等几种，而且半导体中的杂质浓度很高。当外加正向电压时，大量的电子和空穴在扩散过程中复合，其中一部分电子从导带跃迁到价带，把多余的能量以光的形式释放出来，便发出一定波长的可见光。常见的发光二极管颜色有红、黄、绿 3 种。半导体数码管不仅具有工作电压低、体积小、寿命长、可靠性高等优点，而且响应时间短（一般不超过 0.1μs），亮度也比较高。它的缺点是工作电流比较大，每一段的工作电流在 10mA 左右。

根据数码管内二极管的接法不同，数码管可分为共阳极（所有二极管正极接在一起）和共阴极（所有二极管负极接在一起）2 种，如图 3.2.14（b）和（c）所示。

（2）BCD-七段显示译码器

半导体数码管和液晶显示器都可以用 TTL 或 CMOS 集成电路直接驱动，为此，就需要使用显示译码器将 BCD 代码译成数码管所需要的驱动信号，以便使数码管用十进制数字显示出 BCD 代码所表示的数据。常用的 MSI BCD-七段显示译码器有 7447（有效输出电平为低电平，需与共阳极结构的数码管相连接）和 7448（有效输出电平为高电平，需与共阴极结构的数码管相连接）等。

图 3.2.15（a）画出了 7448 的逻辑图，它能够驱动七段显示器显示图 3.2.16 所示的字符，其中，10～15 的 6 种状态并不是正常使用的符号，它们可以用作识别输入状态的符号或在特殊规定的情况下使用。

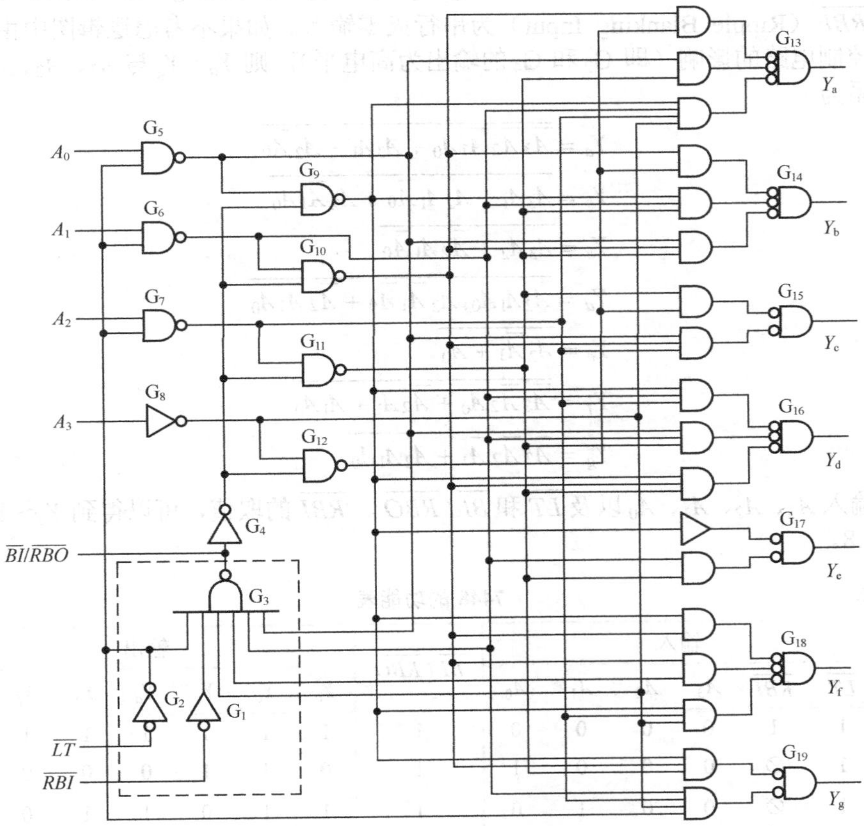

（a）逻辑图

图 3.2.15 BCD-七段显示译码器 7448 的逻辑图和符号

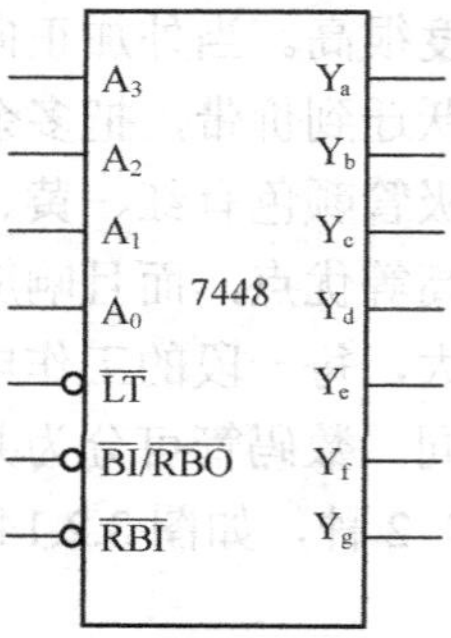

（b）简化逻辑符号

图 3.2.15　BCD−七段显示译码器 7448 的逻辑图和符号（续）

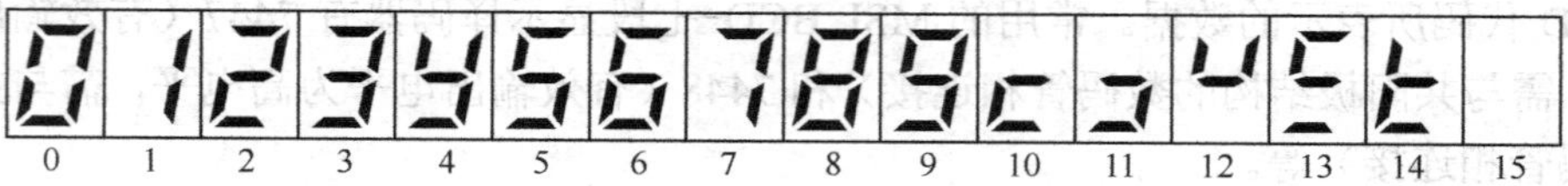

图 3.2.16　0～15 十六个字符显示

在图 3.2.15（a）中，A_3、A_2、A_1、A_0 为 8421BCD 码输入端；Y_a～Y_g 为七段输出；$\overline{LT}$（Lamp Test）为灯光测试输入；$\overline{BI}/\overline{RBO}$（Blanking Input / Ripple Blanking Out）为熄灭输入/串行灭零输出；$\overline{RBI}$（Ripple Blanking Input）为串行灭零输入。如果不考虑逻辑图中由 G_1～G_4 组成的附加控制电路的影响（即 G_2 和 G_4 的输出为高电平），则 Y_a～Y_g 与 A_3、A_2、A_1、A_0 之间的逻辑关系为

$$Y_a = \overline{\overline{A_3}\,\overline{A_2}\,\overline{A_1}A_0 + A_3A_1 + A_2\overline{A_0}}$$

$$Y_b = \overline{A_3A_1 + A_2A_1\overline{A_0} + A_2\overline{A_1}A_0}$$

$$Y_c = \overline{A_3A_2 + \overline{A_2}A_1\overline{A_0}}$$

$$Y_d = \overline{A_2A_1A_0 + A_2\overline{A_1}\,\overline{A_0} + \overline{A_2}\,\overline{A_1}A_0}$$

$$Y_e = \overline{A_2\overline{A_1} + A_0}$$

$$Y_f = \overline{\overline{A_3}\,\overline{A_2}A_0 + \overline{A_2}A_1 + A_1A_0}$$

$$Y_g = \overline{\overline{A_3}\,\overline{A_2}\,\overline{A_1} + A_2A_1A_0}$$

根据输入 A_3、A_2、A_1、A_0 以及 $\overline{LT}$ 和 $\overline{BI}/\overline{RBO}$、$\overline{RBI}$ 的取值，可以得到 Y_a～Y_g 的值，见功能表 3.2.8。

表 3.2.8　　7448 的功能表

十进制数或功能	输入						$\overline{BI}/\overline{RBO}$	输出							说明
	$\overline{LT}$	$\overline{RBI}$	A_3	A_2	A_1	A_0		Y_a	Y_b	Y_c	Y_d	Y_e	Y_f	Y_g	
0	1	1	0	0	0	0	1	1	1	1	1	1	1	0	译码显示
1	1	∅	0	0	0	1	1	0	1	1	0	0	0	0	
2	1	∅	0	0	1	0	1	1	1	0	1	1	0	1	
3	1	∅	0	0	1	1	1	1	1	1	1	0	0	1	
4	1	∅	0	1	0	0	1	0	1	1	0	0	1	1	

续表

十进制数或功能	输入						$\overline{BI}/\overline{RBO}$	输出							说明
	$\overline{LT}$	$\overline{RBI}$	A_3	A_2	A_1	A_0		Y_a	Y_b	Y_c	Y_d	Y_e	Y_f	Y_g	
5	1	∅	0	1	0	1	1	1	0	1	1	0	1	1	译码显示
6	1	∅	0	1	1	0	1	0	0	1	1	1	1	1	
7	1	∅	0	1	1	1	1	1	1	1	0	0	0	0	
8	1	∅	1	0	0	0	1	1	1	1	1	1	1	1	
9	1	∅	1	0	0	1	1	1	1	1	0	0	1	1	
10	1	∅	1	0	1	0	1	0	0	0	1	1	0	1	
11	1	∅	1	0	1	1	1	0	0	1	1	0	0	1	
12	1	∅	1	1	0	0	1	0	1	0	0	0	1	1	
13	1	∅	1	1	0	1	1	1	0	0	1	0	1	1	
14	1	∅	1	1	1	0	1	0	0	0	1	1	1	1	
15	1	∅	1	1	1	1	1	0	0	0	0	0	0	0	
$\overline{BI}=0$	∅	∅	∅	∅	∅	∅	0	0	0	0	0	0	0	0	熄灭
$\overline{LT}=0$	0	∅	∅	∅	∅	∅	1	1	1	1	1	1	1	1	测试
$\overline{RBI}=0$	1	0	0	0	0	0	0	0	0	0	0	0	0	0	灭零

$\overline{LT}$、$\overline{RBI}$、$\overline{BI}/\overline{RBO}$ 为附加控制端，用于扩展电路功能。

① 灯光测试输入 $\overline{LT}$。用于测试数码管各段是否发光正常。当 $\overline{LT}=0$ 时，不论输入 A_3、A_2、A_1、A_0 状态如何，输出 $Y_a \sim Y_g$ 均为 1，使显示器件七段都点亮，显示"8"。若有的段没显示，说明有故障。在正常工作情况下，应当使 $\overline{LT}$ 端接高电平，即 $\overline{LT}=1$。

② 串行灭零输入 $\overline{RBI}$。设置串行灭零输入信号 $\overline{RBI}$ 的目的是把不希望显示的零熄灭。例如，有一个 8 位的数码显示电路，整数部分为 5 位，小数部分为 3 位，在显示 16.8 这个数时将呈现 00016.800 字样。如果将前、后多余的零熄灭，则显示的结果将更加醒目，更符合人们的习惯。即当输入为 $A_3A_2A_1A_0$=0000，且 $\overline{RBI}=0$，$\overline{LT}=1$ 时，$\overline{BI}/\overline{RBO}$ 端输出为"0"，表示本位应显示的"0"已熄灭。$\overline{RBI}=0$ 只能灭"0"字，而不能熄灭其他数字。在 $\overline{RBI}=1$ 时，0～9 均能正常显示。

③ 熄灭输入/串行灭零输出 $\overline{BI}/\overline{RBO}$。这是一个双功能的输入/输出端，它的电路结构如图 3.2.17 所示。

$\overline{BI}/\overline{RBO}$ 作为输入端使用时，称熄灭输入控制端。只要 $\overline{BI}=0$，无论 $\overline{LT}$、$\overline{RBI}$、$A_3A_2A_1A_0$ 的状态是什么，输出 $Y_a \sim Y_g$ 均为"0"，使显示器件七段都处于熄灭状态，不显示数字。

$\overline{BI}/\overline{RBO}$ 作为输出端使用时，称串行灭零输出端。由图 3.2.15（a）可得

$$\overline{RBO}=\overline{\overline{A_3}\,\overline{A_2}\,\overline{A_2}\,\overline{A_0}\,LT\,\overline{RBI}}$$

上式表明，只有当输入为 $A_3=A_2=A_1=A_0=0$，而且 $\overline{RBI}=0$ 时，$\overline{RBO}=0$，表示译码器已将本来应该显示的"0"熄灭了。

用 7448 可以直接驱动共阴极的半导体数码管。由图 3.2.17（c）7448 的输出电路可以看到，当输出管截止、输出为高电平时，流过发光二极管的电流是由 V_{CC} 经 2kΩ上拉电阻提供

的。当 V_{CC}=5V 时，这个电流只有 2mA 左右。如果数码管需要的电流大于这个数值时，则应在 2kΩ的上拉电阻上再并联适当的电阻。图 3.2.18 给出了用 7448 驱动 BS201 半导体数码管的连接方法。BS201 也为共阴极结构的半导体数码管。

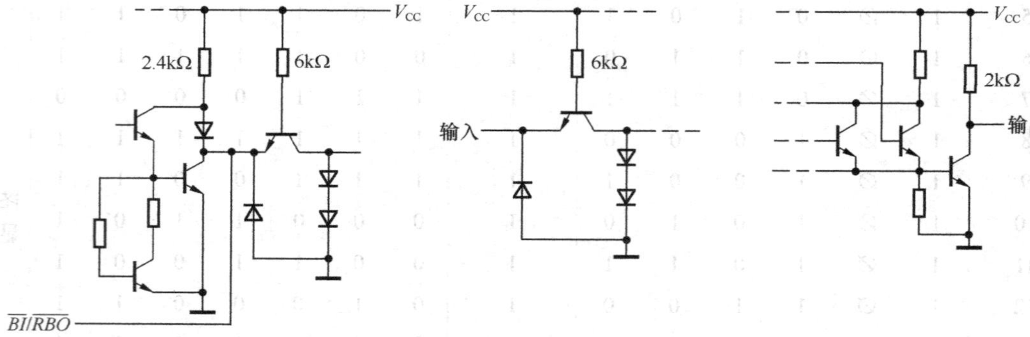

（a）$\overline{BI}/\overline{RBO}$ 端　　（b）输入端　　（c）输出端

图 3.2.17　7448 的输入、输出电路

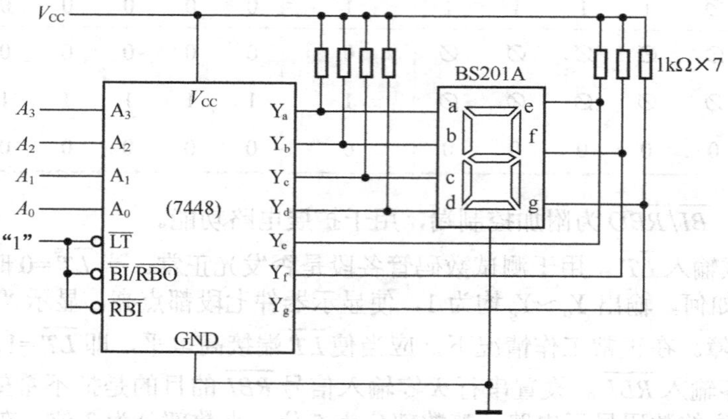

图 3.2.18　用 7448 驱动 BS201 的连接方式

将串行灭零输入端与串行灭零输出端配合使用，即可实现多位数码显示系统的灭零控制。图 3.2.19 给出了灭零控制的连接方法。只需在整数部分把高位的 $\overline{RBO}$ 与低位的 $\overline{RBI}$ 相连，在小数部分将低位的 $\overline{RBO}$ 与高位的 $\overline{RBI}$ 相连，就可以把前、后多余的零熄灭了。在这种连接方式下，整数部分只有当高位是零，而且在被熄灭的情况下，低位才有灭零输入信号。同理，小数部分只有在低位是零，而且被熄灭时，高位才有灭零输入信号。

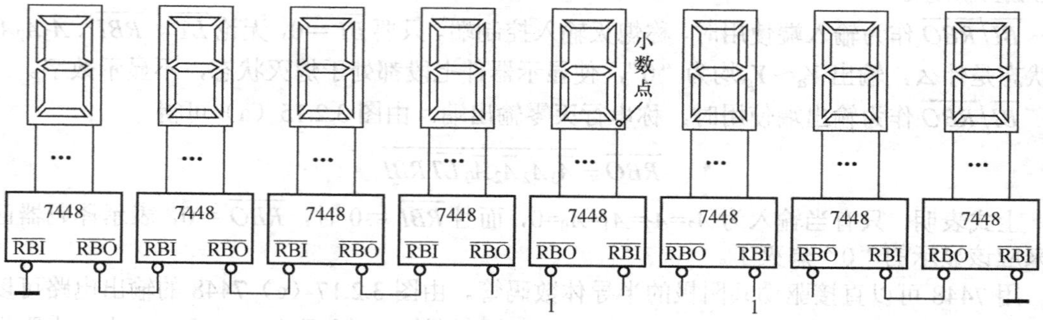

图 3.2.19　有灭零控制的 8 位数码显示系统

3.2.3 数据选择器

数据选择器是一种数据开关，它将多个通道的数据经过选择，传送一路数据到公共数据通道上去，与 3.2.2 小节提到的译码器（数据分配器）的功能正好相反。从开关模拟的角度，数据选择器和数据分配器的示意图如图 3.2.20 所示。在数字通信中，数据选择器又名多路复用器（Multiplexers，简写 MUX），数据分配器又称为多路解复用器。时分复用（TDM）和时分多址技术（TDMA）都是基于这样的工作模式，目的是为了充分利用通信信道的容量，大大降低系统的成本。常用的数据选择器集成芯片有四选一数据选择器（74153）和八选一数据选择器（74151）。

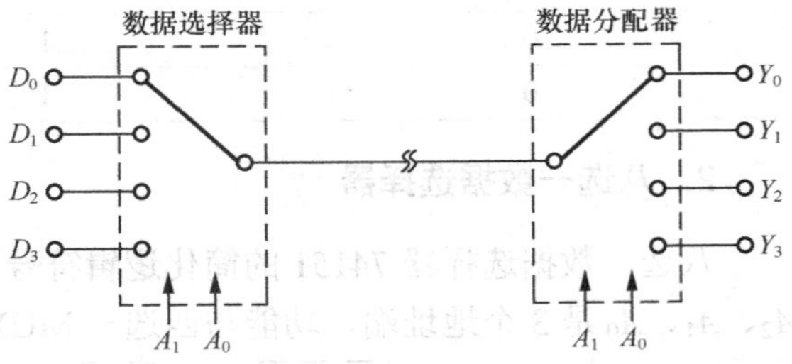

图 3.2.20 数据选择器和数据分配器示意图

1. 四选一数据选择器

图 3.2.21（a）是四选一数据选择器的逻辑图，其中，D_0、D_1、D_2、D_3 是数据输入端，A_1、A_0 是地址端，对于不同的二进制地址输入，可按地址选择 D_0～D_3 中一个数据输出。$\overline{EN}$ 是低电平有效的使能端。

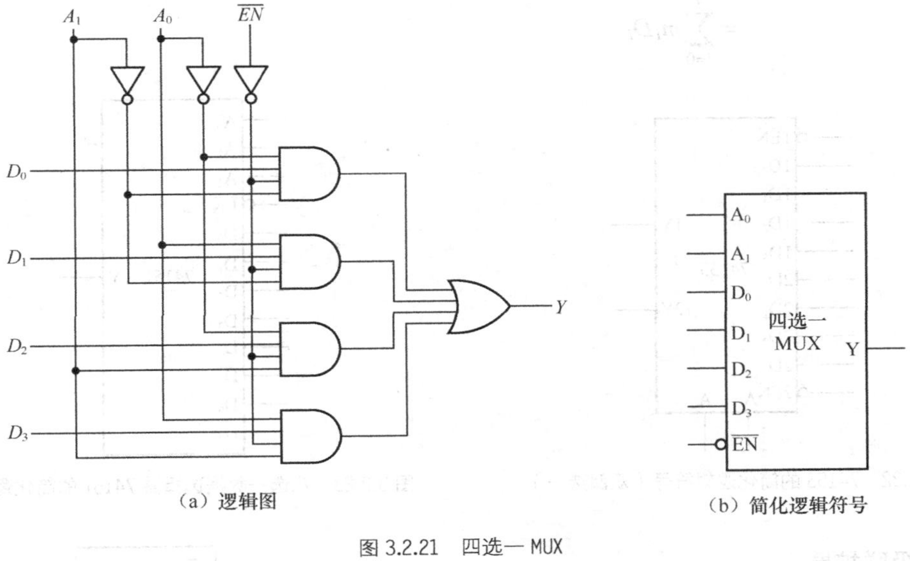

（a）逻辑图　　（b）简化逻辑符号

图 3.2.21 四选一 MUX

分析逻辑图，可知：

① 当 $\overline{EN}$ =1 时，与门的输入端被封锁，选择器禁止工作，Y=0；

② 当 $\overline{EN}$ =0 时，与门被打开，输入信号有效，有

$$Y=\overline{A}_1\overline{A}_0D_0+\overline{A}_1A_0D_1+A_1\overline{A}_0D_2+A_1A_0D_3=\sum_{i=0}^{3}m_iD_i$$

其功能表见表 3.2.9。

图 3.2.21（b）是四选一数据选择器的简化逻辑符号。74153 是常用的四选一数据选择器

芯片，里面集成了 2 个上述的地址端公用的四选一 MUX（双四选一 MUX），图 3.2.22 是 74153 的简化逻辑符号。

表 3.2.9　　四选一 MUX 功能表

使能输入	输入		输出
$\overline{EN}$	A_1	A_0	Y
1	∅	∅	0
0	0	0	D_0
0	0	1	D_1
0	1	0	D_2
0	1	1	D_3

2. 八选一数据选择器

八选一数据选择器 74151 的简化逻辑符号如图 3.2.23 所示。D_0～D_7 是 8 个数据输入端，A_2、A_1、A_0 是 3 个地址端，功能与四选一 MUX 类似。当 $\overline{EN}=0$ 时，有

$$\begin{aligned}Y &= \overline{A_2}\,\overline{A_1}\,\overline{A_0}D_0+\overline{A_2}\,\overline{A_1}A_0D_1+\overline{A_2}A_1\overline{A_0}D_2+\overline{A_2}A_1A_0D_3\\ &\quad +A_2\overline{A_1}\,\overline{A_0}D_4+A_2\overline{A_1}A_0D_5+A_2A_1\overline{A_0}D_6+A_2A_1A_0D_7\\ &=\sum_{i=0}^{7}m_iD_i\end{aligned}$$

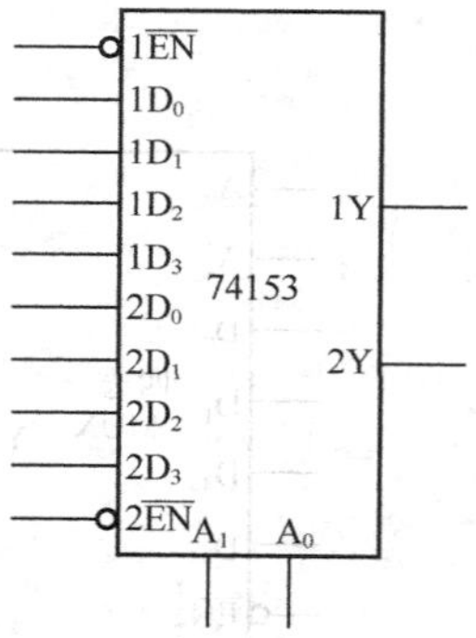

图 3.2.22　74153 的简化逻辑符号（双四选一）

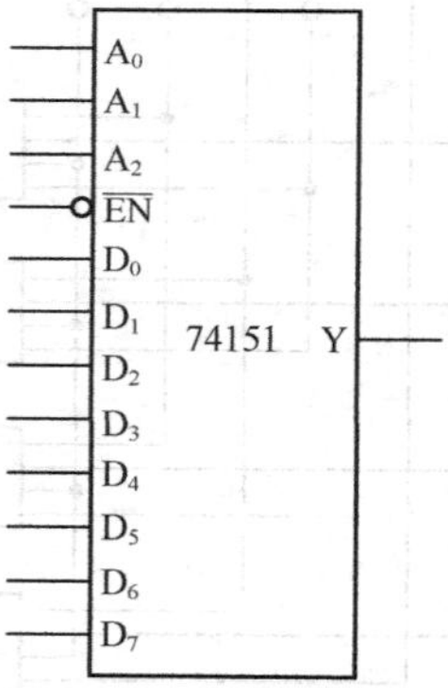

图 3.2.23　八选一数据选择器 74151 的简化逻辑符号

3. 级联扩展

例 3.2.1　试用一片双四选一数据选择器 74153 构成一个八选一数据选择器。

解： 八选一数据选择器的地址输入端有三位 $A_2A_1A_0$，需要用最高位 A_2 控制两片四选一选择器的使能端，让两片交替工作，得到图 3.2.24。当四选一选择器禁止工作时，其输出端为低电平，为了让有效芯片的结果被输出，总的输出 Y 应该

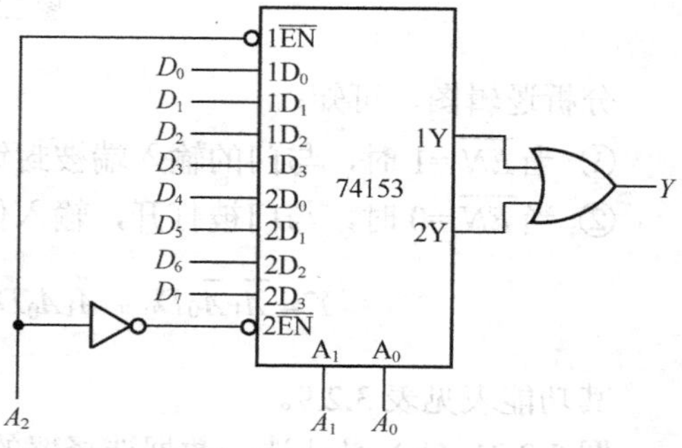

图 3.2.24　四选一扩展为八选一 MUX

是 1Y 和 2Y 相或得到。

例 3.2.2 试将八选一数据选择器 74151 扩展成一个三十二选一数据选择器。

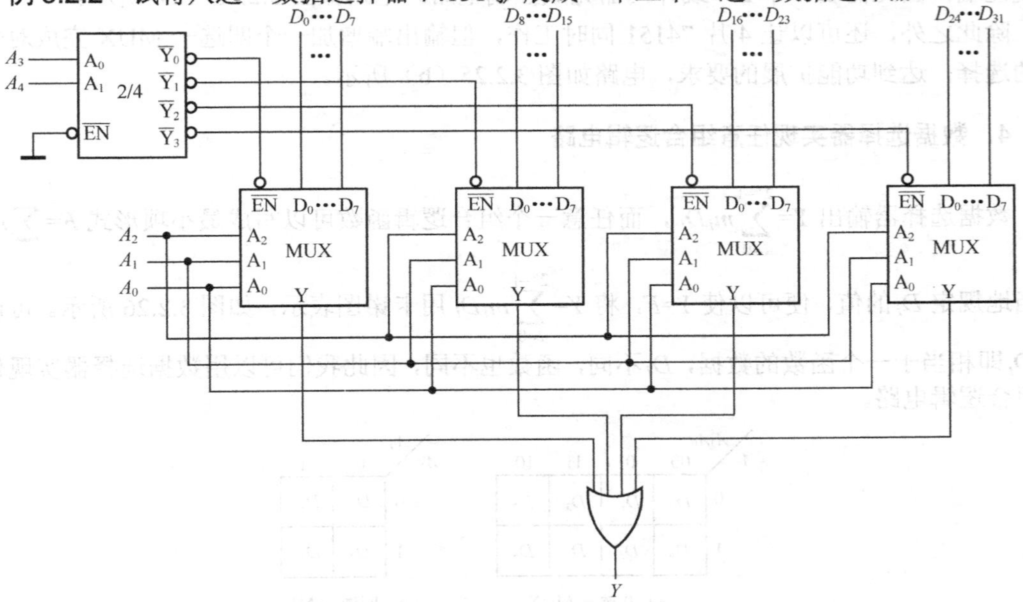

（a）方法一

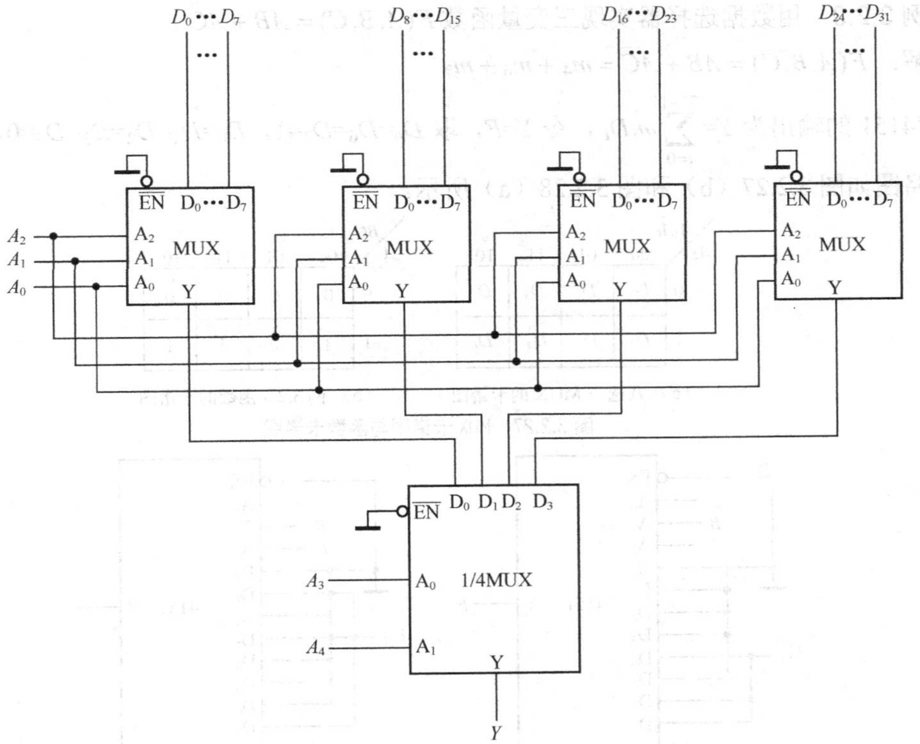

（b）方法二

图 3.2.25 八选一 MUX 扩展为三十二选一 MUX

解：电路共需要 4 片 74151，扩展后的地址输入端有 5 位。最高两位 A_4A_3 控制 4 片 74151 的使能端，因此需要一个 2-4 线译码器完成控制电路。电路如图 3.2.25（a）所示。

除此之外，还可以让 4 片 74151 同时工作，但输出端增加一个四选一 MUX 完成对输出端的选择，达到功能扩展的要求，电路如图 3.2.25（b）所示。

4．数据选择器实现任意组合逻辑电路

数据选择器输出 $Y=\sum_{i=0}^{2^n-1} m_i D_i$，而任意一个组合逻辑函数可以写成最小项形式 $F=\sum m_i$，适当地规定 D_i 的值，便可以使 $Y=F$，将 $Y=\sum_{i=0}^{2^n-1} m_i D_i$ 用卡诺图表示，如图 3.2.26 所示。可以看出 D_i 即相当于一个函数的数据，D_i 不同，函数也不同，因此我们可以用数据选择器实现任意的组合逻辑电路。

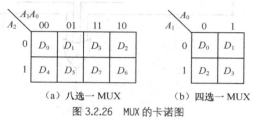

A_2 \ A_1A_0	00	01	11	10
0	D_0	D_1	D_3	D_2
1	D_4	D_5	D_7	D_6

（a）八选一 MUX

A_1 \ A_0	0	1
0	D_0	D_1
1	D_2	D_3

（b）四选一 MUX

图 3.2.26　MUX 的卡诺图

例 3.2.3　用数据选择器实现三变量函数 $F(A,B,C)=AB+A\overline{C}$。

解：$F(A,B,C)=AB+A\overline{C}=m_4+m_6+m_7$

74151 的输出为 $Y=\sum_{i=0}^{2^n-1} m_i D_i$，令 $Y=F$，取 $D_4=D_6=D_7=1$，$D_0=D_1=D_2=D_3=D_5=0$，其卡诺图和电路图如图 3.2.27（b）和图 3.2.28（a）所示。

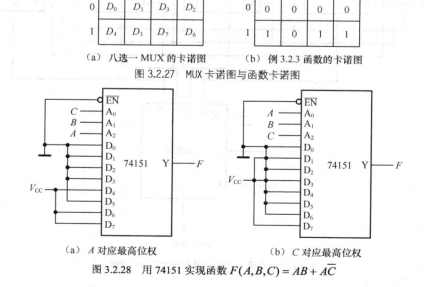

A_2 \ A_1A_0	00	01	11	10
0	D_0	D_1	D_3	D_2
1	D_4	D_5	D_7	D_6

（a）八选一 MUX 的卡诺图

A \ BC	00	01	11	10
0	0	0	0	0
1	1	0	1	1

（b）例 3.2.3 函数的卡诺图

图 3.2.27　MUX 卡诺图与函数卡诺图

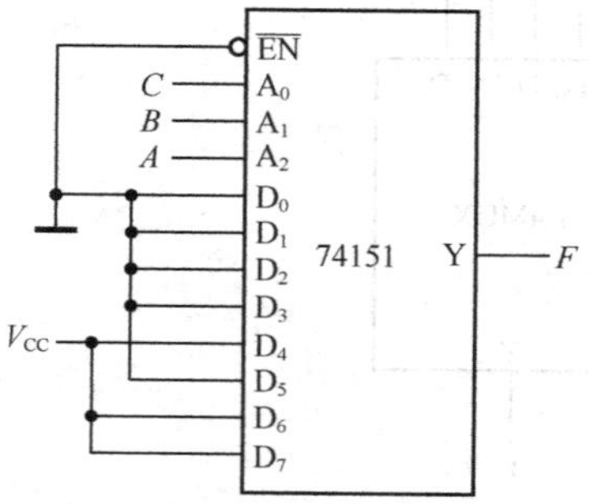

（a）A 对应最高位权

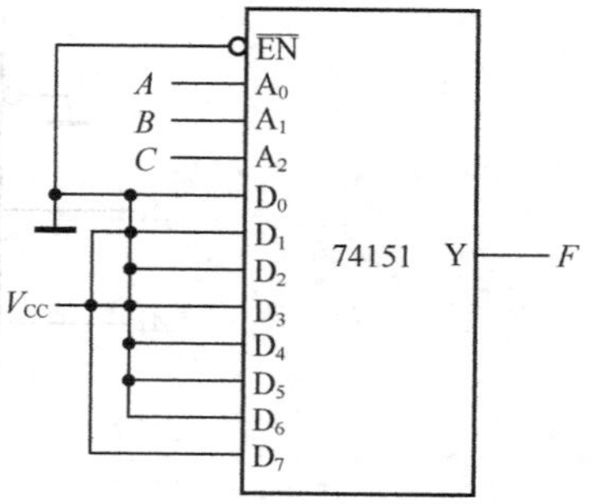

（b）C 对应最高位权

图 3.2.28　用 74151 实现函数 $F(A,B,C)=AB+A\overline{C}$

用数据选择器实现逻辑函数时，需要注意的是输入变量的高低位与选择器芯片地址端的对应关系，例 3.2.3 函数的最小项表达式 $F(A,B,C)=AB+A\overline{C}=m_4+m_6+m_7$ 是对应 A 为高位权得到的，因此函数输入变量与地址端的对应关系是 A-A_2，B-A_1，C-A_0，如图 3.2.28（a）所示。如果将 C 作为高位权，则最小项表达式变成 $F(C,B,A)=AB+A\overline{C}=m_1+m_3+m_7$，电路如图 3.2.28（b）所示。

数据选择器是一个单输出组合电路，因此要实现多输出函数，必须用多个数据选择器实现。在出现所要实现的函数的输入变量的个数超过数据选择器的地址端数时，一般把该函数降维，即把数据选择器的数据输入端 D_i 接成该函数降维卡诺图中记图变量的逻辑表达式的形式。例如，用一片 74153 实现 1 位全加器。74153 是一个双四选一数据选择器，有 2 个地址端；而 1 位全加器是一个三输入、两输出函数，因此在设计电路时该函数必须进行降维。1 位全加器的两个输出函数分别为

$$S_i=\overline{B}(A_i\oplus C_{i-1})+B(A_i\odot C_{i-1})=A_i\oplus B_i\oplus C_{i-1}$$

$$C_i=C_{i-1}(A_i\oplus B_i)+A_iB_i\text{（参见例 3.1.4）}$$

分别对这两个函数的卡诺图进行降维，如图 3.2.29 所示，将图 3.2.29（a）中和 C_{i-1}=0 和 C_{i-1}=1 的两列分别进行合并得到图 3.2.29（b）。

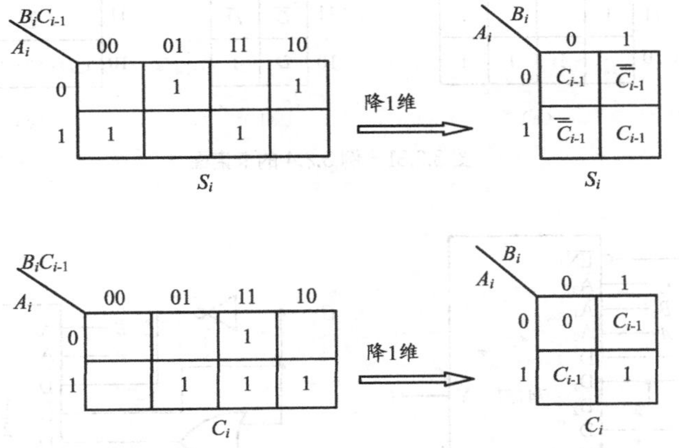

(a) 降维前卡诺图　　(b) 降维后卡诺图

图 3.2.29　全加器的卡诺图降维过程

这种用小于 n 维变量的卡诺图表示 n 维函数的过程称为函数的卡诺图降维。降维卡诺图小格中填入的变量称为记图变量。

此时的 C_i 和 S_i 相当于一个二变量 A_i、B_i 的函数，将 A_i、B_i 分别接在四选一 MUX 的地址端 A_1A_0，MUX 的 D_i 端对应记图变量 C_{i-1} 的逻辑表达式。实现 S_i 的 MUX 的数据输入端 $D_0=D_3=C_{i-1}$，$D_1=D_2=\overline{C}_{i-1}$，实现 C_i 的 MUX 的数据输入端 $D_0=0$，$D_1=D_2=C_{i-1}$，$D_3=1$，如图 3.2.30 所示。有时也可将四变量函数两次降维后用四选一 MUX 实现。

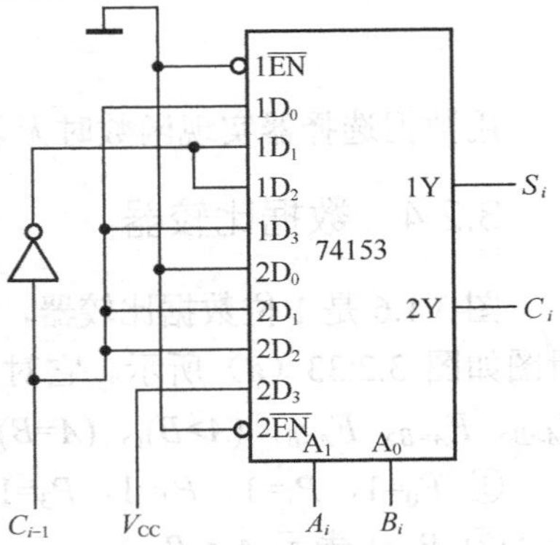

图 3.2.30　用一片 74153 实现一位全加器

例 3.2.4 分别用一片 74151 和 $\frac{1}{2}$ 74153 实现函数

$$F(A,B,C,D)=\overline{A}\overline{B}\overline{C}+\overline{A}BC+AB\overline{D}+A\overline{B}D+AC\overline{D}$$

解：这是一个四变量函数，对它一次降维可用八选一 MUX 实现，两次降维后可用四选一 MUX 实现。先将 F 填入卡诺图，如图 3.2.31（a）所示，再分别进行一次和两次降维，如图 3.2.31（b）和图 3.2.31（c）所示，然后与八选一 MUX（图 3.2.26（a））和四选一 MUX（图 3.2.26（b））的卡诺图比较，得到八选一 MUX 的数据输入端为

$$D_0=D_3=D_5=1，D_1=D_2=0，D_4=D，D_6=D_7=\overline{D}$$

四选一 MUX 的数据输入端为

$$D_0=\overline{C}，D_1=C，D_2=C+D，D_3=\overline{D}$$

逻辑图如图 3.2.32 所示。

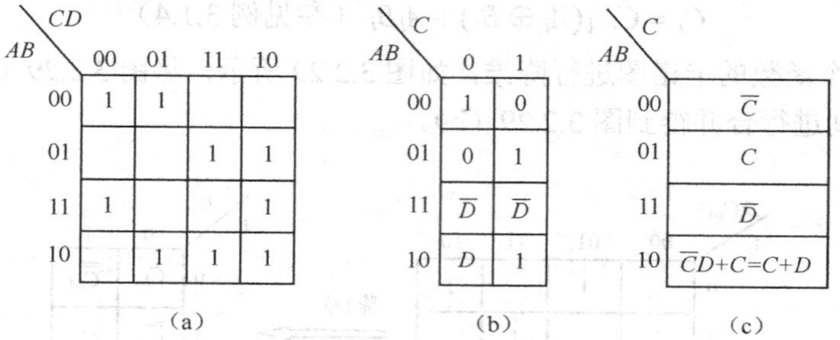

图 3.2.31 例 3.2.4 的卡诺图

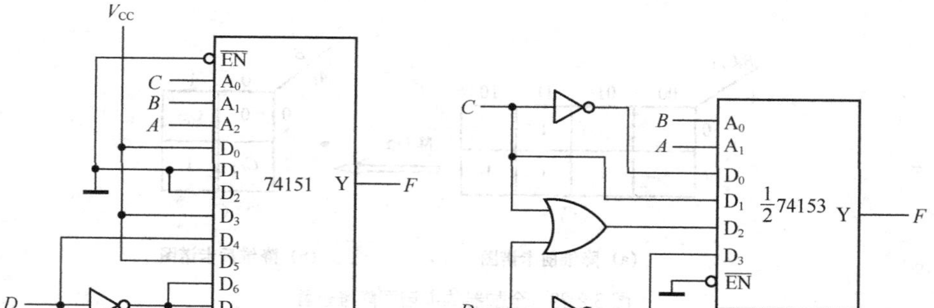

图 3.2.32 例 3.2.4 的逻辑图

用数据选择器实现函数时无须对函数进行化简，连线简单，电路实现方便。

3.2.4 数据比较器

图 3.1.6 是 1 位数据比较器，它是并行 4 位数据比较器 7485 的基本单元电路。7485 的逻辑图如图 3.2.33（a）所示。它对 A_3～A_0、B_3～B_0 两个 4 位二进制数进行比较，比较结果是 $F_{A>B}$、$F_{A=B}$、$F_{A<B}$，$(A>B)_i$、$(A=B)_i$、$(A<B)_i$ 是三个级联输入端，则

① $P_0=1$，$P_1=1$，$P_2=1$，$P_3=1$ 分别表示 $A_0=B_0$，$A_1=B_1$，$A_2=B_2$，$A_3=B_3$；

② $P_4=1$ 表示 $A_3<B_3$；

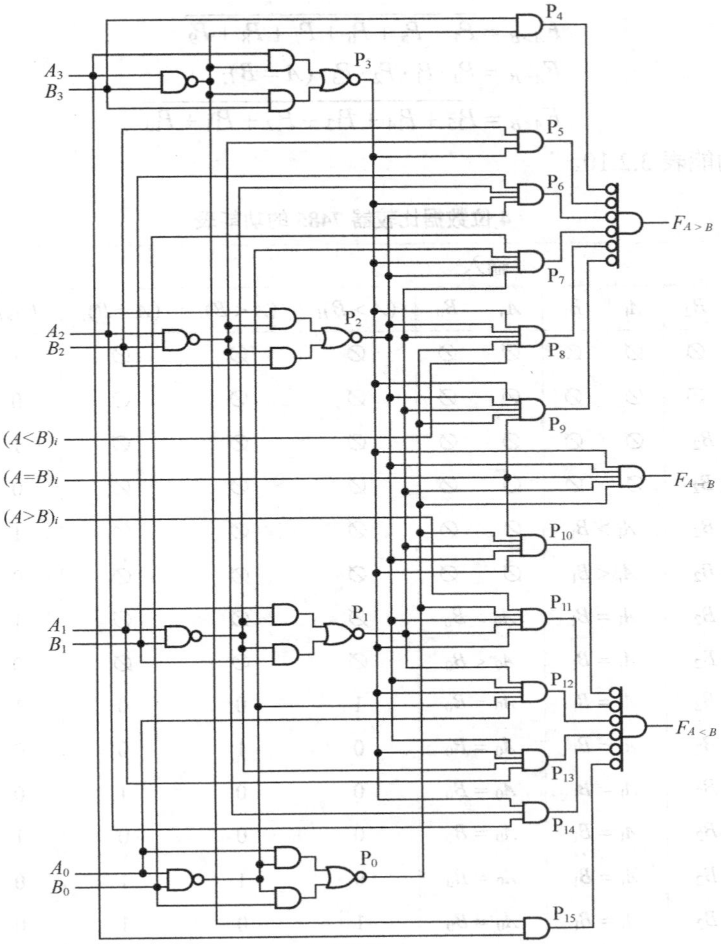

（a）逻辑图

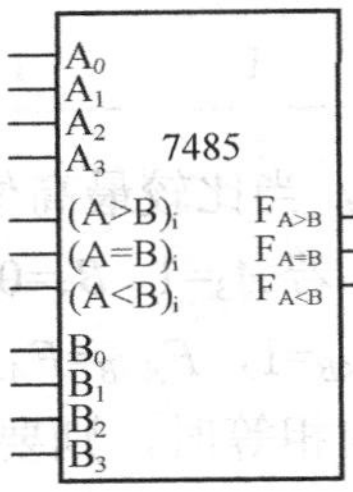

（b）简化逻辑符号

图 3.2.33　4 位并行数据比较器 7485

③ P_5=1，P_6=1，P_7=1 分别表示在高位相等的情况下 $A_2<B_2$，$A_1<B_1$，$A_0<B_0$；

④ 4 位二进制数各位相等时 $P_8=(A<B)_i$，$P_9=P_{10}=(A=B)_i$，$P_{11}=(A>B)_i$；

⑤ P_{15}=1 表示 $A_3>B_3$；

⑥ P_{14}=1，P_{13}=1，P_{12}=1 分别表示在高位相同的情况下 $A_2>B_2$，$A_1>B_1$，$A_0>B_0$。

7485 的输出为

$$F_{A>B}=\overline{P_4+P_5+P_6+P_7+P_8+P_9}$$
$$F_{A=B}=P_0\cdot P_1\cdot P_2\cdot P_3\cdot(A=B)_i$$
$$F_{A<B}=\overline{P_{15}+P_{14}+P_{13}+P_{12}+P_{11}+P_{10}}$$

据此列出功能表 3.2.10。

表 3.2.10　　4 位数据比较器 7485 的功能表

输入											输出		
A_3	B_3	A_2	B_2	A_1	B_1	A_0	B_0	$(A>B)_i$	$(A<B)_i$	$(A=B)_i$	$F_{A>B}$	$F_{A<B}$	$F_{A=B}$
$A_3>B_3$		∅	∅	∅	∅	∅	∅	∅	∅	∅	1	0	0
$A_3<B_3$		∅	∅	∅	∅	∅	∅	∅	∅	∅	0	1	0
$A_3=B_3$		$A_2>B_2$		∅	∅	∅	∅	∅	∅	∅	1	0	0
$A_3=B_3$		$A_2<B_2$		∅	∅	∅	∅	∅	∅	∅	0	1	0
$A_3=B_3$		$A_2=B_2$		$A_1>B_1$		∅	∅	∅	∅	∅	1	0	0
$A_3=B_3$		$A_2=B_2$		$A_1<B_1$		∅	∅	∅	∅	∅	0	1	0
$A_3=B_3$		$A_2=B_2$		$A_1=B_1$		$A_0>B_0$		∅	∅	∅	1	0	0
$A_3=B_3$		$A_2=B_2$		$A_1=B_1$		$A_0<B_0$		∅	∅	∅	0	1	0
$A_3=B_3$		$A_2=B_2$		$A_1=B_1$		$A_0=B_0$		1	0	0	1	0	0
$A_3=B_3$		$A_2=B_2$		$A_1=B_1$		$A_0=B_0$		0	1	0	0	1	0
$A_3=B_3$		$A_2=B_2$		$A_1=B_1$		$A_0=B_0$		0	0	1	0	0	1
$A_3=B_3$		$A_2=B_2$		$A_1=B_1$		$A_0=B_0$		0	0	0	1	1	0
$A_3=B_3$		$A_2=B_2$		$A_1=B_1$		$A_0=B_0$		0	1	1	0	0	1
$A_3=B_3$		$A_2=B_2$		$A_1=B_1$		$A_0=B_0$		1	0	1	0	0	1
$A_3=B_3$		$A_2=B_2$		$A_1=B_1$		$A_0=B_0$		1	1	0	0	0	0
$A_3=B_3$		$A_2=B_2$		$A_1=B_1$		$A_0=B_0$		1	1	1	0	0	1

由表 3.2.10 可以看出进行数据比较时，当比较最高位 A_3、B_3 时，如果 $A_3\neq B_3$，则可直接得出比较结果；在 $A_3=B_3$ 时，再比较低位。若 $A_3=1$，$B_3=0$，则不论低位是何值，必然 $F_{A>B}=1$，$F_{A=B}=F_{A<B}=0$；若 $A_3=0$，$B_3=1$，则必然 $F_{A<B}=1$，$F_{A=B}=F_{A>B}=0$；当 $A_3=B_3$ 时，再比较 A_2、B_2，依次类推。当 $A_3\sim A_0=B_3\sim B_0$ 4 位数码均相等时，则要看级联输入$(A>B)_i$、$(A=B)_i$、$(A<B)_i$的值。

利用比较器的级联输入可以很容易地扩展比较的位数。例如，用两片 7485 可比较两个 8 位二进制数的大小，如图 3.2.34 所示。这是一种串联比较方式，用这种串联方式的比较位数的扩展，在比较位数较多时，延迟较大，工作速度较慢。而采用并联方式则可以减少延迟，如图 3.2.35 所示，这是并联方式比较两个 16 位二进制数的大小。图中数据输入线上的斜杠表示并行 4 位数。这种并联方式只需要两级比较器的速度，若采用串联则需要四级，因此并联方式可以大大提高比较速度，当然并联方式需要 5 个比较器，比串联型增加了一片，这种方式是牺牲成本换取工作速度。

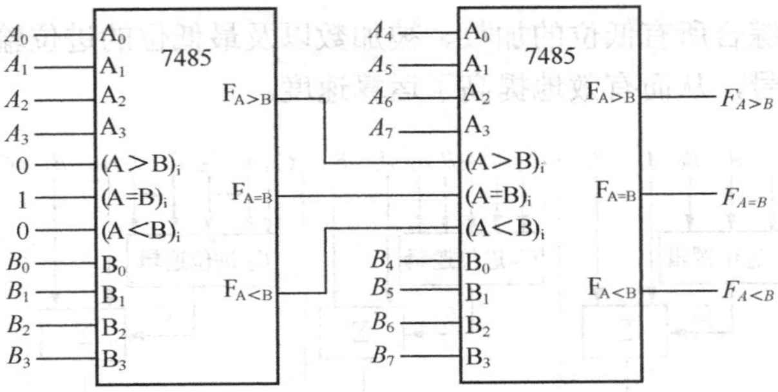

图 3.2.34 两片 7485 比较两个 8 位二进制数

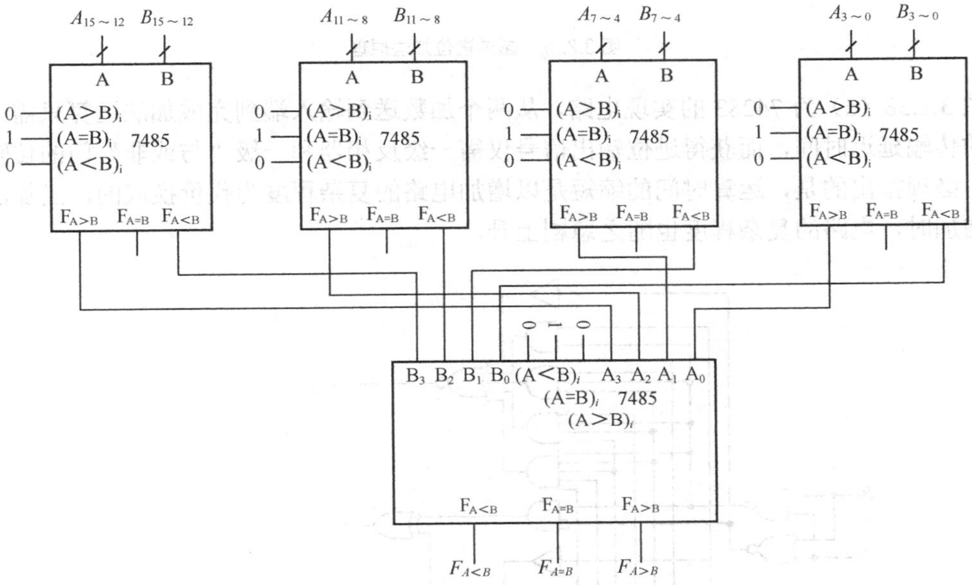

图 3.2.35 并联方式比较两个 16 位二进制数

3.2.5 全加器

我们已经多次涉及 1 位全加器的概念，参见例 3.1.4。在 1 位全加器的基础上可以构成多位加法电路，如图 3.2.36 所示。这是一个串行进位 4 位全加器，每一位的相加结果 S_i 必须等到低位对本位的进位产生之后才能建立，因此这种电路结构工作速度很低。为了提高速度，必须减少由于信号的逐级传递所耗费的时间，由此制成了超前进位的 4 位全加器 74283。

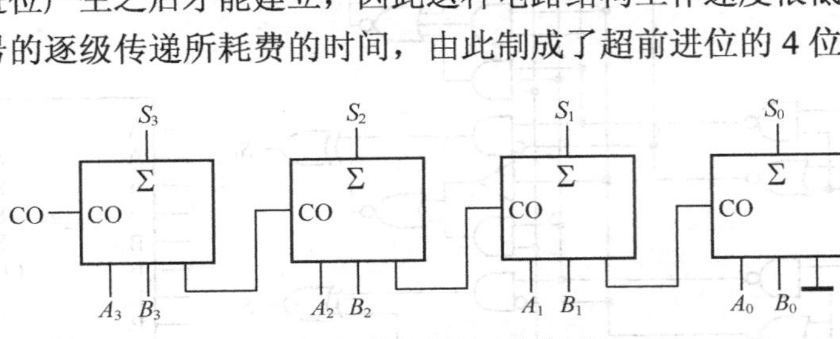

图 3.2.36 串行进位 4 位全加器

74283 的设计思路如下。在两个多位数相加时，任何一位的进位信号取决于两个加数中低于该位的各位数值和 C_{-1}，74283 的进位输入由专门的“进位逻辑”来提供，如图 3.2.37 所示。该“进位逻辑”综合所有低位的加数、被加数以及最低位的进位输入，无须等待低位串行传送过来的进位信号，从而有效地提高了运算速度。

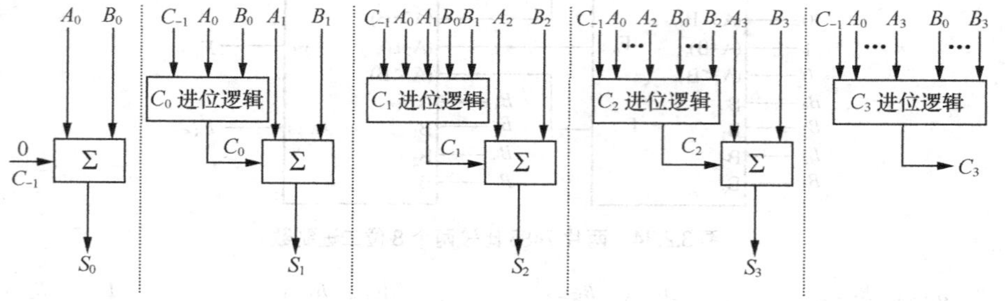

图 3.2.37 超前进位加法原理

图 3.2.38（a）为 74283 的实现电路，从两个加数送到输入端到完成加法运算只需三级门电路的传输延迟时间，而获得进位输出信号仅需一级反相器和一级“与或非”门的传输延迟时间。必须指出的是，运算时间的缩短是以增加电路的复杂程度为代价换取的。当加法器的位数增加时，电路的复杂程度也随之急剧上升。

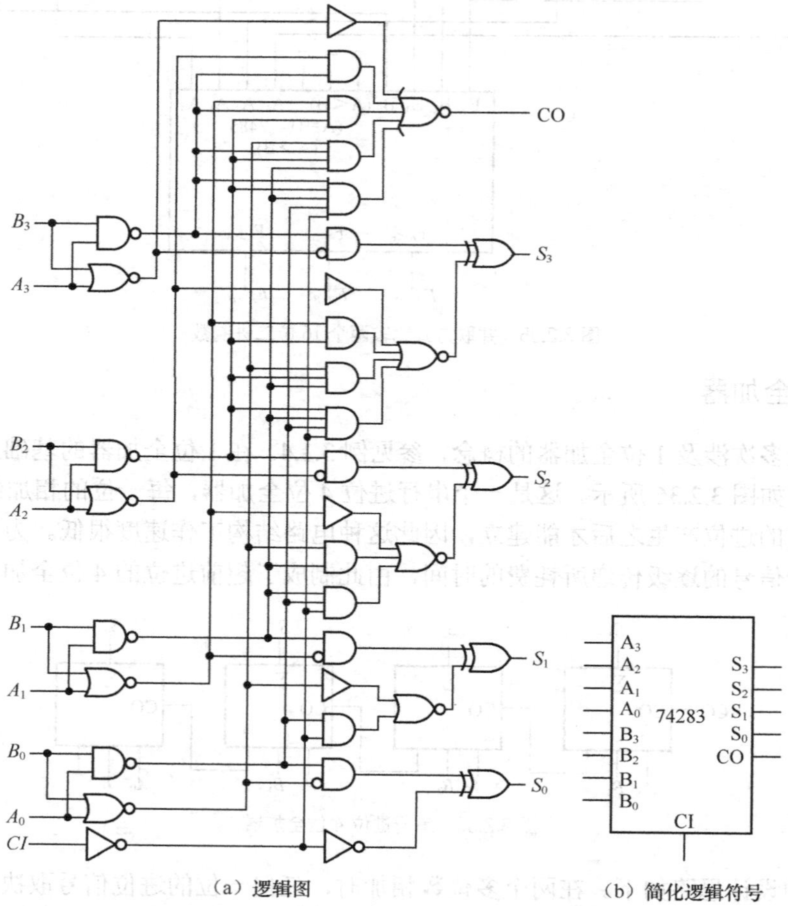

图 3.2.38 超前进位 4 位全加器 74283 的逻辑图和符号

3.2.6 基于 MSI 的组合电路的设计

随着数字集成电路生产工艺的不断成熟，中、大规模通用数字集成电路产品已批量生产，且产品已标准化、系列化、成本低廉，许多数字电路都可直接使用中、大规模集成电路的标准模块来实现。这样不仅可以使电路体积大大缩小，还可减少连线，提高电路的可靠性，降低电路的成本。在这种情况下追求逻辑门数最少将不再成为“最优”设计的指标，转为追求集成块数的减少。用标准的中规模集成电路模块来实现组合电路的设计、用大规模集成电路的可编程逻辑器件实现给定的逻辑功能的设计，已成为目前逻辑设计的新思想。

本小节将从几个实例出发，说明基于 MSI 的组合电路设计思路。设计关键在于选择中规模器件，并进行外围组合电路的设计。

例 3.2.5 试用一片 7485 和若干门电路实现两个 5 位二进制数 $A_4A_3A_2A_1A_0$ 和 $B_4B_3B_2B_1B_0$ 的比较。

解：7485 的数据输入端为 4 位，若要实现 5 位数的比较，原有的数据输入端实现高 4 位的比较，最低位的比较则需要利用级联输入端。设计的关键是如何用外围组合电路实现最低位的正确比较。该组合电路的输入为两数的最低位 A_0 和 B_0，输出连接至 7485 的级联输入端 $(A>B)_i$、$(A=B)_i$、$(A<B)_i$，根据功能列真值表 3.2.11。该真值表在组合电路的设计这一节我们已经进行了设计，因此可以画出逻辑图。

表 3.2.11　实现最低位比较的真值表

A_0　B_0	$(A>B)_i$	$(A=B)_i$	$(A<B)_i$
0　0	0	1	0
0　1	0	0	1
1　0	1	0	0
1　1	0	1	0

本例的设计还可以使表达式更简单。观察 7485 的功能表 3.2.10，最后 5 行是禁止输入的情况，一般不使用，但是为了使本例的设计进一步简化，我们可以充分利用这些禁止项。此时表 3.2.11 的真值表可以变成表 3.2.12 的形式。

表 3.2.12　表 3.2.11 真值表的改进

A_0　B_0	$(A>B)_i$	$(A=B)_i$	$(A<B)_i$
0　0	∅	1	∅
0　1	0	0	1
1　0	1	0	0
1　1	∅	1	∅

将真值表 3.2.12 用卡诺图化简，得到输出表达式：$(A>B)_i=A_0$，$(A<B)_i=B_0$，$(A=B)_i=A_0\odot B_0$。

其电路如图 3.2.39 所示。

例 3.2.6 设计一个 CPU 的算术逻辑单元电路（ALU），实现两个 16 位二进制数的基本算术和逻辑运算，运算控制端为 F_1 和 F_0，当 F_1F_0 等于 00、01、10 和 11 时，分别实现逻辑与、逻辑或、算术加法和算术减法运算。

解：不同运算的选择可以通过数据选择器 74153 实现。在上述运算中，关键是如何实现算术减法。在二进制运算中，$A-B$ 可以看成 $A+(-B)$，即用加法器实现减法的功能。例如计算 12–5，–5 的二进制码为$(1011)_B$，也是 5 的二进制补码，将二进制原码取反再加 1 即可得其补码。$(12)_D+(-5)_D=(1100)_B+(1011)_B=(0111)_B=(7)_D$。

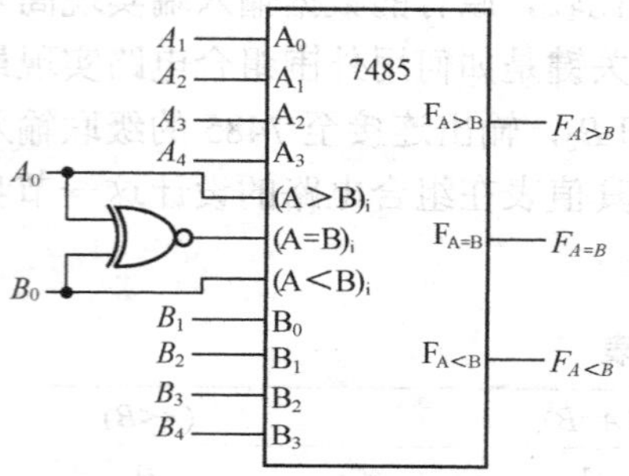

图 3.2.39　一片 7485 比较两个 5 位二进制数

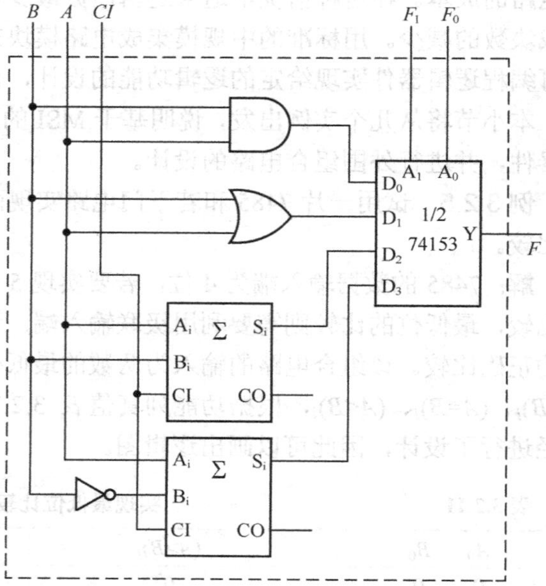

图 3.2.40　1 位算术逻辑单元 ALU

首先实现 1 位 ALU 电路，如图 3.2.40 所示，可以看到，减法器和加法器的不同就在于多了一个反相器，因此我们可以采用一种更简单的 1 位 ALU，只用 1 片全加器，F_0 通过异或门实现反相器的功能，当 $F_0=0$ 时，B 直接输入；反之 B 取反输入，如图 3.2.41 所示。16 个 1 位 ALU 级联就可以构成 16 位 ALU，求补码时的加 1 操作可以通过最低位的 C_{i-1} 实现，如图 3.2.42 所示。最低位的 C_{i-1} 与控制端 F_0 连接，当 $F_0=1$ 时，就可以实现求补码的功能。下面举例说明 16 位减法的实现过程。设 A=1001 1110 1101 1110，B=0110 1011 0110 1101，求 $A-B$，首先 B 的反码为 1001 0100 1001 0010，$A-B$ 的实现过程如下（最低位的 $C_{i-1}=1$ 实现加 1）：

					1	← 最低位 $C_{i-1}=F_0$
A	=	1001	1110	1101	1110	
$\overline{B}$	=	1001	0100	1001	0010	
$A-B$	=	0011	0011	0111	0001	

计算结果正确。如果 B 大于 A，我们会得到一个负数。此时，结果为二进制补码形式。在二进制补码运算中，我们忽略最高位产生的进位。本例也可以采用 4 片 74283 来实现 16 位加法和减法运算，读者可以思考实现方法。

例 3.2.7　设 $A_3A_2A_1A_0.a_3a_2a_1a_0$ 是 8421BCD 码表示的十进制数，其中 $a_3a_2a_1a_0$ 是小数部分，$A_3A_2A_1A_0$ 是整数部分。试用中规模器件和适当门电路设计一个将小数部分四舍五入的电路。

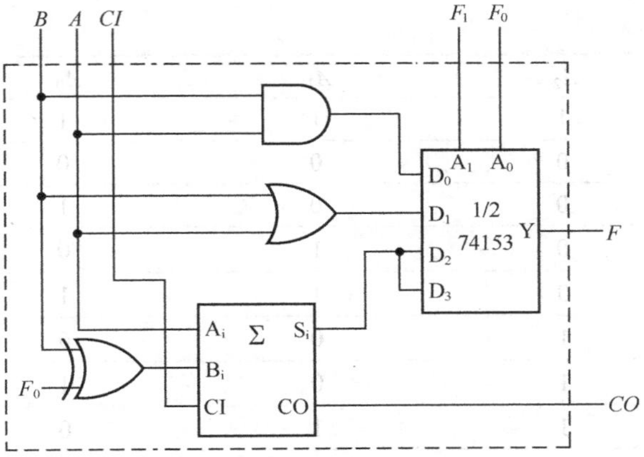

图 3.2.41 简化的 1 位 ALU

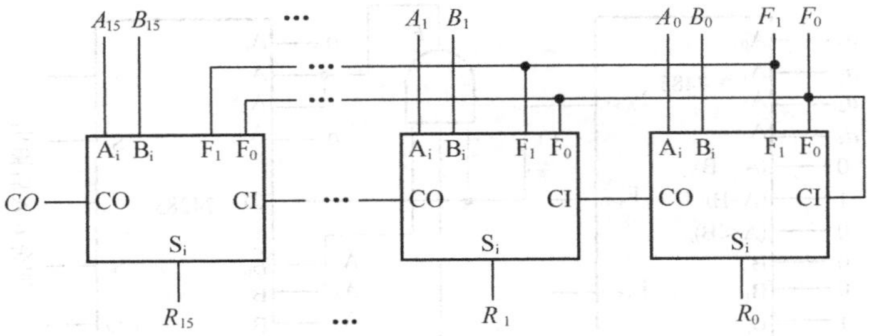

图 3.2.42 16 位 ALU

解：若 $a_3a_2a_1a_0$>4，则 $A_3A_2A_1A_0$ 将加 1，加 1 后若出现 8421BCD 的非法码，需"加 6"修正。根据功能要求，可以选择 MSI 芯片 7485 和 74283。7485 实现小数部分与"4"的比较，74283 实现整数部分加 1 和修正加 6 的功能。为了节省器件，加 1 功能可以用 74283 的 *CI* 端口实现，加 6 用 74283 的数据输入端实现，用一片 74283 完成所有加法操作。

电路的关键部分是设计一个组合电路实现修正函数 F，F=1 表示 8421BCD 码为非法码需要修正。根据题意，只有当小数部分大于 4 且整数部分为 9 时，9 加 1 才会出现 8421BCD 非法码，因此函数 F=1 必须同时满足两个条件：① $a_3a_2a_1a_0$>0100；② $A_3A_2A_1A_0$=1001。如果用函数 F_1=1 表示满足条件①，函数 F_2=1 表示满足条件②，则 $F=F_1 \cdot F_2$。F_1 可以用比较器 7485 实现。F_2 的真值表见表 3.2.13，用卡诺图化简可得其表达式为 $F_2=A_3A_0$。修正电路设计完成后，整个电路的设计则迎刃而解，电路图如图 3.2.43 所示。

表 3.2.13 **F_2 的真值表**

A_3	A_2	A_1	A_0	F_2
0	0	0	0	0
0	0	0	1	0
0	0	1	0	0
0	0	1	1	0
0	1	0	0	0
0	1	0	1	0
0	1	1	0	0

续表

A_3	A_2	A_1	A_0	F_2
0	1	1	1	0
1	0	0	0	0
1	0	0	1	1
1	0	1	0	∅
1	0	1	1	∅
1	1	0	0	∅
1	1	0	1	∅
1	1	1	0	∅
1	1	1	1	∅

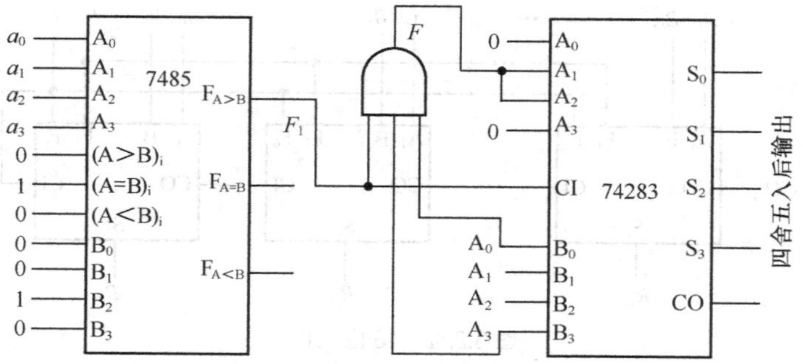

图 3.2.43 例 3.2.7 的电路图

3.3 竞争和冒险

前面讨论的组合电路的分析和设计，是假定输入输出处于稳定的逻辑电平下进行的。对组合电路来说，若输入信号是动态的，输入逻辑信号变化的瞬间，可能会出现违背逻辑关系的输出电平。这种错误的电平是瞬间的，但可能会导致被控制对象的误动作。组合电路出现的短暂错误称为冒险。在组合电路设计完成之后要进行冒险分析。

3.3.1 竞争和冒险的概念

1. 竞争

组合电路的冒险是由于变量的竞争引起的。组合电路中，输入信号可以通过不同的路径到达输出端，由于组合电路中的各个门都有传输延迟时间 t_{pd}，而各个门的 t_{pd} 不会相同，因此输入信号经过不同路径到达输出端有先有后；此外，当 2 个或 2 个以上输入变量同时变化时，其变化的快慢也不会相同。上述这些现象都称为变量的竞争。

2. 冒险

冒险是指数字电路中某个瞬间出现了非预期信号的现象，即出现了违背真值表所规定逻辑的现象。冒险是由于变量的竞争引起。在如图 3.3.1 所示组合逻辑电路中，变量 A 通过两条途径到达最后的或门，被称为有竞争能力的变量；而变量 B 和 C 只有一条路径到达输出端，它们被称为无竞争能力的变量。下面分析冒险产生的过程，假设各门的延迟时间 t_{pd} 相同。在 $C=B=1$ 时，g 点的 A 与 e 点的 $\overline{A}$ 信号相差一个 t_{pd}，A 信号在动态变化的瞬间会引起输出信号 F 的逻辑错误，如图 3.3.2 所示。在 $B=C=1$ 时，$F=A+\overline{A}=1$，而图中出现了一个短暂的负脉冲（图中为方便起见，假设最后一级的或门是理想的），一般 TTL 与非门的传输延迟时间 t_{pd} 的值约为几纳秒至十几纳秒，所以负脉冲是一个非常短暂的尖峰。即便短暂，也可能引起下一级电路的误操作。电路设计者必须做好准备以消除这种短暂的尖峰。

上述由于竞争，使函数所描述的逻辑关系可能出现错误的现象就是冒险。由图 3.3.2 可看出冒险仅发生在输入信号动态变化的瞬间。

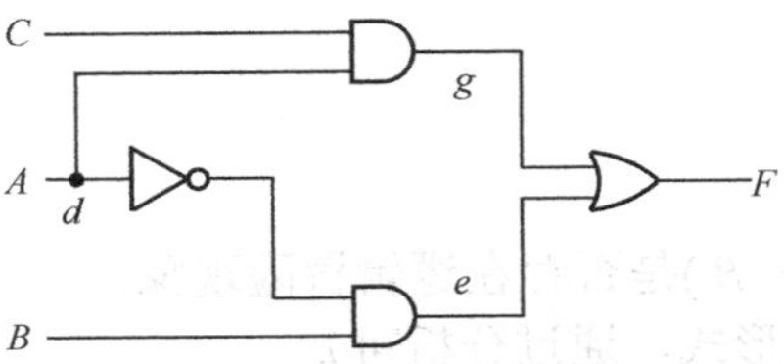

图 3.3.1　组合电路 $F=AC+\overline{A}B$

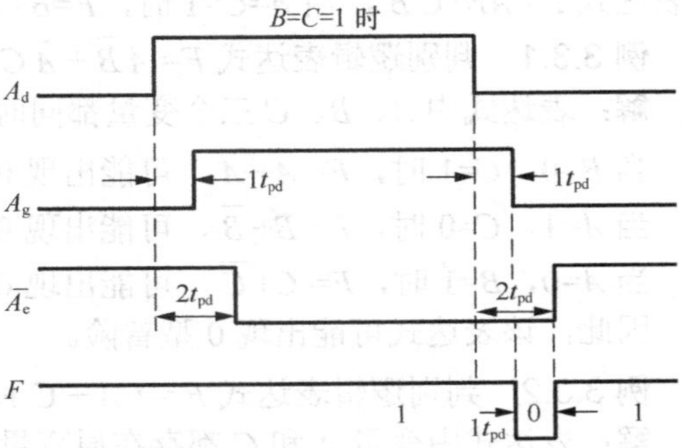

图 3.3.2　冒险的产生

冒险有两种分类方法，如按短暂尖峰极性的不同可将冒险分为两类，如图 3.3.3 所示。图 3.3.3（a）中当一个变量的原变量和反变量同时加到一个与门输入端时，就可能产生 0-1-0 型冒险，简称 1 型冒险。图 3.3.3（b）中当一个变量的原变量和反变量同时加到一个或门输入端时，就可能产生 1-0-1 型冒险，简称 0 型冒险。从图中可看出，当 A 取值稳定时，不会出现冒险。只有信号发生跳变时，才会出现冒险现象。但不是任意跳变都会出现冒险，如图 3.3.3（a）中，变量 A 从 0 变 1 时，出现 1 型冒险，但从 1 变 0 时，就没有冒险。

按产生短暂尖峰的原因，冒险可分为逻辑冒险和功能冒险。逻辑冒险是由于输入信号经过的路径不同而引起的冒险。而功能冒险是当多个输入信号同时变化的瞬间，由于变化的快慢不同而引起的冒险。

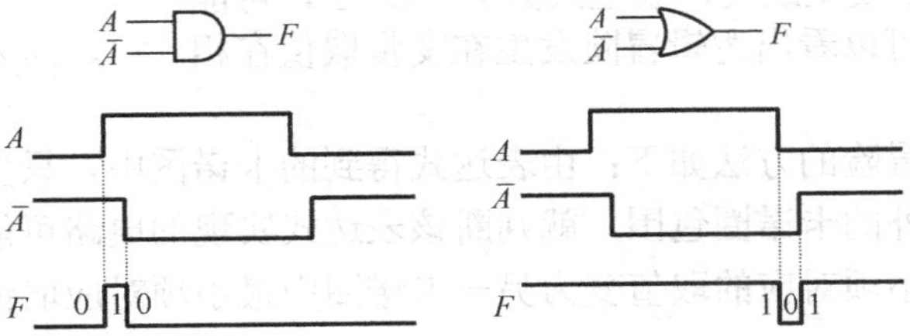

（a）1 型冒险　　（b）0 型冒险

图 3.3.3　冒险的分类

3.3.2 冒险的判别方法

在一个复杂的组合网络中，如何去判别和消除这些冒险是我们所关心的，首先来讨论冒险的判别，对逻辑冒险和功能冒险有不同的判别方法。

1. 逻辑冒险的判别

判断逻辑冒险有两种方法：代数法和卡诺图法。

（1）代数法

在逻辑函数表达式中，若某个变量同时以原变量和反变量两种形式出现，就具备了竞争条件。去掉其余变量（也就是将其余变量取固定值 0 或 1），留下有竞争能力的变量，如果表达式为 $F=A+\overline{A}$，就可能产生 0 型冒险；如果表达式为 $F=A\overline{A}$，就可能产生 1 型冒险。如逻辑表达式 $F=AB+C\overline{B}$，当 $A=C=1$ 时，$F=B+\overline{B}$，在 B 发生跳变时，可能出现 0 型冒险。

例 3.3.1 判别逻辑表达式 $F=A\overline{B}+\overline{A}C+B\overline{C}$ 是否存在逻辑冒险现象。

解：表达式中 A、B、C 三个变量都同时以原变量和反变量的形式出现，通过分析可知：

当 $B=0$，$C=1$ 时，$F=A+\overline{A}$，可能出现 0 型冒险。

当 $A=1$，$C=0$ 时，$F=B+\overline{B}$，可能出现 0 型冒险。

当 $A=0$，$B=1$ 时，$F=C+\overline{C}$，可能出现 0 型冒险。

因此，该表达式可能出现 0 型冒险。

例 3.3.2 判别逻辑表达式 $F=(A+C)\cdot(B+\overline{C})\cdot(\overline{A}+B)$是否存在逻辑冒险现象。

解：表达式中变量 A 和 C 都存在原变量和反变量的形式，通过分析可知：

当 $A=B=0$ 时，$F=C\overline{C}$，可能出现 1 型冒险。

当 $C=B=0$ 时，$F=A\overline{A}$，可能出现1 型冒险。

通过上面两个例子可以看出，与或表达式得到 0 型冒险，或与表达式得到 1 型冒险。

（2）卡诺图法

将函数添入卡诺图中，按照函数表达式中的乘积项圈好卡诺圈。如 $F=AC+B\overline{C}$，卡诺图如图 3.3.4 所示，分别有 AC 和 $B\overline{C}$ 两个卡诺圈。通过分析发现，当 ABC 的取值在卡诺圈内部跳变时，不会出现冒险，如 ABC 在 101 和 111 之间跳变时，即 ABC 的取值在图中横向的卡诺圈中跳变，此时 $A=C=1$，观察表达式可知乘积项 AC 始终为 1，无论 B 发生何种跳变，F 恒为 1，不会出现冒险。同样，ABC 的取值在另一个卡诺圈中跳变（010 和 110 之间跳变），也不会有冒险。

若取值在相切的卡诺圈跳变时，如 ABC 在 111 和 110 之间跳变时，$A=B=1$，C 发生跳变，表达式为 $F=C+\overline{C}$，可能出现 0 型冒险。因此可以看出逻辑冒险发生在变量取值在相切的卡诺圈跳变时。

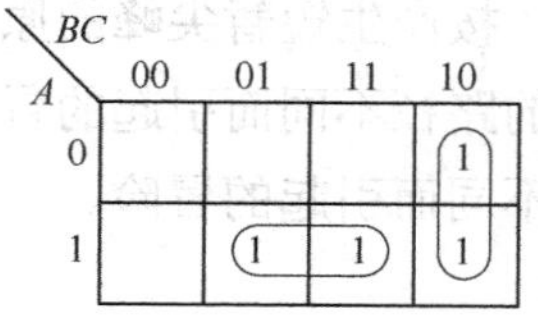

图 3.3.4 $F=AC+B\overline{C}$ 的卡诺图

卡诺图判断逻辑冒险的方法如下：由表达式得到的卡诺图中，只要存在相切的卡诺圈，且相切部分没有被另外的卡诺圈包围，就判断该表达式实现的电路可能存在逻辑冒险。在其中一个卡诺圈中的最小项对应的取值变为另一卡诺圈中最小项对应取值的情况下会发生逻辑冒险。

2．功能冒险的判别

功能冒险是当多个（两个或两个以上）输入信号同时变化的瞬间，由于变化的快慢不同而引起的冒险。例如，上例 $F=AC+B\overline{C}$ 中，ABC 从 111 变为 010 时，在实际应用中，AC 两信号的变化可能存在快慢之分，因此出现了变量的竞争。

若 A 先变化，C 再变化，如图 3.3.5 中所示路径 1，则 ABC 的取值出现了过渡态 011，由卡诺图知道 ABC 在过渡态的函数输出为 0，而 ABC 在变化前后的稳定态输出值均为 1，此时出现了 0 型冒险。这种由过渡态引起的冒险是由于电路的功能所致，因此被命名为功能冒险。相反，如果 C 先变化，A 后变化，取值变化的过程则如图 3.3.5 中路径 2 所示，瞬态值 110 的输出为 1，因此没有出现险象。根据上述分析，功能冒险的判别方法仍然可以通过卡诺图判断，只要观察取值变化路径经过的格子，出现了与变化前后取值不同的瞬态，则说明可能存在功能冒险。

总结卡诺图判断功能冒险的方法如下：如果当两个或两个以上的变量变化时，变化前后稳定时的函数输出值相同，若不变的输入变量组成的乘积项所对应的卡诺圈中（该卡诺圈包围了取值变化的所有路径）有 1 也有 0，就会产生功能冒险，若圈中取值相同，则无功能冒险。如图 3.3.5 中，ABC 从 111 变为 010 时，B 是不变的变量且始终为 1，卡诺图中乘积项为 B 的卡诺圈中有 0 也有 1，因此存在功能冒险。

例 3.3.3 分析图 3.3.6 所示组合电路，当输入信号 $ABCD$ 从 0100 变化到 1101、由 0111 变化到 1110，以及由 1001 变化到 1011 时，是否有冒险现象发生？

解： 该组合逻辑电路的逻辑函数表达式为

$$F=CD+B\overline{D}+A\overline{C}$$

其卡诺图如图 3.3.7 所示。

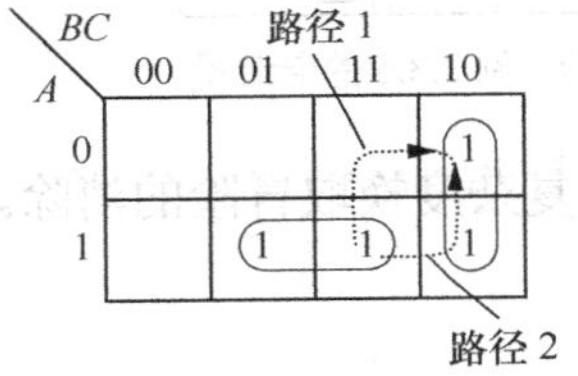

图 3.3.5 $F=AC+B\overline{C}$ 功能冒险的卡诺图分析

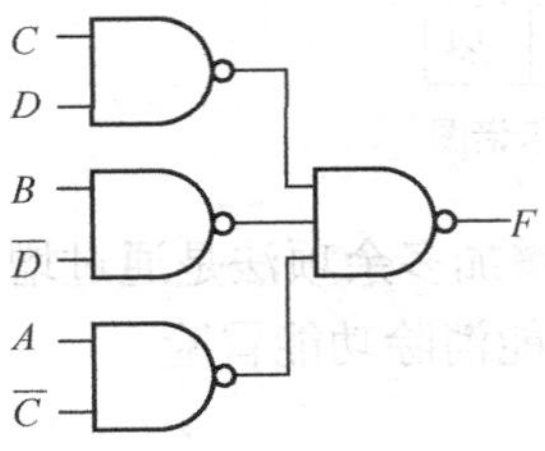

图 3.3.6 例 3.3.3 组合电路

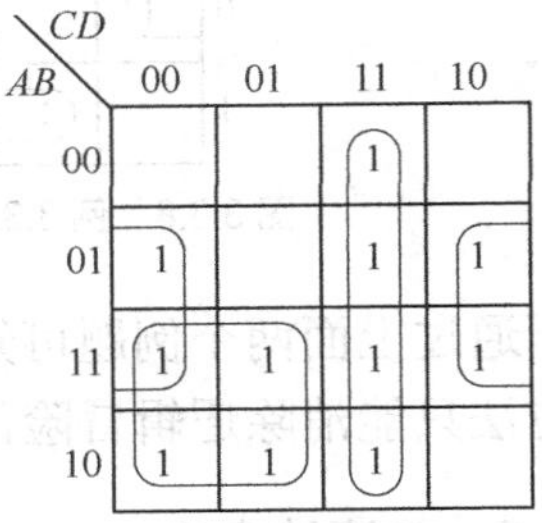

图 3.3.7 例 3.3.3 的卡诺图

（1）0100➔1101

BC 始终保持 10，A 和 D 的取值发生了变化，由于是两个变量同时改变，因此我们先分析是否存在功能冒险。由不变的变量 B、C 组成的乘积项 $B\overline{C}$ 所包围的卡诺圈中有 1 有 0，因此可能存在功能冒险，且为 0 型冒险。

在整个信号变化的所有路径中，没有跨越相切的卡诺圈，因此不会出现逻辑冒险。

（2）0111➔1110

不变的变量 BC 组成的卡诺圈 BC 中只有 1，不存在功能冒险。由于信号变化路径跨越了相切的卡诺圈，因此可能存在逻辑冒险。

当 $ABCD$ 从 0111→0110 时，$ABC=011$，$F=D+\overline{D}$，可能存在 0 型逻辑冒险。

当 $ABCD$ 从 1111→1110 时，$ABC=111$，$F=D+\overline{D}$，可能存在 0 型逻辑冒险。

（3）1001→1011

由于只有一个变量发生跳变，因此不会出现功能冒险。观察跳变路径刚好发生在相切的卡诺圈，因此可能存在 0 型的逻辑冒险。

3.3.3 冒险的消除方法

1. 增加多余项，可消除逻辑冒险

输入变量取值在卡诺圈内部变化，不会发生逻辑冒险，因此可以通过增加多余卡诺圈的方法，消除逻辑冒险。

例 3.3.4 $F=AC+B\overline{C}+\overline{A}\overline{C}$，试用增加多余项的方法消除逻辑冒险。

解： 图 3.3.8 为本例对应的卡诺图，用多余卡诺圈 AB 将相切部分包围起来，则消除了逻辑冒险，表达式变成

$$F=AC+B\overline{C}+\overline{A}\overline{C}+AB$$

例 3.3.5 $F=B\overline{C}+\overline{A}\overline{B}+ACD$，试用增加多余项的方法消除逻辑冒险。

解： 根据图 3.3.9，消除逻辑冒险后的表达式变成

$$F=B\overline{C}+\overline{A}\overline{B}+ACD+\overline{A}\overline{C}+ABD+\overline{B}CD$$

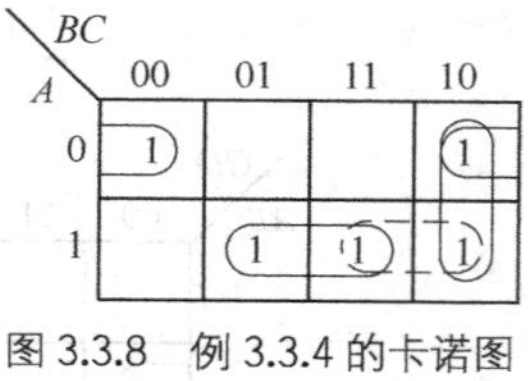

图 3.3.8 例 3.3.4 的卡诺图

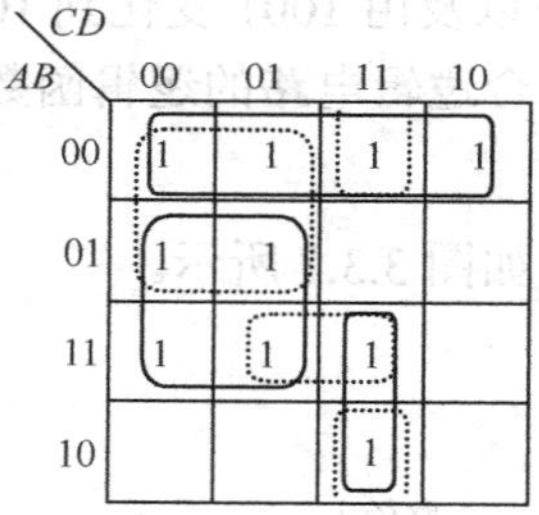

图 3.3.9 例 3.3.5 的卡诺图

通过上面两个例题可知，增加多余项法是通过增加电路的复杂度换取冒险的消除。另外，该方法只能消除逻辑冒险，不能消除功能冒险。

2. 加滤波电容

为了能缓解两种险象，早期曾采用在电路输出端并接一个电容的方法（见图 3.3.10），在 TTL 电路中该电容容量约为几十皮法，就可以吸收掉冒险的尖峰脉冲。这是因为冒险所呈现的窄脉冲含有丰富的高频成分，并接电容后，电容滤除了大部分的高频成分，只保留部分低频成分，因此输出波形变得平缓。

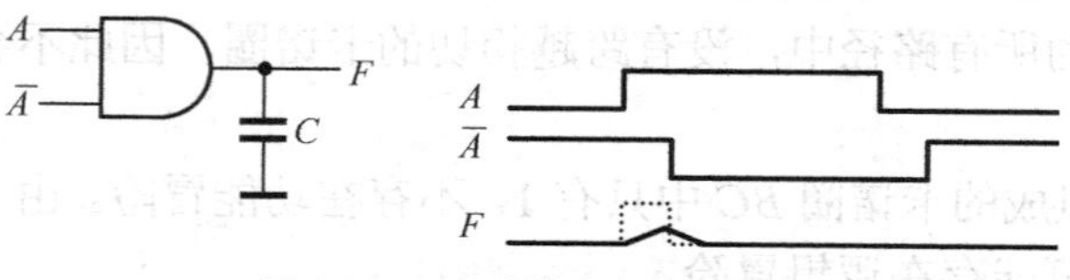

图 3.3.10 加滤波电容消除冒险

对于波形要求不严格的电路可以采用滤波电容法，但随着集成电路的不断发展，所有电路往往集成在一个芯片之内，无法通过加滤波电容消除，该方法也就不常使用了。

3. 加取样脉冲

因为冒险信号仅仅发生在输入信号变化后的瞬间，因此采用取样脉冲，避开输入信号变化的瞬间，将输出函数的稳态值取样出来，即可避免冒险。读者在后面几章的学习中将会看到，数字系统通常为同步时序电路，其输入信号的跳变是受一个周期的时钟信号控制的，在周期信号的某一特定时刻，输入信号才发生改变，这样通过加取样脉冲可以封锁住冒险毛刺的输出，这样的方法叫取样法。下面以图 3.3.11 为例进行说明。

图 3.3.11 中，设输入信号只在时钟信号 *CP*（Clock Pulse）的下降沿发生改变，在输入信号作用下设函数按照时间先后顺序分别输出为 00111，F'为出现险象的波形，险象发生在信号跳变时刻（*CP* 的下降沿）。第三行波形为取样脉冲信号 SP（Sample Pulse），其取样“头”（取样信号为高电平的时间）必须设置在 F'的稳态部分，本例 *SP* 可以直接取自 *CP*，这样将 F'与取样信号进行逻辑与运算，就可以得到避开冒险的输出 F^*。

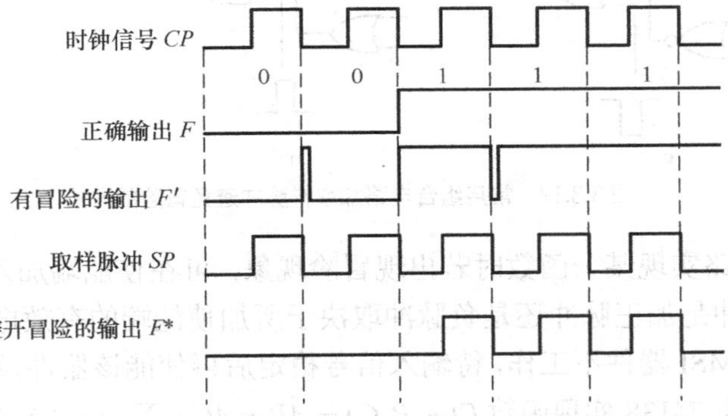

图 3.3.11　取样法消除冒险的示意图

在未加取样时，输出函数 *F* 是一个电位信号，即依据高低电平确定数字信号的取值，加了取样后，输出 F^*就变成了一个脉冲信号（归 0 脉冲），脉冲信号的判决方法是依据一个周期内有无脉冲决定的，如果有脉冲，则判决为数字“1”信号，相反则判决为“0”信号。

在实际电路中，取样脉冲并不是如前所述在输出端增加一个与门来完成 F'与取样脉冲的与运算，而是根据不同的实现电路将取样脉冲加在合适的位置，同时采用不同的脉冲极性（取样头是高电平还是低电平），常见的组合电路加取样脉冲的方法如图 3.3.12 所示。

图 3.3.12 所示加取样脉冲的位置和极性不用死记，只要根据表达式推导即可。假设某与或表达式为 $F = AB + CD$，其实现电路为与门和或门两级电路（图 3.3.12（b）），也可以用两级与非门来实现（$F = \overline{\overline{AB} \cdot \overline{CD}}$）如图 3.3.12（a），根据如下表达式的推导就可得到所加取样脉冲的位置和极性：

$$F = (AB + CD) \cdot SP = AB \cdot SP + CD \cdot SP = \overline{\overline{AB \cdot SP + CD \cdot SP}} = \overline{\overline{AB \cdot SP} \cdot \overline{CD \cdot SP}}$$

式中的 *SP* 表示取样“头”为高电平的取样脉冲，从表达式最后一步看出，*SP* 加在第一级与非门输入端，且为正脉冲周期信号，如图 3.3.12（a）所示。从表达式的倒数第三步可以得到图 3.3.12（b）的脉冲位置和极性。

或与表达式的实现电路为两级或非门（图 3.3.12（c）），也可以是先或门后与门（图 3.3.12（d）），电路加取样脉冲的方法可以通过如下表达式推导：

$$F=(A+B)(C+D)\cdot SP=\overline{\overline{(A+B)(C+D)\cdot SP}}=\overline{\overline{A+B}+\overline{C+D}+\overline{SP}}$$

最后一步对应的是两级或非门（图 3.3.12（c））加取样脉冲的方法，倒数第三步对应先或后与（图 3.3.12（d））对应的脉冲加入法。图 3.3.12（e）的脉冲加入方法读者可以自行推导。

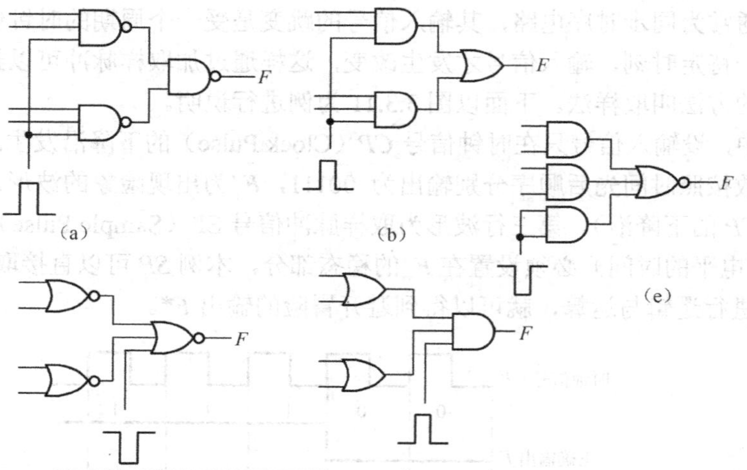

图 3.3.12　常用组合电路加取样脉冲避免冒险的方法

用 MSI 组合电路实现某一函数时若出现冒险现象，可在使能端加入取样脉冲，从而避免冒险现象。取样脉冲是加正脉冲还是负脉冲取决于所加使能端的有效电平，原则是保证在输入信号跳变瞬间让 MSI 器件不工作，待输入信号稳定后再使能该器件，取出稳定的输出信号。

图 3.3.13 所示为 74138 实现函数 $F(A,B,C)=\overline{A}B+AC=\sum m(2,3,5,7)$ 的电路，其对应卡诺图如图 3.3.14 所示，由于存在相切的卡诺圈，该电路可能存在 0 型逻辑冒险。此时可在 E_1 端加正取样脉冲（取样头为高电平）或在 $\overline{E}_{2A}$ 和 $\overline{E}_{2B}$ 端加负取样脉冲（取样头为低电平）来避免冒险。

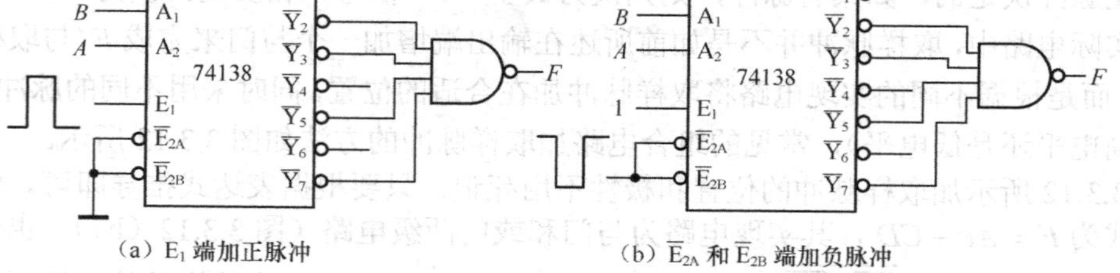

（a）E_1 端加正脉冲　　（b）$\overline{E}_{2A}$ 和 $\overline{E}_{2B}$ 端加负脉冲

图 3.3.13　MSI 器件用使能端避免冒险

A \ BC	00	01	11	10
0			1	1
1		1	1	

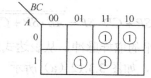

图 3.3.14　$F=\overline{A}B+AC$ 对应卡诺图

3.4 VHDL 描述组合逻辑电路

本小节以三个实例来说明 VHDL 是如何描述组合逻辑电路的。下面的 VHDL 程序描述了图 3.4.1 所示的两个并行工作的组合逻辑网络，输入为 *A*、*B*、*C*、*D*，输出分别为 *X* 和 *Y*。符号“--”之后为注释语句。

```
LIBRARY IEEE;                                           --标准逻辑的数据类型库
USE IEEE.STD_LOGIC_1164.ALL;
ENTITY gate_network IS                                  --实体名，通常也为文件名
   PORT(A,B,C: IN  STD_LOGIC;                           --定义端口
          D: IN  STD_LOGIC_VECTOR(3 DOWNTO 0);
                                                        --标准逻辑向量（4bit）
          X,Y: OUT STD_LOGIC);
END gate_network;
ARCHITECTURE behavior OF gate_network IS                --定义电路内部结构
BEGIN
   X<=A AND NOT(B OR C) AND (D(1) XOR D(2)); --描述输出 X 的电路结构
PROCESS(A,B,D)                                          --进程与上一行的赋值语句并行执行
   BEGIN
      Y<=A AND B AND (D(1) OR D(2));
   END PROCESS;
END behavior;
```

结构体内的语句为并行语句，如本例中语句 X<=A AND NOT(B OR C) AND (D(1) XOR D(2))和进程 PROCESS 描述的 Y<=A AND B AND (D(1) OR D(2))是并行工作的。进程与进程之间也为并行语句，进程之内的语句则顺序执行。一个进程内，对一个信号如果有多次赋值，则最后一个赋值语句的值为信号的新值。语句 PROCESS(A,B,D)括号内罗列的信号为敏感信号，所谓敏感信号是指那些可能引起本进程输出改变的信号，由于该进程描述了输出 *Y* 对应的电路结构，根据电路图 3.4.1 可知其敏感信号为 *A*、*B* 和 *D*。

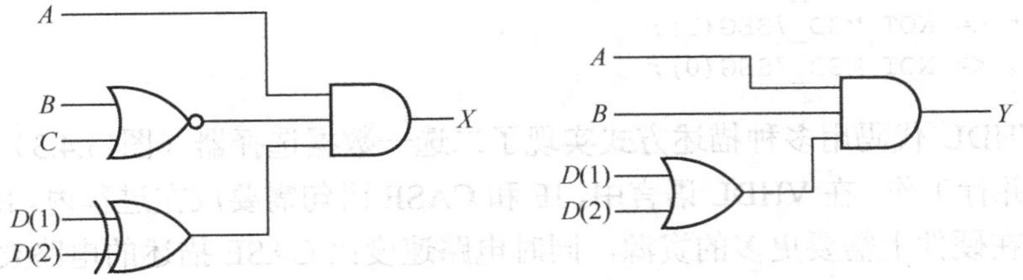

图 3.4.1　两个并行工作的组合逻辑网络

下面一段 VHDL 代码实现了 7 段 LED 数码管（图 3.4.2）的译码电路。基于 CASE 语句，用 7 位标准逻辑向量完成十个数字的赋值。在逻辑向量中，最高位表示数码管的第 *a* 段，最低位表示第 *g* 段。CAD 综合工具会自动完成逻辑的简化。

```
LED_MSD_DISPLAY:
PROCESS(MSD)
BEGIN
   CASE MSD IS
```

```
            WHEN "0000"=>
                MSD_7SEG<="1111110";
            WHEN "0001"=>
                MSD_7SEG<="0110000";
            WHEN "0010"=>
                MSD_7SEG<="1101101";
            WHEN "0011"=>
                MSD_7SEG<="1111001";
            WHEN "0100"=>
                MSD_7SEG<="0110011";
            WHEN "0101"=>
                MSD_7SEG<="1011011";
            WHEN "0110"=>
                MSD_7SEG<="1011111";
            WHEN "0111"=>
                MSD_7SEG<="1110000";
            WHEN "1000"=>
                MSD_7SEG<="1111111";
            WHEN "1001"=>
                MSD_7SEG<="1111011";
            WHEN OTHERS=>
                MSD_7SEG<="0111110";
        END CASE;
    END PROCESS LED_MSD_DISPLAY;
```

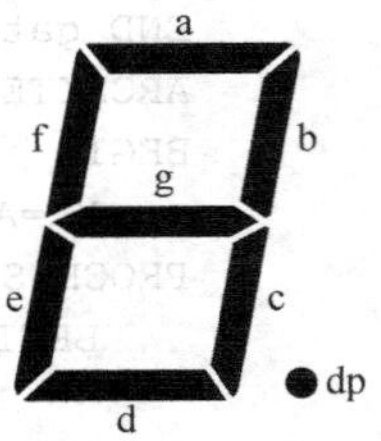

图 3.4.2　LED 数码管

下面的 VHDL 用并行赋值语句实现了数码管显示电路。假设该数码管为共阳极，输入低电平点亮对应的二极管，因此用“NOT”实现逻辑反。

```
MSD<=PC(7 DOWNTO 4);
MSD_a <= NOT MSD_7SEG(6);
MSD_b <= NOT MSD_7SEG(5);
MSD_c <= NOT MSD_7SEG(4);
MSD_d <= NOT MSD_7SEG(3);
MSD_e <= NOT MSD_7SEG(2);
MSD_f <= NOT MSD_7SEG(1);
MSD_g <= NOT MSD_7SEG(0);
```

下面的 VHDL 代码用多种描述方式实现了二选一数据选择器（图 3.4.3）的功能。四个相同的 MUX 并行工作。在 VHDL 语言中，IF 和 CASE 语句需要放在进程内。IF-THEN-ELSE 这种嵌套结构在硬件上需要更多的资源，同时电路速度比 CASE 描述的电路要慢。

```
LIBRARY IEEE;
USE IEEE.STD_LOGIC_1164.ALL;
ENTITY multiplexer IS
    PORT(A, B, MUX_Control: IN STD_LOGIC
            MUX_Out1, MUX_Out2,
            MUX_Out3, MUX_Out4,: OUT  STD_LOGIC);
END multiplexer;
ARCHITECTURE behavior OF multiplexer IS
BEGIN
    Mux_Out1<=A WHEN Mux_Control='0' ELSE B;
```

```
WITH Mux_Control SELECT
Mux_Out2<=   A WHEN '0',
              B WHEN '1',
              A WHEN OTHERS;
  PROCESS(A,B,Mux_Control)
  BEGIN
      IF Mux_Control='0'  THEN
        Mux_Out3<=A;
      ELSE
        Mux_Out3<=B;
      END IF;

      CASE Mux_Control IS
          WHEN '0'=>
              Mux_Out4<=A;
          WHEN '1'=>
              Mux_Out4<=B;
          WHEN OTHERS=>
              Mux_Out4<=A;
      END CASE;
  END PROCESS;
END behavior;
```

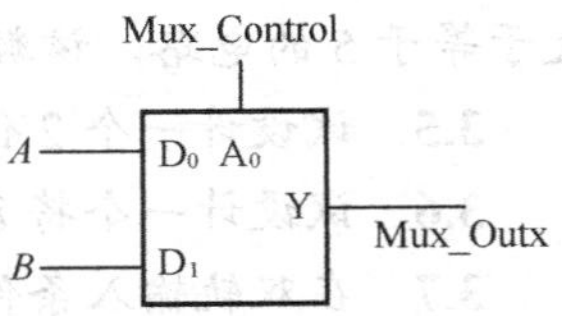

图 3.4.3 选择器模型

习题

3.1 分析图 P3.1 电路的逻辑功能。

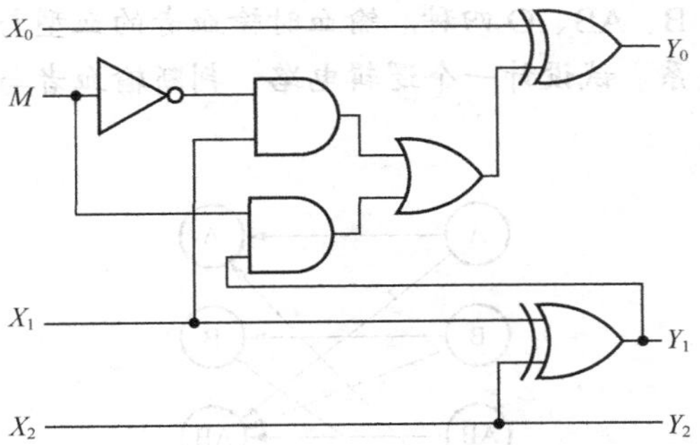

图 P3.1

3.2 分析图 P3.2 电路的逻辑功能。

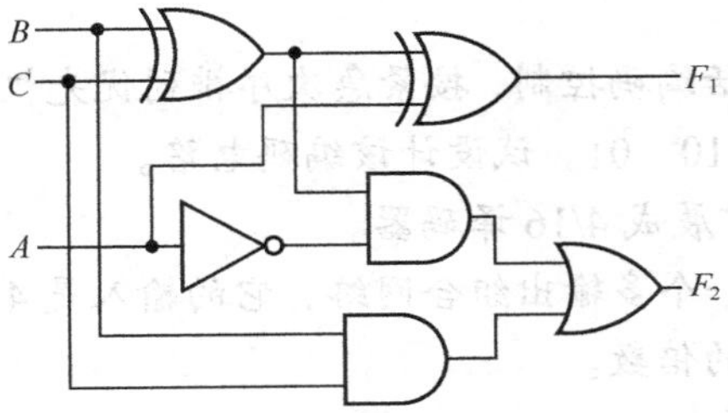

图 P3.2

3.3 图 P3.3 所示为一个密码锁控制电路，开锁条件是①拨对密码；②开锁开关 K 闭合，如果以上两个条件都满足，则开锁信号为 1，报警为 0，锁打开且不报警。否则，开锁信号为 0，报警信号为 1。试分析该电路的密码是什么？

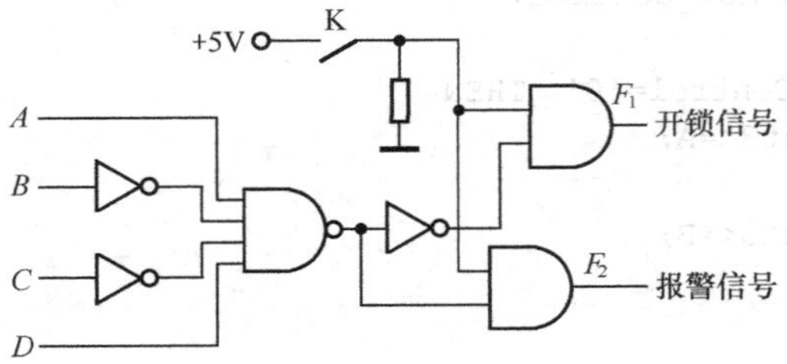

图 P3.3

3.4 设 *ABCD* 是一个 8421*BCD* 码，试用最少与非门设计一个能判断该 8421BCD 码是否大于等于 5 的电路。该数大于等于 5，$F=1$，否则为 0。

3.5 试设计一个 2 位二进制数乘法器电路。

3.6 试设计一个将 8421*BCD* 码转换成余 3*BCD* 码的电路。

3.7 在双轨输入条件下用最少与非门设计下列组合电路。

（1）$F(A,B,C)=\sum m(1,3,4,6,7)$；

（2）$F(A,B,C,D)=\sum m(0,2,6,7,8,10,12,14,15)$；

（3）$F(A,B,C,D)=\sum m(2,5,6,8,9,12)+\sum\varnothing(0,4,7,10)$；

（4）$F(A,B,C)=A\overline{B}+B\overline{C}+\overline{A}C$。

3.8 在双轨输入信号下，用最少或非门设计题 3.7 的组合电路。

3.9 人的血型有 A、B、AB、O 四种。输血时输血者的血型与受血者的血型必须符合图 P3.4 中箭头指示的授受关系。试设计一个逻辑电路，判断输血者与受血者的血型是否符合上述规定。

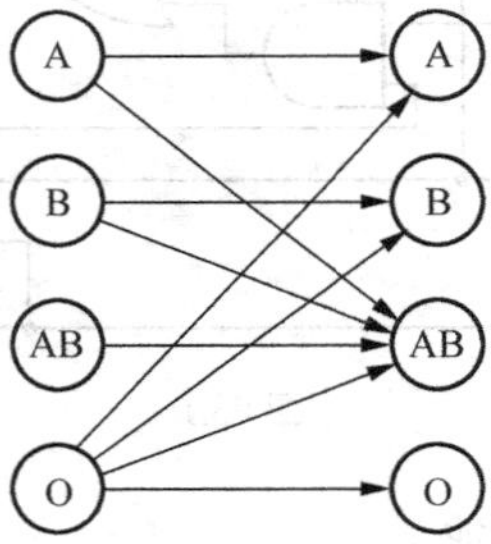

图 P3.4

3.10 电话室对 3 种电话编码控制，按紧急次序排列优先权高低是火警电话、急救电话、普通电话，分别编码为 11、10、01。试设计该编码电路。

3.11 试将 2/4 译码器扩展成 4/16 译码器。

3.12 试用 74138 设计一个多输出组合网络，它的输入是 4 位二进制码 *ABCD*，输出为

F_1：*ABCD* 是 4 的倍数。

F_2：*ABCD* 比 2 大。

F_3：$ABCD$ 在 8～11 之间（包括 8 和 11）。

F_4：$ABCD$ 不等于 0。

3.13 试用 74151 实现下列函数。

（1）$F(A,B,C,D)=\sum m(1,2,4,7)$；

（2）$F(A,B,C)=A\overline{B}+\overline{A}B+C$；

（3）$F(A,B,C,D)=A\overline{B}C+B\overline{C}D+AC\overline{D}$；

（4）$F(A,B,C,D)=\sum m(0,3,12,13,14)+\sum\varnothing(7,8)$；

（5）$F(A,B,C,D,E)=AB\overline{C}D+\overline{A}BCE+\overline{B}\overline{C}\overline{D}E$。

3.14 用½74153 实现下列函数。

（1）$F(A,B,C,D)=\sum m(1,2,4,7,15)$；

（2）$F(A,B,C)=\sum m(1,2,4,7)$。

3.15 试在图 3.2.35 的基础上增加一片 7485，构成 25 位数据比较器。

3.16 设 $A=A_3A_2A_1A_0$, $B=B_3B_2B_1B_0$ 均为 8421BCD 码。试用 74283 设计一个 A、B 的求和电路（可用附加器件）。

3.17 用 74283 将 8421BCD 码转换为余 3BCD 码。

3.18 用 74283 将 8421BCD 码转换为 5421BCD 码。

3.19 设 $A=A_3A_2A_1A_0$，$B=B_3B_2B_1B_0$ 是两个 4 位二进制数。试用 7485 和 74157（四二选一 MUX）构成一个比较电路并能将其中大数输出。试画出逻辑图。

3.20 试用 7485 设计一个三个数的判断电路。要求能够判断三个 4 位二进制数 A、B、C 是否相等，A 是否最大，A 是否最小，并分别给出“三个数相等”“A 最大”“A 最小”的输出信号（可附加必要的门电路）。

3.21 试用 74283 设计一个加/减法运算电路。当控制信号 $M=0$ 时，它将两个输入的 4 位二进制数相加，而当 $M=1$ 时，它将两个输入的 4 位二进制数相减（可附加必要的门电路）。

3.22 分析如图 P3.5 所示的组合网络中，当 $ABCD$ 从 0100 向 1101 变化时和 $ABCD$ 从 1000 向 1101 变化时，是否会出现冒险？试用增加多余项和取样脉冲的方法来避免冒险现象。

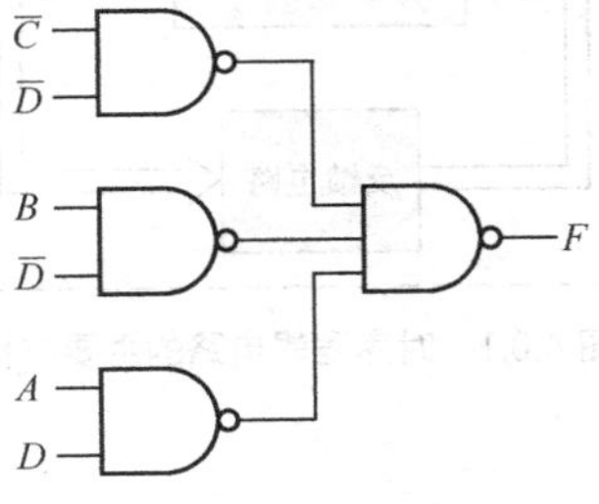

图 P3.5

第4章 触发器

内容提要 本章以触发器的发展为主线，首先介绍基本SR触发器的结构、功能和应用，然后基于基本SR触发器存在的缺陷引出了钟控电位触发器，包括钟控SR触发器和钟控D触发器。为了防止空翻现象，边沿型触发器应运而生，重点介绍了维阻D触发器、负边沿JK触发器、T触发器和T′触发器。本章还列出了集成触发器的参数，并举例说明触发器的一些应用。

第3章我们学习到数字逻辑电路包括组合逻辑电路和时序逻辑电路，组合逻辑电路的输出只取决于当时的输入，时序逻辑电路的输出取决于当时的输入和以前的电路状态（或者说以前的输入）。时序逻辑电路这种依赖于过去状态的特性称为具有“记忆”功能。或者说，时序逻辑电路存在反馈通路，如图4.0.1所示，组合逻辑电路的部分输出通过反馈电路被反馈到输入。大部分情况下，反馈电路是由触发器（Flip-Flop）组成，触发器主要包括基本SR触发器、D触发器、JK触发器和T触发器。本章将重点讨论这些触发器的结构、工作原理和应用。

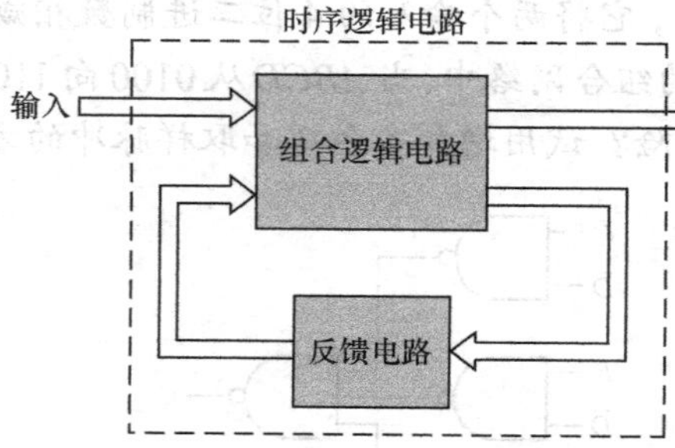

图4.0.1 时序逻辑电路的主要结构

4.1 概述

触发器本身就是一种能记忆和存储1位二进制信息的时序电路。它和逻辑门一样，是数字系统中的基本逻辑单元。触发器可以用“FF”或“F”表示，前者常用于和触发器的名称连用时（如SRFF），后者常用于框图中。

图4.1.1表示了触发器的框图。它有一个或多个输入，有两个互反的输出 Q 和 $\overline{Q}$。通常

用 Q 端的状态代表触发器的状态。当 Q=1、$\overline{Q}$=0 时称触发器处于"1"状态，当 Q=0、$\overline{Q}$=1 时称触发器处于"0"状态。

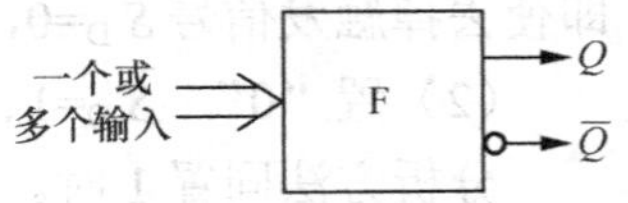

图 4.1.1 触发器的框图

触发器有以下两个基本特点。

① 一定的输入信号可以使触发器处于稳定的"0"态或"1"态。

② 在电源持续供电的情况下，即使去掉输入信号，触发器的状态能长期保持，直至有新的输入信号使其改变状态为止。触发器的这个基本特点可以使其作为数字系统的存储元件。

触发器按其工作是否受控于时钟脉冲可分为异步触发器（如基本触发器）和同步触发器（时钟触发器）两大类。同步触发器又有空翻的触发器（钟控电位触发器）和无空翻的触发器两类。无空翻的触发器有维阻、边沿、主从 3 种结构形式，由于主从触发器本身的缺陷，本书只介绍维阻和边沿结构。钟控电位触发器和各种结构的无空翻的触发器又都可以做成具有 SR、D、JK、T、T′各种逻辑功能的触发器。

4.2 基本 SRFF

基本 SR 触发器又称 SR 锁存器，两个输入端 S 和 R 分别表示置位（Set）和复位（Reset）。SRFF 有用与非门构成的和或非门构成的两种形式。下面先以与非门构成的为例进行说明。

1. 电路

TTL 电路中的基本 SRFF 通常由两个二输入端与非门交叉耦合而成，输出被反馈到了输入，如图 4.2.1（a）所示。图中 G_1、G_2 为 TTL 与非门，输入端$\overline{S}_D$（direct set）、$\overline{R}_D$（direct reset）为直接置"1"端和直接置"0"端，也称直接置位端和直接复位端，$\overline{S}_D$、$\overline{R}_D$上方的"—"表示该触发信号是低电平有效。Q、$\overline{Q}$为触发器的输出端，Q 端的状态代表触发器的状态。

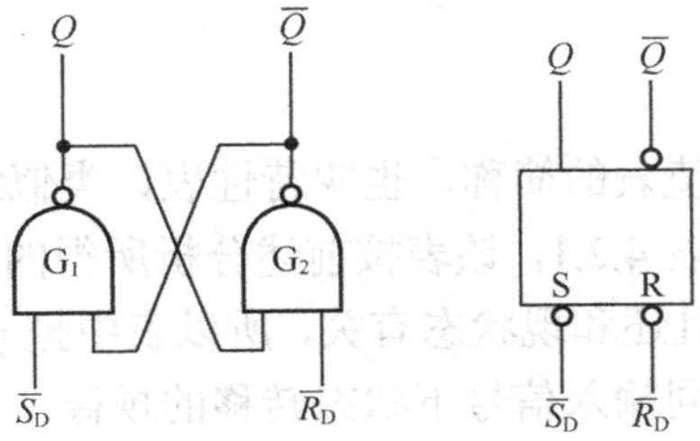

（a）逻辑图　　（b）逻辑符号

图 4.2.1 与非门构成的基本 SRFF

2. 逻辑功能分析

通常把触发器的原来状态，即接收输入信号前的状态称为现态或当前状态，用 Q^n 表示；把触发器接收信号以后变化成的新状态称为次态，用 Q^{n+1} 表示。图 4.2.1（a）电路的功能如下。

（1）置"1"：$\overline{S}_D$=0、$\overline{R}_D$=1 → Q^{n+1}=1

根据与非门的特点，只要一个输入端为 0，则其他输入均无效。因此当$\overline{S}_D$=0 时，无论$\overline{Q}^n$为何值，G_1 门经过一个 t_{pd} 的传输时延后，Q 被置 1，且 Q 又传输到 G_2 的输入端和$\overline{R}_D$=1 一起作用于 G_2，又经过一个 t_{pd} 后使$\overline{Q}$=0。此时，触发器被置 1。当$\overline{Q}$=0 反馈到 G_1 的输入端后，即使去掉触发信号$\overline{S}_D$=0，触发器仍能维持Q=1的状态。所以，$\overline{S}_D$=0、$\overline{R}_D$=1，触发器置1。

（2）置“0”：$\overline{S}_D$=1、$\overline{R}_D$=0 → Q^{n+1}=0

分析方法同置1时。由电路的对称性也可知，当$\overline{S}_D$端和$\overline{R}_D$端所加信号互换以后，触发器的输出端Q和$\overline{Q}$的状态也会互换，故而Q^{n+1}=0，触发器置0。

（3）保持：$\overline{S}_D$=1、$\overline{R}_D$=1 → $Q^{n+1}=Q^n$

对于与非门来说，输入为1，对其他输入端不起作用，因此信号为$\overline{S}_D=\overline{R}_D$=1时，触发器保持原状态不变。

（4）不允许（不定）：$\overline{S}_D$=0、$\overline{R}_D$=0 → $Q^{n+1}=\overline{Q^{n+1}}$=1

因为$\overline{S}_D=\overline{R}_D$=0使$G_1$、$G_2$的输出都为“1”，不符合触发器正常工作时的要求：$Q$端、$\overline{Q}$端状态互反，所以不允许信号$\overline{S}_D$和$\overline{R}_D$同时为“0”。此外，如果$\overline{S}_D$和$\overline{R}_D$都加上了“0”信号，已使$Q=1$、$\overline{Q}$=1，则当$\overline{S}_D$和$\overline{R}_D$同时由“0”变为“1”时，触发器的状态将取决于$G_1$和$G_2$延迟时间的差异而无法断定，既可能出现$Q^{n+1}$=1的情况，又可能出现$Q^{n+1}$=0的情况。因此$\overline{S}_D$和$\overline{R}_D$不能同时加“0”信号。

综上所述，与非门基本触发器具有置“0”、置“1”和保持3种功能，触发信号应为低电平或负脉冲，$\overline{S}_D$和$\overline{R}_D$不能同时为“0”。为使触发器可靠工作，触发脉冲的持续时间应大于与非门平均传输时延t_{pd}的2倍。

图4.2.1（b）是与非门基本触发器的逻辑符号，符号中输入端的小圈表示用低电平作输入信号，即低电平有效。

3．时序逻辑电路的功能描述

基本触发器是时序逻辑电路的基本单元电路，其逻辑功能的表述可以用图、表或方程表示，它们之间可以互相转换。本节将介绍的表示方法不仅适用于基本触发器，也适用于后述其他各种触发器。

（1）状态转移表

状态转移表是状态转移真值表的简称，也叫特性表，类似组合逻辑电路的真值表。与非门基本触发器的状态转移表见表4.2.1，该表按前述分析所得的逻辑功能填写。由于触发器的次态不仅和触发信号有关，而且还和现状态有关，所以表中把Q^n列入输入变量。从状态转移表可以清楚地看出触发器在不同输入信号下状态转移的规律。

表4.2.1　　与非门基本触发器的状态转移表

$\overline{S}_D$	$\overline{R}_D$	Q^n	Q^{n+1}	逻辑功能
0	0	0	∅	不允许（不定）
0	0	1	∅	
0	1	0	1	置“1”
0	1	1	1	
1	0	0	0	置“0”
1	0	1	0	
1	1	0	0	保持
1	1	1	1	

（2）功能表

与非门基本触发器的功能表见表 4.2.2。该表中输入变量只有触发信号而无触发器的现态。现态对次态的影响直接用 Q^n 写在触发器的次态中。

基本 SRFF 的功能表是后续描述的一个基础，读者需要熟练掌握，记忆方法可以基于输入端的名称和意义：直接置 1 端 $\overline{S}_D$ 和直接置 0 端 $\overline{R}_D$ 均为低电平有效，因此当 $\overline{S}_D$=0，$\overline{R}_D$=1 时，直接置 1 端 $\overline{S}_D$ 有效，输出直接置 1；反之直接置 0。当 $\overline{S}_D$=1，$\overline{R}_D$=1 时，输入端无效，输出保持不变；当 $\overline{S}_D$=0，$\overline{R}_D$=0，既让触发器置 1，又要置 0，触发器无法实现，因此该输入禁止。

表 4.2.2　与非门基本触发器的功能表

$\overline{S}_D$	$\overline{R}_D$	Q^{n+1}
0	0	∅
0	1	1
1	0	0
1	1	Q^n

实际上功能表和状态转移表并无多大的区别，后者只是前者的简化形式而已。

（3）次态方程

次态方程也称状态方程、特征方程，可按状态转移表填 Q^{n+1} 的卡诺图化简后求得，如图 4.2.2 所示。

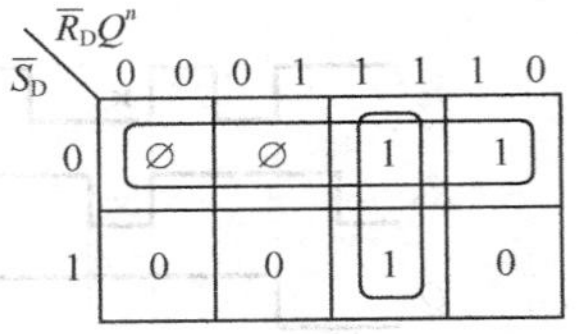

图 4.2.2　求次态方程的卡诺图

由图 4.2.2 可得次态方程为

$$\begin{cases} Q^{n+1}=\overline{\overline{S}_D}+\overline{R}_DQ^n \\ \overline{S}_D+\overline{R}_D=1 \quad \text{(约束条件)} \end{cases}$$

式中，$\overline{S}_D+\overline{R}_D$=1 称为约束条件。当 $\overline{S}_D$ 和 $\overline{R}_D$ 同时为"0"时，约束条件表达式不成立，表明 Q^{n+1} 的次态方程中输入端 $\overline{S}_D$ 和 $\overline{R}_D$ 不能同时为"0"。

（4）激励表

将状态转移图中的各种状态转移和所需的输入条件以表格形式表示，即得激励表（也称驱动表），见表 4.2.3。

表 4.2.3　与非门基本触发器的激励表

状态转移			输入条件	
Q^n	→	Q^{n+1}	$\overline{S}_D$	$\overline{R}_D$
0		0	1	∅
0		1	0	1
1		0	1	0
1		1	∅	1

（5）状态转移图

与非门基本触发器的状态转移图如图 4.2.3 所示。图中内含"0"和"1"的两个圆分别代表触发器的两个稳定状态"0"和"1"；箭头线及其连接的状态表示了状态作何种转移；箭头线旁$\overline{S}_D$和$\overline{R}_D$的取值表示出为了完成箭头线所示的状态转移所需的输入条件，可以根据激励表直接写出。

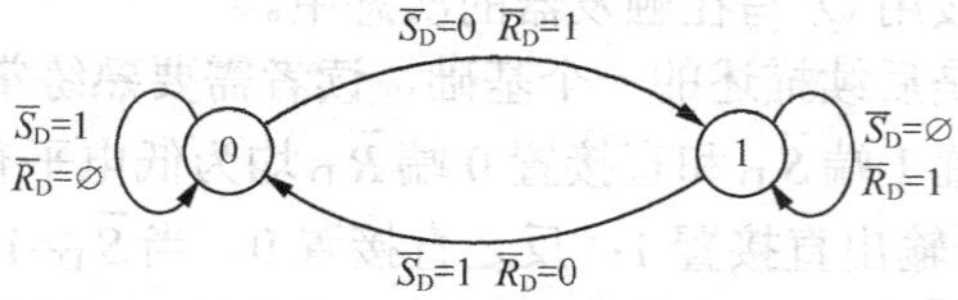

图 4.2.3　与非门基本触发器的状态转移图

（6）波形图

波形图又称时序图，与非门基本触发器的波形图如图 4.2.4 所示。图中阴影部分表示$\overline{S}_D$和$\overline{R}_D$上所加的“0”信号同时撤销变为“1”信号以后，触发器的状态可能是“1”也可能是“0”。

在 CMOS 电路中常用两个或非门交叉耦合构成基本 SR 触发器，其电路结构如图 4.2.5（a）所示。由于或非门一个输入端的“0”输入对输出没有影响，所以或非门基本触发器应该用高电平或正脉冲触发，即触发信号是高电平才有效，其逻辑符号如图 4.2.5（b）所示。

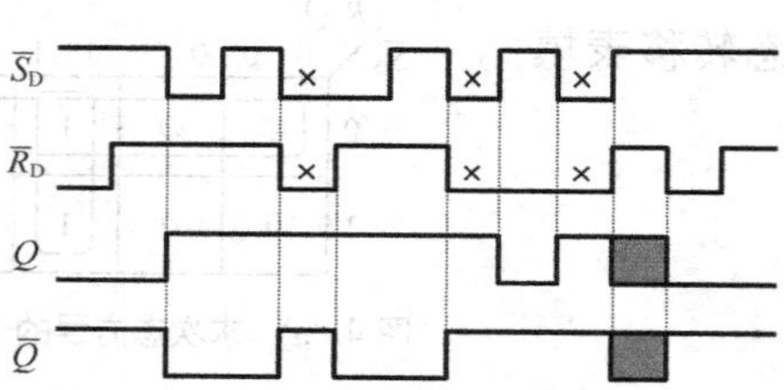

图 4.2.4　与非门基本触发器的波形图

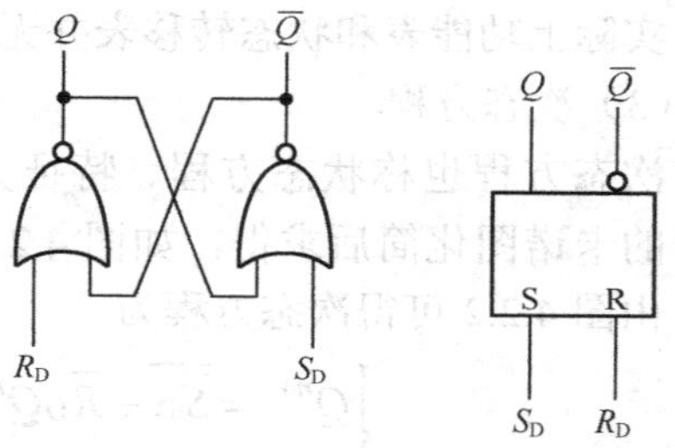

（a）逻辑图　（b）逻辑符号
图 4.2.5　或非门基本 SR 触发器

或非门基本触发器的状态转移表见表 4.2.4，次态方程为

$$\begin{cases} Q^{n+1} = S_D + \overline{R}_D Q^n \\ S_D \cdot R_D = 0 \quad (\text{约束条件}) \end{cases}$$

方程中的约束条件表示S_D、R_D不能同时为“1”。

表 4.2.4　　或非门基本 SR 触发器的状态转移表

S_D	R_D	Q^n	Q^{n+1}
0	0	0	0
0	0	1	1
0	1	0	0
0	1	1	0
1	0	0	1
1	0	1	1
1	1	0	∅
1	1	1	∅

基本触发器的工作特点是信号直接加在输出门上，因此输入信号直接改变触发器的状态，即所谓直接触发。基本触发器的优点是线路简单；缺点是对输入信号的取值有限制，使用不便。由于上述原因，基本触发器虽然也单独应用于一些数字系统中，如利用它构成消抖动开关等，但其主要用途是作为改进型触发器的基本电路。

4.3 钟控电位触发器

基本 SR 触发器可以用作记忆元件，其状态随着输入端 *S*、*R* 的改变而改变，其状态的改变总是发生在输入端改变时，因此也称为锁存器。若我们不能控制其输入信号的改变时间，就无法知道基本触发器什么时候会改变其输出状态。在实际应用中往往希望输入信号只决定触发器转移到什么状态，而何时转移应该发生在事先定义好的时间间隔中，如同受到时钟的控制一样。定义这些时间间隔的控制信号通常被定义为时钟脉冲 *CP*（Clock Pulse）。这类与时钟同步的最简单的触发器就是钟控电位触发器，简称钟控触发器或同步触发器。

钟控触发器是在基本触发器的基础上增加一个触发引导电路，并使用激励输入（也称数据输入）和时钟脉冲输入两种输入信号，前者决定触发器转移至什么状态，后者决定转移的时刻。本节重点介绍钟控 SRFF 和钟控 DFF。

4.3.1 钟控 SR 触发器

1. 电路

钟控 SR 触发器又称 SR 锁存器，其电路如图 4.3.1（a）所示，它是在门 G_1、G_2 构成的基本 SR 触发器的基础上，增加了由与非门 G_3、G_4 构成的触发控制电路（也称触发引导电路）而构成。其中 G_3、G_4 是控制门，*S*、*R* 是激励输入端即数据输入端（*S* 称置“1”端，*R* 称置“0”端），*CP* 是时钟脉冲输入端，基本 SR 触发器的输出端 Q、$\overline{Q}$ 也是钟控 SR 触发器的输出端。

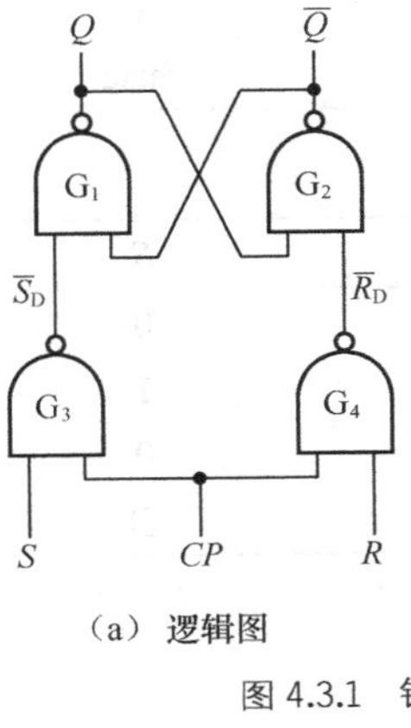

（a）逻辑图

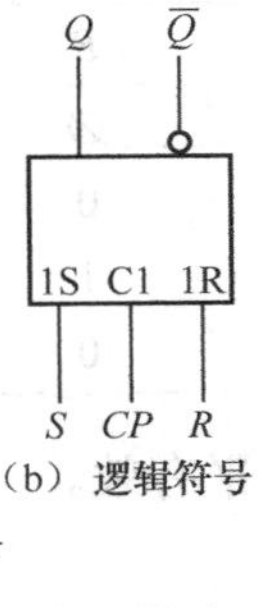

（b）逻辑符号

图 4.3.1 钟控 SRFF

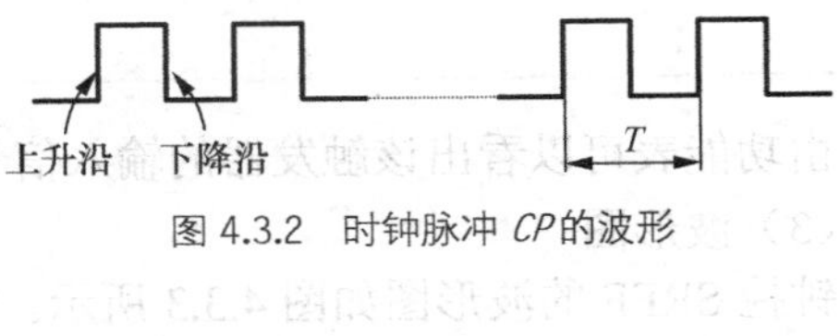

图 4.3.2 时钟脉冲 *CP* 的波形

2. 钟控原理

所谓时钟脉冲是如图 4.3.2 所示的一串周期性的矩形波。波形中由“0”变为“1”的部分称为上升沿或正边沿，由“1”变为“0”的部分称为下降沿或负边沿。触发控制电路的作用是在CP的作用下，控制S、R是否可以影响基本触发器的触发输入端$\overline{S}_D$、$\overline{R}_D$的逻辑电平，工作原理如下。

当$CP=0$时，门G_3、G_4被封锁，S、R不能通过控制电路，使$\overline{S}_D=1$，$\overline{R}_D=1$，从而触发器的状态不变，即$Q^{n+1}=Q^n$，这种情况称为触发器被禁止。

当$CP=1$时，门G_3、G_4被打开，使S、R的变化可以通过控制电路，这时$\overline{S}_D=\overline{S}$，$\overline{R}_D=\overline{R}$，$Q^{n+1}=\overline{\overline{S}_D}+\overline{R}_DQ^n=S+\overline{R}Q^n$。

可以看出，在钟控SR触发器中，S、R决定触发器转移到什么状态，而CP决定状态转移的时刻，从而实现对触发器状态转移时刻的控制。

3. 逻辑功能

（1）次态方程

由钟控原理的分析知道次态方程为

$$CP=0:\ Q^{n+1}=Q^n$$

$$CP=1:\ \begin{cases} Q^{n+1}=S+\overline{R}Q^n \\ S\cdot R=0 \quad \text{(约束方程)} \end{cases}$$

式中，约束方程表示S、R不可同时为“1”。

（2）功能表和激励表

钟控SRFF的功能表和激励表分别见表4.3.1和表4.3.2。

表 4.3.1　　钟控 SRFF 的功能表

CP	S	R	Q^{n+1}
0	∅	∅	Q^n
1	0	0	Q^n
1	0	1	0
1	1	0	1
1	1	1	false

表 4.3.2　　钟控 SRFF 的激励表

Q^n	→	Q^{n+1}	R	S
0		0	∅	0
0		1	0	1
1		0	1	0
1		1	0	∅

由功能表可以看出该触发器的输入信号是高电平有效。

（3）波形图

钟控SRFF的波形图如图4.3.3所示。波形图中的阴影部分表示当$CP=1$时，若S、R也同时为“1”，则$\overline{S}_D=0$、$\overline{R}_D=0$，这时当CP的下降沿到达后，$\overline{S}_D$、$\overline{R}_D$都同时由“0”变为“1”，结果使Q、$\overline{Q}$的状态不定。

图 4.3.1（b）是钟控触发器的逻辑符号，框内字母"C"是控制关联符号，"S""R"是输入端定义符号。C 右边、S 和 R 左边的"1"是关联对象序号 m 的数字，其含义是 C 是影响信号的输入，序号和 C 的序号相同的 S、R 是受 C 影响的输入信号，当 C 有效时，S、R 才能起作用。

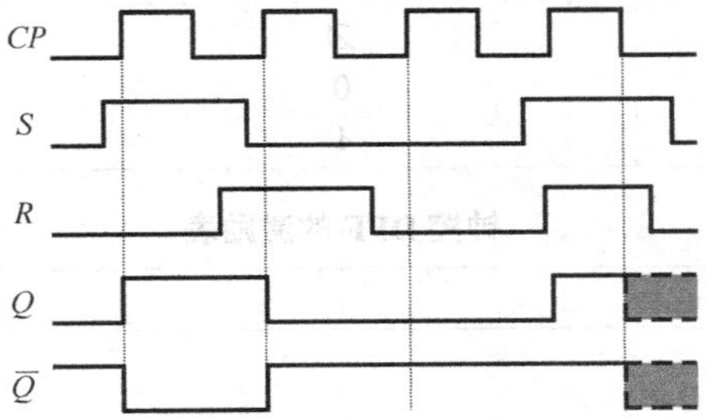

图 4.3.3　钟控 SRFF 的波形图

钟控 SR 触发器解决了基本触发器的直接触发问题，但对激励信号的取值仍有限制，不允许 $S=1$、$R=1$，否则会使逻辑功能混乱。此外，钟控 SRFF 需要两根数据输入线，不便锁存 1 位二进制信号。

4.3.2　钟控 D 触发器

钟控 DFF 解决了钟控 SRFF 存在的禁止输入问题，且钟控 DFF 的数据输入端只有一个，便于锁存 1 位二进制数据，因此又称 D 锁存器，电路如图 4.3.4（a）所示。在钟控 SRFF 的基础上，增加一个反相器就构成了钟控 DFF。此时钟控 SRFF 的 $S=D, R=\overline{D}$，S 和 R 互补，不会出现 SR=11 的情况，解决了禁止输入的问题。钟控 DFF 的功能如下。

当 $CP=0$ 时，触发器保持不变，$Q^{n+1}=Q^n$。

当 $CP=1$ 时，$Q^{n+1}=S+\overline{R}Q^n=D+DQ^n=D$。

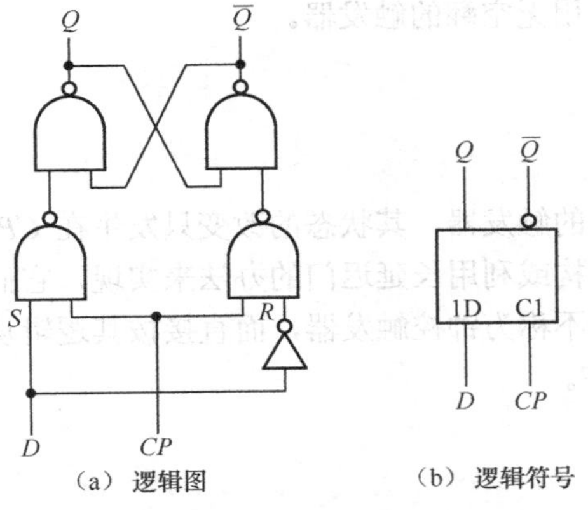

图 4.3.4　钟控 DFF

钟控 DFF 的功能表和激励表见表 4.3.3 和表 4.3.4。

图 4.3.5 为钟控 DFF 的波形图，只有在 CP=1 时，输出 Q 才能跟随着输入 D 而变化。一旦 CP=0，触发器的状态被冻结，输出 Q 保持不变，直到时钟脉冲变成 1 为止。在 CP 有效

时，数据输入信号的变化能直接影响输出状态的特性，使得钟控 DFF 可用作 1 位二进制数据锁存。

表 4.3.3　　钟控 DFF 的功能表

CP	D	Q^{n+1}
0	∅	Q^n
1	0	0
1	1	1

表 4.3.4　　钟控 DFF 的激励表

$Q^n \rightarrow Q^{n+1}$	D
0　0	0
0　1	1
1　0	0
1　1	1

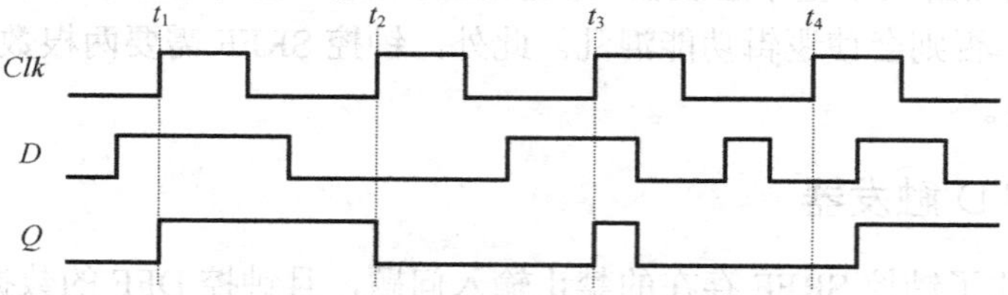

图 4.3.5　钟控 DFF 的波形图

钟控电位触发器存在一种空翻现象，所谓空翻，就是在一个 CP 的作用周期内触发器的状态发生了两次或两次以上变化的现象，这种存在空翻的触发器不能用于实现计数及移位等功能。这些功能要求触发器输出状态的变化严格按时钟节拍进行，如果出现空翻，则电路发生了失控，在正常工作时是不允许的。因此当需要实现计数及移位等时序电路功能时，应该使用边沿型触发器，即使用无空翻的触发器。

4.4 边沿触发器

边沿触发器是无空翻的触发器，其状态的改变只发生在 CP 的上升沿或下降沿。这类触发器可以做成维持阻塞结构或利用长延迟门的办法来实现，它们也属于钟控触发器，但为了有别于前述触发器，往往不称为钟控触发器，而直接按其逻辑功能称呼。常用边沿触发器有 DFF、JKFF、TFF 和 T'FF。

4.4.1 DFF

常用的 DFF 是维持阻塞结构的 DFF，简称维阻 DFF，电路结构如图 4.4.1（a）所示。维阻 DFF 是在钟控 SRFF 的基础上增加了 G_5、G_6 门和一组维持、阻塞线。$\overline{S'}_D$ 和 $\overline{R'}_D$ 是基本 SRFF 的输入端，S 和 R 为钟控 SRFF 的输入端，D 是维阻 DFF 的数据输入端。

图中 $\overline{S}_D$、$\overline{R}_D$ 是直接置“1”与置“0”端，也称异步置“1”与置“0”端。当 $\overline{S}_D$、$\overline{R}_D$ 为 01（10）时，不管 CP 和 D 处于何种状态，触发器被直接置“1”（或置“0”），只有当 $\overline{S}_D$=1、

$\overline{R}_D$=1 时，*CP* 和 *D* 的变化才起作用。分析电路的逻辑功能时可以假定 $\overline{S}_D$=1、$\overline{R}_D$=1，即可暂时把 $\overline{S}_D$、$\overline{R}_D$ 和门的连线去掉。

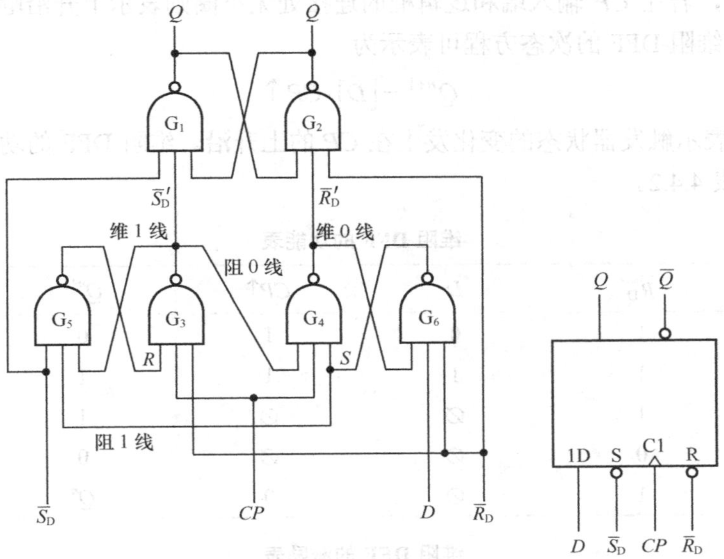

（a）逻辑图　　（b）逻辑符号

图 4.4.1　维持阻塞结构的 DFF

1．维阻 DFF 的逻辑功能分析

（1）$CP=0$ 时

$\overline{S'}_D=1, \overline{R'}_D=1$，所以 $Q^{n+1}=Q^n$，且 $S=\overline{D}$，$R=D$，形成了钟控 DFF。

（2）*CP* 上跳为 1 时

$\overline{S'}_D=\overline{R\cdot CP}=\overline{D}$，$\overline{R'}_D=\overline{S\cdot CP\cdot S'_D}=D$，所以 $Q^{n+1}=\overline{\overline{S'}}_D+\overline{R'}_D Q^n=D+DQ^n=D$，*D* 信号传送到输出端，实现钟控 DFF 的功能。

（3）$CP=1$ 时

① 假设在原先 *CP* 上跳为“1”时，*D*=0，必有 $\overline{S'}_D$=1、$\overline{R'}_D$=0。则 Q^{n+1}=0；

$\overline{S'}_D$=1、$\overline{R'}_D$=0 有以下 3 个作用。

a．使 Q^{n+1}=0。

b．$\overline{R'}_D$=0 经 G_4 的输出端到 G_6 的输入端的连线（称为维 0 线）将 G_6 封锁，使 *D* 的变化不起作用，即保持 *S* 为“1”、$\overline{R'}_D$ 为“0”，从而保持 Q^{n+1} 仍为“0”。

c．*S*=1 又经 G_6 的输出端到 G_5 输入端的连线（称为阻 1 线），使 *R* 保持“0”、$\overline{S'}_D$ 保持为“1”，从而阻止 Q^{n+1} 变为“1”。

② 如假设在原先 *CP* 上跳为“1”时，*D*=1，则有 $\overline{S'}_D$=0、$\overline{R'_D}$=1，可使 Q^{n+1}=1；并且 $\overline{S'}_D$=0 经 G_3 的输出端到 G_5 的输入端的连线（称为维 1 线）封锁 G_5，也使 *D* 的变化不起作用，即保持 *R*=1，$\overline{S'}_D$=0，使 DFF 的输出维持为“1”；$\overline{S'}_D$=0 又经 G_3 的输出端到 G_4 的输入端的连线（称为阻 0 线）使 $\overline{R'}_D$=1，从而阻止 DFF 的输出变为“0”。

由以上分析可知，维阻 DFF 由于维持、阻塞线的作用能可靠地避免空翻现象。其触发方式（即工作方式）是上升沿触发，即 CP 的上升沿把数据送入触发器，所以维阻 DFF 是一个上升沿即正边沿 FF。维阻 DFF 的逻辑符号如图 4.4.1（b）所示，CP 端的"∧"表示动态输入，即边沿触发，若在 CP 输入端和逻辑框的连接处无小圈则表示上升沿触发，如有小圈则为下降沿触发。维阻 DFF 的次态方程可表示为

$$Q^{n+1}=[D]\cdot CP\uparrow$$

式中，$CP\uparrow$表示触发器状态的变化发生在 CP 的上升沿。维阻 DFF 的功能表和激励表分别见表 4.4.1 和表 4.4.2。

表 4.4.1　　维阻 DFF 的功能表

$\overline{S}_D$	$\overline{R}_D$	D	$CP\uparrow$	Q^{n+1}	功能名称
1	1	0	1	0	同步置"0"
1	1	1	1	1	同步置"1"
0	1	∅	∅	1	异步置"1"
1	0	∅	∅	0	异步置"0"
1	1	∅	0	Q^n	保持

表 4.4.2　　维阻 DFF 的激励表

$Q^n \to Q^{n+1}$	D
0　0	0
0　1	1
1　0	0
1　1	1

维阻 DFF 波形图如图 4.4.2 所示。

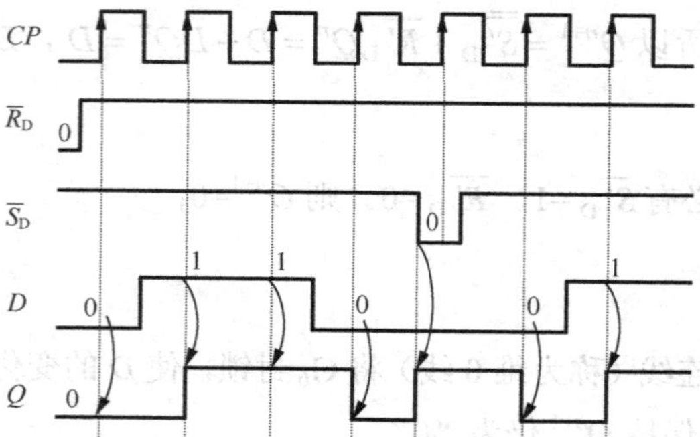

图 4.4.2　DFF 的波形图

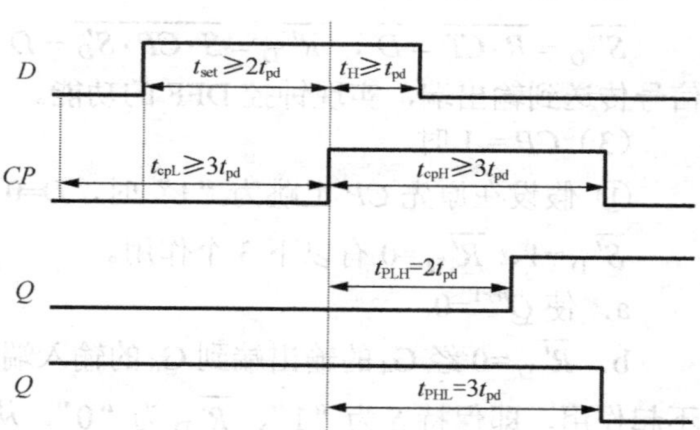

图 4.4.3　维阻 DFF 的动态特性

2. 维阻 DFF 的动态特性

为使触发器能正确地变化到预定状态，输入信号与时钟 CP 之间应满足一定的关系，CP 的参数也应满足一定的要求，这就是触发器的动态特性，也称脉冲工作特性。维阻 DFF 的动态特性示于图 4.4.3。由图 4.4.3 和 4.4.1（a）可知：

（1）对信号 D 的要求（t_{set}，t_H）

① 在 $CP\uparrow$ 之前 $2t_{pd}$（t_{pd} 为与非门的延迟时间）的时间内 D 不可变化，以便 D 信号通过 G_6、G_5，建立稳定的 S、R。这段时间称为建立时间，用 t_{set} 表示，$t_{set}\geqslant 2t_{pd}$。

② 在 $CP\uparrow$ 之后一个 t_{pd} 内 D 应保持不变，以便 S、R 通过 G_4、G_3 建立稳定的 $\overline{R'}_D$、$\overline{S'}_D$ 并反馈到 G_6、G_5、G_4 的输入端建立起维持阻塞作用，然后 D 才可以变化，这段时间称为保持时间，记作 t_H。$t_H\geqslant t_{pd}$。

（2）对 CP 的要求（t_{cpL}，t_{cpH}）

① 由于建立时间 t_{set} 要求 $CP\uparrow$ 之前 $2t_{pd}$ 内 D 不可变化，这就要求 CP 的低电平时间 $t_{cpL}\geqslant 2t_{pd}$。如果考虑在 D 信号到达 G_6 的输入端时应保证 $\overline{R'}_D$ 为“1”，则在此之前的 1 个 t_{pd} 内 CP 就应已为“0”，则应要求 $t_{cpL}\geqslant 3t_{pd}$。

② $CP\uparrow$ 以后的高电平不仅要维持到 S、R 经过 G_4、G_3 建立稳定的 $\overline{R'}_D$、$\overline{S'}_D$，这至少要 t_{pd} 的时间，而且还要维持到基本触发器建立自锁，使触发器翻转以后的状态能保持不变，这至少又要 $2t_{pd}$ 的时间。因此，$CP\uparrow$ 以后高电平的持续时间 t_{cpH} 至少应为 3 t_{pd}，即 $t_{cpH}\geqslant 3t_{pd}$。

（3）传输延迟时间（t_{PLH}，t_{PHL}）

从 $CP\uparrow$ 开始到输出新状态稳定地建立起来所经历的时间定义为维阻 DFF 的传输延迟时间。从 $CP\uparrow$ 开始到输出低电平变为高电平所需的时间记作 t_{PLH}，从 $CP\uparrow$ 开始到输出高电平变为低电平所需的时间记作 t_{PHL}。由维阻 DFF 的电路图 4.4.1（a）可以看出：

$$t_{PLH}=2t_{pd}$$

$$t_{PHL}=3t_{pd}$$

（4）最高时钟频率（f_{cmax}）

由图 4.4.1（a）可以看出，为保证门 $G_1\sim G_4$ 组成的钟控 SRFF 能可靠翻转，CP 高电平的持续时间 t_{cpH} 应大于 $3t_{pd}$，又为了在 $CP\uparrow$ 到达之前保证 G_6、G_5 新的输出 S、R 能稳定地建立，CP 低电平的持续时间 t_{cpL} 应大于 G_4 的 t_{pd} 和 t_{set} 之和，所以有

$$f_{cmax}=\frac{1}{t_{cpL}+t_{cpH}}=\frac{1}{t_{cpH}+t_{pd}+t_{set}}=\frac{1}{3t_{pd}+t_{pd}+2t_{pd}}=\frac{1}{6t_{pd}}$$

上述结论也可由图 4.4.3 所示 CP 波形清楚地看出。

4.4.2 JKFF

利用门的传输延迟时间构成的负边沿 JKFF 的电路结构如图 4.4.4（a）所示。当 $CP=0$ 时，$G_1\sim G_6$ 门构成了与非门基本 SR 触发器，G_7、G_8 是触发引导电路。其主要特点是 G_7、G_8 的传输延迟时间大于基本触发器的翻转时间。$\overline{R}_D$ 为异步置 0 端，正常工作时，$\overline{R}_D$ 应保持“1”。图 4.4.4（b）为负边沿 JKFF 的逻辑符号。

现将其逻辑功能分析如下。

在 $CP=1$ 时，由图 4.4.4（a）可得

$$Q=\overline{\overline{CP\cdot\overline{Q}+\overline{Q}\cdot g}}=Q$$

$$\overline{Q}=\overline{h\cdot Q+Q\cdot CP}=\overline{Q}$$

并且

$$g=\overline{J\overline{Q}},\quad h=\overline{Q\cdot K}$$

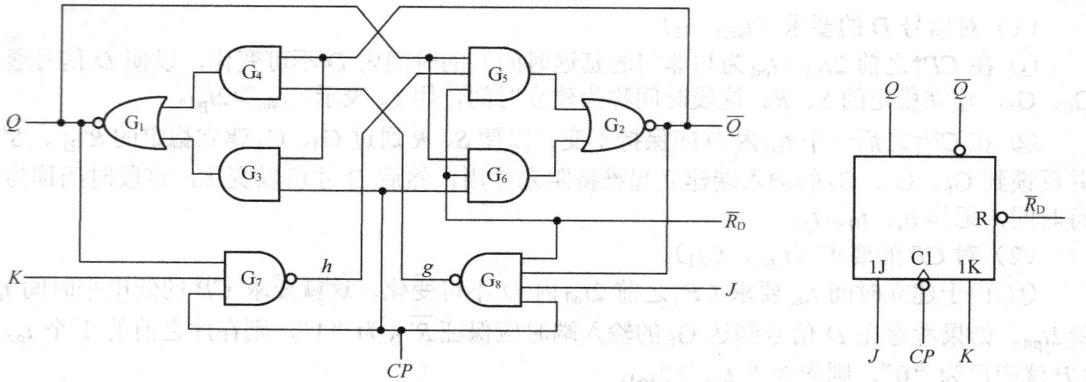

（a） 逻辑图　　　（b） 逻辑符号

图 4.4.4　负边沿 JKFF

在 CP 下跳为“0”时，由于 G_7、G_8 是长延迟，所以 G_3、G_6 的输出先变为“0”，但 g 和 h 仍保持 $CP=1$ 时的状态不变。这时 G_1、G_3、G_4 和 G_2、G_5、G_6 构成了与非门基本 SR 触发器，其 $\overline{S}_D=g=\overline{J\overline{Q}}$，$\overline{R}_D=h=\overline{Q\cdot K}$，所以

$$Q^{n+1}=S_D+\overline{R}_DQ^n=J\overline{Q}^n+\overline{Q^n\cdot K}\cdot Q^n$$
$$=J\overline{Q}^n+\overline{K}Q^n$$

当 $CP=0$ 时，由于 G_7、G_8 被封锁，J、K 的变化不起作用，g 和 h 即基本 SR 触发器的异步置 1 端和异步置 0 端均为“1”，所以触发器的状态保持不变。

综上所述，由于 G_7、G_8 的长延迟，负边沿 JKFF 只对 $CP\downarrow$ 前夕的 J、K 值敏感，状态的变化发生在 CP 下跳时，因此边沿 JKFF 没有空翻。其次态方程可表示为

$$Q^{n+1}=[J\overline{Q}^n+\overline{K}Q^n]\cdot CP\downarrow$$

（1）负边沿 JKFF 的功能表、波形图及激励表

负边沿 JKFF 的功能表、波形图及激励表分别如表 4.4.3、图 4.4.5 及表 4.4.4 所示。

表 4.4.3　　**负边沿 JKFF 的功能表**

$\overline{S}_D$	$\overline{R}_D$	J	K	CP	Q^{n+1}	$\overline{Q^{n+1}}$	功能名称
0	0	∅	∅	∅	∅	∅	不允许
1	0	∅	∅	∅	0	1	异步置“0”
0	1	∅	∅	∅	1	0	异步置“1”
1	1	0	0	↓	Q^n	$\overline{Q}_n$	保持
1	1	0	1	↓	0	1	置“0”
1	1	1	0	↓	1	0	置“1”
1	1	1	1	↓	$\overline{Q}_n$	Q^n	翻转

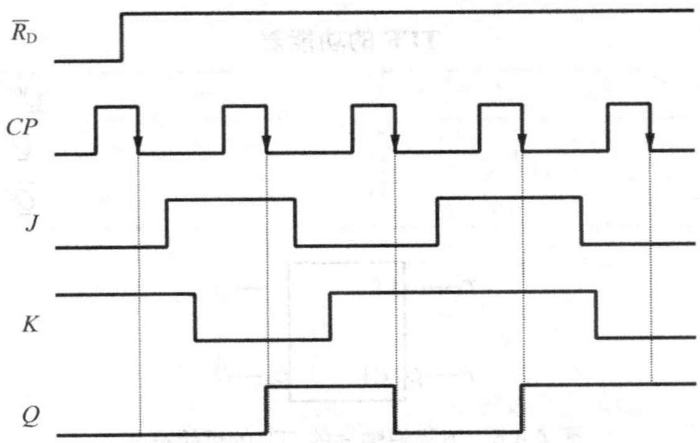

图 4.4.5 负边沿 JKFF 的波形图

表 4.4.4 负边沿 JKFF 的激励表

$Q^n \to Q^{n+1}$		J	K
0	0	0	∅
0	1	1	∅
1	0	∅	1
1	1	∅	0

（2）负边沿 JKFF 的动态特性

假设基本触发器的翻转时间为 $2t_{pd}$，G_7、G_8 的平均传输延迟时间大于 $2t_{pd}$。为了在 $CP\downarrow$ 到达之前建立起 $g=\overline{J\overline{Q}}$、$h=\overline{Q\cdot K}$，$CP=1$ 的持续时间 t_{cpH} 应大于 $2t_{pd}$，且在这段时间内 J、K 信号也不能变化；$CP\downarrow$ 到达以后，为了保证触发器可靠翻转，$CP=0$ 的持续时间 t_{cpL} 也应大于 $2t_{pd}$；由于 $CP=0$ 封锁了 G_7、G_8，因此，J、K 信号不需保持时间。

由以上分析可知，CP 的最高工作频率为

$$f_{c\max}=\frac{1}{t_{cpH}+t_{cpL}}=\frac{1}{4t_{pd}}$$

4.4.3 TFF 和 T′FF

TFF 是一个通用的存储器件，有许多用途。TFF 只有一个输入端 T，当 $T=0$ 时，$Q^{n+1}=Q^n$，触发器保持不变；当 $T=1$ 时，每来一个 CP 的上升沿（或下降沿），触发器的输出状态翻转一次，即 $Q^{n+1}=\overline{Q}^n$。TFF 名字的由来是基于 $T=1$ 时触发器状态的“翻转”功能（Toggle）。TFF 的功能表见表 4.4.5，根据功能表可得 TFF 的次态方程为

$$Q^{n+1}=\overline{T}Q^n+T\overline{Q}^n=T\oplus Q^n$$

下降沿触发的 TFF 的逻辑符号如图 4.4.6 所示，若为上升沿触发，去掉图中 CP 对应的小圈即可。任何能够实现表 4.4.5 功能的电路都称为 TFF。TFF 的电路实现往往是在 DFF 或 JKFF 的基础上，在输入端添加一些简单的门电路构成。根据 JKFF 次态方程 $Q^{n+1}=J\overline{Q}^n+\overline{K}Q^n$ 和 TFF 的次态方程 $Q^{n+1}=\overline{T}Q^n+T\overline{Q}^n$，令 $J=K=T$，JKFF 则变换成 TFF，如图 4.4.7（a）所示。同理，若用 DFF 构成 TFF，则需让 $D=T\oplus Q^n$，可得图 4.4.7（b）。图 4.4.8 为 TFF 的波形图。

表 4.4.5　　　　　　　　TFF 的功能表

T	Q^{n+1}
0	Q^n
1	$\overline{Q}^n$

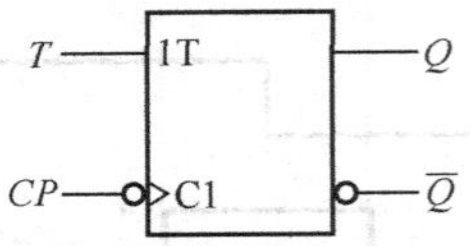

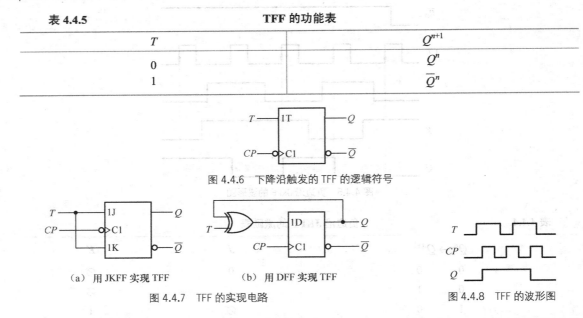

图 4.4.6　下降沿触发的 TFF 的逻辑符号

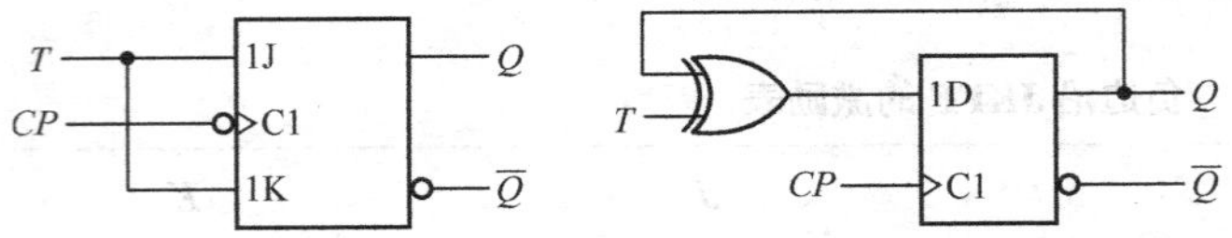

（a）用 JKFF 实现 TFF　　　　（b）用 DFF 实现 TFF

图 4.4.7　TFF 的实现电路

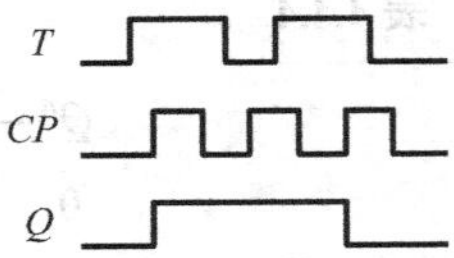

图 4.4.8　TFF 的波形图

在 TFF 的基础上令 $T=1$，则构成了 T′FF，只要有效的时钟沿到来，触发器即翻转。其逻辑符号和实现电路如图 4.4.9 所示。

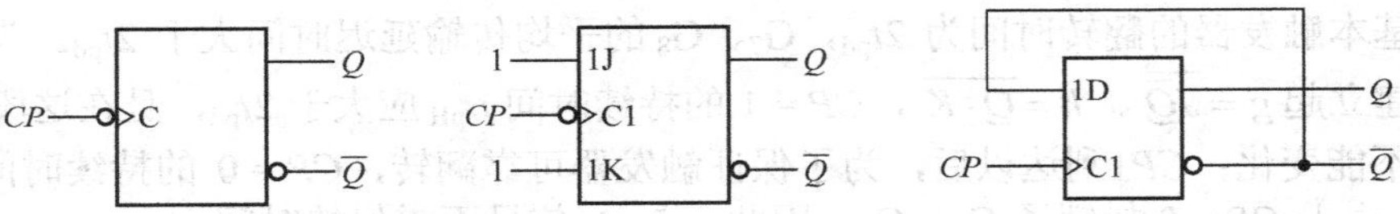

（a）逻辑符号（下降沿）　（b）JKFF 构成 T′FF　（c）DFF 构成 T′FF

图 4.4.9　T′FF 的逻辑符号和电路实现

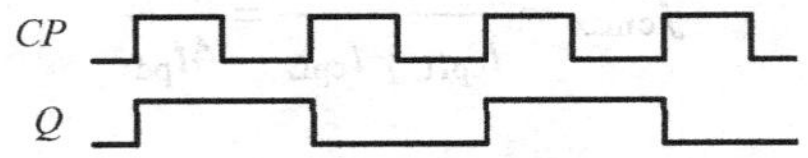

图 4.4.10　T′FF 的波形图

图 4.4.10 是 T′FF 的波形图，可以看出输出波形是一个周期的方波，其周期 T_Q 是时钟周期 T_{CP} 的 2 倍，也可以说是 CP 频率的 1/2，可见 T′FF 可以实现对输入周期信号的二分频，计数器的实现经常需要二分频电路，因此 TFF 和 T′FF 是组成计数器的重要元件。

4.5　集成触发器的参数

为使触发器正常工作，在使用触发器时必须注意其参数。集成触发器的参数包括直流参数和动态参数（也称时间参数）两大类。

1．直流参数

直流参数的定义、测试方法和指标都类似于逻辑门，一般有如下几种。

① 输出高电平 U_{OH}；

② 输出低电平 U_{OL}；

③ 输入高电平（开门电平）U_{on}；

④ 输入低电平（关门电平）U_{off}；

⑤ 低电平输入电流（输入短路电流）I_{IL}；

⑥ 高电平输入电流（交叉漏电流）I_{IH}；

⑦ 电源电流（功耗）I_{CC}。

需要注意的是对于不同的输入端（CP、D、J、K，S_D、R_D 等），由于内部电路的不同，其输入电流参数的指标是不同的。例如，对 JKFF 7472，其输入电流的指标见表 4.5.1。电流参数反映了对前级的电流要求，为核算前级应具有的驱动能力提供依据。

表 4.5.1　　7472 部分电流参数的指标

输入电流	信号端名	工作电流值
I_{IH}	J,K	40μA
	R_D	80μA
	S_D	80μA
	CP	40μA
I_{IL}	J,K	1.6mA
	R_D	3.2mA
	S_D	3.2mA
	CP	1.6mA

2．动态参数

（1）输入信号（J、K、D 等）的动态参数

① 建立时间 t_{set}：输入信号必须在 CP 有效边沿之前提前来到的时间。

② 保持时间 t_H：输入信号在 CP 有效边沿之后需继续保持不变的时间。

一般要求信号在 CP 的有效边沿之前后都有一段稳定不变的时间，否则信号就可能写不进触发器。但有些触发器（如边沿 JKFF）的 t_H 可为“0”。

（2）CP 的动态参数

① CP 高电平宽度 t_{cpH}。

② CP 低电平宽度 t_{cpL}。

③ 最高时钟频率 f_{cmax}：

$$f_{cmax} \leqslant \frac{1}{t_{cpH}+t_{cpL}} 。$$

最高时钟频率是指触发器在计数状态下能正常工作的最高频率，它是表示触发器工作速度的一个指标。CP 的宽度和 t_{set}、t_H 有关，如对于维阻 DFF，t_{cpL} 不能小于 t_{set}，t_{cpH} 不能小于 t_H，但它们也不是相等的关系，尤其当 t_H=0 时。如负边沿 JKFF，t_H=0，但 t_{cpL} 不能为“0”，因为在 CP↓后触发器完成状态转换还需要一段时间。

3．传输延迟时间

从 CP 的有效边沿算起，到触发器建立起新状态为止，所需时间称为传输延迟时间。传

输延迟时间有以下两个参数。

① t_{PHL}：从 CP 触发沿到输出高电平端变为低电平所需的时间。

② t_{PLH}：从 CP 触发沿到输出低电平端变为高电平所需的时间。

以维阻 DFF 7474 为例，其动态参数见表 4.5.2。

表 4.5.2　7474 部分电流参数的指标

t_{set}	t_H	t_{cpH}	t_{cpL}	f_{cmax}	t_{PHL}	t_{PLH}
≤20ns	5ns	≥30ns	≥37ns	15MHz	≥40ns	≥25ns

4.6 触发器应用举例

触发器是构成时序逻辑电路的基本逻辑单元，在本书第 5 章“时序逻辑电路”中将对触发器的应用进行详细介绍，本节只介绍几个由触发器构成的实用电路。

1. 消抖动开关

图 4.6.1（a）是可以在开关 $S_关$控制下输出 U_A 等于 0V 或 5V 的电路，由于机械开关 $S_关$在断开和闭合时均存在抖动，从而使 U_A 在 0V 与 5V 间转换的瞬间也存在抖动，如图 4.6.1（b）所示。

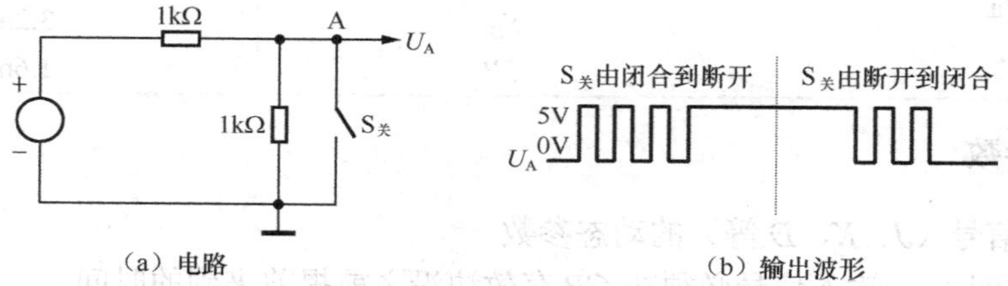

图 4.6.1　普通开关电路及其输出波形

为了消除输出电压 U_A 的抖动，可采用图 4.6.2（a）电路，所需的电压从基本 SR 触发器的 Q 端输出。假设开关 $S_关$原来置于 B 端，则 Q 端输出为低电平，如要使 Q 端输出高电平，可把 $S_关$扳到 A 端。由于基本 SR 触发器的 S 或 R 端从“0”变为“1”时，不会改变 Q 端的状态，因此在 $S_关$离开 B 端（R）但尚未触及 A 端（S）时，不管开关有无抖动，Q 端都不会从“0”变为“1”，也就不会发生抖动。一旦 $S_关$接触到 A 端都使 Q 端置“1”，即使 $S_关$有抖动，Q 端的电压也不会抖动。其输出波形如图 4.6.2（b）所示。

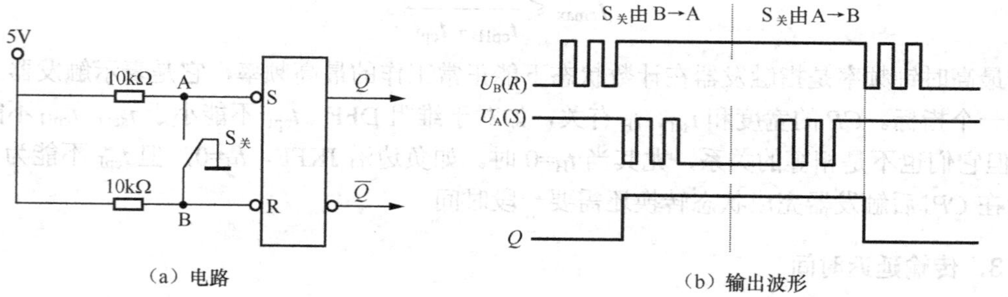

图 4.6.2　消抖动开关电路及其输出波形

2. 单脉冲发生器

单脉冲发生器常用于数字电路的实验和数字系统的调试中，其逻辑电路和工作波形分别如图 4.6.3（a）、（b）所示。该单脉冲发生器的工作特点是每按一次按钮（不管按上后是否松开）便产生一个脉冲，而且只产生一个脉冲（单脉冲）。单脉冲的宽度为一个时钟周期，与按上开关的时间长短无关。松开开关以后再按一次又可获得第二个单脉冲。

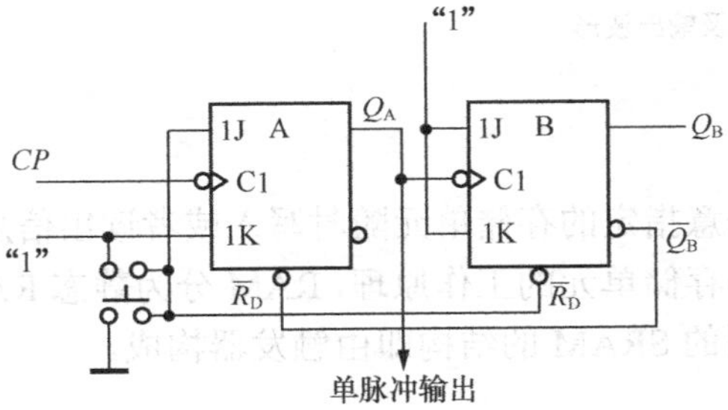

（a）逻辑图

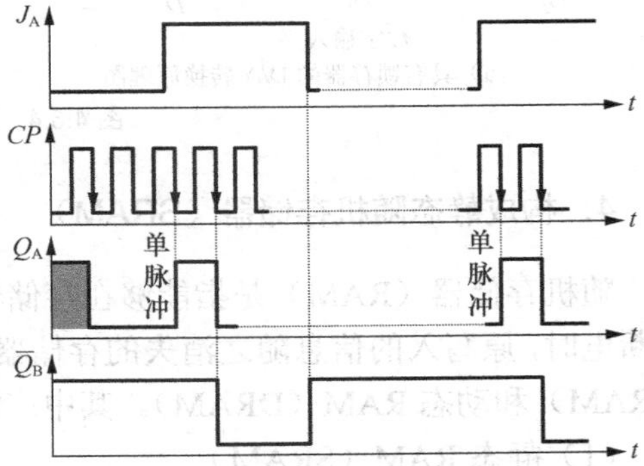

（b）波形图

图 4.6.3 单脉冲发生器

图 4.6.3 电路的工作过程分析如下。

假设开始时按钮开关处于图 4.6.3(a)所示位置，则电源接通后由于 B 触发器的 $\overline{R}_D$ 为"0"，所以 $\overline{Q}_B=1$。此时，A 触发器的状态不定，如图 4.6.3（b）中阴影部分所示。但经过一个时钟脉冲以后，由于 A 触发器控制输入端为 $J_A=0$、$K_A=1$，使 $Q_A=0$。之后若上按按钮开关使 $J_A=K_A=1$，则 A 触发器变成 T'FF，又因 $J_B=K_B=1$，且 $\overline{R}_D=1$，所以 B 触发器也为 T'FF。所以，对应上按开关以后时钟的第一个下降沿，Q_A 由"0"变"1"，对应时钟的第二个下降沿 Q_A 由"1"变"0"，一个单脉冲便形成，并由 A 触发器的 Q_A 端输出。由于 Q_A 由"1"变为"0"使 B 触发器的 $\overline{Q}_B$ 由"1"变为"0"，在松开按钮使 B 触发器的 $\overline{R}_D$ 为"0"时，$\overline{Q}_B$ 又变为"1"，之后若再次按上按钮，又可得第二个单脉冲。

3. 数据锁存器

D/A 转换是将输入的数字量转换成与之成比例的模拟量输出的电路（将由后述第 8 章介绍）。图 4.6.4 是具有锁存器的 D/A 转换原理图及其输出波形。当输入数字量 D_2、D_1、D_0 按 000、001、010、011 规律变化时，图 4.6.4（b）、（c）分别表示不带锁存器和带锁存器的 D/A 转换器的输出模拟量的波形。图 4.6.4（b）波形中出现了不应有的负向脉冲，其原因是在输入码从 001 变为 010 的瞬间，出现了过渡码 000，在 011 变为 100 的瞬间出现了过渡码 010 和 000，影响了 D/A 转换器的正常输出。加入锁存器以后的波形如图 4.6.4（c）所示，避免了上述弊病。

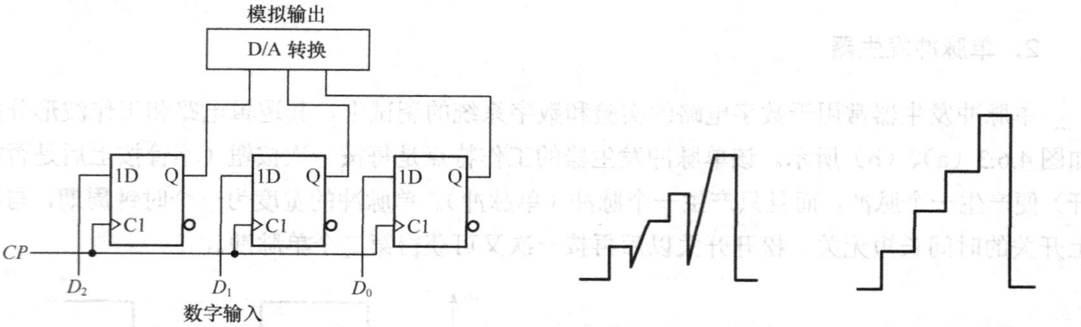

（a）具有锁存器的 D/A 转换原理图 （b）无锁存器时的输出波形 （c）有锁存器时的输出波形

图 4.6.4 D/A 转换及输出波形

4．构成静态随机存储器（SRAM）

随机存储器（RAM）是指能够在存储器中任意指定的存储单元随时写入或者读出信息，当断电时，原写入的信息随之消失的存储器。根据存储单元的工作原理，RAM 分为静态 RAM（SRAM）和动态 RAM（DRAM）。其中广泛运用的 SRAM 的结构即由触发器构成。

（1）静态 RAM（SRAM）

SRAM 的结构如图 4.6.5 所示。它由存储矩阵、地址译码器和读写控制电路等组成。

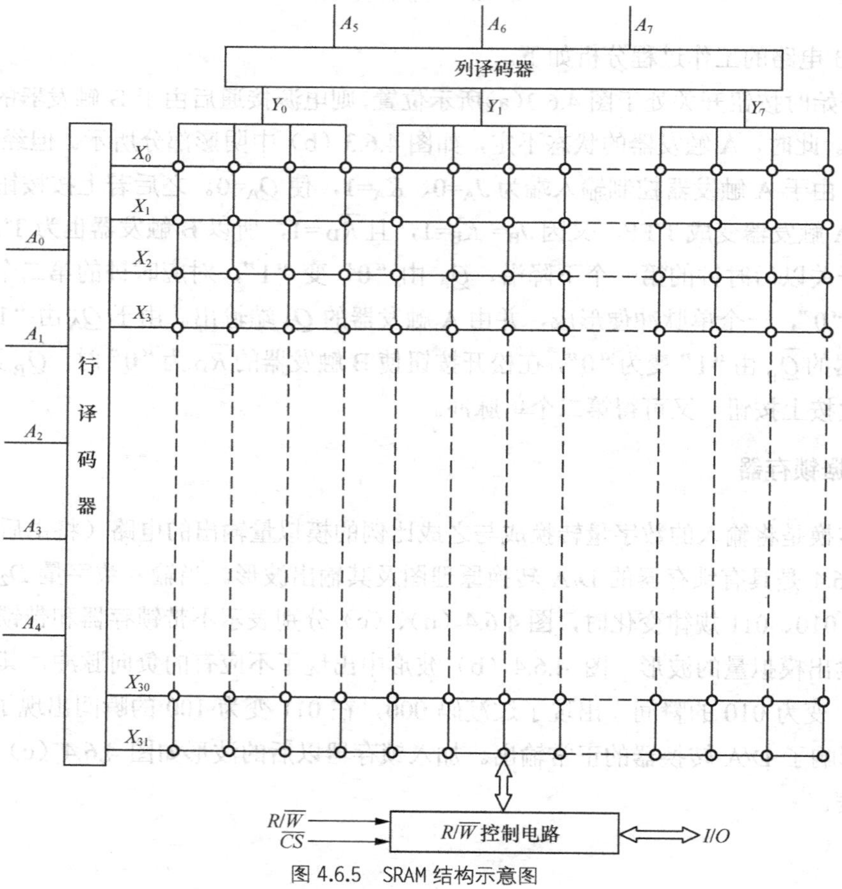

图 4.6.5 SRAM 结构示意图

① 存储矩阵。存储矩阵是由若干存储单元组成的二维矩阵，每个存储单元由触发器构成可以存放1位二进制数字信息。例如，一个容量为256字×4位的存储器，具有1024个存储单元，排列成32行×32列的矩阵形式，如图4.6.5所示。图中每行有32个存储单元，可存储8个字，每个字占4个存储单元，即每4列为一个字列，可储存32个字。存储矩阵中所存信息需要读出或写入时，由地址译码器选中所要读/写的单元。

② 地址译码器。在存储器中，读/写操作通常是以字节为单位进行的。对每个字节编有地址，读/写操作时，按照地址选择欲访问的单元。地址的选择由地址译码器来实现。在大容量的存储器中，常采用双译码器，如图4.6.5所示，分为行译码器和列译码器。行译码器输出32根行选择线，每根线可选中一行；列译码器输出8根列选择线，每根线可选中一个字列。

对于图4.6.5所示的存储矩降，256个字节需要8位二进制地址（A_7～A_0）区分（2^8=256）。其中地址码的低5位A_0～A_4作为行译码器输入，产生32根行选择线；地址码的高3位A_5～A_7作为列译码器输入，产生8根列选择线，只有被行、列选择线都选中的单元才能被访问。例如，若输入地址A_7～A_0为00011111时，X_{31}和Y_0输出均为“1”，位于X_{31}和Y_0交叉处的字单元可以进行读出或写入操作。

③ 存储单元。图4.6.6为静态存储单元示意图，G_1和G_2构成双稳态触发器，X_i为行选择线。当该单元被选中时，S_1和S_2闭合，数据就可以由读/写控制单元进行写入或读出。当该单元未被选中时，S_1和S_2均断开，触发器状态保持不变，所以称其为静态存储单元。由于该存储单元由6只增强型NMOS组成，故又称为六管静态MOS存储单元。由此可见，静态RAM是靠触发器的状态进行存储记忆的，一旦电源断开，所存信息也随之消失。

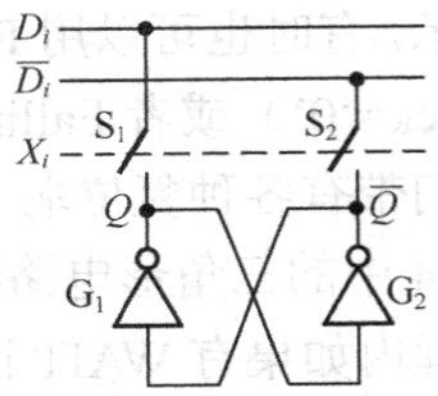

图4.6.6 静态存储单元示意图

④ 片选与读/写控制电路。由于集成度的限制，单片RAM的容量是有限的，往往不能满足实际要求。对于大容量的存储系统，通常是由若干片RAM组合而成。而读/写操作通常仅与其中1片（或几片）传递信息，片选就是用来实现这种控制的。通常1片RAM有1根或几根片选线，当某一片的片选线为有效电平时，则该芯片被选中，可以进行读/写操作，否则芯片不工作。

图4.6.7所示为片选与读/写控制电路，其中$\overline{CS}$为片选信号，低电平有效。

当$\overline{CS}$=1时，G_4和G_5两“与”门输出为“0”，三态门G_1、G_2、G_3均处于高阻状态，输入/输出（I/O）端与存储器内部隔离，存储器不能进行读/写操作；当$\overline{CS}$=0时，芯片被选中，根据$R/\overline{W}$端所加高低电平，执行读或写操作。$R/\overline{W}$=1时，G_5输出高电平，G_3被打开，数据线D与I/O线接通，即被访问单元所存储的信息出现在I/O端，存储器执行读操作；$R/\overline{W}$=0时，G_4输出高电平，G_1、G_2被打开，加到I/O端的数据以互补的形式出现在内部数据线上，并被存入所选中的存储单元，存储器执行写操作。

（2）动态RAM（DRAM）

动态RAM是计算机系统中最为常见的系统内存。DRAM只能将数据保持很短的时间。为了保持数据，DRAM使用电容存储，所以必须隔一段时间刷新（refresh）一次，如果存储单元没有被刷新，存储的信息就会丢失（关机就会丢失数据）。DRAM因此得名。

DRAM的外部接口和SRAM非常类似，此处不详细叙述，感兴趣的读者可以参见相关的参考书籍。

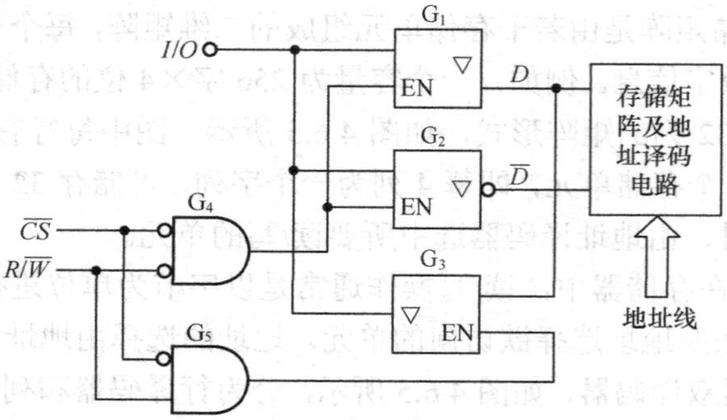

图 4.6.7 片选与读/写控制电路

4.7 VHDL 描述触发器

本节举例说明如何用 VHDL 语言描述触发器。在 VHDL 语言中，只要时钟 *Clock* 信号发生电平跳变，则 Clock’EVENT 为真，因此时钟上升沿可用（Clock’EVENT AND Clock=‘1’）表示，有时也可以用 Rising_edge（Clock）代替。同理，下降沿则可表示为（Clock’EVENT AND Clock=‘0’）或者 Falling_edge（Clock）。下面的 VHDL 代码描述了 4 个上升沿触发的 DFF，它们带有各种复位端（Reset）和使能端（Enable），如图 4.7.1～图 4.7.4 所示。图 4.7.2 和图 4.7.4 中的三角形电路符号为数据选择器 MUX 在可编程逻辑器件中的表示方法（见第 6 章），进程内如果有 WAIT 语句，不需要在进程的开始罗列敏感信号。

```
LIBRARY IEEE;
USE IEEE.STD_LOGIC_1164.ALL;

ENTITY DFFs IS
   PORT (D, Clock, Reset, Enable :IN   STD_LOGIC;
         Q1, Q2, Q3, Q4          :OUT  STD_LOGIC);
END DFFs;
ARCHITECTURE behavior OF DFFs IS
BEGIN
   PROCESS                              -- 有 WAIT 指令，可以不列敏感信号
   BEGIN
      WAIT UNTIL (Clock 'EVENT AND Clock='1');
      Q1<=D;
   END PROCESS;

   PROCESS
   BEGIN
      WAIT UNTIL (Clock 'EVENT AND Clock='1');
         IF reset='1' THEN              -- 同步清零端，高电平有效
            Q2<='0';
         ELSE
            Q2<=D;
         END IF;
   END PROCESS;
   PROCESS(Reset, Clock)                -- 上升沿触发的 DFF，带有异步清零端
```

```
      BEGIN
         IF reset='1' THEN
            Q3<='0';
         ELSIF (Clock' EVENT AND Clock='1') THEN
               Q3<=D;
            END IF;
      END PROCESS;
      PROCESS(Reset, Clock, Enable)       -- 上升沿触发的 DFF
                                          -- 带有异步清零端和使能端
      BEGIN
         IF reset='1' THEN
            Q4<='0';
   ELSIF (Clock 'EVENT AND Clock='1') THEN
      IF Enable='1' THEN
               Q4<=D;
            END IF;
         END IF;
      END PROCESS;
   END behavior;
```

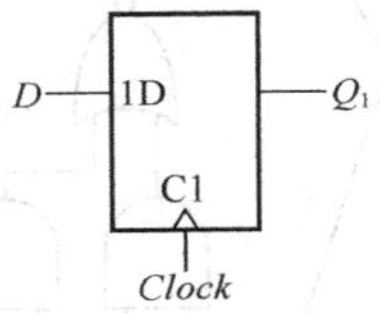

图 4.7.1　D 触发器

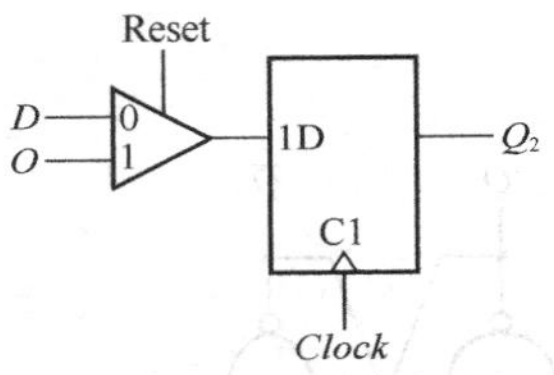

图 4.7.2　有同步清零端的 DFF

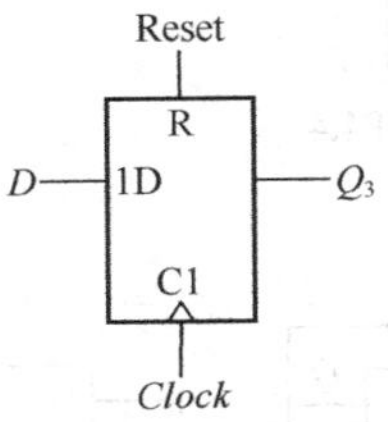

图 4.7.3　有异步清零端的 DFF

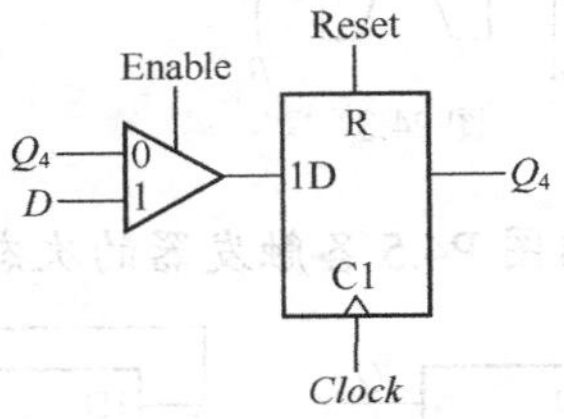

图 4.7.4　带有异步清零端和使能端的 DFF

习题

4.1　基本 SR 触发器的逻辑符号与输入波形如图 P4.1 所示，试作出 Q、$\overline{Q}$ 的波形。

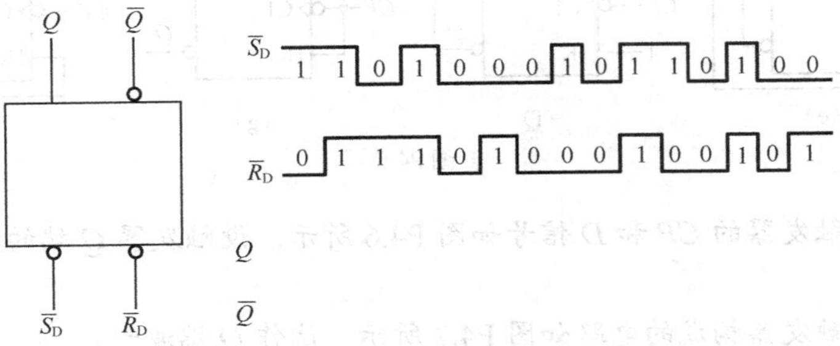

图 P4.1

4.2 在图 P4.2（a）所示电路中，当拨动开关 S 时，由于开关触点接触瞬间发生振颤，$\overline{S}_D$ 和 $\overline{R}_D$ 的电压波形如图 P4.2（b）所示，试作出 Q 和 $\overline{Q}$ 端的波形。

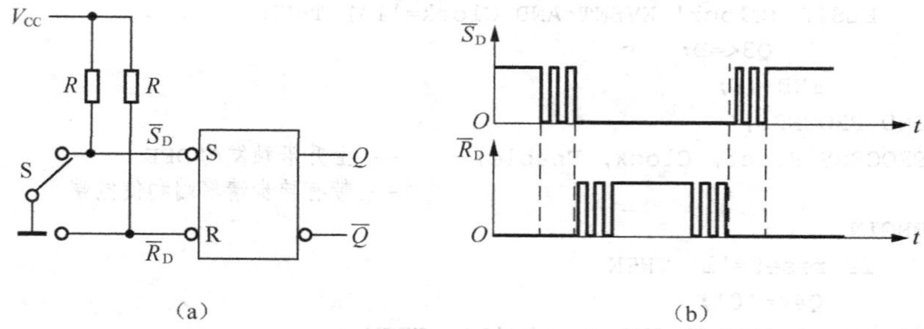

图 P4.2

4.3 对于图 P4.3 电路，试导出其特征方程并说明对 A、B 的取值有无约束条件。

4.4 试写出图 P4.4 触发器电路的特征方程。

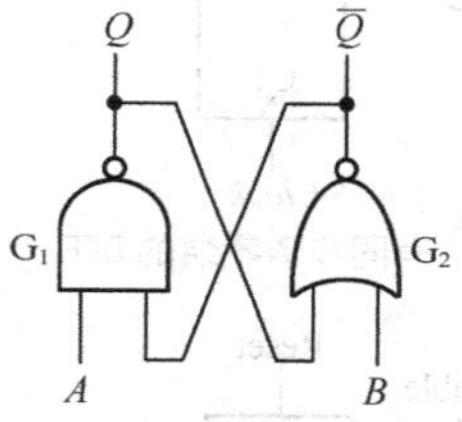

图 P4.3

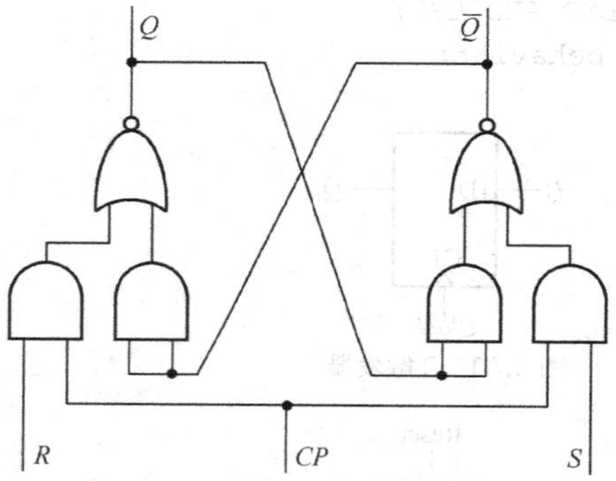

图 P4.4

4.5 试写出图 P4.5 各触发器的次态方程。

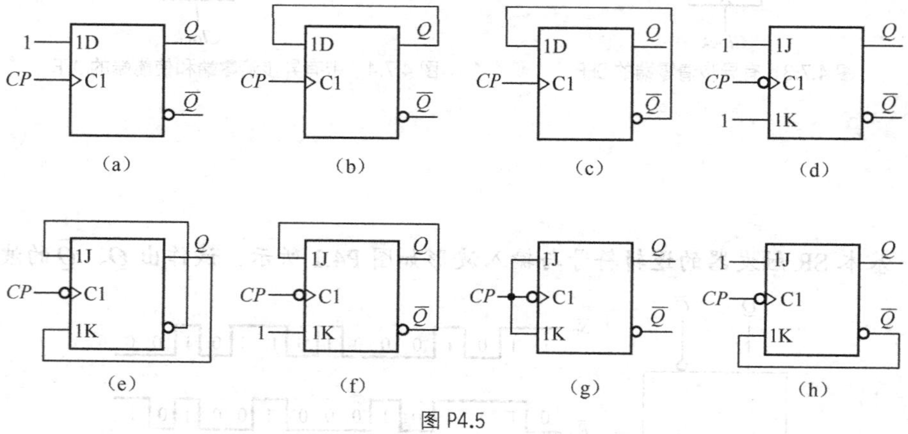

图 P4.5

4.6 维阻 D 触发器的 CP 和 D 信号如图 P4.6 所示，设触发器 Q 端的初态为“0”，试作 Q 端波形。

4.7 维阻 D 触发器构成的电路如图 P4.7 所示，试作 Q 端波形。

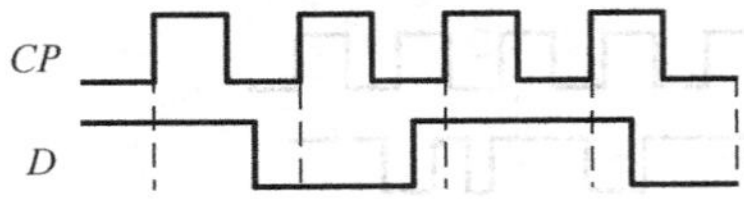

图 P4.6

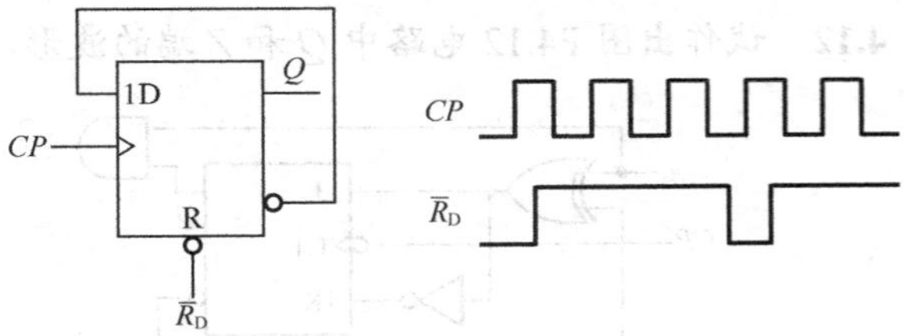

图 P4.7

4.8 画出图 P4.8 电路中 Q 端的波形。设初态为“0”。

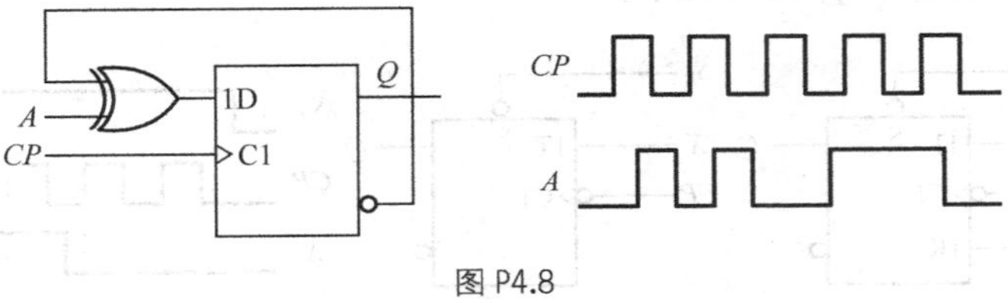

图 P4.8

4.9 画出图 P4.9 电路中 Q 端的波形。设初态为“0”。

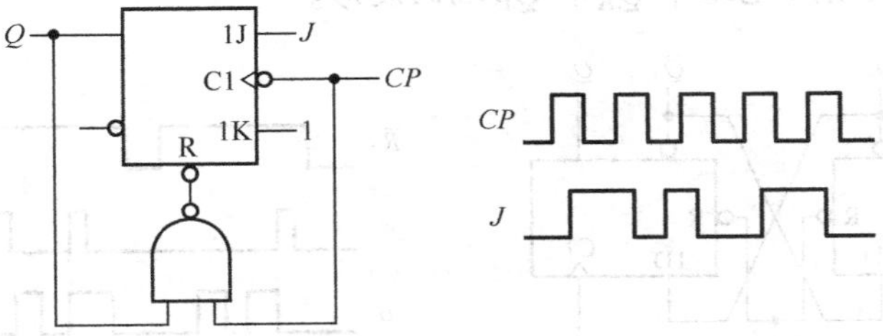

图 P4.9

4.10 画出图 P4.10 电路中 Q_1 和 Q_2 端的波形。

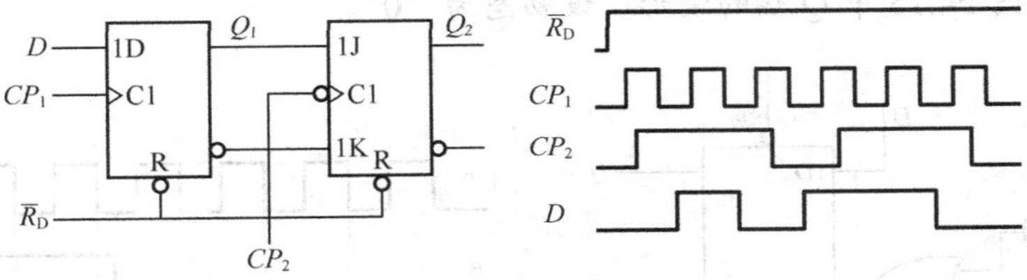

图 P4.10

4.11 画出图 P4.11 电路中 Q_1 和 Q_2 端的波形。

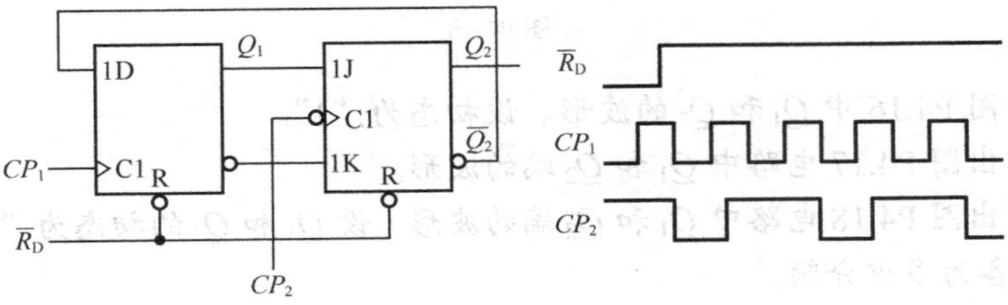

图 P4.11

4.12 试作出图 P4.12 电路中 Q 和 Z 端的波形。设 Q 的初态为“0”。

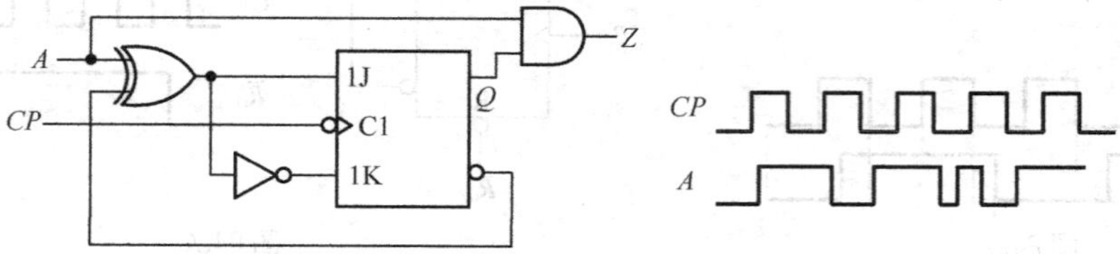

图 P4.12

4.13 画出图 P4.13 中 Q 端的波形。

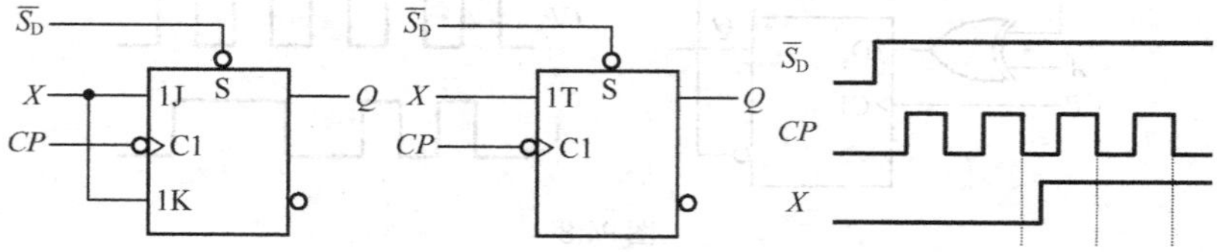

图 P4.13

4.14 试作出图 P4.14 电路中 Q_A 和 Q_B 端的波形。

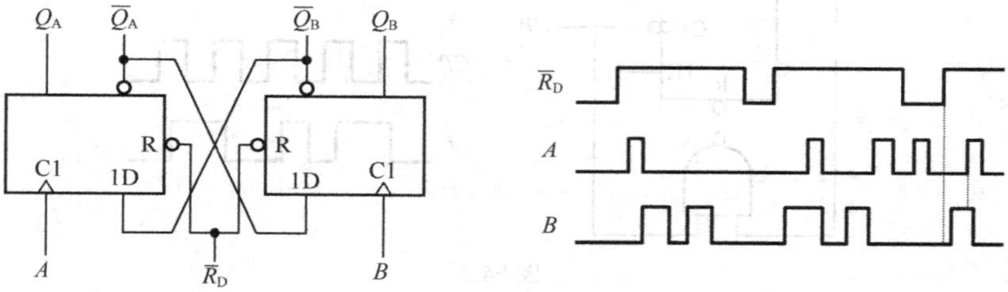

图 P4.14

4.15 画出图 P4.15 中 Q 端的波形。设初态为“0”。

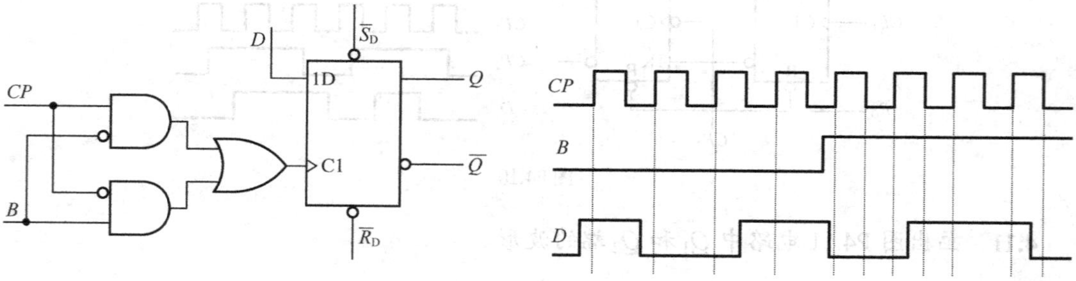

图 P4.15

4.16 画出图 P4.16 中 Q_1 和 Q_2 的波形。设初态为“1”。

4.17 试作出图 P4.17 电路中 Q_1 和 Q_2 端的波形。

4.18 试作出图 P4.18 电路中 Q_1 和 Q_2 端的波形（设 Q_1 和 Q_2 的初态为“0”），并说明 Q_1 和 Q_2 对于 CP_2 各为多少分频。

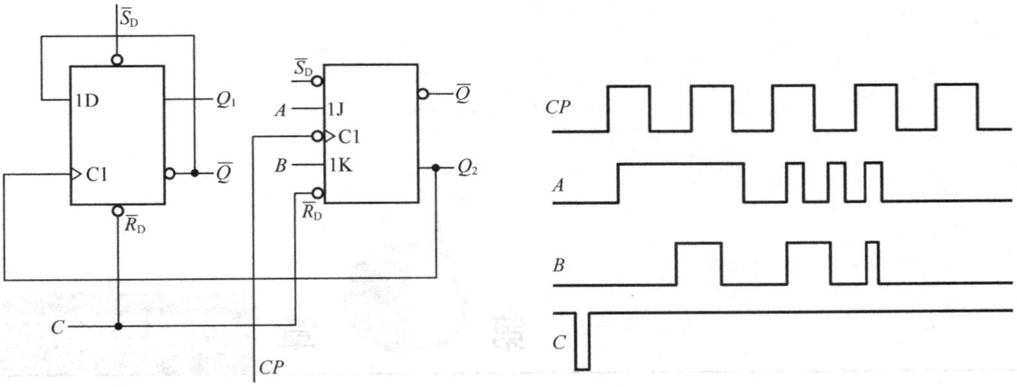

图 P4.16

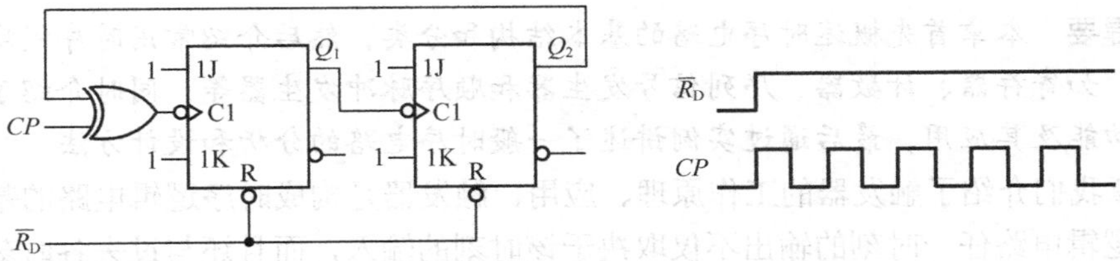

图 P4.17

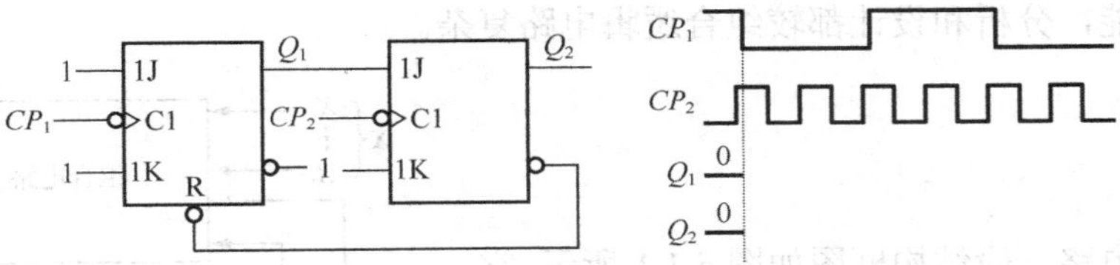

图 P4.18

4.19 已知电路如图 P4.19 所示，试作出 Q 端的波形。设 Q 的初态为“0”。

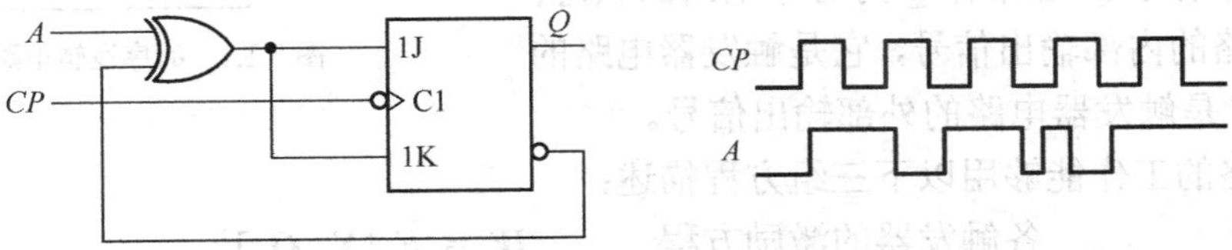

图 P4.19

4.20 已知输入 u_I、输出 u_O 波形分别如图 P4.20 所示，试用两个 D 触发器将该输入波形 u_I 转换成输出波形 u_O。

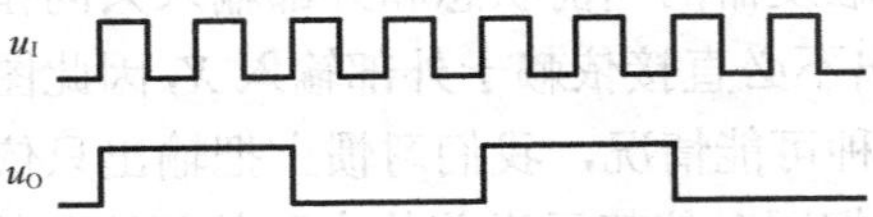

图 P4.20

第5章 时序逻辑电路

内容提要 本章首先概述时序电路的基本结构和分类，然后介绍常用时序模块的分析和设计方法，如寄存器、计数器、序列信号发生器和顺序脉冲发生器等，同时介绍了常用中规模器件的功能及其应用，最后通过实例讲述了一般时序电路的分析和设计方法。

上一章我们介绍了触发器的工作原理、应用，触发器是构成时序逻辑电路的基本单元电路，时序逻辑电路任一时刻的输出不仅取决于该时刻的输入，而且还与过去各时刻的输入有关。常见的时序逻辑电路有寄存器、计数器、序列信号发生器等。由于时序逻辑电路具有存储或记忆的功能，分析和设计都较组合逻辑电路复杂。

5.1 概述

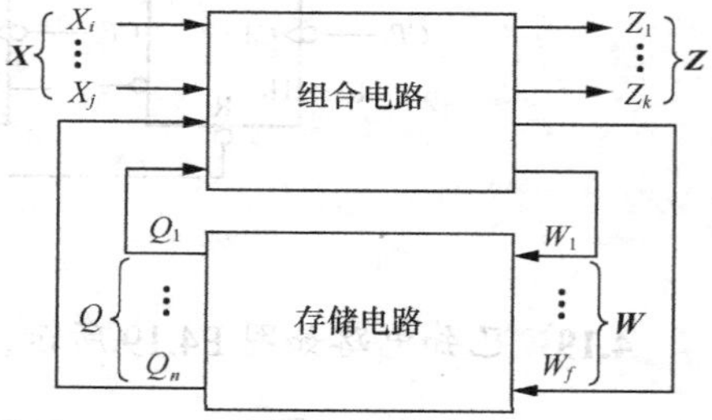

图 5.1.1 时序逻辑电路结构图

时序逻辑电路一般结构框图如图 5.1.1 所示，它由组合逻辑电路和存储电路两部分构成。图中 $\boldsymbol{X}$ 是时序电路的一组外部输入信号，另一组输入是触发器电路的状态信号 $\boldsymbol{Q}$，通常称 $\boldsymbol{Q}$ 为时序电路的状态；$\boldsymbol{W}$ 是组合电路的内部输出信号，它是触发器电路的激励信号；$\boldsymbol{Z}$ 是触发器电路的外部输出信号。

时序电路的工作能够用以下三组方程描述：

各触发器的激励方程 $\boldsymbol{W} = \boldsymbol{F}\ [\boldsymbol{X}, \boldsymbol{Q}\ ]$ （5.1.1）

各触发器的次态方程 $\boldsymbol{Q}^{n+1} = \boldsymbol{G}\ [\boldsymbol{W}, \boldsymbol{Q}^{n}]$ （5.1.2）

时序电路的输出方程 $\boldsymbol{Z} = \boldsymbol{H}\ [\boldsymbol{X}, \boldsymbol{Q}\ ]$ （5.1.3）

图 5.1.1 的结构进一步细化得到图 5.1.2 的形式。图 5.1.2 更清楚地表明时序电路外部输出由另一个组合电路产生，即触发器的当前状态和外部输入共同作用的结果。尽管外部输出 Z 总是依赖于当前状态，但输出不必直接依赖于外部输入 X，因此图 5.1.2 中虚线部分可能存在，可能不存在。为了区分这两种可能情况，我们习惯上把输出只依赖于当前状态的时序电路，称为摩尔（Moore）型电路。把同时依赖于当前状态和外部输入的时序电路称为米勒（Mealy）型电路。两种电路的关键不同在于：Mealy 型，输入的变化马上影响输出，而 Moore 型，需要等待有效时钟沿到来，输入的变化使触发器进入新的状态后，输出才发生变化。这两种电路的命名是为了纪念 Edward Moore 和 George Mealy 这两位先驱，他们在 20 世纪 50 年代研

究了这类电路的行为特性。若时序逻辑电路没有外部输入信号 X，该电路也属于 Moore 型电路，常用的计数器通常没有外部输入。

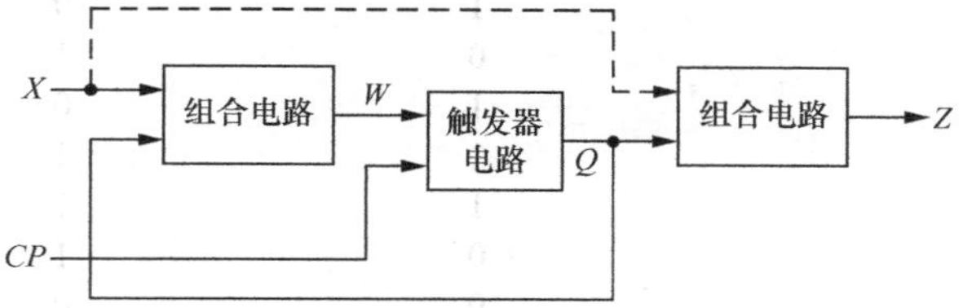

图 5.1.2 时序逻辑电路的细化结构

时序电路按其工作方式的不同，可分为同步时序电路和异步时序电路。若电路中各触发器受同一个时钟信号控制，即各触发器状态的变换发生于时钟的同一时刻，这种电路称为同步时序电路。若电路中各触发器不受同一时钟控制，各触发器状态的改变不同步，则这种时序电路称为异步时序电路。

按时序电路的逻辑功能分，典型的时序电路有寄存器、计数器、序列信号发生器、顺序脉冲发生器等，除此之外，还有实现各种不同操作的一般时序电路。

5.2 寄存器

一个触发器可以储存 1 位二进制信息，我们也称其为 1 位寄存器，或者寄存单元电路。由 n 个触发器组成的电路可以用来存储 n 位二进制信息，我们把这 n 个触发器称作一个 n 位寄存器。寄存器中每个触发器共用同一个时钟，每个触发器都按第 4 章中所描述的方式工作。寄存器这个术语仅仅是指由 n 个触发器组成的结构。

5.2.1 移位寄存器工作原理

具有移位功能的寄存器称为移位寄存器，简称移存器。它不仅能存储数据，而且具有移位功能。按照数据移动的方向，可分为单向移位和双向移位，而单向移位又有左移和右移之分。

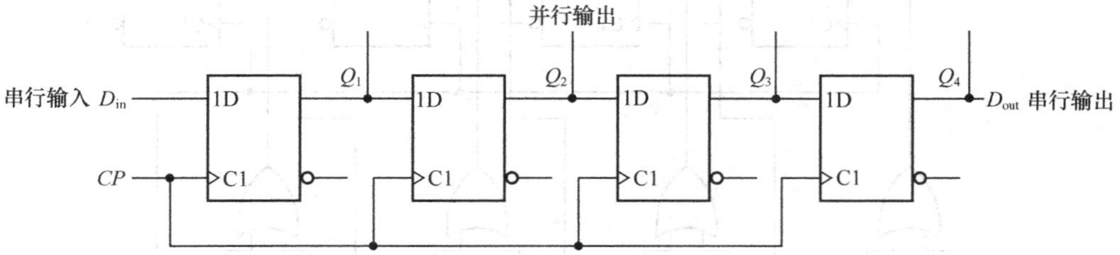

图 5.2.1 4 位右移移位寄存器

图 5.2.1 所示为 4 位单向右移移位寄存器，由 4 个 D 触发器构成。将前一位触发器的输出与后一位触发器的输入相连，即 $Q_i^n = D_{i+1}$，所以可得 $Q_{i+1}^{n+1} = Q_i^n$。每个触发器的状态在时钟 CP 的上升沿时刻传递给下一个。在 CP 移位指令控制下，数据依次由 D_{in} 输入，经 4 个 CP 脉冲，从 D_{out} 输出。假设所有触发器的初始状态为 0，D_{in} 的数据分别为 10111000，表 5.2.1 说明了在 8 个连续的 CP 时钟里各触发器的状态是如何变化的。

表 5.2.1　　图 5.2.1 的时序举例

CP 周期	D_{in}	Q_1	Q_2	Q_3	Q_4=D_{out}
0	1	0	0	0	0
1	0	1	0	0	0
2	1	0	1	0	0
3	1	1	0	1	0
4	1	1	1	0	1
5	0	1	1	1	0
6	0	0	1	1	1
7	0	0	0	1	1

图 5.2.1 电路中，*n* 位数据从一根数据线 D_{in} 输入，一次输入一位，这种数据输入方式称为串行输入。从 D_{out} 端口一位一位输出，这种数据输出方式称为串行输出。在计算机系统中，经常需要传输 *n* 位数据，为了增加传输速度，可以用 *n* 条线路一次实现所有位的传输，这种传输为并行传输。图 5.2.1 中，如果数据从 4 个触发器的 *Q* 端直接输出，则为并行输出方式。这种可以串行输入和并行输出的电路称为串-并转换器，而功能相反的电路是并-串转换器。这种变换在数字系统中占有重要的地位，例如，计算机主机与外设间的信息交换，快、慢速数字设备之间的信息交换都可以用移存器方便地实现。

图 5.2.2 是一个可以并行访问的 4 位移存器，与一般移存器不同，每个触发器输入 *D* 连接到两个不同的信号源。一个信号源是前一级触发器的状态，用以移存器的操作；另一个信号源是被加载的触发器逐位对应的外部输入信号，作为并行工作的一部分。控制信号 $\overline{S}/L$（*S* 表示 Shift 首字母，*L* 是 Load 的首字母）用来选择工作模式。当 $\overline{S}/L$=0 时，触发器的激励 D_i=Q^{i+1}，则电路处于移位寄存器的工作模式。当 $\overline{S}/L$=1 时，触发器的输入端与外部并行数据相连，处于并行加载数据模式。两种操作均在时钟的上升沿完成。

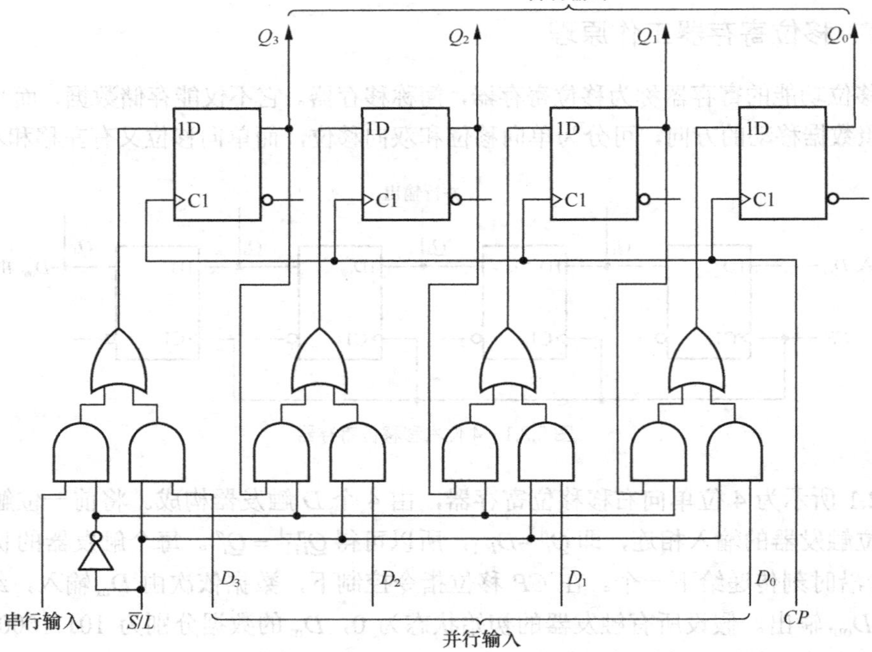

图 5.2.2　可并行输入的 4 位移存器

将图 5.2.2 电路进行简单的修改，可以转换成双向移位寄存器。图 5.2.2 中触发器的一个输入信号源是外部并行数据，如果改接到后一级触发器的状态，则形成了双向移位寄存器，此时控制端 $\overline{S}/L$ 的名称改成 $\overline{R}/L$（Right/Left），实现右移和左移的控制。双向移存器的电路请读者自行画出，本书不再说明。

5.2.2 MSI 移位寄存器

1．74194

（1）功能分析

集成移位寄存器种类很多，功能与前所述相同。它有双向、单向，也有并入/并出、并入/串出、串入/并出、串入/串出，还有四位、八位等类型。图 5.2.3 所示是一种功能齐全的集成 4 位双向移位寄存器 74194。

74194 具有清除、并入（送数）、左移、右移、保持 5 种功能。执行保持功能时，时钟处于禁止电平“0”状态，或“1”状态。移存器采用 DFF 作为寄存单元，M_1、M_0 是工作模式控制端。当 M_1M_0=11 时，并行送数；当 M_1M_0=00 时，虽然左、右位数据均被选中，但由于受 M_1M_0=00 的控制使时钟输入门被封锁，CP 不能进入触发器，所以各触发器处于保持状态。

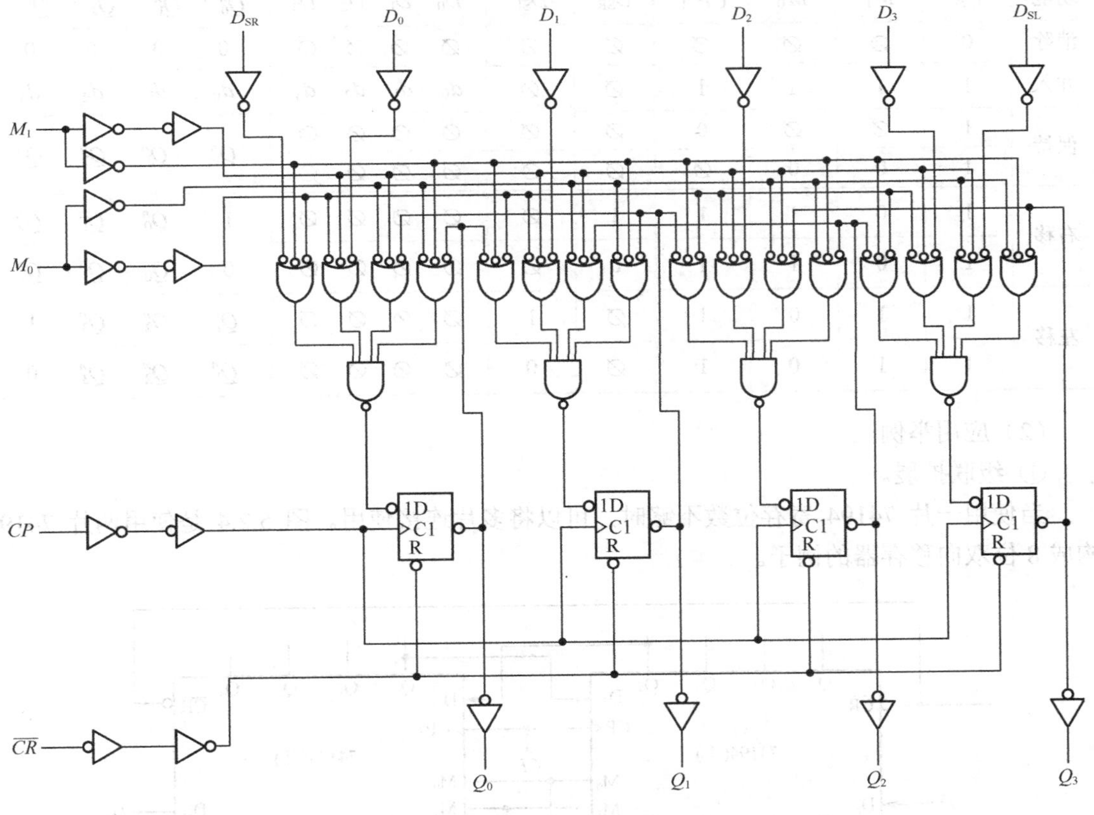

（a）逻辑图

图 5.2.3 4 位串入、并入—串出、并出双向移存器 74194

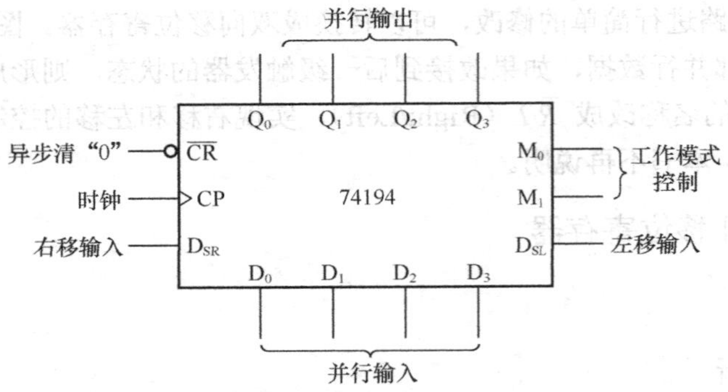

（b）简化逻辑符号

图 5.2.3 4 位串入、并入—串出、并出双向移存器 74194（续）

当 M_1M_0=01 时，执行右移操作，数据从右移输入端 D_{SR} 串入。当 M_1M_0=10 时，执行左移操作，数据从左移输入端 D_{SL} 串入。并入、左移、右移等操作均需 CP↑才能实现。当 $\overline{CR}$=0 时，执行清除操作。上述功能均示于表 5.2.2 74194 的功能表中。

表 5.2.2　　双向移位移存器 74194 的功能表

功能	$\overline{CR}$	M_1	M_0	CP↑	D_{SR}	D_{SL}	D_0	D_1	D_2	D_3	Q_0^{n+1}	Q_1^{n+1}	Q_2^{n+1}	Q_3^{n+1}
消除	0	∅	∅	∅	∅	∅	∅	∅	∅	∅	0	0	0	0
并入	1	1	1	1	∅	∅	d_0	d_1	d_2	d_3	d_0	d_1	d_2	d_3
保持	1	∅	∅	0	∅	∅	∅	∅	∅	∅	Q_0^n	Q_1^n	Q_2^n	Q_3^n
	1	0	0	∅	∅	∅	∅	∅	∅	∅				
右移	1	0	1	1	1	∅	∅	∅	∅	∅	1	Q_0^n	Q_1^n	Q_2^n
	1	0	1	1	0	∅	∅	∅	∅	∅	0	Q_0^n	Q_1^n	Q_2^n
左移	1	1	0	1	∅	1	∅	∅	∅	∅	Q_1^n	Q_2^n	Q_3^n	1
	1	1	0	1	∅	0	∅	∅	∅	∅	Q_1^n	Q_2^n	Q_3^n	0

（2）应用举例

① 级联扩展。

当使用一片 74194 寄存位数不够时，可以将多片连接使用。图 5.2.4 是使用两片 74194 构成 8 位双向移存器的例子。

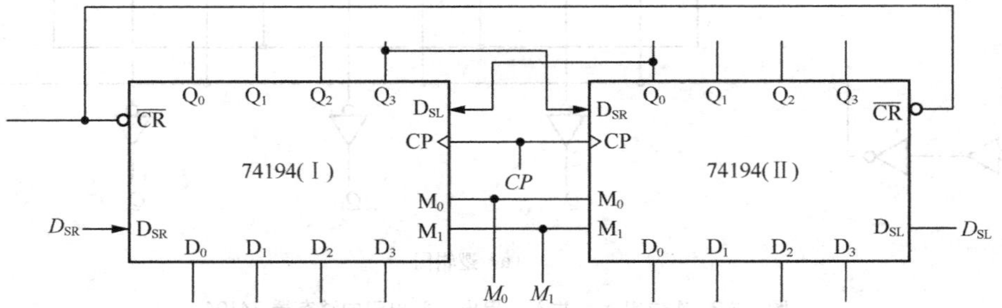

图 5.2.4 两片 74194 构成的 8 位双向移存器

如图 5.2.4 所示，将片（Ⅰ）的 Q_3 接片（Ⅱ）的 D_{SR}，片（Ⅱ）的 Q_0 接片（Ⅰ）的 D_{SL}，片（Ⅰ）、（Ⅱ）的 M_0、M_1、CP、$\overline{CR}$ 对应端相连，便构成了 8 位双向移存器。该移存器当 M_1M_0=00,01,10,11 时分别执行保持、右移、左移、并入操作。左移时，串行信号从片（Ⅱ）的 D_{SL} 输入；右移时，串行信号从片（Ⅰ）的 D_{SR} 输入。

② 实现数据转换。

用 74194 移存器实现数据转换是指将数据由串行传输变为并行传输，或者反之。图 5.2.5 是两片 74194 构成的 7 位串入—并出电路。表 5.2.3 是其状态转移表。

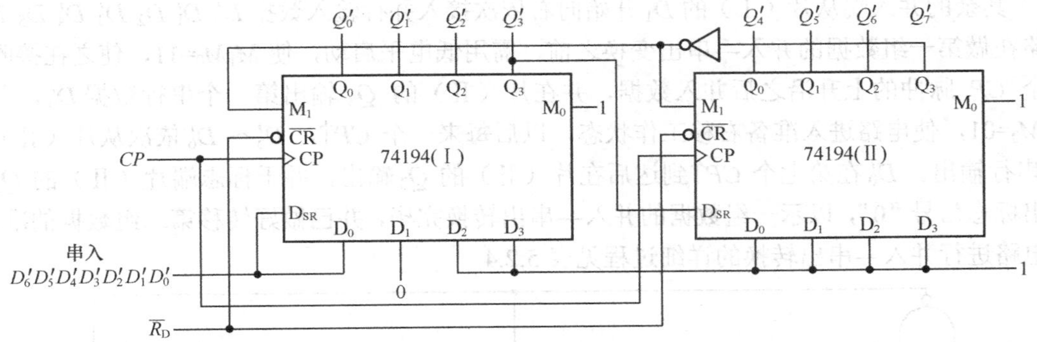

图 5.2.5 7 位串入—并出转换电路

表 5.2.3 **7 位串入—并出转换电路的状态转移表**

	Q'_0	Q'_1	Q'_2	Q'_3	Q'_4	Q'_5	Q'_6	Q'_7	$M_1=\overline{Q'_7}$ M_0		操作
先清零	0	0	0	0	0	0	0	0	1	1	准备送数
CP_1↑	D'_0	0	1	1	1	1	1	1	0	1	准备右移
CP_2↑	D'_1	D'_0	0	1	1	1	1	1	0	1	准备右移
CP_3↑	D'_2	D'_1	D'_0	0	1	1	1	1	0	1	准备右移
CP_4↑	D'_3	D'_2	D'_1	D'_0	0	1	1	1	0	1	准备右移
CP_5↑	D'_4	D'_3	D'_2	D'_1	D'_0	0	1	1	0	1	准备右移
CP_6↑	D'_5	D'_4	D'_3	D'_2	D'_1	D'_0	0	1	0	1	准备右移
CP_7↑	D'_6	D'_5	D'_4	D'_3	D'_2	D'_1	D'_0	0	1	1	准备送数

图 5.2.5 电路由 2 片 74194 按右移方式连接。串行码从片（Ⅰ）的 D_{SR} 输入，片（Ⅰ）、（Ⅱ）的控制端 M_0 始终为“1”。M_1 接片（Ⅱ）的 $\overline{Q}_3$。在片（Ⅰ）、（Ⅱ）的并行输入端中，片（Ⅰ）的 D_0 也接串行输入码，D_1 接“0”，其余都接“1”。

电路工作时，需先清零，使 M_1M_0=11，电路处于准备送数的操作状态。当第一个 CP↑（即 CP_1↑）来到时，电路作并入操作，使第一个串行码 D'_0 从片（Ⅰ）的 D_0 端送至 Q_0 端（即 Q'_0 端），Q'_1=0，其余 Q'_2～Q'_7 均为“1”。由于 Q'_7=1，使 M_1M_0=01，电路处于准备右移状态。当第二个 CP↑（即 CP_2↑）来到时，串行码 D'_1 从片（Ⅰ）的 D_{SR} 端送入电路的 Q'_0 端，D'_0 移至 Q'_1，“0”移至 Q'_2 端。这时，M_1M_0 仍为 01，电路仍处于准备右移状态。以后，当 CP_3↑～CP_6↑逐个来到时，串行码逐个输入电路，已进入的串行码逐次右移。当 CP_7↑作用后，

$Q_0' Q_1' Q_2' Q_3' Q_4' Q_5' Q_6' = D_6' D_5' D_4' D_3' D_2' D_1' D_0'$，这时“0”已移至$Q_7'$，标志一组 7 位串行码已全部移存入电路，并转换成并行输出，一次 7 位数码的串入并出数据转换已经结束，并使 M_1M_0=11，电路已不需再清零便可进行第二组 7 位码的串入—并出转换。以上工作过程可用表 5.2.3 7 位串入—并出转换的状态转移表表示。

图 5.2.6 是用两片 74194 构成的 7 位并入—串出数据转换电路。电路中 M_0 接“1”，M_1 接法如图 5.2.6 中所示。片（Ⅰ）的 D_{SR} 接“1”状态，D_0 接“0”状态（地）。当片（Ⅱ）的 Q_2=0 时，用以作为电路转换工作完毕，并已做好第二组并入—串出转换准备的标志。片（Ⅰ）、（Ⅱ）其余的并入端从片（Ⅰ）的 D_1 开始向右依次接入并行输入数据 $D_0' D_1' D_2' D_3' D_4' D_5' D_6'$。电路在做第一组数据的并入—串出变换之前，需用低电平启动，使 M_1M_0=11，使之在接收第一个 CP 脉冲的上升沿之后并入数据，并在片（Ⅱ）的 Q_3 输出第一个串行数据 D_6'，并使 M_1M_0=01，使电路进入准备右移工作状态，以后每来一个 CP↑，D_5'～D_0'依次从片（Ⅱ）的 Q_3 串行输出。D_0'在第七个 CP↑到达后在片（Ⅱ）的 Q_3 输出，并于标志端片（Ⅱ）的 Q_2 处输出标志信号“0”，以示一组数据的并入—串出转换完毕，并已做好转移第二组数据的准备。该电路进行并入—串出转换的详细过程见表 5.2.4。

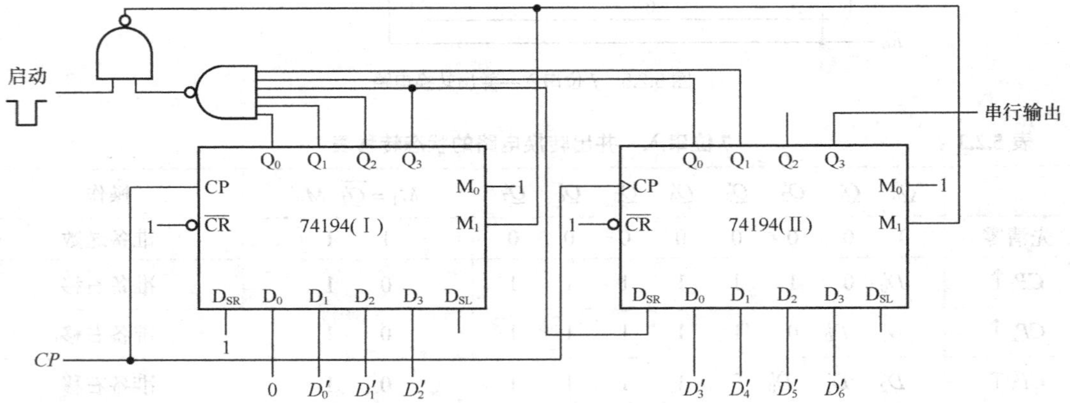

图 5.2.6　7 位并入—串出转换电路

表 5.2.4　　　　7 位并入—串出转换电路的状态转移表

	Ⅰ				Ⅱ				M_1	M_0	操作
	Q_0	Q_1	Q_2	Q_3	Q_0	Q_1	Q_2	Q_3			
启动	∅	∅	∅	∅	∅	∅	∅	∅	1	1	准备并入
CP_1↑	0	D_0'	D_1'	D_2'	D_3'	D_4'	D_5'	D_6'	0	1	准备右移
CP_2↑	1	0	D_0'	D_1'	D_2'	D_3'	D_4'	D_5'	0	1	准备右移
CP_3↑	1	1	0	D_0'	D_1'	D_2'	D_3'	D_4'	0	1	准备右移
CP_4↑	1	1	1	0	D_0'	D_1'	D_2'	D_3'	0	1	准备右移
CP_5↑	1	1	1	1	0	D_0'	D_1'	D_2'	0	1	准备右移
CP_6↑	1	1	1	1	1	0	D_0'	D_1'	0	1	准备右移
CP_7↑	1	1	1	1	1	1	0	D_0'	1	1	准备并入

2. 74195

74195 是具有双端串行输入、并行输入和串、并行输出的 4 位右移移存器，其简化逻辑符号和功能表分别见图 5.2.7 和表 5.2.5。逻辑符号中，J、$\overline{K}$ 为双端的串行输入端，作右移操作时，第一级触发器的状态 Q_0^{n+1} 由 J、$\overline{\overline{K}}$ 和 Q_0^n 决定。$D_0D_1D_2D_3$ 和 $Q_0Q_1Q_2Q_3$ 分别为并行输入端和并行输出端。末级触发器有 Q_3 和 $\overline{Q}_3$ 双端输出。$S/\overline{L}$ 是移位置数功能控制端。

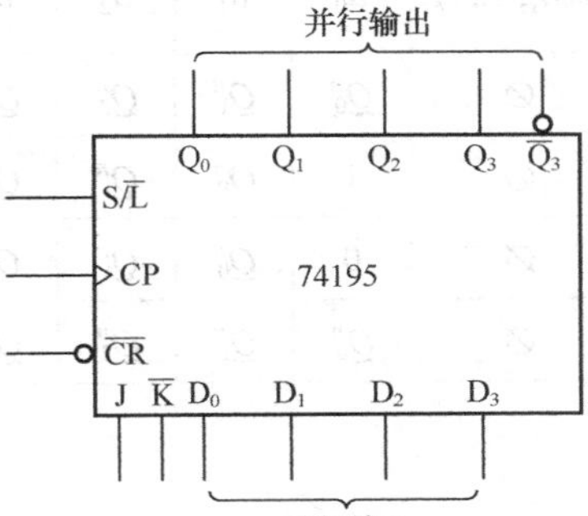

图 5.2.7 4 位右移移存器 74195 简化逻辑符号

表 5.2.5 **4 位右移移存器 74195 的功能表**

$S/\overline{L}$	J	$\overline{K}$	$\overline{CR}$	CR	Q_0^{n+1}	Q_1^{n+1}	Q_2^{n+1}	Q_3^{n+1}	功能
∅	∅	∅	0	∅	0	0	0	0	异步清除
1	0	0	1	↑	0	Q_0^n	Q_1^n	Q_2^n	
1	0	1	1	↑	Q_0^n	Q_0^n	Q_1^n	Q_2^n	串入、右移
1	1	0	1	↑	$\overline{Q}_0^n$	Q_0^n	Q_1^n	Q_2^n	
1	1	1	1	↑	1	Q_0^n	Q_1^n	Q_2^n	
0	∅	∅	1	↑	D_0	D_1	D_2	D_3	并入

3. 74165

串入、并入—串出 8 位右移移存器 74165 的符号和功能表分别见图 5.2.8 和表 5.2.6。该移存器与前述移存器的主要不同点是增加了一个时间禁止端 $CLKINHIBIT$。当该端口为“1”时，时钟输入 CLK 不起作用；为“0”时，CLK 才起作用。此外，功能表中 Q_0～Q_6 是内部输出，Q_7 才是电路的输出端。

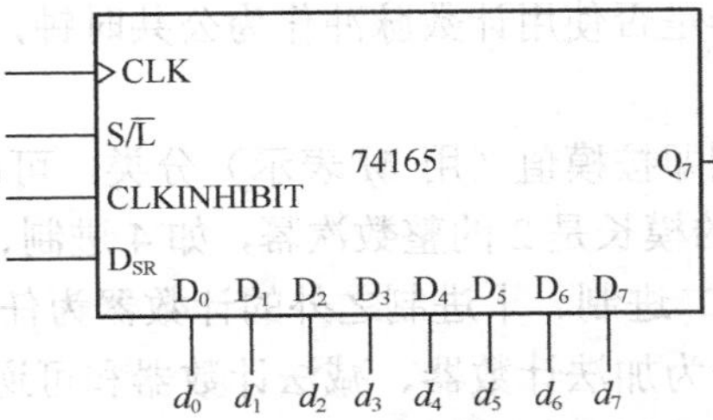

图 5.2.8 串入、并入—串出 8 位右移移存器 74165 的简化逻辑符号

表 5.2.6　　串入、并入—串出 8 位右移移存器 74165 的功能表

输入					输出								功能
移位/置数	时钟禁止	时钟	串入	并入	内部							外部	
$S/\overline{L}$	$CLKINHIBIT$	CLK	D_{SR}	$D_0,D_1,\ldots,D_7$	Q_0^{n+1}	Q_1^{n+1}	Q_2^{n+1}	Q_3^{n+1}	Q_4^{n+1}	Q_5^{n+1}	Q_6^{n+1}	Q_7^{n+1}	
0	$\varnothing$	$\varnothing$	$\varnothing$	$d_0,d_1,\ldots,d_7$	d_0	d_1	d_2	d_3	d_4	d_5	d_6	d_7	异步置数
1	0	0	$\varnothing$	$\varnothing$	Q_0^n	Q_1^n	Q_2^n	Q_3^n	Q_4^n	Q_5^n	Q_6^n	Q_7^n	保持
1	0	↑	1	$\varnothing$	1	Q_0^n	Q_1^n	Q_2^n	Q_3^n	Q_4^n	Q_5^n	Q_6^n	右移
1	0	↑	0	$\varnothing$	0	Q_0^n	Q_1^n	Q_2^n	Q_3^n	Q_4^n	Q_5^n	Q_6^n	右移
1	1	↑	$\varnothing$	$\varnothing$	Q_0^n	Q_1^n	Q_2^n	Q_3^n	Q_4^n	Q_5^n	Q_6^n	Q_7^n	保持

5.3 计数器

计数器的基本功能是记录输入脉冲的个数，其最大的特点是具有循环计数功能。不同的计数器只是状态循环的长度（也称为模长）和编码排列不同。在用途上计数器可以记录特定事件的发生次数，产生控制系统中不同任务的时间间隔，可以说计数器是数字系统中一种用得最多的时序逻辑部件。

计数器的基本结构可以用图 5.3.1 表示。图中 CP 是计数脉冲，用作触发器的时钟信号。组合电路的输入取自触发器的输出状态，其输出作为触发器的激励信号。触发器的状态码 $Q_1Q_2\ldots Q_n$ 构成的代码表示输入脉冲 CP 的个数，Z 是进位输出。

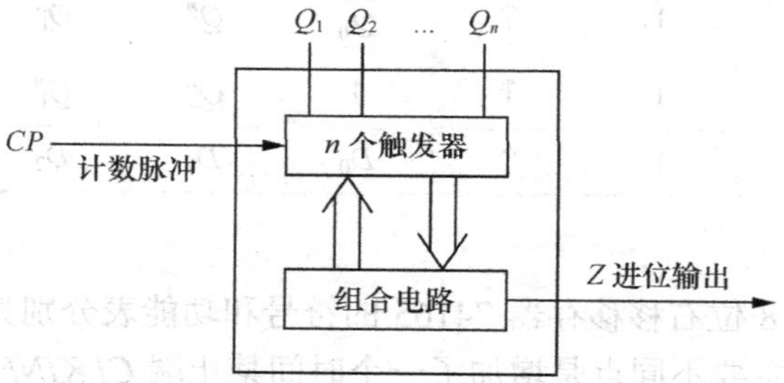

图 5.3.1　计数器基本结构框图

计数器种类很多，其分类方法如下。

① 按计数器中的各触发器是否使用计数脉冲作为公共时钟，可以分为同步计数器和异步计数器。

② 按计数器计数的进位制即按模值（用 M 表示）分类，可以分为二进制、十进制和任意进制计数器。二进制计数器的模长是 2 的整数次幂，如 4 进制、8 进制、16 进制计数器等。十进制计数器的模长为 10。除二进制、十进制之外的计数器为任意进制计数器。

③ 按逻辑功能分类，可分为加法计数器、减法计数器和可逆（可控）计数器。

同步计数器，无论模长是二进制、十进制还是任意进制，其分析和设计方法基本相同，

只是计数模长和编码方式不同。异步计数器的情况也相同，因此本书将按照同步计数器和异步计数器的分类进行讨论。

5.3.1 同步计数器的分析

同步计数器的分析步骤如下。

① 根据电路图，确定各触发器的激励方程、次态方程和输出函数的逻辑表达式。

② 根据上述方程确定电路的状态转移表、状态转移图以及波形图等。

③ 分析同步计数器的功能，如计数模长、编码状态和计数规律等。

例 5.3.1 图 5.3.2 为同步二进制计数器，试分析该电路。

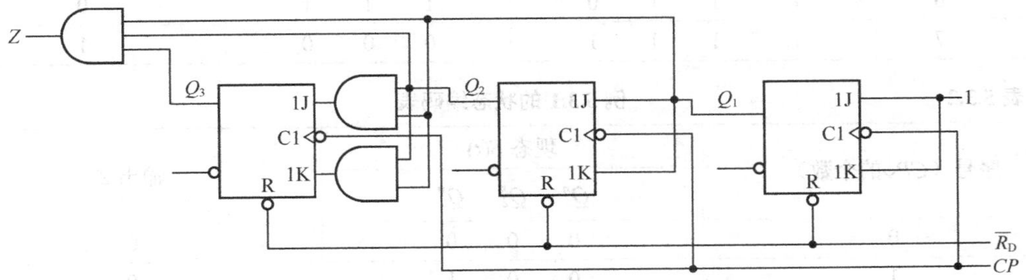

图 5.3.2 用 JKFF 构成的同步计数器

解：该电路没有外部输入信号，属于 Moore 型电路。由三个下降沿触发的 JKFF 构成。

（1）写出各级触发器的激励方程、次态方程和输出方程

本书约定状态编码中下标大的为高位权，因此写激励方程时最好从高位写起：

$$J_3=K_3=Q_1^n \cdot Q_2^n \quad J_2=K_2=Q_1^n \qquad J_1=K_1=1$$

将 J、K 代入 JKFF 的次态方程，得到

$$Q_3^{n+1}=[Q_1^n\ Q_2^n\ \overline{Q}_3^n+\overline{Q_1^nQ_2^n}\cdot Q_3^n]\cdot CP\downarrow$$

$$Q_2^{n+1}=[Q_1^n\ \overline{Q}_2^n+\overline{Q}_1^n\ Q_2^n]\cdot CP\downarrow$$

$$Q_1^{n+1}=[\overline{Q}_1^n]\cdot CP\downarrow$$

输出方程为

$$Z=Q_1Q_2Q_3$$

（2）状态转移表、状态转移图或波形图

设电路初态 $Q_3^nQ_2^nQ_1^n=000$，代入状态方程和输出方程，计数器的次态 $Q_3^{n+1}Q_2^{n+1}Q_1^{n+1}=001$，计数器的输出 Z=0。计数器次态是在时钟沿到来后动作的，而计数器的输出 Z 是组合电路输出，只要 $Q_3Q_2Q_1$=000，则 Z 马上输出 0。当第二个 $CP\downarrow$到来之前，触发器的 001 状态成为新一轮的现态，即 $Q_3^nQ_2^nQ_1^n=001$，再代入状态方程和输出方程，就可以得出一组新的次态和输出。如此循环下去，直到次态回到某一重复状态为止，就得到了状态转移表 5.3.1。计数器的状态转移表中现态和次态两列的循环状态相同，只是错开一个时钟周期，因此可将状态转移表简化成一列，前后两行分别代表一个时钟沿的现态和次态，也称为状态编码表，见表 5.3.2。根据状态转移表可以画出状态转移图，如图 5.3.3 所示。

表 5.3.1　　例 5.3.1 的状态转移表

序号（$CP\downarrow$的个数）	现态 $S(t)$			次态 $N(t)$			输出 Z
	Q_3^n	Q_2^n	Q_1^n	Q_3^{n+1}	Q_2^{n+1}	Q_1^{n+1}	
0	0	0	0	0	0	1	0
1	0	0	1	0	1	0	0
2	0	1	0	0	1	1	0
3	0	1	1	1	0	0	0
4	1	0	0	1	0	1	0
5	1	0	1	1	1	0	0
6	1	1	0	1	1	1	0
7	1	1	1	0	0	0	1

表 5.3.2　　例 5.3.1 的状态编码表

序号（$CP\downarrow$的个数）	现态 $S(t)$			输出 Z
	Q_3^n	Q_2^n	Q_1^n	
0	0	0	0	0
1	0	0	1	0
2	0	1	0	0
3	0	1	1	0
4	1	0	0	0
5	1	0	1	0
6	1	1	0	0
7	1	1	1	1

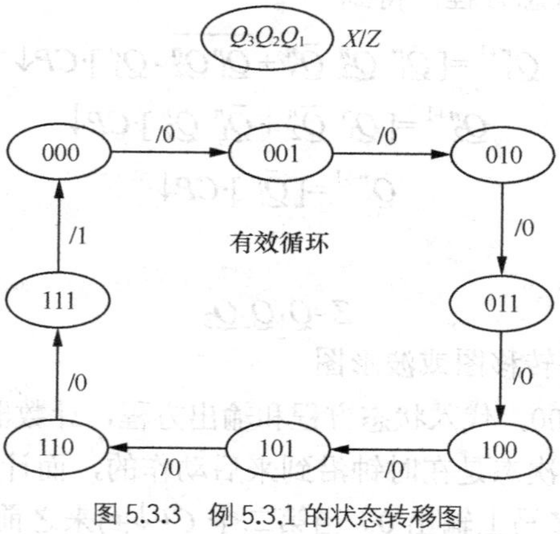

图 5.3.3　例 5.3.1 的状态转移图

由于此电路没有外部输入信号 X，所以状态转移图中转移条件为空。另外，完整的状态转移图需要标上 $Q_3Q_2Q_1$（以表明状态编码的高低位权）和 X/Z。根据状态转移表和状态转移图，可画出该电路的波形图，如图 5.3.4 所示。

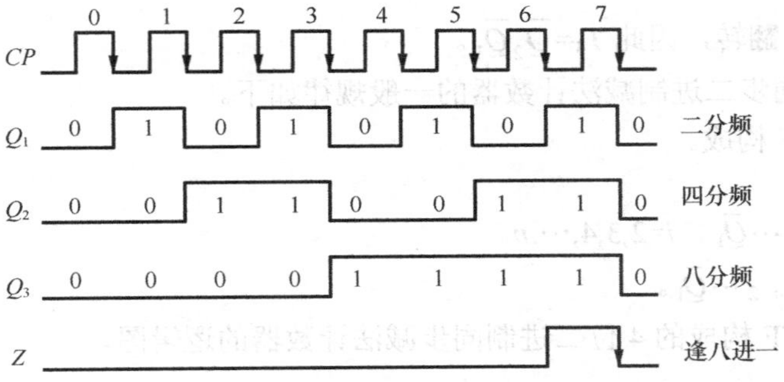

图 5.3.4 例 5.3.1 的波形图

（3）功能分析

在 CP 脉冲的作用下，$Q_3Q_2Q_1$ 的状态从 000 到 111，每 8 个 CP 脉冲，状态循环一次。可见，该电路对时钟脉冲信号有计数功能，且计数模长为 8。其状态编码是 3 位自然二进制递增计数的规律。因此该电路是一个模长为 8 的同步二进制加法计数器，或者同步 4 位二进制加法计数器，Z 为进位信号。另外，由波形图可以看出，Z 和 Q_3 的频率是 CP 输入脉冲频率的八分之一，所以又可将该计数器称为分频器。

图 5.3.2 是典型的同步二进制加法计数器电路，分析该电路的结构特点，可以总结出这类电路的一般结构。第一个 JKFF 的 $J=K=1$ 构成了 T'FF，因此图 5.3.4 中的 Q_1 波形是 CP 信号的二分频。第二个 JKFF 的 $J=K=Q_1$，构成了 TFF，且 $T_2=Q_1$，因此波形图 5.3.4 中，当 $Q_1=0$ 时，每到 $CP\downarrow$，Q_2 保持；当 $Q_1=1$ 时，每到 $CP\downarrow$，Q_2 翻转。第三个 JKFF 也构成了 TFF，且 $T_3=Q_2Q_1$。当 Q_2 和 Q_1 相与为 0 时，Q_3 保持；当 Q_2 和 Q_1 相与为 1 时，每到 $CP\downarrow$，Q_3 翻转，Q_3 实现对 CP 的八分频。以此类推，若要实现模长为 16 的同步二进制加法计数器，需要再增加一个 TFF，且 $T_4=Q_3Q_2Q_1$，如图 5.3.5 所示。

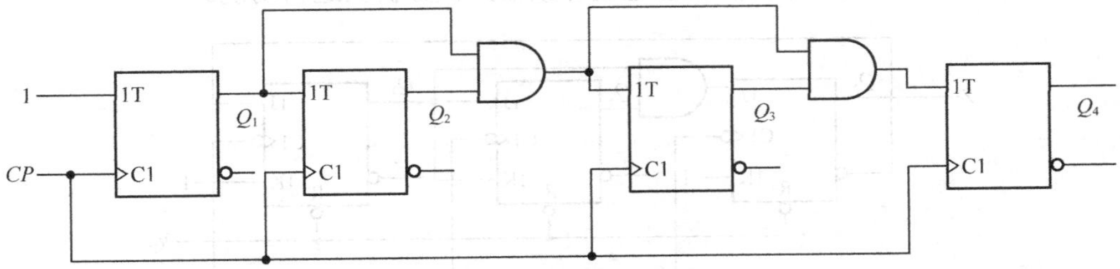

图 5.3.5 4 位二进制同步加法计数器

综上所述，模长为 2^n 的同步二进制加法计数器的电路结构可以总结如下。

① 由 n 个 TFF 构成。

② $T_1=1$。

③ $T_i=Q_{i-1}Q_{i-2}\cdots Q_1, i=2,3,4,\cdots,n$。

④ $Z=Q_nQ_{n-1}\cdots Q_1$。

同理，我们也可以根据同步二进制减法计数器的波形图总结其电路结构。图 5.3.6 为上升沿触发的模长为 8 的二进制减法计数器的波形图。第一级触发器仍然是 T'FF；第二级触发器是 TFF，当 $Q_1=1$ 时，每到 $CP\uparrow$，Q_2 保持；当 $Q_1=0$ 时，每到 $CP\uparrow$，Q_2 翻转，因此第二级触发器的激励 $T_2=\overline{Q}_1$。Q_3 对应的触发器是 TFF，当 $Q_2Q_1=1$ 时，每到 $CP\uparrow$，Q_3 保持；当 $Q_2Q_1=0$

时，每到 $CP\uparrow$，Q_3 翻转，因此 $T_3=\overline{Q}_2\overline{Q}_1$。

总结 $M=2^n$ 的同步二进制减法计数器的一般规律如下。

① 由 n 个 TFF 构成。

② $T_1=1$。

③ $T_i=\overline{Q}_{i-1}\overline{Q}_{i-2}\cdots\overline{Q}_1$，$i=2,3,4,\cdots,n$。

④ $Z=\overline{Q}_n\overline{Q}_{n-1}\overline{Q}_{n-2}\cdots\overline{Q}_1$。

图 5.3.7 为 JKFF 构成的 4 位二进制同步减法计数器的逻辑图。

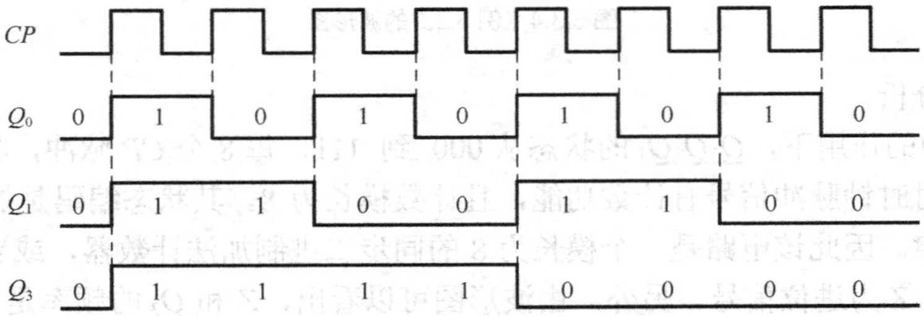

图 5.3.6　上升沿触发的 3 位二进制同步减法计数器的波形图

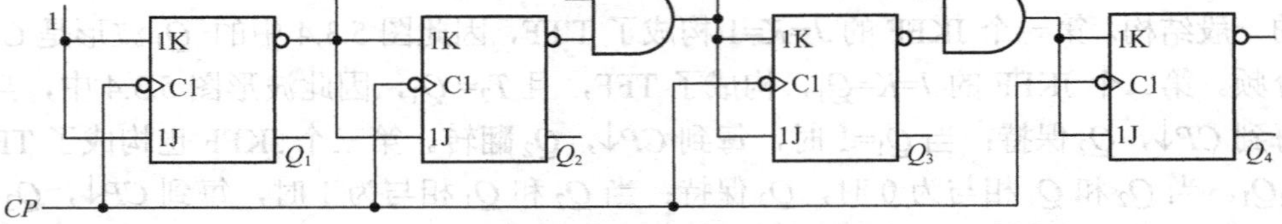

图 5.3.7　用 JKFF 构成的 4 位二进制同步减法计数器

例 5.3.2　图 5.3.8 是一个同步任意进制计数器，试分析其逻辑功能。

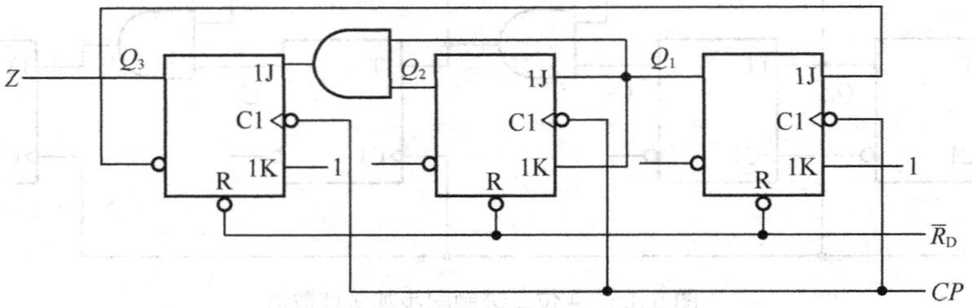

图 5.3.8　例 5.3.2 电路

解：（1）写三组逻辑方程

激励方程为

$$J_3=Q_2^nQ_1^n\quad K_3=1；\ J_2=K_2=Q_1^n；\ J_1=\overline{Q}_3^n\quad K_1=1$$

次态方程为

$$Q_3^{n+1}=\left[\overline{Q}_3^nQ_2^nQ_1^n\right]\cdot CP\downarrow$$

$$Q_2^{n+1}=\left[Q_2^n\overline{Q}_1^n+\overline{Q}_2^nQ_1^n\right]\cdot CP\downarrow=\left[Q_2^n\oplus Q_1^n\right]\cdot CP\downarrow$$

$$Q_1^{n+1}=\left[\bar{Q}_3^n\bar{Q}_1^n\right]\cdot CP\downarrow$$

输出方程为

$$Z=Q_3$$

（2）状态转移表、状态转移图和波形图

在例 5.3.1 中，状态转移表是根据次态方程推导得到的，本例采用卡诺图法来分析。上述次态方程和输出方程的卡诺图如图 5.3.9 所示。根据卡诺图，当初始状态 $Q_3^nQ_2^nQ_1^n$=000 时，$Q_3^{n+1}Q_2^{n+1}Q_1^{n+1}$=001，输出 $Z=0$；当 $Q_3^nQ_2^nQ_1^n$=001 时，$Q_3^{n+1}Q_2^{n+1}Q_1^{n+1}$=010，输出 $Z=0$…当计了 5 个 *CP* 脉冲后，计数器回到 000 状态，得到状态转移表 5.3.3、状态转移图 5.3.10 和波形图 5.3.11。

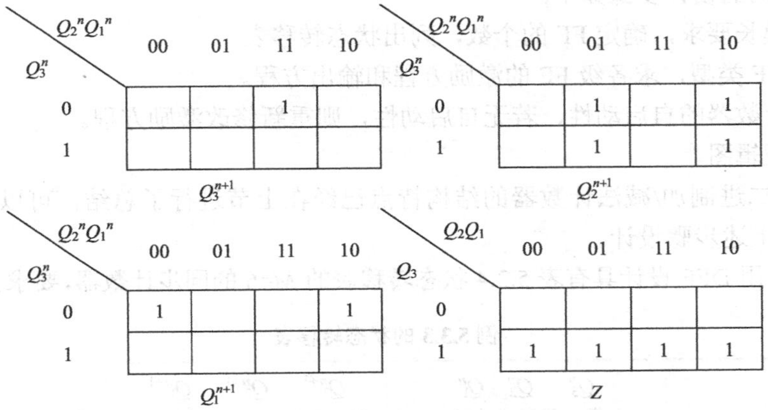

图 5.3.9　次态方程和输出方程的卡诺图

表 5.3.3　　　　**例 5.3.2 的状态转移表**

序号	Q_3^n	Q_2^n	Q_1^n	Q_3^{n+1}	Q_2^{n+1}	Q_1^{n+1}	Z
0	0	0	0	0	0	1	0
1	0	0	1	0	1	0	0
2	0	1	0	0	1	1	0
3	0	1	1	1	0	0	0
4	1	0	0	0	0	0	1
偏离状态	1	0	1	0	1	0	1
	1	1	0	0	1	0	1
	1	1	1	0	0	0	1

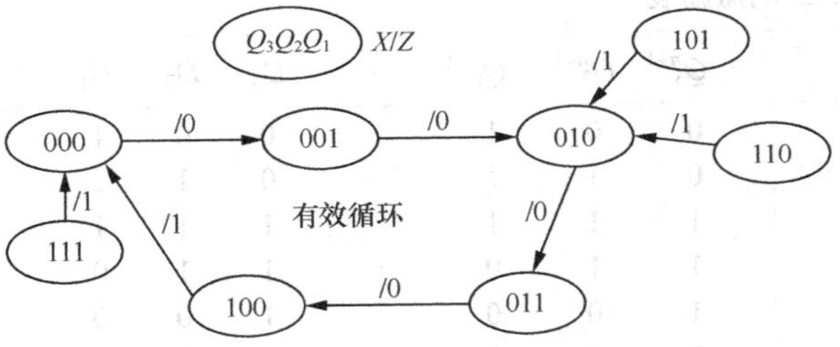

图 5.3.10　例 5.3.2 的状态转移图

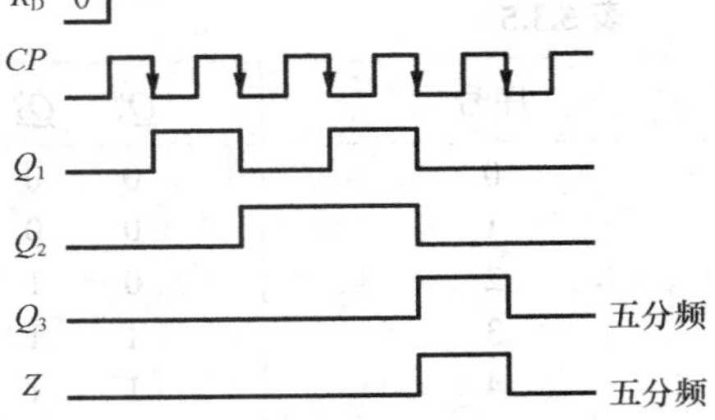

图 5.3.11　例 5.3.2 的波形图

（3）功能分析

该电路是 M=5 的同步加法计数器。000～100 这五个状态为有效状态，有效状态构成的循环为有效循环。101、110 和 111 状态为无效的偏离状态。根据状态转移图，三个偏离态均能进入有效循环。我们说偏离状态在 CP 脉冲作用下能够最终（可能不止一个 CP 周期）进入有效循环，则该电路具有自启动性；反之，则不具有自启动性。不能自启动的电路是没有实际意义的，容易受到干扰而停止工作。因此只要设计的是非二进制计数器，都会有偏离状态，需要检查其计数器的自启动性。

5.3.2 同步计数器的设计

同步计数器的设计步骤如下。

① 根据模长要求，确定 FF 的个数，列出状态转移表。

② 选择 FF 类型，求各级 FF 的激励方程和输出方程。

③ 检查计数器的自启动性，若无自启动性，则重新修改激励方程。

④ 画出逻辑图。

由于同步二进制加/减法计数器的结构特点已经在上节进行了总结，可以直接得出电路图，不必按照上述步骤设计。

例 5.3.3 用 DFF 设计具有表 5.3.4 状态转移表的 M=6 的同步计数器，要求具有自启动性。

表 5.3.4 **例 5.3.3 的状态转移表**

序号	Q_3^n	Q_2^n	Q_1^n	Q_3^{n+1}	Q_2^{n+1}	Q_1^{n+1}	Z
0	0	0	0	0	0	1	0
1	0	0	1	0	1	1	0
2	0	1	1	1	1	1	0
3	1	1	1	1	1	0	0
4	1	1	0	1	0	0	0
5	1	0	0	0	0	0	1

解：（1）确定触发器个数

根据状态转移表，计数器需要用 3 级触发器实现，状态转移表中有 6 个有效状态，2 个偏离状态分别为 010、101。

（2）求激励方程和输出方程

首先需要确定三个触发器的激励函数，要求用 DFF 实现，所以 $D_i=Q_i^{n+1}$，激励表可以从状态转移表得到，见表 5.3.5。

表 5.3.5 **例 5.3.3 的激励表**

序号	Q_3^n	Q_2^n	Q_1^n	Q_3^{n+1}	Q_2^{n+1}	Q_1^{n+1}	D_3	D_2	D_1
0	0	0	0	0	0	1	0	0	1
1	0	0	1	0	1	1	0	1	1
2	0	1	1	1	1	1	1	1	1
3	1	1	1	1	1	0	1	1	0
4	1	1	0	1	0	0	1	0	0
5	1	0	0	0	0	0	0	0	0

将激励表用卡诺图表示，得到图 5.3.12。其中，$Q_3^nQ_2^nQ_1^n$ 处于偏离状态时的激励先按照任意项处理，以便于激励函数的化简。

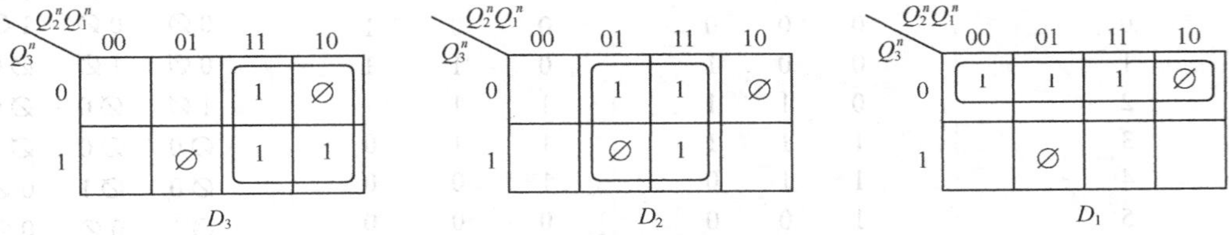

图 5.3.12　激励函数的卡诺图

卡诺图化简得到 $D_3=Q_2{}^n$，$D_2=Q_1{}^n$，$D_1=\bar{Q}_3{}^n$。再根据状态转移表 5.3.4 画出输出函数 Z 的卡诺图（图 5.3.13），化简得到 $Z=Q_3^n\bar{Q}_2^n$。

（3）自启动性检查

该计数器有两个偏离态：010 和 101。根据上面设计，当 $Q_3^nQ_2^nQ_1^n=010$ 时，三个触发器的激励为 $D_3D_2D_1=101$，也就是说次态 $Q_3^{n+1}Q_2^{n+1}Q_1^{n+1}=101$。同理可以知道偏离态 101 的次态为 010。很明显两个偏离状态形成了循环，无法进入有效循环，因此不具有自启动性，我们需要对原设计进行修改。修改的原则是保证自启动性的条件下，激励函数尽可能简单。

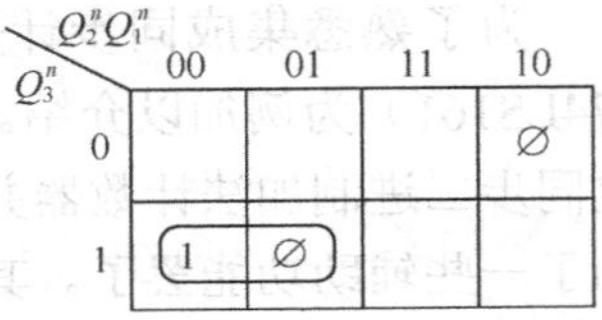

图 5.3.13　输出函数 Z 的卡诺图

本例的修改方案很多，在此只介绍一种，可将第一个触发器的激励函数修改成 $D_1=\bar{Q}_3^n\bar{Q}_2^n+\bar{Q}_3^nQ_1^n$。此时偏离态 101 的次态为 010，010 的次态为 100，因此电路具有自启动性。根据上述设计，我们可以得到电路图 5.3.14。

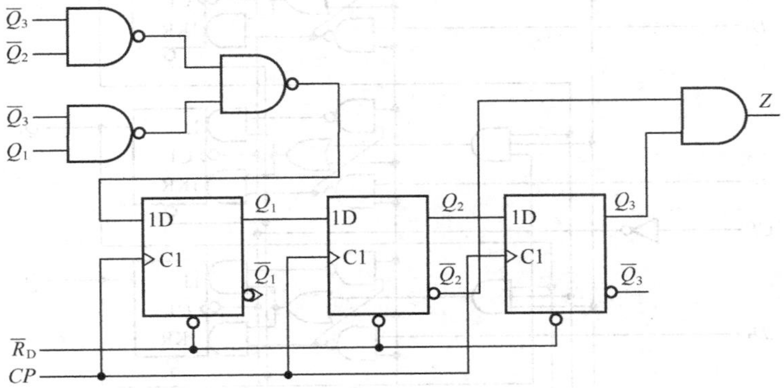

图 5.3.14　例 5.3.3 的电路图

若例 5.3.3 改成用 JKFF 实现，列激励表较烦琐（见表 5.3.6），可以通过如下方法得到激励函数：由于 JKFF 的次态方程为 $Q^{n+1}=J\bar{Q}^n+\bar{K}Q^n$，可将 Q^{n+1} 的表达式分解成含有 $\bar{Q}^n$ 和 Q^n 的两部分，再反推 J、K 的表达式。本例中，根据状态转移表 5.3.4 可以得到 $Q_3^{n+1}=Q_2^n=Q_2^n\left(Q_3^n+\bar{Q}_3^n\right)=Q_2^nQ_3^n+Q_2^n\bar{Q}_3^n$，因此 $J_3=Q_2^n$，$K_3=\bar{Q}_2^n$。同理可以求解另外两个触发器的激励函数，这里不再赘述，读者可自行推导。

表 5.3.6　　　　用 JKFF 实现例 5.3.3 的激励表

序号	Q_3^n	Q_2^n	Q_1^n	Q_3^{n+1}	Q_2^{n+1}	Q_1^{n+1}	$J_3\,K_3$	$J_2\,K_2$	$J_1\,K_1$
0	0	0	0	0	0	1	0∅	0∅	1∅
1	0	0	1	0	1	1	0∅	1∅	∅0
2	0	1	1	1	1	1	1∅	∅0	∅0
3	1	1	1	1	1	0	∅0	∅0	∅1
4	1	1	0	1	0	0	∅0	∅1	0∅
5	1	0	0	0	0	0	∅1	0∅	0∅

5.3.3　MSI 同步计数器

1．4 位二进制同步加法计数器 74161

（1）功能介绍

为了熟悉集成同步计数器芯片的使用方法，现以 4 位二进制同步加法计数器 74161（74LS161）为例加以介绍。就其工作原理而言，集成同步二进制加法计数器与前面介绍的 4 位同步二进制加法计数器并无区别，只是为了使用和扩展功能方便，在制成集成电路时，增加了一些辅助功能罢了。其逻辑图如图 5.3.15（a）所示。

在图 5.3.15（a）中，CP 是输入计数脉冲，也就是加到各个触发器的时钟信号端的时钟脉冲。$\overline{CR}$ 是清零端，$\overline{LD}$ 是置数控制端，P 和 T 是计数器的两个工作状态控制端，$D_3 \sim D_0$ 是并行输入数据端，CO 是进位信号输出端，$Q_3 \sim Q_0$ 是计数器状态输出端。

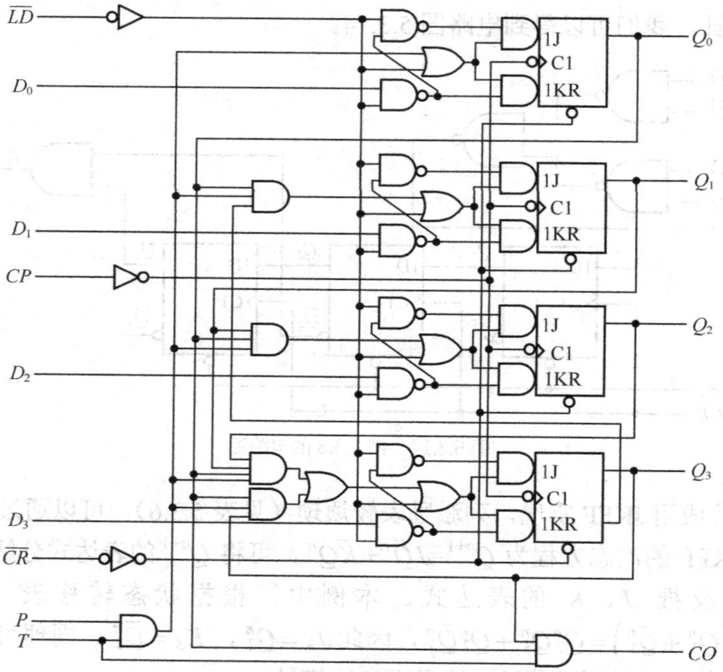

（a）逻辑图

图 5.3.15　74161

由功能表 5.3.7 可知，集成 4 位同步二进制加法计数器 74161 具有以下功能。

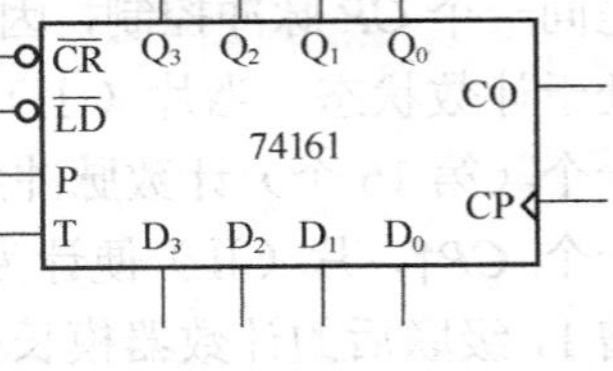

（b）逻辑符号

图 5.3.15 74161（续）

① 异步清零功能。当$\overline{CR}$=0 时，计数器清零。从表 5.3.7 中可看出，在$\overline{CR}$=0 时，其他输入信号都不起作用，与 CP 无关，故称异步清零。

② 同步并行置数功能。当$\overline{CR}$=1、$\overline{LD}$=0 时，在 CP 上升沿操作下，并行输入数据 d_0～d_3 置入计数器，使 $Q_3^n Q_2^n Q_1^n Q_0^n = d_3 d_2 d_1 d_0$。

③ 同步二进制加法计数功能。当$\overline{CR}=\overline{LD}$=1 时，若 $P=T=1$，则计数器对 CP 信号按照 8421 二进制码进行加法计数。

④ 保持功能。当$\overline{CR}=\overline{LD}$=1 时，若 $P\cdot T=0$，则计数器将保持原来状态不变。对于进位输出信号有两种情况，如果 $T=0$，那么 $CO=0$；若是 $T=1$，则 $CO=Q_3^n Q_2^n Q_1^n Q_0^n$，即 CO 保持不变。

由图 5.3.15（a）可知，$CO=Q_3Q_2Q_1Q_0T$。当电路处于计数状态时，$CO=Q_3Q_2Q_1Q_0$，即为同步二进制加法计数器的进位输出端。该电路当第 15 个 $CP\uparrow$ 到来后，计数器已计满时（$Q_3Q_2Q_1Q_0=1111$），$CO=1$。例如，再来第 16 个 $CP\uparrow$，则 $CO=0$，此时，由 CO 端输出一个↓作为进位输出。

表 5.3.7　　　　74161 的功能表

$\overline{CR}$	$\overline{LD}$	$P(S_1)$	$T(S_2)$	CP	D_3	D_2	D_1	D_0	Q_3	Q_2	Q_1	Q_0	功能
0	∅	∅	∅	∅	∅	∅	∅	∅	0	0	0	0	异步清零
1	0	∅	∅	↑	d_3	d_2	d_1	d_0	d_3	d_2	d_1	d_0	同步并入
1	1	1	1	↑	∅	∅	∅	∅	0000～1111				计数
1	1	0	1	∅	∅	∅	∅	∅	Q_3^n CO^n	Q_2^n	Q_1^n	Q_0^n	保持
1	1	∅	0	∅	∅	∅	∅	∅	Q_3^n $CO=0$	Q_2^n	Q_1^n	Q_0^n	

（2）应用

① 级联扩展。74161 的级联扩展可以采用两种方法实现：异步级联和同步级联。

a．异步级联。

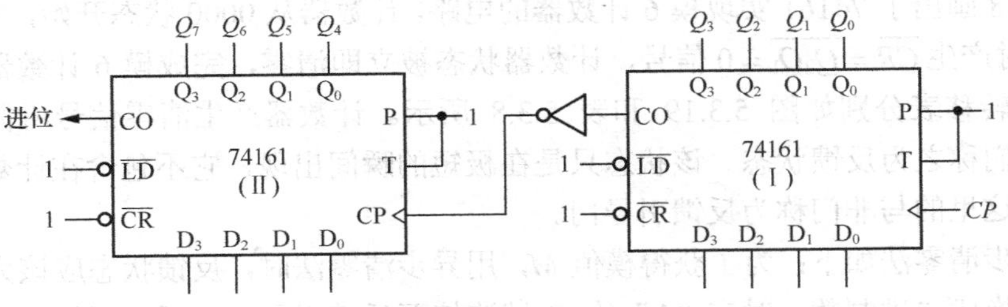

图 5.3.16 74161 的异步级联方式

图 5.3.16 是两片模 $M=16$ 的 74161 级联为 $M=256$ 的计数器的例子。由于两片 74161 不是同一个 CP 脉冲控制，因此这种级联方式属于异步级联。两片 74161 的 P、T 恒为“1”，均处于计数状态。当片（Ⅰ）计到 1111 时，CO=1，经反相后使片（Ⅱ）的 CP 端为“0”。下一个（第 16 个）计数脉冲到达后，片（Ⅰ）计为 0000（0），CO 下跳为“0”，使片（Ⅱ）有一个 CP↑，片（Ⅱ）便计为 0001（Ⅰ）。可见，74161（Ⅰ）每计 16 个 CP 脉冲，74161（Ⅱ）增 1，级联后的计数器模长是 16 个 16，即 M=256。状态编码 $Q_7Q_6Q_5Q_4Q_3Q_2Q_1Q_0$ 从 00000000 开始，来一个 CP↑，计数器状态增 1，当计到 11111111 后，回到全 0 状态，为 8 位自然二进制编码。

b. 同步级联。

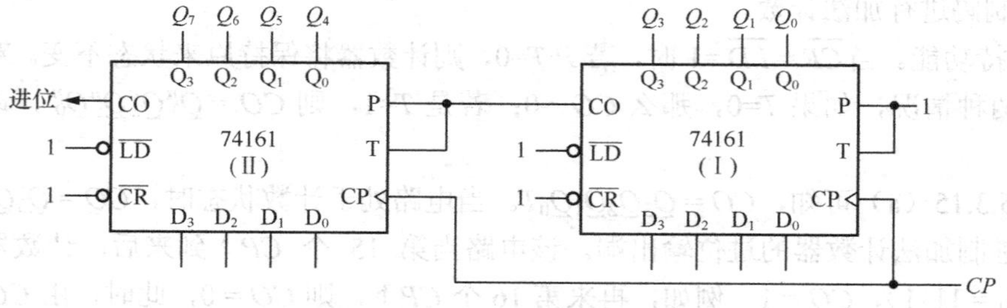

图 5.3.17　74161 的同步级联方式

图 5.3.17 中两片 74161 的 CP 端都接计数脉冲，属于同步级联。片（Ⅰ）的 P 和 T 恒为“1”，始终处于计数状态。片（Ⅰ）的进位输出 CO 接片（Ⅱ）的 P、T。每当片（Ⅰ）计为 1111 时，$CO_1=P_2=T_2=1$，当下一个（第 16 个）CP↑到达后，片（Ⅰ）计为 0000，片（Ⅱ）计为 0001。级联后的计数器 M=256。

② 构成模长为 M<16 的任意进制计数器。利用 74161 构成 M 进制计数器（M<16）的方法归纳起来有异步清零法和反馈置数法两种。异步清零法利用 $\overline{CR}$ 端口实现，反馈置数法利用 $\overline{LD}$ 端口实现。反馈置数实现方法很多，其中典型的有三种：反馈置零法、置最小数法和置最大数法。

a. 异步清零法。异步清零法是利用计数器的异步清零端 $\overline{CR}$，截取计数过程中的某一个中间状态控制清零端，使计数器由此状态返回到零，重新开始计数，这样就跳过了一些状态，把模长较大的计数器改成了模较小的计数器。

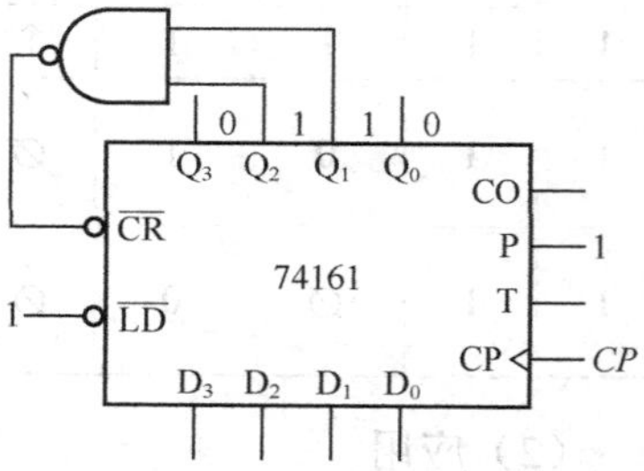

图 5.3.18　74161 用异步清零法实现 M=6 的计数器

图 5.3.18 画出了 74161 实现模 6 计数器的电路。计数器从 0000 状态开始，当计数器状态变为 0110 时产生 $\overline{CR}=\overline{Q_2Q_1}=0$ 信号，计数器状态被立即清零，完成模 6 计数器。其工作波形图和状态转移表分别如图 5.3.19 和表 5.3.8 所示。计数器产生清零信号所需要的状态为 $(0110)_2$，我们称之为反馈状态。该状态只是在极短的瞬间出现，它不包含在计数器的稳定循环状态中。这里的与非门称为反馈引导门。

总结异步清零法如下：为了获得模值 M，用异步清零法时，反馈状态应该为 M，然后将反馈状态转换成二进制数，对应“1”的 Q 端连接至反馈引导门，反馈引导门的输出作为反馈清零信号接至 $\overline{CR}$ 端。

表 5.3.8 图 5.3.18 的状态转移表

Q_3	Q_2	Q_1	Q_0	状态转移路线
0	0	0	0	
0	0	0	1	
0	0	1	0	
0	0	1	1	
0	1	0	0	
0	1	0	1	起跳状态
0	1/0	1/0	0	

图 5.3.18 所示电路实现清零时，若各个触发器状态改变的快慢不同，则可能出现先清零的触发器的输出会使反馈引导门的输出为“1”，从而使动作稍慢的触发器不能可靠清零。为了解决这一问题，可采用如图 5.3.20（a）所示的可靠清零的电路，即把清零信号存入一个基本 SR 触发器，由基本触发器 Q 端输出的“0”信号来控制各触发器可靠清零。当计数器第六个脉冲上升沿到来时，计数器先由 0101 状态转换成 0110 状态，使基本 SR 触发器的 $\overline{R}_D$=0，基本 SR 触发器被置 0，$\overline{CR}=Q=0$，计数器立即清零。假设某一个触发器动作较快，先被清零，则 $\overline{R}_D$=0 立即撤销变成 1。此时基本 SR 触发器的 $\overline{S}_D$ 仍保持 1，基本 SR 触发器处于保持状态，$Q=0$ 会一直保持到 CP 的下降沿。这样 $\overline{CR}=0$ 的时间延长了，保证所有的触发器都能可靠清零，从而提高了计数器的可靠性。其工作波形如图 5.3.20（b）所示。当采用可靠清零方法时，如果采用下降沿动作的 MSI 计数器，还需在 CP 和 $\overline{S}_D$ 之间串入一个反相器，以避免出现 $\overline{S}_D\overline{R}_D$=00 的情况。

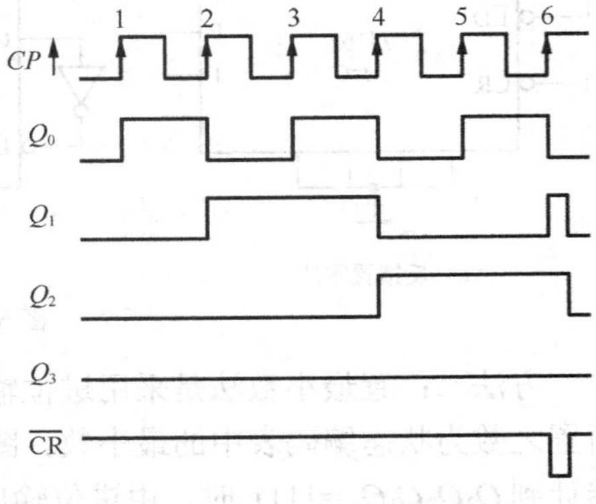

图 5.3.19 图 5.3.18 的工作波形图

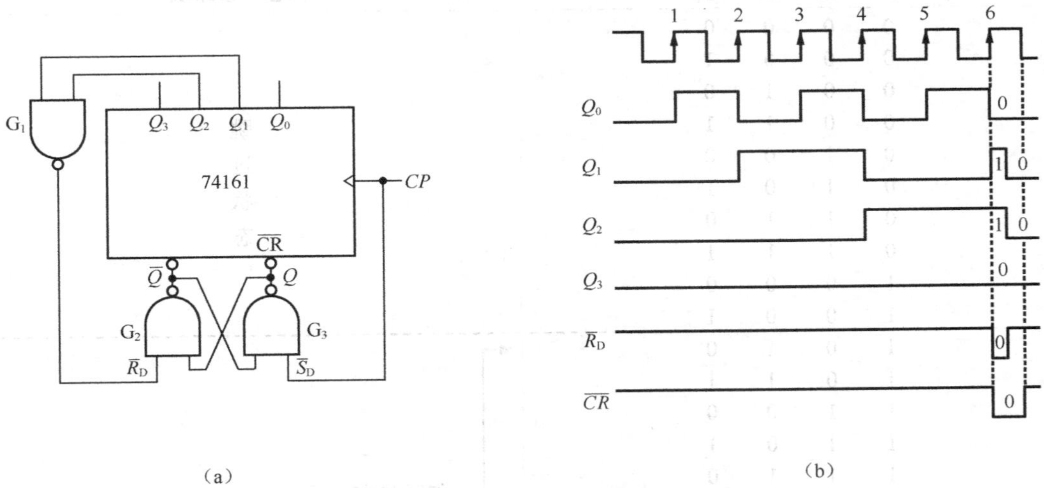

图 5.3.20 实现可靠清零的异步清零电路

b．反馈置数法。反馈置数法利用的是计数器的并行输入端和同步置数端 $\overline{LD}$。基本思想是使计数器从预置状态开始计数，当计到满足模值为 M 的终止状态时产生置数控制信号，加到 $\overline{LD}$，进行置数，重复计数过程，从而实现模 M 的计数。最常用的反馈置数法包括反馈置零法、置最小数法和置最大数法。下面通过例题进行说明。

例 5.3.4 试用反馈置数法将 74161 设计成 $M=6$ 的计数器。

解：方法一：反馈置零法。74161 芯片在 CP 作用下才能置数，即同步置数，故将 $M-1=(5)_{10}=(0101)_2$ 作为反馈信号，由 Q_2、Q_0 端引出经与非门送置数控制端 $\overline{LD}$。数据输入端 $D_3D_2D_1D_0$ 全部接 0，计数状态从 0000 到 0101 共 6 个，其逻辑图如图 5.3.21（a）所示。

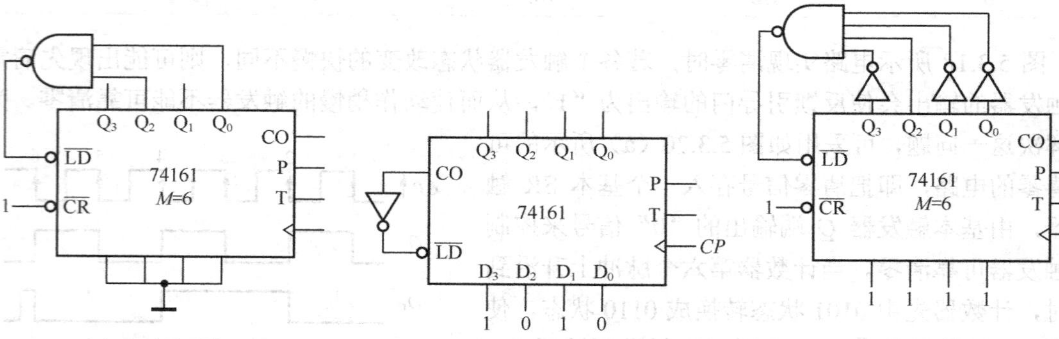

（a）反馈置零法 （b）置最小数法 （c）置最大数法

图 5.3.21 例 5.3.4 的逻辑图

方法二：置最小数法是采用进位输出端 CO 的非作为预置控制信号接到 $\overline{LD}$ 端，预置端所置之数为状态编码表中的最小数。图 5.3.4（b）是置最小数法实现 M=6 的计数器。当计数器计到 $Q_3Q_2Q_1Q_0$ =1111 时，由进位输出端 CO 给出高电平，经非门送至 $\overline{LD}$ 端，计数器处于并行输入状态。下一个脉冲沿到，置入 1010，使计数器的状态从 1010 状态计到 1111，实现六进制计数器。其状态转移表见表 5.3.9。

表 5.3.9 **例 5.3.4 置最小数法的状态转移表**

Q_3	Q_2	Q_1	Q_0	状态转移路线
0	0	0	0	跳过状态
0	0	0	1	
0	0	1	0	
0	0	1	1	
0	1	0	0	
0	1	0	1	
0	1	1	0	
0	1	1	1	
1	0	0	0	
1	0	0	1	
1	0	1	0	←
1	0	1	1	
1	1	0	0	
1	1	0	1	
1	1	1	0	
1	1	1	1	起跳状态

方法三：置最大数法。预置数为 1111，是状态编码表中的最大数，故称为置最大数法。由于 1111 的下一个计数状态为 0000，因此与反馈置零法相比，状态编码中多了一个 1111 状态，因此置最大数法的反馈状态应该比反馈置零法的反馈状态要少一个状态。若模长为 M，置最大数法的反馈状态应该为 M–2。图 5.3.21（c）是置最大数法实现 $M = 6$ 的电路图。需要注意的是反馈状态二进制中对应为 0 的端口通过一个非门后送到反馈引导门，这是防止电路一旦进入 1111 等较大编码时，计数器会进入死循环，不具有自启动性。电路的状态转移表见表 5.3.10。

表 5.3.10　　　　例 5.3.4 置最大数法的状态转移表

Q_3	Q_2	Q_1	Q_0	状态转移路线
0	0	0	0	
0	0	0	1	
0	0	1	0	
0	0	1	1	
0	1	0	0	起跳状态
0	1	0	1	
0	1	1	0	
0	1	1	1	
1	0	0	0	
1	0	0	1	
1	0	1	0	跳过状态
1	0	1	1	
1	1	0	0	
1	1	0	1	
1	1	1	0	
1	1	1	1	

上述异步清零法和反馈置数法构成的 M 进制计数器，进位信号不能再从 CO 引出，比较便捷的方法是将反引导馈门输出信号作为进位信号。因为每 M 个 CP 脉冲，该信号就会出现一次低电平，该信号的上升沿就可作为进位输出信号。考虑到异步清零法的进位负脉冲非常短暂，为了使进位信号可靠，同样也需要增加基本 SR 触发器，如图 5.3.20（a）中，进位信号应该从基本 SRFF 的 Q 端引出。

③ 构成模长为 $M > 16$ 的任意进制计数器

当所要求设计的计数器的模值超过原 MSI 计数器的模值时，应首先把多个计数器级联，然后将级联后的计数器采用异步清零法或反馈置数法的方式构成 M 进制的计数器。我们把这种方法称为整体异步清零法或整体异步置数法。如果模长 M 可以分解为 $M=N_1 \times N_2 \times \ldots \times N_n$ 的情况下，可以先把原 MSI 计数器用异步清零法或反馈置数法分别构成 N_1，N_2，…，N_n 进制计数器，再将各计数器级联，构成 M 进制的计数器，我们把这种方法称为分解法。

例 5.3.5　试用 74161 实现 28 进制计数器。

解：方法一：将两片 74161 级联构成 16×16=256 进制计数器，然后用异步清零法或反馈置数法构成 28 进制计数器，图 5.3.22（a）是采用反馈置数法，实现了计数范围 0～27 的 28 进制计数器。

需要读者注意的是图 5.3.22（a）电路中，级联方式不能采用异步级联。若图 5.3.22（a）

中两片 74161 换成图 5.3.16 所示的异步级联方式，当计数器计满 28 个 CP 脉冲，反馈门输出低电平，送给 $\overline{LD}$，希望下一个 CP 沿触发两片 74161 同时置数，但是 74161（Ⅱ）的脉冲信号取自 74161（Ⅰ）的 $\overline{CO}$，其周期是 CP 的 16 倍，也就是说每 16 个 CP 脉冲才产生一个有效沿，因此 74161（Ⅱ）需要置数时，却没有时钟沿触发，无法实现置数功能，使计数出现错误。因此若异步级联，需修改该电路，如调整第二片 74161 的时钟信号（修改方法请读者思考），也可以采用整体异步清零法。因为只要 $\overline{CR}$=0，无须等到有效的时钟脉冲就可以立即清零。

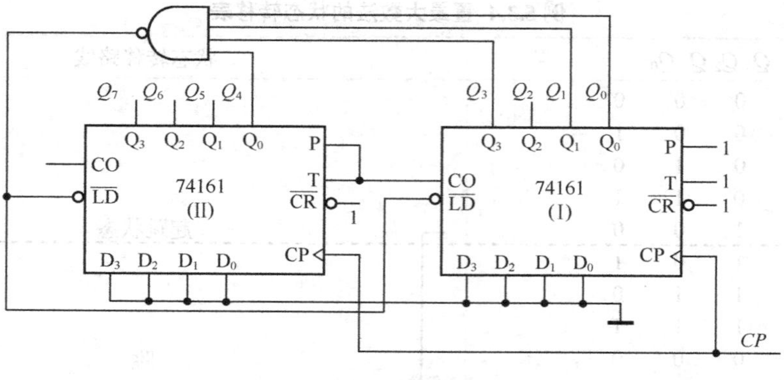

（a）反馈置数法

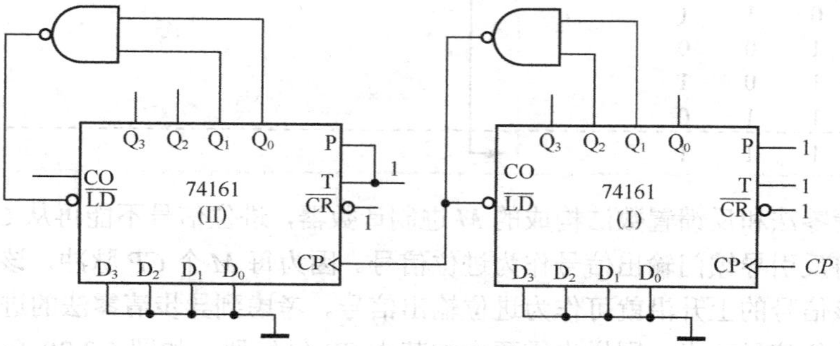

（b）分解法

图 5.3.22　74161 构成的 M= 28 的计数器

方法二：分解法。将 28 分解成 4×7，用两片 74161 分别组成四进制和七进制计数器，图 5.3.22（b）是通过异步级联的方法将两计数器级联成 28 进制的计数器。

2．集成计数器 74163

集成计数器 74163（74LS163）的逻辑功能、计数工作原理和引脚排列与 74161 基本相同。只有一个区别：74163 的 $\overline{CR}$ 为同步清零端。即当 $\overline{CR}$=0 时，只有在 CP 上升沿到来时计数器才清零。

因此 74163 的应用方法也基本与 74161 相同，只是在利用 $\overline{CR}$ 端时，注意其同步清零的特性。例如，74163 利用 $\overline{CR}$ 实现任意 M 进制计数器时，其反馈状态应该为 M–1。图 5.3.23 所示为 M=6 的计数器，其反馈状态为 0101。

3．集成计数器 74160

74160 的逻辑符号和功能表分别示于图 5.3.24 和表 5.3.11。它是同步 8421BCD 码加法计数器，其芯片引脚、简化符号都和 74161 相同。只是 74160 为模 10 计数器，$Q_3Q_2Q_1Q_0$ 从 0000 计到 1001，当 $Q_3Q_2Q_1Q_0$ 计到 1001 时，CO=1，有进位输出。

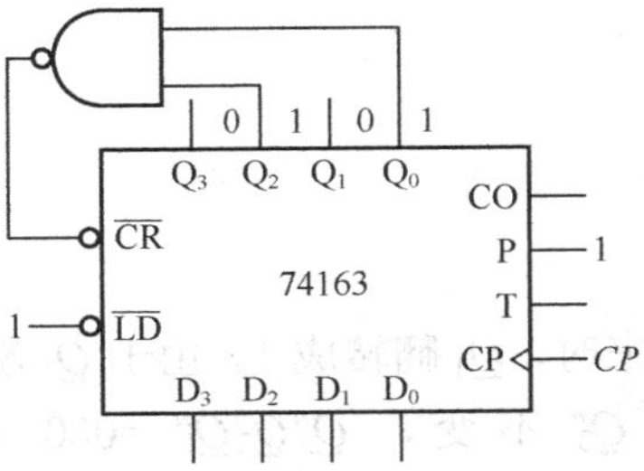

图 5.3.23　74163 同步清零法实现 M= 6 的计数器

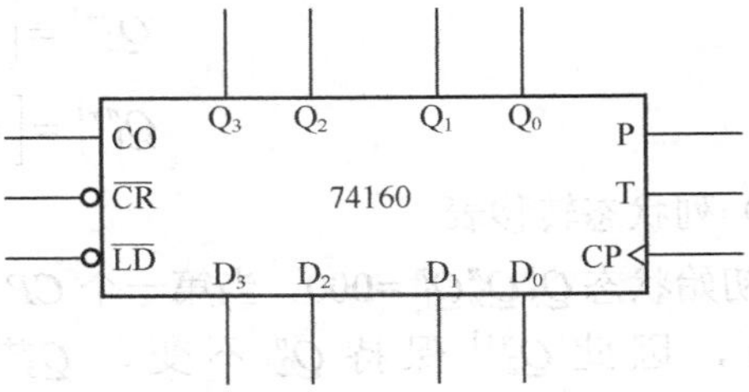

图 5.3.24　74160 的简化逻辑符号

表 5.3.11　　74160 的功能表

$\overline{CR}$	$\overline{LD}$	P	T	CP	Q_3^{n+1}	Q_2^{n+1}	Q_1^{n+1}	Q_0^{n+1}	功能	
0	1	∅	∅	∅	0	0	0	0	异步清零	
1	0	∅	∅	↑	d_3	d_2	d_1	d_0	同步并入	
1	1	1	1	↑	0000～1001				8421BCD 计数	
1	1	0	1	∅	Q_3^n	Q_2^n	Q_1^n	Q_0^n	保持	CO
1	1	∅	0	∅	Q_3^n	Q_2^n	Q_1^n	Q_0^n	保持	$CO=0$

74160 的应用与 74161 相似，级联方法相同，只是两片 74160 级联后，模长为 100。实现任意进制计数器的方法也类似，在掌握 74161 的应用方法后，可以类推得到 74160 的应用方法，本书不再赘述。

5.3.4　异步计数器的分析和设计

1．异步计数器的分析

异步计数器的特点是所有的触发器不是由一个时钟控制的。异步计数器的分析方法与同步计数器类似，只是触发器的状态改变不是在同一时刻完成，因此列状态转移表时，要特别注意时钟信号。

例 5.3.6　分析图 5.3.25 所示的异步二进制计数器。

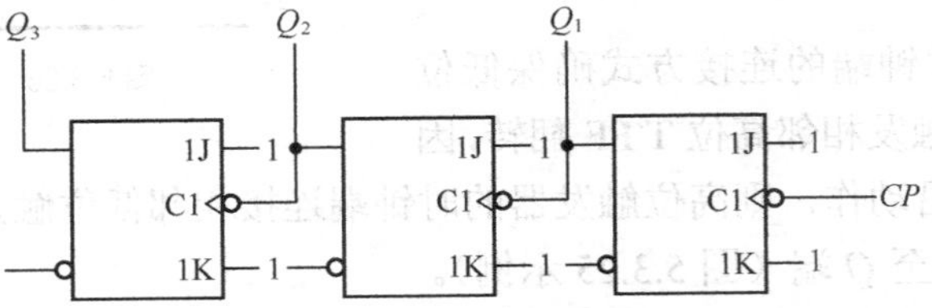

图 5.3.25　异步二进制计数器电路图

解：（1）列激励方程和次态方程

激励方程为

$$J_i = K_i = 1，\ i = 1,2,3$$

次态方程为

$$Q_3^{n+1} = \left[\bar{Q}_3^n\right] \cdot Q_2 \downarrow$$

$$Q_2^{n+1} = \left[\bar{Q}_2^n\right] \cdot Q_1 \downarrow$$

$$Q_1^{n+1} = \left[\bar{Q}_1^n\right] \cdot CP \downarrow$$

（2）列状态转移表

设初始状态 $Q_3^nQ_2^nQ_1^n$=000，当第一个 CP 下降沿到来时，Q_1 翻转成 1。由于 Q_1 没有出现下降沿，因此 Q_2^{n+1} 保持 Q_2^n 不变，Q_3^{n+1} 也保持 Q_3^n 不变，$Q_3^nQ_2^nQ_1^n$=000 的次态 $Q_3^{n+1}Q_2^{n+1}Q_1^{n+1}$=001。当现态为 $Q_3^nQ_2^nQ_1^n$=001 时，第二个 CP 下降沿到来，Q_1 从“1”翻转成“0”，同时 Q_1 的下降沿又触发 Q_2 从“0”翻转成“1”，Q_3^{n+1} 仍保持 Q_3^n 不变，因此次态为 $Q_3^{n+1}Q_2^{n+1}Q_1^{n+1}$=010，以此类推可以得到状态转移表 5.3.12 和波形图 5.3.26。

表 5.3.12　　例 5.3.6 的状态转移表

序号	Q_3^n	Q_2^n	Q_1^n	Q_3^{n+1}	Q_2^{n+1}	Q_1^{n+1}
0	0	0	0	0	0	1
1	0	0	1	0	1	0
2	0	1	0	0	1	1
3	0	1	1	1	0	0
4	1	0	0	1	0	1
5	1	0	1	1	1	0
6	1	1	0	1	1	1
7	1	1	1	0	0	0

（3）功能分析

该计数器是 $M=8$ 的异步二进制加法计数器。

分析逻辑图 5.3.25 和波形图 5.3.26 的特点，我们可以总结出 $M=2^n$ 异步二进制加法计数器的一般规律如下。

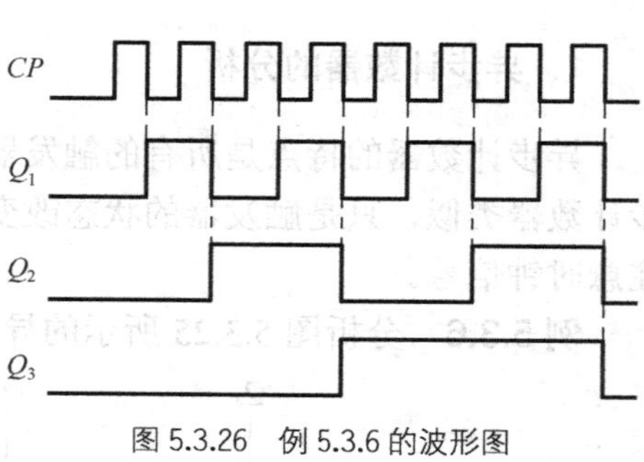

图 5.3.26　例 5.3.6 的波形图

① 由 n 个 T′FF 构成。

② 计数脉冲 CP 与第一级触发器的时钟端相连。

③ 其他触发器时钟端的连接方式确保低位触发器状态的下降沿触发相邻高位 T′FF 翻转，因此，若 T′FF 是上升沿动作，则高位触发器的时钟端连接相邻低位触发器的 $\bar{Q}$（见图 5.3.27 示例）；反之，则连接至 Q 端（图 5.3.25 示例）。

④ 进位信号 $Z=Q_nQ_{n-1}\cdots Q_1$。

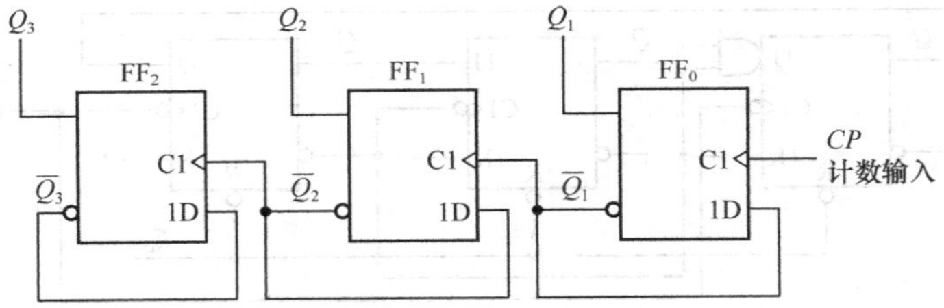

图 5.3.27 上升沿触发的异步 3 位二进制加法计数器

同理，我们可以按上述方法来总结异步二进制减法计数器的一般规律。图 5.3.28 为上升沿触发的异步二进制减法计数器的波形图。从图 5.3.28 可以看出，仍然是用 T′FF 来实现，且低位触发器状态的上升沿触发相邻高位触发器翻转。因此可得 $M=2^n$ 异步二进制减法计数器的一般规律如下。

① 由 n 个 T′FF 构成。

② 计数脉冲 CP 与第一级触发器的时钟脉冲相连。

③ 其他触发器时钟脉冲的连接方式确保低位触发器状态的上升沿触发相邻高位 T′FF 翻转，因此，若 T′FF 是上升沿动作，则高位触发器的时钟脉冲连接相邻低位触发器的 Q（见图 5.3.29 示例）；反之，则连接至 $\bar{Q}$ 端（图 5.3.30 示例）。

④ 进位信号 $Z=\bar{Q}_n\bar{Q}_{n-1}\cdots\bar{Q}_1$。

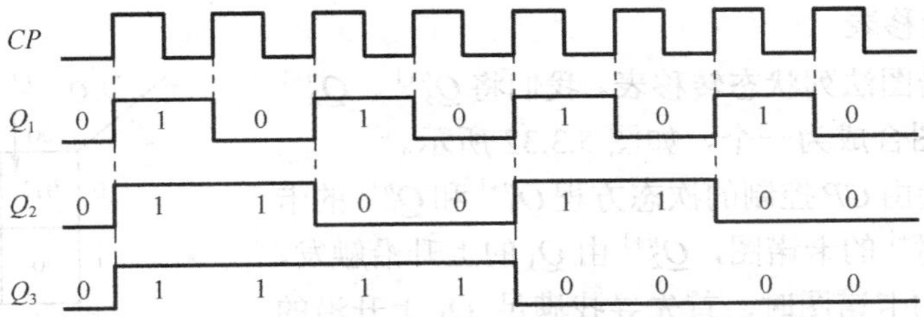

图 5.3.28 上升沿触发的异步二进制减法计数器的波形图

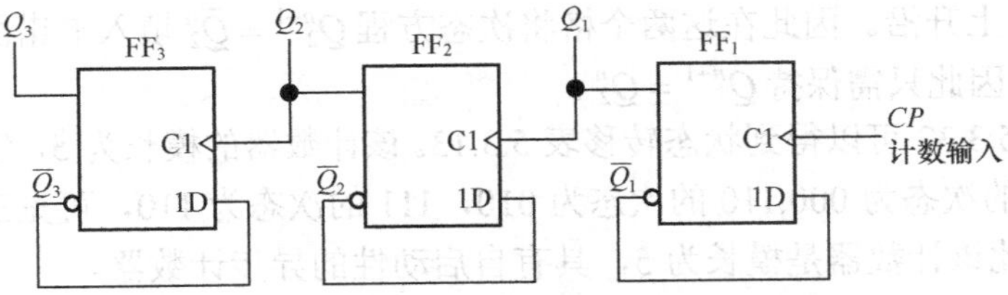

图 5.3.29 上升沿触发的异步二进制减法计数器

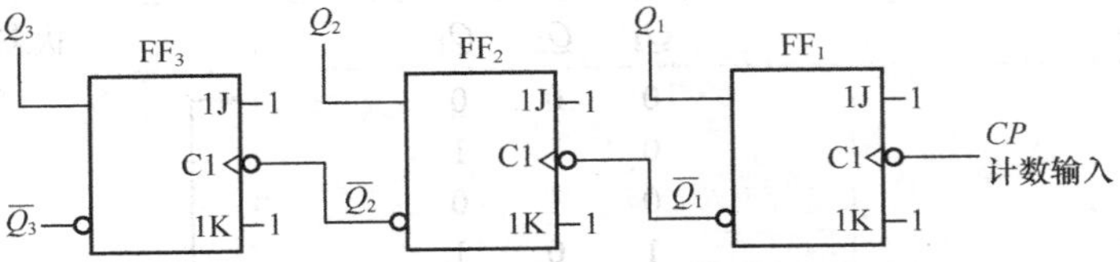

图 5.3.30 下降沿触发的异步二进制减法计数器

例 5.3.7 分析图 5.3.31 的异步二进制计数器的功能。

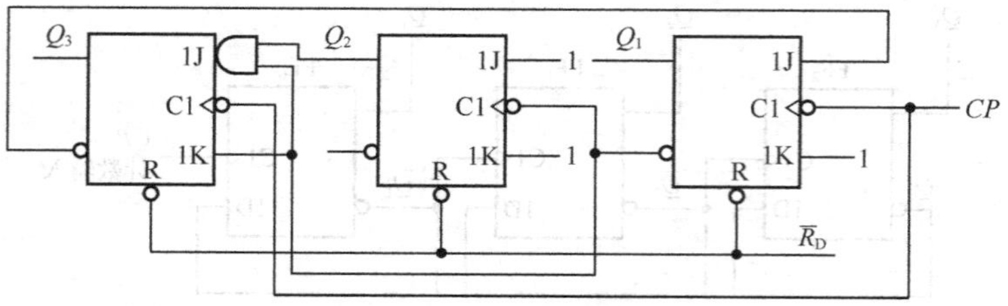

图 5.3.31 例 5.3.7 的异步计数器逻辑图

解：（1）列激励方程和次态方程

激励方程为

$$J_3 = \overline{Q}_1^n \cdot Q_2^n \quad K_3 = \overline{Q}_1^n$$

$$J_2 = K_2 = 1$$

$$J_1 = \overline{Q}_3^n \quad K_1 = 1$$

次态方程为

$$Q_3^{n+1} = [\overline{Q}_1^n \cdot Q_2^n \cdot \overline{Q}_3^n + Q_1^n Q_3^n] \cdot CP\downarrow$$

$$Q_2^{n+1} = [\overline{Q}_2^n] \cdot \overline{Q}_1^n \downarrow = [\overline{Q}_2^n] \cdot Q_1^n \uparrow$$

$$Q_1^{n+1} = [\overline{Q}_3^n \overline{Q}_1^n] \cdot CP\downarrow$$

（2）列状态转移表

本例采用卡诺图法列状态转移表。我们将 Q_3^{n+1}、Q_2^{n+1} 和 Q_1^{n+1} 三个卡诺图合成为一个，如图 5.3.32 所示。

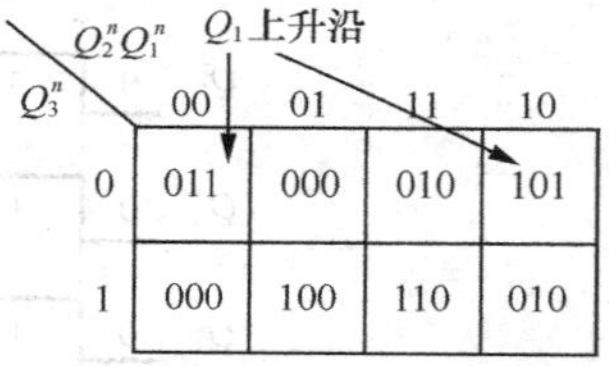

图 5.3.32 例 5.3.7 的次态方程卡诺图

首先填写直接由 CP 控制的次态方程 Q_3^{n+1} 和 Q_1^{n+1} 的卡诺图。然后填写 Q_2^{n+1} 的卡诺图，Q_2^{n+1} 由 Q_1 的上升沿触发，因此在填写 Q_2^{n+1} 的卡诺图时，首先寻找满足 Q_1 上升沿的格子，图 5.3.32 中只有左上角和右上角两个格 Q_1 的现态是 0，次态是 1，为上升沿。因此在这两个格将次态方程 $Q_2^{n+1} = \overline{Q}_2^n$ 填入卡诺图，剩下的格都不具备 Q_1 上升沿，因此只需保持 $Q_2^{n+1} = Q_2^n$。

根据卡诺图 5.3.32 可以得到状态转移表 5.3.13。该计数器的模长为 5，有三个偏离态 001、110 和 111。001 的次态为 000,110 的次态为 010，111 的次态为 110，可见三个偏离态均能进入有效循环，因此该计数器是模长为 5，具有自启动性的异步计数器。

表 5.3.13　　例 5.3.7 的状态转移表

$CP\downarrow$	Q_3	Q_2	Q_1	状态转移路线
0	0	0	0	←
1	0	1	1	│
2	0	1	0	│
3	1	0	1	│
4	1	0	0	┘
偏离态	0	0	1	
	1	1	0	
	1	1	1	

2. 异步计数器的设计

异步计数器的设计也可以按照同步计数器的设计过程，但由于每个计数器不是采用同一时钟，每个触发器时钟信号的选取是个难点，因此设计过程复杂。在实际的应用中往往采用异步清零法，模长为 M 的任意进制异步计数器，首先设计异步二进制计数器，然后在此基础上，利用异步清零法实现 M 进制计数器，原理类似集成同步计数器实现任意进制计数器。图 5.3.33 是在异步二进制加法计数器的基础上，每计到 1010 立刻清零，实现模 10 的 8421BCD 码的异步计数器。图中基本 SRFF 保证计数器可靠复位，注意由于 JKFF 是下降沿触发，因此将 CP 取反再连接至基本 SRFF 的 $\overline{S}_D$ 端。

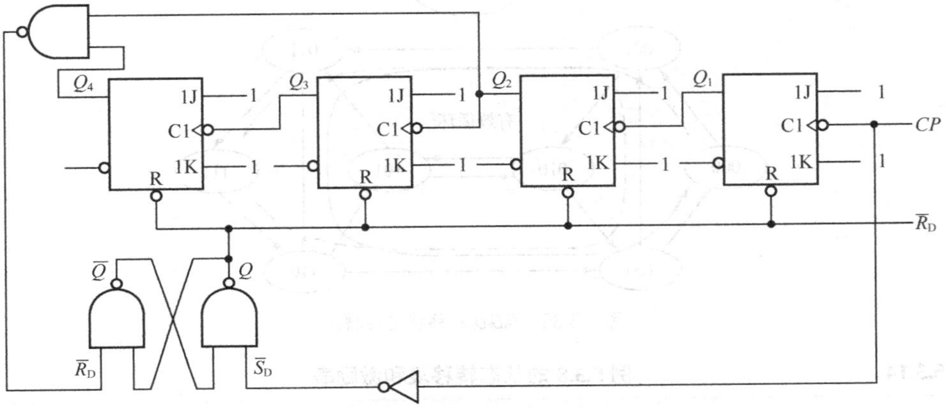

图 5.3.33　利用反馈清零法实现 M= 10 的异步计数器

5.3.5　移存型计数器

移存型计数器属于同步计数器，是用移位寄存器构成的计数器，一般结构如图 5.3.34 所示。图中 F_1～F_n 是一个串入并出的移存器，并出有选择地作为组合电路的输入，组合电路的输出作为第一级触发器的激励。由图可见，移存型计数器其实就是一个移位寄存器，只是第一级触发器的输入没有来自外部数据 D_{in}，而是组合电路的反馈信号。移存型计数器的特点是，除了第一级触发器之外，各级触发器的状态更新符合移存规律。

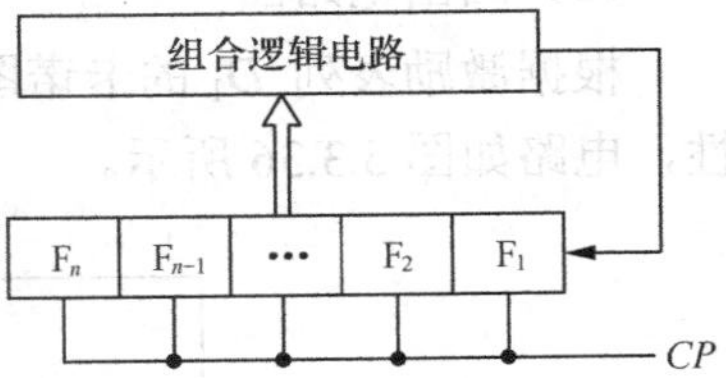

图 5.3.34　移存型计数器的一般结构

1. 移存型计数器的分析

移存型计数器的分析步骤与同步计数器相同，而且会更简单，只需写出第一级触发器的次态方程，以后各级触发器状态的更新满足 $Q_i^{n+1}=Q_{i-1}^n$，得到的状态转移表也会满足移位规律，不再举例说明。

2. 移存型计数器的设计

移存型计数器的设计也只需设计第一级触发器的激励，以后各级触发器的激励均为 $D_i=Q_{i-1}$ 或 $J_i=Q_{i-1}$，$K_i=\overline{Q}_{i-1}$。

例 5.3.8 试用 DFF 设计 $M=5$ 的移存型计数器。

解：（1）确定触发器的个数

由题意可选 3 个 DFF。

（2）列状态转移表和激励表

状态转移表必须满足移存规律，且 M=5。首先作出由三级触发器构成的移存器的状态转移图，如图 5.3.35 所示。图中有两个环路满足 5 个节点（状态），这两个环路构成的状态转移图满足本例要求，我们选择其中一个环路列状态转移表，见表 5.3.14。表 5.3.14 还列出第一级触发器的激励表。

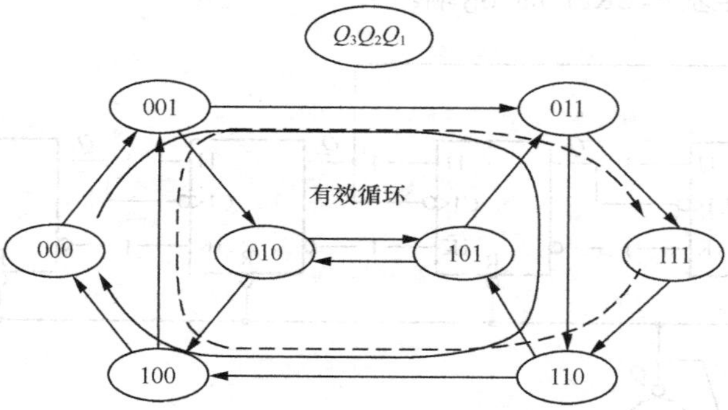

图 5.3.35 $Q_3Q_2Q_1$ 左移状态转移图

表 5.3.14 **例 5.3.8 的状态转移表和激励表**

Q_3^n Q_2^n Q_1^n	Q_3^{n+1} Q_2^{n+1} Q_1^{n+1}	D_1
0 0 0	0 0 1	1
0 0 1	0 1 1	1
0 1 1	1 1 0	0
1 1 0	1 0 0	0
1 0 0	0 0 0	0

（3）画出电路图

根据激励表列 D_1 的卡诺图（在此省略），化简得到 $D_1=\bar{Q}_3^n\bar{Q}_2^n$，检查该设计满足自启动性，电路如图 5.3.36 所示。

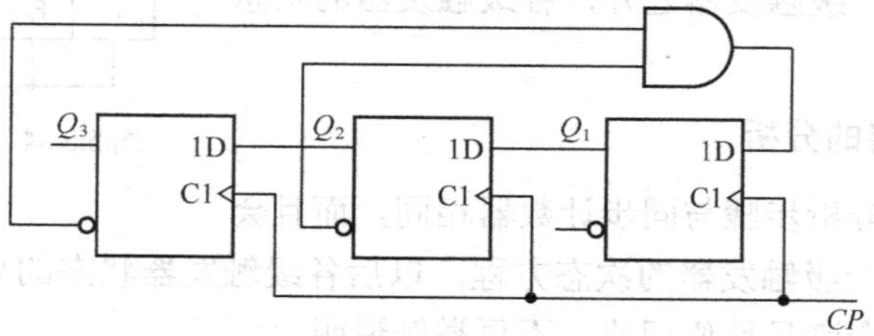

图 5.3.36 例 5.3.8 电路图

3．典型电路

（1）环形计数器

图 5.3.37 是由四级 DFF 构成的环形计数器，其状态转移表和状态转移图分别见表 5.3.15

和图 5.3.38。该电路的结构特点是 $D_1=Q_4$，原码反馈。预置值为 1000，在计数脉冲的作用下，“1”状态先反馈到 Q_1，然后逐次左移。该电路的状态转移图有 1 个有效循环，5 个无效循环，因此无自启动性。若要满足自启动性，需要修改第一级触发器的激励，修改方法很多，本书仅提供其中一种：$D_1=\bar{Q}_3\bar{Q}_2\bar{Q}_1$。

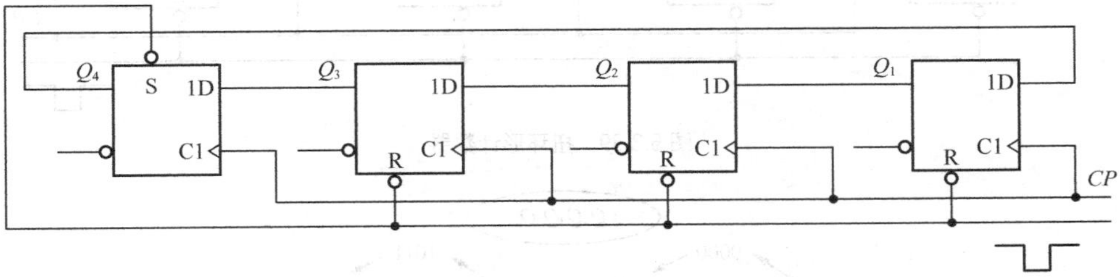

图 5.3.37　环形计数器

表 5.3.15　　**环形计数器的状态转移表**

CP↑	Q_4 Q_3 Q_2 Q_1	状态转移路线
0	1 0 0 0	
1	0 0 0 1	
2	0 0 1 0	
3	0 1 0 0	

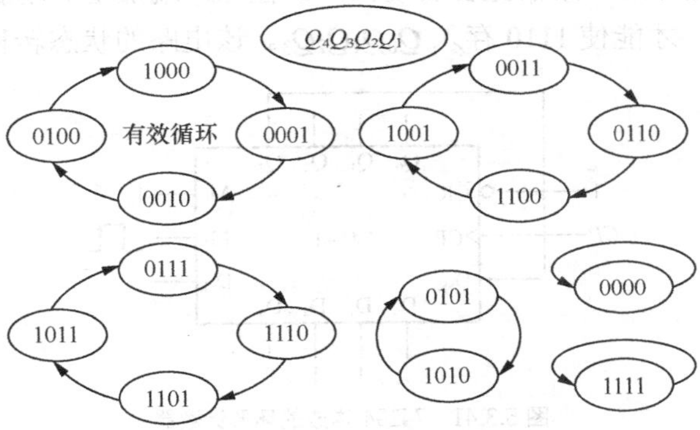

图 5.3.38　环形计数器的状态转移图

环形计数器的主要优点是电路结构简单，而且当有效循环的各个状态中包含一个“1”(或“0”）时，可以直接用出现在某个触发器输出端的“1”（“0”）状态表示电路的一个状态，而不需另加译码器，这不仅节约了电路，而且输出脉冲中不含有过渡干扰。主要缺点是为了实现模值 $M=n$ 的计数器就要使用 n 个触发器，触发器的利用率不高。

（2）扭环形计数器

由四级 DFF 构成的扭环形计数器及其状态转移图分别如图 5.3.39 和图 5.3.40 所示。其结构特点是 $D_1=\bar{Q}_4$，反码反馈。预置值为全“0”状态，电路有 1 个有效循环，1 个无效循环，不具有自启动性。若要满足自启动性，可使 $D_1=\bar{Q}_4\bar{Q}_3+\bar{Q}_4Q_1$。

可以看出用 n 个触发器构成的扭环形计数器可以实现 $M=2n$ 的计数器，因此其触发器的利用率比环形计数器提高了 1 倍。此外，在有效循环中相邻状态编码只有 1 位码元不同，因此这种码型输入组合电路，不会出现功能冒险。

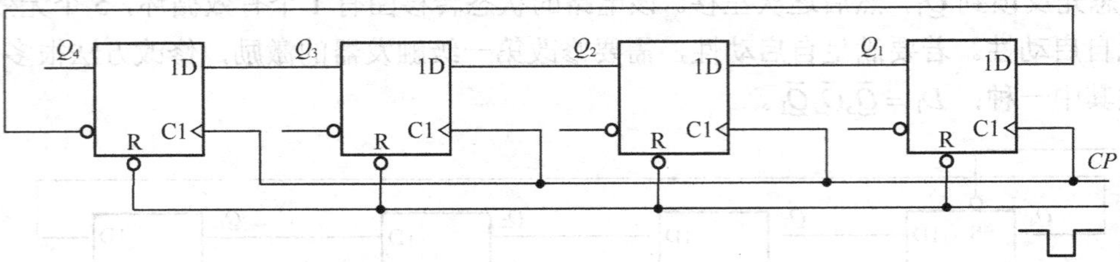

图 5.3.39 扭环形计数器

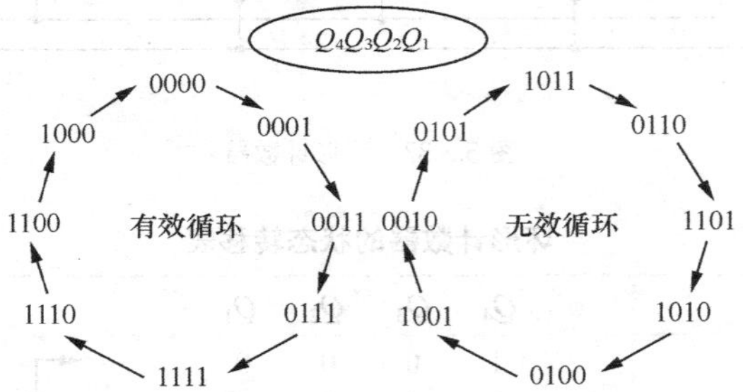

图 5.3.40 扭环形计数器的状态转移图

采用 MSI 移存器可以方便地构成环形计数器和扭环形计数器。图 5.3.41 是用 74194 构成的环形计数器。由于此环形计数器无自启动性，故在 M_1 端加上启动脉冲，在启动脉冲为 1 时，需要有一个 $CP\uparrow$，才能使 1110 存入 $Q_0Q_1Q_2Q_3$。该电路的状态转移表见表 5.3.16。

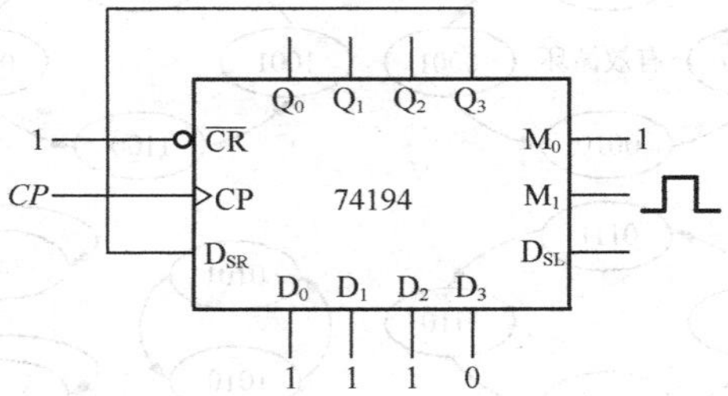

图 5.3.41 74194 构成的环形计数器

表 5.3.16　　图 5.3.41 电路的状态转移表

$CP\uparrow$	Q_0	Q_1	Q_2	Q_3	状态转移路线
0	1	1	1	0	
1	0	1	1	1	
2	1	0	1	1	
3	1	1	0	1	

5.4 序列信号发生器

1 和 0 数码按一定规律排列的串行周期性信号称为序列信号，也称为序列码。在一个周期内所含有数码的个数称为序列长度或循环长度，用 M 表示，如序列信号 101001,101001,… 的序列长度为 6。序列信号在数字系统中通常作为同步信号、地址码等，在通信、雷达、遥测、遥控等领域内都有广泛的应用。能产生序列信号的电路称为序列信号发生器。序列信号发生器的结构有两种，一种是移存型序列信号发生器，一种是计数型序列信号发生器。

移存型序列信号发生器的结构如图 5.4.1 所示。可见，它就是上一节介绍的移存型计数器，只是现在用于产生序列信号，故又称为序列信号发生器。移存型计数器的每个输出端产生的信号就是一个周期的序列信号，由于移存型计数器的状态编码满足移存规律，故每个输出端产生的序列码码型相同，只是周期循环的起始点不同。因此移存型计数器作为序列信号发生器时是单个触发器输出，作为计数器使用时，所有触发器并行输出。

计数型序列信号发生器的结构如图 5.4.2 所示，其特点是所产生的序列码的序列长度 M 等于计数器的模值 M，并可根据需要产生一个或多个序列码 f。

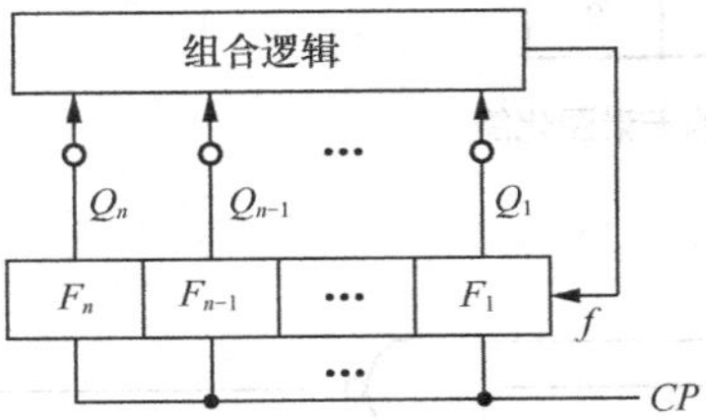

图 5.4.1　移存型序列信号发生器

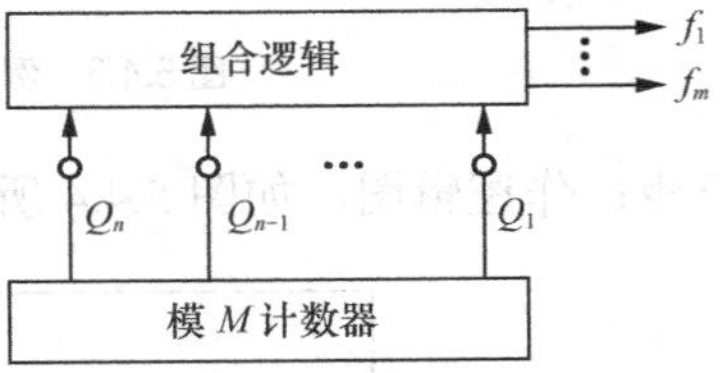

图 5.4.2　计数型序列信号发生器

1．移存型序列信号发生器的设计

例 5.4.1　设计产生序列码 101000,101000,…的移存型序列信号发生器。

解：序列信号的 $M=6$，至少需要 3 个触发器。

第一步：列状态转移表。

状态转移表可由所给定的序列信号写出。用 3 个触发器列出的状态转移表见表 5.4.1。由表 5.4.1 可知，该状态转移表中工作循环只有 4 个状态。因此，需要增加一个触发器再作状态转移表见表 5.4.2。

表 5.4.1　　**例 5.4.1 使用 3 个触发器时的状态转移表**

Q_3	Q_2	Q_1	状态转移路线	模值
1	0	1		
0	1	0		
1	0	0		
0	0	0		
0	0	1		$M=4$　×
0	1	0		

表 5.4.2　　**例 5.4.1 使用 4 个触发器时的状态转移表**

Q_4	Q_3	Q_2	Q_1	状态转移路线	模值
1	0	1	0		
0	1	0	0		
1	0	0	0		
0	0	0	1		
0	0	1	0		$M=6$　√
0	1	0	1		

第二步：在考虑自启动性的情况下作第一级触发器的激励函数 D_1 的真值表，并用卡诺图进行化简（图 5.4.3），可求得

$$D_1 = \bar{Q}_3\bar{Q}_2\bar{Q}_1 + \bar{Q}_4 Q_2$$

Q_4Q_3 \ Q_2Q_1	00	01	11	10
00	Ø	0	Ø	1
01	0	0	Ø	Ø
11	Ø	Ø	Ø	Ø
10	1	Ø	Ø	0

图 5.4.3　例 5.4.1 的激励函数 D_1 的卡诺图化简

第三步：作逻辑图，如图 5.4.4 所示。

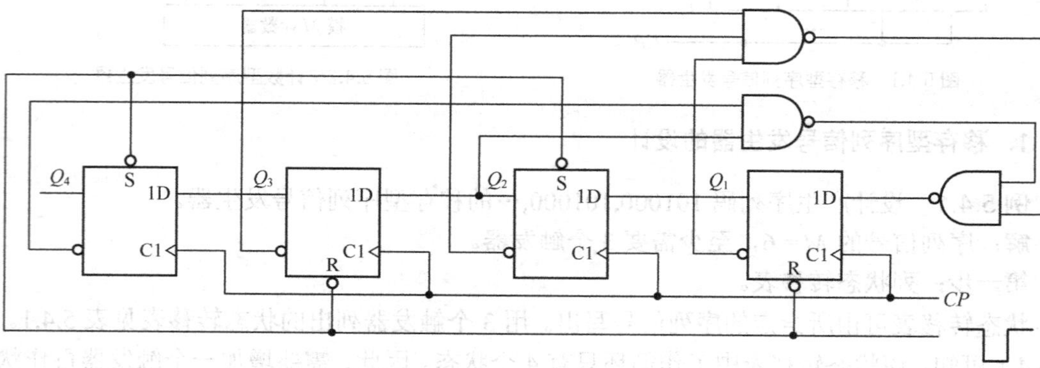

图 5.4.4　例 5.4.1 电路图

图 5.4.4 中组合电路部分用两级与非门实现，读者可以在此思考一个问题，该组合电路是否存在冒险，如果存在，该如何通过加取样脉冲的方法避免险象？根据第 3 章所学知识，从图 5.4.3 的卡诺图可以判断该组合电路存在逻辑冒险和功能冒险，且均为 0 型。组合电路的输入信号是在 CP 的上升沿发生跳变，因此本例将 CP 取反作为取样脉冲加至两级与非门的第一级即可。加取样脉冲后得到的序列码为脉冲编码的序列码。

2. 计数型序列信号发生器的设计

例 5.4.2　设计产生序列信号 F=11110101,11110101…的计数型序列信号发生器。

解：首先设计模长为 8 的计数器，用分立的触发器可以采用异步计数器的形式；用中规模器件可用 74161 的低 3 位作八进制计数器。

然后设计组合电路产生序列信号，真值表见表 5.4.3，真值表化简可得到 $F = \bar{Q}_3 + Q_1$。若用中规模器件可采用 74151 实现。图 5.4.5（a）、（b）分别画出了用 SSI 和 MSI 实现的电路图。

表 5.4.3 例 5.4.2 组合电路真值表

Q_3	Q_2	Q_1	Q_0	F
0	0	0	0	1
0	0	0	1	1
0	0	1	0	1
0	0	1	1	1
0	1	0	0	0
0	1	0	1	1
0	1	1	0	0
0	1	1	1	1

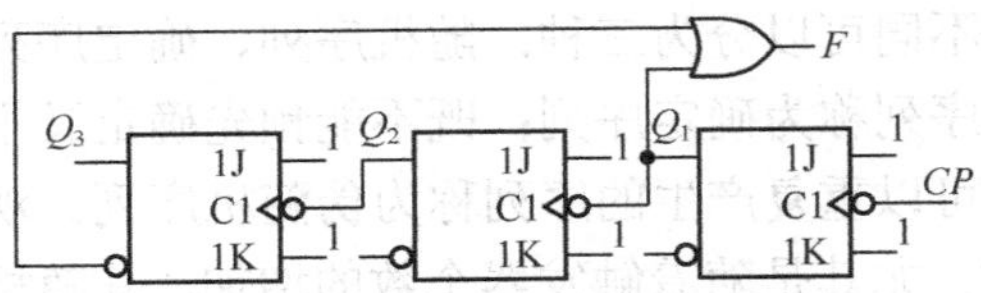

（a）用 DFF 和门电路实现

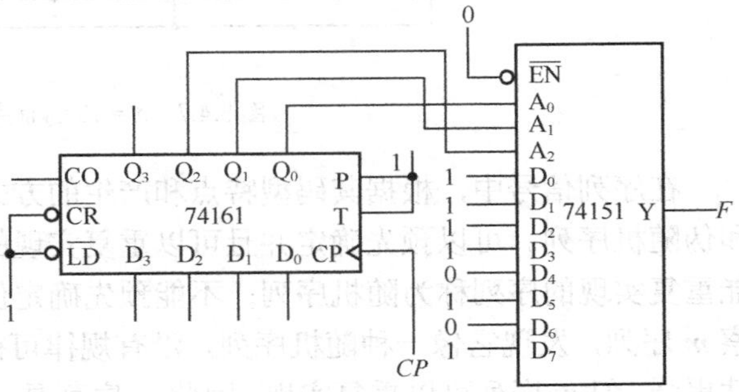

（b）用中规模器件实现

图 5.4.5 例 5.4.2 的逻辑图

图 5.4.5（b）电路避免冒险的方法是将 CP 作为取样脉冲直接加至 74151 的 $\overline{EN}$ 端。因为在 CP 的上升沿到来后，计数器状态发生改变，此时组合电路可能发生险象，而此时 74151 的使能端无效，因此 74151 不工作。当 CP 从 1 变成 0 后，计数器状态信号稳定，74151 使能有效，组合电路输出稳定信号。

3. 典型电路——m 序列

（1）原理和特点

m 序列码是指序列长度 $M=2^n-1$（n 为触发器的级数）的序列信号，也称为最长线性序列信号。这种序列信号发生器属于移存型序列信号发生器，其结构如图 5.4.6 所示。组合电路部分由异或门构成。

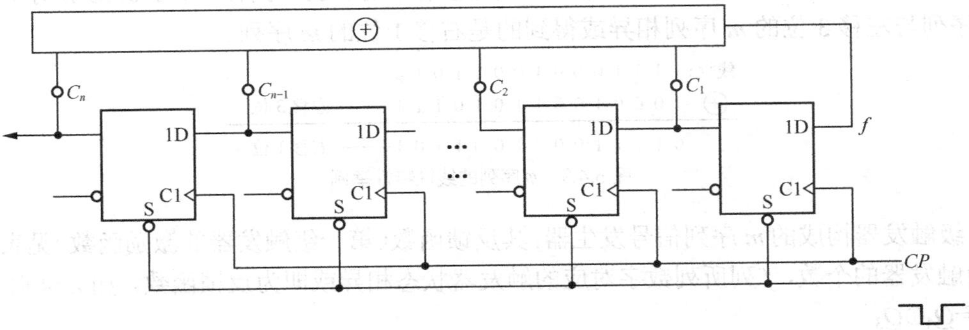

图 5.4.6 m 序列信号发生器的一般结构

图 5.4.7 是由 4 个触发器构成的 M=15 的 m 序列信号发生器。第一级触发器的激励 $D_1=Q_4 \oplus Q_3$。我们可以画出该序列的状态转移图，如图 5.4.8 所示，写出序列信号为 111100010011010。

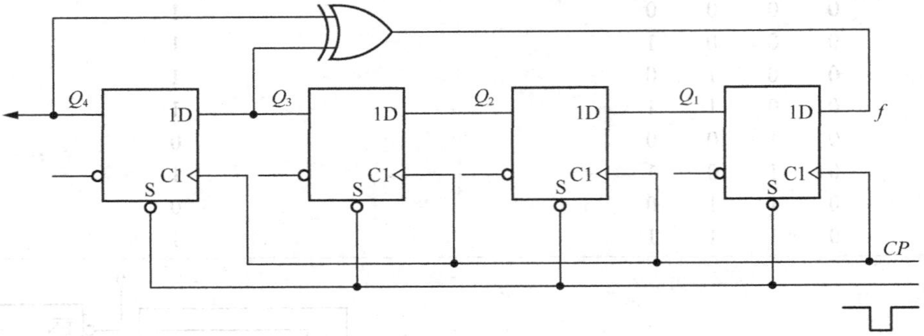

图 5.4.7　M = 15 的 m 序列信号发生器

在序列信号中，根据其码型特点和产生的方式不同可以分为三种：随机序列、确定序列和伪随机序列。可以预先确定并且可以重复实现的序列称为确定序列；既不能预先确定又不能重复实现的序列称为随机序列；不能预先确定但可以重复产生的序列称为伪随机序列。观察 m 序列，发现它像一种随机序列，没有规律可循，尤其是随着触发器个数的增加，其随机性更强，但 m 序列可以重复实现，因此 m 序列是一种典型的伪随机序列，也称为伪噪声（PN）码或伪随机码。其在通信领域有着广泛的应用，如扩频通信、卫星通信的码分多址（CDMA），数字数据中的加密、加扰、同步、误码率测量等领域。

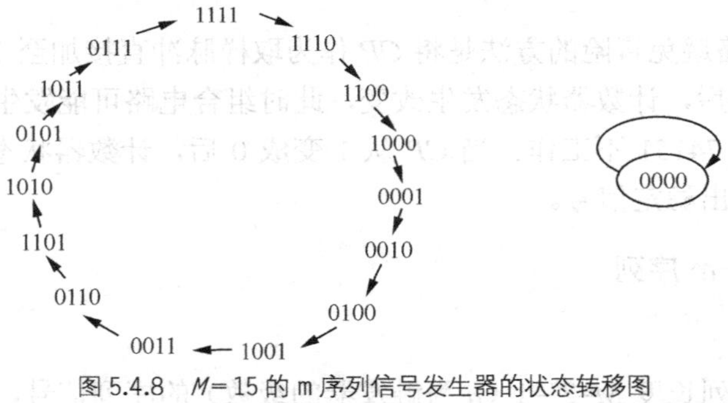

图 5.4.8　M = 15 的 m 序列信号发生器的状态转移图

m 序列称为最长线性序列，所谓“线性”体现在：将 m 序列与左移或右移若干位的 m 序列相异或（模二加）得到的仍然是 m 序列，只是起始时刻发生了偏移。如图 5.4.9 所示，M = 15 的 m 序列与左移 3 位的 m 序列相异或得到的是右移 1 位的 m 序列。

线性：1 1 1 1 0 0 0 1 0 0 1 1 0 1 0

⊕　1 0 0 0 1 0 0 1 1 0 1 0 1 1 1——左移 3 位

0 1 1 1 1 0 0 0 1 0 0 1 1 0 1——右移 1 位

图 5.4.9　m 序列的线性特性举例

n 级触发器构成的 m 序列信号发生器，其反馈函数（第一级触发器的激励函数）见表 5.4.4。n 列为触发器的个数，f 列所列数字对应的触发器状态相异或即为反馈函数，如 n=4 时，反馈函数 $f=Q_4 \oplus Q_3$。

表 5.4.4 m 序列反馈函数表

n	f	n	f
1	1	11	11,9
2	2,1	12	12,11,8,6
3	3,2	13	13,12,10,9
4	4,3	14	14,13,11,9
5	5,3	15	15,14
6	6,5	16	16,14,13,11
7	7,6	17	17,14
8	8,6,5,4	18	18,17,16,13
9	9,5	19	19,18,17,14
10	10,7	20	20,17

m 序列的序列长度为 2^n-1，全“0”是其偏离状态，且不具备自启动性（见图 5.4.8）。如要具有自启动性，需要修改第一级触发器的激励函数，将全“0”的次态纳入有效循环。也就是在全“0”状态下，原来的激励为 0，次态为全“0”，如果激励改为 1，则次态为 0001，进入有效循环。对所有 *m* 序列都适用的一种修改方法是将第一级触发器的激励改为

$$D_1 = f + \bar{Q}_n\bar{Q}_{n-1}\bar{Q}_{n-2}\dots\bar{Q}_1$$

式中，$\bar{Q}_n\bar{Q}_{n-1}\bar{Q}_{n-2}\cdots\bar{Q}_1$ 为全“0”项对应的最小项。一旦状态处于全“0”，则 $\bar{Q}_n\bar{Q}_{n-1}\bar{Q}_{n-2}\cdots\bar{Q}_1$ 出“1”，$D_1=1$，具有自启动性。非全“0”状态下，激励函数 $D_1=f$，激励不变，有效循环的状态转移不变。

（2）*m* 序列的应用

m 序列在数字电路中可以用来产生任意循环长度的序列信号发生器。

例 5.4.3 设计一个循环长度为 12 的序列信号发生器。

解：本例只要求 $M=12$，不限码型，我们可以利用 *m* 序列来实现。方法是在 2^n-1 个状态中跳过$(2^n-1)-M$ 个状态，使得序列码的循环长度变成 M。

设计的关键在于找到起跳状态，为了让电路设计相对简单，要求从起跳状态开始，跳过$(2^n-1)-M$ 个状态，进入的次态仍然要满足移存规律。这样移位寄存器的电路规律没有打破，电路只需要修改第一级触发器的激励即可。满足上述条件的起跳状态只有一个。

起跳状态的寻找可以根据状态转移图逐个状态进行验证，这种方法对于触发器级数较多的情况下不适用，需要花费较多的时间。在此我们介绍一种方法，其步骤如下。

① 根据 M 的要求，确定移位寄存器的位数 n，$n\geqslant\log_2 M$。本例中 $n=4$。

② 由表 5.4.4 查得 2^n-1 位最长线性序列的反馈函数。本例 $f=Q_4\oplus Q_3$。

③ 由反馈函数求出 2^n-1 最长线性序列信号，定义为序列Ⅰ。

④ 将序列Ⅰ左移$(2^n-1)-M$ 位，作为序列Ⅱ。本例左移 3 位。

⑤ 序列Ⅰ和序列Ⅱ对应位进行异或运算，得到序列Ⅲ。

⑥ 在序列Ⅲ中找到“10000…”n 位数代码（本例为 1000），对应于序列Ⅰ的 n 位数码即为起跳状态。

⑦ 在序列Ⅰ中从起跳状态开始删去$(2^n-1)-M$ 位数码，即可得到长度为 M 的序列信号。

图 5.4.10 为步骤④～⑦的实现过程，本例得到起跳状态为 0001，实现的序列码为

111100011010，循环长度为 12。图 5.4.11 为状态转移图。为什么这种方法可以寻找到起跳状态？根据图 5.4.11，0001 起跳后的次态和 1001 的次态均为 0011，由于左移的移存特性，0001 和 1001 的低三位一定相同，因此两者相异或一定得到 1000。上述方法的实质就是在 *m* 序列中找寻某个状态，该状态经过$(2^n-1)-M$个时钟沿后得到的次态与该状态的低 $n-1$ 位相同，则该状态即为起跳状态。

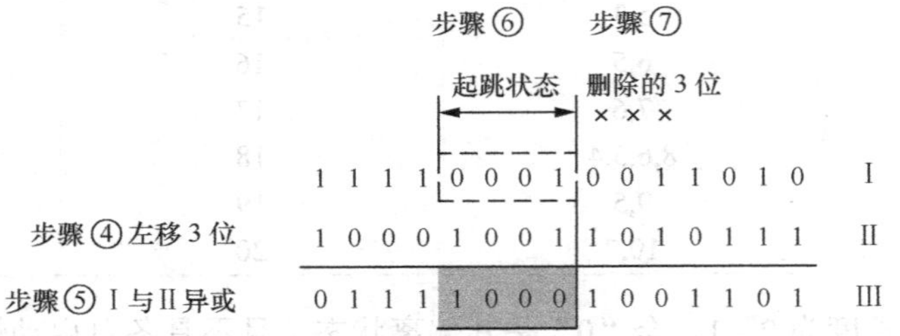

图 5.4.10　例 5.4.3 寻找起跳状态的过程

找到起跳状态后，为了满足图 5.4.11 的状态转移图，需要修改第一级触发器的激励函数。修改方法是将原反馈函数与起跳状态对应的最小项相异或，即

$$D_1 = f \oplus \bar{Q}_4\bar{Q}_3\bar{Q}_2Q_1$$
$$= (Q_4 \oplus Q_3) \oplus \bar{Q}_4\bar{Q}_3\bar{Q}_2Q_1$$

这样，一旦进入起跳状态 0001，其最小项 $\bar{Q}_4\bar{Q}_3\bar{Q}_2Q_1$ 出 1，反馈函数与“1”异或，反馈函数取反，跳转发生改变。若要求满足自启动性，还需要将修改后的激励函数与全“0”对应的最小项相或。因此我们可以得到由起跳状态写出能自启动的 D_1 的通用表达式：

$D_1=f\oplus$ 起跳状态的最小项$+\bar{Q}_n\bar{Q}_{n-1}\cdots\bar{Q}_2\bar{Q}_1$

电路图省略。

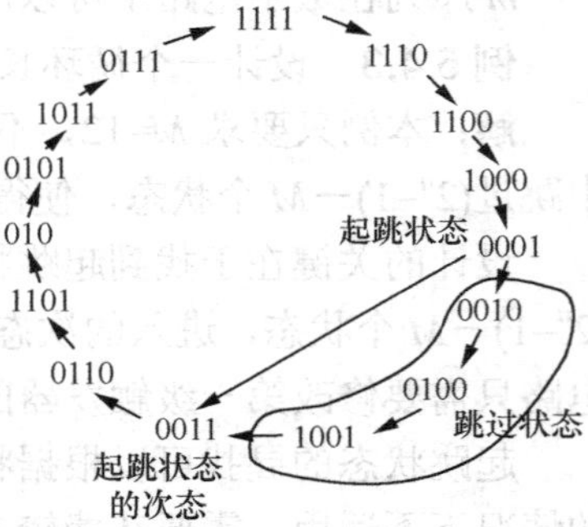

图 5.4.11　M= 12 的序列信号发生器状态转移图

例 5.4.4　设计一个循环长度为 16 的序列信号发生器。

解：4 级触发器构成的 *m* 序列的循环长度为 15，若能把偏离态全“0”纳入有效循环，则循环长度变成 16。观察图 5.4.8，为了满足移存规律，0000 状态只能纳入 1000 和 0001 之间，因此 1000 次态变成 0000，0000 的次态变成 0001。根据例 5.4.3 修改激励函数的方法，只需将激励函数与跳转状态对应的最小项相异或即可，因此 D_1 可修改为

$$D_1 = f \oplus Q_4\bar{Q}_3\bar{Q}_2\bar{Q}_1 \oplus \bar{Q}_4\bar{Q}_3\bar{Q}_2\bar{Q}_1 = f \oplus \bar{Q}_3\bar{Q}_2\bar{Q}_1$$

推广到一般情况，对于 $M=2^n$ 序列信号发生器，应有

$$D_1 = f \oplus \bar{Q}_{n-1}\bar{Q}_{n-2}\cdots\bar{Q}_1$$

5.5　顺序脉冲发生器

顺序脉冲发生器是能产生先后顺序脉冲的电路，又称分配器。顺序脉冲发生器一般由计

数器和译码器组成，如图 5.5.1 所示。当输出端较少时，也可以直接使用移存器构成的环形计数器作为分配器。图 5.5.2 为顺序脉冲发生器顺序出高电平的时序图。

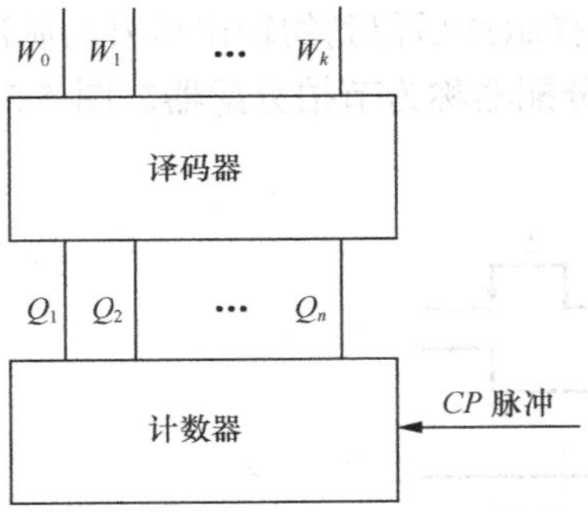

图 5.5.1　顺序脉冲发生器的结构框图

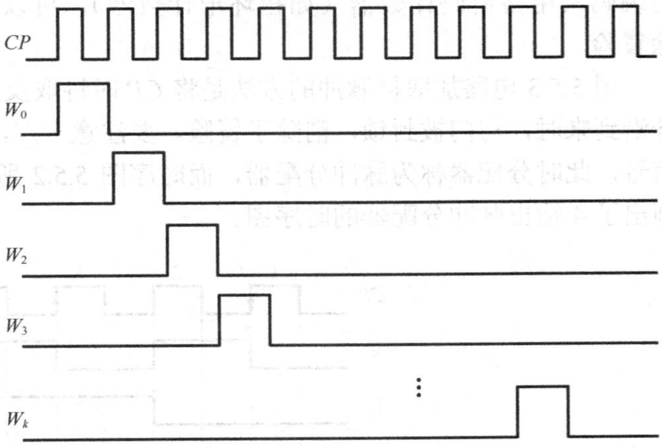

图 5.5.2　顺序脉冲发生器的时序图

图 5.5.3 为 8 条输出线的顺序脉冲发生器逻辑图。3 个 T 触发器构成异步二进制计数器，*CP* 为输入计数脉冲，计数器状态按 000→001→010→011→100→101→110→111→ 000 规律循环。Y_0、Y_1、Y_2、Y_3、Y_4、Y_5、Y_6、Y_7 为 8 个输出端，将顺序输出节拍脉冲。如用 n 位二进制计数器，经译码后，便可得到 2^n 个顺序脉冲。

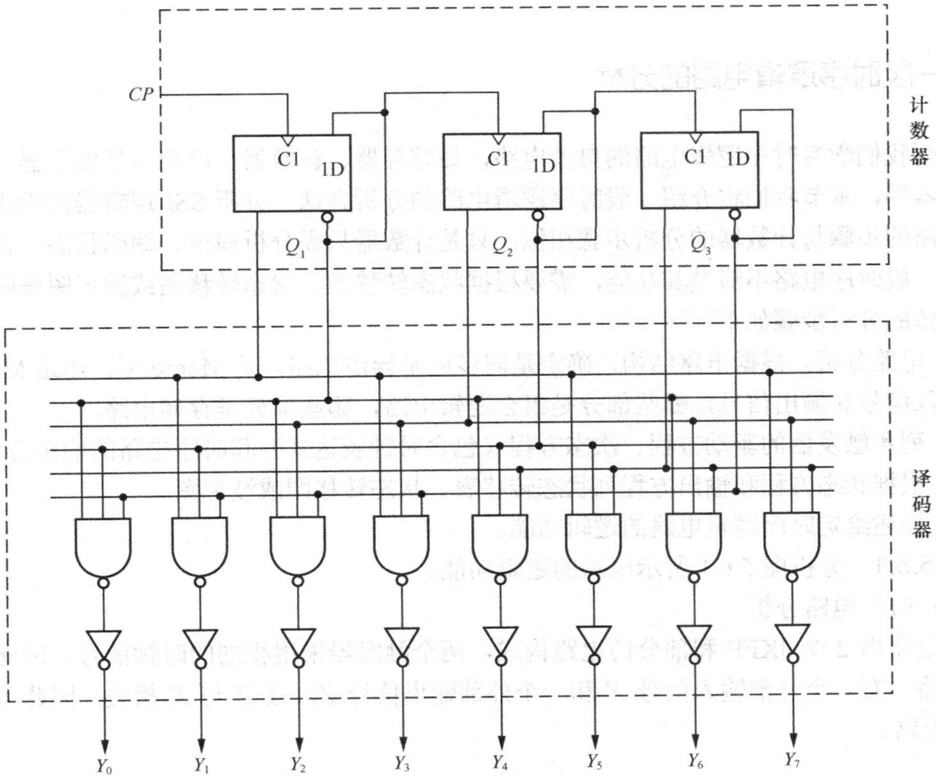

图 5.5.3　8 节拍顺序脉冲发生器

顺序脉冲发生器存在的问题仍然是组合电路的竞争冒险问题。清除险象常用以下方法：一是采用环形计数器，每个触发器输出便是顺序脉冲，不需要组合电路；二是计数器的编码采用格雷码计数器（如扭环形计数器），可以避免功能冒险；三是用取样脉冲法消除冒险。

图 5.5.3 电路加取样脉冲的方法是将 *CP* 时钟取反加到所有与非门的输入端，在 *CP* 的上升沿到来时，与门被封锁，消除了冒险。要注意一点，加取样脉冲后得到的输出信号为脉冲信号，此时分配器称为脉冲分配器，而时序图 5.5.2 所示的分配器称为节拍分配器。图 5.5.4 画出了 4 输出脉冲分配器的时序图。

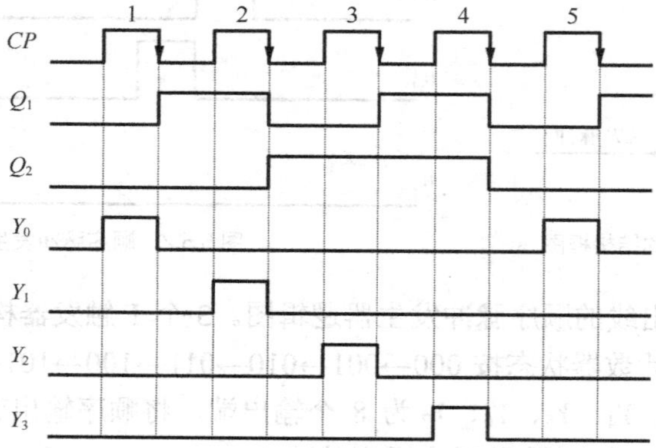

图 5.5.4　脉冲分配器时序图

5.6　一般时序逻辑电路的分析

前面我们学习时序逻辑电路的典型电路，如移存器、计数器、序列信号发生器、顺序脉冲发生器等，本节我们将介绍一般时序逻辑电路的分析方法。分析 SSI 逻辑器件构成的时序逻辑电路的步骤与计数器的分析步骤相似，只是计数器只需分析模值、编码状态、自启动性等，而一般时序电路不清楚其功能，需要根据状态转移表、状态转移图或波形图来确定其功能。具体的分析步骤如下。

① 电路分析。根据电路结构，确定是同步还是异步电路，是 Moore 型，还是 Mealy 型；确定输入信号和输出信号，哪些部分是组合逻辑电路，哪些部分是存储电路。

② 列各触发器的驱动方程、次态方程（包含时钟表达式）和时序电路的输出方程。

③ 根据状态方程和输出方程列状态转移表、状态转移图或波形图。

④ 描述给定时序逻辑电路的逻辑功能。

例 5.6.1　分析图 5.6.1 所示电路的逻辑功能。

解：（1）电路分析

该电路由 2 个 JKFF 和部分门电路构成，两个触发器采用相同的时钟信号，因此是同步时序电路。有一个外部输入信号 X 和一个外部输出信号 Z，且 Z 与 X 相关，因此该电路为 Mealy 电路。

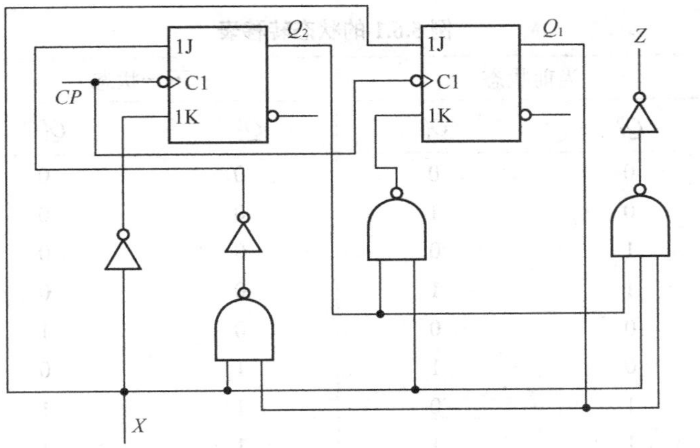

图 5.6.1 例 5.6.1 逻辑图

（2）列方程

激励方程为

$$J_2 = XQ_1^n \quad K_2 = \overline{X}$$
$$J_1 = X \quad K_1 = \overline{XQ_2^n}$$

次态方程为

$$Q_2^{n+1} = [XQ_1^n X\overline{Q}_2^n + XQ_2^n] \cdot CP\downarrow$$
$$Q_1^{n+1} = [X\overline{Q}_1^n + XQ_2^n Q_1^n] \cdot CP\downarrow$$

输出方程为

$$Z = XQ_1^n Q_2^n$$

（3）列状态转移表和状态转移图

由于该电路有外部输入信号，写状态转移表的过程与一般计数器不同。计数器往往没有外部输入，随着时钟有效沿的到来，其状态转移是自动完成的，没有外部信号控制，因此作状态转移表首先设定一个初态，然后计算次态，下一时钟沿到来前，次态变成新一轮的现态。如此往复，最终得到状态转移表。对于 Mealy 电路，状态转移表的输入端除了触发器的现态外，还包括外部输入。因此状态转移表输入端的取值顺序类似组合电路的真值表，按照自然二进制码从小到大进行排列，然后依次计算次态和外部输出。本例的状态转移表见表 5.6.1，为了使电路功能更清晰，状态转移表可以改写成表 5.6.2。如令 A、B、C、D 分别代表表 5.6.2 中 Q_2Q_1 的四种状态 00、01、10、11，则表 5.6.2 又可改写成表 5.6.3 的形式，同时得到图 5.6.2 所示的状态转移图。

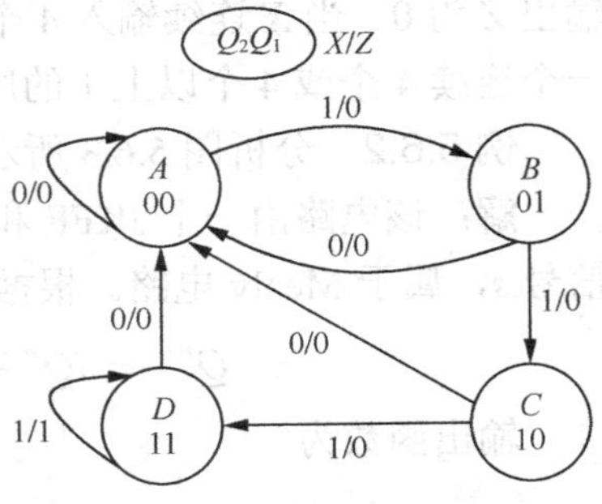

图 5.6.2 例 5.6.1 的状态转移图

表 5.6.1　　　　**例 5.6.1 的状态转移表**

当前输入	当前状态		下一状态		当前输出
X	Q_2^n	Q_1^n	Q_2^{n+1}	Q_1^{n+1}	Z
0	0	0	0	0	0
0	0	1	0	0	0
0	1	0	0	0	0
0	1	1	0	0	0
1	0	0	0	1	0
1	0	1	1	0	0
1	1	0	1	1	0
1	1	1	1	1	1

表 5.6.2　　　　**例 5.6.1 状态转移表的改写（1）**

Q_2^n	Q_1^n	Q_2^{n+1}		Q_1^{n+1}		Z	
		$X=0$		$X=1$		$X=0$	$X=1$
0	0	0	0	0	1	0	0
0	1	0	0	1	0	0	0
1	0	0	0	1	1	0	0
1	1	0	0	1	1	0	1

表 5.6.3　　　　**例 5.6.1 状态转移表的改写（2）**

$S(t)$	$N(t)$		$Z(t)$	
	$X=0$	$X=1$	$X=0$	$X=1$
A	A	B	0	0
B	A	C	0	0
C	A	D	0	0
D	A	D	0	1

（4）功能分析

根据状态转移图 5.6.2 可知，在任何状态下，一旦 X 输入 0，则电路回到初始状态 A，且输出 Z 为 0。当 X 连续输入 4 个及 4 个以上的“1”时，输出 Z 则为 1。可以看出，该电路是一个连续 4 个或 4 个以上 1 的序列信号检测电路。

例 5.6.2　分析图 5.6.3 所示电路的功能。

解： 该电路由一个 JKFF 和部分门电路构成，有两个外部输入信号 a、b，一个外部输出信号 s，属于 Mealy 电路。根据电路得到 JKFF 的次态方程为

$$Q^{n+1}=J\bar{Q}^n+\bar{K}Q^n=ab\bar{Q}^n+(a+b)Q^n=ab+aQ^n+bQ^n$$

输出函数为

$$s=a\oplus b\oplus Q^n$$

得到表 5.6.4 的状态转移表。

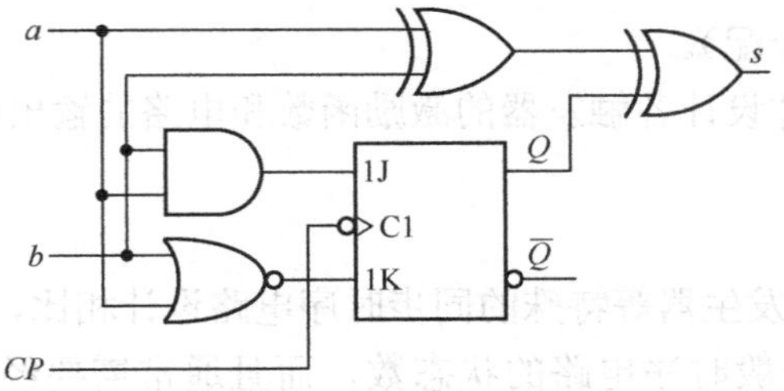

图 5.6.3　例 5.6.2 电路图

表 5.6.4　　**例 5.6.2 的状态转移表**

a	b	Q^n	Q^{n+1}	s
0	0	0	0	0
0	0	1	0	1
0	1	0	0	1
0	1	1	1	0
1	0	0	0	1
1	0	1	1	0
1	1	0	1	0
1	1	1	1	1

根据表 5.6.4 可知，该电路实现串行二进制加法器，其中 a、b 为被加数和加数，串行输入，Q 表示进位信号，在时钟沿到来后，表示向高位的进位，下一个时钟沿到来之前又表示从低位来的进位，即 Q^n 表示低位来的进位，Q^{n+1} 表示向高位的进位。s 为串行输出的加法计算结果。若 $a=(110110)_2$，$b=(110100)_2$，则电路的计算时序见表 5.6.5。经过 7 个时钟周期后得到 s=1101010，从低位开始串行输出。

表 5.6.5　　**串行进位加法器的时序表**

CP↑	a	b	Q^n	Q^{n+1}	s
0	0	0	0	0	0
1	1	0	0	0	1
2	1	1	0	1	0
3	0	0	1	0	1
4	1	1	0	1	0
5	1	1	1	1	1
6	0	0	1	0	1

5.7　一般同步时序电路的设计

一般时序电路的设计是指已给定逻辑功能，设计实现该功能的电路。由于同步时序电路的设计理论成熟，工作可靠性高，得以在实践中大量应用，故本节只介绍一般同步时序电路的设计。

一般同步时序电路的设计步骤如下。

① 由给定要求建立原始状态转移图或（和）原始状态转移表。

② 化简原始状态转移表（状态简化或状态合并）。

③ 状态编码（状态分配）。

④ 选定触发器类型并设计各触发器的激励函数和电路的输出函数。

⑤ 自启动性检查。

⑥ 作逻辑电路图。

与计数器、序列信号发生器等特殊的同步时序电路设计相比，由于电路的状态数并不是已知量，故需要先确定一般时序电路的状态数，而且通常需要经历一个由粗到细的过程，先粗略确定电路的状态数，再进行状态化简，将相互等效的状态合并为一个状态，以减少状态数。

一般同步时序电路的结构如图 5.7.1 所示，由两部分构成：由 *n* 位触发器构成的记忆模块及由门电路构成的组合电路模块。记忆模块用来保存电路的当前状态，在时钟 *CP* 的驱动下，电路的状态发生转移，故一般同步时序电路也称为同步有限状态机，在不引起混淆的情况下，以下简称状态机。按状态机的输出方式分类，状态机可分为 Mealy 型和 Moore 型。凡是输出与所处状态以及输入信号有关的状态机类型，称为 Mealy 状态机，结构图与图 5.7.1 相同。凡是输出与所处状态有关，而与输入信号无关的状态机类型，称为 Moore 状态机，如图 5.7.2 所示。

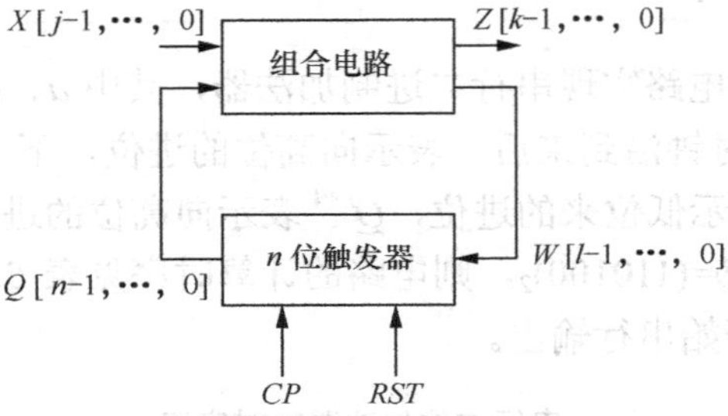

图 5.7.1 一般同步时序电路的结构

由于 Mealy 状态机的输出不与时钟同步，所以当在状态译码比较复杂的时候，很容易在输出端产生大量的毛刺，这种情况是无法避免的。但是，由于输入变化可能出现在时钟周期内的任何时刻，这就使得 Mealy 状态机对输入的响应可以比 Moore 状态机对输入的响应要早一个时钟周期。Moore 状态机的输出与时钟同步，可以在一定程度剔除抖动。从提高稳定性的角度来讲，建议使用 Moore 状态机。

由于无论 Mealy 型还是 Moore 型状态机，其输出信号都来自组合电路，都可能产生毛刺。在同步时序电路中，毛刺仅发生在时钟有效沿后的一小段时间内，若将带毛刺的信号作为激励信号，只要在下一个时钟有效沿到来前毛刺消失，就不会对电路产生影响。但是，如果把输出作为三态使能控制或时钟信号来使用，就必须保证输出没有毛刺。通常可采用时钟同步输出信号的方法来消除毛刺，如图 5.7.3 所示，对 Mealy 型电路也可采用相同的方法来消除毛刺。这时，经触发器同步后的输出相对于组合电路的输出要延迟一个 *CP* 周期。

例 5.7.1 1001 串行序列检测器的功能是每当检测到有序列码 1001 输入时，输出为“1”，其余情况下输出为“0”，假设不允许序列码 1001 重叠，即输入 1001001 时，电路只检测到前 4 个码元构成的 1001 序列。试设计该检测器。

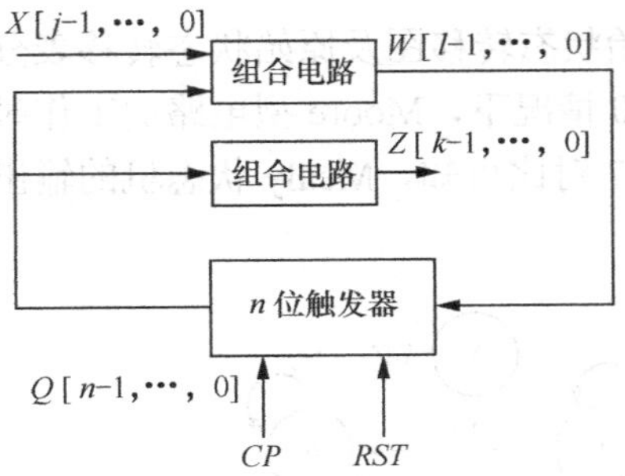

图 5.7.2 Moore 状态机的结构

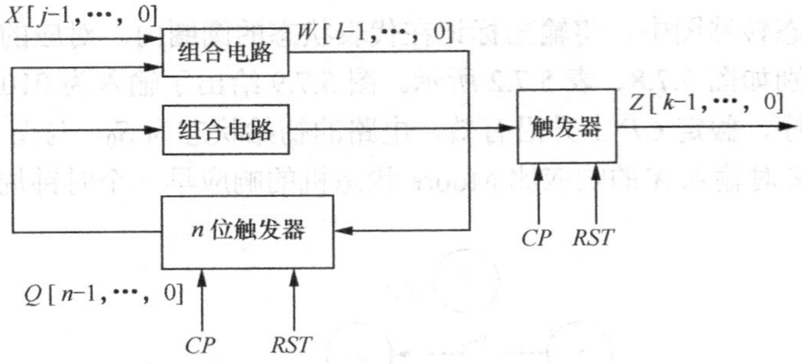

图 5.7.3 输出信号无毛刺的 Moore 状态机结构

解：

1. 建立原始状态转移图或（和）原始状态转移表

由设计要求可知，待设计电路应有一个输入端 X 和一个输出端 Z，如图 5.7.4 所示。

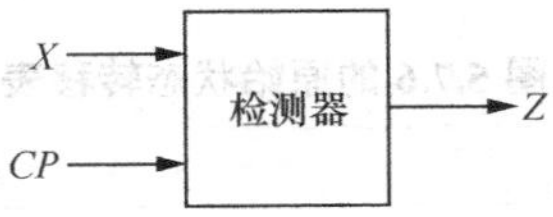

图 5.7.4 例 5.7.1 的示意图

假定用 Mealy 型电路设计该检测器。先假设初态（即没有序列信号输入时电路的状态）为 S_0。如被测信号 X 恰为 1001，则局部原始状态转移图如图 5.7.5 所示。图中用状态 S_1 记忆电路输入了 1，用状态 S_2 记忆电路输入了 10，用状态 S_3 记忆电路输入了 100，用状态 S_4 记忆电路输入了 1001。但实际上 X 为一个随机信号，在每一个状态下需考虑输入的不同取值。在状态 S_0 下，若输入为 0，则输入序列以 0 结尾，非 1001 序列的首码元 1，未检测到有效信息，故保持在状态 S_0。在状态 S_1 下，若输入为 1，则输入序列以 11 结尾，11 不是 1001 序列的组成部分，故忽略第一位码元，而认为只检测到首码元 1，故保持在状态 S_1。在状态 S_2 下，若输入为 1，则输入序列以 101 结尾，101 不是 1001 序列的组成部分，故忽略前两位码元，而认为只检测到首码元 1，故转移到状态 S_1。在状态 S_3 下，若输入为 0，则输入序列以 1000 结尾，1000 不是 1001 序列的组成部分，故忽略全部码元，而认为未检测到有效信息，故转移到状态 S_0。在状态 S_4 下，由于已完成 1001 序列的检测，故重新开始检测，若输入为 0，认为未检测到有效信息，故转移到状态 S_0；若输入为 1，认为检测到首码元 1，故转移到状态 S_1。完整的原始状态转移图如图 5.7.6 所示。图 5.7.7 给出了输入为 0100110 情况下，Mealy 型电路的工作时序，假定 CP 上升沿有效，电路的初始状态为 S_0。由图 5.7.6 可得原始状态转移表，见表 5.7.1。表中 $S(t)$表示电路的现状态，$N(t)$表示次态；$Z(t)$表示现状态 $S(t)$下电路的输出。

从获得图 5.7.6 的过程可知，建立原始状态转移图需经历三个过程：分析逻辑问题，确定输入变量、输出变量数；在输入为特定取值情况下（如待检测的序列码），确定完成待设计逻辑功能所需的电路状态数；在输入为随机取值情况下，完成电路状态间的完整转移关系及确定相应的输出。

若用 Moore 型电路实现该检测器，则电路输出完全取决于状态，而与输入无关系，在状态转移图中，将输出标记在代表状态的圆圈内。对应的原始状态转移图及原始状态转移表分别如图 5.7.8、表 5.7.2 所示。图 5.7.9 给出了输入为 0100110 情况下，Moore 型电路的工作时序，假定 CP 上升沿有效，电路的初始状态为 S_0。与图 5.7.7 对比可知，Mealy 状态机的输出 Z 对输入 X 的响应比 Moore 状态机的响应早一个时钟周期。

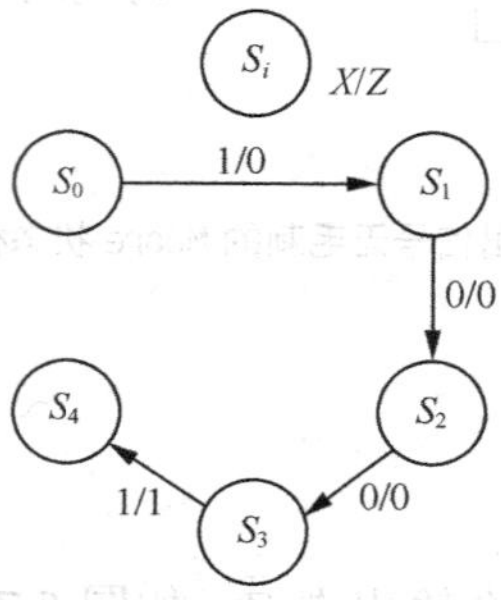

图 5.7.5　Mealy 型电路局部原始状态转移图

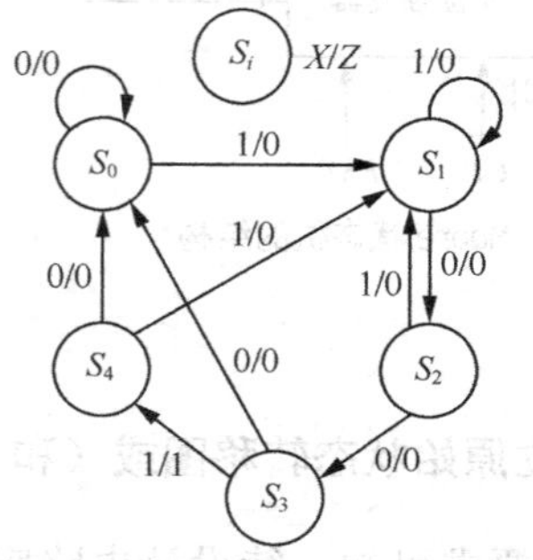

图 5.7.6　Mealy 型电路原始状态转移图

表 5.7.1　　图 5.7.6 的原始状态转移表

$S(t)$	$N(t)/Z(t)$	
	X=0	X=1
S_0	S_0/0	S_1/0
S_1	S_2/0	S_1/0
S_2	S_3/0	S_1/0
S_3	S_0/0	S_4/1
S_4	S_0/0	S_1/0

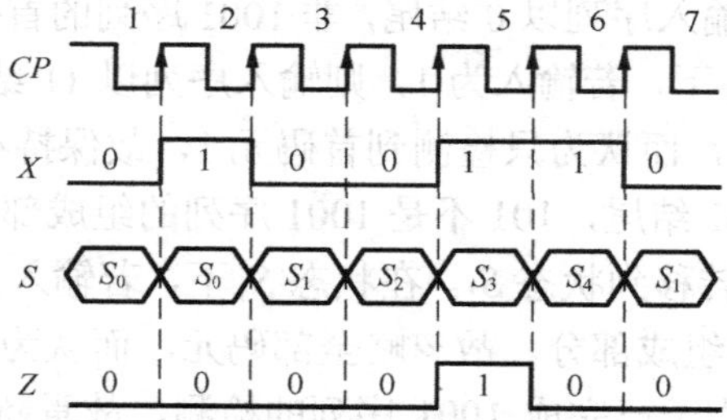

图 5.7.7　Mealy 型电路的工作时序示例

表 5.7.2　　图 5.7.8 的原始状态转移表

$S(t)$	$N(t)$		$Z(t)$
	X=0	X=1	
S_0	S_0	S_1	0
S_1	S_2	S_1	0
S_2	S_3	S_1	0
S_3	S_0	S_4	0
S_4	S_0	S_1	1

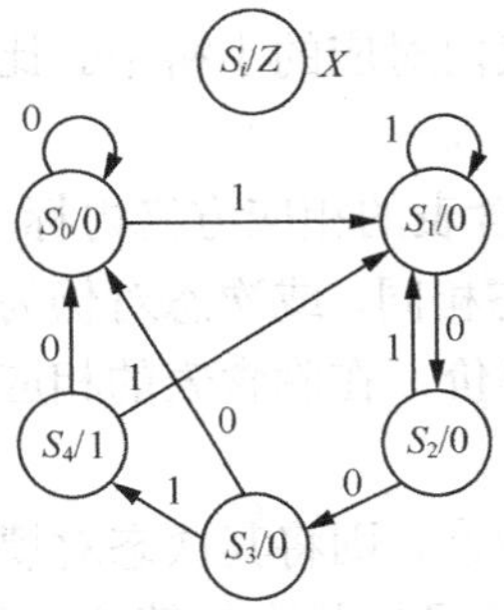

图 5.7.8 Moore 型电路原始状态转移图

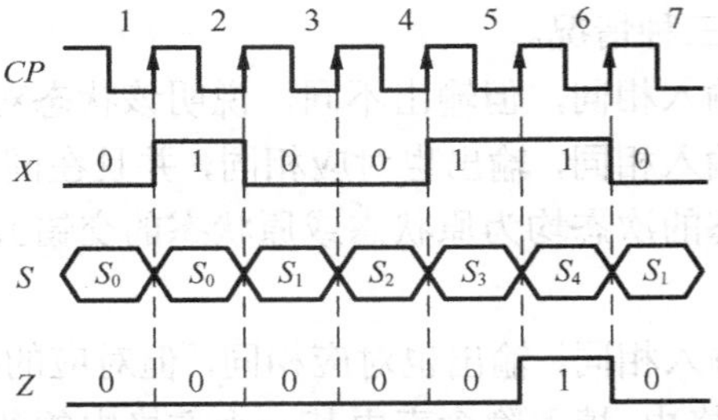

图 5.7.9 Moore 型电路的工作时序示例

2. 化简原始状态转移表

原始状态转移表有完全描述和非完全描述之分，完全描述是指表内所有次态和输出都确定，非完全描述是指表内有些次态和输出不确定。本节只讨论完全描述的原始状态转移表的化简。

如图 5.7.10 所示，若分别以一个时序电路（N_1 和 N_2 为同一个电路的两个版本）的两个状态 A 和 B 为起始状态，在同一个可能出现的输入序列 X 的作用下，产生的输出序列 Z 和 Z' 相同，则无法通过观察电路的输入与输出来区别状态 A 和 B，称 A 和 B 为**等价状态**，记作 $A \approx B$。注意，这里的序列 X 的长度是任意的，可以是 1、2、3 等任意正整数。某个长度的序列输入完后，电路重新复位到状态 A 和 B，再输入其他序列。该定义在实践中没有实用性，因为它要求用无限多个输入序列来测试电路。一个实用的测试状态等价的方法是：分别以一个时序电路的两个状态 A 和 B 为起始状态，当且仅当对每一个单个的输入 x（x 的取值为 0 或 1），电路的输出都一样且它们的次态是等价的，那么状态 A 和 B 等价。可利用状态等价的定义来理解该测试方法，设序列 Y 由单个值 x 和序列 X 组成，在状态分别为 A 和 B 时，在 x 作用下，由测试方法知，产生的输出相同。在 x 作用后，状态由 A 和 B 分别变为状态 A' 和 B'，接下来，输入序列 X，由于状态 A' 和 B' 等价，由状态等价定义知，由等价的状态 A' 和 B' 出发，得到的输出序列相同。故对状态 A 和 B 来讲，输入任意序列 Y，产生的输出序列都相同，故根据定义，状态 A 和 B 等价。

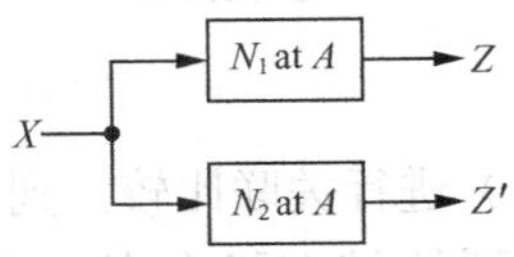

图 5.7.10 状态 A 和 B 等价示意图（$Z=Z'$）

所谓化简就是把等价状态对合并为一个状态，以减少状态表中的状态数目，从而可以减少触发器的数目，即使不能减少触发器的数目，也有可能使编码表中出现更多的无关项，从而减少逻辑门的数目。化简的步骤如下。

（1）作隐含表

对表 5.7.1 作隐含表，如图 5.7.11（a）所示，为一直角三角形网格，两直角边上格数相等，但均比原始状态转移表中的状态数少一，纵向“缺头”，横向“少尾”（即纵向从上至下按原始状态转移表中现态的顺序依次排列第二个状态至最后一个状态，横向自左至右按第一个状态至倒数第二个状态排列）。隐含表中的每一个方格代表一个状态对，如图 5.7.11（a）左数第一列从上到下各方格分别代表状态对 S_0S_1、S_0S_2、S_0S_3、S_0S_4。

（2）进行顺序比较

顺序比较在原始状态转移表上进行，按原始状态转移表中自上至下的顺序，将每个现态与其他各个现态逐一比较是否等价，并将比较结果填入隐含表内对应的小格中。比较时可能出现下列三种情况。

① 输入相同，但输出不同，说明该状态对不等价，在隐含表的相应方格内标上×号。

② 输入相同，输出也对应相同，并且在同一输入下的次态相同，或次态对仍为原状态对（即两状态的次态均为原状态或原状态的交错），则该两状态等价，在隐含表的相应小格内填√号。

③ 输入相同，输出也对应相同，但对应的次态不满足情况②，则将其次态对填入隐含表的相应小格内。填入隐含表内某一小方格中的各次态对分别等价是原状态对等价的隐含条件，简称**等价条件**。

由表 5.7.1 可知，当现态为 S_0 和 S_1 时，X=0，对应输出 Z= 0，相同；X=1，对应输出 Z= 0，也相同；X=0，对应次态分别为 S_0 和 S_2，作为等价条件；X=1，对应次态分别为 S_1 和 S_1，相同。故在 S_0S_1 对应方格内填写等价条件 S_0S_2。当现态为 S_0 和 S_3 时，X=0，对应输出 Z= 0，相同；X=1，对应输出 Z 分别为 0 和 1，不相同。S_0 和 S_3 不等价，在 S_0S_3 对应方格内填写×。当现态为 S_0 和 S_4 时，X=0，对应输出 Z= 0，相同；X=1，对应输出 Z=0，相同；X=0，对应次态分别为 S_0 和 S_0，相同；X=1，对应次态分别为 S_1 和 S_1，相同。S_0 和 S_4 等价，在 S_0S_4 对应方格内填写√。按先比较输出再比较次态的方法，对其他状态对也作类似比较，得到如图 5.7.11（b）所示的结果。

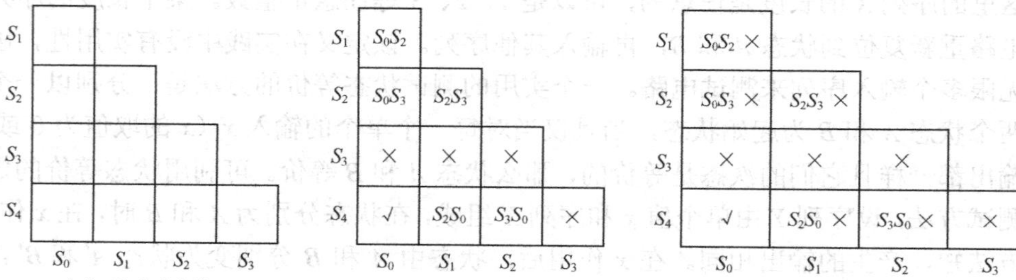

（a） 隐含表框架　（b） 顺序比较后结果　（c） 关联比较后结果

图 5.7.11 表 5.7.1 的隐含表

（3）进行关联比较，列出所有的等价对

关联比较在隐含表上进行。隐含表内次态对等价称为等价条件满足，反之则称为不满足。

等价条件是否满足由隐含表内所填写的顺序比较的结果确定。其方法是：如果某一小方格内所填写的等价条件全部满足，则小方格所对应的状态对等价；只要有一个等价条件不满足，则小方格所对应的状态对就不等价。

由图 5.7.11（b）可知，S_0 和 S_3 不等价，故 S_0 和 S_2 不等价，进而推知 S_0 和 S_1 不等价。其他隐含条件也作类似判断，得到如图 5.7.11（c）所示的结果。状态对 S_0S_4 是等价对。

如果在进行关联比较时发现某一状态对和作为其等价隐含条件的后续状态对构成循环，而且循环以外的次态对都等价或为原状态对，则循环中的每个状态对各自都是等价对。例如，已知状态 C 和 E 是等价的，状态对 AB 的等价条件为 CD，状态对 CD 的等价条件为 AB 和 CE，即构成如下的循环关系：

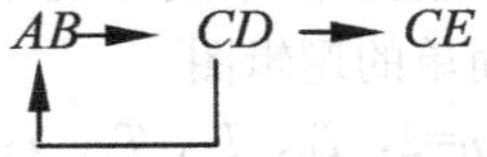

则状态 A 和 B 是等价状态，状态 C 和 D 也是等价状态。需注意的是，仅有上述信息，无法判断状态 $A(B)$与状态 $C(D)$间的关系。

事实上，若由顺序比较后的隐含表中所能肯定的全部不等价的状态对出发，逐次找出更多肯定是不等价的状态对，只要能没有遗漏地找出了全部肯定是不等价的状态对，则余下的状态对肯定是等价的。

（4）列出最大等价类

状态的等价具有传递性，即如 $A \approx B$，$B \approx C$，则 $A \approx C$。等价状态的集合称为**等价类**。包含了全部等价状态的等价类称为**最大等价类**。和除了本身以外的所有状态都不等价的状态也是一个等价类，而且是最大等价类。

由图 5.7.11（c）知，最大等价类为 S_0S_4、S_1、S_2、S_3。

（5）进行状态合并，列出最简状态表

将最大等价类合并为一个状态，并重新命名，则原始状态转移表可简化为最简状态转移表。将最大等价类 S_0S_4、S_1、S_2、S_3 分别用新状态 T_0、T_1、T_2、T_3 表示，则表 5.7.1 可转换为表 5.7.3 所示的最简状态转移表。

从图 5.7.7 Mealy 型电路的工作时序可知，当电路处于 S_3 状态时，表明已连续接收 100，只要输入为 1，输出 Z 就为 1，表明接收到一个完整的序列 1001，直接返回初始状态 S_0 即可，无须再用状态 S_4 来记忆。

表 5.7.3　　图 5.7.6 的最简状态转移表

$S(t)$	$N(t)/Z(t)$	
	X=0	X=1
T_0	$T_0/0$	$T_1/0$
T_1	$T_2/0$	$T_1/0$
T_2	$T_3/0$	$T_1/0$
T_3	$T_0/0$	$T_0/1$

若改用 Moore 型电路，从图 5.7.9 Moore 型电路的工作时序可知，当电路处于 S_3 状态时，表明已连续接收 100，但输入为 1，输出 Z 并不为 1，需进入状态 S_4 才能使 Z 为 1，表明接收到一个完整的序列 1001，故状态 S_4 不可缺少。若用隐含表对 Moore 型电路的原始状态转移表（表 5.7.2）进行化简，同样可得出 S_0、S_1、S_2、S_3、S_4 互不等价，状态数不能减少的结论。

3. 状态编码（状态分配）

状态编码就是把最简状态转移表中用字母表示的状态赋予二进制代码，又称状态分配。不同的状态编码，实现的电路也不同。相应地，会影响触发器的个数及逻辑门和连接线的数目。虽然有不少实现状态编码的方法，但还没有一种方法可以被证明所得的结果是最佳的。因此，从理论的角度讲，状态编码的问题是开关理论中还没有完全解决的难题。本节中采用对最简状态分配自然二进制码的方案。

由状态数 M 确定代码位数 n（触发器的个数），通常依据公式 $\log_2 M \leqslant n < \log_2 M + 1$，以减少触发器的数目，得到尽可能简单的逻辑图。

表 5.7.3 中共有 4 个状态，故取 n=2，T_0、T_1、T_2、T_3 分别赋予自然二进制码 00、01、10、11。由表 5.7.3 可得二进制代码状态转移表，见表 5.7.4。

表 5.7.4　　图 5.7.6 的二进制代码状态转移表

$S(t)$	$N(t)/Z(t)$	
	X=0	X=1
00	00/0	01/0
01	10/0	01/0
10	11/0	01/0
11	00/0	00/1

4．确定触发器类型，求激励函数和输出函数

触发器的主要产品是 DFF 和 JKFF，可从中选择一种。在选定触发器之后，同步时序电路的设计实际上就是根据二进制代码状态转移表设计组合电路，以产生触发器激励信号和输出信号。为此，可以在二进制代码状态转移表的基础上，填写触发器的激励条件，此表既包含了状态转移表，又包含了触发器的激励函数和电路输出函数的真值表，称为**综合表**。

选取两级 DFF 设计电路，依据 DFF 的激励表对表 5.7.4 添加激励条件，得到表 5.7.5 所示的综合表。

表 5.7.5　　图 5.7.6 的综合表

X	$Q_1^nQ_0^n$	$Q_1^{n+1}Q_0^{n+1}$	Z	D_1	D_0
0	0　0	0　0	0	0	0
0	0　1	1　0	0	1	0
0	1　0	1　1	0	1	1
0	1　1	0　0	0	0	0
1	0　0	0　1	0	0	1
1	0　1	0　1	0	0	1
1	1　0	0　1	0	0	1
1	1　1	0　0	1	0	0

由综合表，可得激励函数 D_1、D_0 及输出函数 Z 的卡诺图，如图 5.7.12 所示。经化简可得 D_1、D_0 及 Z 的表达式，如式（5.7.1）～式（5.7.3）所示。

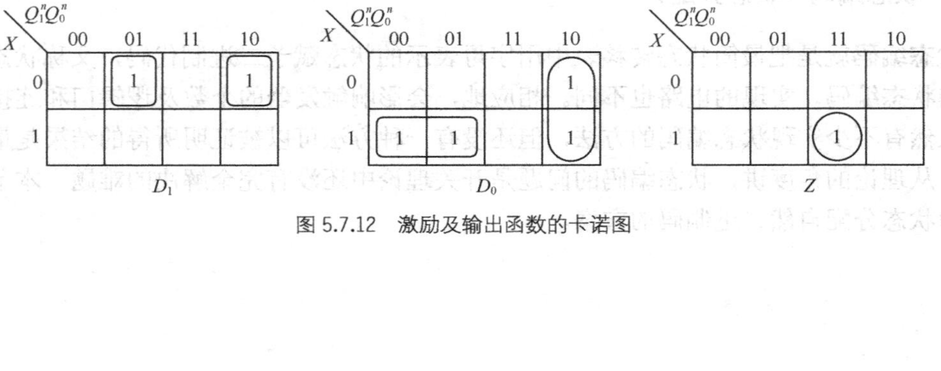

图 5.7.12　激励及输出函数的卡诺图

$$D_1 = \bar{X}\bar{Q}_1^n Q_0^n + \bar{X}Q_1^n \bar{Q}_0^n \quad (5.7.1)$$

$$D_0 = X\bar{Q}_1^n + Q_1^n \bar{Q}_0^n \quad (5.7.2)$$

$$Z = XQ_1^n Q_0^n \quad (5.7.3)$$

5．自启动性检查

由于电路没有偏离态，故电路具有自启动特性。若电路没有自启动性，通常要修改激励信号的表达式，以使电路具备自启动性。

6．作逻辑电路图

根据式（5.7.1）～式（5.7.3），可作 Mealy 型的串行 1001 序列码检测电路，如图 5.7.13 所示。

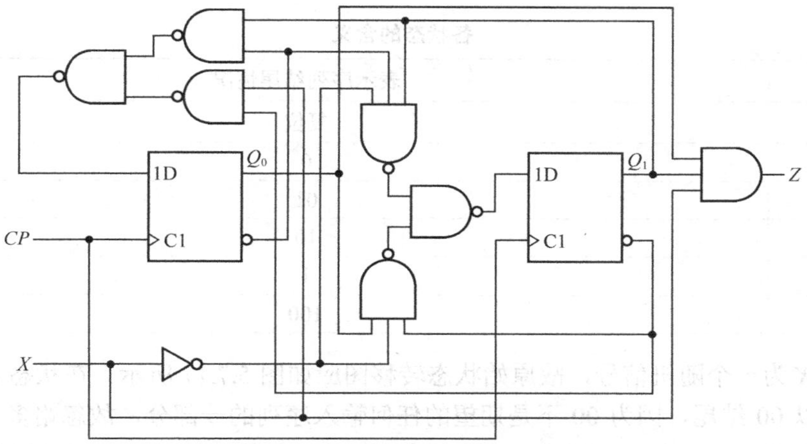

图 5.7.13 Mealy 型串行 1001 序列码检测电路

例 5.7.2 已知一串行序列检测器，当检测到序列码 010 或 1001 时，输出为“1”，其余情况下输出为“0”。其典型的输入输出序列如图 5.7.14 所示，为观察清晰，每 4 个码元一组，中间加空格分开。试设计该检测器。

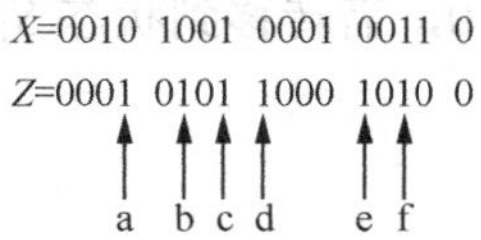

图 5.7.14 例 5.7.2 典型输入输出序列

解： 由图 5.7.14 知，该序列检测器允许序列重叠，或者说，电路在检测到序列码后并不复位，如在 b 点检测到 010，输出 Z 为 1，在 c 点检测到 1001，输出 Z 为 1。

1．建立原始状态转移图或（和）原始状态转移表

设计 Mealy 型检测器。先假设初态为 S_0，如被测信号 X 恰为 010，则局部原始状态转移图应如图 5.7.15 所示。图中用状态 S_1 记忆电路输入了 0，用状态 S_2 记忆电路输入了 01，用状态 S_3 记忆电路输入了 010。

接着，建立检测 1001 序列的局部状态转移图，同样，先假设初态为 S_0，如被测信号 X 恰为 1001，则局部原始状态转移图如图 5.7.16 所示。图中用状态 S_4 记忆电路输入了 1，序列中的下一位是 0，而接收到这个 0 后，是否需要设置一个新的状态来表示已接收到 10 呢？由于状态 S_3 记忆电路输入了 010，但已完成一次 010 序列检测，故有效信息为序列以 10 结束，而 10 正是要寻找的 1001 序列的开始部分，故从状态 S_4 转移到状态 S_3。在 S_3 下输入第三位码元 0，输入序列以 100 结束，用新状态 S_5 来表示。在 S_5 下输入第四位码元 1，输入序列以 1001 结束，完成检测，输出 1，由于此时序列以 01 结尾，故转移到状态 S_2。在创建状态转移图时，要注意是否可以转移到以前的某个状态而不必创建新状态。各状态的含义见表 5.7.6。

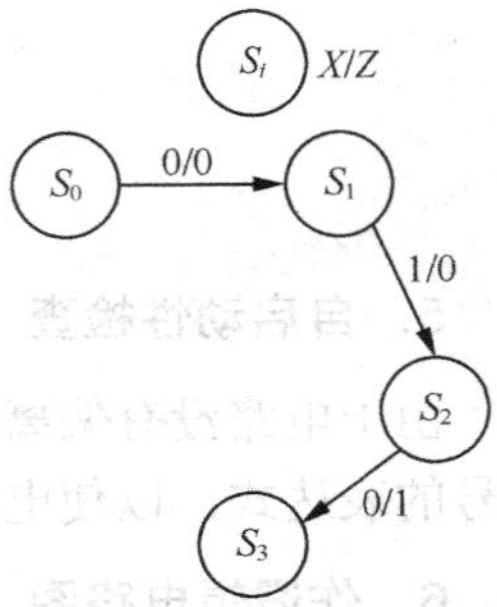

图 5.7.15 检测 010 序列局部原始状态转移图

表 5.7.6 各状态的含义

状态	表示序列结尾情况
S_0	复位
S_1	0
S_2	01
S_3	10
S_4	1
S_5	100

考虑到 X 为一个随机信号，故原始状态转移图应如图 5.7.17 所示。在状态 S_1 下输入 0，接收的序列以 00 结尾，因为 00 不是期望的任何输入序列的一部分，故忽略多余的第一位 0 而保持在状态 S_1。在状态 S_2 下输入 1，输入序列以 011 结尾，因为 011 不是期望的任何输入序列的一部分，故忽略多余的前两位 01，而认为只检测到一位有效码元 1，需转移到状态 S_4。在状态 S_3 下输入 1，输入序列以 101 结尾，忽略多余的第一位 1 而转移到状态 S_2。在状态 S_4 下输入 1，输入序列以 11 结尾，因为 11 不是期望的任何输入序列的一部分，故忽略多余的第一位 1 而保持在状态 S_4。在状态 S_5 下输入 0，输入序列以 1000 结尾，忽略多余的前三位 100，而认为只检测到一位有效码元 0，需转移到状态 S_1。由图 5.7.17 可得原始状态转移表，见表 5.7.7。

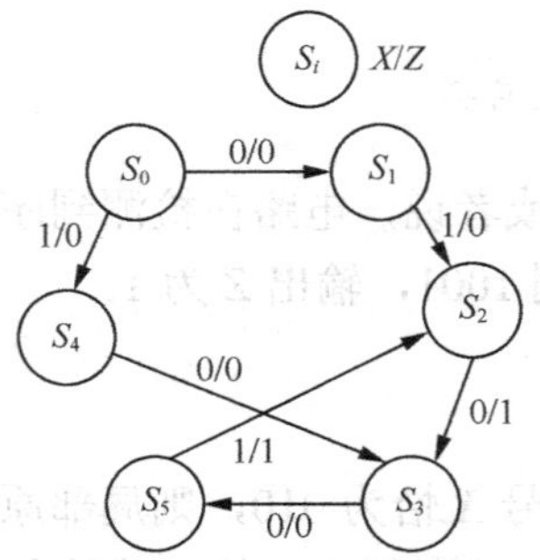

图 5.7.16 检测 1001 序列局部原始状态转移图

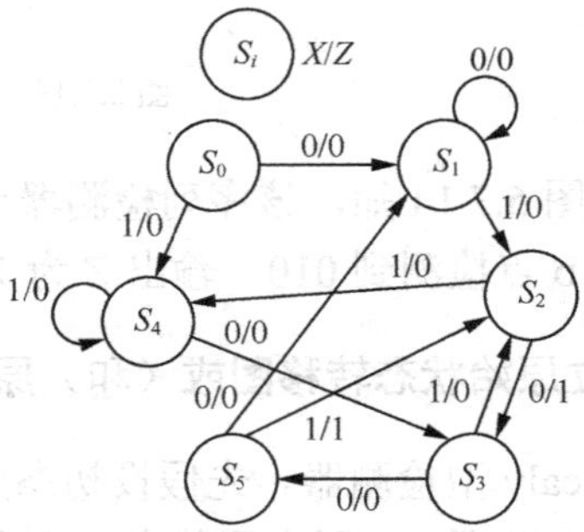

图 5.7.17 例 5.7.2 原始状态转移图

表 5.7.7 例 5.7.2 原始状态转移表

$S(t)$	$N(t)/Z(t)$	
	X=0	X=1
S_0	S_1/0	S_4/0
S_1	S_1/0	S_2/0
S_2	S_3/1	S_4/0
S_3	S_5/0	S_2/0
S_4	S_3/0	S_4/0
S_5	S_1/0	S_2/1

2．化简原始状态转移表

作隐含表，如图 5.7.18 所示，进行化简。经顺序比较、关联比较可知，表 5.7.7 中无等价状态，已是最简状态转移表。

S_1	S_2S_4×				
S_2	×	×			
S_3	S_1S_5× S_2S_4×	S_1S_5×	×		
S_4	S_1S_3×	S_1S_3× S_2S_4×	×	S_3S_5× S_2S_4×	
S_5	×	×	×	×	×
	S_0	S_1	S_2	S_3	S_4

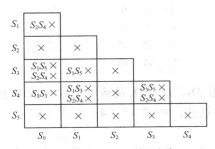

图 5.7.18 表 5.7.7 的隐含表

3．状态编码

由状态数 M 确定代码位数 n（触发器的个数），依据公式 $\log_2 M \leqslant n < \log_2 M + 1$，表 5.7.7 中共有 6 个状态，故取 $n=3$，S_0、S_1、S_2、S_3、S_4、S_5 分别赋予自然二进制码 000、001、010、011、100、101。由表 5.7.7 可得二进制代码状态转移表，见表 5.7.8。

表 5.7.8 例 5.7.2 的二进制代码状态转移表

$S(t)$	$N(t)/Z(t)$	
	X=0	X=1
000	001/0	100/0
001	001/0	010/0
010	011/1	100/0
011	101/0	010/0
100	011/0	100/0
101	001/0	010/1

4．选定触发器类型并设计各触发器的激励函数和电路的输出函数

选取三级 DFF 设计电路，依据 DFF 的激励表对表 5.7.8 添加激励条件，得到表 5.7.9 所示的综合表。

表 5.7.9　　例 5.7.2 的综合表

X	$Q_2^nQ_1^nQ_0^n$	$Q_2^{n+1}Q_1^{n+1}Q_0^{n+1}$	Z	D_2	D_1	D_0
0	0 0 0	0 0 1	0	0	0	1
0	0 0 1	0 0 1	0	0	0	1
0	0 1 0	0 1 1	1	0	1	1
0	0 1 1	1 0 1	0	1	0	1
0	1 0 0	0 1 1	0	0	1	1
0	1 0 1	0 0 1	0	0	0	1
0	1 1 0	∅ ∅ ∅	∅	∅	∅	∅
0	1 1 1	∅ ∅ ∅	∅	∅	∅	∅
1	0 0 0	1 0 0	0	1	0	0
1	0 0 1	0 1 0	0	0	1	0
1	0 1 0	1 0 0	0	1	0	0
1	0 1 1	0 1 0	0	0	1	0
1	1 0 0	1 0 0	0	1	0	0
1	1 0 1	0 1 0	1	0	1	0
1	1 1 0	∅ ∅ ∅	∅	∅	∅	∅
1	1 1 1	∅ ∅ ∅	∅	∅	∅	∅

由综合表，可得激励函数 D_2、D_1、D_0 及输出函数 Z 的卡诺图，如图 5.7.19 所示。经化简可得 D_2、D_1、D_0 及 Z 的表达式，如式（5.7.4）～式（5.7.7）所示。

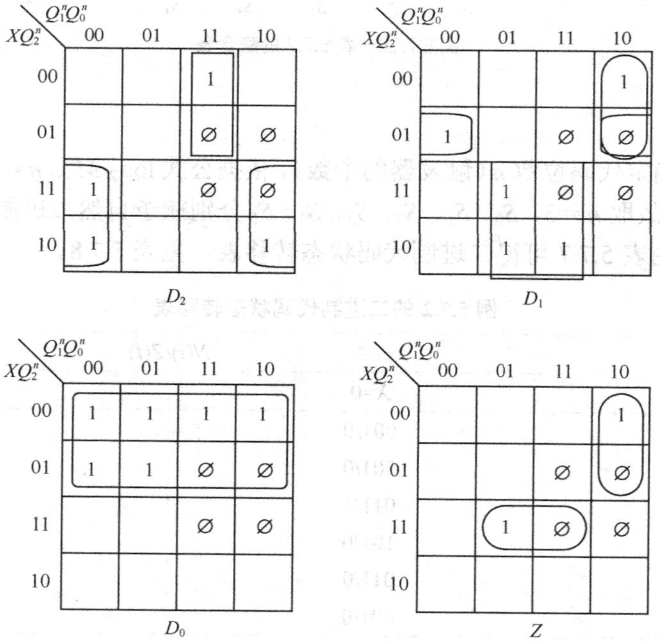

图 5.7.19　激励及输出函数的卡诺图

$$D_2 = X\overline{Q}_0^n + \overline{X}Q_1^nQ_0^n \tag{5.7.4}$$

$$D_1 = XQ_0^n + \overline{X}Q_2^n\overline{Q}_0^n + \overline{X}Q_1^n\overline{Q}_0^n \tag{5.7.5}$$

$$D_0 = \overline{X} \tag{5.7.6}$$

$$Z = XQ_2^nQ_0^n + \overline{X}Q_1^n\overline{Q}_0^n \tag{5.7.7}$$

5．自启动性检查

依据图 5.7.19 中卡诺圈的圈法，可画出电路的全状态转移图，如图 5.7.20 所示。电路可以从偏离态 110、111 进入有效循环，具有自启动特性，但输出 Z 在现态为 110 输入为 0、现态为 111 输入为 1 时会出现错误，故修改图 5.7.19 中 Z 的圈法，不圈 0110、1111 两个小格，修改后 Z 的表达式如式（5.7.8）所示。

$$Z = XQ_2^n\overline{Q}_1^nQ_0^n + \overline{X}\overline{Q}_2^nQ_1^n\overline{Q}_0^n \tag{5.7.8}$$

6．作逻辑电路图

根据式（5.7.4）～式（5.7.6）和式（5.7.8）可画出电路图，这里从略。

例 5.7.3 已知迷宫和机器人布局如图 5.7.21 所示，机器人的行走方式为前进、左转、右转，试设计机器人控制电路，使机器人能找到迷宫的出口并走出迷宫。机器人的鼻子上有一个传感器，当碰到障碍物时，传感器输出 x=1，否则 x=0；机器人有两条控制线 z_1、z_0，当 z_1 =1 时控制机器人右转，当 z_0 =1 时控制机器人左转，当检测到障碍物时，机器人连续右转（或左转），直到检测不到障碍物，下一次检测到障碍物时，机器人连续左转（或右转），直到检测不到障碍物。

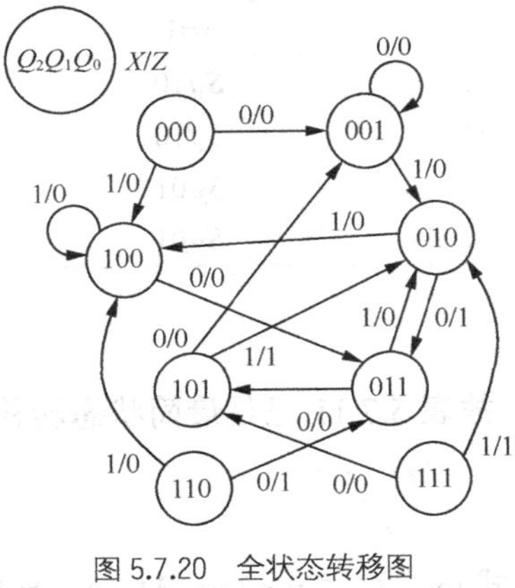

图 5.7.20 全状态转移图

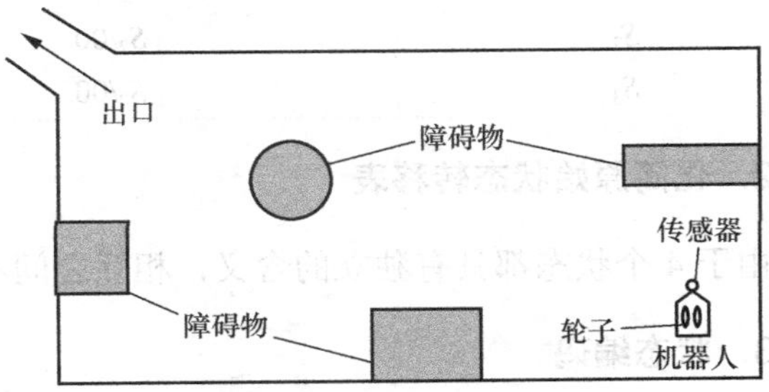

图 5.7.21 迷宫和机器人布局图

解：由题意知，该控制电路有一个输入和两个输出。

1．建立原始状态转移图或（和）原始状态转移表

设计 Mealy 型控制电路。先假设初态为 S_0，机器人直线前进，如检测到障碍物，则进入右转状态 S_1，若障碍物已检测不到，则进入直线前进状态 S_2，若再次检测到障碍物，则进入左转状态，若障碍物已检测不到，则进入直线前进状态 S_0，则原始状态转移图如图 5.7.22 所示。图中用状态 S_0 记忆电路处于直线前进状态且上一次转向为左转，用状态 S_1 记忆电路处于右转状态，用状态 S_2 记忆电路处于直线前进状态且上一次转向为右转，用状态 S_3 记忆电路处于左转状态，各状态的含义见表 5.7.10。

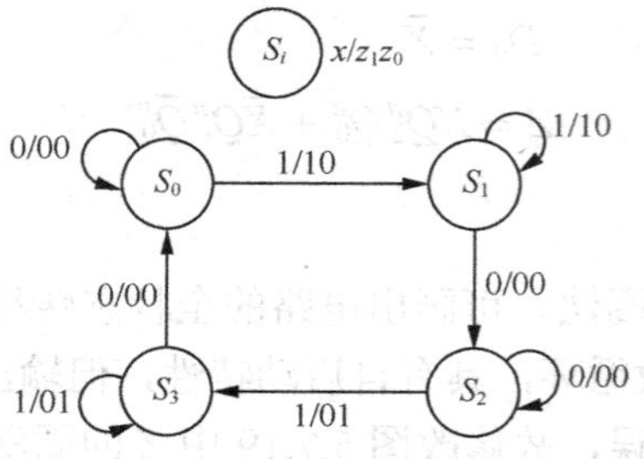

图 5.7.22　机器人控制电路原始状态转移图

表 5.7.10　各状态的含义

状态	表示控制电路状态
S_0	直线前进状态且上一次转向为左转
S_1	右转状态
S_2	直线前进状态且上一次转向为右转
S_3	左转状态

由图 5.7.22 可得原始状态转移表，见表 5.7.11。

表 5.7.11　例 5.7.3 的原始状态转移表

$S(t)$	$N(t)/z_1(t)\,z_0(t)$	
	x=0	x=1
S_0	S_0/00	S_1/10
S_1	S_2/00	S_1/10
S_2	S_2/00	S_3/01
S_3	S_0/00	S_3/01

2．化简原始状态转移表

由于 4 个状态都具有独立的含义，相互之间不等价，故表 5.7.11 已是最简状态转移表。

3．状态编码

由状态数 M 确定代码位数 n（触发器的个数），依据公式 $\log_2 M \leqslant n < \log_2 M+1$，表 5.7.11 中共有 4 个状态，故取 $n=2$，S_0、S_1、S_2、S_3 分别赋予自然二进制码 00、01、10、11。由表 5.7.11 可得二进制代码状态转移表，见表 5.7.12。

表 5.7.12　例 5.7.3 的二进制代码状态转移表

$S(t)$	$N(t)/\,z_1(t)\,z_0(t)$	
	x=0	x=1
00	00/00	01/10
01	10/00	01/10
10	10/00	11/01
11	00/00	11/01

4．选定触发器类型并设计各触发器的激励函数和电路的输出函数

选取两级 DFF 设计电路，依据 DFF 的激励表对表 5.7.12 添加激励条件，得到表 5.7.13 所示的综合表。

表 5.7.13　　例 5.7.3 的综合表

x	$Q_1^nQ_0^n$	$Q_1^{n+1}Q_0^{n+1}$	z_1	z_0	D_1	D_0
0	0 0	0 0	0	0	0	0
0	0 1	1 0	0	0	1	0
0	1 0	1 0	0	0	1	0
0	1 1	0 0	0	0	0	0
1	0 0	0 1	1	0	0	1
1	0 1	0 1	1	0	0	1
1	1 0	1 1	0	1	1	1
1	1 1	1 1	0	1	1	1

由综合表，可得激励函数 D_1、D_0 及输出函数 z_1、z_0 的卡诺图，如图 5.7.23 所示。经化简可得 D_1、D_0 及 z_1、z_0 的表达式，如式（5.7.9）～式（5.7.12）所示。

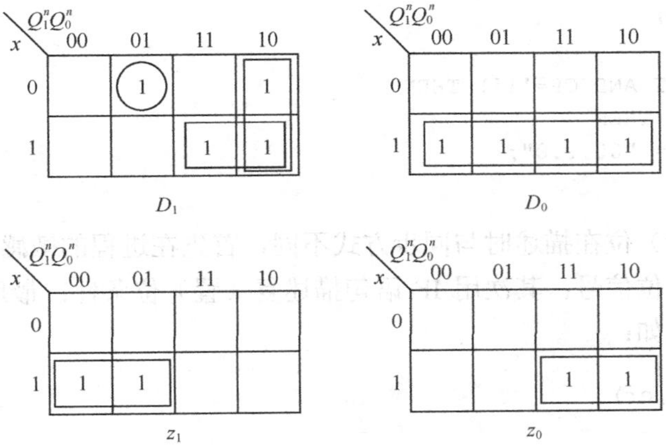

图 5.7.23　激励及输出函数的卡诺图

$$D_1 = xQ_1^n + Q_1^n\overline{Q}_0^n + \overline{x}\overline{Q}_1^nQ_0^n \tag{5.7.9}$$

$$D_0 = x \tag{5.7.10}$$

$$z_1 = x\overline{Q}_1^n \tag{5.7.11}$$

$$z_0 = xQ_1^n \tag{5.7.12}$$

5．自启动性检查

电路没有无效状态，具有自启动特性。

6．作逻辑电路图

根据式（5.7.9）～式（5.7.12）可画出电路图，这里从略。

5.8 VHDL 描述时序逻辑电路

时序逻辑电路都是以时钟信号为驱动信号，只有在时钟信号的边沿到达时，其状态才发生改变，因此，时钟信号通常是描述时序逻辑电路程序的执行条件。

通常对触发时钟边沿检出条件可简写为

```
IF CP'EVENT AND CP='1' THEN;     上升沿触发;
IF CP'EVENT AND CP='0' THEN;     下降沿触发;
```

时序逻辑电路还有同步复（置）位和非同步复（置）位。同步复（置）位是在复（置）位信号有效且在给定时钟边沿到达时，时序逻辑电路复（置）位。而非同步复（置）位，只要复（置）位信号有效，时序逻辑电路立即复（置）位。

在 VHDL 描述时，同步复（置）位一定在以时钟为敏感信号的进程中定义，且用 IF 语句来描述必要的复（置）位条件。例如：

```
PROCESS(CP)
BEGIN
IF(CP'EVENT AND CP='1') THEN
IF(cr='0') THEN
tmprg(n) <= "00...0";
...
```

而非同步复（置）位在描述时与同步方式不同，首先在进程的敏感信号中除时钟信号以外，还应加上（置）位信号；其次用 IF 语句描述复（置）位条件；最后在 ELSIF 段描述时钟信号边沿条件。例如：

```
PROCESS(CP,cr)
BEGIN
IF(cr='0') THEN
tmprg(n) <= "00...0";
IF(CP'EVENT AND CP='1') THEN
...
```

例 5.8.1 用 VHDL 描述六十进制计数器。

解：六十进制计数器常用于时钟计数，*cp* 为时钟输入端；*load* 为预置操作控制端（高电平有效）；*datain*1（3～0）为个位数据输入端，*datain*10（2～0）为十位数据输入端；*bcd1*（3～0）为计数值个数输出，*bcd*10（2～0）为计数值十位输出。

```
LIBRARY IEEE;
USE IEEE.STD_LOGIC_1164.ALL;
USE IEEE.STD_LOGIC_UNSIGNED.ALL;
ENTITY bcd60count IS
PORT(cp,load: IN STD_LOGIC;
```

```
datain1: IN STD_LOGIC_VECTOR(3 DOWNTO 0);
datain10: IN STD_LOGIC_VECTOR(2 DOWNTO 0);
bcd1: OUT STD_LOGIC_VECTOR(3 DOWNTO 0);
bcd10: OUT STD_LOGIC_VECTOR(2 DOWNTO 0));
END bcd60count;
ARCHITECTURE rtl OF bcd60count IS
SIGNAL bcd1n:STD_LOGIC_VECTOR(3 DOWNTO 0);
SIGNAL bcd10n:STD_LOGIC_VECTOR(2 DOWNTO 0);
BEGIN
PROCESS(cp,load,datain1,datain10)
BEGIN
IF(load='1') THEN
bcd1n <= datain1;
bcd10n <= datain10;
ELSIF(cp'EVENT AND cp='1') THEN
IF(bcd10n < 5) THEN
IF(bcd1n< 9) THEN
bcd1n <= bcd1n + 1;
bcd10n <= bcd10n;
ELSE
bcd1n <= "0000";
bcd10n <= bcd10n + 1;
END IF;
ELSE
IF(bcd1n< 9) THEN
bcd1n<= bcd1n + 1;
bcd10n <= bcd10n;
ELSE
bcd1n <= "0000";
bcd10n<= "000";
END IF;
END IF;
END IF;
END PROCESS;
bcd1<= bcd1n;
bcd10<= bcd10n;
END rtl;
```

习题

5.1 试用 2 片 74194 和一个 D 触发器构成 8 位串—并转换电路。

5.2 试用 2 片 74194 和一个 D 触发器构成 8 位并—串转换电路。

5.3 试分析图 P5.1 构成的同步计数器电路，画出状态转移图并说明有无自启动性。

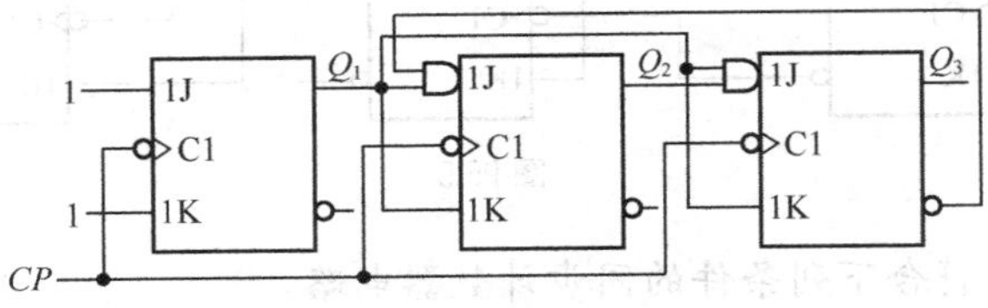

图 P5.1

5.4 试分析图 P5.2 所示的同步计数器的逻辑功能。

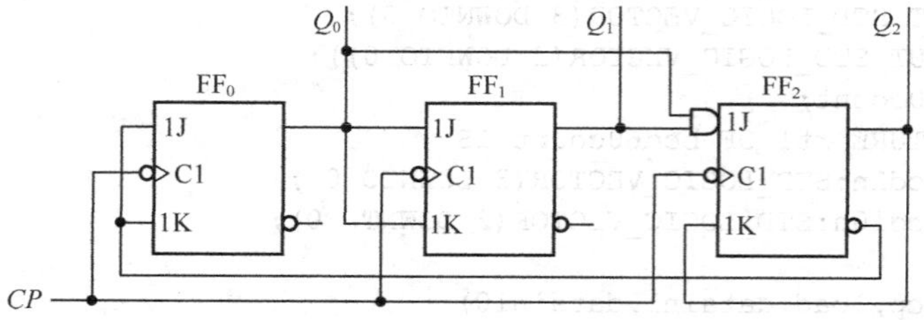

图 P5.2

5.5 试用 D 触发器设计一个满足图 P5.3 所示的状态转移图的同步计数器，要求写出设计过程。

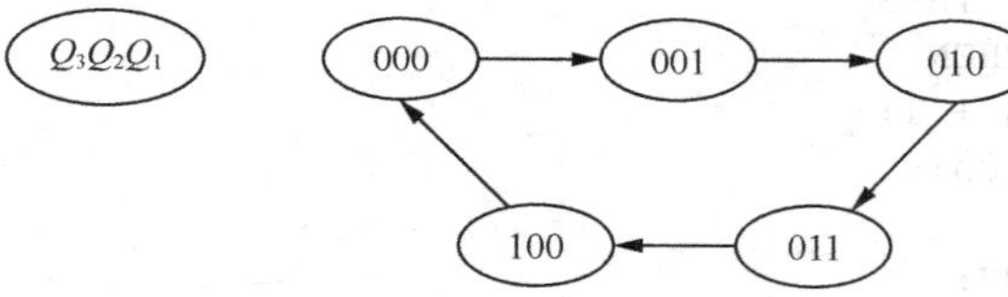

图 P5.3

5.6 根据同步二进制计数器的构成规律，用上升沿触发的 TFF 和与非门设计八进制加/减法计数器，当 $M=0$ 时为加法计数器，当 $M=1$ 时为减法计数器，并要求有进位输出信号。画出电路图。

5.7 分析图 P5.4 电路，画出其全状态转移图并说明能否自启动。

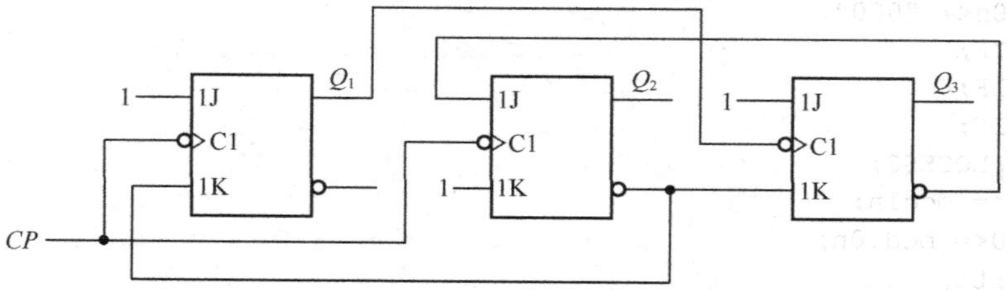

图 P5.4

5.8 分析图 P5.5 电路，画出其全状态转移图并说明能否自启动。

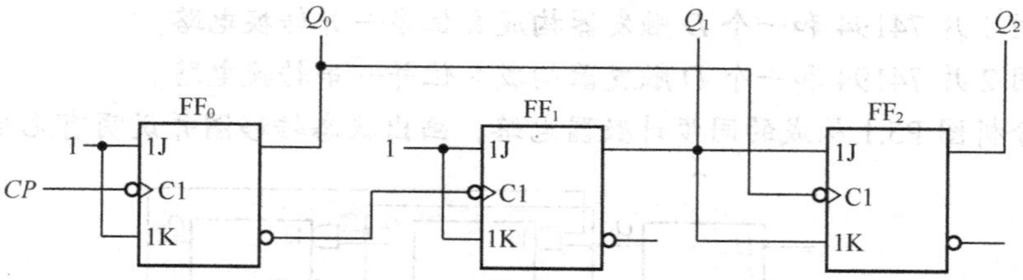

图 P5.5

5.9 用 JKFF 设计符合下列条件的同步计数器电路。

（1）当 $X=0$ 时为 $M=5$ 的加法计数器，其状态为 0，1，2，3，4。

（2）当 $X=1$ 时为 $M=5$ 的减法计数器，其状态为 7，6，5，4，3。

5.10 试改用 D 触发器实现 5.9 题所述功能的电路。

5.11 试用 TFF 实现符合表 P5.1 编码表的电路。

表 P5.1

Q_3	Q_2	Q_1	Q_0
0	0	0	0
0	1	0	0
0	1	0	1
0	1	1	0
0	1	1	1
1	0	0	0
1	1	0	0
1	1	0	1
1	1	1	1

5.12 用四个 DFF 设计以下电路。

（1）异步二进制减法计数器。

（2）在（1）的基础上用异步清零法构成 $M=13$ 的异步计数器。

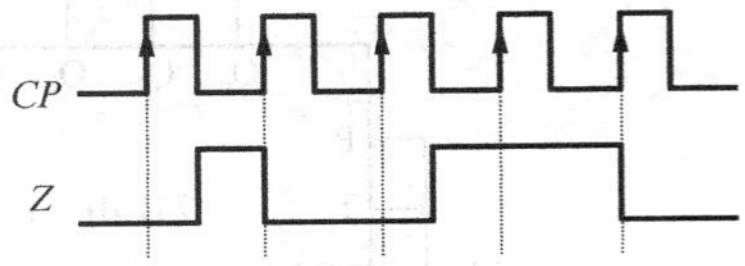

图 P5.6

5.13 用 DFF 和适当门电路实现图 P5.6 的输出波形 Z。

5.14 试写出图 P5.7 中各电路的状态转移表。

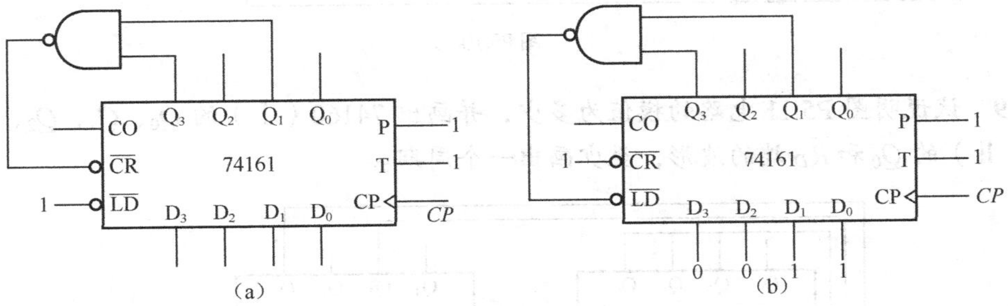

图 P5.7

5.15 写出图 P5.8 电路的状态转移表并求出模长 M。

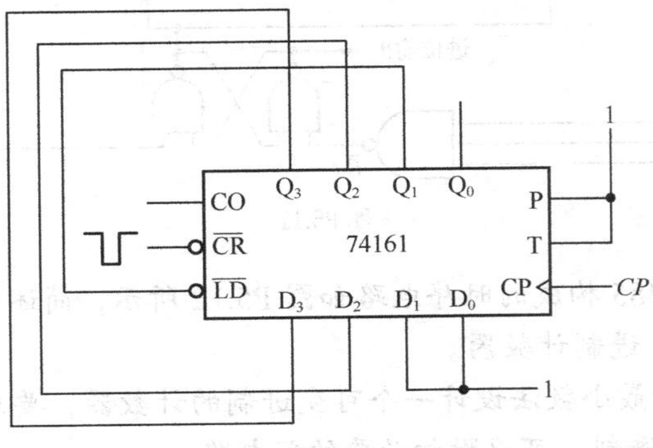

图 P5.8

5.16 试分析图 P5.9 能实现 M 为多少的分频。

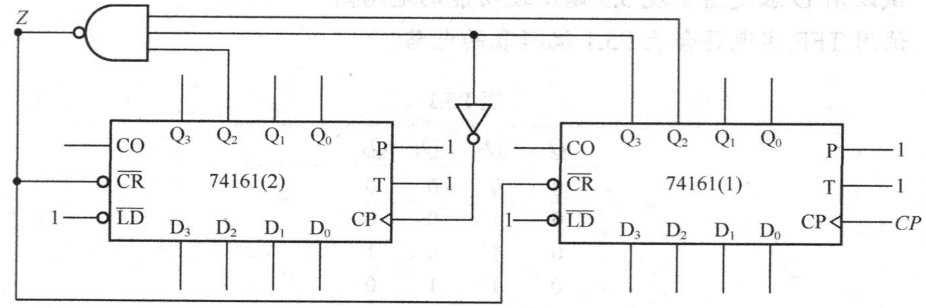

图 P5.9

5.17 试用 74161 设计能按 8421BCD 译码显示的 0～59 计数的 60 分频电路。

5.18 试分析图 P5.10 计数器的分频比为多少。

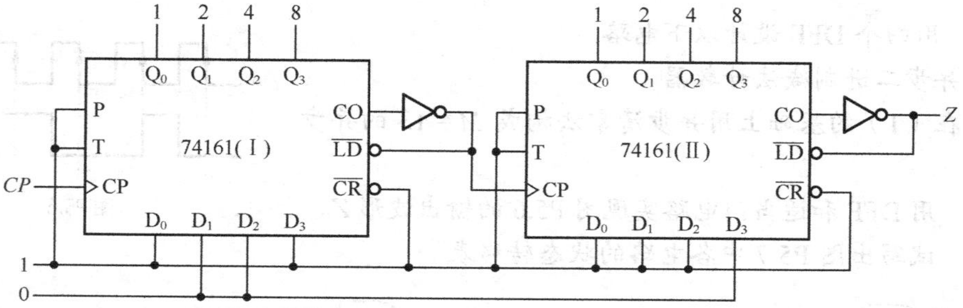

图 P5.10

5.19 试说明图 P5.11 电路的模值为多少，并画出 74160（Ⅰ）的 Q_0、Q_1、Q_2、Q_3 端，74160（Ⅱ）的 Q_0 和 $\overline{R}_D$ 端的波形，至少画出一个周期。

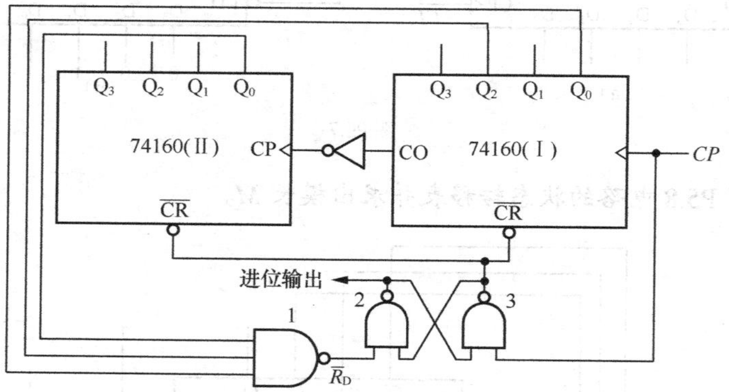

图 P5.11

5.20 由 74161 和 7485 构成的时序电路如图 P5.12 所示，简述电路的功能。对电路做适当修改，实现 N（N<16）进制计数器。

5.21 用 74163 的置最小数法设计一个可变进制的计数器，要求在控制信号 $M=0$ 时为十进制，$M=1$ 时为十二进制。可以附加必要的门电路。

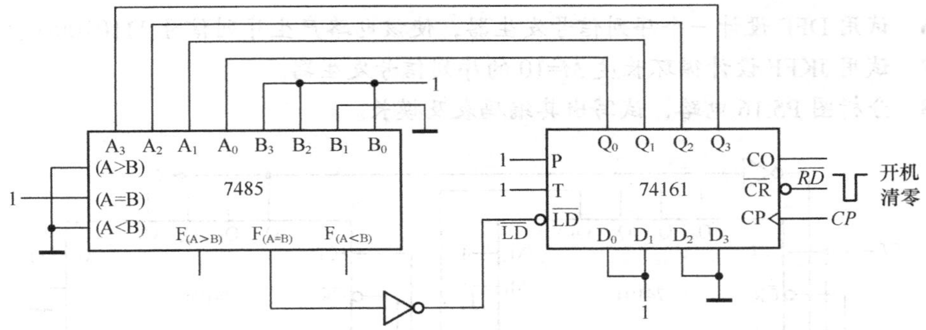

图 P5.12

5.22 设计一个小汽车尾灯控制电路。小汽车左、右两侧各有 3 个尾灯，要求：

（1）左转弯时，由左转弯开关控制，左侧 3 个灯按图 P5.13 所示周期性地亮与灭。

（2）右转弯时，由右转弯开关控制，右侧 3 个灯按图 P5.13 所示周期性地亮与灭。

（3）左、右两个开关都作用时，两侧的灯同样周期地亮与灭。

（4）在制动开关（制动器）作用时，6 个尾灯同时亮。若在转弯情况下制动，则 3 个转向尾灯正常动作，另一侧 3 个尾灯则均亮。

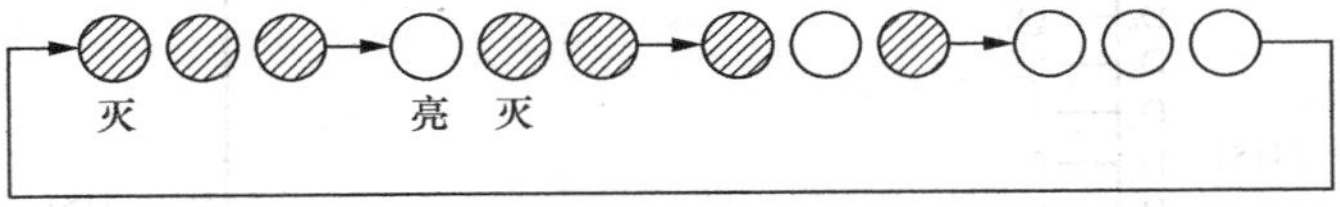

图 P5.13

5.23 试用一片 74161 和一片八选一数据选择器 74151 实现图 P5.14 输出波形 Z。

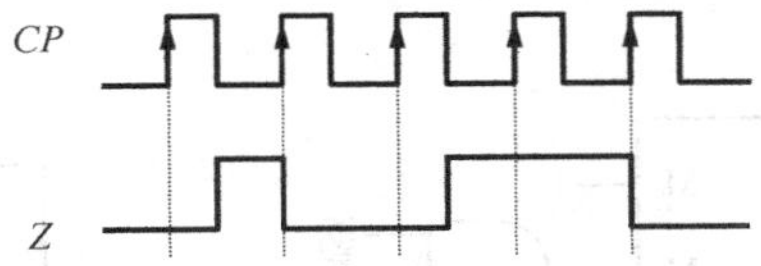

图 P5.14

5.24 图 P5.15 是移存型计数器电路，试分析该电路功能。

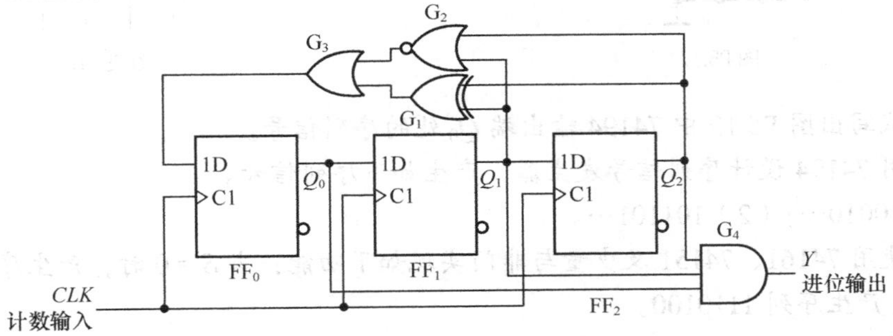

图 P5.15

5.25 用 DFF 设计移位型序列信号发生器，要求产生的序列信号如下。

（1）11110000…；（2）111100100…。

5.26 试用 DFF 设计一个序列信号发生器，使该电路产生序列信号 1110100…。

5.27 试用 JKFF 设计循环长度 M=10 的序列信号发生器。

5.28 分析图 P5.16 电路，试写出其编码表及模长。

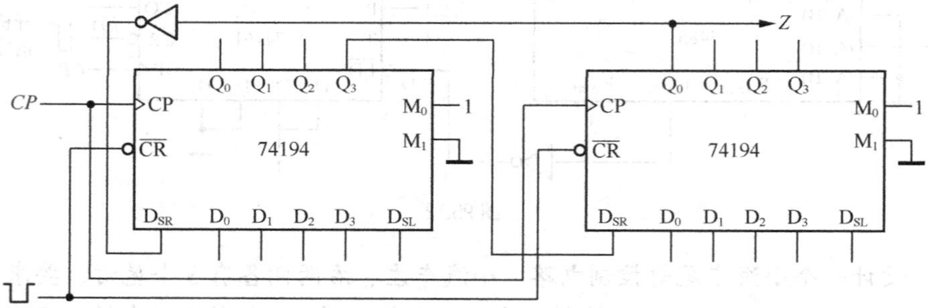

图 P5.16

5.29 试写出图 P5.17 的 74194 输出端的编码表及数据选择器输出端 F 处的序列信号。

5.30 写出图 P5.18 中 74161 输出端的状态编码表及 74151 输出端产生的序列信号。

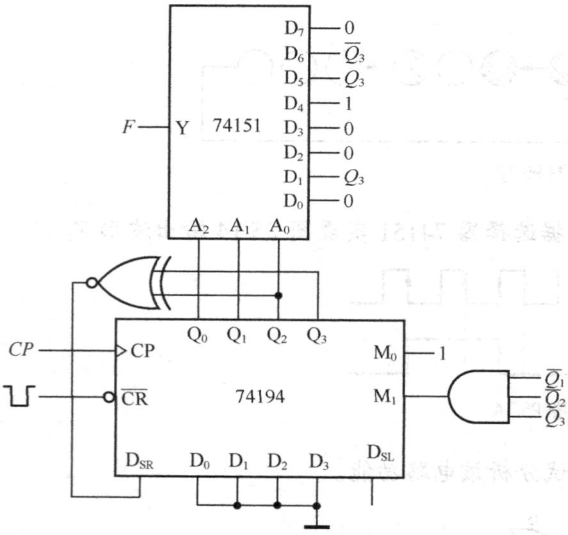

图 P5.17

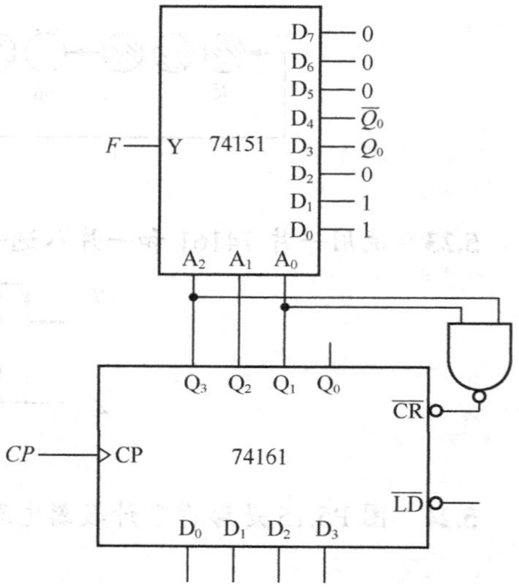

图 P5.18

5.31 试写出图 P5.19 中 74194 输出端 Q_0 处的序列信号。

5.32 用 74194 设计序列信号发生器，产生如下序列信号。

（1）1110010…；（2）101101…。

5.33 使用 74161、74151 及少量与非门实现如下功能：当 $S=0$ 时，产生序列 1011010；当 $S=1$ 时，产生序列 1110100。

5.34 使用 74161、74151 及若干与非门设计一个电路，同时输出两个不同的序列信号 Z_1=111100010 和 Z_2=101110001（不另加控制信号）。

5.35 逻辑电路如图 P5.20 所示，试画出时序电路部分的状态转移图，并画出在 CP 作用下 2-4 线译码器 74139 输出端的波形，设触发器的初态为 0。

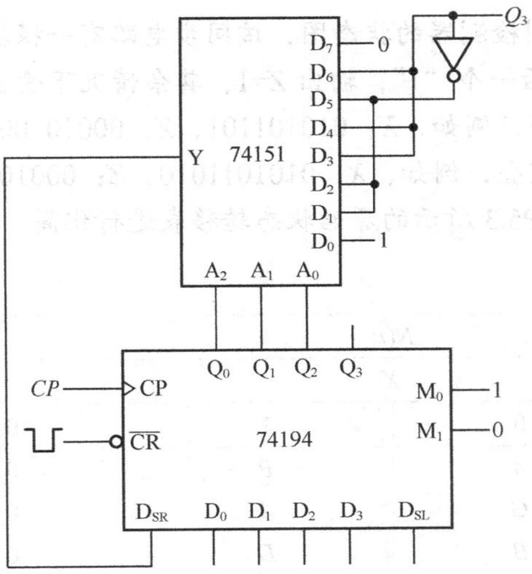

图 P5.19

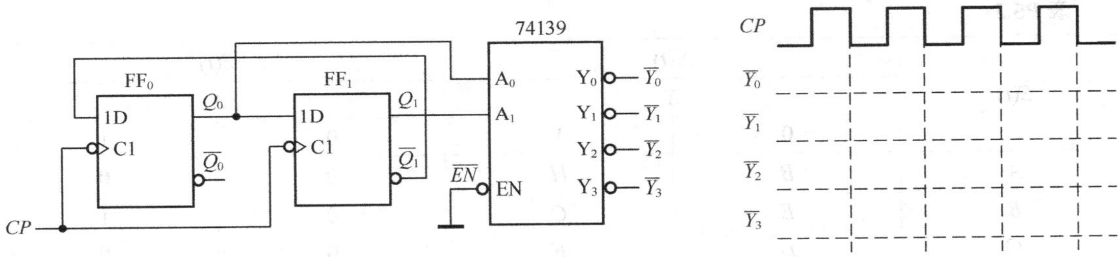

图 P5.20

5.36 分析图 P5.21 所示时序逻辑电路的功能，DFF 的初态为 0。

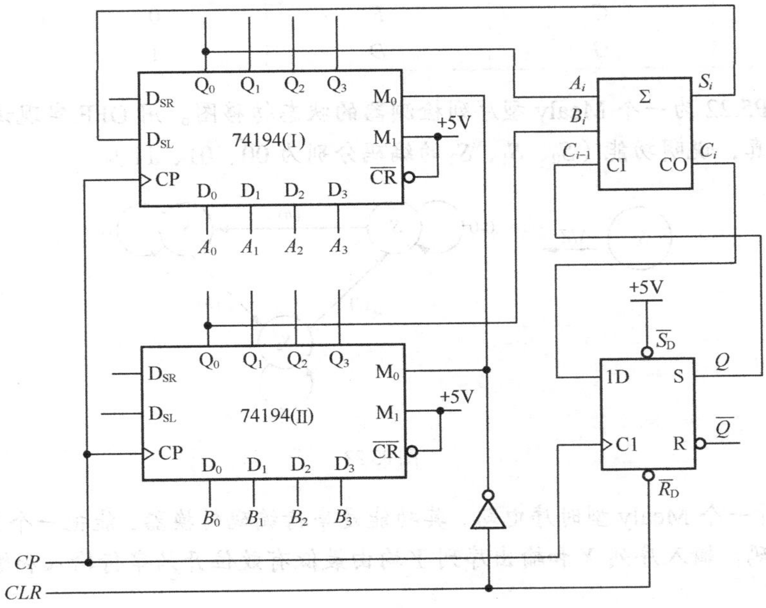

图 P5.21

5.37 试作出 101 序列检测器的状态图，该同步电路有一根输入线 X 和一根输出线 Z，对应于输入序列 101 的最后一个“1”，输出 Z=1，其余情况下输出为“0”。

（1）101 序列可以重叠，例如，X：010101101，Z：000101001。

（2）101 序列不可以重叠，例如，X：0101011010，Z：0001000010。

5.38 对表 P5.2 和表 P5.3 所示的原始状态转移表进行化简。

表 P5.2

$S(t)$	$N(t)$		$Z(t)$	
	X		X	
	0	1	0	1
A	A	B	0	0
B	C	A	0	1
C	B	D	0	1
D	D	C	0	0

表 P5.3

$S(t)$	$N(t)$		$Z(t)$	
	X		X	
	0	1	0	1
A	B	H	0	0
B	E	C	0	1
C	D	F	0	0
D	G	A	0	1
E	A	H	0	0
F	E	B	1	1
G	C	F	0	0
H	G	D	1	1

5.39 图 P5.22 为一个 Mealy 型序列检测器的状态转移图。用 DFF 实现该电路，并用仿真软件进行仿真，说明功能（S_0、S_1、S_2 的编码分别为 00、01、11）。

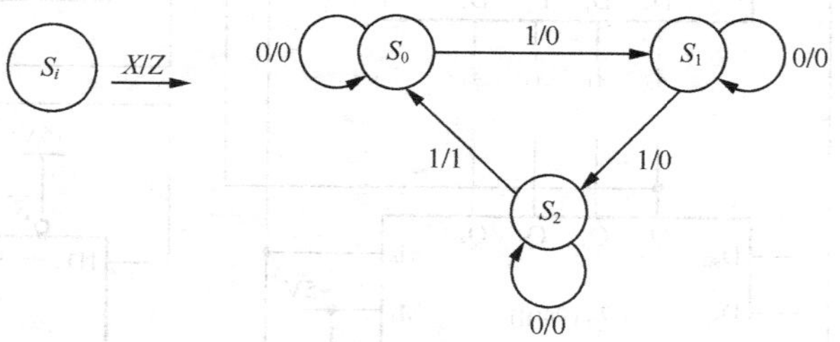

图 P5.22

5.40 设计一个 Mealy 型时序电路，其功能是串行编码转换器，能把一个 8421BCD 码转换为余 3BCD 码。输入序列 X 和输出序列 Y 均由最低有效位开始串行输入和输出。

第6章 可编程逻辑器件

内容提要 本章介绍了可编程逻辑器件（PLD）的概念、分类、节点工艺、典型器件、内部结构以及开发流程。重点讲述了可编程只读存储器（PROM）的内部结构、典型应用和扩展，简单介绍了可编程逻辑阵列（PLA）、可编程阵列逻辑（PAL）、复杂可编程逻辑器件（CPLD）的内部结构及工作原理，分别以 GAL16V8 和 Xilinx Spartan-3 系列 FPGA 为例，详细介绍了通用阵列逻辑（GAL）、现场可编程门阵列（FPGA）的结构和工作原理，并对用 Protel 99SE 软件开发由 CUPL 编程的 GAL 器件和用 Xilinx ISE 软件开发由 VHDL 编程的 FPGA 器件的过程作了详细的说明。

在 20 世纪 50 年代中期德克萨斯仪器（TI，Texas Instruments）公司利用了衬底光学印刷技术，成功地制造了大量基本的数字集成电路（IC，Integrated Circuit），称为 54××和 74××系列，分别面向军事和商业领域。此后，简单的数字 IC 被广泛地应用于不同的数字系统设计之中，人类的生活也因此步入了数字时代。

但是，随着技术的发展，逻辑功能过于简单的数字 IC 却成为了大型数字系统设计和实现的瓶颈：过多的 IC 将占用极大的印制电路板（PCB，Printed Circuit Board）面积，同时会给实际产品的组装和调试带来极大的困难（一个极小的错误很可能导致整个数字系统的逻辑产生混乱，甚至使数字系统无法工作）。我们很难想象今日的计算机如果用 74××的 IC 来实现会是什么情况。

解决这一问题的方法一般有三种：一种是为特殊的应用场合专门设计制造相关的 IC 来满足设计的需要，这就是专用集成电路（ASIC，Application Specific Integrated Circuit），一般专为某个特定公司的使用而设计制造；一种是将某些常用的复杂数字系统集成在一片 IC 之上，用来满足大多数复杂数字系统设计的需要，这就是专用标准产品（ASSP，Application Specific Standard Products），一般用来实现大多数设计者的通用复杂设计；还有一种 IC 从本质上突破了 ASIC 和 ASSP 的设计思想，这种 IC 仅包含最基本的数字逻辑单元（如各种门电路、数字开关、触发器等），但各单元之间互不连接或局部连接，其功能由使用者根据需要进行确定（即编程），这就是可编程逻辑器件（PLD，Programmable Logic Device）。很明显，同一片 PLD 由于使用者的目的不同，可以经过设计成为不同的器件，执行不一样的功能，从而极大地方便了数字系统的实现。

6.1 PLD 概述

本节主要讲述 PLD 的基本知识，为后面的各种 PLD 器件的详细学习做铺垫。

6.1.1 PLD 的表示方法

由于 PLD 内部电路紧凑、规则，用传统的逻辑图表示不方便，因而采用一些简化的表示方法。

1．输入缓冲电路

在 PLD 中，外部输入信号和反馈信号都经过输入缓冲电路后，再送往下一级。目的是产生原变量（A）和反变量（$\overline{A}$）两个互补的信号，并使其具有足够的驱动能力。输入缓冲电路的表示如图 6.1.1（a）所示。

2．门电路

在 PLD 中，由于门电路的输入变量不一定全部使用，而是根据用户的编程决定使用的多少，故输入变量在门电路中的使用与否的表示方法和导线连接方式的表示方法一样，采用交叉线连接表示法。门电路的表示如图 6.1.1（b）所示。

3．导线连接

在 PLD 中导线的布局错综复杂又井然有序，若在制图时将导线完全不交叉绘制，往往会使原理图的可读性变得极差，甚至无法绘制，故而一般在绘制 PLD 内部结构图时，有大量导线呈交叉形式排布。

图 6.1.1（c）给出了 PLD 中各种导线连接的表示方法。“·”表示硬连接，器件在出厂时已经连接好，不能用编程方法改变；“×”表示用编程方法做成的连接点；单纯的交叉线表示无任何连接。

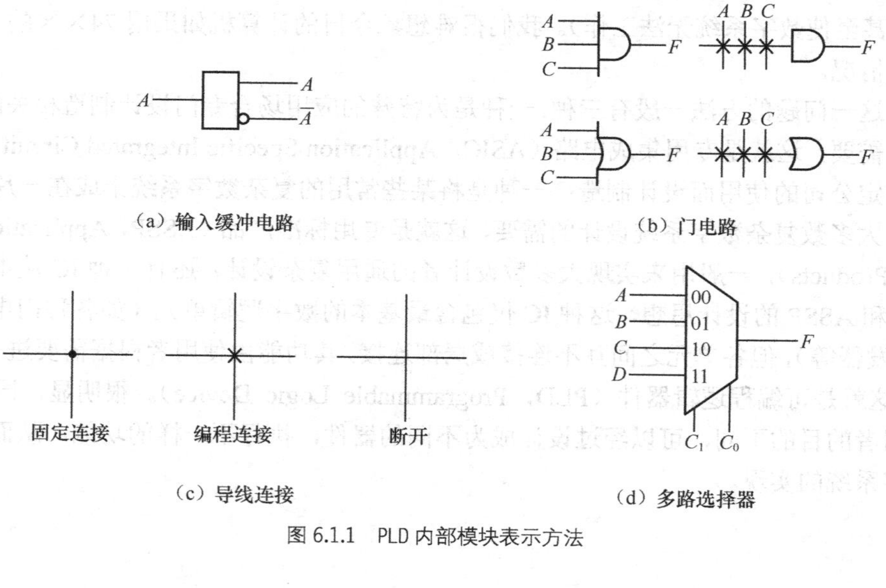

图 6.1.1　PLD 内部模块表示方法

4．多路选择器

多路选择器（MUX）是PLD中一种非常重要的元器件。图6.1.1（d）所示为4选1的多路选择器。依据选择信号C_1、C_0的取值不同，从A、B、C、D 4个输入中选取一个作为输出F。选择信号C_1、C_0的取值由设计者编程给出。

6.1.2 可编程功能的实现

在进一步讨论之前，首先来看看PLD中如何实现可编程功能。图6.1.2中给出了一个简单的可编程模块。其中a、b为模块的逻辑输入端，CP为时钟输入端；y为模块的输出端；“组合逻辑”子模块实现某种组合逻辑。

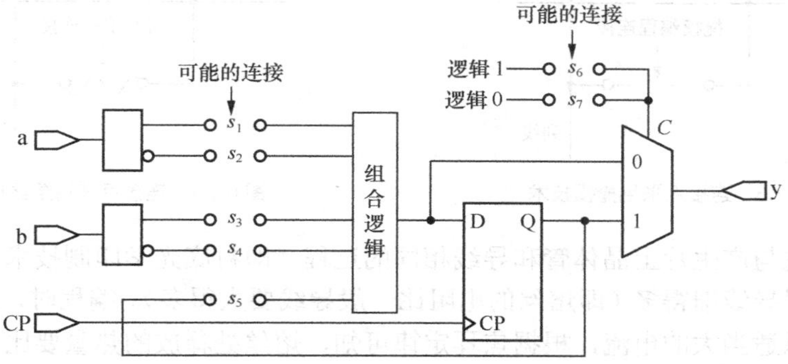

图6.1.2 一个简单的可编程模块

当s_6断开、s_7接通，通过控制连接点s_1～s_5的通断状态，在输出端y上可以得到不同的输入值a、b以及触发器反馈值的组合逻辑输出；当s_6接通、s_7断开，通过控制连接点s_1～s_5的通断状态，在输出端y上可以得到不同的输入值a、b以及触发器反馈值的时序逻辑输出。

可以看出，连接点s_1～s_5的通断状态决定了“组合逻辑”子模块的运算结果；连接点s_5的通断状态决定了触发器的反馈值是否参与“组合逻辑”子模块的运算；连接点s_6、s_7的通断状态决定了本模块最终的输出类型。

从以上分析可以看出，该模块所实现的功能，完全依靠连接点s_1～s_7的通断状态决定。换言之，该模块的可编程功能是通过对连接点s_1～s_7的编程实现的。

6.1.3 PLD的制造工艺

通过6.1.2节的讨论，可以知道PLD的可编程功能完全依赖于其中所有控制节点的连接状态。从另一个角度上也可以说是节点连接技术推动着PLD一代代地更新。

1．基于掩模技术的PLD

所谓基于掩模技术的PLD，其实是指对PLD的编程是采用掩模技术来实现的。在这样的PLD中，节点的连接如图6.1.3所示。

这样的PLD通过光掩模的方法（而不是衬底光学印制技术）产生出金属走线（称为金属化层），并把它连接到硅芯片上。也就是说掩模过程在PLD芯片生产好之后再由厂家进行操作，一旦完成光掩模操作，芯片的结构就无法再更改，只能实现一次性编程（OTP，One-Time Programmable）。并且这样的一次性编程只能由设计者交付特定的厂家大量生产，而不能由设计者自己少量实现。

基于掩模技术的 PLD 只有某些 PROM（Programmable Read Only Memory）。

2．基于熔丝（或反熔丝）技术的 PLD

基于掩模技术的 PLD 的最大缺点是只能由特定厂家大批量生产。这就要求设计者最终交付的设计方案不能有丝毫的缺陷，否则生产的已编程的 PLD 只能全部报废。这极大地不便于 PLD 芯片的研发。改进的技术是在连接点处采用熔丝技术，如图 6.1.4 所示。

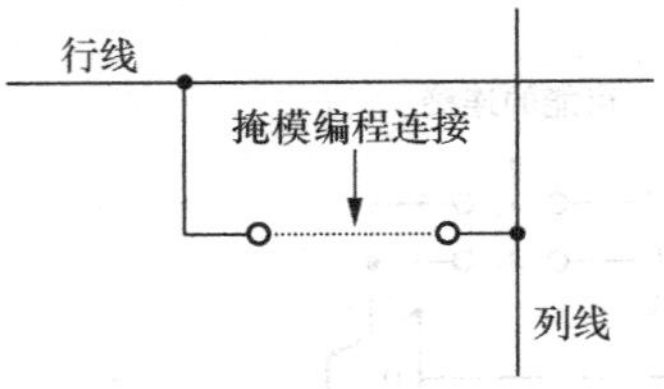

图 6.1.3　连接点采用掩模技术

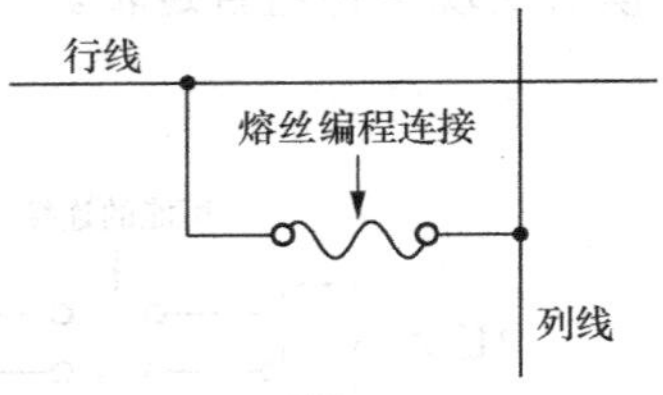

图 6.1.4　连接点采用熔丝技术

熔丝是通过与产生片上晶体管和导线相同的过程（即衬底光学印制技术）形成的，只不过熔丝要比一般导线细得多（即熔丝的电阻比一般导线要大得多）。编程时，向某些需要除去的熔丝连线通以适当大的电流，根据焦耳定律可知，熔丝处释放的热量要比导线大得多，这些热量会使熔丝熔断（类似于家用电器中的“保险丝”），从而达到编程的目的。

而反熔丝的概念与熔丝相反，反熔丝采用绝缘的非晶硅制造。在编程时，对需要“除去”的反熔丝加上相当大的电压和电流的脉冲，使绝缘的非晶硅转化为导电的多晶硅，形成导电的连接，从而达到编程的目的。

基于熔丝（或反熔丝）技术的 PLD 也是 OTP 器件，因为熔丝一旦熔断（或反熔丝一旦“清除”），将不能恢复原状。

基于熔丝（或反熔丝）技术的 PLD 有某些 PROM、PLA、PAL 和某些 FPGA（Actel 公司生产）。

3．紫外线可擦除的 PLD

前面提到，基于掩模技术和熔丝（或反熔丝）技术的 PLD 只能编程一次——一旦编程完成，设计就不可能再改变。因此人们开始寻找一种新的编程方法来替代 OTP 方法，于是产生了采用 UVCOMS（Ultraviolet COMS）工艺的可擦除的 PLD（EPLD，Erasable PLD）。EPLD 中，连接点处采用 SIMOS（Stacked-gate Injection MOS）管，如图 6.1.5 所示。

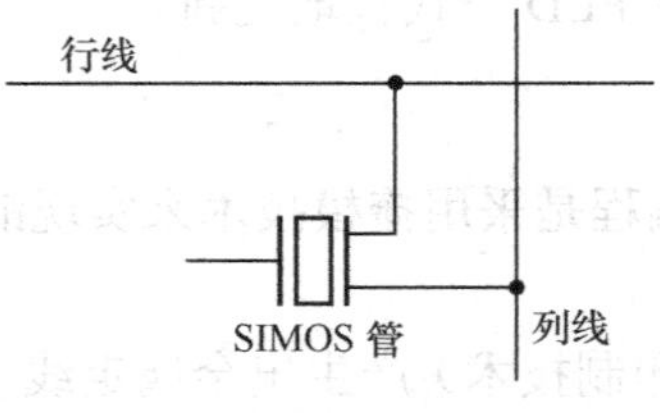

图 6.1.5　连接点采用 SIMOS 管

图 6.1.6　世界上第一片 EPROM：1702

与普通MOS管相比，SIMOS管在栅极和硅衬底之间多了一个由氧化层绝缘的多晶硅浮置栅。未编程时，SIMOS管的浮置栅不带电，也不影响栅极的一般操作。编程时，在栅极和漏极之间加上大电压（如12.75V），SIMOS管内的电子在高压之下穿越氧化层进入浮置栅（这一过程称为热高能电子注入），导通源极和漏极（即将连接点处连通）。当编程电压撤销后，电子存储在浮置栅中。这些电荷非常稳定，在正常运行状态下可以保持10年以上。

EPLD一般采用陶瓷封装，顶部留有一个石英晶体窗口。在完成编程后，这个窗口通常由不透明的胶带封闭。图6.1.6所示为世界上第一片紫外线可擦除的PLD，是由Intel公司生产的EPROM（Erasable PROM）：1702。

EPLD在擦除时，应将器件从PCB上取下，揭去顶部石英晶体窗口的不透明胶带，然后放在专门的紫外线擦除设备中，用强紫外线照射20min左右，使得原来存储在浮置栅中的电子重新被释放出来，方可再次被编程。

EPLD存在的最大问题是擦除时间太长。另外，过于昂贵的陶瓷封装也限制了EPLD的普及。

现在的EPLD器件主要是EPROM或含有EPROM的PLD。

4. 电可擦除的PLD

电擦除技术是紫外线擦除技术的替代者，将其应用于PLD上，就得到了电可擦除的PLD（E^2PLD，Electrically Erasable PLD）。其连接点处采用了浮栅隧道氧化层MOS管（Flotox管，Floating Gate Tunnel Oxide），如图6.1.7所示。

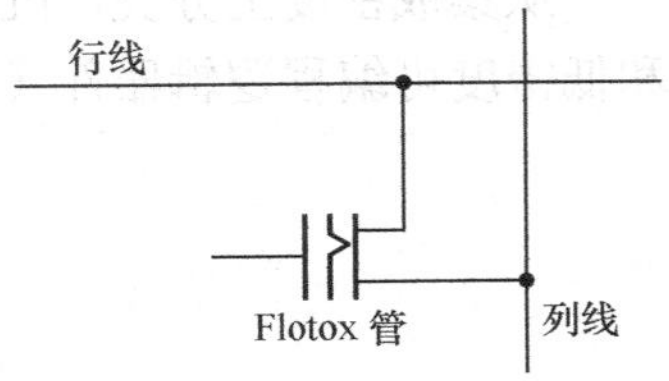

图6.1.7 连接处采用Flotox管

Flotox管结构和SIMOS管类似，但其浮置栅与漏极之间存在一个由极薄的氧化层构成的隧道。正是由于这个隧道的存在，才使得E^2PLD可以使用一定宽度的电脉冲进行擦除。其编程和擦除原理完全类似于EPLD，只不过E^2PLD的擦除过程由电脉冲完成，且时间极短。这就大大地方便了PLD的开发设计工作。

现在的E^2PLD主要有E^2PROM、部分PAL、GAL、CPLD、极少的FPGA。

5. 基于Flash技术的PLD

其名称中的“Flash”反映出这种技术的擦除时间要比E^2PROM还要快。Flash PLD的连接点处采用叠栅MOS管工艺，这种MOS管结构和Flotox管类似，但是浮置栅与衬底之间氧化层的厚度比Flotox管更薄，同时源极的宽度更宽。正是由于采用了这种结构，Flash PLD的擦除时间显得非常短。早期的Flash PLD是不能部分擦除的（即所谓的擦除，一定是全部清空），但随着技术的不断改进，现代的Flash PLD可以做到部分擦除（例如，现代Flash ROM可以做到按字节擦除或按比特擦除）。

6. 基于SRAM技术的PLD

静态随机存取存储器（SRAM，Static Random Access Memory）在正常工作时可以存储用户设定的数据，并且不用定期刷新来保持数据（这就是所谓的“静态”）。采用SRAM技术的PLD在连接点处采用1个SRAM存储单元配合一个晶体管来控制连接点的通断，其结构如图6.1.8所示。

当 SRAM 存储单元中存储的数据为“1”时，晶体管导通，将连接点连通；反之亦然。

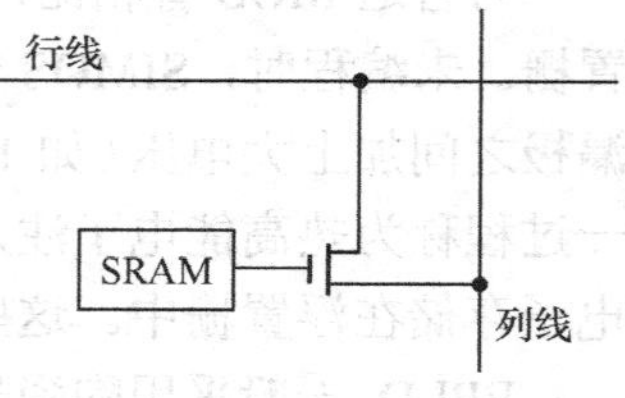

图 6.1.8 连接处基于 SRAM 技术

基于 SRAM 技术的 PLD 有一个缺点：编程信息在系统断电之后会丢失，恢复“空白”状态。但这个缺点也正是它的优点，即几乎可以被无数次地编程。解决方法是将编程数据存放在非挥发性（断电之后内部信息不会丢失）的外部存储器中（这个存储器也可以被集成在该 PLD 中），在 PLD 上电时通过一定的加载电路将编程数据导入 SRAM 单元即可。

基于 SRAM 技术的 PLD 主要是绝大部分的 FPGA 和极少量的 CPLD。

6.1.4 PLD 的分类

1. 按集成度分类

从集成密度上分类，PLD 可分为高密度可编程逻辑器件（HDPLD，High Density PLD）和低密度可编程逻辑器件（LDPLD，Low Density PLD），如图 6.1.9 所示。

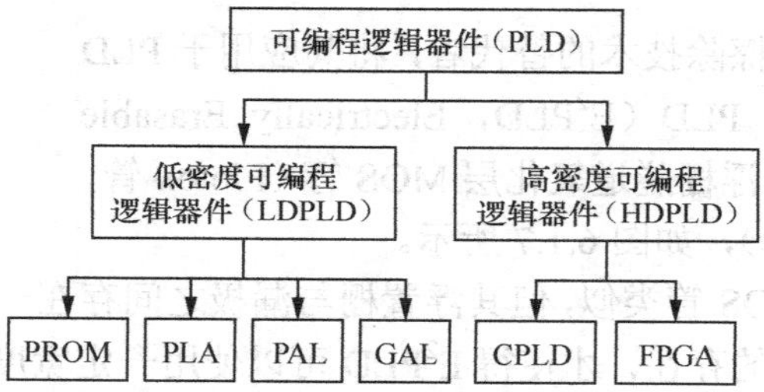

图 6.1.9 PLD 按集成度分类

（1）低密度可编程逻辑器件（LDPLD）

① PROM（Programmable ROM）：1970 年由 Harris 公司发明。最初作为计算机的存储器，用于存储程序指令或常量数据。然而几乎是与此同时，电子工程师发现 PROM 的地址和存储内容之间的一一对应关系恰好类似于变量和其组合逻辑函数值之间的一一对应关系，因而 PROM 在电子电路设计中被广泛用于实现组合逻辑函数。PROM 的另一个重要意义是它的结构影响了后续几乎所有的 PLD，其后出现的 PLA、PAL、GAL 等 LDPLD 的结构皆自 PROM 演化更新而来。

② PLA（Programmable Logic Array）：发明于 1975 年，其诞生的初衷是为了解决 PROM 在实现组合逻辑函数时，输入变量的最大乘积项资源的浪费。但在实际使用中却发现 PLA 的资源利用率更为低下，而且工作速度很低，现已几乎不使用。

③ PAL（Programmable Array Logic）：1978 年由 MMI 公司（后被 AMD 公司收购）发明，用来解决 PLA 的速度低下问题。但其只能实现固定若干个乘积项求和的组合函数。

④ GAL（Generic Array Logic）：1985 年由 Lattice 公司发明，是 PAL 的升级产品。其最大的特点是其输出级可配置，为设计提供了极大的灵活性。GAL 器件为 E^2PLD，可重复编程

上百次。

LDPLD 易于编程，对开发软件要求低，在 20 世纪 80 年代初、中期得到了广泛的应用。但随着技术的发展，其在集成度和性能方面的局限性也逐渐暴露出来，使设计的灵活性和可扩展性受到了明显的限制。

（2）高密度可编程逻辑器件（HDPLD）

① CPLD（Complex PLD）：Altara 公司于 1984 年发明了第一片 CPLD（1988 年改进为成熟产品）。从结构上来看，CPLD 可以看作简单 PLD 块的集合。一块 CPLD 芯片的内部集成了多个简单 PLD 块，各模块之间通过可编程的互联系统交换信息，实现块与块的互联。CPLD 的编程采用了较为先进的电可擦除技术，使器件可以反复编程上千次。

② FPGA（Field Programmable Gate Array）：1984 年，Xilinx 公司发明了第一片 FPGA。其设计较以往的 PLD 存在五大突破。第一，FPGA 的编程基于 SRAM 技术，这把器件的编程次数几乎推向了无限。第二，削弱基本可编程模块的功能，却增强了模块间协同工作的能力，同时提高了器件内部资源的利用率。第三，借鉴 ASIC 和 ASSP 的设计，在互联系统中加入了全局高速互连线。这让信号在芯片中得以高速传输，而不必通过增加信号时延的多路开关进行转接。第四，I/O 管脚扩展为可编程模块，这使得一块 FPGA 可以同时适应多个 I/O 电平标准、配置多种 I/O 阻抗，使复杂设计中的子系统的融合成为可能。第五，引入了专门的时钟管理单元，用来对外部输入时钟进行抖动矫正、精确相移等，以产生精确的系统时钟。

2. 按制造工艺分类

在 6.1.3 节中已经介绍了 PLD 的各种制造工艺，故 PLD 按照制造工艺可以分为基于掩模技术的 PLD、基于熔丝（或反熔丝）技术的 PLD、紫外线可擦除的 PLD、电可擦除的 PLD、基于 Flash 技术的 PLD、基于 SRAM 技术的 PLD。

3. 按编程方法分类

从编程方法上分类，PLD 可分为普通 PLD、具有在系统可编程（ISP，In-System Programming）功能的 PLD 和具有在应用中编程（IAP，In-Application Programming）功能的 PLD。

（1）普通 PLD

普通 PLD 的编程过程是在编程器（Programmer）上进行的，编程器又分为专用和通用之分。专用编程器只能对某一类 PLD 或某一种 PLD 编程；而通用编程器可以对多种 PLD 编程，如 E^2PROM、PAL、GAL、单片机（内部含有 E^2PROM）、某些 CPLD 等。当 PLD 的封装形式和编程器的 IC 插座无法匹配时，还需将 PLD 放在专用的转接器上，再进行编程。一种通用编程器的外观和几种转接器如图 6.1.10 所示。

图 6.1.11 所示为使用编程器对 PLD 进行编程的过程，编程器与计算机的 USB 接口相连，通过相应的软件将目标文件（如.HEX 文件、.JED 文件等）下载到 PLD 器件中；再将 PLD 器件取出，焊接于系统 PCB 上，即可实现预期的功能。

（2）具有 ISP 功能的 PLD

随着 PLD 芯片集成度的增加，I/O 引脚的增多（现代的某些 FPGA 芯片管脚可达到上千个），双列直插式（DIP）封装形式的芯片已经不能适应大型数字系统设计的需要，取而代之的是带引线的塑料芯片载体封装（PLCC）、四侧引脚扁平封装（QFP）、球栅阵列封装（BGA）等形式的芯片，如图 6.1.12 所示。

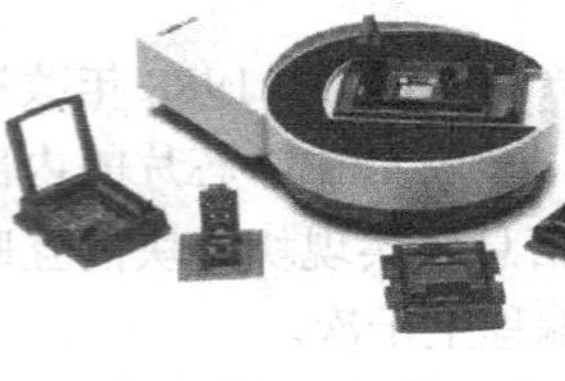

图 6.1.10　一种通用编程器的外观和几种转接器

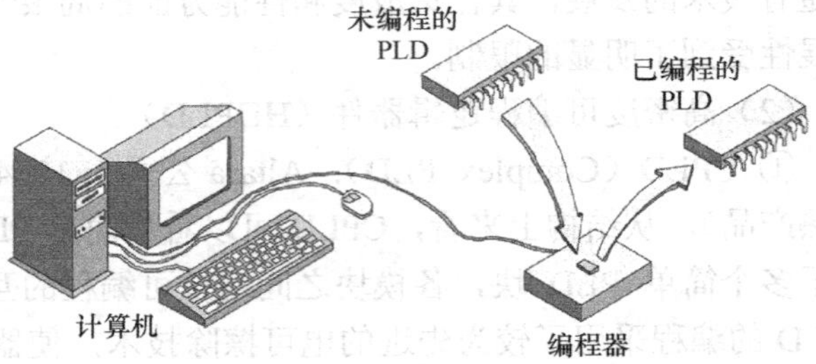

图 6.1.11　用编程器对 PLD 编程

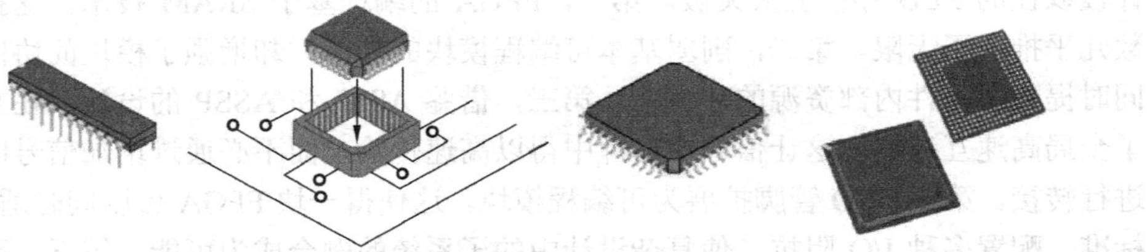

（a）DIP 封装　（b）PLCC 封装及插座　（c）QFP 封装　（d）BGA 封装

图 6.1.12　各种 IC 封装形式

采用这些封装形式的 IC 一旦焊接在 PCB 上将很难取下，故而这样的 PLD 不能采用普通的编程器进行编程。

解决的方法是让这些 PLD 集成在系统可编程（ISP）功能。编程时，不需要将 IC 从 PCB 上取下，可以直接在成型的实物电子系统中进行编程，如图 6.1.13 所示。

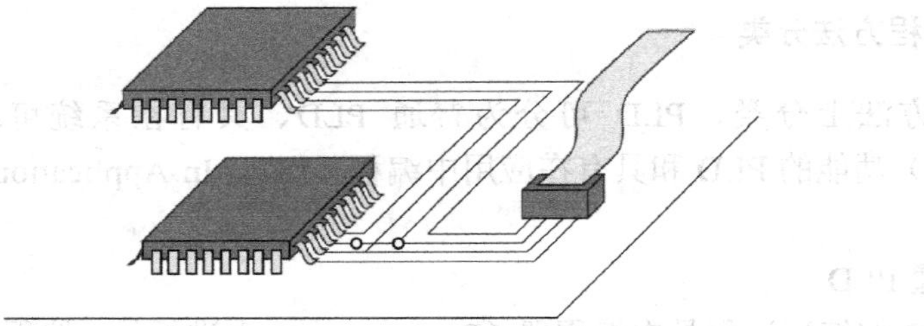

图 6.1.13　ISP 编程方式

PLD 通过专门设计的 ISP 编程电路，由编程电缆线直接和计算机相连，再通过适当的软件，将编程信息下载到 PLD 中。

（3）具有 IAP 功能的 PLD

在某些场合下，系统要求芯片在不断电或应用仍然在运行的情况下进行升级（如电信局的专用计费系统的硬件部分），这时候就需要芯片具有在应用中编程（IAP）功能。

IAP 和 ISP 器件的外部编程电路从形式上看几乎一样，但具有 IAP 编程方式的 IC 可以在不断电或应用仍在进行时进行编程。而只具有 ISP 功能的 IC，必须在器件脱离应用的情况下进行编程。现在所有的具有 IAP 功能的 IC 也一定具有 ISP 功能，反之则不然。

6.1.5 PLD的开发流程

PLD的开发流程就是利用电子设计自动化（EDA）开发软件对PLD进行设计开发的过程，如图6.1.14所示。一般包括系统功能设计、设计输入、功能仿真、综合、综合后仿真、实现与布局布线、时序仿真、板级仿真、编程与调试等主要步骤。

1. 系统功能设计

在PLD开发之前，先要进行方案论证、系统设计和PLD选择等准备工作。设计者根据任务要求，如系统的指标和复杂度，对工作速度和芯片本身的资源、成本等方面进行权衡，选择合理的设计方案和合适的器件类型。

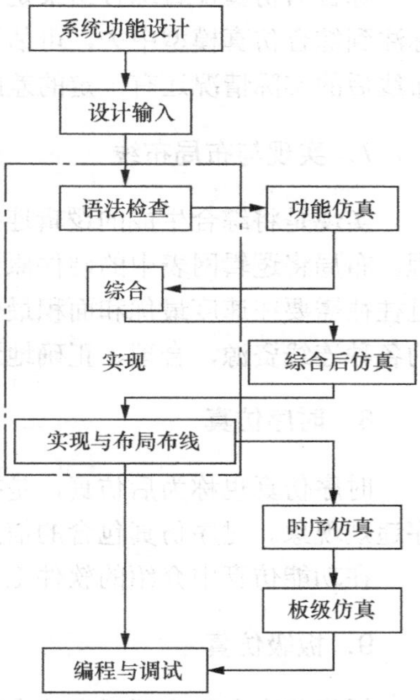

图6.1.14 PLD开发的一般流程

2. 设计输入

设计输入是将所设计的系统以开发软件可接受的形式表示出来，并输入给开发软件的过程。常用的方法有硬件描述语言（HDL，Hardware Description Language）和原理图输入。

原理图输入在数字系统设计的早期应用广泛。这种方法虽然直观，但效率很低、不易维护、不利于模块构造和重用、可移植性差。

HDL语言输入法，利用文本描述设计。HDL可以分为普通HDL和行为HDL。普通HDL有ABEL、CUPL等，支持逻辑方程、真值表和状态机等表达方式，用于LDPLD的设计。而HDPLD的设计主要使用行为HDL，其主流语言是Verilog HDL和VHDL。

3. 语法检查

语法检查过程检查设计输入过程中是否存在错误。其作用只是保证所设计代码的语法正确性，并不能保证系统的逻辑正确性，也不能保证系统最终可实现性。编译会产生相关文件，供后续仿真环节使用。

4. 功能仿真

功能仿真也称为前仿真，是在综合之前对所设计的电路进行逻辑功能验证，仅对初步的功能进行检测。仿真前，要先利用波形编辑器或HDL等建立波形文件和测试向量（即将所关心的输入信号组合成序列）。仿真结果将会生成报告文件和输出信号波形，从中可以观察各个节点信号的变化。

常用的功能仿真工具有ModelTech公司的ModelSim、Synopsys公司的VCS和Aldec公司的Active HDL等软件。

5．综合

综合（Synthesis）是指将设计输入转换成由与门、或门、非门、RAM、触发器等基本逻辑单元组成的逻辑连接网表（而并非真实的门级电路），以供后续的布局布线环节使用。

常用的综合工具有 Synplicity 公司的 Synplify Pro 软件等。

6．综合后仿真

综合后仿真检查综合结果是否和原设计一致。在仿真时，把综合生成的标准延时文件反标注到综合仿真模型中去，可估计门延时带来的影响。但这一步骤不能估计线延时，因此和布线后的实际情况还有一定的差距，并不十分准确。

7．实现与布局布线

实现是将综合生成的逻辑连接网表映射到具体的 PLD 上，布局布线是其中最重要的过程。布局将逻辑网表中的硬件原语和底层单元合理地配置到芯片内部的固有硬件结构上，并且往往需要在速度最优和面积最优之间作出选择。布线根据布局的拓扑结构，利用芯片内部的各种连线资源，合理、正确地连接各个元件。

8．时序仿真

时序仿真也称为后仿真，是指将布局布线的延时信息反标注到设计网表中来检测有无时序违规现象。时序仿真包含的信息最全，也最精确，能较好地反映芯片的实际工作情况。

在功能仿真中介绍的软件工具一般都支持综合后仿真。

9．板级仿真

板级仿真主要应用于高速电路设计中，对高速系统的信号完整性、电磁干扰等特征进行分析，一般都以第三方工具进行仿真和验证。

常用的板级仿真与验证工具有 Agilent 公司的 ADS 软件等。

10．编程与调试

设计的最后一步就是编程。编程是指将编程数据文件中的编程数据下载到 PLD 中。在大型设计中，对 PLD 编程后，还要对系统做最后的调试，以最终确认数字系统的正确性。

实际设计中，设计者应该根据 PLD 器件的规模适当增减设计步骤。如设计开发 LDPLD 时，由于所设计的系统和器件规模较小，常常省略所有的仿真，而在编程后直接调试来确定系统功能是否正确。很多 LDPLD 的开发软件也将这些仿真省略而直接把设计输入实现为最终的编程信息，直接供下载。实际设计时应注意这一点。

6.2 可编程只读存储器（PROM）

PROM 在不强调其编程功能时常被简称为 ROM。顾名思义，ROM（Read Only Memory）是指处于一般工作状态时，只能读取其中已有的数据，而不能对其写入新的数据（或修改已有数据）的一类存储器。数据写入后，即使切断电源，ROM 内部存储的数据也不会丢失。故而，ROM 一般用来存储常数、固定函数、固定程序等不变化的信息数据。

6.2.1 PROM 的结构和功能

1. 基本结构

一个简单的已编程 ROM 的内部电路结构如图 6.2.1（a）所示，由地址译码器（即地址空间）、存储矩阵和输出电路组成。

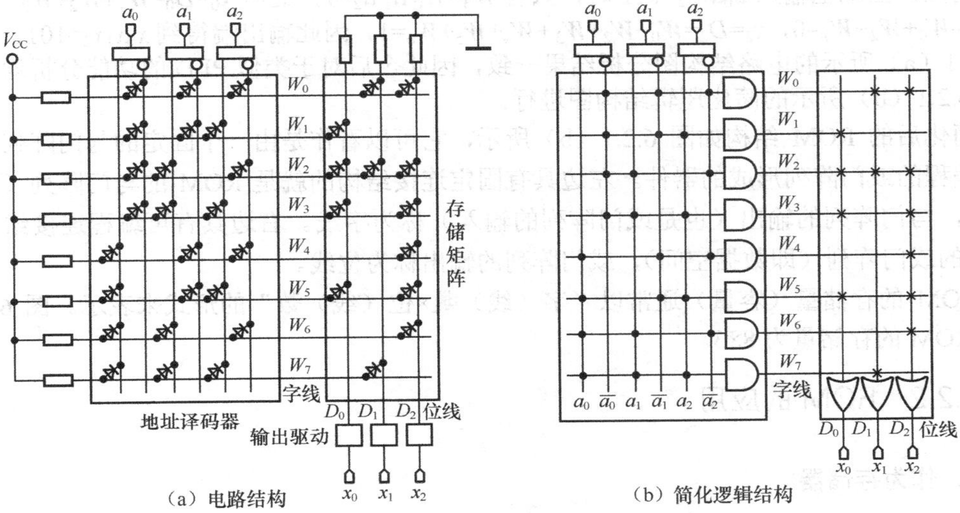

图 6.2.1 一个简单的已编程 ROM 的结构

对于所有的 ROM 而言，地址译码器在出厂时全部固定，用户不可对其编程，而存储矩阵则可以由用户对其编程指定内部的存储内容。

2. 功能简介

图 6.2.1（a）所示为一个 8×3 位 ROM 的内部二极管矩阵结构，地址译码器中空心二极管符号表示的二极管由厂商在生产 ROM 器件时固定连接，存储矩阵中实心二极管符号表示的二极管则是由用户通过对 ROM 器件编程后产生的编程连接。

地址译码器的 3 位地址输入端（a_0、a_1、a_2）能指定 8 个不同的地址，地址译码器将这 8 个地址分别译成 W_0～W_7 8 个高电平输出信号，是全译码电路。

存储矩阵是一个二极管编码器。在读数据时，只要输入指定的地址码，则指定地址内各存储单元所存数据经驱动器输出在数据线上。存储矩阵中字线 W 和位线 D 的每个交叉点都是一个存储单元，若交叉点上接有二极管，则该交叉点的对应位存储“1”，否则存储“0”。

例如，当地址输入 $a_0a_1a_2$=011 时，地址译码器使字线 W_3 为高电平，其他字线为低电平，W_3 处于选中状态。W_3 上的高电平通过接有二极管的位线 D_0、D_2 经驱动电路使 x_0、x_2 变为高电平，而 W_3 与 D_1 之间无二极管，则 D_1 为低电平，因此 ROM 的输出端得到 $x_0x_1x_2$=101。地址输入为其他状态的情况可依此类推，见表 6.2.1。

表 6.2.1　　图 6.2.1 中 ROM 的地址输入与数据输出的对应关系

输入地址（$a_0a_1a_2$）	000	001	010	011	100	101	110	111
选 中 字 线	W_0	W_1	W_2	W_3	W_4	W_5	W_6	W_7
数据输出（$x_0x_1x_2$）	011	100	111	101	001	101	001	010

从以上描述可以看出 ROM 的地址译码器中的每根字线可以看作完成了某些输入地址位的与操作，而存储矩阵的每个输出可以看成所有字线驱动该输出所对应的位线上所有存储位的或操作。

例如，当地址输入 $a_0a_1a_2$=011 时，只有 $W_3=\overline{a}_0\cdot a_1\cdot a_2=1$，此时 $x_0=D_0=W_1+W_2+W_3+W_5=1$，$x_1=D_1=W_0+W_2+W_7=0$，$x_2=D_2=W_0+W_2+W_3+W_4+W_5+W_6=1$，因此输出端得到 $x_0x_1x_2$=101。和使用图 6.2.1（a）所示的电路结构图分析结果一致，因此今后对于类似 PLD 的功能分析均采用类似图 6.2.1（b）所示的简化逻辑结构图进行。

简化后的 ROM 结构如图 6.2.1（b）所示，它可以看作是由一个固定的与门阵列驱动一个可编程的或门阵列形成的器件。左边具有固定连接结构的就是 ROM 的与门阵列（即地址空间），与门阵列的输出（也是或门阵列的输入）称为字线。右边具有可编程连接结构的是 ROM 的或门阵列（即数据空间），或门阵列的输出称为位线。

ROM 的存储量（容量）通常以“字（线）数×位（线）数”的形式来表示。图 6.2.1 所示的 ROM 的存储量为 8×3。

6.2.2　ROM 的应用

1．作为存储器

从 6.2.1 节的分析中可以看出：因为 ROM 的输入地址和字线存在一一对应的关系，且每条字线在编程后和位线的连接关系是确定的，而字线和位线的连接关系又决定了输出结果，所以 ROM 的输入地址和输出数据也存在一一对应的关系。因此可以将 ROM 作为存储常数、固定函数、固定程序的容器。

ROM 作为存储器使用，对其编程时，只需确定在指定地址对应的字线和位线的连接关系即可，字线和位线有连接表示存储的数据为“1”，反之则表示存储的数据为“0”。

例如，使用一个 8×8 的 ROM 存储单词“Computer”。由于英文字母的数字表示常常使用 8 位 ASCII 码表示（在标准 7 位 ASCII 码的首位添 0），故而首先找出“Computer”所包含的英文字母的 ASCII 码表示，见表 6.2.2。

表 6.2.2　　“Computer”所包含的英文字母的 ASCII 码表示

字母	C	o	m	p	u	t	e	r
ASCII 码	01000011	01101111	01101101	01110000	01110101	01110100	01100101	01110010

然后对 ROM 进行编程，生成需要的连接即可。编程后的 ROM 的结构如图 6.2.2 所示。当 $a_0a_1a_2$ 从 000 变化到 111 时，在 x_0～x_7 这 8 位数据线上将会得到单词“Computer”。

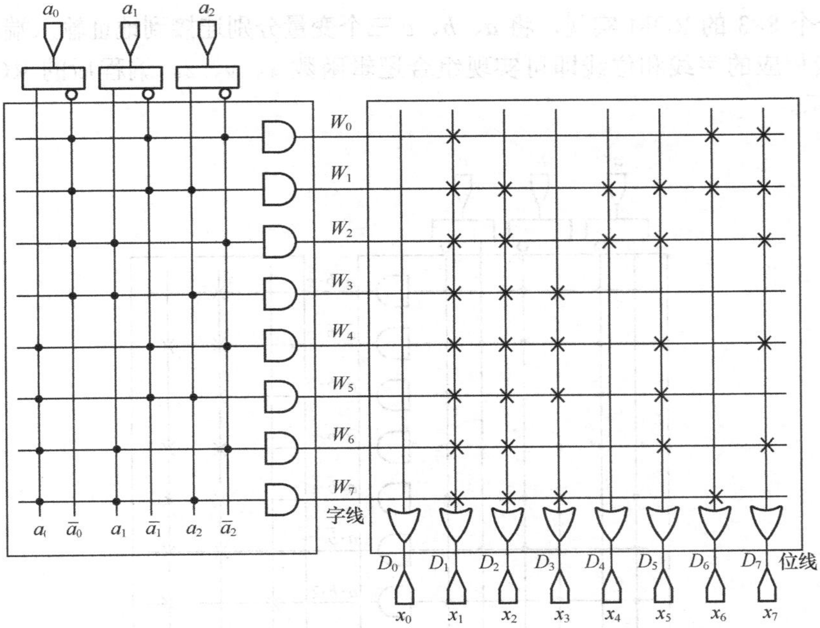

图 6.2.2　存储单词“Computer”的 ROM 编程后的结构

2. 实现组合逻辑函数

由于 ROM 的输入地址和输出数据存在一一对应的关系，类似于组合逻辑函数的自变量和函数的一一映射关系，故选择适当大小的 ROM 可以实现任意的组合逻辑电路。这可以从两个方面去理解。

第一种理解：ROM 的与门阵列的输出其实包含了全部输入地址变量的最小项，而 ROM 的或门阵列的输出可以看作这些最小项选择性地作和运算的结果。因此任何形式的组合逻辑电路都可以通过对 ROM 的或门阵列进行编程来实现。

考虑图 6.2.3 所示的组合逻辑电路。

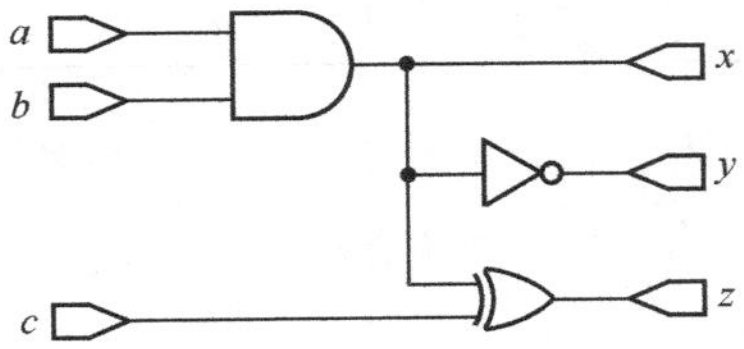

图 6.2.3　一个简单的组合逻辑电路

从图中可知

$$x=a\cdot b \quad y=\overline{a\cdot b} \quad z=(a\cdot b)\oplus c$$

将 x、y、z 分别展开成最小项组成的标准“与—或”式，即

$$x=a\cdot b\cdot c+a\cdot b\cdot \bar{c}$$

$$y=a\cdot \bar{b}\cdot c+a\cdot \bar{b}\cdot \bar{c}+\bar{a}\cdot b\cdot c+\bar{a}\cdot b\cdot \bar{c}+\bar{a}\cdot \bar{b}\cdot c+\bar{a}\cdot \bar{b}\cdot \bar{c}$$

$$z=a\cdot b\cdot \bar{c}+a\cdot \bar{b}\cdot c+\bar{a}\cdot b\cdot c+\bar{a}\cdot \bar{b}\cdot c$$

使用一个 8×3 的 ROM 实现，将 a、b、c 三个变量分别连接到地址输入端，对 ROM 编程时，连接相应的字线和位线即可实现组合逻辑函数 x、y、z。编程后的 ROM 的结构如图 6.2.4 所示。

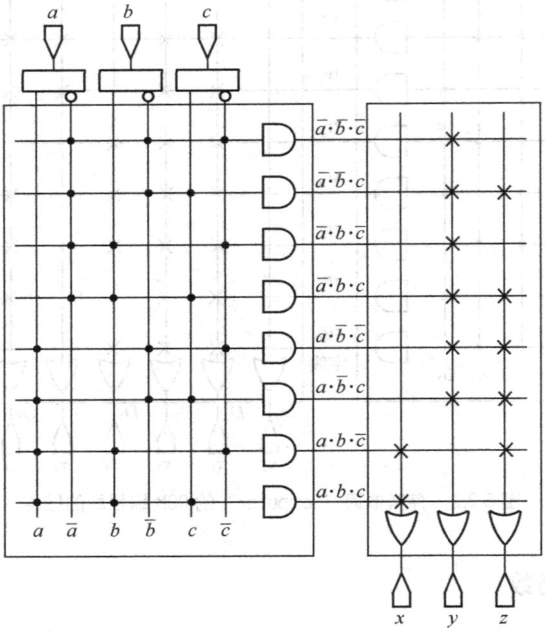

图 6.2.4 实现图 6.2.3 组合逻辑电路功能的 ROM 编程后的结构

第二种理解：对于任意的输入个数一定的组合逻辑电路，可以用真值表列出该电路所有可能出现的输入值和输出值，然后借用 ROM 的存储功能，选择适当大小的 ROM 将其全部存储起来即可。

考虑图 6.2.3 所示的组合逻辑电路，列出真值表，见表 6.2.3。

表 6.2.3 **图 6.2.3 组合逻辑电路的真值表**

a	b	c	x	y	z
0	0	0	0	1	0
0	0	1	0	1	1
0	1	0	0	1	0
0	1	1	0	1	1
1	0	0	0	1	0
1	0	1	0	1	1
1	1	0	1	0	1
1	1	1	1	0	0

然后对 ROM 的或门阵列进行编程，编程后的 ROM 的结构同图 6.2.4。

3. 存储容量的扩展

ROM 芯片的种类很多，容量有大有小。当一片 ROM 不能满足需求时，可以将多块 ROM 芯片级联使用，以扩展存储容量。由于 ROM 通常以“字数×位数”表示其容量，故而其容量扩展的方式也对应有字扩展和位扩展两种。

下面以Atmel公司采用E^2PROM工艺生产的ROM芯片AT28C64进行扩展的分析与设计为例。

图6.2.5为AT28C64芯片的引脚图。

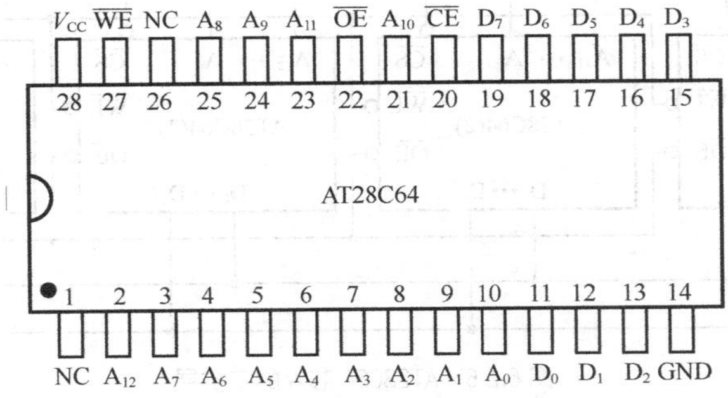

图6.2.5 AT28C64芯片引脚图

其容量为8K×8，引脚功能描述见表6.2.4。

表6.2.4 AT28C64芯片引脚及功能描述

引脚	说明	功能描述	
$\overline{CE}$	芯片使能控制端，又称为片选控制端$\overline{CS}$	=1时	芯片未被选中
		=0时	芯片被选中，即位于工作状态
$\overline{OE}$	输出使能控制端	=1时	同时$\overline{WE}$=0，芯片处于编程状态
		=0时	同时$\overline{WE}$=1，芯片可读
$\overline{WE}$	写使能控制端	=1时	同时$\overline{OE}$=0，芯片可读
		=0时	同时$\overline{OE}$=1，芯片处于编程状态
A_0～A_{12}	输入地址线	共13根，输入ROM地址用	
D_0～D_7	数据线	共8根，$\overline{OE}$=0时为输入线，反之为输出线	
V_{cc}	电源线	接电源，一般为直流5V输入	
GND	地线	接地，一般为直流0V输入	
NC	不连接线	与功能无关，但为防静电干扰，工作时应接地	

（1）字扩展

顾名思义，字扩展是对ROM的字线进行扩展。但由于ROM芯片上没有字线的引脚，只有地址输入端的引脚，所以ROM的字扩展其实是对ROM的地址输入端进行扩展。

字扩展常常利用外加译码器控制ROM芯片的片选输入信号来实现。

图6.2.6所示是用4片AT28C64组成32K×8的扩展ROM系统。

扩展存储器所要增加的地址线（A_{14}、A_{13}）接至2-4线译码器的输入端，其输出分别接至4片ROM的片选控制端$\overline{CS}$，将各芯片的写使能控制端$\overline{WE}$、输出使能控制端$\overline{OE}$、地址端（A_{12}～A_0）、数据端（D_7～D_0）对应地并接在一起。这样当扩展地址A_{14}～A_0给定后，其中高2位A_{14}、A_{13}用来选择某一ROM芯片工作，低13位A_{12}～A_0用来选择对应芯片中的某一存储单元。地址码与对应的存储单元的关系见表6.2.5。

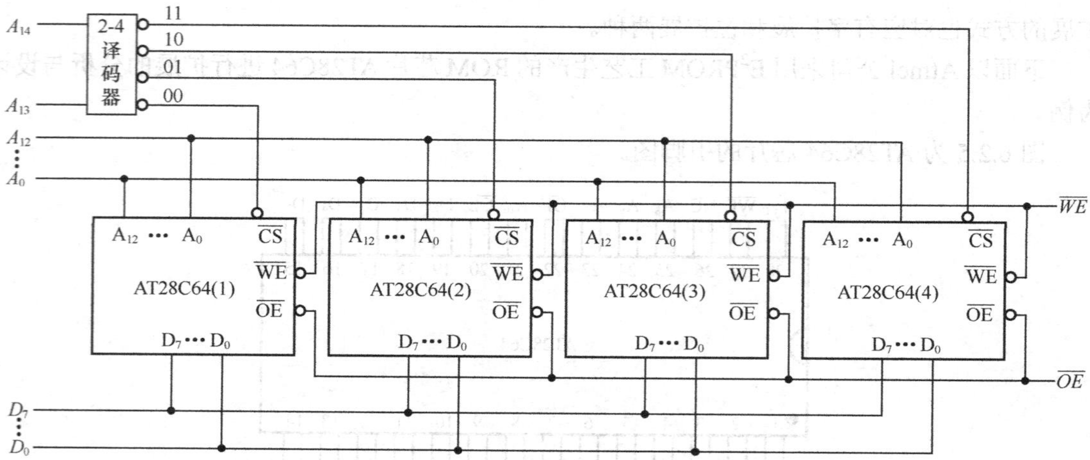

图 6.2.6 AT28C64 芯片的字扩展

表 6.2.5 **地址码与存储单元的关系**

A_{14} A_{13}	选中片号	存储范围	A_{14} A_{13}	选中片号	存储范围
0 0	AT28C64（1）	0~8K–1	1 0	AT28C64（3）	16K～24K–1
0 1	AT28C64（2）	8K～16K–1	1 1	AT28C64（4）	24K～32K–1

（2）位扩展

位扩展是对 ROM 的位线进行扩展，即增加 ROM 的输出位数。方法是把多个相同输入地址端的 ROM 芯片地址并联起来，把所有芯片的位线加起来作为扩展后的位线，写使能控制端 $\overline{WE}$ 、输出使能控制端 $\overline{OE}$ 、片选控制端 $\overline{CS}$ 对应地并接在一起，如图 6.2.7 所示，用 4 片 AT28C64 组成 8K×32 的扩展 ROM 系统。

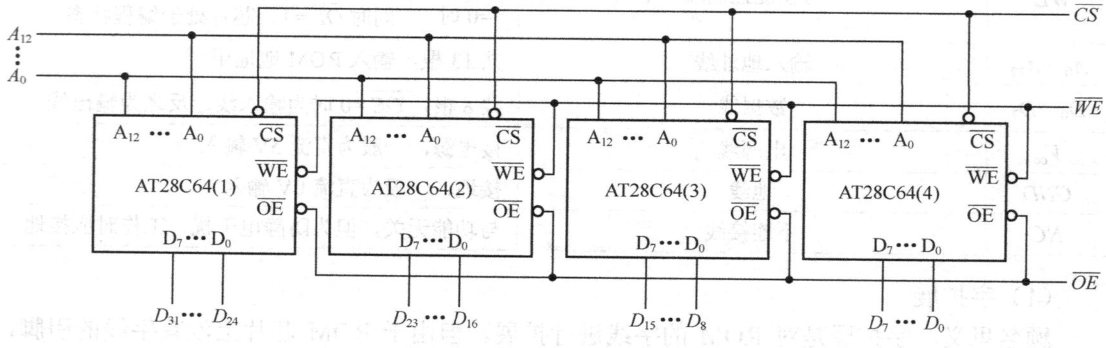

图 6.2.7 AT28C64 芯片的位扩展

在实际应用中，视应用场合，还常常将上述两种扩展方法结合起来，用若干容量有限的芯片，通过字数和位数的扩展获得更大容量的 ROM。例如，可以使用 4 片 AT28C64 组成 16K×16 的扩展 ROM 系统，其字、位扩展如图 6.2.8 所示。

需要说明的是，以上所讲的 ROM 的所有扩展方式也适用于第 4 章中提到的另一种存储器 RAM（随机存储器）的扩展。因为虽然两者的内部结构完全不同，但是从外部的接口特性和功能上看，RAM 和采用现代工艺的 ROM 几乎完全相同，故而两者的扩展方式也完全类似。

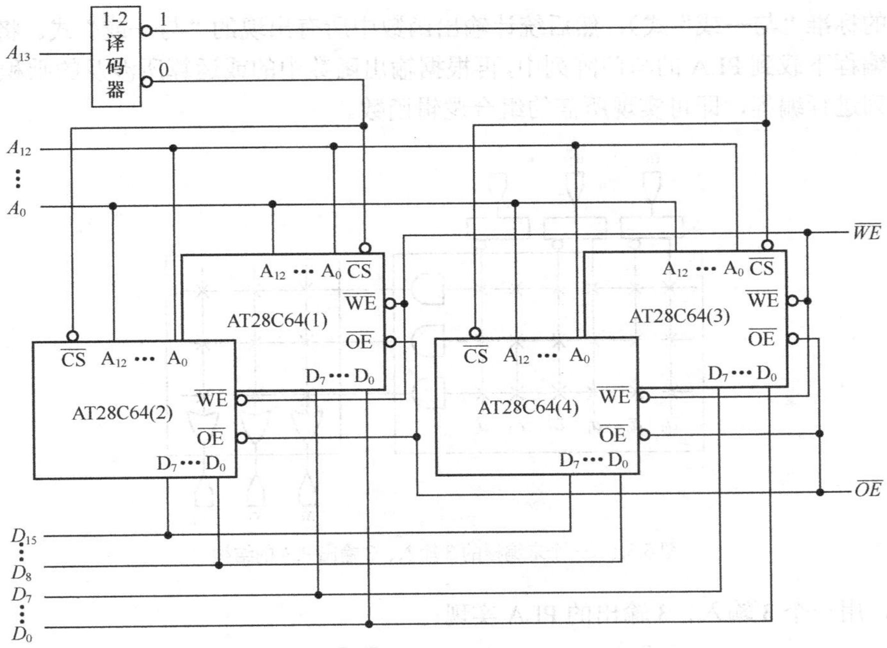

图 6.2.8 AT28C64 芯片的字、位扩展

RAM 的外部接口和 ROM 相比，没有输出使能控制端 $\overline{OE}$，RAM 的读写控制端 $R/\overline{W}$ 功能完全类似于 ROM 的写使能控制端 $\overline{WE}$，所以 RAM 的扩展电路图只需把 ROM 的扩展电路图中 $\overline{WE}$ 改为 $R/\overline{W}$，去掉所有的 $\overline{OE}$ 及连线即可。

6.3 可编程逻辑阵列（PLA）和可编程阵列逻辑（PAL）

为了解决 PROM 在实现组合逻辑函数时，输入变量的最大乘积项资源存在大量浪费的问题，1975 年，PLA 被首次投入使用。PLA 是 LDPLD 中用户可配置性最好的器件，因为它的与门阵列和或门阵列都是可配置的。

6.3.1 PLA 的结构与应用

1. PLA 的结构

一个简单的 3 输入、3 输出的 PLA 的结构如图 6.3.1 所示。

与 PROM 不同，在 PLA 的与门阵列中与门的个数是独立于器件的输入个数的。只要引入更多的与门，就可以实现更多的与函数。同样或门阵列中或门的个数也独立于器件的输入个数，同时还独立于与门阵列中与门的个数。引入更多的或门，同样可以在 PLA 的或门阵列中实现更多的或函数。

2. PLA 的应用

PLA 实现组合逻辑函数十分简单。首先将输出函数全部化为“与—或”式（不要求是最小项组成的标准“与—或”式），然后统计输出函数中所有出现的“与—或”式。将其中的乘积项通过编程下载到PLA的与门阵列中，再根据输出函数中的或运算所涉及的乘积项对PLA的或门阵列进行编程，即可实现所需的组合逻辑函数。

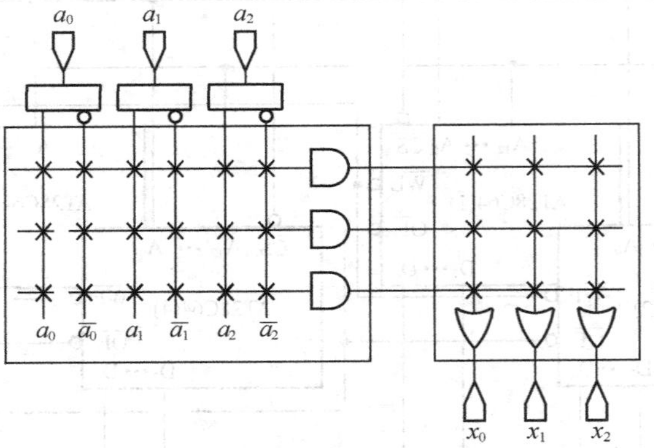

图 6.3.1 一个未编程的 3 输入、3 输出 PLA 的结构

例如，用一个3输入、3输出的PLA实现：

$$x = a \cdot c + \overline{b} \cdot \overline{c} \qquad y = a \cdot b \cdot c + \overline{b} \cdot \overline{c} \qquad z = a \cdot b \cdot c$$

三个组合逻辑函数涉及的乘积项有$a \cdot b \cdot c$、$a \cdot c$、$\overline{b} \cdot \overline{c}$；函数$x$为$a \cdot c$和$\overline{b} \cdot \overline{c}$相或，函数$y$为$a \cdot b \cdot c$和$\overline{b} \cdot \overline{c}$相或，函数$z$就是$a \cdot b \cdot c$。故对PLA编程后，其结构如图6.3.2所示。

通过以上的分析，似乎PLA应该是实现组合逻辑函数时最好的选择，因为它的可配置性极强：与门阵列和或门阵列都可以随意编程。可是过高的可配置性带来的直接负面影响是，信号通过可编程的连接花费的时间比一般的连接要多得多。这样一来，与门阵列和或门阵列都可以编程的PLA的速度就要比PROM慢得多。这限制了PLA的发展，随后PLA慢慢地淡出人们的视线，如今已几乎不再使用。

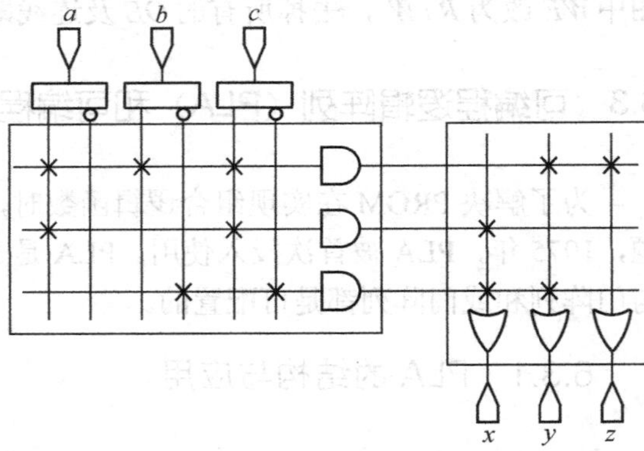

图 6.3.2 编程后 PLA 的结构

6.3.2 PAL 的结构与应用

可编程阵列逻辑（PAL）的诞生是为了解决PLA的速度问题。在概念上，PAL几乎与PROM相反，它的与门阵列是可编程的，而或门阵列是固定的。所有的PAL都是OTP器件，即一经编程，无法再做修改。

1. PAL 的结构

一个简单的3输入、3输出，每个输出包含两个乘积项的PAL的结构如图6.3.3所示。

PAL的与门阵列和PLA一样，其中与门的个数也是独立于器件的输入个数的。和PLA不同的是，其或门阵列中每个或门所包含的乘积项的个数是固定的。

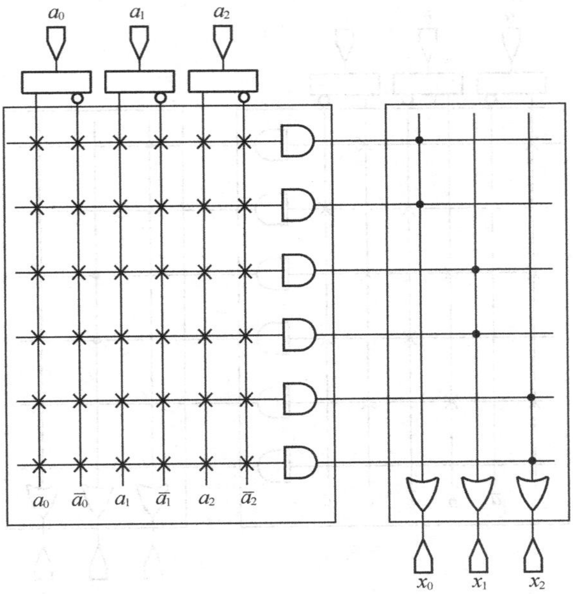

图 6.3.3　一个未编程 3 输入、3 输出，每个输出包含两个乘积项的 PAL 的结构

2. PAL 的应用

由于 PAL 的或门阵列中每个或门所包含的乘积项的个数是固定的，因而由 PAL 实现的组合逻辑函数最多只能包含不超过预定个数的乘积项。同时，所涉及的不同组合逻辑函数若包含相同的乘积项，也不能重复利用，而必须重复在 PAL 的与门阵列中编程产生。

例如，同样实现 6.3.1 节中的 3 个组合逻辑函数，编程后的 PAL 结构如图 6.3.4 所示。

3. 不同种类的 PAL

相比于 PLA，PAL 由于在结构上只有一个阵列可编程，因而工作速度要比 PLA 快很多。但使用类似图 6.3.3 所示结构的 PAL 并不能满足绝大多数应用的需要。为此又设计了许多不同种类的 PAL：具有专用输出结构的 PAL，允许实现包含某些特定组合逻辑输出的系统；具有可编程输入/输出结构的 PAL，允许在组合逻辑电路中实现三态缓冲和输出反馈；具有寄存器输出结构的 PAL，允许实现简单的时序逻辑电路；具有异或输出结构的 PAL，允许实现时序逻辑的同时，还允许在组合逻辑中直接实现异或运算；具有运算选通反馈结构的 PAL，允许实现快速运算操作。

这些衍生品种的出现，大大拓宽了 PAL 的适应面。特别是 20 引脚的 PAL，如 PAL20L10（可编程输入/输出结构）、PAL20X10（异或输出结构）等更是得到了广泛的应用，取得了较大的成功。

但随着使用的深入，工程师发现 PAL 除了存在只允许少量的乘积项相或这一问题，而且其衍生品种过多还带来了新的问题：原有设计若有功能上的更新换代，则必须更换不同类型的 PAL 芯片。例如，使用 PAL20L10 设计的电路需要增加时序功能且带有异或输出，不能通过对 PAL20L10 编程实现，而必须更换器件 PAL20X10。同时由于 PAL 是 OTP 器件，任何改动都要求重新更换芯片。

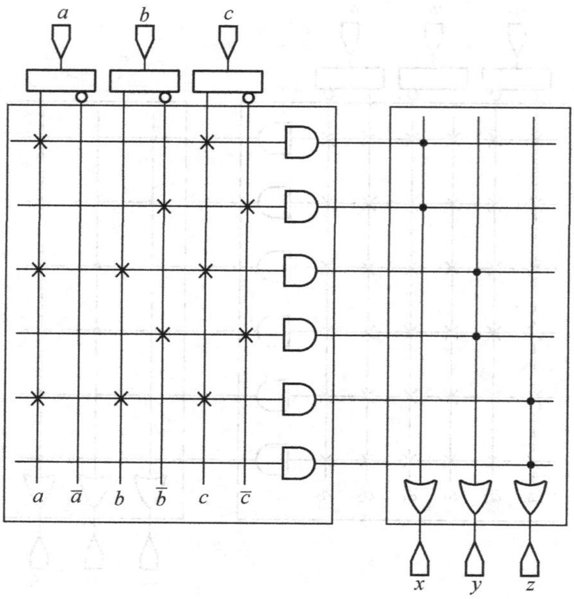

图 6.3.4　编程后 PAL 的结构

由于这些弱点的存在，不久，Lattice 公司在 PAL 的基础上加以改进，发明了通用阵列逻辑（GAL），一举取代了 PAL。从此 PAL 渐渐退出了应用领域，但 PAL 的发展对以后的 PLD 产生了深远的影响，在 PLD 的发展史上具有承前启后的重要地位。

6.4 通用阵列逻辑（GAL）

GAL 的产生解决了 PAL 存在的问题，一块 GAL 芯片包含多个相互级联的类 PAL 逻辑块，并且于其中使用了更多输入的或门，这使得 GAL 在实现组合逻辑时允许大量的乘积项相或；所有类 PAL 块的输出端升级为新的可配置模块——输出逻辑宏单元（OLMC，Output Logic Macro Cell），集合了以前 PAL 系列芯片的输出功能并进行了扩充，使得同一片 GAL 芯片可以适应绝大多数的数字逻辑设计；GAL 改进了编程工艺，不再是 OTP 器件，而是可重复编程上百次，极大地方便了产品设计的后期验证，降低了设计成本。

总体上，GAL 的结构沿袭了 PAL 的设计（与门阵列可编程、或门阵列固定），但增加了输出可配置的功能。

6.4.1　GAL 的结构

下面以最常用的 GAL 器件 GAL16V8 为例进行说明。

1．GAL 的总体结构

图 6.4.1 所示是 GAL16V8 的总体结构图。该器件包含 8 个类 PAL 块，每个类 PAL 块的与门阵列中包含 8 个 32 输入与门，或门阵列包含在输出模块 OLMC 中，OLMC 的输出具有反馈功能；同时增加了 1 个全局时钟输入缓冲器和 1 个选通信号输入缓冲器，以供实现较大的数字系统时使用。

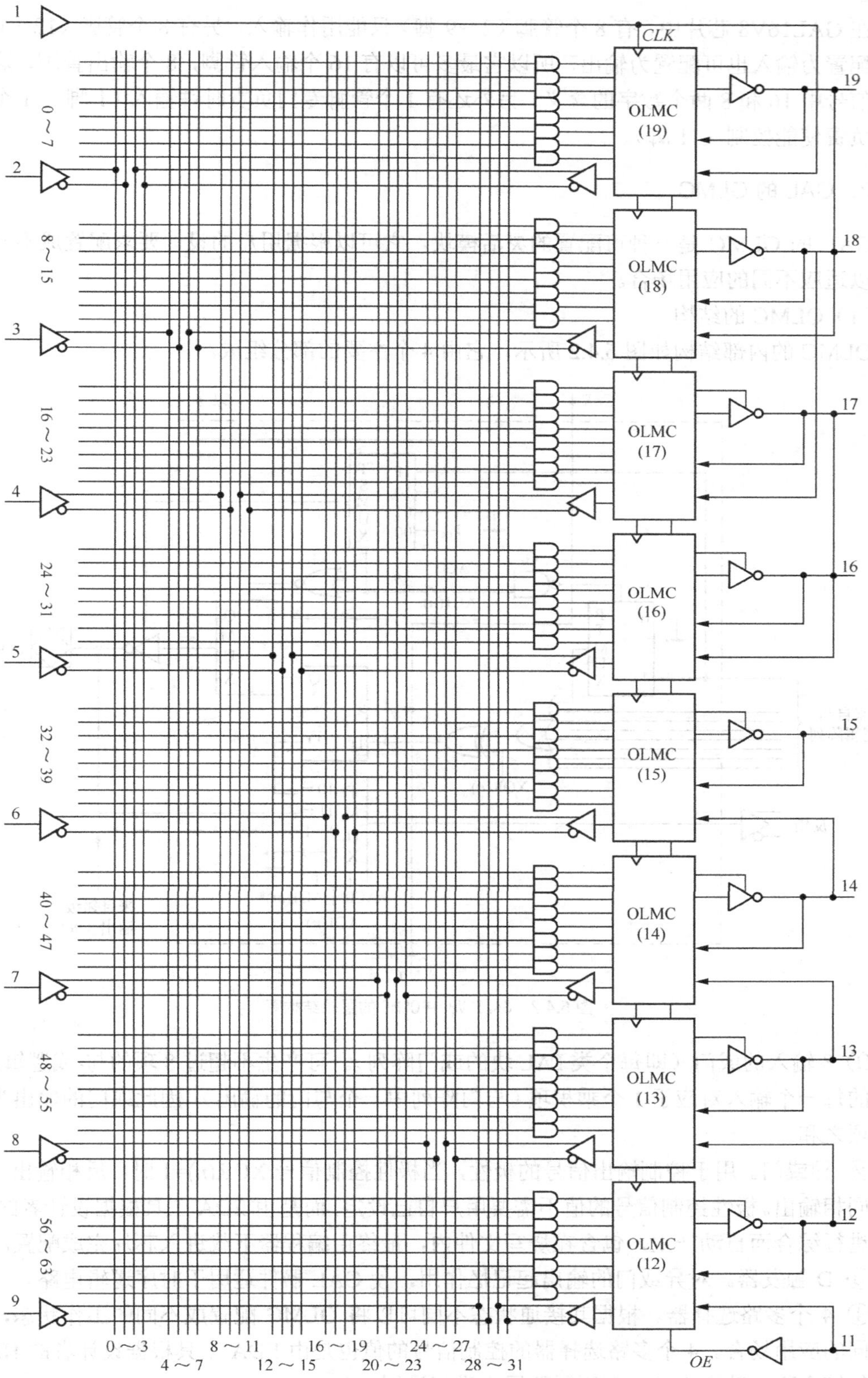

图 6.4.1 GAL16V8 的逻辑结构图

在 GAL16V8 芯片中，有 8 个管脚（2～9 脚）只能用作输入，另有 8 个管脚（12～19 脚）既可配置为输入也可配置为输出，所以它最多可以有 16 个输入管脚，8 个输出管脚，这也是芯片信号中 16 和 8 两个数字的含义。另外还有 1 个管脚专门负责时钟输入（1 脚），1 个管脚专门负责使能控制（11 脚）。

2. GAL 的 OLMC

GAL 的 OLMC 是一种可配置的灵活模块，它可以根据用户的设计要求配置成不同的形式，以适应不同的应用场合。

（1）OLMC 的结构

OLMC 的内部结构如图 6.4.2 所示，它由 4 个主要的部分组成。

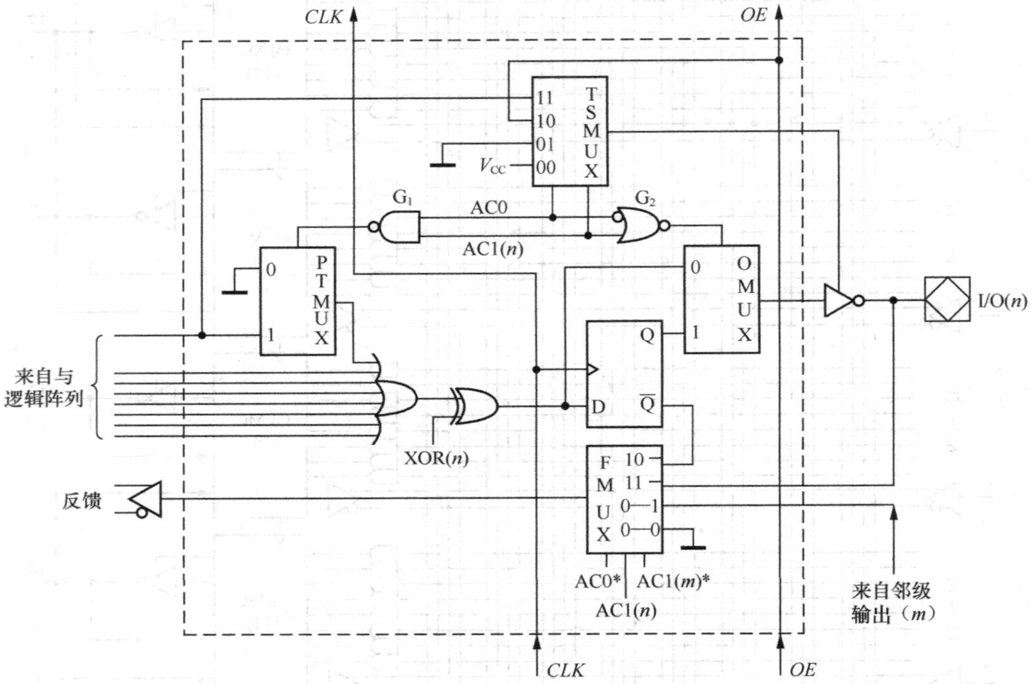

图 6.4.2 GAL16V8 中 OLMC 的逻辑结构图

① 8 输入的或门（即每个类 PAL 块的或门阵列）。可产生不超过 8 项的与-或逻辑函数。或门的每一个输入对应于 1 个乘积项（与门阵列中一个与门的输出），因此或门的输出为有关乘积项之和。

② 异或门。用于控制输出信号的极性，当极性控制信号 XOR(*n*)=1 时，反相输出，反之则为同相输出。极性控制信号的值不需要用户自己设定，而是由 EDA 工具根据设计者的 HDL 描述进行综合而自动产生，包含在烧写文件内，最终由编程器下载进入芯片完成配置。

③ D 触发器。对异或门的输出起记忆作用，使 GAL 器件适用于时序逻辑电路。

④ 4 个多路选择器。根据其接通状态不同可以将 OLMC 配置成不同的工作状态，以适应不同的应用场合。4 个多路选择器的控制信号的值也是由 EDA 工具根据设计者的 HDL 描述进行综合而自动产生的，而不需要用户进行设置。

（2）OLMC 的配置

在不同的应用场合下，EDA 工具将根据设计者的 HDL 描述，生成不同的 OLMC 配置信息，将 OLMC 配置成不同的工作模式，以满足用户的设计需求。

一般情况下，OLMC 可以配置为 5 种不同的工作模式，如图 6.4.3 所示。

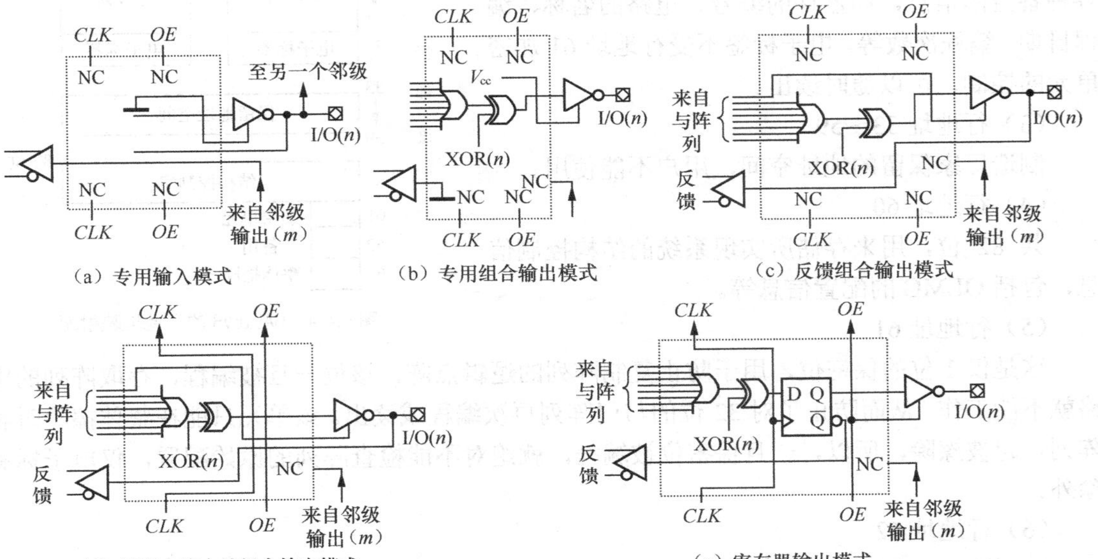

图 6.4.3　OLMC 在 5 种工作模式下的简化电路

① 专用输入模式：当 OLMC 配置为该模式时，对应的管脚被配置为输入管脚。

② 专用组合输出模式：当实现组合逻辑系统时，OLMC 将被配置为该模式。此时对应的管脚为不带反馈的组合逻辑输出。

③ 反馈组合输出模式：当组合逻辑系统中需要某管脚的输出值参与系统工作时，OLMC 将被配置为该模式。此时对应管脚的组合逻辑输出将被反馈到系统中供其他部分使用。

④ 时序电路中的组合输出模式：当输出为时序逻辑系统中的组合逻辑值时，OLMC 将被配置为该模式。此时的组合逻辑输出受使能信号控制且与系统时钟同步。

⑤ 寄存器输出模式：当输出为时序逻辑系统中的寄存器输出值时，OLMC 将被配置为该模式，常用于实现时序逻辑电路。

3. GAL 的行地址结构

在 GAL16V8 中，除了与门阵列之外，还有一些其他的可编程单元。这些单元并不直接与 GAL 所实现的逻辑功能相关，但保存了很多与所设计的数字系统有关的信息。这些功能单元的地址分配和功能划分情况如图 6.4.4 所示，称为行地址映射图。

（1）行地址 0～31

分别对应于 GAL16V8 与门阵列的 32 个输入；每行有 64 位，对应与门阵列的编程单元，编程后可以产生 0～63 共 64 个乘积项。用户定义的逻辑功能就在这里实现。此区域记录了 GAL 的与门阵列的编程方式，这意味着即使 GAL 的与门阵列被破坏也可以从此区域提取出与门阵列的编程信息。

（2）行地址 32

共 64 位，用来存储由用户定义的电子标签。电子标签可以是 1～8 个字节的任何字符，供用户存放各种备查的信息，如器件的编号、电路的名称、编程日期、编程次数等。电子标签不受行地址 61 加密单元的控制，可以随时读出。

（3）行地址 33～59

制造厂家保留的地址空间，用户不能使用。

（4）行地址 60

共 82 位，用来存储所实现系统的结构控制信息，包括 OLMC 的配置信息等。

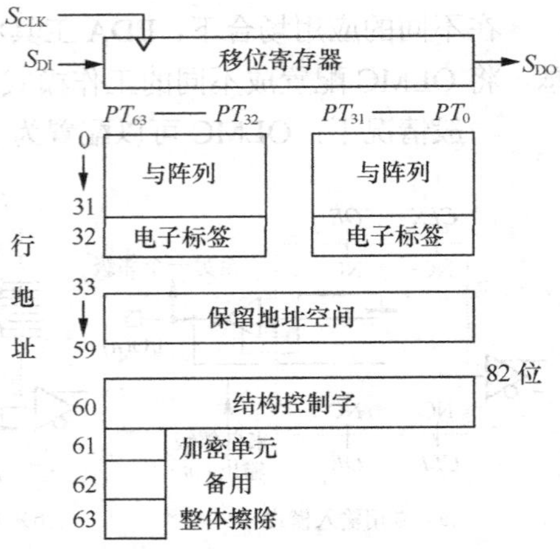

图 6.4.4　GAL16V8 的行地址映射图

（5）行地址 61

这是仅 1 位的保密位，用于防止复制阵列的逻辑点阵，该位一旦被编程，存取阵列的电路就不能工作，从而防止了对 32 位的与门阵列再次编程或读出。该单元只能在整体擦除时和阵列一起被擦除，所以，一旦保密位被编程，就绝对不能检查阵列的原始配置，仅电子标签除外。

（6）行地址 62

为制造厂家保留，用户不能使用。

（7）行地址 63

仅含 1 位，用于器件整体擦除。在器件编程期间访问该行，就执行清除功能，整个与阵列、结构控制字、电子标签以及保密单元统统被擦除，使编程的器件恢复到未使用的状态。

6.4.2　GAL 的应用

本节将通过一个具体实例来详细介绍如何用 EDA 软件、PC 机、编程器开发常见的 GAL 器件 GAL16V8。

需要说明的是：由于采用 GAL 等小型 PLD 开发的数字系统一般不会具有很大的规模，故通常开发小型 PLD 均使用相对低级的 HDL（如本例中采用的硬件描述语言是 CUPL）。当然采用 VHDL 或 Verilog HDL 等行为级描述的高级语言也同样可以完成器件的开发。

例 6.4.1　使用一片 GAL16V8 设计一个 1 位全加器电路。

解：设全加器的两个加数分别为 A_1 和 A_2，来自低位的进位为 C_i，本位和为 SUM，向高位的进位为 C_o。根据第 3 章所讲述的知识，可以知道

$$SUM=A_1\oplus A_2\oplus C_i \qquad C_o=A_1A_2+C_i(A_1\oplus A_2)$$

因此全加器电路有 3 个输入端，2 个输出端，可以用 1 片 GAL16V8 实现。

本例采用 Protel 99SE 软件编译 CUPL 语言实现设计。

启动 Protel 99SE 软件，单击 File 菜单下的 New 选项，新建工程，并将工程命名为 Full_Adder.ddb，如图 6.4.5 所示。

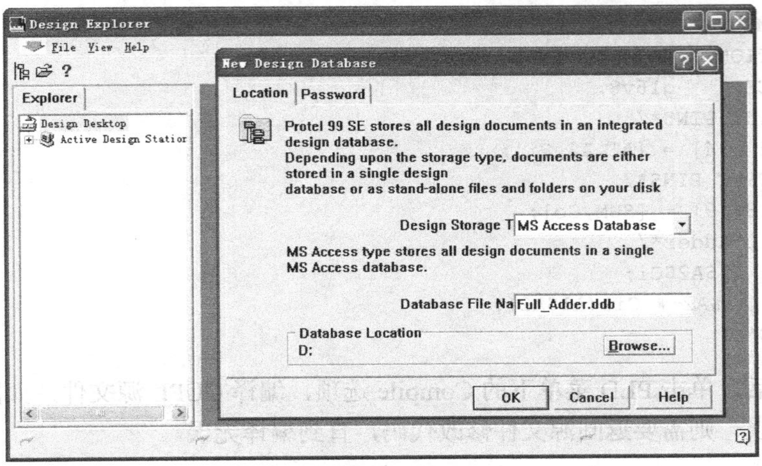

图 6.4.5 在 Protel 99SE 中新建工程并命名为 Full_Adder.ddb

双击出现的 Full_Adder.ddb 选项卡中的 Documents 图标，打开 Documents 选项卡。

再单击 File 菜单下的 New 选项，在弹出的 New Document 窗口的 Documents 选项卡中，选择 Text Document 图标后，单击“OK”按钮。

此时可以看到在工程的 Documents 选项卡中新建了一个名为“Doc1.txt”的文件，将其重命名为“Full_Adder.pld”，这就是存放 CUPL 代码的源文件，如图 6.4.6 所示。

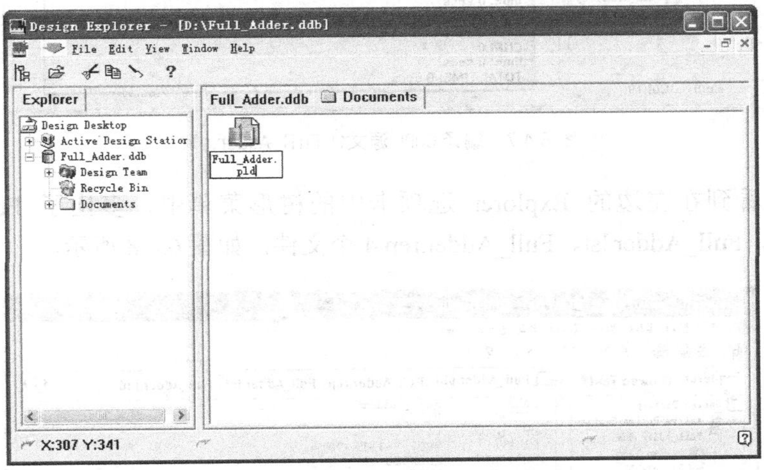

图 6.4.6 新建工程 CUPL 源文件 Full_Adder.pld

双击打开 Full_Adder.pld，在其中输入一位全加器的 CUPL 设计代码，注意区分英文字母的大小写（CUPL 是一种大小写敏感的硬件描述语言）。代码如下。

```
NAME        Full_Adder;
PARTNO      U1;
REVISION    V1.0;
DATE        2007-9-1-17-20;
DESIGNER    ZHANGSU;
COMPANY     NUPT;
```

```
ASSEMBLY   NO.1;
LOCATION   1-1;
DEVICE     g16v8;
/*INPUT PINS*/
PIN[2,3,4] = [A1,A2,Ci];
/*OUTPUT PINS*/
PIN[18,19] = [SUM,Co];
/*Full_Adder*/
SUM = A1$A2$Ci;
Co  = A1&A2 # Ci&(A1$A2);
/*END*/
```

保存文件后，单击 PLD 菜单下的 Compile 选项，编译 CUPL 源文件，如图 6.4.7 所示。若编译提示错误，则需要返回源文件修改代码，直到编译无误。

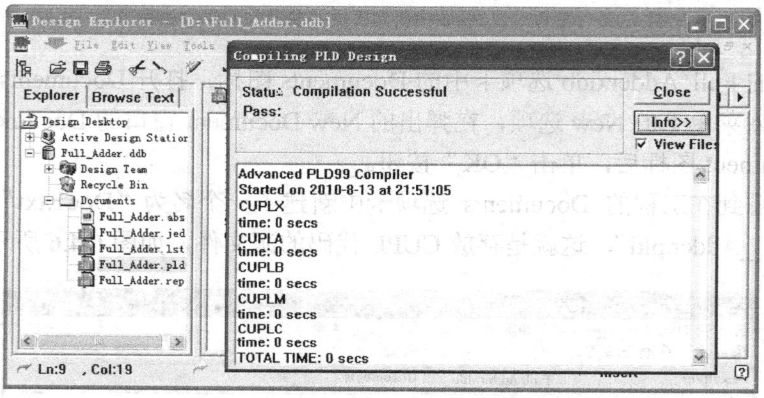

图 6.4.7 编译 CUPL 源文件 Full_Adder.pld

此时可以看到在左边的 Explorer 选项卡中的树形菜单中，多出了 Full_Adder.abs、Full_Adder.jed、Full_Adder.lst、Full_Adder.rep 4 个文件，如图 6.4.8 所示。

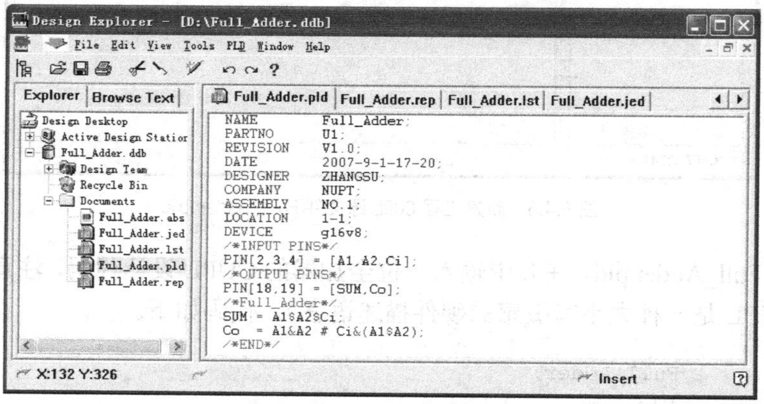

图 6.4.8 编译后的工程 Full_Adder.ddb

其中 Full_Adder.abs 是用于进行功能仿真的文件，Full_Adder.jed 是供编程器使用对 GAL16V8 编程的编程文件，Full_Adder.lst 是编译清单文件，Full_Adder.rep 是编译报告文件。

打开 Full_Adder.rep 文件，其中的管脚分配图部分的内容如图 6.4.9 所示，熔丝图部分的内容如图 6.4.10 所示。再打开 Full_Adder.jed 文件，其中编程信息如图 6.4.11 所示。

```
            ____________
           | Full_Adder |

      x--|1          20|--x Vcc
   A1 x--|2          19|--x Co
   A2 x--|3          18|--x SUM
   Ci x--|4          17|--x
      x--|5          16|--x
      x--|6          15|--x
      x--|7          14|--x
      x--|8          13|--x
      x--|9          12|--x
  GND x--|10         11|--x
           |____________|
```

图 6.4.9 编译后 Full_Adder.rep 中的管脚分配图

```
=============================================================================
                              Fuse Plot
=============================================================================
Syn   02192 - Ac0   02193 x
Pin #19  02048  Pol -  02120  Ac1 x
 00000 x---x---------------------------
 00032 -x--x---x-----------------------
 00064 x----x--x-----------------------
 00096 xxxxxxxxxxxxxxxxxxxxxxxxxxxxxxxx
 00128 xxxxxxxxxxxxxxxxxxxxxxxxxxxxxxxx
 00160 xxxxxxxxxxxxxxxxxxxxxxxxxxxxxxxx
 00192 xxxxxxxxxxxxxxxxxxxxxxxxxxxxxxxx
 00224 xxxxxxxxxxxxxxxxxxxxxxxxxxxxxxxx
Pin #18  02049  Pol -  02121  Ac1 x
 00256 x----x---x----------------------
 00288 x---x---x-----------------------
 00320 -x---x--x-----------------------
 00352 -x--x----x----------------------
 00384 xxxxxxxxxxxxxxxxxxxxxxxxxxxxxxxx
 00416 xxxxxxxxxxxxxxxxxxxxxxxxxxxxxxxx
 00448 xxxxxxxxxxxxxxxxxxxxxxxxxxxxxxxx
 00480 xxxxxxxxxxxxxxxxxxxxxxxxxxxxxxxx
Pin #17  02050  Pol x  02122  Ac1 -
 00512 xxxxxxxxxxxxxxxxxxxxxxxxxxxxxxxx
 00544 xxxxxxxxxxxxxxxxxxxxxxxxxxxxxxxx
 00576 xxxxxxxxxxxxxxxxxxxxxxxxxxxxxxxx
 00608 xxxxxxxxxxxxxxxxxxxxxxxxxxxxxxxx
 00640 xxxxxxxxxxxxxxxxxxxxxxxxxxxxxxxx
```

图 6.4.10 编译后 Full_Adder.rep 中的熔丝图

```
 00672 xxxxxxxxxxxxxxxxxxxxxxxxxxxxxxxx
 00704 xxxxxxxxxxxxxxxxxxxxxxxxxxxxxxxx
 00736 xxxxxxxxxxxxxxxxxxxxxxxxxxxxxxxx
Pin #16  02051  Pol  x  02123  Ac1  -
 00768 xxxxxxxxxxxxxxxxxxxxxxxxxxxxxxxx
 00800 xxxxxxxxxxxxxxxxxxxxxxxxxxxxxxxx
 00832 xxxxxxxxxxxxxxxxxxxxxxxxxxxxxxxx
 00864 xxxxxxxxxxxxxxxxxxxxxxxxxxxxxxxx
 00896 xxxxxxxxxxxxxxxxxxxxxxxxxxxxxxxx
 00928 xxxxxxxxxxxxxxxxxxxxxxxxxxxxxxxx
 00960 xxxxxxxxxxxxxxxxxxxxxxxxxxxxxxxx
 00992 xxxxxxxxxxxxxxxxxxxxxxxxxxxxxxxx
Pin #15  02052  Pol  x  02124  Ac1  -
 01024 xxxxxxxxxxxxxxxxxxxxxxxxxxxxxxxx
 01056 xxxxxxxxxxxxxxxxxxxxxxxxxxxxxxxx
 01088 xxxxxxxxxxxxxxxxxxxxxxxxxxxxxxxx
 01120 xxxxxxxxxxxxxxxxxxxxxxxxxxxxxxxx
 01152 xxxxxxxxxxxxxxxxxxxxxxxxxxxxxxxx
 01184 xxxxxxxxxxxxxxxxxxxxxxxxxxxxxxxx
 01216 xxxxxxxxxxxxxxxxxxxxxxxxxxxxxxxx
 01248 xxxxxxxxxxxxxxxxxxxxxxxxxxxxxxxx
Pin #14  02053  Pol  x  02125  Ac1  -
 01280 xxxxxxxxxxxxxxxxxxxxxxxxxxxxxxxx
 01312 xxxxxxxxxxxxxxxxxxxxxxxxxxxxxxxx
 01344 xxxxxxxxxxxxxxxxxxxxxxxxxxxxxxxx
 01376 xxxxxxxxxxxxxxxxxxxxxxxxxxxxxxxx
 01408 xxxxxxxxxxxxxxxxxxxxxxxxxxxxxxxx
 01440 xxxxxxxxxxxxxxxxxxxxxxxxxxxxxxxx
 01472 xxxxxxxxxxxxxxxxxxxxxxxxxxxxxxxx
 01504 xxxxxxxxxxxxxxxxxxxxxxxxxxxxxxxx
Pin #13  02054  Pol  x  02126  Ac1  -
 01536 xxxxxxxxxxxxxxxxxxxxxxxxxxxxxxxx
 01568 xxxxxxxxxxxxxxxxxxxxxxxxxxxxxxxx
 01600 xxxxxxxxxxxxxxxxxxxxxxxxxxxxxxxx
 01632 xxxxxxxxxxxxxxxxxxxxxxxxxxxxxxxx
 01664 xxxxxxxxxxxxxxxxxxxxxxxxxxxxxxxx
 01696 xxxxxxxxxxxxxxxxxxxxxxxxxxxxxxxx
 01728 xxxxxxxxxxxxxxxxxxxxxxxxxxxxxxxx
 01760 xxxxxxxxxxxxxxxxxxxxxxxxxxxxxxxx
Pin #12  02055  Pol  x  02127  Ac1  -
 01792 xxxxxxxxxxxxxxxxxxxxxxxxxxxxxxxx
 01824 xxxxxxxxxxxxxxxxxxxxxxxxxxxxxxxx
 01856 xxxxxxxxxxxxxxxxxxxxxxxxxxxxxxxx
 01888 xxxxxxxxxxxxxxxxxxxxxxxxxxxxxxxx
 01920 xxxxxxxxxxxxxxxxxxxxxxxxxxxxxxxx
 01952 xxxxxxxxxxxxxxxxxxxxxxxxxxxxxxxx
 01984 xxxxxxxxxxxxxxxxxxxxxxxxxxxxxxxx
 02016 xxxxxxxxxxxxxxxxxxxxxxxxxxxxxxxx
LEGEND       X : fuse not blown
               - : fuse blown
```

图 6.4.10 编译后 Full_Adder.rep 中的熔丝图（续）

```
ADVANCED PLD        4.0  Serial# MW-67999999
Device              g16v8s  Library DLIB-h-36-9
Created             星期五 八月 13 21:51:05 2010
Name                Full_Adder
Partno              U1
Revision            V1.0
Date                2007-9-1-17-20
Designer            ZHANGSU
Company             NUPT
Assembly            NO.1
Location            1-1
*QP20
*QF2194
*G0
*F0
*L00000 01110111111111111111111111111111
*L00032 10110111011111111111111111111111
*L00064 01111011011111111111111111111111
*L00256 01111011101111111111111111111111
*L00288 01110111011111111111111111111111
*L00320 10111011011111111111111111111111
*L00352 10110111101111111111111111111111
*L02048 11000000010101010011000100000000
*L02112 00000000001111111111111111111111
*L02144 11111111111111111111111111111111
*L02176 111111111111111110
*C2560
*______________________________A528
```

图 6.4.11 编译后 Full_Adder.jed 中的内容

对于由 LDPLD 设计的小型数字系统，由于系统功能简单，运行速度低，往往省略 6.1.5 节 PLD 开发流程中的所有仿真而直接上板测试其功能。故本例中，得到.jed 文件后，即可用编程器加载此文件对 GAL16V8 编程，然后将芯片插入系统 PCB，调试无误后，完成设计。

6.5 复杂可编程逻辑器件（CPLD）

随着数字应用的深入，数字系统的规模也在不断扩大。20 世纪 80 年代中后期，某些大型的数字系统甚至需要多达数十片 LDPLD 来实现，这给系统的设计与调试带来了极大的不便。1984 年，Altera 公司将多块类 PAL 块集成在一片芯片上，产生了 CPLD，其集成密度远高于以往的 PLD。由此，PLD 的发展进入了 HDPLD 时代。

6.5.1 CPLD 的产生

由于 Altera 公司首先发明了 CPLD，随后其他公司也生产自己的 CPLD 产品，它们在结构上均和 Altera 公司的 CPLD 相似，故本节以 Altera 公司的 CPLD 为例，对 CPLD 的结构与功能进行讲解。

6.5.2 CPLD 的结构

早期的 CPLD 结构包括逻辑阵列块（LAB，Logic Array Block）、I/O 控制块和可编程互联阵列（PIA，Programmable Interconnect Array），如图 6.5.1 所示。

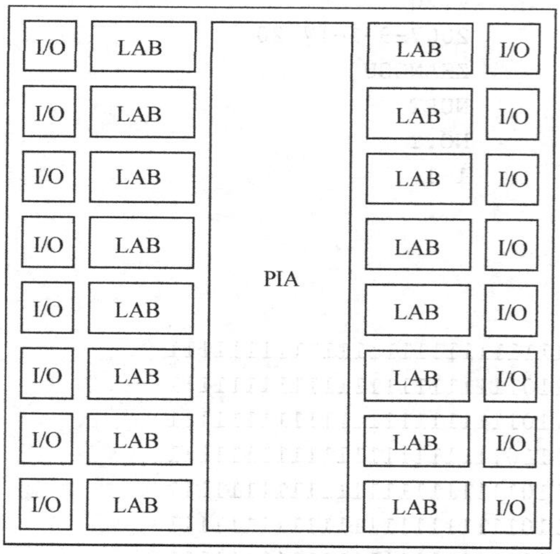

图 6.5.1 Altera 公司生产的早期 CPLD（MAX3000A 系列）的结构

在这样的结构中，每个 LAB 都连接到 PIA，同时也都连接到输入和输出管脚。这样的结构带来的最大问题是，任何 LAB 产生的信号都要经由 PIA 再传输到其他的 LAB。信号在各个 LAB 之间传输的路径大大延长，使得器件的速度低下、功耗较高。

早期的 CPLD（以 MAX3000A 系列为例）使用的是 300nm CMOS 工艺（即器件内部电路间的最小距离为 300nm），这导致了器件的集成度不高、体积较大、价格昂贵。

1988 年，Altera 公司对早期 CPLD 器件的结构进行改进，取消了中央互联阵列，将互联资源分散在各个 LAB 之间，其结构如图 6.5.2 所示。

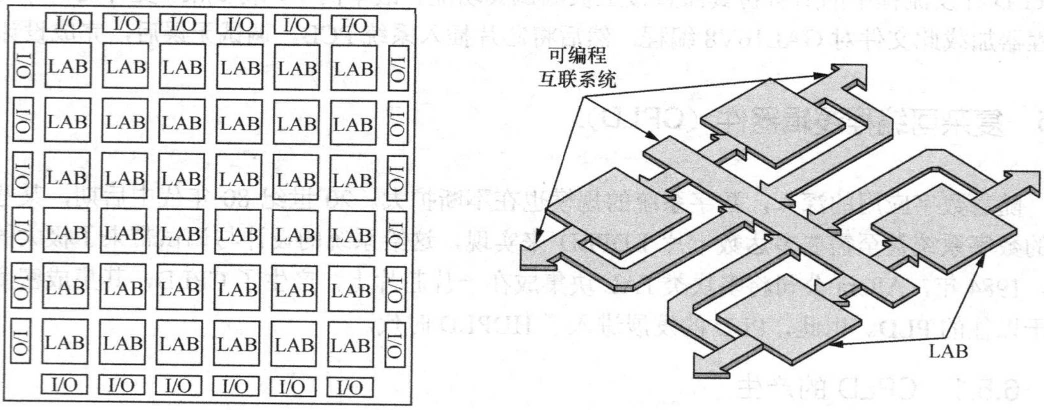

图 6.5.2 结构改进后的 CPLD（MAX Ⅱ系列）的结构

在这样的 CPLD 中，LAB 以矩阵的形式排列，可编程互联系统位于各个 LAB 之间，形成网状互联，这使得信号在各个 LAB 之间可以以较短的距离进行传输，从而大大地提高了器件的速度。

同时新的 CPLD（以 MAX Ⅱ系列为例）采用 180nm Flash 工艺，提高了器件的集成度、缩小了器件体积、降低了器件价格。这使得 CPLD 的应用逐渐广泛了起来。

6.6 现场可编程门阵列（FPGA）

6.6.1 FPGA 的产生背景

20 世纪 80 年代末、90 年代初，大型数字芯片的发展走向了两个极端：一端的 PLD 可配置性高、设计和调试的时间短，但其单元模块的功能过于完整独立，对于具有复杂功能的大型设计，资源浪费巨大；另一端是 ASIC 和 ASSP，这些器件支持具有复杂功能的大型设计，但它们的设计耗时漫长、代价巨大。

为了弥补其间的缺失，1984 年，Xilinx 公司发明了 FPGA。一方面，它具有以往 PLD 的很高的可配置性和较短的设计、调试时间；另一方面，它可以用来实现具有复杂功能的大型设计，这是以往只有 ASIC、ASSP 才能实现的（实际上，巨大、复杂、高速、高性能的设计仍然要求使用 ASIC 和 ASSP，但是由于 FPGA 复杂度的增加和并行算法的应用，FPGA 已经越来越接近 ASIC 和 ASSP 的设计性能）。

但由于 GAL、CPLD 等器件尚能满足当时数字设计的需求，故 FPGA 在诞生之初并未受到过多关注。直到 20 世纪 90 年代末，随着现代通信系统、控制系统的复杂度变得越来越高，经典的 CPU、DSP 串行处理速度已不能满足这些大型数字系统处理的要求。这时拥有大量逻辑资源的 FPGA 便显示出了明显的优势，设计者可以通过使用现代信号处理的方法，将串行算法并行化后在 FPGA 上完成设计。

6.6.2 FPGA 的结构

本节内容以 Xilinx 公司的 Spartan-3 系列 FPGA 为例进行讲解（Xilinx 公司其他系列 FPGA 及 Altera 公司生产的 FPGA 结构基本类似）。图 6.6.1 所示为其基本结构。

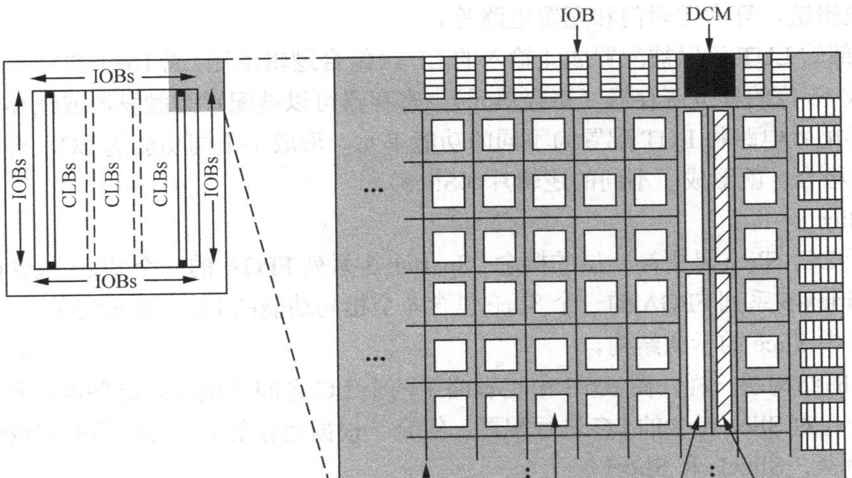

图 6.6.1 Xilinx Spartan-3 系列 FPGA 的基本结构

可以看出，一块 FPGA 芯片包含以下基本单元：可配置逻辑块（CLB，Configurable Logic Block）、输入输出模块（IOB，Input/Output Block）、数字时钟管理模块（DCM，Digital Clock Manager）、块 RAM（Block RAM）以及丰富的互联资源。更加先进的 FPGA 还包含通用高性能 CPU、DSP 单元及专用协议模块等。

1. FPGA 的 CLB

（1）逻辑单元（LC，Logic Cell）

LC 是 CLB 的基本组成部分，也是 FPGA 的最小逻辑模块。Spartan-3 系列 FPGA 的一个 LC 包括一个 4 输入的查找表（LUT，Look-Up Table，在更高级的 FPGA 中允许 LUT 有更多的输入端，如 Xilinx Virtex-5 系列 FPGA 的一个 LUT 允许有 6 个输入端）、一个数据选择器和一个寄存器。一个 Xilinx LC 的简单结构如图 6.6.2 所示。

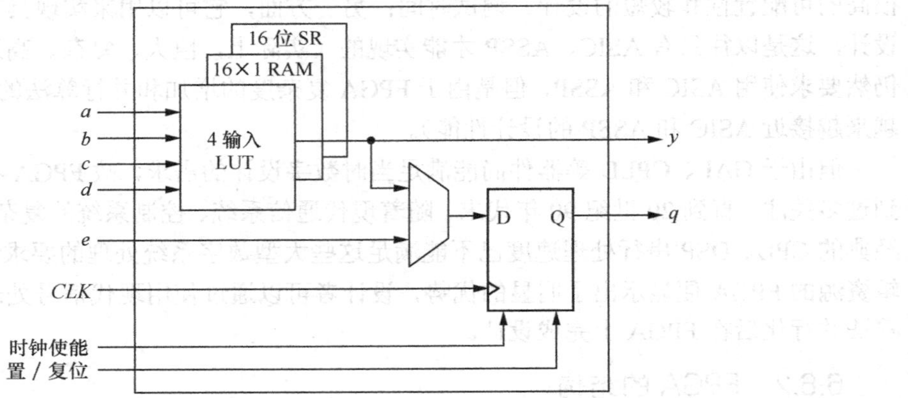

图 6.6.2　一个 Xilinx LC 的简单结构

需要说明的是，图 6.6.2 中的描述只是表明了 LC 的最基本结构，而省略了部分电路（如快速进位逻辑链、算术逻辑门和配置电路等）。

LC 内部的 LUT 可以被配置成 4 输入的 LUT（组合逻辑单元）或 16×1 的分布式 RAM（存储单元）或 16 位的移位寄存器（寄存单元）；寄存器可以被配置为触发器或锁存器。

不同的配置电路将 LUT 配置为不同的功能单元，形成了不同功能的 LC。再将不同功能的 LC 分类组合，就形成了不同的逻辑片（Slice）。

（2）Slice

相对于 LC，Slice 是更高一层的概念。Spartan-3 系列 FPGA 的一个 Slice 包含两个相同功能的 LC（Virtex-5 系列 FPGA 的一个 Slice 包含 4 个相同功能的 LC）。图 6.6.3 所示为 Spartan-3 系列 FPGA 中 Slice 的示意结构。

和 LC 的结构图一样，图 6.6.3 中也省略了两个 LC 之间的电路。这些电路和 LC 内部的部分电路一起对 Slice 包含的 LC 进行配置、组合。根据包含的 LC 具有的不同逻辑功能，将 Slice 分为两类：SliceL 和 SliceM。

SliceL 的内部结构相对简单，其中的 LUT 被简单配置为提供算术或 ROM 功能的组合逻辑单元；SliceM 的内部结构相对复杂，其中的 LUT 不仅可以被配置为组合逻辑单元，还可以被配置为用于存储运算中间结果的分布式 RAM（存储单元）或 16 位的移位寄存器。

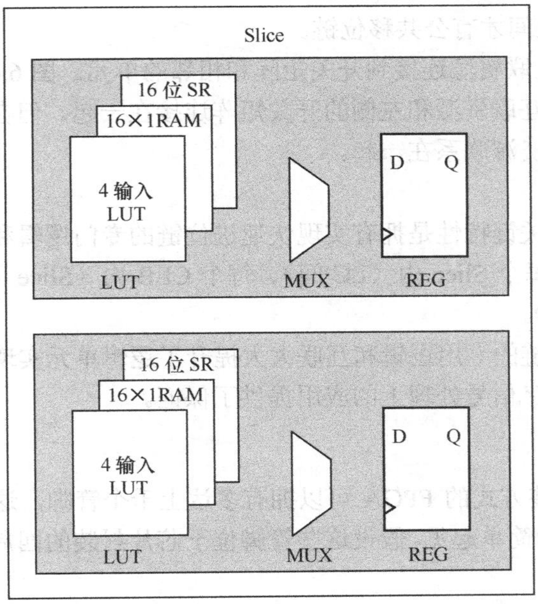

图 6.6.3 Spartan-3 系列 FPGA 中 Slice 的示意结构

Slice 是 FPGA 中相当重要的一个中间概念。它有序地组合了 LC 以形成 CLB，这大大提高了 CLB 的利用率，同时也提高了 CLB 的处理和传递速度。

（3）CLB

CLB 是 Xilinx FPGA 可编程逻辑的基本单元，是比 Slice 更高一层的概念。Spartan-3 系列 FPGA 的一个 CLB 包含 4 个 Slice（Virtex-5 系列 FPGA 的一个 CLB 包含两个 Slice）。图 6.6.4 所示为 Spartan-3 系列 FPGA 中 CLB 的示意结构。

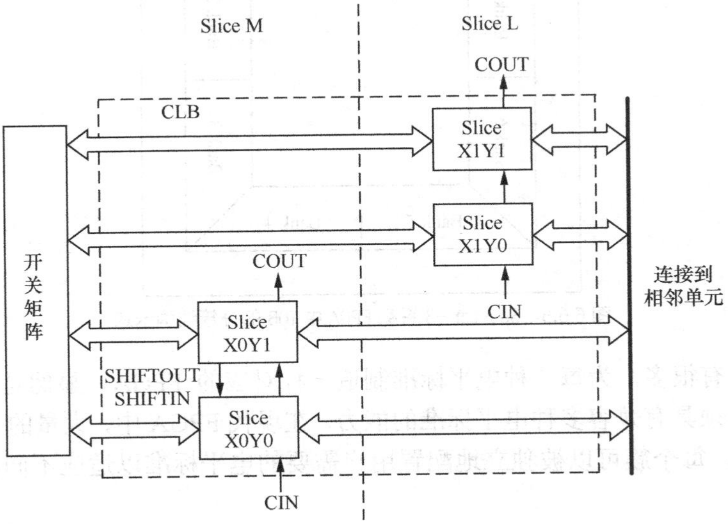

图 6.6.4 Spartan-3 系列 FPGA 中 CLB 的示意结构

一个 CLB 是由 4 个互联的 Slice 组成，这 4 个 Slice 成对分为两组，每对排成一列。左边一列的一对 Slice 是 SliceM，右边一列的一对 Slice 是 SliceL。每对 Slice 都有独立的进位链，但只有 SliceM 内部和之间才有公共移位链。

每个 CLB 均通过互联资源连接到开关矩阵和相邻的单元。图 6.6.4 中为了清晰起见，并未将右侧粗黑线表示的互联资源和左侧的开关矩阵连接在一起。但在实际器件中，FPGA 中所有的单元均通过互联资源联系在一起。

（4）快速进位链

现代 FPGA 的一个关键特性是拥有实现快速进位链的专门逻辑和互联。在前面的介绍中，可以看出每个 LC 内、每个 Slice 内（LC 间）、每个 CLB 内（Slice 间）、CLB 间都有专门的快速进位链（或移位链）。

这些实现快速进位链的专用逻辑和互联大大提升了逻辑单元实现技术功能和算术功能的性能，这为 FPGA 在数字信号处理上的应用提供了保证。

2. FPG A 的 IOB

现代采用 BGA 封装方式的 FPGA 可以拥有多达上千个管脚，这些管脚在芯片封装的底部排成一个阵列。本节为简单起见，假设这些管脚位于芯片封装的四周（实际上，早期的 FPGA 正是如此）。

（1）多种 I/O 电平标准

在实际的电子产品中，常常会涉及多种 I/O 电平标准。例如，标准 74HC 系列芯片使用 CMOS 电平标准，计算机串口通信专用芯片（如 MAX232、MAX233 等）使用 RS-232 电平标准，高速信号传输等场合使用 LVDS 电平标准等。

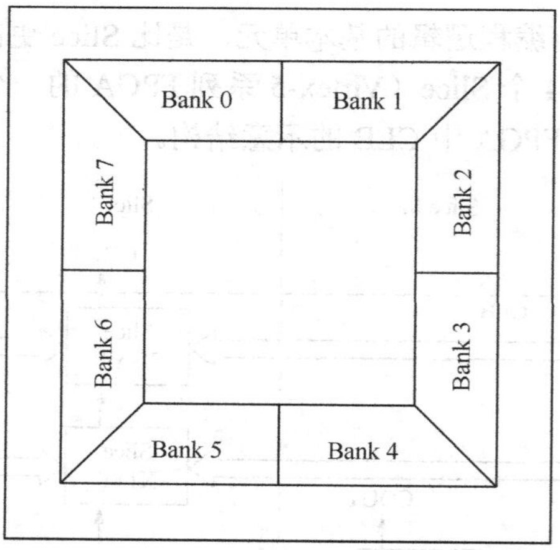

图 6.6.5 Spartan-3 系列 FPGA 中 IOB 的分簇结构示意

这样的标准有很多，为每一种电平标准制造一种对应的 FPGA，显然是不现实的。因此 FPGA 的 IOB 必须具有兼容多种电平标准的能力。在现代 FPGA 中，大量的 IOB 被分成了若干的簇（Bank），每个簇可以被独立地配置用户需要的电平标准以适应不同的产品需求，如图 6.6.5 所示。

这样做，不仅可以使 FPGA 与使用不同 I/O 电平标准的器件协同工作，还可以作为不同 I/O 电平标准的转换接口。

（2）可配置 I/O 阻抗

在今天的电子电路板上，数字系统使用的数字时钟和处理的数字信号往往具有很高的速率。因此保持信号的完整性变成了重要的课题，为了防止信号的反射或振荡，必须为 FPGA 的输入和输出引脚设置合适的终端电阻。

在电路板规模不是很大时，设计者可以在 FPGA 的输入和输出引脚上人工添加离散的电阻元件来达到阻抗匹配的目的。但随着 PCB 规模的不断扩大，这样的设计必将占用大量的 PCB 面积，甚至在有些情况下根本行不通。因此现代的 FPGA 采用数字控制阻抗（DCI，Digital Control Impendence）技术来实现 IOB 的 I/O 阻抗可配置。其阻值可以由使用者根据不同的电路板环境和 I/O 标准来自动调整。

（3）其他资源

现代先进的 FPGA 中为了适应高速信号处理和传输的应用，还添加了适合高速应用的 I/O 结构。例如，在 Virtex 系列 FPGA 的 IOB 中，添加了 I/O 数据寄存器，以及面向 10Gbit/s 以上数据速率应用的 RocketIO 高速串行接口等。

这些扩展资源极大地扩展了 FPGA 的应用领域，使 FPGA 成为今日高速数字信号处理和传输领域不可或缺的器件。

3．FPGA 的 DCM

FPGA 内部所有的同步器件（如 CLB 内的触发器）需要时钟信号来驱动。这样的时钟源一般来自于 FPGA 器件外部，通过专用的时钟输入管脚进入 FPGA，接着传送到整个器件并连接到适当的寄存器。

在 FPGA 实现的大型数字系统中，常常使用时钟树（也称为时钟域）技术来保证所有触发器接收到的信号尽可能一致。之所以称为时钟树，是因为主时钟信号被一次又一次地分支后连接着所涉及的寄存器“叶片”，如图 6.6.6 所示。（在现代 FPGA 中，时钟树采用专门的走线，与通用可编程互联相分离。）

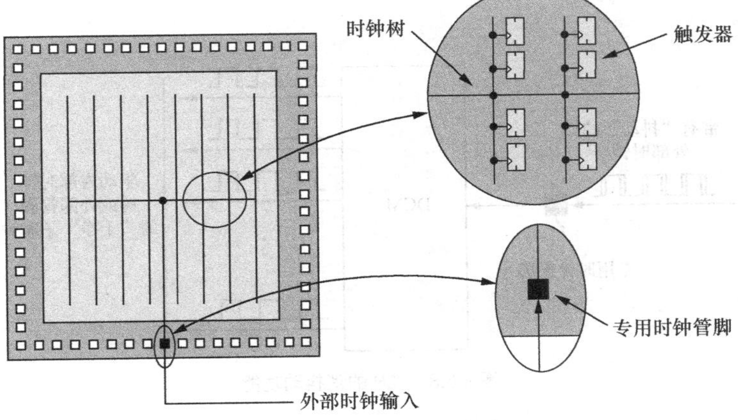

图 6.6.6 FPGA 中的时钟树结构示意

如果使用一根长的时钟线来一个接一个地驱动所有的触发器，由于信号在物理线路上传输需要时间，那么最接近时钟管脚的触发器接收的信号将比最末端的触发器收到的信号早很多（称为抖动）。使用时钟树结构，可以使这种情况得到较大的改善（但还是不能完全避免）。

在大型应用中，往往会遇到多个时钟树的情况。这是由于时钟抖动的存在，不同时钟树的触发器间或同一时钟树不同的触发器之间将会产生时钟错位，严重时会导致系统逻辑混乱。为了避免这一现象，在 FPGA 中使用数字时钟管理（DCM，Digital Clock Managerment）模块接受外部时钟来精确产生和管理系统所使用的所有时钟。

DCM 模块主要具备以下功能。

（1）消抖动

假设系统需要一个 1MHz 的时钟（实际应用中也许会高得多）。在理想状况下，每个时钟的上升沿将会以百万分之一秒的速度均匀到达，但实际上，每个上升沿可能来得或早或晚。为了使这种影响也就是"抖动"更直观，设想一下把多个时钟沿重叠在一起，结果将得到一个"模糊"的时钟，如图 6.6.7 所示。

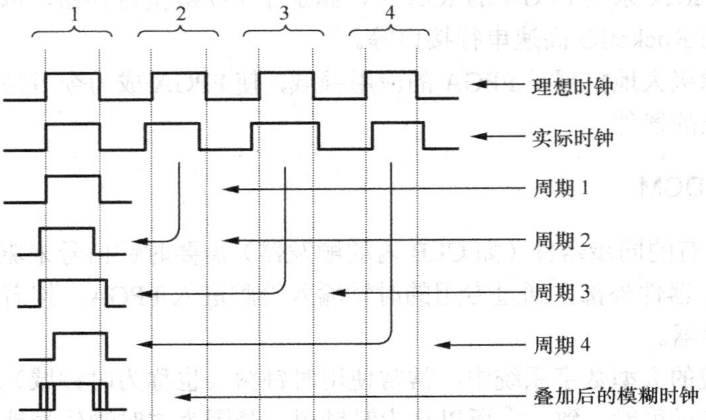

图 6.6.7 "抖动"导致的模糊时钟

FPGA 的 DCM 可以检测并纠正"抖动"，提供"干净"的子时钟信号给器件内部使用，如图 6.6.8 所示。

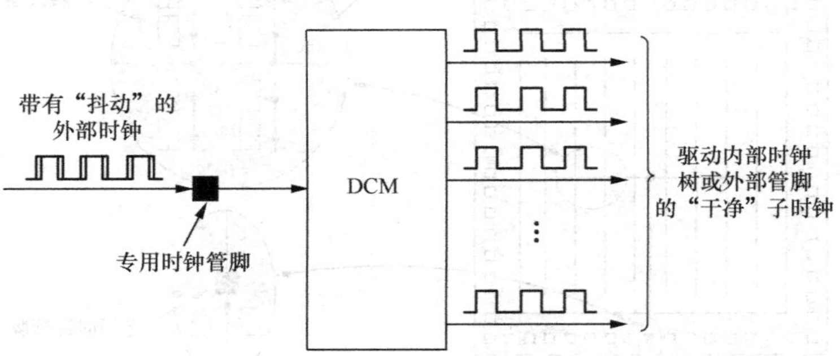

图 6.6.8 DCM 的消抖动功能

（2）频率综合

有的时候，外部输入的时钟信号的频率并不符合设计者的要求，这时 DCM 可以通过把源时钟分频或倍频来得到需要的子时钟。

例如，考虑三个子时钟信号：第 1 个时钟的频率等于源时钟，第 2 个时钟的频率为源时钟的 2 倍，第 3 个时钟的频率为源时钟的一半，如图 6.6.9 所示。

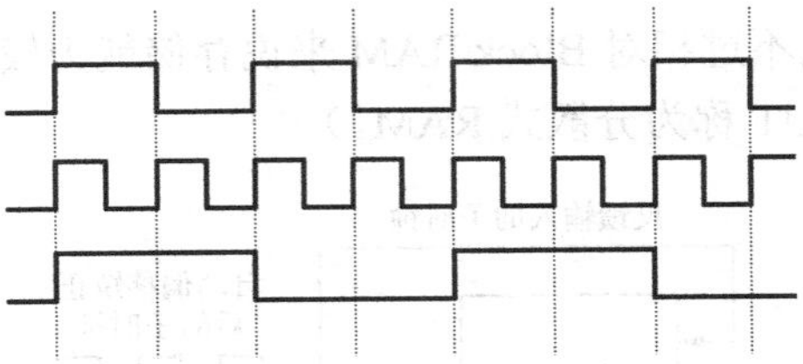

图 6.6.9 使用 DCM 完成频率综合

图 6.6.9 中所示是非常简单的例子，用来说明频率综合。在实际系统中，DCM 可以综合产生与源时钟频率关系更为复杂的子时钟，诸如 11/7 倍频这样的时钟均可以简单通过 DCM 产生。

（3）相位调整

某些实际应用中需要几个时钟之间具有一定的相位关系，例如，图 6.6.10 中所示系统需要一组 4 相时钟。DCM 可以完成这一组时钟的产生，并精确控制各时钟间的相位差。

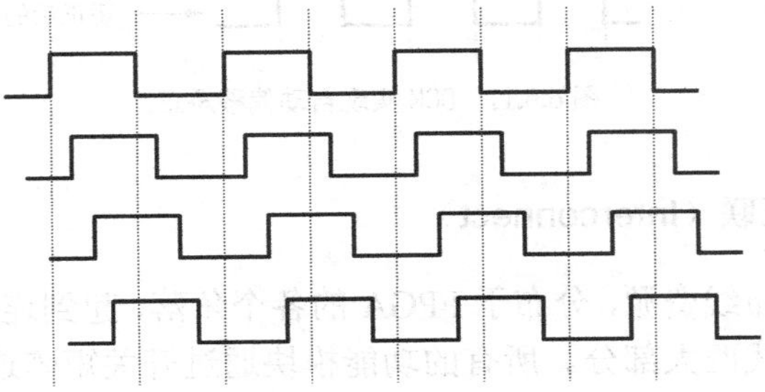
图 6.6.10 使用 DCM 产生 4 相时钟

（4）自动偏移矫正

DCM 是一个实际系统，它在接受外部时钟产生系统所需要的子时钟时，一定会给产生的子时钟带来一定量的时延，同时在分配时钟的互连线和驱动门上会产生更大的时延。这种源时钟和子时钟之间的时延误差叫作偏移。

DCM 中存在一个用于子时钟反馈输入的端口。在进行相位比较时，DCM 将比较源时钟和反馈输入的子时钟之间的时延误差，并给子时钟追加额外的时延，迫使它重新与源时钟对齐，如图 6.6.11 所示。

4．FPGA 的 Block RAM

在很多的应用场合需要使用大容量的存储器，例如数据采集系统会产生大量的收集数据，某些数字信号处理系统会产生大量的中间运算结果，这些都需要大容量的存储器来存储数据。

为了满足这些应用的需求，现在的 FPGA 包含很多专门的内嵌块 RAM（Block RAM），这些 Block RAM 的排列取决于器件的结构，有些可能位于器件的四周，有些则分散于器件内部。如图 6.6.1 所示，Xilinx Spartan-3 系列 FPGA 的 Block RAM 分散于器件内部。

每块 Block RAM 的容量能够达到几千到上万比特，而一片 FPGA 中又包含数十乃至上百的 Block RAM。这样，一片 FPGA 就能够提供几百 K 到几 M 比特的完整存储能力。（实际上一片 FPGA 能够提供的存储能力远大于此，CLB 中的 LUT 在一定情况下也可以配置为存储单元，从而实现数据存储的功能，只不过相对 Block RAM 来说存储能力较为分散。某些情况下也把 CLB 中配置为存储单元的 LUT 称为分散式 RAM。）

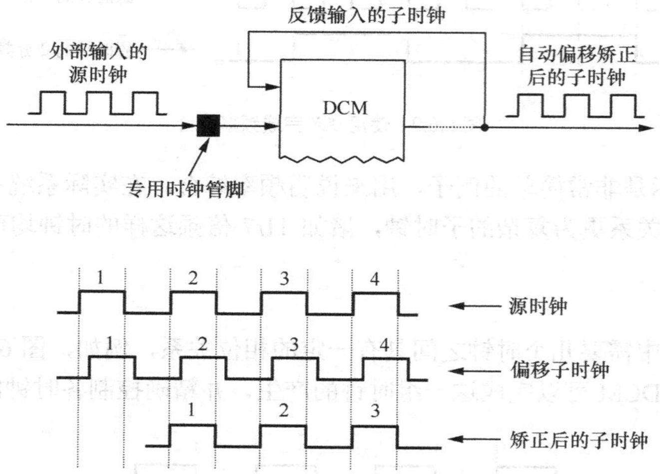

图 6.6.11　DCM 实现自动偏移矫正

5. FPGA 的内部互联（Interconnect）

内部互联又被称为布线资源，分布于 FPGA 的各个角落，起到连接所有功能模块的作用，包含开关矩阵和内部连线两大部分。所有的功能模块通过开关矩阵连接到内部连线上，由开关矩阵的状态决定是否接入应用电路，如图 6.6.12 所示。

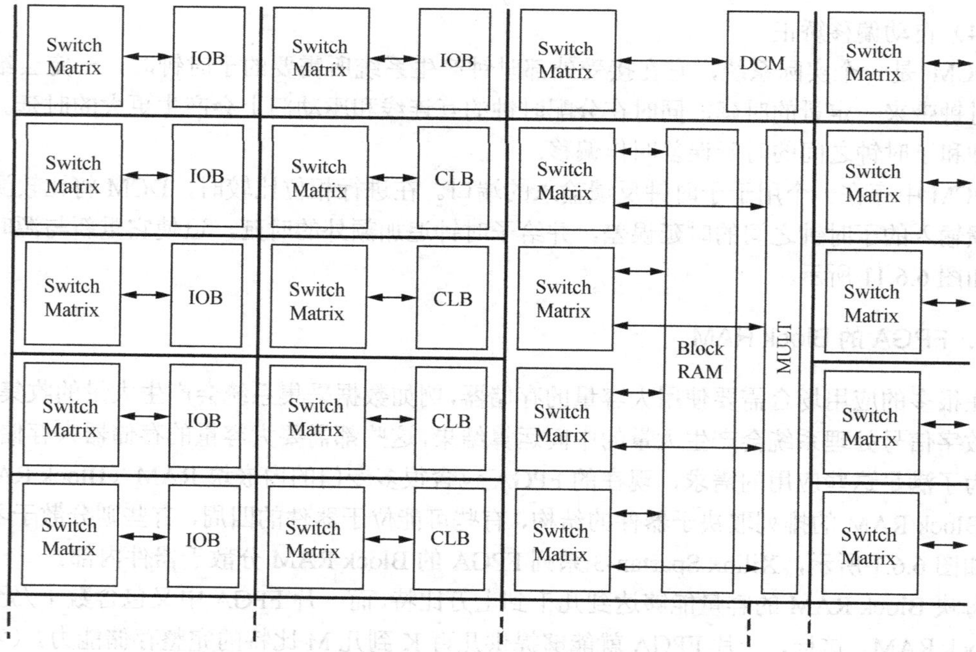

图 6.6.12　FPGA 的内部互联

（1）开关矩阵

开关矩阵是沟通功能实体和内部连线的桥梁，它的工作状态决定了与之相连的功能实体是否接入系统连接。

在 Spartan-3 系列 FPAG 中，对于面积较小的功能实体，如 CLB、IOB、DCM 等，每个单元连接到 1 个开关矩阵；而对于面积较大的功能实体，如 Block RAM 和嵌入式乘法器等，每个单元则连接到多个开关矩阵，如图 6.6.12 所示。

（2）各类互联

内部互联联通 FPGA 内部的所有单元，而且连线的长度和工艺决定着信号在连线上的驱动能力和传输速度。

FPGA 内部丰富的互联资源根据工艺、长度、宽度和分布位置的不同划分成 4 个类型。

第一类是全局布线互联，用于芯片内部全局时钟和全局复位/置位的布线。

第二类是长线互联，用于完成芯片簇（Bank）间的高速信号和第二全局时钟信号的布线。

第三类是短线互联，用来完成基本逻辑单元间的逻辑互连与布线。

第四类是分布式互联，用于专有时钟、复位等控制信号线。

6. FPGA 的其他内嵌专用资源

在某些定向应用中，可能会对某一类特殊的功能单元有大量的需求。例如，数字信号处理的应用中将会使用大量的乘加器（MAC，Multiply-and-Accumulate），先进的图像处理应用中可能会需要多个 CPU 等。如果这些功能单元都使用大量的可编程逻辑块相互连接来实现，将会消耗大量的资源，而且工作速度也会很慢。因此，现代的许多 FPGA 都固化了具有专门功能的硬件单元。其中较为典型的是数字信号处理单元和嵌入式 CPU 单元。

常见的嵌入式数字信号处理单元有硬件乘法器、硬件加法器、硬件 MAC 等。这些硬件单元的出现极大地提高了 FPGA 处理数字信号的能力。例如，Xilinx Spartan-3 系列 FPGA 中嵌入了硬件乘法器，更先进的 Virtex-5 系列 FPGA 中嵌入了专用于高速数字信号处理的 Xtreme DSP 模块等。

在许多综合嵌入式应用中，系统需要包含 CPU 来做某些处理和决策。过去设计者常常使用独立的 CPU 芯片和 FPGA 一起置于 PCB 上协同工作，这往往会消耗不少的 PCB 资源，并且如果处理速度很高，信号被引出芯片外还会带来完整性的问题。近来，高端 FPGA 已经开始提供 1 个或多个内嵌的硬处理器（如 Xilinx Virtex-5 FXT 系列 FPGA 中嵌有 IBM Power 450 CPU 硬核）。这样就可以把由外部处理器执行的任务移到内核来执行。

本节以 Xilinx Spartan-3 系列 FPGA 为例介绍了通用 FPGA 器件的内部结构和各部分所具有的基本功能。其中并未涉及详细的底层物理硬件结构和具体配置方法，原因是对于像 FPGA 这样的 HDPLD，手工布线和调整非常困难甚至不可实现。现代开发都是通过使用 HDL 来对 FPGA 芯片进行编程后，再由芯片供应商提供的 IDE 自动完成后续的配置、布线和调整工作，而不用设计者手动完成。因此设计者通常情况下不需要关心底层物理芯片内的配置、布线和调整工作是如何进行的。对此有兴趣的读者可以参见相关专业文献和芯片供应商提供的数据手册和资料。

6.7 HDPLD 应用举例

前面几节介绍了 HDPLD 的结构和基本工作原理，本节将使用 VHDL，结合 Xilinx 公司的 PLD 集成开发环境 ISE 10.1，以开发一个 FPGA 简单工程为例，讲述开发 HDPLD 器件的方法。

例 6.7.1 使用 VHDL 和 ISE 10.1 软件设计开发一个 4 位加/减法计数器。并在 Digilent 公司提供的 Spartan-3 入门开发板硬件实现。

1. 启动设计软件

首先双击桌面上的 Xilinx ISE 10.1 软件图标，启动软件。也可以从“开始”→“所有程序”→“Xilinx ISE 10.1”→“Project Navigator”启动软件。

程序界面如图 6.7.1 所示。（ISE 10.1 软件默认设置是在启动软件后，打开上一次的设计工程。用户可以根据自己的使用习惯在软件设置中更改。）

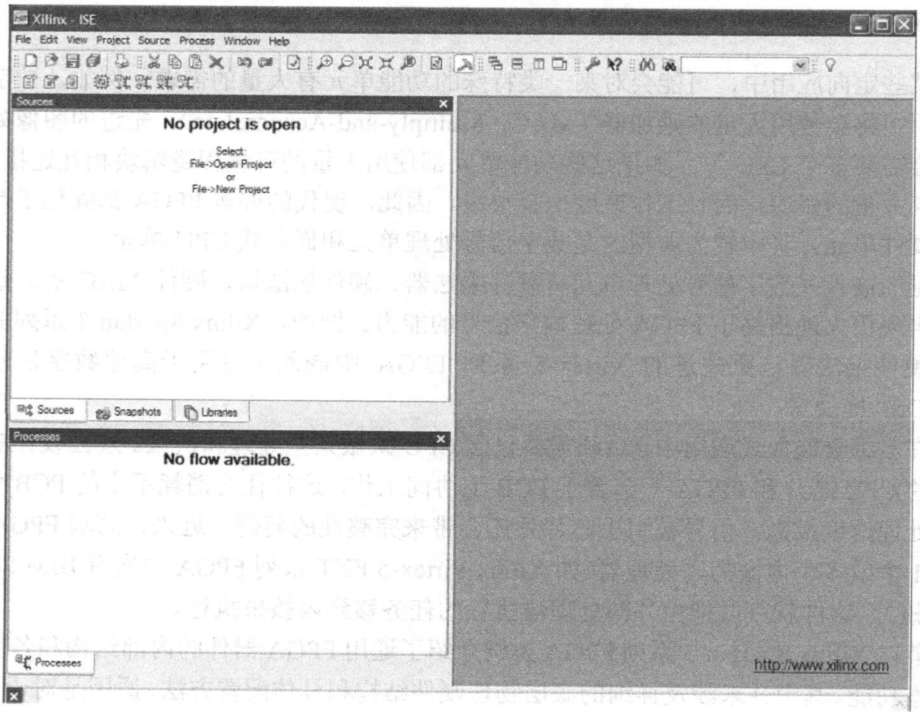

图 6.7.1 Xilinx ISE 10.1 程序界面

2. 创建新工程

打开 ISE 10.1 后，需要创建工程来进行 FPGA 项目的开发。

选择 File | New Project…，将会出现 New Project Wizard（新工程向导）对话框。输入当前工程名称和存放路径，工程的顶层源文件类型默认为 HDL，如图 6.7.2 所示。

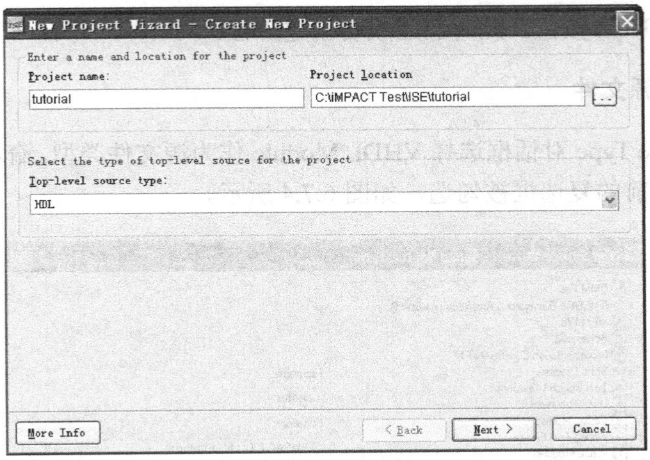

图 6.7.2 创建新工程对话框

填写完毕后，单击 Next 按钮。

在出现的 Device Properties 对话框中选择所使用的 FPGA 器件类型信息。这些信息可以在 FPGA 芯片表面找到。根据这些信息，选择对话框中对应的选项，具体如下。

```
Product Category: All
Family: Spartan3
Device: XC3S200
Package: FT256
Speed: -4
Top-Level Source Type: HDL
Synthesis Tool: XST (VHDL/Verilog)
Simulator: ISE Simulator (VHDL/Verilog)
Preferred Language: Verilog
```

勾选 Enable Enhanced Design Summary，其余选项或判断框部分保留默认值不变。填写完毕后的 Device Properties 对话框如图 6.7.3 所示。

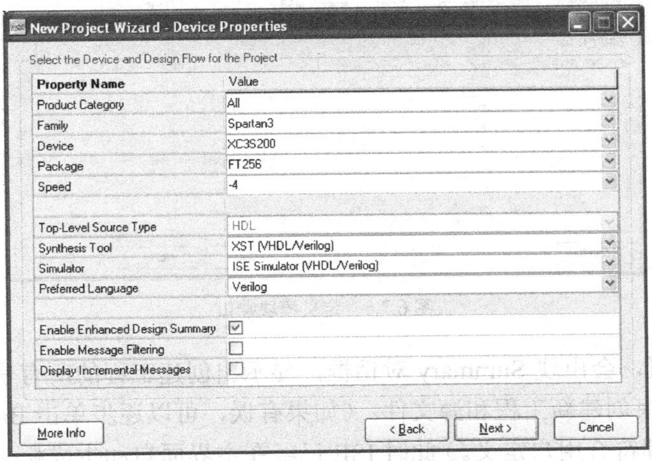

图 6.7.3 填写完毕后的 Device Properties 对话框

核对后，单击 Next 按钮。此时已经成功创建工程。

3. 创建 HDL 源文件

在 Select Source Type 对话框选择 VHDL Module 作为源文件类型。输入文件名为 counter，确认 Add to project 前的复选框被勾选，如图 6.7.4 所示。

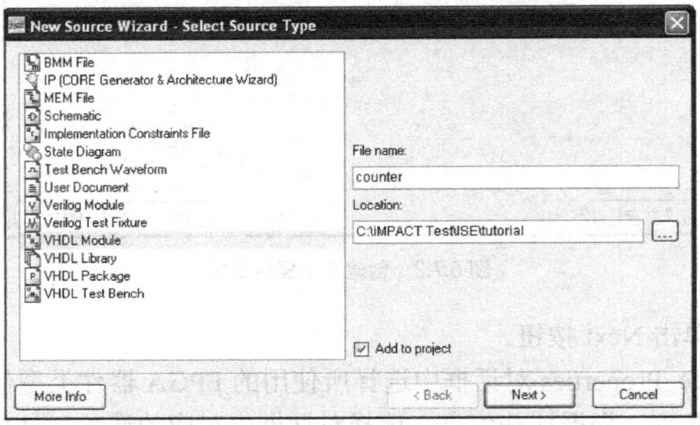

图 6.7.4 为新工程添加 VHDL 源文件

单击 Next 按钮，在出现的 Define Module 对话框中将要对模块的输入输出端口进行定义。

需要实现的模块为 1 个 4 位加/减法计数器。很明显，最简单的情况下，需要 1 个 1 位宽的时钟输入端（命名为 CLOCK），以便模块对时钟输入进行计数；1 个 1 位宽的加/减计数控制端（命名为 DIRECTION），控制该计数器是递增计数还是递减计数；1 个 4 位宽[3..0]的计数端（命名为 COUNT_OUT），将计数值反映在该端口上。

在 Define Module 对话框中输入端口名，并定义输入输出类型和位宽，如图 6.7.5 所示。

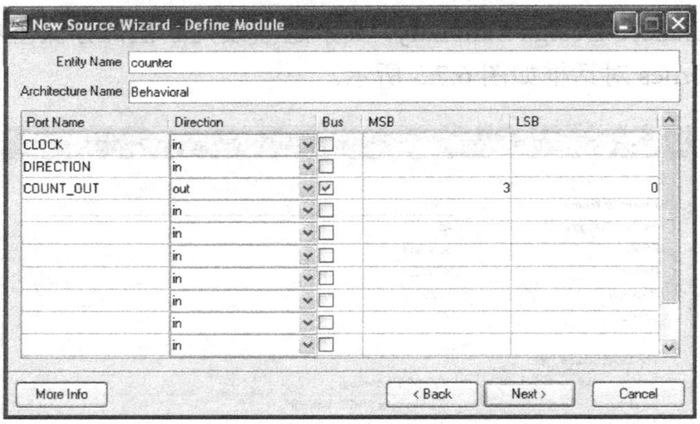

图 6.7.5 定义模块端口

单击 Next 按钮，会出现 Summary 对话框，显示出创建工程的所有信息，核对正确后，单击 Finish 按钮结束创建新工程和源文件。（如果有误，可以逐步单击 Back 按钮回退检查修改，直至所有信息都符合用户定义。）此时 ISE 已经在主界面自动生成相关的信息，如图 6.7.6 所示。

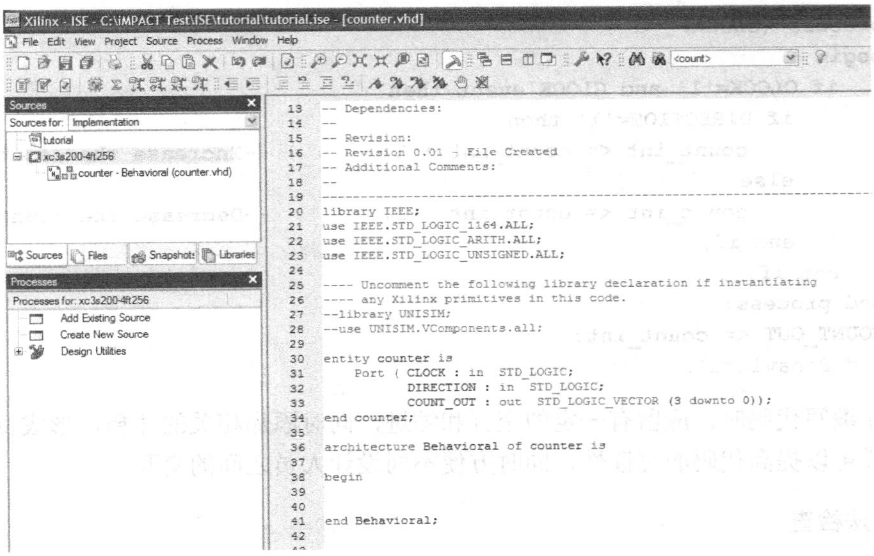

图 6.7.6 ISE 主界面中的新建工程

4. 编辑 VHDL 源文件

在已有的 ISE 主界面中可以看到，程序已经自动生成了一些 VHDL 代码，只需在相应的空白处添加用户自己的设计代码即可。

在这里，不妨要求模块在时钟的上升沿到来时进行计数；DIRECTION 为同步控制端：当 DIRECTION 控制端为“1”时，计数器递增计数；当 DIRECTION 控制端为“0”时，计数器递减计数。

根据这些用户定义，完善设计代码如下（粗体字部分为添加的代码）。

```
library IEEE;
use IEEE.STD_LOGIC_1164.ALL;
use IEEE.STD_LOGIC_ARITH.ALL;
use IEEE.STD_LOGIC_UNSIGNED.ALL;

-- Uncomment the following library declaration if instantiating
-- any Xilinx primitive in this code.
--library UNISIM;
--use UNISIM.VComponents.all;

entity counter is
    Port (CLOCK : in STD_LOGIC;
        DIRECTION : in STD_LOGIC;
        COUNT_OUT : out STD_LOGIC_VECTOR (3 downto 0));
end counter;

architecture Behavioral of counter is
signal count_int : std_logic_vector(3 downto 0) := "0000";

begin
```

```
process (CLOCK)
begin
   if CLOCK='1' and CLOCK'event then
      if DIRECTION='1' then
         count_int <= count_int + 1;        --Increase the count
      else
         count_int <= count_int - 1;        --Decrease the count
      end if;
   end if;
end process;
COUNT_OUT <= count_int;
end Behavioral;
```

注意在编写代码时，应留有一定的空行和缩进，同时添加相关的注释，形成良好的编码风格，这样可以提高代码的可读性，同时方便不同设计人员之间的交互。

5. 语法检查

编写代码完成后，需要对所编写的代码进行语法检查，纠正代码中的语法错误。需要注意的是，这一操作只是对代码的语法进行检查，而不对模块的功能和时序作任何检验。

首先确认 Sources 窗口的下拉菜单选中 Implementation，然后单击 counter 设计源文件，确保当前焦点位于 counter.vhd 文件，如图 6.7.7 所示。

单击 Processes 窗口中 Synthesize-XST 前的“+”号，展开处理项。双击 Check Syntax，程序开始检查错误，检查无误后，会在 Check Syntax 前显示绿色“√”图标，如图 6.7.8 所示。若语法检查表示编写的源代码中存在错误，可以根据程序提示逐一改正，直至不存在语法错误。注意一定要去除所有的语法错误，否则将不能进行后续的仿真和综合操作。

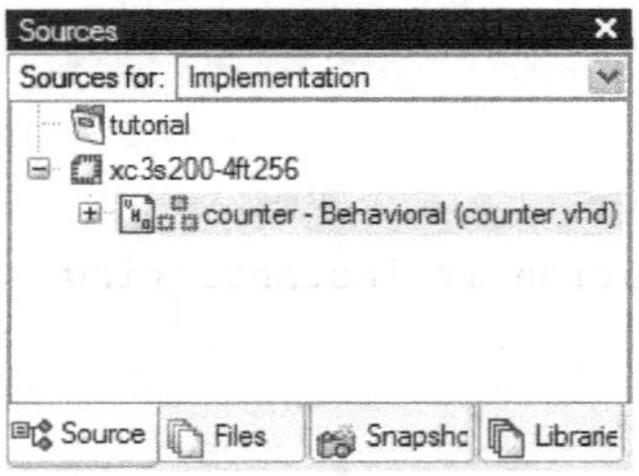

图 6.7.7 选中 counter.vhd 文件

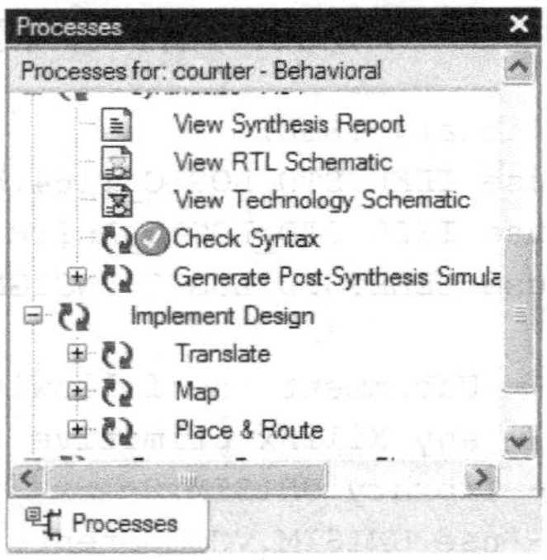

图 6.7.8 语法检查正确

此时可以关闭 counter.vhd 文件。

6. 对模块进行功能仿真（前仿真）

右键单击 Sources 窗口空白处，在弹出的菜单中选择 New Source，如图 6.7.9 所示。

在 Select Source Type 对话框选择 Test Bench Waveform。输入文件名为 counter_tbw，确认 Add to project 前的复选框被勾选。完成后单击 Next 按钮。

接着关联仿真测试文件和模块源文件，如图 6.7.10 所示。完成后单击 Next 按钮。

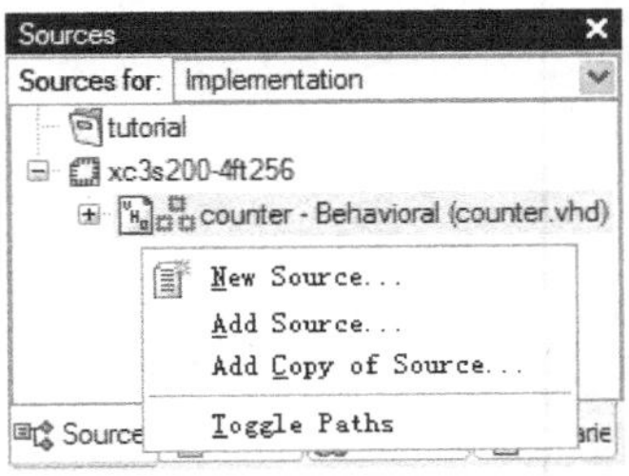

图 6.7.9 新建仿真波形文件

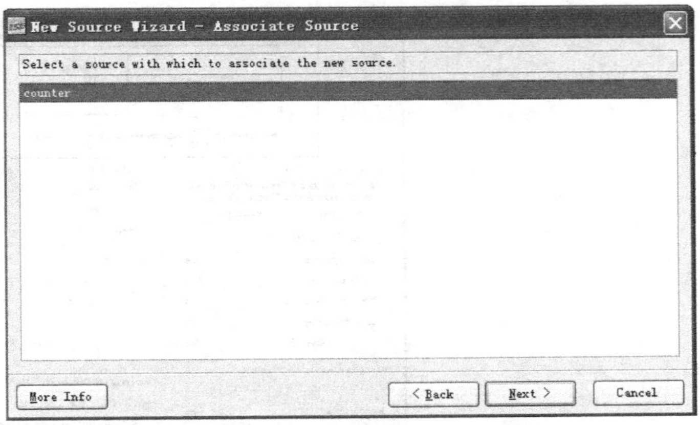

图 6.7.10 关联仿真波形文件与模块源文件

核对出现的 Summary 页面中的信息后，单击 Finish 按钮完成添加仿真波形文件。

接着需要在 Initial Timing and Clock Wizard 页面中设置时钟频率、建立时间和输出延迟时间。这些参数在工程中应根据实际需要进行设定。本例因没有工程需求，仅做示范，故对模块做如下要求。

① counter 模块必须在 25MHz 的时钟可以正常工作。

② DIRECTION 信号能在 CLOCK 的上升沿之前 10ns 获得。

③ 输出信号 COUNT_OUT 必须在 CLOCK 的上升沿之后 10ns 获得。

将这些需求参数转化成 Initial Timing and Clock Wizard 页面所需要的值，得到如下信息。

```
Clock High Time: 20 ns.
Clock Low Time: 20 ns.
Input Setup Time: 10 ns.
Output Valid Delay: 10 ns.
Offset: 0 ns.
Global Signals: GSR（FPGA）（GSR（FPGA）使能时，Offset 的值将会自动增加 100 ns。）
Initial Length of Test Bench: 1500 ns.
```

将这些信息填入 Initial Timing and Clock Wizard 页面的对应位置，其余位置保持软件默认值不变，如图 6.7.11 所示。

填写完毕后，单击 Finish 按钮，完成时钟的初始化。

此时在程序界面中可以看到已经初始化的时钟信号 CLOCK 和其他的输入输出信号，如图 6.7.12 所示。其中蓝色阴影区域是时钟信号 CLOCK 相对于其他输入信号的建立时间。

还需要对 DIRECTION 信号进行设置，才能测试模块功能是否正确，设置如下。

① 单击 DIRECTION 信号大约在 300ns 处的蓝色区域，将 DIRECTION 信号自 300ns 开始往后置为高电平。

② 单击 DIRECTION 信号大约在 900ns 处的蓝色区域，将 DIRECTION 信号自 900ns 开始往后置为低电平。

输出信号 COUNT_OUT 为需要观察验证的信号，故不用设置。

设置完成后，各信号波形如图 6.7.13 所示。

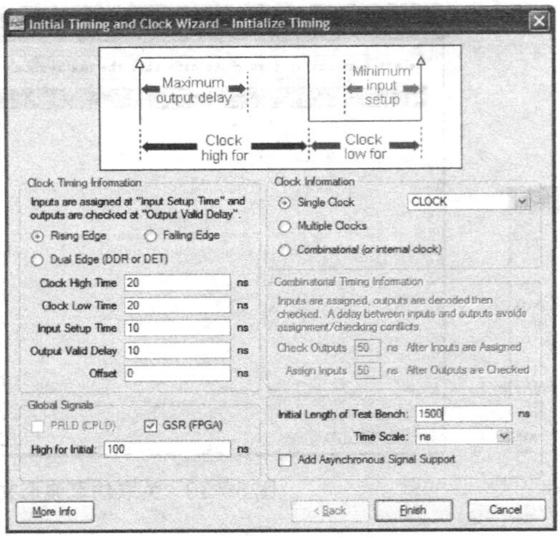

图 6.7.11 初始化时钟信息

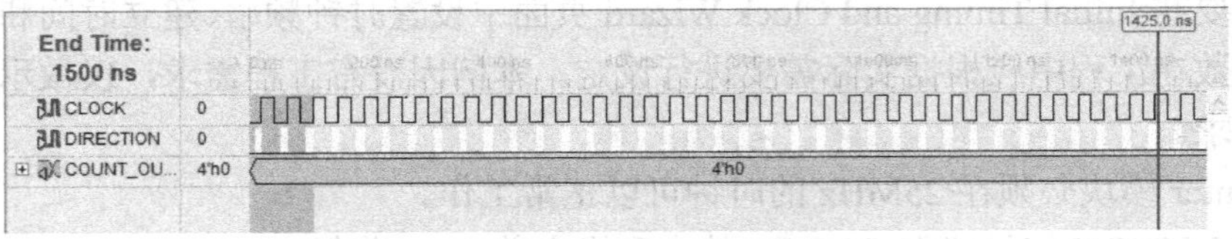

图 6.7.12 仿真波形文件中的各信号波形

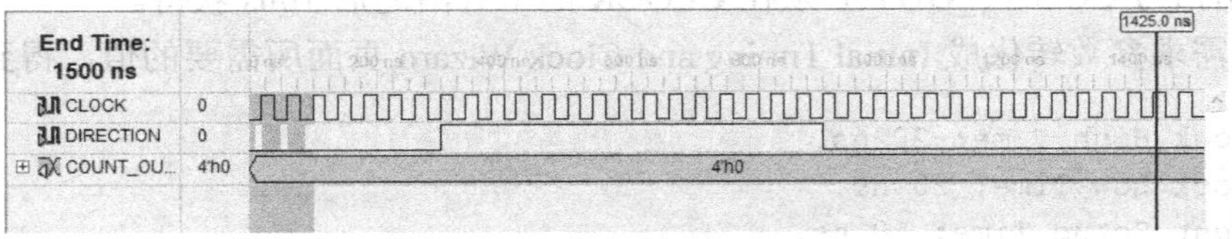

图 6.7.13 设置后的各信号波形

保存仿真波形文件。此时将 Sources 窗口的下拉菜单选中 Behavioral Simulation，如图 6.7.14 所示，可以看到刚刚保存的仿真波形文件被添加到了当前工程中。

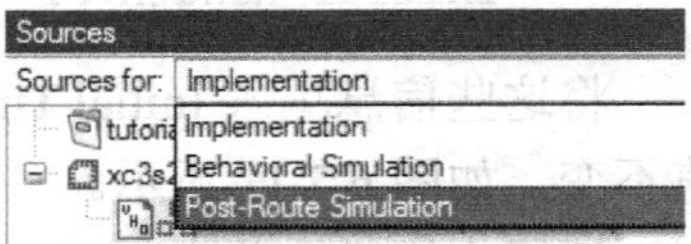

图 6.7.14 选中 Source 窗口的下拉菜单中的 Behavioral Simulation

关闭仿真波形文件。

确认 Sources 窗口的下拉菜单选中 Behavioral Simulation，然后单击 counter_tbw.tbw 仿真波形文件，确保当前焦点位于 counter_tbw.tbw 文件。

单击 Processes 窗口中 Xilinx ISE Simulator 前的“+”号，展开处理项。双击 Simulate Behavioral Model，程序自动开始执行功能仿真。仿真完毕后，可以观察到仿真结果，如图 6.7.15 所示。

从仿真结果可以看出，模块达到了预期的效果，证明了设计的逻辑正确性。

关闭仿真结果界面，如果有信息提示“You have an active simulation open. Are you sure you want to close it?”，单击 Yes 按钮，这样便完成了功能仿真。

功能仿真只能保证模块的逻辑正确，不能保证由 FPGA 芯片实现后是否满足时序约束，为此还要添加时序约束，以便进行后续的时序仿真（后仿真）。

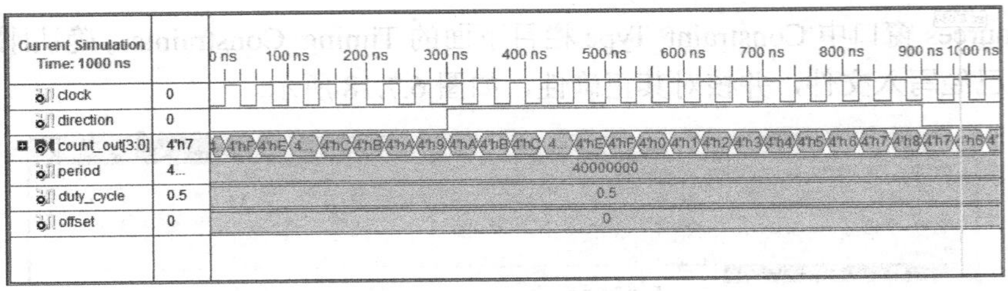

图 6.7.15　仿真结果

7. 添加时序约束

确认 Sources 窗口的下拉菜单选中 Implementation，然后单击 counter 设计源文件，确保当前焦点位于 counter.vhd 文件。

单击 Processes 窗口中 User Constraints 前的“+”号，展开处理项。双击 Create Timing Constraints，ISE 会首先自动执行综合（Synthesis）和翻译（Translate）的过程，并自动创建一个用户约束文件（UCF，User Constraints File）。完成后，将会出现如图 6.7.16 的提示信息。

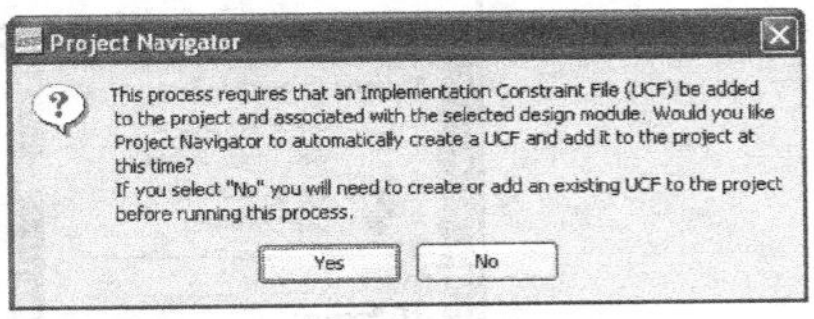

图 6.7.16　提示添加 UCF 文件到工程

单击 Yes 按钮，确定添加 UCF 文件到工程。在自动打开的时序约束界面中，根据前面假设的时钟约束条件，填入以下信息。

```
Period: 40
Pad to Setup: 10
Clock to Pad: 10
```

填写完毕后，按 Enter 键确认。输入信息后的界面如图 6.7.17 所示。

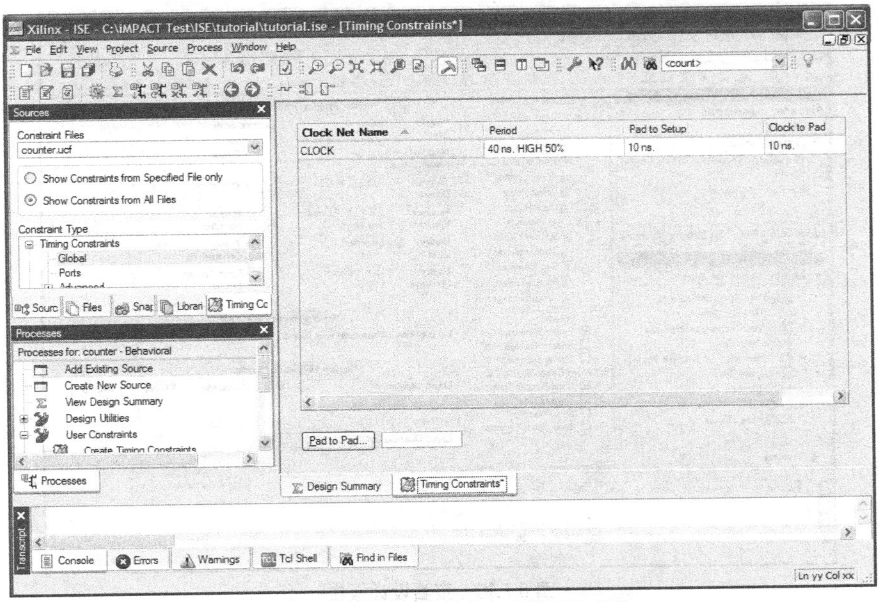

图 6.7.17　输入时钟约束信息到 UCF 文件

单击 Sources 窗口中 Constraint Type 栏目下面的 Timing Constraints，确认刚刚输入的时钟约束信息已经写入文件，并核对其正确性，如图 6.7.18 所示。

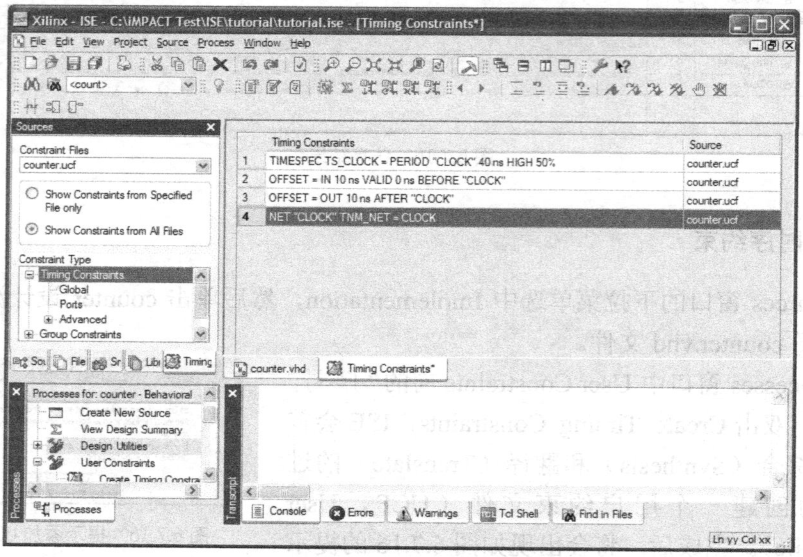

图 6.7.18　核对输入的时钟约束信息

核对无误，保存以上信息。关闭时序约束界面，完成时序约束。

8．验证时序约束

确认在 Sources 窗口选中 counter.vhd 文件。

双击 Processes 窗口中的 View Design Summary，打开设计报告。双击 Processes 窗口中的 Implement Design，预实现设计。完成后，设计报告如图 6.7.19 所示。

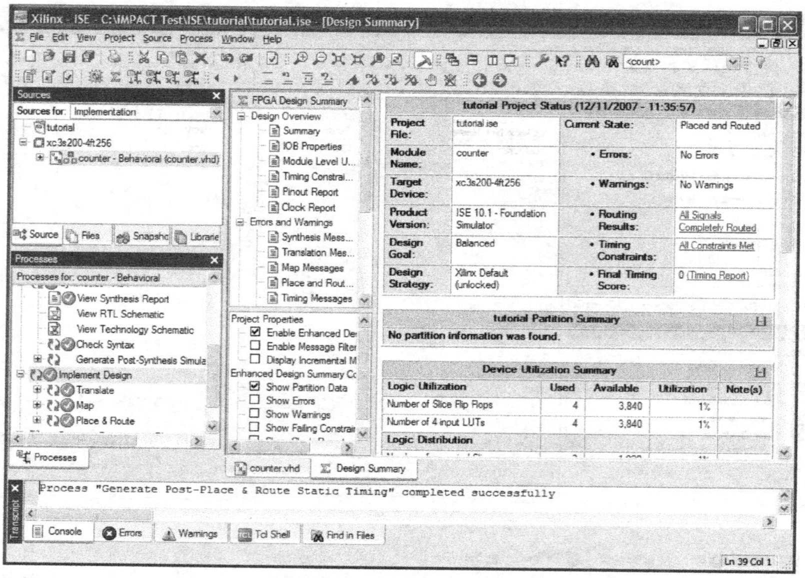

图 6.7.19　查看设计报告

单击设计报告界面中 Timing Constraints 后面的超链接 All Constraints Met，来查看时序约束的结果，如图 6.7.20 所示。

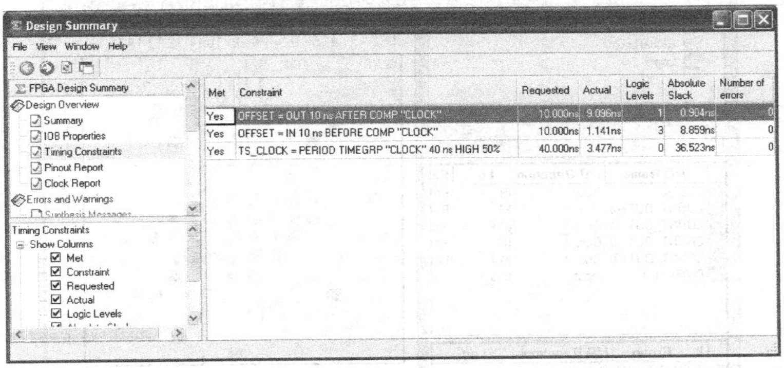

图 6.7.20 查看时序约束结果

可以看到所有约束均满足（不满足约束条件时，程序将以红字给出）。

时序约束验证完毕，即完成后仿真。

9. 绑定 FPGA 芯片管脚

为了能使设计最终在芯片上实现，还需要将设计的模块端口和芯片的管脚建立一一对应的关系，即进行绑定 FPGA 芯片管脚的操作。

确认在 Sources 窗口中选中 counter.vhd 文件。双击 Processes 窗口中 User Constraints 总支下的 Floorplan Area/IO/Logic - Post Synthesis 处理分支，打开管脚绑定工具 Xilinx Pinout and Area Constraints Editor（PACE）。

查看 Digilent 公司提供的 Spartan-3 入门开发板原理图，在 PACE 中选择对应的管脚双击进行如下绑定。

CLOCK 输入端绑定到 FPGA 的 T9 脚。

DIRECTION 输入端绑定到 FPGA 的 K13 脚。

COUNT_OUT<0>输出端绑定到 FPGA 的 K12 脚。

COUNT_OUT<1>输出端绑定到 FPGA 的 P14 脚。

COUNT_OUT<2>输出端绑定到 FPGA 的 L12 脚。

COUNT_OUT<3>输出端绑定到 FPGA 的 N14 脚。

电平标准均保持程序默认值 LVCMOS25。

完成后的界面如图 6.7.21 所示。

绑定管脚后，保存文件。系统将提示选择基于正在使用的综合工具的总线类型分隔符。选择 XST Default <>，然后单击“确定”。

关闭 PACE，完成管脚绑定操作。

10. 设计的最终实现

确认在 Sources 窗口选中 counter.vhd 文件。

双击 Processes 窗口中的 Implement Design，重新实现设计。更新管脚绑定后的程序。

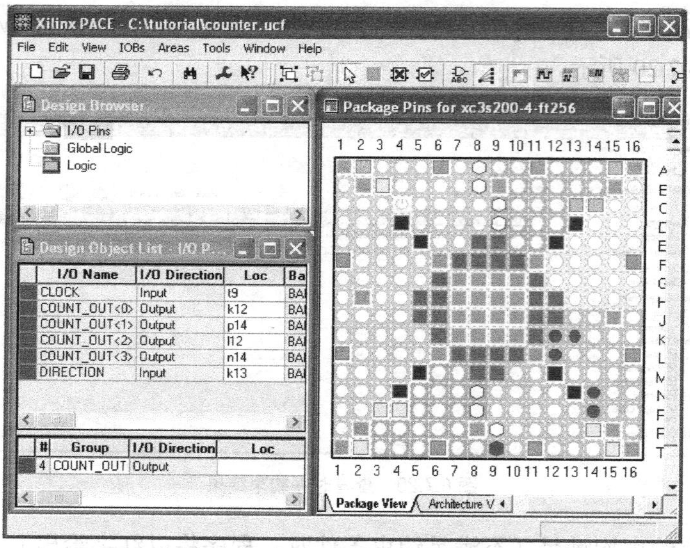

图 6.7.21　为设计绑定 FPGA 管脚

单击设计报告界面中 Timing Constraints 后面的超链接 All Constraints Met，打开后单击左侧 Σ FPGA Design Summary 窗口中的 Pinout Report 来查看管脚绑定的结果，如图 6.7.22 所示。

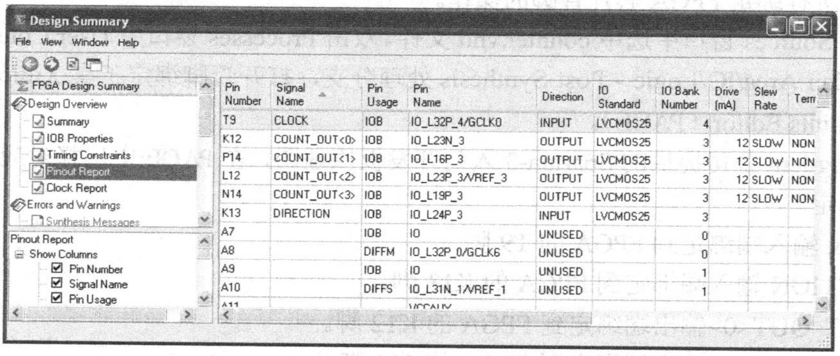

图 6.7.22　确认设计已经正确绑定 FPGA 管脚

所显示信息和我们设定的管脚绑定信息一致，证明管脚已经成功绑定。

11. 下载程序到实验板

将直流 5V 电源插座接上实验板，然后用下载线连接计算机和实验板。

确认在 Source 窗口选中 counter.vhd 文件。

首先双击 Generate Programming File 生成.bit 文件，然后在 Processes 窗口中双击 Configure Target Device。在这一过程中，ISE 将自动打开 Xilinx WebTalk 对话框，单击 Decline，出现 iMPACT 器件配置界面，如图 6.7.23 所示。

选择 Configure devices using Boundary-Scan（JTAG）。确认选中 Automatically connect to a cable and identify Boundary-Scan chain。完成后单击 Finish 按钮。

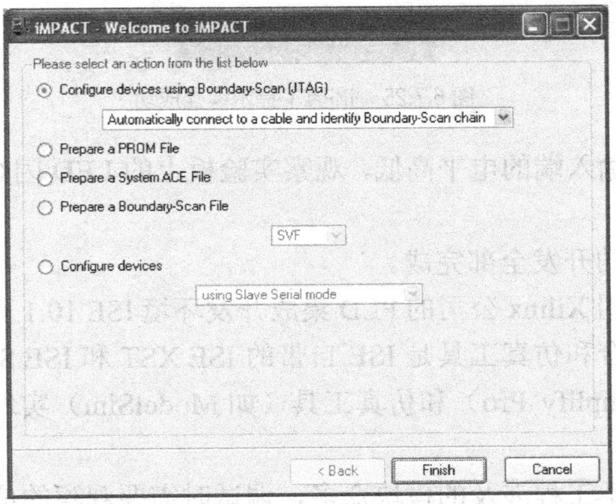

图 6.7.23 iMPACT 配置界面

如果提示找到两个器件（一个是 FPGA 芯片，另一个是 FPGA 脱机运行时存储配置程序的 Flash 芯片），单击 OK 按钮。JTAG 链扫描到的器件将以图片方式显示在 iMPACT 界面中，如图 6.7.24 所示。

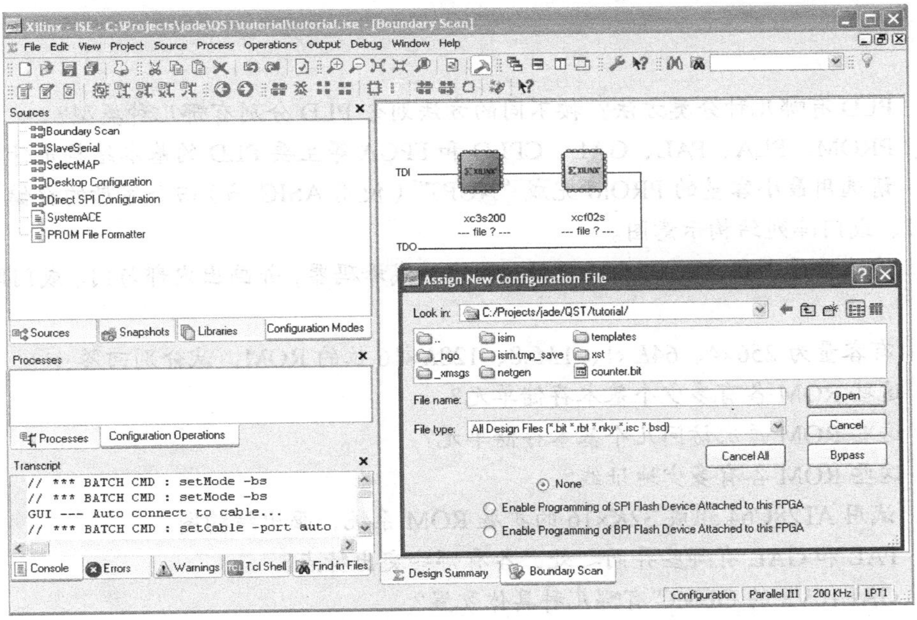

图 6.7.24 iMPACT 配置界面

同时出现的还有 Assign New Configuration File 对话框。选择 counter.bit 文件并单击 Open 按钮。

如果出现警告提示，单击 OK 按钮。再选择 Bypass 跳过其余器件。

右键单击 xc3s200 器件图片，选择 Program...，出现 Programming Properties 对话框，保持程序默认设置，单击 OK 按钮。

等待编程结束，将出现编程成功的提示，如图 6.7.25 所示。

图 6.7.25 iMPACT 提示编程成功

改变 DIRECTION 输入端的电平高低，观察实验板上的 LED 闪烁状态，确定实际运行正确后，关闭 iMPACT。

至此，双向计数器的开发全部完成。

本节详细介绍了使用 Xilinx 公司的 PLD 集成开发环境 ISE 10.1 开发一个 FPGA 简单工程的实例。其中使用的综合和仿真工具是 ISE 自带的 ISE XST 和 ISE Simulator，读者也可以选用其他综合工具（如 Synplify Pro）和仿真工具（如 ModelSim）实现相应的操作，此处不再赘述。

对于大型工程，由于工程涉及的模块众多，调试时需要观察的信号也很多。如果采用一一绑定管脚，将信号引到芯片外部用示波器观察的调试方法，往往会消耗大量的 FPGA 资源，甚至影响到原有的电路结构，同时一般示波器只有双通道观测，也会带来实际操作的不便。因此对于大型工程的调试，往往采用在线示波器软件 Chipscope Pro 来配合 ISE 进行在线信号分析和系统调试。有兴趣的读者可以参看相关的书籍与资料。

习题

6.1 PLD 有哪几种分类方法？按不同的方法划分 PLD 分别有哪几种类型？

6.2 PROM、PLA、PAL、GAL、CPLD 和 FPGA 等主要 PLD 的基本结构是什么？

6.3 请选用最小容量的 PROM 完成“NUPT”（使用 ASIC 码）四个字母的存储，并画出内部与门、或门阵列结构示意图。

6.4 请选用最小容量的 PROM 设计一个 3-8 线译码器，并画出内部与门、或门阵列结构示意图。

6.5 有容量为 256×4、64K×1、1M×8、128K×16 位的 ROM，试分别回答：

（1）这些 ROM 各有多少个基本存储单元？

（2）这些 ROM 每次访问几个基本存储单元？

（3）这些 ROM 各有多少地址线？

6.6 试用 AT28C64 组成 32K×16 的扩展 ROM 系统，画出结构图。

6.7 PAL 和 GAL 有哪些异同之处，各有哪些突出特点？

6.8 GAL16V8 的 OLMC 有哪几种具体配置？

6.9 GAL16V8 的电子标签有什么作用？它最多由几个字符组成？加密后电子标签还能否读出？

6.10 CPLD 和 FPGA 有哪些异同之处，各有哪些突出特点？

6.11 Xilinx 公司 Spartan-3 系列的 FPGA 由哪几种主要逻辑部件组成？这些部件分别起什么作用？

第7章 数字系统设计基础

内容提要 本章主要介绍数字系统设计的基础知识，包括其基本模型、设计步骤、描述工具，并通过设计实例讲述了整个设计过程，为便于对比分析，给出两种设计结果：基于MSI、SSI的电路图，基于VHDL的源程序。

数字系统是指由若干数字逻辑部件构成的，能够对数字信息进行处理、传送及存储的物理设备。它是计算机、人工智能、机器人、数字通信等技术的共同的物理基础。数字系统一般由多个组合逻辑及时序逻辑功能部件所组成。当数字系统规模较小时，仍然可以用真值表、卡诺图、逻辑方程、状态图和状态表等工具进行分析和设计。这时，主要依靠设计者对逻辑设计的熟练技巧和经验，把有关的逻辑功能电路拼接成设计所要求的系统。这种设计数字系统的方法称之为**试凑法**。试凑法是最原始、受限制最多、效率和效果均欠佳的设计方法，当数字系统的输入变量、状态变量、输出变量的数目较多时，试凑法就难以胜任了。因此，必须引入有效的描述系统功能的工具及更加完善的设计方法，以便适用于各种规模、各种功能的数字系统设计。本章主要讨论数字系统的一些基本概念和基础知识，介绍数字系统中常用的寄存器传输语言（RTL）、方框图、算法流程图、ASM 图等描述工具，并结合实例介绍用**自顶向下法**设计数字系统的过程。为便于读者顺利得从基于 MSI、SSI 的电路图描述方式过渡到文本描述方式，每个实例给出两种设计结果：基于 MSI、SSI 的电路图，基于 VHDL 的源程序。

7.1 概述

数字系统涉及的信号数目通常较多，为规范功能描述，需建立数字系统的基本模型，明确信号的性质（如输入、输出、激励、控制、时钟）及相互间因果关系。工程实践中广泛应用的是只有一个主时钟的同步数字系统，故本章只讨论同步数字系统。由于输入信号的跳变沿通常与主时钟的有效跳变沿不在同一时刻（该输入信号称为**异步输入信号**），为此需引入同步化电路进行处理，使所有输入信号与主时钟同步（处理后的信号称为**同步输入信号**）。

7.1.1 数字系统的基本模型

数字系统可对信息进行采集、变换、存储、传输等，其各个功能部件既相互联系又相互作用，是一个有机的整体。数字系统一般由三部分构成：输入、输出接口，数据处理器和控制器，如图 7.1.1 所示。输入接口将各种外部信号，如声、光、电、温度、湿度、压力、位移等模拟量及开关的闭合与打开、三极管的导通与截止等开关量变成数字量，输出接口将数字量转化为模拟信号或开关信号以驱动负载，数据处理器和控制器则都是对数字量进行处理的功能部件，又可称为**数字逻辑子系统**。

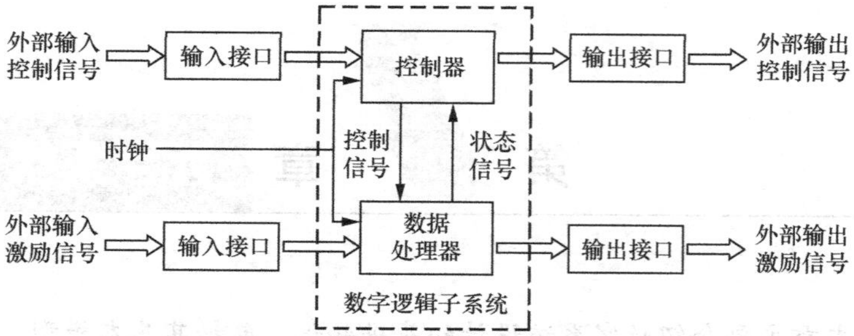

图 7.1.1　数字系统的一般模型

数据处理器和控制器是数字系统中最基本的两大部件，任何数字系统都可用这两大部件描述其基本结构。数据处理器完成系统中最基本的信息传送及对信息进行各种处理，并按不同的次序执行相应的操作。这种操作的次序及整个过程的操作序列，是由控制器决定的。控制器根据外部控制信号和数据处理器返回的当前状态信息，不断生成和发送控制信号序列，控制数据处理器执行特定的操作。同时控制器也产生影响其他控制器操作的控制信息。这样通过数据处理器和控制器之间的密切配合协调工作，从而构成一个自动的、有机统一的信息处理系统，即数字系统。如果把数字系统比喻成一个人，那么数据处理器就像人的手和脚，能够完成各种操作，但要想完成一个复杂的工作必须由大脑协调控制。控制器在数字系统中就起到了大脑的作用。因此，有无控制器是区别独立的数字系统和功能部件的标志。

1. 数据处理器

（1）数据处理器的结构

数据处理器的结构取决于要求执行的处理功能，典型的数据处理器应包括组合逻辑网络、寄存器组、控制网络 3 个基本部分，如图 7.1.2 所示。

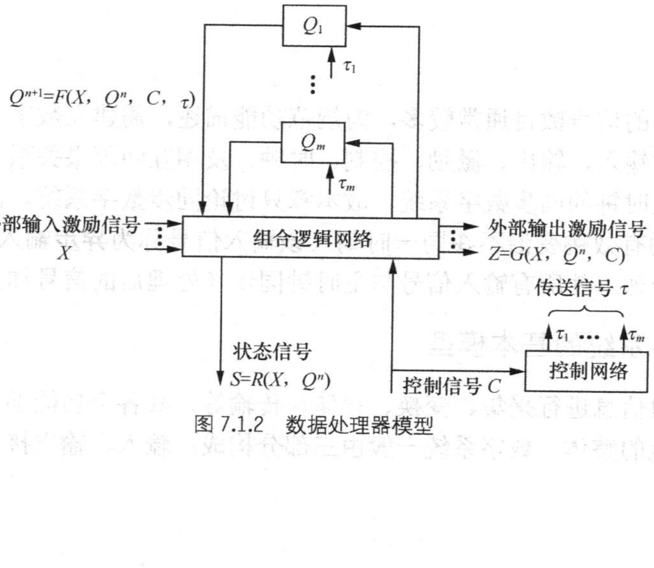

图 7.1.2　数据处理器模型

① 组合逻辑网络。该网络根据内部寄存器的现态 Q^n 、外部输入激励信号 X 、控制信号 C 和内部寄存器传送信号 $\tau(\tau_1,\tau_2,\cdots,\tau_m)$ 生成寄存器的次态 Q^{n+1} 、外部输出激励信号 Z 和状态信号 S，实现要求的数据加工和处理操作。在设计过程中，为方便识别和记忆，控制信号 C 常用具有一定含义的助记符表示，如 *CLR*(clear)、*ADD*(add)、*INC*(increase)、*DEC*(decrease)、*NOP*（no operate）等。

② 寄存器组。寄存器组由若干内部寄存器组成，用来暂存源数据和中间结果。这里的寄存器是广义的，不仅包含暂存信息的寄存器，还包括具有特定功能的寄存器，如移位寄存器、计数器、存储器等。

③ 控制网络。该网络根据控制器发出的控制信号 C ，生成内部寄存器传送信号 $\tau(\tau_1,\tau_2,\cdots,\tau_m)$，这些传送信号被送入寄存器的工作方式选择端决定寄存器组的工作状态，如 τ 送到 74194 的 M_1、 M_0 ，可以决定 74194 是处于右移、左移、置数还是保持的工作状态。

（2）数据处理器的描述方法

在设计过程中，可用**明细表**来描述数据处理器的具体操作过程。明细表包括操作表和变量表两个子表，见表 7.1.1。操作表列出在控制信号作用下，数据处理器应实现的操作和产生的输出；变量表定义了处理器的状态信号 S 及外部输出激励信号 Z 。需注意的是，变量表仅起说明作用，不作任何操作。

表 7.1.1　数据处理器明细表

操作表		变量表	
控制信号	操　作	变量	定　义
NOP	无操作	S_1	$X>0$
ADDA	$A \leftarrow A+X$	S_2	$X<0$
ADDB	$B \leftarrow B+X$	Z	灯亮
CLAB	$A \leftarrow 0, B \leftarrow 0$		

2. 控制器

（1）控制器的结构

为了利用数字系统执行复杂的任务，必须将任务转化成一个操作序列，通常称为**算法**。控制器的任务就是用来产生与操作序列相对应的控制信号序列，每个控制信号控制数据处理器执行与算法相关的一个操作。图 7.1.3 给出了控制器的一般模型。

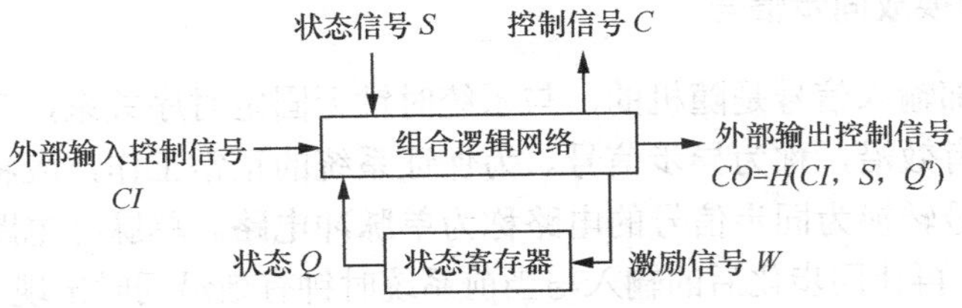

图 7.1.3　控制器模型

控制器决定系统的操作步骤，它必须具有记忆能力，所以控制器电路是时序电路，由两部分构成：组合电路和寄存器。

（2）控制器的描述方法

由于控制器是一个时序电路，其描述方法、设计依据都是状态转移表或状态转移图。

综上所述，数字系统完成一个任务的执行过程是：按照某一算法，控制器发出控制信号给数据处理器，由数据处理器完成规定的操作、更新输出，控制器接收外部输入控制信号和处理器反馈给控制器的状态信号，决定下一个计算步骤，发出相应的控制信号给数据处理器。该过程周而复始，直至完成该任务。

7.1.2 同步数字系统时序约定

本章中讨论的数字系统均假设为同步时序系统，它满足以下三个条件。

① 数字系统是同步系统。控制器的状态变化以及数据处理器中的寄存器传输操作，都由同一系统时钟控制。

② 所有输入信号都与时钟脉冲同步。如存在异步信号，应将它转换成同步信号，再送入系统。

③ 忽略实际系统中导线及器件的延时，假定时钟脉冲同时到达所有存储元件的时钟脉冲输入端。时钟脉冲多为周期性方波（见图 7.1.4），由于中规模集成的寄存器和计数器多半为上升沿触发，所以在后续讨论中，时钟脉冲的有效边沿默认为上升沿。

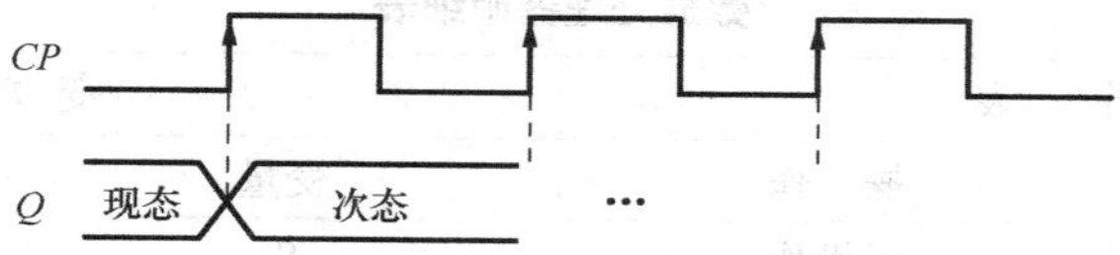

图 7.1.4 系统时钟脉冲波形

1. 最小时钟周期

数字系统工作时，时钟脉冲的有效边沿到达之前，与系统操作任务有关的信号均应达到稳定值，这样才能正确地实现规定的操作。在图 7.1.5 所示的电路中，时钟脉冲有效边沿出现之后，寄存器内容更新，同时输入信号 X、CI 变化（同步输入），组合逻辑网络 I 产生状态信号 S；S 稳定后，控制器根据输入信号 CI、状态信号 S 和控制器的现态，形成控制信号 C；C 稳定之后，才能建立稳定的寄存器功能选择信号 τ 和电路的输出信号 Z，这时，下一个时钟脉冲的有效边沿才允许出现，这段时间间隔称为**最小时钟周期**。

2. 异步信号转换成同步信号

系统之外的外部输入信号是随机的，与系统时钟无固定时序关系，其跳变沿通常早于或晚于当前系统时钟有效沿，称为异步信号。为保证系统的正常工作，应将异步信号转换为同步信号，把异步信号转换为同步信号的电路称为**单脉冲电路**。单脉冲电路工作原理为：先将异步输入信号寄存；再让同步化后的输入与当前系统时钟有效沿同时出现，并保持一个时钟周期，如图 7.1.6 所示。在图 7.1.6 中，异步输入信号 a 的跳变沿早于当前系统时钟 CP 有效沿，经单脉冲电路处理后，变为同步输入信号 A，A 的跳变沿与当前系统时钟 CP 的有效沿同时出现，而且 A 的高电平保持时间为一个 CP 周期。同理，在图 7.1.6 中，异步输入信号 b 的跳变沿迟于当前系统时钟 CP 有效沿，经处理后，变为同步输入信号 B，同步输入信号 B 的跳变沿

与当前系统时钟 CP 的下一个有效沿同时出现，而且 B 的高电平保持时间为一个 CP 周期。

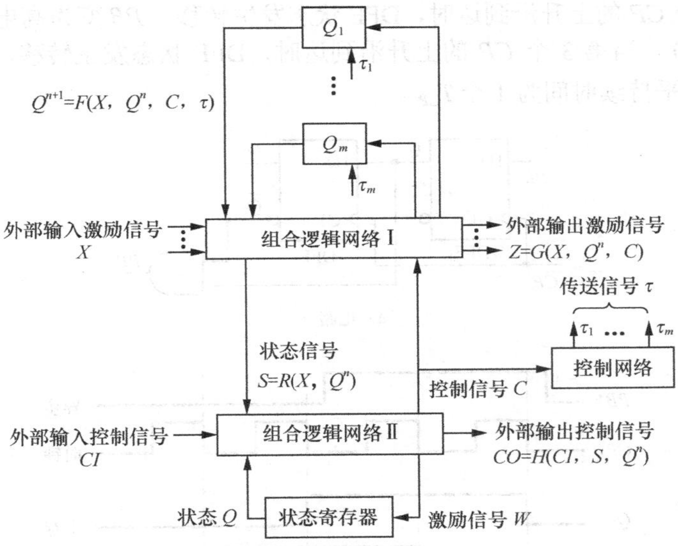

图 7.1.5　数字逻辑子系统

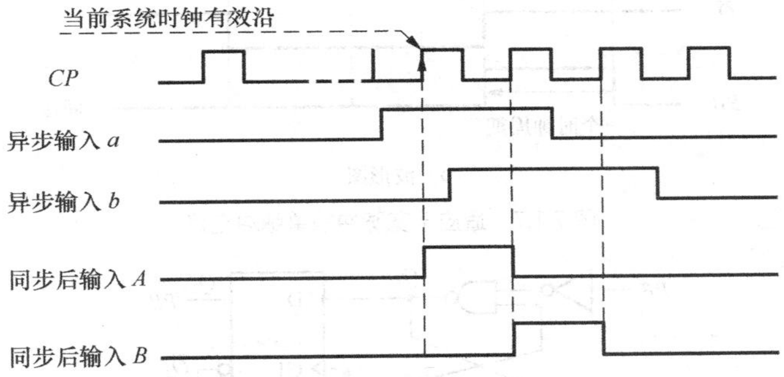

图 7.1.6　同步化原理示意图

单脉冲电路的形式很多，图 7.1.7（a）介绍了一种单脉冲电路。图中开关或按钮信号 PB^*（已消除抖动）是异步信号，经转换后变成同步信号 PB（单脉冲）。两级 DFF 构成移位寄存器，它们的输出 Q_1、Q_2 在相位上相差一个时钟周期 T_{CP}，因此，只在 Q_1 跳变后的一个时钟周期内，Q_1、Q_2 取值相异，或者说只在 Q_1 跳变后的一个时钟周期内，Q_1、$\overline{Q}_2$ 取值相同。若 Q_1 为上升沿，则 Q_1 与 $\overline{Q}_2$ 与运算后为逻辑 1；若 Q_1 为下降沿，则 Q_1 与 $\overline{Q}_2$ 与运算后为逻辑 0；其余时间 Q_1 与 $\overline{Q}_2$ 取值相异，与运算后为逻辑 0。DFF_1 将异步输入信号 PB^* 寄存，为可靠实现该功能，要求 PB^* 的高电平持续时间必须大于 1 个时钟周期 T_{CP}，DFF_2 实现一个时钟周期的延迟，最后通过与运算，实现同步化后的输入与当前系统时钟有效沿同时出现，并保持一个时钟周期。各信号间的时序关系如图 7.1.7（b）所示。

图 7.1.7 要求 PB^* 的高电平持续时间必须大于 1 个时钟周期 T_{CP}，若不满足该条件，则可采用图 7.1.8（a）所示的单脉冲电路。异步输入信号 PB^* 先被基本 SRFF 寄存，再通过 DFF 实现同步，同步化后的输入 PB 与系统时钟 CP 有效沿同时出现，并保持一个时钟周期。各信号时序关系如图 7.1.8（b）所示。在没有异步信号输入情况下，$PB^*=0$，输出端 $PB=0$，$\overline{PB}=1$，

基本 SRFF 输出 Q_1=0，处于维持状态。当 PB^* 跳变为高电平时，Q_1 跳变为高电平，寄存 PB^* 的信息。当第 2 个 CP 的上升沿到达时，DFF 状态发生转移，PB 变为高电平，$\overline{PB}$=0 使基本 SRFF 的输出 Q_1=0。当第 3 个 CP 的上升沿到达时，DFF 状态发生转移，PB 变为低电平，从而实现 PB 高电平持续时间为 1 个 T_{CP}。

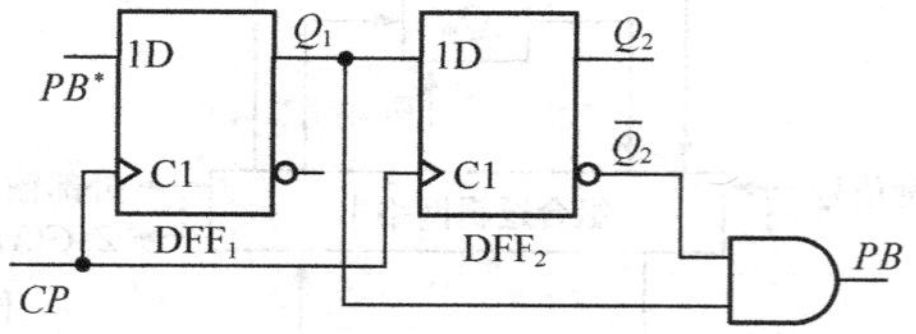

（a）电路

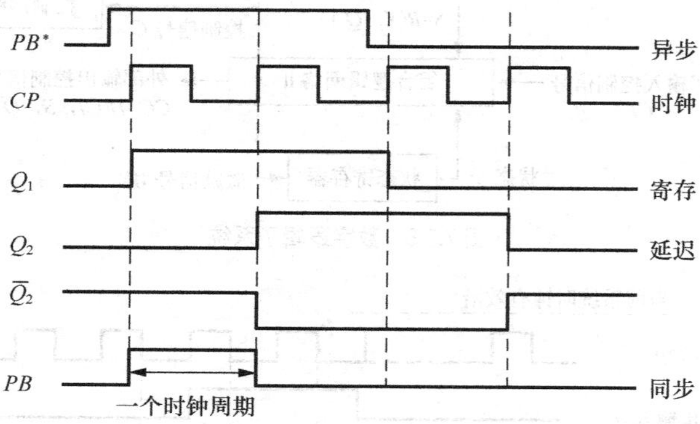

（b）波形图

图 7.1.7　适应于宽脉冲的单脉冲电路

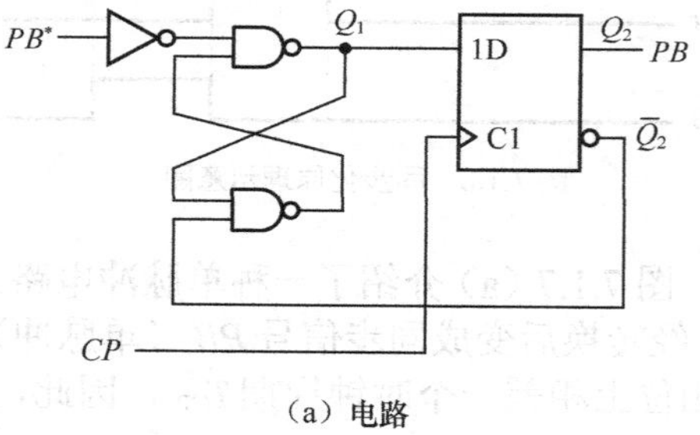

（a）电路

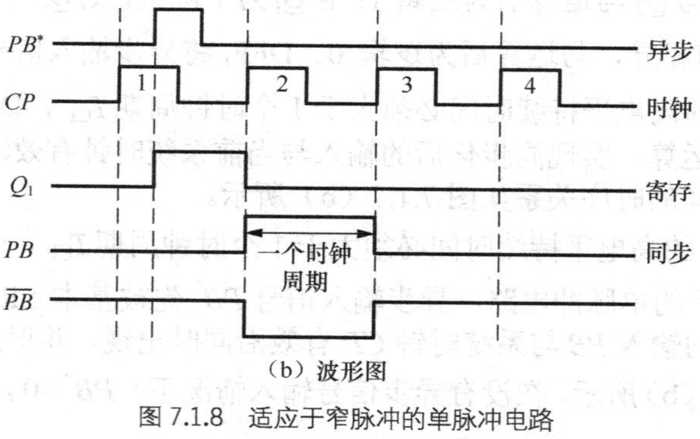

（b）波形图

图 7.1.8　适应于窄脉冲的单脉冲电路

7.1.3　数字系统的设计方法

数字系统设计是一个复杂的设计过程。对同一种逻辑功能，存在许多可行的方法，设计者必须能评价这些方法，选择其中最好的一个，这点通常很难做到。另外，数字系统设计是一个渐近过程，还要依赖于设计者的经验等因素，所以数字系统设计并不存在一个标准模式。

数字系统的设计方法通常分为三种：**自底向上法**（Bottom-up）、**自顶向下法**（Top-Down）、以自顶向下法为主导并结合使用自底向上法（TD&BU Combined）。

1．自底向上法

自底向上法按照从底层向顶层的顺序进行设计，即按照元件级→部件级→子系统级→系统级层次进行设计，也称试凑法。试凑法主要是凭借设计者对逻辑设计的熟练技巧和经验来构思方案，划分模块，选择器件。按照预实现的逻辑功能，将若干元件连接以构成实现特定功能的部件，再将若干部件连接以构成一个功能相对独立的子系统，最后将子系统连接以实现一个完整的系统。该方法的优点是可以继承使用经过验证的、成熟的部件与子系统，从而可以设计重用，减少设计的重复劳动，提高设计生产率。其缺点是设计人员的思想受控于现成可用的元件，不容易实现系统化的、清晰易懂的以及可靠性高、可维护性好的设计。该方法通常只适用于小型数字系统的设计。

2．自顶向下法

自顶向下法则采用自顶层向底层的顺序进行设计，即按照系统级→子系统级→部件级→元件级层级进行设计。按照系统的功能要求，确定系统的算法、方框图等，将系统划分为若干个子系统，再将每个子系统进一步划分为若干个功能部件，依据功能部件要完成的逻辑功能，选取合适的元件。这是一种概念驱动的设计方法。在整个设计过程中尽量运用概念（即抽象）去描述和分析设计对象，而不过早地考虑实现该设计的具体电路、元器件和工艺，以抓住主要矛盾，避免纠缠在具体细节上。该方法可实现系统化的、清晰易懂的以及可靠性高、可维护性好的设计。每更换一个设计任务，该方法都要求一切从头开始设计，显而易见，其缺点是不便于利用已有的设计成果。

在进行自顶向下分解时，须遵循下列原则，才能得到一个系统化的、清晰易懂的、可靠性高、可维护性好的设计。

① 正确性和完备性原则。检查指标所要求的各项功能是否都实现了，且留有必要的余地，最后还要对设计进行适当的优化。

② 模块化、结构化原则。每个子系统、部件应设计成在功能上相对独立的模块，而且对某个模块内部进行修改时不应影响其他的模块。

③ 问题不下放的原则。在某一级的设计中如遇到问题时，必须将其解决了才能进行下一级的设计。

④ 高层主导原则。在底层遇到的问题找不到解决办法时，必须退回到它的上一级去甚至再上一级去，通过修改上一级的设计来减轻下一级设计的困难。

⑤ 直观性、清晰性原则。不主张采用难以理解的诀窍和技巧，应当在设计中和文档中直观、清晰地反映出设计者的思路。

3．以自顶向下法为主导并结合使用自底向上法

以自顶向下法为主导并结合使用自底向上法则结合了上述两种设计方法的优点，这种方法既能保证实现系统化的、清晰易懂的以及可靠性高、可维护性好的设计，又能减少设计的重复劳动，提高设计生产率。在 IP 核（Intellectual Property——知识产权：封装有 5000 门以上的硅功能块，是一种可重复利用的知识产品，如 MPEG、DSP、DRAM、PCI、USB 等）已经得到广泛应用的背景下，该方法是最佳的数字系统设计方法。

7.1.4 数字系统的设计步骤

本章只讨论自顶向下法设计过程的各个阶段，以及对所遇到问题的处理方法，并结合实例演示数字系统的设计步骤，以增强读者对设计方法的理解与掌握。数字系统设计的自顶向下设计法一般分为 4 个阶段进行，即系统设计、逻辑设计、电路设计和物理设计。

1．系统设计

设计过程的第一阶段首先是详细地分析系统性能、指标及输入信号获取方式、输出驱动对象等应用环境。然后确定输入变量和输出变量，寻求它们之间的关系，找到实现该数字系统的设计原理，有时还要考虑电路结构的复杂度、成本的高低、制作的难易度和要遵循的一些技术规范。然后，划分系统的控制单元和受控单元，导出系统初始结构框图。最后，确定系统的操作序列和计算步骤，即算法，一般用算法流程图来表示算法。

总之，系统设计阶段的任务是确定初始结构框图，设计算法流程图。

2．逻辑设计

这是数字系统设计的第二个阶段，依据系统设计阶段提供的技术指标、技术规范、初始结构和算法，完成输入/输出接口、数据处理器和控制器的逻辑功能设计，输入/输出接口与具体的应用相关，本章只介绍后两者的逻辑功能设计。

由于算法流程图不含有硬件电路的时序信息，无法作为硬件电路的设计依据，因此需将算法流程图根据一定的规则转换成算法状态机（ASM）图，根据 ASM 图进行数据处理器和控制器的逻辑功能设计。算法流程图和 ASM 图将在 7.2 节进行讨论。

（1）数据处理器设计

首先，确定处理器的初始结构。ASM 图的形成过程就是数据处理器的建立过程，一种算法对应一种结构，算法确定了，结构就基本确定了。因为所有的寄存器传输操作都是在处理器中完成的，所以，确立处理器初始结构就是确立处理器中应有哪些寄存器。然后是对数据处理器进行详细说明，就是根据 ASM 图全面分析对数据处理器的要求，建立数据处理器明细表，即操作表和变量表。在这个阶段，如果发现系统初始结构有欠缺，还可以进行修改，细化初始结构。

（2）控制器设计

控制器是一个时序逻辑网络，它的设计依据是 ASM 图。由 ASM 图得到控制器的状态转换表，由状态转换表就可以设计出该时序逻辑网络。

因此，逻辑设计阶段的任务是导出 ASM 图并根据 ASM 图分别推导出数据处理器的初始

结构、明细表和控制器的状态转移表，并进一步细化结构框图。

3. 电路设计

在逻辑设计的基础上，选择具体的集成电路，按要求进行连线，实现处理器和控制器。在这个阶段之后应提供数字系统的系统逻辑图。

4. 物理设计

进行逻辑仿真确认无误后，即可进入印制线路板或可编程器件或掩模 ASIC 等设计、安装、调试。在这个阶段之后应提供实现数字系统的硬件。

数字系统的整个设计过程如图 7.1.9 所示。

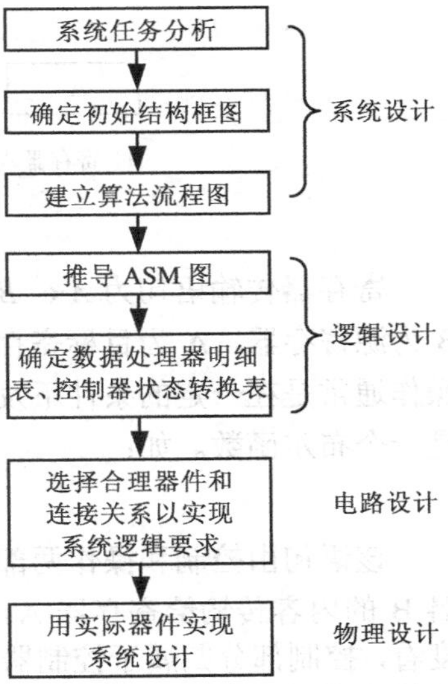

图 7.1.9 数字系统设计步骤

7.2 数字系统的描述工具

用规范化和形式化的方式对数字系统作出正确的系统逻辑功能描述，是进行系统设计需要首先解决的问题。本节介绍数字系统中常用的寄存器传输语言（RTL）、方框图、算法流程图、算法状态机（ASM）图描述工具。

7.2.1 寄存器传输语言

数据处理器的任务是接收控制器发出的命令信号，完成信息的加工和存储，并检验信息间的函数关系，产生状态变量。对寄存器所存信息的加工和存储称为**寄存器操作**。为了清楚地说明这些寄存器的操作，需要一种统一的、方便的助记符描述方式。寄存器传输语言（Register Transfer Language，RTL）就是既表示了寄存器操作，又和硬件之间有着简单的对应关系的一种方便的设计工具。

寄存器传输语言中定义的寄存器是个广义的概念，它既包含暂存信息的寄存器，也包括特定功能的寄存器，如移位寄存器、计数器、存储器等。计数器是具有加 / 减功能的寄存器，存储器是寄存器的集合，一个单一的触发器是 1 位寄存器。

寄存器传输语言适用于描述功能部件级的数字电路的工作，用于逻辑设计阶段。在这种表示法中把寄存器作为数字系统的基本元件，用一组表达式，以类似于程序设计语言中的语句，简明精确地描述寄存器所存信息之间的信息流及处理任务。这种语言使系统技术要求与实现要求的硬件之间建立起一一对应的关系。

寄存器传输语言能够描述数字系统的以下四部分信息。

① 系统的寄存器及功能。

② 寄存器中的二进制代码信息。

③ 寄存器中的信息要实现的操作。

④ 启动操作的控制函数。

对寄存器这一基本元件而言，要实现的操作有传输操作、算术操作、逻辑操作、移位操作等。

1. 传输操作

寄存器传输语言中，用大写的英文字母表示寄存器，如 A、B、R、IR、MBR 等。图 7.2.1 中用矩形方块表示一个寄存器：图（a）表示一个寄存器 A；图（b）表示 A 寄存器中的每一位的分布，其中下标表示第 n 位；图（c）中用方块上部的数字表示寄存器位的排列顺序。

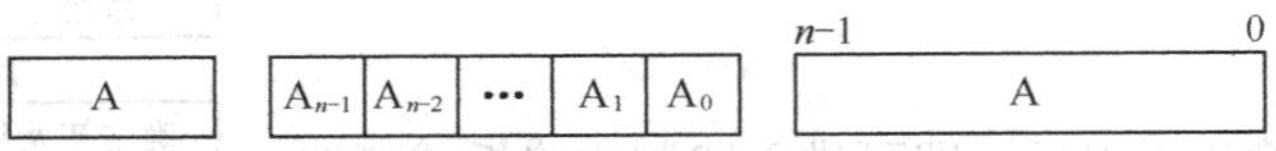

（a）寄存器 A　（b）寄存器 A 的位分布　（c）寄存器 A 的位编号

图 7.2.1　寄存器方块图表示

寄存器传输语句为 $A \leftarrow B$，表示把寄存器 B 的内容传输给寄存器 A。箭头表示传输方向，B 为源寄存器，A 为目标寄存器。传输操作是一个复制过程，不改变源寄存器的内容。传输操作通常是在一定的条件下发生的，这时，用控制函数表示发生传输操作的条件，控制函数是一个布尔函数。如：

$$\overline{X} \cdot T_1 : A \leftarrow B$$

该语句由**控制**和**操作**两部分构成，两者以冒号为分界线，它表示当 X=0 且 T_1=1 时，寄存器 B 的内容传输给寄存器 A。$\overline{X} \cdot T_1$ 是控制部分，$A \leftarrow B$ 是操作部分。从数字系统的组成角度看，控制部分归属于控制器，操作部分归属于数据处理器。因此，该语句既描述了控制器，也描述了处理器。对后续介绍的算术操作、逻辑操作、移位操作等其他寄存器操作语句，上述结论同样成立。因此，可以用一系列 RTL 语句描述一个数字系统。

寄存器传输语句与实现操作的硬件之间存在一一对应的关系。例如，上述语句所对应的硬件就包含目标寄存器 A，源寄存器 B，A 和 B 位数相同，A 的数据输入端和 B 的数据输出端相连接。寄存器 A 还应有并行输入数据的控制端（LD 端，设高电平有效），控制函数加到该端，控制函数由控制电路产生。整个电路如图 7.2.2 所示，为简化电路，所有寄存器的时钟输入端省略不画，本章以下电路都按此规定执行，图 7.2.2 中控制电路由一个非门和一个与门实现。在传输线上画一条斜线，旁边标记的数字表示数据的位数，即表示 n 条并行数据传输线。

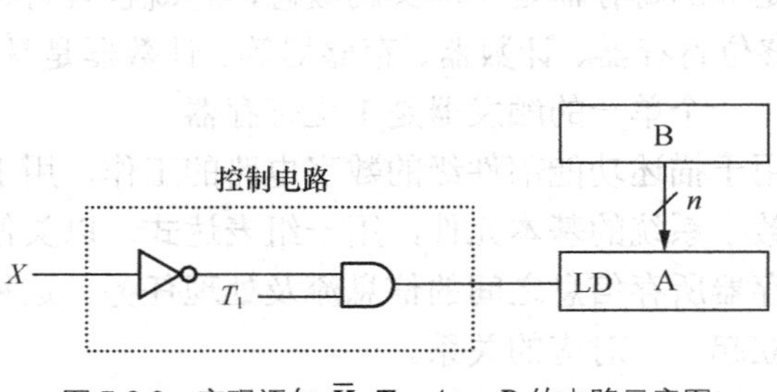

图 7.2.2　实现语句 $\overline{X} \cdot T_1 : A \leftarrow B$ 的电路示意图

有时要在几个寄存器中选择一个寄存器作为源寄存器。如下面 3 条语句（设控制函数 T_1、T_5、T_6 不同时有效）：

$$T_1 : C \leftarrow A$$

$$T_5 : C \leftarrow B$$

$$T_6 : D \leftarrow B$$

源寄存器有 A 和 B，可以利用二选一数据选择器，通过控制数据选择器的地址端 A_0 选择一个源寄存器，目标寄存器有 C 和 D，可以通过控制寄存器的并行置数端 LD_C 和 LD_D 实现对不同的目标寄存器置数。设 A_0=0 时选择寄存器 A，A_0=1 时选择寄存器 B；并行置数端 LD_C 和 LD_D 高电平有效，根据上述分析，列出 A_0、LD_C 和 LD_D 的真值表，见表 7.2.1，由卡诺图化简可得 $A_0=\overline{T_1}$，$LD_C=T_1+T_5$，$LD_D=T_6$，相应的电路如图 7.2.3 所示。

表 7.2.1　　真值表

T_1	T_5	T_6	A_0	LD_C	LD_D
0	0	0	∅	0	0
0	0	1	1	0	1
0	1	0	1	1	0
0	1	1	∅	∅	∅
1	0	0	0	1	0
1	0	1	∅	∅	∅
1	1	0	∅	∅	∅
1	1	1	∅	∅	∅

从多个数据源中选择一个传送给多个目标中的一个，构成了寄存器间数据传输的公共通道，这种公共数据通道称为**总线**（BUS）。为了方便起见，画方块图时，常用一条线表示总线（见图 7.2.3）。实现总线的电路可以是与—或阵列，可以用多路选择器（见图 7.2.3），也可以用三态逻辑门（见图 7.2.4），其中 A 和 B 为源寄存器，C 和 D 为目标寄存器。

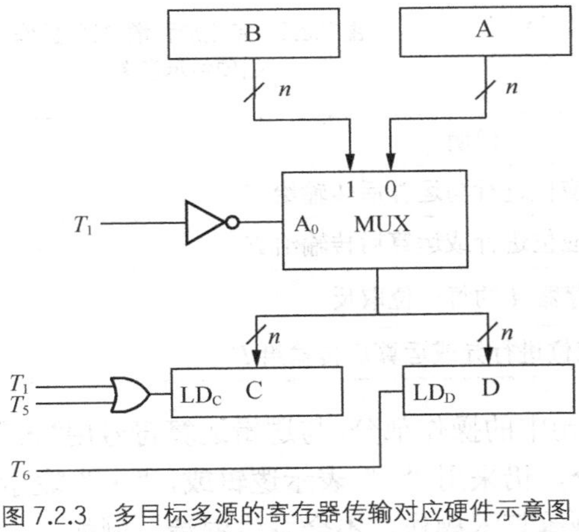

图 7.2.3　多目标多源的寄存器传输对应硬件示意图

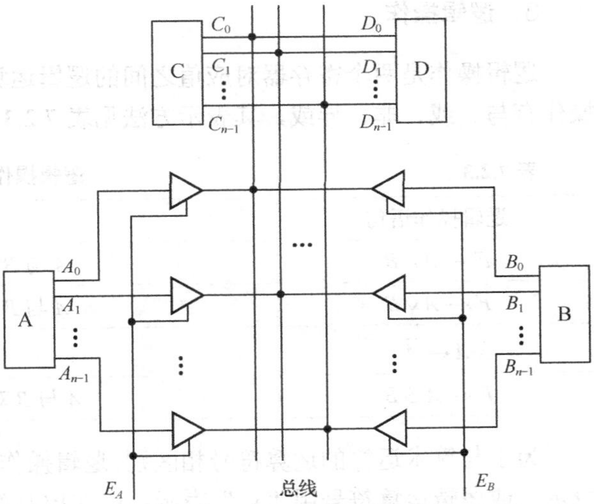

图 7.2.4　用三态门构成的总线结构

2. 算术操作

基本的算术操作有加减、求反码等，根据基本算术操作可以获得其他算术操作。例如，算术操作语句 $F \leftarrow A+B$ 表示一个加操作，即寄存器 A 的内容和寄存器 B 的内容相加，结果传输给寄存器 F。常见的算术操作语句及说明见表 7.2.2。

表 7.2.2　　算术操作

算术操作语句	说明
$F \leftarrow A+B$	A 与 B 之和传输给 F
$F \leftarrow A-B$	A 与 B 之差传输给 F
$B \leftarrow \overline{B}$	求寄存器 B 存数的反码
$B \leftarrow \overline{B}+1$	求寄存器 B 存数的补码
$F \leftarrow A+\overline{B}+1$	A 与 B 的补码之和传输给 F
$A \leftarrow A+1$	A 增 1
$A \leftarrow A-1$	A 减 1

为了说明算术操作语句和硬件的对应关系，我们讨论下面两条语句。

$$T_2 : A \leftarrow A+B$$

$$T_5 : A \leftarrow A+1$$

控制器发出的命令变量 T_2 激励一个加操作，把寄存器 B 的存数加到 A 寄存器的存数上。变量 T_5 激励寄存器 A 加“1”。加法运算用并行加法器实现，寄存器存数本身加“1”运算可以用计数器增 1 完成。两个语句的目标寄存器都是 A，A 应该具有并入和加 1 功能，可用具有并行输入功能的计数器实现 A，实现这两条语句的完整硬件电路示意图如图 7.2.5 所示。

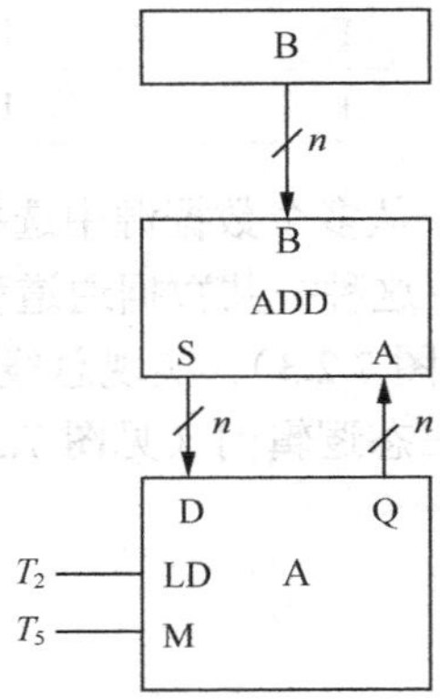

图 7.2.5　完成加和增“1”操作的硬件示意图

3. 逻辑操作

逻辑操作是两个寄存器对应值之间的逻辑运算，常见的逻辑操作有与、或、非、异或，其表示方法见表 7.2.3。

表 7.2.3　　逻辑操作

逻辑操作语句	说明
$F \leftarrow A \wedge B$	A 与 B 对应位进行与运算后传输给 F
$F \leftarrow A \vee B$	A 与 B 对应位进行或运算后传输给 F
$A \leftarrow \overline{A}$	寄存器 A 的每一位取反
$F \leftarrow A \oplus B$	A 与 B 对应位进行异或运算后传输给 F

为了与算术运算的运算符号相区别，逻辑操作语句中的操作部分，与逻辑运算符号用“∧”表示，或逻辑运算符号用“∨”表示；但在控制部分，仍采用“+”表示逻辑或，“·”表示逻辑与，这是因为控制部分是布尔函数，没有加、减等算术操作，不会发生混淆。例如：

$$T_1+T_2 : A \leftarrow A+B, C \leftarrow D \vee F$$

该语句的控制部分 T_1+T_2 中的“+”是逻辑或算符，操作部分 $A \leftarrow A+B, C \leftarrow D \vee F$ 中的“+”是算术加算符，“∨”是逻辑或算符，两个表达式之间的“，”号用来分开两个操作表达式，这两个表达式具有同一控制函数，表明这两个操作同时实现。与该语句对应的硬件电路如图 7.2.6 所示。

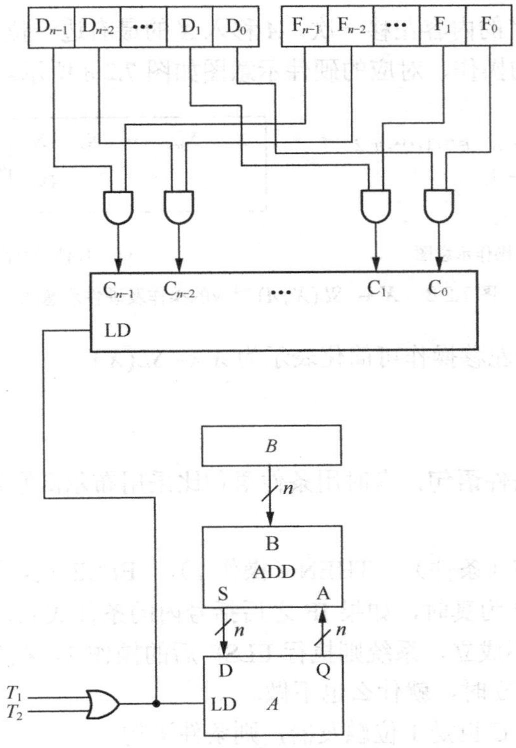

图 7.2.6 $T_1+T_2: A \leftarrow A+B, C \leftarrow D \vee F$ 对应的硬件示意图

4．移位操作

传输数据可以串行移入或移出寄存器，每次1位，移位后寄存器的内容更新。根据移位方向不同，移位操作可分为右移和左移两种移位方式。

（1）右移操作（SR，Shift Right）

操作语句：$X \leftarrow SR(A,X)$

该语句表示寄存器X的内容右移一次，X的最右边一位溢出，A（一位信息0或1）移入X的最左边一位，A可为变量也可为常量，A可以来自组合电路的输出，也可来自寄存器的输出。若寄存器高位在左，低位在右，则该语句实现的操作、对应的硬件示意图如图7.2.7所示。

$$\begin{cases} X_{i-1} \leftarrow X_i,\ i=n-1, n-2, \cdots, 1 \\ X_{n-1} \leftarrow A \end{cases}$$

（a）操作示意图

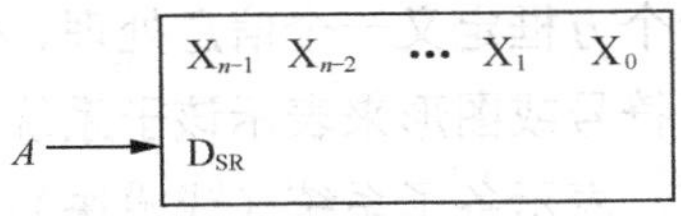

（b）硬件示意图

图 7.2.7 $X \leftarrow SR(A,X)$ 对应的操作及硬件示意图

如果A为常量0，则右移操作可简化表示为$X \leftarrow SR(X)$。

（2）左移操作（SL，Shift Left）

操作语句：$X \leftarrow SL(X,A)$

该语句表示寄存器 X 的内容左移一次，A 移入 X 的最右边一位。若寄存器高位在左，低位在右，则该语句实现的操作、对应的硬件示意图如图 7.2.8 所示。

$$\begin{cases} X_{i+1} \leftarrow X_i\text{，} i=0,1,\cdots,n-2 \\ X_0 \leftarrow A \end{cases}$$

（a）操作示意图

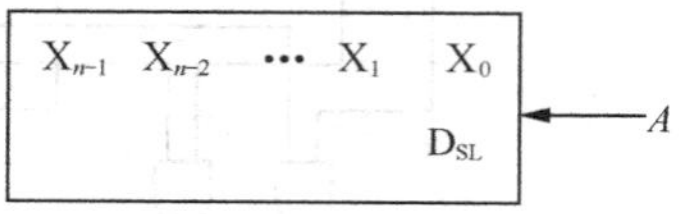

（b）硬件示意图

图 7.2.8　$X \leftarrow SL(X, A)$ 对应的操作及硬件示意图

如果 A 为常量 0，则左移操作可简化表示为 $X \leftarrow SL(X)$。

5. 条件控制语句

条件控制语句简称**条件语句**，有时用条件语句比采用布尔函数规定控制条件更为方便。条件语句的格式是

P：IF（条件）　THEN（操作 1）　ELSE（操作 2）

它表示当控制函数 P 为真时，如果 IF 之后括号内的条件成立，系统执行 THEN 后的操作 1；如果 IF 后的条件不成立，系统则执行 ELSE 后的操作 2。在条件控制语句中，如果没有 ELSE 语句，条件不成立时，就什么也不做。

若 F 是 1 位触发器，C 也是 1 位触发器，则条件语句

$$T_2 : \text{IF}(C=0) \quad \text{THEN}(F \leftarrow 1) \quad \text{ELSE}(F \leftarrow 0)$$

含义如下：当控制函数 T_2=1 时，如果 $C=0$，则执行 $F \leftarrow 1$，如果 $C=1$，则执行 $F \leftarrow 0$。

该条件语句也可以改写成两个用布尔函数规定控制条件的一般语句，即

$$T_2 \cdot \bar{C} : F \leftarrow 1$$

$$T_2 \cdot C : F \leftarrow 0$$

需要说明的是，条件语句 IF 之后的条件是控制函数的成分，而不是操作的成分。

7.2.2　方框图

方框图用于描述数字系统的模型，它是系统设计阶段最常用的、最重要的描述手段。由于方框图不涉及过多的技术细节，直观易懂，因此在进行方案比较时，常采用方框图方式。方框图可以详细描述数字系统的总体结构，并作为进一步详细设计的基本依据。

方框图中每一个方框定义一个信息处理、存储或传送的子系统（或模块），在方框内用文字、表达式、例行符号或图形来表示该子系统（或模块）的名称或主要功能。方框之间采用带箭头的直线相连，表示各子系统（或模块）之间数据流或控制流的信息通道。图上的一条连线可表示实际电路的一条或多条连接线，连线旁的文字或符号可以是主要信息通道的名称、功能或信息类型。箭头指示了信息传输的方向。

用方框图描述数字系统是一个自上而下，逐步细化的过程。

例 7.2.1　图 7.2.9 给出了采用方框图法设计一个智能仪表的逐步细化过程。

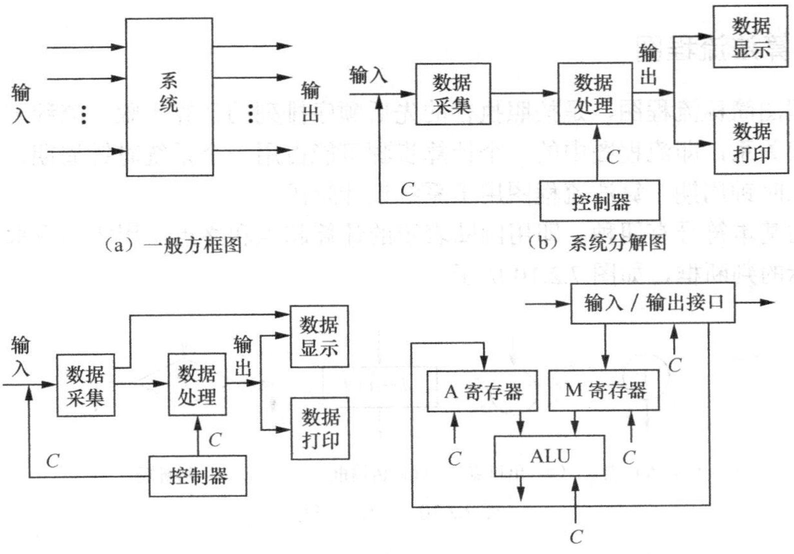

图 7.2.9　一个智能仪表的方框图

① 首先绘制系统的一般方框图，如图 7.2.9（a）所示。此方框图定义和描述了系统的输入、输出和实现的一般算法。在对系统必要的输入、输出变量和整个系统必须完成的操作都作了正确无误且完整的定义后，才允许将系统进一步分解。

② 图 7.2.9（b）为系统的第一步分解图，这种最初的分解可能会对整个系统的最终实现和性价比产生重要的影响。可以看出第一步分解图包含了数字系统的 3 个部分：输入/输出、处理器和控制器。

③ 根据系统实际需要，对初步分解图进行优化。若智能仪表采集的数据大部分只要求显示而不要求处理，则图 7.2.9（b）方案中的数据处理模块由于需要传送许多不需处理的数据而影响了其处理速度。一种改进的方法是增设一个辅助的数据通道，将不需要处理的数据直接传送到数据显示器，如图 7.2.9（c）所示。

④ 根据处理器明细表和控制器状态转移表对处理器和控制器功能模块进一步细化。图 7.2.9（d）便是对数据处理模块的细化。图中 ALU 为算术逻辑运算单元，所有功能子模块均受控制器发出的各种控制信号 C 控制。在此数据处理模块中各功能子模块还可进一步细化。

上面介绍的是一种由逻辑电路组成的智能仪表方框图，还可以采用以微处理器为核心的结构来构造此智能仪表。所以，同一种功能的数字系统可以有不同的结构。

在总体结构设计（以方框图表示）中，任何优化的考虑都要比电路设计阶段中逻辑电路的最小化技术（优化技术）产生大得多的效益，特别是采用 EDA 设计工具进行设计时，许多逻辑化简、优化工作都由 EDA 软件完成，而目前 EDA 软件还不能完成总体结构设计。因此，方框图设计是数字系统设计过程中最能体现设计者创造性的工作之一。

配合方框图还需要有一份完整的系统说明书。在系统说明书中，不仅需要给出表示各子系统的方框图，同时还需要给出每个子系统功能尽可能详细的描述。

7.2.3 算法流程图

算法流程图简称**流程图**，是按照执行的先后顺序排列的计算步骤。流程图和电路的时序无严格的对应关系，即流程图中的一个计算步骤可能占用一个系统时钟周期，也可能占用两个或两个以上时钟周期。算法流程图用于系统设计阶段。

流程图的基本符号有四种，即用圆圈表示的计算起点和终点，用矩形方框表示的传输框和用菱形表示的判断框，如图 7.2.10 所示。

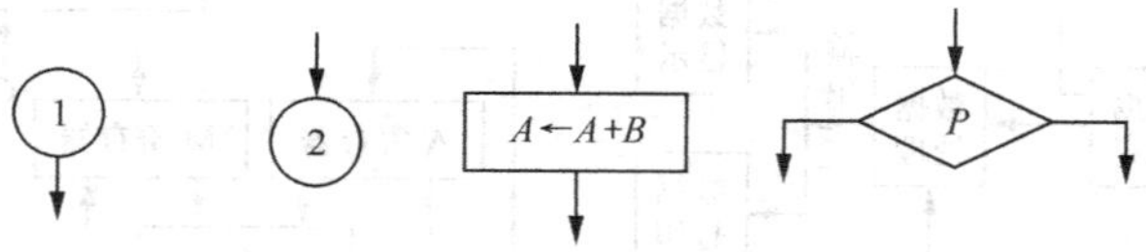

图 7.2.10 流程图符号

入口点和出口点圆圈内的符号是否填写视实际情况而定，若流程图在一个页面可以描述完，则不填写；否则，需在前一页尾、后一页首分别添加出口点和入口点，并填写符号，圆圈内的符号相同的出口点和入口点表示在空间上相连。传输框表示在算法的特定点要完成的寄存器操作。一般用 RTL（寄存器传输语言）表示其中的寄存器操作。判断框用来表示计算的分支，其中的内容是检测变量，当检测变量满足条件时，选择一个引出分支，否则选择另一个分支。

下面举例说明流程图的应用。

例 7.2.2 函数求值，计算 $Z=4\times X_2+2\times X_1+X_0$ 的值。已知输入数据 X 以串行方式从高位至低位输入：X_2、X_1、X_0，要求计算完成后，提供输出 Z。

根据题意，可以采用多种方法实现。

第一种方法是设置 3 个寄存器分别存储 X_2、X_1、X_0，然后对 X_2 乘 4，X_1 乘 2，乘 $2^i(i=1,2,\cdots)$ 操作用寄存器左移实现，最后执行 3 个数的求和运算。可以看出，这种方法电路结构复杂，需要 3 个寄存器，但算法简单。

第二种方法是设置两个寄存器 A 和 B，寄存器 A 存储 X_2，并执行乘 4 操作，寄存器 B 存储 X_1，并执行乘 2 操作，然后执行 $A\leftarrow A+B$，最后再将 A 与 X_0 相加，输出 Z。需要 2 个寄存器，电路结构简化了，然而算法变复杂了。

第三种方法的流程图如图 7.2.11 所示，系统中只有一个寄存器 A 存放计算结果，电路结构最简单，而其算法更复杂。

从本例可以看出，系统结构的复杂度与算法的复杂度往往是互为矛盾的，应根据提供的硬件条件来选择相应的算法。

例 7.2.3 绝对值计算，计算 $Z=|X_2|+|X_1|+|X_0|$。已知输入数据 $X_i(i=2,1,0)$ 以并行方式依次输入，要求计算完成后，提供输出 Z。

分析题意，数据处理器应包含一个累加寄存器 A，用来存放累计的绝对值。在求绝对值过程中，要对输入数据 $X_i(i=2,1,0)$ 的符号进行判断：当 $X_i<0$ 时，做减法运算；当 $X_i>0$ 时，做加法运算。经过 3 次运算之后，A 即为所求输出结果。算法流程图如图 7.2.12 所示。

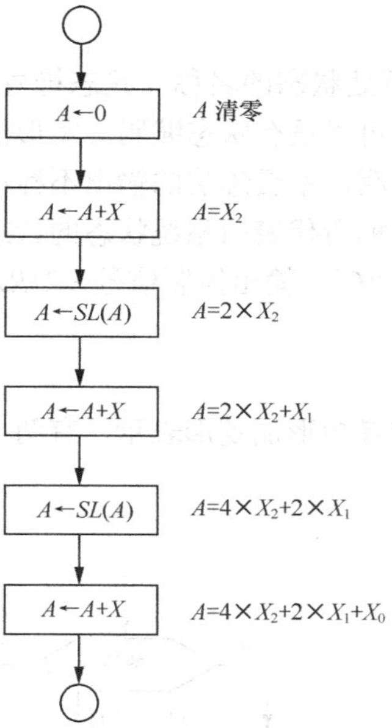

图 7.2.11 例 7.2.2 的算法流程图

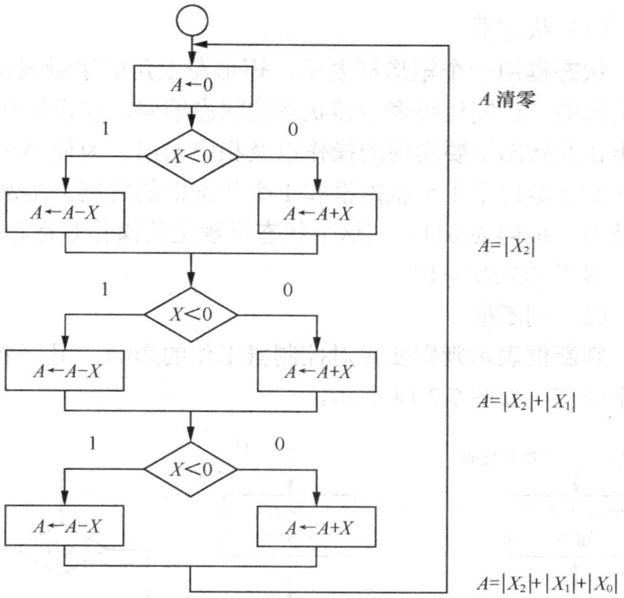

图 7.2.12 例 7.2.3 的算法流程图

由于算法流程图只是按照执行的先后顺序排列的计算步骤，和电路的时序无严格的对应关系，因此算法流程图不能作为下一步逻辑设计的依据。必须将算法流程图转换成与电路时序有严格对应关系的系统描述方式，如备有记忆文档的状态（Memonic Document State，MDS）图、算法状态机（Algorithmic State Machine，ASM）图，才能进行逻辑设计。

7.2.4 算法状态机图

算法状态机（ASM）图是一种描述时钟驱动的数字系统工作流程的方法。它也规定了操作的顺序，看上去类似于前面介绍的算法流程图，实际上它们有很大的差异，算法流程图并未严格地规定完成各操作所需的时间及操作之间的时间间隔，而 ASM 图则精确规定了各操作所需的时间及各操作之间的时间间隔。ASM 图用于逻辑设计阶段。

当数字系统实现一个计算任务时，是采取**操作序列**的形式实现的。操作序列有以下两个特性。

① 操作是按特定的时间序列（即系统时钟）进行的，通过多步计算，一步一步地完成一个计算任务。

② 实现操作取决于某一判断，即根据外部输入和数据处理器反馈的状态变量决定计算的下一个步骤。

算法状态机（ASM）图可以简明地描述操作序列，反映控制条件、控制器状态的转换、控制器的输出及处理器执行的操作，从而描述整个系统的工作过程。这种描述方法和系统的硬件实现有很好的对应关系。

1．ASM 图符号

ASM 图是硬件算法的符号表示法，可以方便地表示数字系统的时序操作，它由 3 个基本符号组成，即状态框、判断框、条件框。

（1）状态框

状态框用一个矩形框表示，矩形左上角的字母表示系统所处状态的名称（状态符号），右上角的二进制代码表示该状态的状态编码。在设计开始时，可以没有状态编码，矩形框内标出在此状态下要实现的操作以及相应输出。为使 ASM 图简明，不受影响的输出不标注。图 7.2.13 给出了 1 个状态框和 1 个状态框的实例。实例中状态框所代表的系统状态的状态符号是T_3，编码为 011，在这个状态下规定的操作是寄存器 R 清“0”，输出控制信号 $START$ 为真，即“ $START=1$ ”。

（2）判断框

判断框表示判别变量对控制器工作的影响，用一个菱形或者矩形加菱形表示，有两个或多个分支，如图 7.2.14 所示。

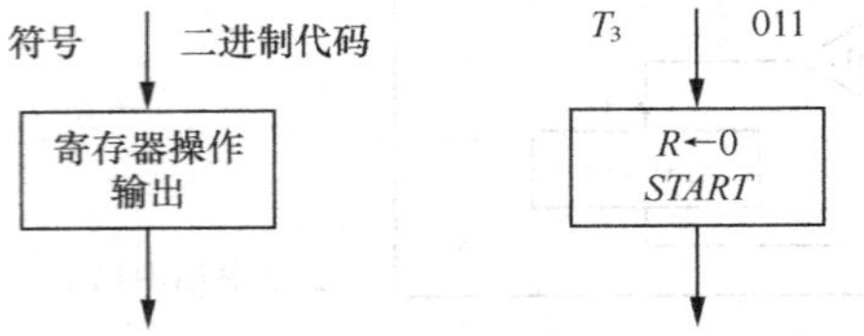

（a）状态框　　（b）实例

图 7.2.13　状态框及实例

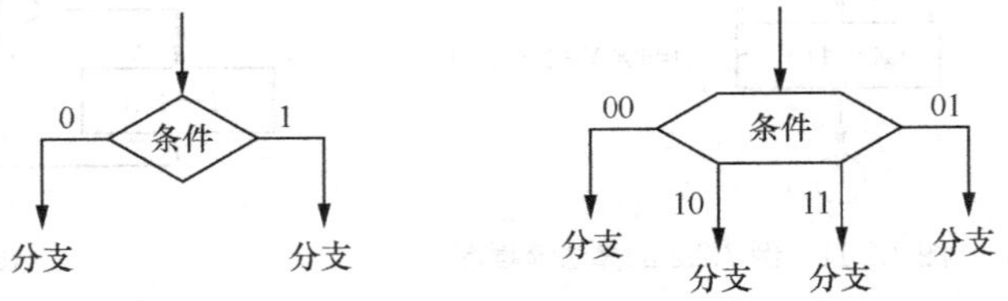

图 7.2.14　判断框

在 ASM 图中，忽略了在特定状态下无效的输入信号。判断框只表示在有效的输入信号作用下，系统由当前状态转入下一状态的路径。判断框的入口路径为系统当前状态的状态框或前一个判断框的输出。判断框内是输入变量或输入变量构成的布尔表达式，由输入变量或表达式值决定系统在下一个时钟周期转入下一个状态（次态）的路径。

在图 7.2.15 中给出了 3 个分支的两种等效表示方法，图（a）是真值表图解表示法，两个输入变量 X_1、X_2 同等重要；图（b）中 X_1 优先级高于 X_2 。

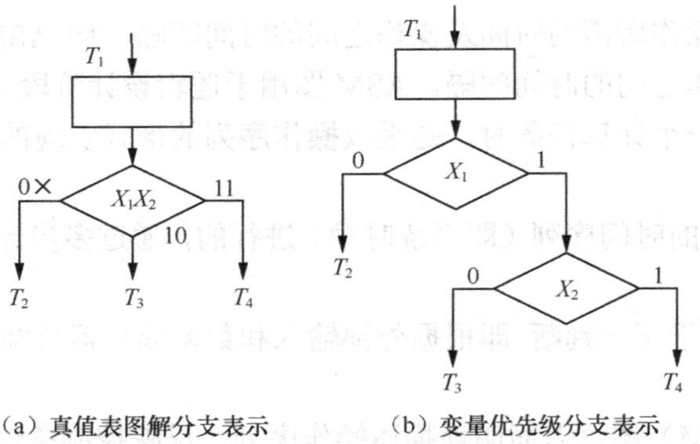

（a）真值表图解分支表示　　（b）变量优先级分支表示

图 7.2.15　具有 3 个分支判断框的等效表示

（3）条件框

如果在某一状态下，某个输出变量是输入变量的函数，在 ASM 图中用判断框和**条件框**相结合的形式来表达，输入变量放入判断框，决定系统的转移方向，输出变量填入条件框，表示相关条件满足时要产生的输出。这里的输出包括时序输出（以寄存器操作的形式表示，

如 $CNT \leftarrow 0$）和组合输出（如 C 或 $C=1$）。所以条件框的输入总是来自判断框，与判断框的一个引出分支相接。条件框用椭圆框表示，如图 7.2.16（a）所示。条件框内的寄存器操作和输出是在给定状态下，判断条件满足时才发生，同状态框，不受影响的输出不标注。图 7.2.16（b）给出了一个条件框的实例，当系统处于 T_1 状态时，如果输入条件满足（$E=1$），则寄存器 R 清“0”，否则 R 保持不变，不管 E 为何值，系统的新状态都是 T_2。条件框为 ASM 图所特有。

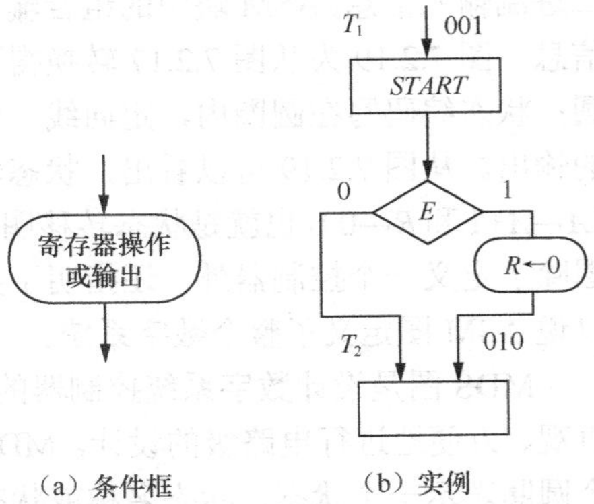

（a）条件框　　（b）实例

图 7.2.16　条件框及实例

2. ASM 块

ASM 图的基本单元是 ASM 块，如图 7.2.17 所示。它仅包含一个状态框、一个或若干个可选的判断框和在分支信道上放置的条件框。每个 ASM 块必定且只能包含一个状态框，可能还有几个同它相连接的判断框和条件框。因此，整个 ASM 块有一个入口，一个（ASM 块不包含判断框和条件框）或几个（ASM 块包含判断框和条件框）出口。图 7.2.17 中把一个由状态框 T_1 组成的 ASM 块用虚线圈起来，同它相连的是两个判断框和一个条件框。仅包含一个状态框而无任何判断框和条件框的 ASM 块是一个简单块。在 ASM 图中划分开每个 ASM 块是很容易的，所以在实际的 ASM 图中没有必要将每一个 ASM 块用虚线区别开来。

ASM 图中每一个 ASM 块表示一个时钟周期内系统需完成的组合输出、寄存器操作及状态转移，ASM 块中的组合输出（包括无条件组合输出、条件满足的有条件组合输出）立即执行，而各种寄存器操作和状态转换则需在下一个时钟的有效边沿到达时才执行。图 7.2.17 中，状态框与条件框规定的操作（$A \leftarrow A+1$ 和 $R \leftarrow 0$）、系统控制器从现状态转换到次态都借助于一个共同的时钟脉冲有效沿实现。假设系统时钟 CP 上升沿有效，A 为 4 位二进制计数器，进入 T_1 状态前，$W=0$；进入 T_1 状态后，变量 $E=1$，$F=1$，$A=0010$，则变量 $W=1$ 立即执行，而 $A \leftarrow A+1$、$R \leftarrow 0$ 和控制器状态 S 从 T_1 状态转换到 T_4 状态并不立即执行，需等下一个 CP 上升沿达到才执行，工作波形图如图 7.2.18 所示，图中的阴影表示值未知，需根据具体条件确定。

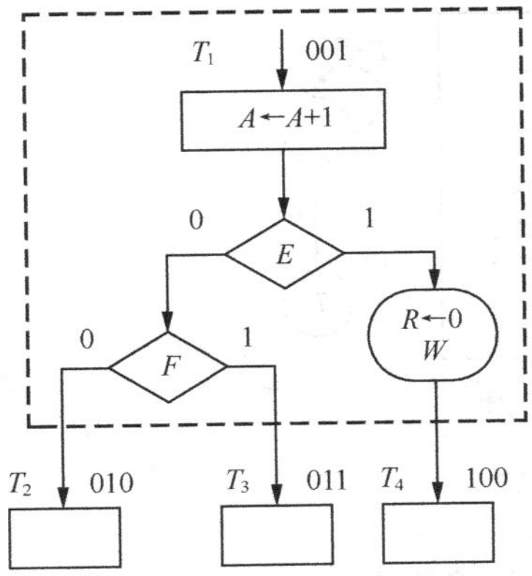

图 7.2.17　ASM 块

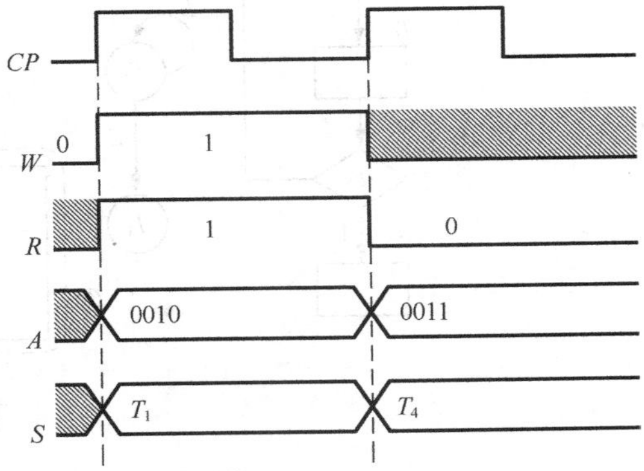

图 7.2.18　工作波形图

3. ASM 图与状态转移图、MDS 图

ASM 图类似于状态转移图，但两者又不完全等效。一个 ASM 块中的状态框所代表的状态等效于状态转移图中的一个状态，判断框表示的信息相当于状态转移图中定向线旁标记的二进制输入信息。ASM 块中的组合输出信息相当于状态转移图中定向线旁标记的二进制输出信息。图 7.2.19 为从图 7.2.17 转换得到的等效状态转移图，其中用圆圈表示状态，称为**状态圆**；状态编码写在圆圈内，定向线一侧信息是状态转换条件及对应的输出。从图 7.2.19 可以看出，状态转移图中无法表示寄存器操作（$A \leftarrow A+1$ 和 $R \leftarrow 0$），也就是状态转移图只定义了一个控制器，而 ASM 图除了定义一个控制器外，还指明了数据处理器应实现的操作。所以说 ASM 图定义了整个数字系统。

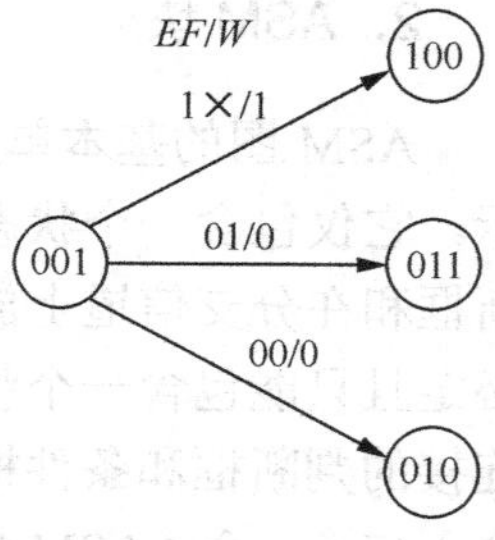

图 7.2.19　等效状态转移图

MDS 图是设计数字系统控制器的一种简洁的方法，依据它可较直观、方便地进行电路级的设计。MDS 图类似于状态转移图，用一个圆圈表示一个状态，状态名称或状态编码标注在圆圈内，用定向线表示状态转换方向，不同之处在于输入、输出变量的表示方法。在 MDS 图中，转换条件用标注在定向线旁的输入变量构成的逻辑表达式表示，输出变量用圆圈外的逻辑表达式表示。

ASM 图转换成 MDS 图的规则如下。

① ASM 图中的一个状态框所代表的状态等效于 MDS 图中的一个状态。

② ASM 图的判断框在 MDS 图中用逻辑表达式（与或式）表示，逻辑表达式放置在分支旁边，称为分支条件。若 ASM 图两个相邻的状态框之间没有判断框，则对应的分支旁边无分支表达式，这种分支称为无条件分支。不管原 ASM 图中两个状态框之间有多少个判断框，当转换为 MDS 图时只允许有一个分支，若经过的判断框串联，则将这个方向的判别条件相乘；若经过的判断框并联，则将这个方向的判别条件相加。判断框转换实例如图 7.2.20 所示。图 7.2.20（b）ASM 图中从 T_0 转移到 T_1 有两条路径，路径①经过 1 个判断框，路径②经过 2 个串联的判断框，在转换为 MDS 图时，只允许有一个分支，故两条路径对应的条件相加作为分支条件，即 $\overline{E}+EF=\overline{E}+F$ 。

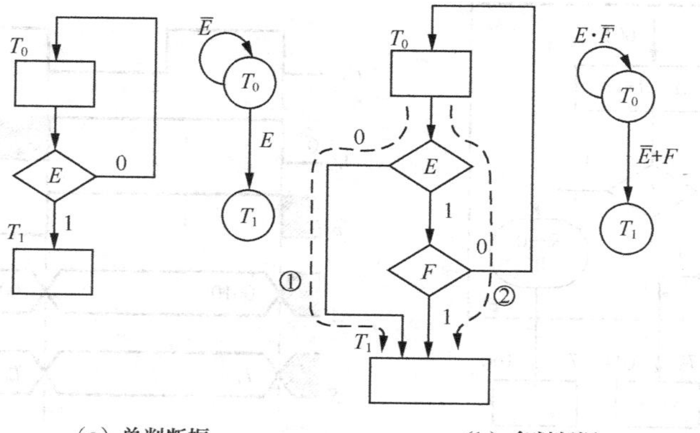

（a）单判断框　　（b）多判断框

图 7.2.20　判断框转换实例

③ ASM 图的状态框、条件框中的输出分别转换为 MDS 图中的无条件输出和条件输出。

无条件输出标注于状态圆旁边，箭头↑表示进入本状态有效，箭头↓表示进入本状态无效，箭头↑↓表示只在本状态有效。如果没有极性的标注，则默认为高电平有效，若是注有（L）或（H），则分别表示低电平有效和高电平有效。

条件输出也标注在状态圆旁边，其格式是

输出名[(有效性)]＝状态·条件

图 7.2.21 所示的 ASM 图中，*SHIFT* 为无条件输出，*ADD* 为条件输出，只有进入状态 T_0 且条件 $E=1$ 满足时，*ADD* 才为真，故输出表示为 $ADD\uparrow\downarrow=T_0\cdot E$，其中 T_0 与 E 之间为与逻辑关系。

例 7.2.4 已知一个数字系统的数据处理器有 2 个触发器 E 和 F 及 1 个 4 位二进制计数器 A（$A_3A_2A_1A_0$），启动信号 S 使计数器 A 和触发器 F 清“0”，从下一个时钟脉冲开始，计数器增 1，一直到系统停止工作为止。图 7.2.22 为系统 ASM 图，试列出该数字系统的操作序列。

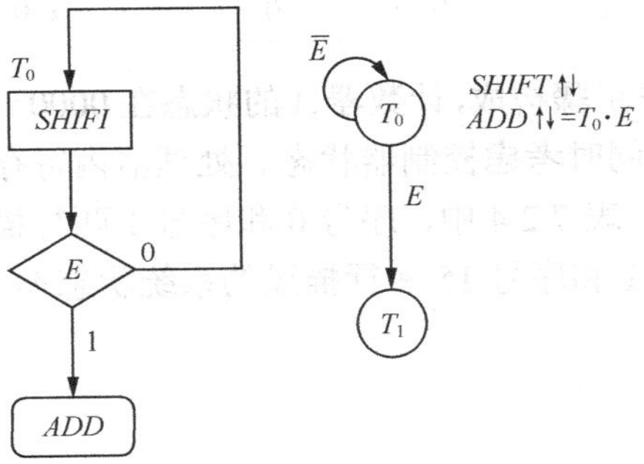

图 7.2.21 MDS 图中输出的标注

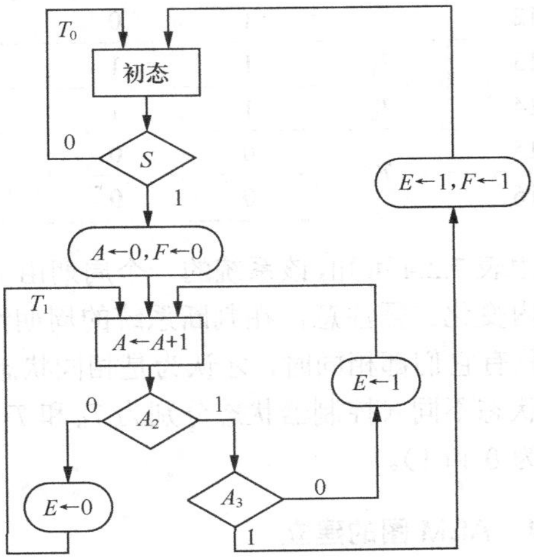

图 7.2.22 例 7.2.4 的 ASM 图

该数字系统的控制器有两个状态 T_0 和 T_1，在 T_1 状态下完成的寄存器操作有 $A\leftarrow A+1$（无条件操作），$E\leftarrow0$，$E\leftarrow1$，（$E\leftarrow1,F\leftarrow1$），后三个为有条件操作，这些操作在 T_1 状态下并不立即执行，需要系统时钟的有效沿（假设为上升沿）到达时才执行（对条件操作而言，还必须满足相应的条件）。通过上述分析可知，在时钟的上升沿未到达时，计数器 A 的值没有发生改变，此时的值为现态，从而判断框内的 A_3 和 A_2 为现态，由于判断由组合电路执行，因此依据 A_3 和 A_2 的现态值，立即选好分支，但该分支上的寄存器操作并不执行；时钟的上升沿到达时，计数器 A 的值发生改变（增 1)，变化后的值为次态；同时执行已选分支上的寄存器操作。

假设系统初始状态为 T_0，A、E、F 的初始值均为零，启动信号 S 有效，根据图 7.2.22 可列出数字系统的操作序列，见表 7.2.4。注意序号 5、9、13 这三行，分析并体会判断与分支上寄存器操作间的关系。

表 7.2.4　　例 7.2.4 的操作序列

CP↑个数	状态	A_3	A_2	A_1	A_0	E	F	条 件
0	T_0	0	0	0	0	0	0	
1	T_1	0	0	0	0	0	0	A_2=0 A_3=0
2		0	0	0	1	0	0	
3		0	0	1	0	0	0	
4		0	0	1	1	0	0	
5	T_1	0	1	0	0	0	0	A_2=1 A_3=0
6		0	1	0	1	1	0	
7		0	1	1	0	1	0	
8		0	1	1	1	1	0	
9	T_1	1	0	0	0	1	0	A_2=0 A_3=1
10		1	0	0	1	0	0	
11		1	0	1	0	0	0	
12		1	0	1	1	0	0	
13	T_1	1	1	0	0	0	0	A_2=1 A_3=1
14	T_0	1	1	0	1	1	1	
15	T_1	0	0	0	0	1	0	A_2=0 A_3=0
16		0	0	0	1	0	0	

由表 7.2.4 可知，该系统的一个周期由 14 个操作步骤构成，计数器 A 的状态在 0000～1101 范围内变化。需注意，在判断系统的周期性时，需同时考虑控制器状态、处理器内寄存器状态，只有它们都相同时，才认为是相同状态。例如，表 7.2.4 中，序号 0 和序号 1 两行描述的系统状态不同（控制器状态分别为 T_0 和 T_1），序号 1 和序号 15 两行描述的系统状态不同（E 分别为 0 和 1）。

4．ASM 图的建立

ASM 图可在算法流程图的基础上得到。两者都有判断框，传输框和状态框功能相似，只是为了表示硬件的时序关系，ASM 图增加了条件框，因此从算法流程图推导 ASM 图的关键是决定算法流程图的传输框应该转化成 ASM 图的状态框还是条件框，以及何时应该根据时序关系增加状态框。可以依据以下 3 条转换规则。

规则 1：在 ASM 图的起始点应安排一个状态框。若算法流程图的入口点后是判断框，那么转换成 ASM 图时，必须在起始点增加一个状态框。若算法流程图的起始点后为传输框，则将此传输框直接转换成状态框，起始点不必另加状态框。

规则 2：必须用状态框分开不能在同一时钟周期完成的寄存器操作。例如，$A \leftarrow A+1$ 和 $A \leftarrow SR(A)$ 两个操作，寄存器 A 不能同时完成加 1 和右移两个操作，所以两个操作必须分在两个时钟周期内进行，即用状态框把它们分开，如图 7.2.23 所示。

规则 3：如果判断框中的转移条件受前一个寄存器操作的影响，应在它们之间安排一个状态框。如图 7.2.24（a）所示的算法流程图，该图的操作顺序是 A 增 1，之后判断 A 是否等于 n，然后执行不同分支的操作。判断框中的操作是对寄存器 A 的判断，而 A 的值直接受前面寄存器操作的影响。在转化成 ASM 图时，应在操作和判断之间增加一个状态框，如图 7.2.24（b）所示，否则判断框中检验的是 A 增 1 之前的值。

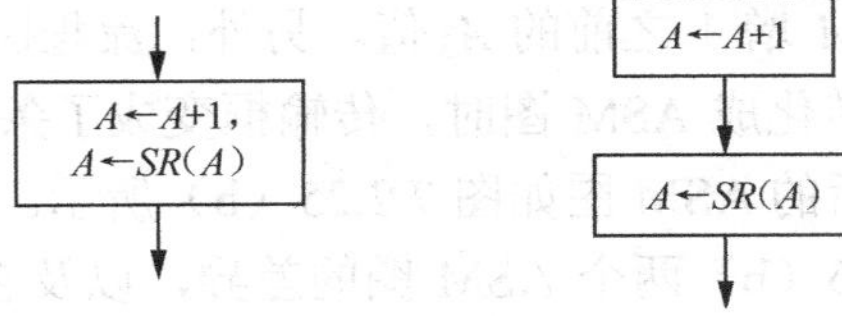

（a）算法流程图　　（b）ASM 图

图 7.2.23　算法流程图转换为 ASM 图规则 2 举例

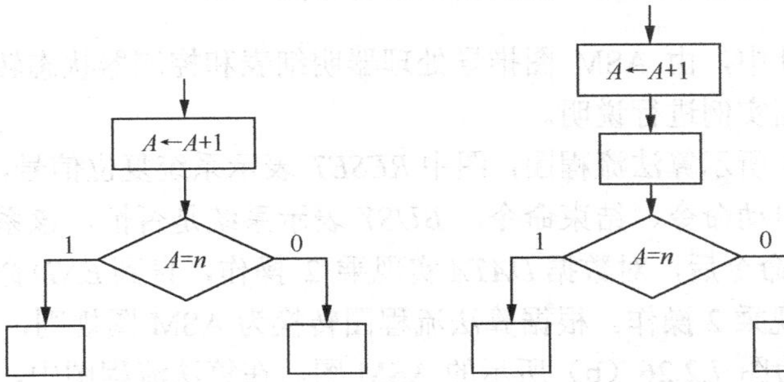

（a）算法流程图　　（b）ASM 图

图 7.2.24　算法流程图转换为 ASM 图规则 3 举例

例 7.2.5　根据算法流程图转换为 ASM 图规则，将图 7.2.25（a）算法流程图转换为 ASM 图。

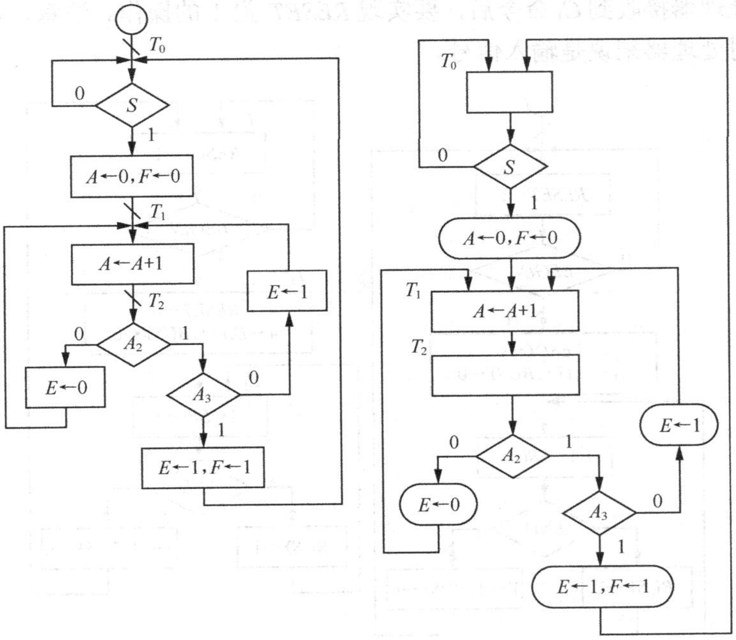

（a）算法流程图　　（b）ASM 图

图 7.2.25　例 7.2.5 算法流程图转换为 ASM 图

在转换时，图 7.2.25（a）开始处应安排一个状态，记为T_0。图 7.2.25（a）中，$A \leftarrow 0$和$A \leftarrow A+1$两个操作不能同时完成，所以要分两步进行，即将它们分别填写在两个状态框中，在此处增加状态T_1。系统在A增 1 之后，对A_3做判断，这时应在增 1 操作和判断之间安排一个状态T_2，否则检验的是A增 1 之前的A_3值。另外，流程图中有些操作，与前面的操作没有在时序上发生冲突，则转化成 ASM 图时，传输框变成了条件框。如（$A \leftarrow 0, F \leftarrow 0$）操作，$E \leftarrow 0$操作等。转换后的 ASM 图如图 7.2.25（b）所示。

注意图 7.2.22 与图 7.2.25（b）两个 ASM 图的差异，以及它们对应的 ASM 图操作序列的不同。

5. ASM 图推导处理器明细表和控制器状态转移图（表）

在数字系统的设计中，由 ASM 图推导处理器明细表和控制器状态转移图（表）是非常关键的一步，下面根据实例进行说明。

观察图 7.2.26（a）所示算法流程图，图中*RESET*表示系统复位信号，*BEGIN*、*END*分别为外部送入系统的启动命令、结束命令，*BUSY*表示系统是否忙。该系统完成如下操作：当系统接收到*BEGIN*命令后，对数据*DATA*实现乘 2 操作，直到*END*命令有效为止。其中寄存器A左移一次实现乘 2 操作。根据算法流程图转换为 ASM 图规则，将图 7.2.26（a）所示算法流程图，转换为图 7.2.26（b）所示的 ASM 图。在算法流程图中，有短斜线处表示应安排状态。

图 7.2.26（b）中状态框内的寄存器操作指明了处理器应该完成的操作，该操作需在控制器的控制下执行，为实现该目的，将寄存器操作用一个助记符表示，该助记符代表一个信号，由控制器发出。例如，状态框T_0中$RESET \leftarrow 1$为寄存器操作，用助记符C_1表示，C_1由控制器发出，数据处理器接收到C_1命令后，要实现*RESET*置 1 的操作。注意，C_1对控制器来说是输出信号，对处理器来说是输入信号。

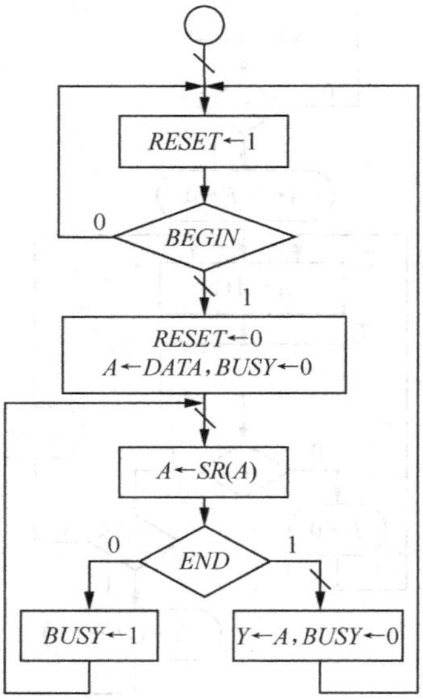

（a）算法流程图

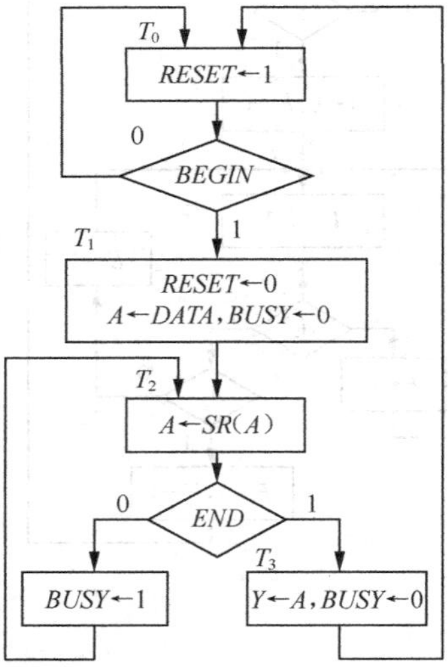

（b）ASM 图

图 7.2.26　数字系统的算法流程图及 ASM 图

根据上述分析，可以得到处理器明细表，见表 7.2.5。处理器的输入信号为 $C_1 \sim C_5$，输出信号为 Y。

ASM 图中判断框内的变量是处理器发给控制器的状态信号，或者是从输入接口送给控制器的命令信号，为了分析方便，将两者统一用 V_i（Verdict 首字母）表示。图 7.2.26 中只存在外部输入命令信号 *BEGIN* 和 *END*，分别用 V_1 和 V_2 表示。这样，可得到图 7.2.27（a）所示的控制器 ASM 图，同时也可以推导出控制器的状态转移图，如图 7.2.27（b）或（c）所示，图（b）为传统表示方法，图（c）为简化表示方法，变量的取值组合用对应的表达式表示，并忽略了在特定状态下无效的输入，没有涉及的输出信号，其值处于无效状态。

表 7.2.5　　处理器明细表

操作表		变量表	
控制信号	操作	变量	定义
C_1	*RESET*←1	*Y*	*DATA* 连续乘 2 结果输出
C_2	*RESET*←0, *A*←*DATA*,*BUSY*←0		
C_3	*A*←*SR*(*A*)		
C_4	*BUSY*←1		
C_5	*Y*←*A*,*BUSY*←0		

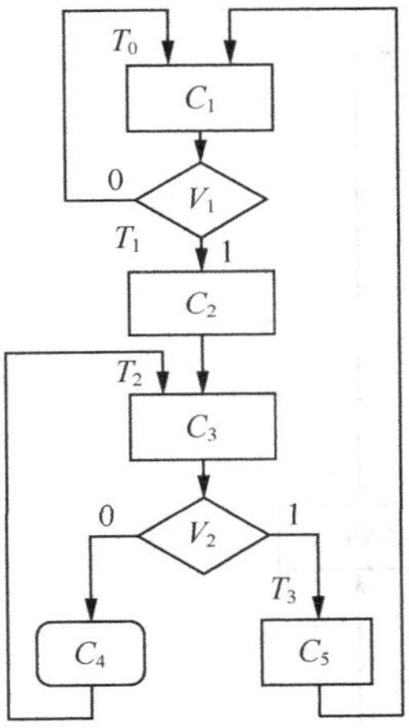

（a）控制器 ASM 图

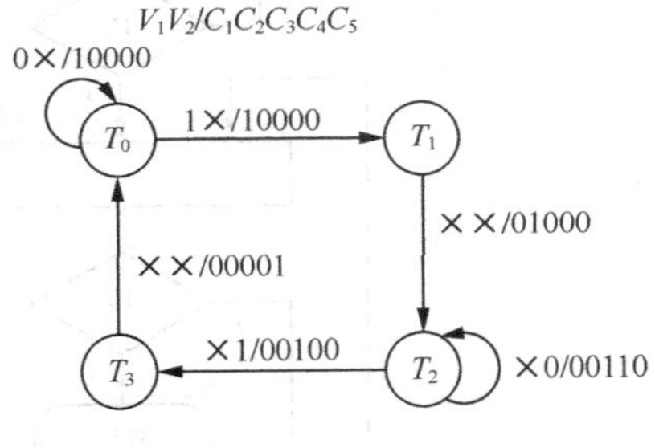

（b）控制器状态转移图

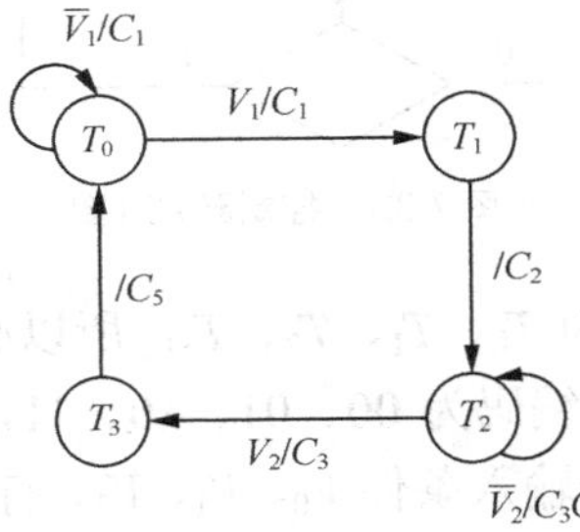

（c）控制器状态转移图

图 7.2.27　控制器 ASM 图及状态转移图

7.3 控制器设计

控制器的设计方式有图形方式和文本方式两种。以图形方式设计控制器，需得到控制器的逻辑表达式，具体方案通常有三种：采用 SSI 电路、采用 MSI 电路、采用每态一个触发器。在获得数字系统的 ASM 图后，无须进一步导出控制器的逻辑表达式，即可直接用 HDL 描述控制器（文本方式电路设计）。本节介绍图形方式设计控制器的设计步骤，举例说明如何采用每态一个触发器（图形方式）、VHDL（文本方式）设计控制器，并通过功能仿真验证 VHDL 描述电路的功能。

1．控制器的图形方式设计

控制器是一个时序逻辑网络，它的设计依据是状态转移图（表）、控制器 ASM 图或 MDS 图。由于设计要求、条件、习惯等的不同，同一控制器可以有多种设计方案。下面以图 7.3.1 所示的控制器 ASM 图为例，介绍实现控制器的 3 种设计方案。

（1）采用 SSI 电路设计

采用小规模集成的门电路、触发器设计控制器。由状态转移表及触发器激励表导出综合表，再求各激励函数及输出函数，也就是利用一般时序电路的设计方法来实现控制器。

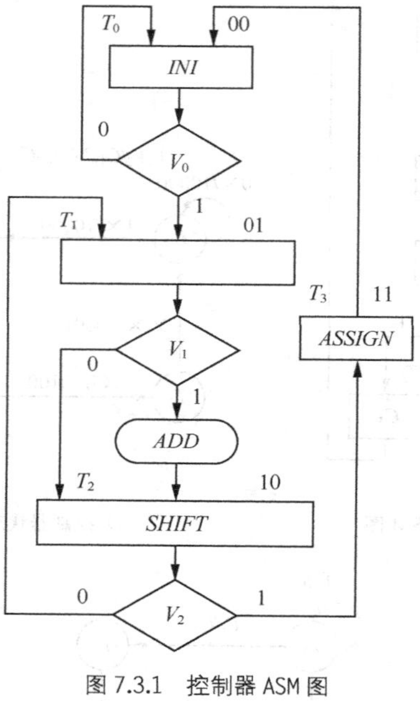

图 7.3.1 控制器 ASM 图

控制器有 4 个状态，分别记为 T_0、T_1、T_2、T_3，所以必须选用 2 个触发器，这里选用 D 触发器。设两触发器的输出 Q_1Q_0 编码为 00、01、10、11，以表示上述 4 个状态（已标注在图 7.3.1 上）。另外，控制器有 3 个输入条件 V_0、V_1、V_2，有 4 个输出结果 *INI*、*ADD*、*SHIFT*、*ASSIGN*。所以，根据控制器 ASM 图可推导出状态转移、输出表，见表 7.3.1。

表 7.3.1　　控制器状态转移、输出表

现态			输入			次态		输出			
T_i	Q_1^n	Q_0^n	V_0	V_1	V_2	Q_1^{n+1}	Q_0^{n+1}	*INI*	*ADD*	*SHIFT*	*ASSIGN*
T_0	0	0	0	∅	∅	0	0	1	0	0	0
	0	0	1	∅	∅	0	1	1	0	0	0
T_1	0	1	∅	0	∅	1	0	0	0	0	0
	0	1	∅	1	∅	1	0	0	1	0	0
T_2	1	0	∅	∅	0	0	1	0	0	1	0
	1	0	∅	∅	1	1	1	0	0	1	0
T_3	1	1	∅	∅	∅	0	0	0	0	0	1

观察表 7.3.1，次态 Q_1^{n+1} 在现态 T_2 时，取决于 V_2，次态 Q_0^{n+1} 在现态 T_0 时，取决于 V_0，可得 Q_1^{n+1} 和 Q_0^{n+1} 的降维卡诺图，如图 7.3.2 所示。选用 DFF，次态方程即为 DFF 的激励方程，由此得到两激励函数为

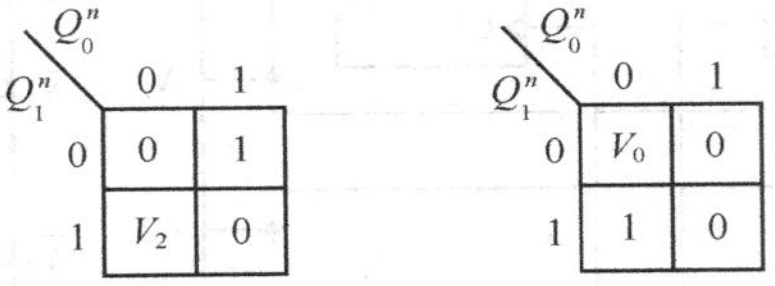

（a）Q_1 次态图　　（b）Q_0 次态图

图 7.3.2　次态卡诺图

$$D_1 = Q_1^{n+1} = \bar{Q}_1^n Q_0^n + Q_1^n \bar{Q}_0^n V_2$$

$$D_0 = Q_0^{n+1} = \bar{Q}_1^n \bar{Q}_0^n V_0 + Q_1^n \bar{Q}_0^n$$

同理，可得输出函数表达式为

$$INT = \bar{Q}_1^n \bar{Q}_0^n$$

$$ADD = \bar{Q}_1^n Q_0^n V_1$$

$$SHIFT = Q_1^n \bar{Q}_0^n$$

$$ASSIGN = Q_1^n Q_0^n$$

根据上述表达式，可得到由触发器和基本门电路构成的控制器电路图。本书省略，读者可自行画出。

（2）采用 MSI 电路设计

采用上述传统的设计方法实现控制器，由于涉及逻辑表达式化简，必然导致不规则的电路形式，不便于调试和维修。为了得到规则的电路形式，可以用中规模集成电路实现控制器，如用数据选择器（MUX）实现输入电路，译码器实现输出电路，得到规则的电路形式。其框图如图 7.3.3 所示。

D_1、D_0 用双 4 选 1 数据选择器 74153 来实现，由于 74153 的地址端数为 2，故直接将图 7.3.2 卡诺图小方格中的值送入 74153 的数据输入端口即可。输出 *INI*、*ADD*、*SHIFT*、*ASSIGN*

用 2 / 4 译码器 1/2 74139 来实现，由于 74139 输出端低电平有效，故输出端增加反相器，电路图如图 7.3.4 所示，为达到初始状态为 00 的要求，把异步复位信号接到触发器异步置“0”端（R 端）。

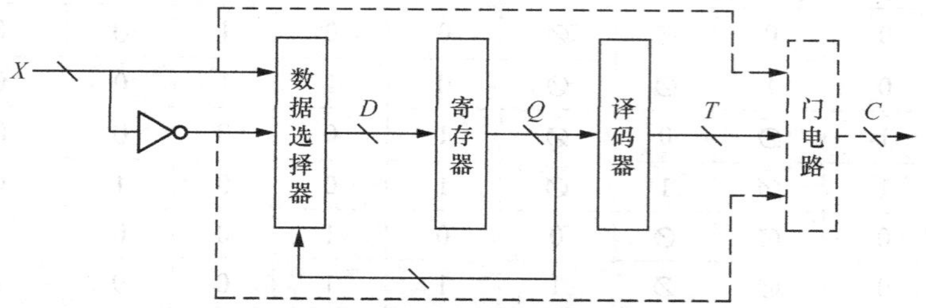

图 7.3.3　利用数据选择器和译码器的控制器逻辑框图

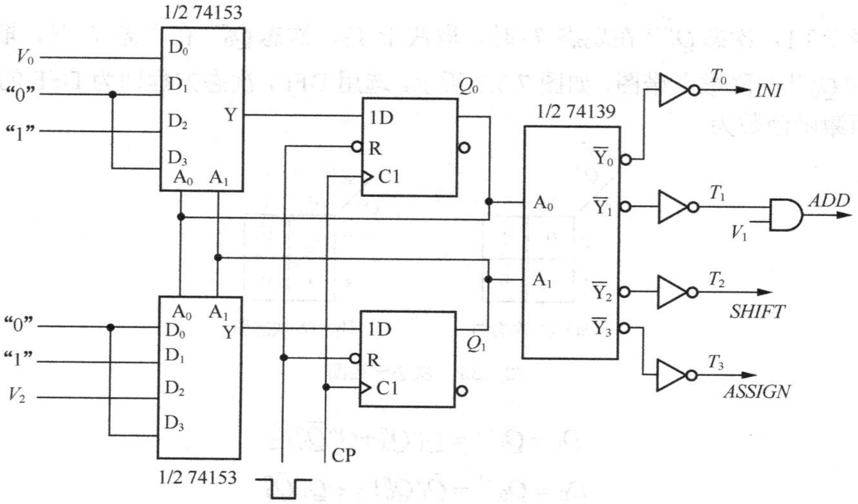

图 7.3.4　用数据选择器和译码器实现的控制器逻辑图

（3）采用每态一个触发器设计

传统设计方法主张用最少数目的逻辑门和触发器，得到最简单的逻辑图，但是要读懂逻辑图则是件很麻烦的事，这会给调试和维修带来很大困难。除了利用方法二外，还可以利用**每态一个触发器**（One Flip-Flop Per State）的方法实现控制器。每态一个触发器也称为一位热码编码（One-Hot State Machine Encoding），在这种方法中，采用 n 位码元来编码表示 n 个状态，即触发器数目和控制器的状态数相等，因此，时序逻辑电路不需要进行状态分配。在任何一个给定时刻，只有一个触发器处于“1”状态，其余的触发器处于“0”状态。用这种方法设计控制器，采用了最大数目的触发器，但控制器的逻辑图易于读横，调试维修方便，设计方法简单。直接根据 ASM 图就可以得到触发器的激励函数，而且系统的组合电路也简单。

图 7.3.1 中控制器有 4 个状态 T_0、T_1、T_2、T_3，所以选用 4 个 D 触发器，4 个状态的代码 $Q_0Q_1Q_2Q_3$ 分别为 1000、0100、0010、0001，编码表见表 7.3.2，由表可知，$Q_i = T_i(i = 0,1,2,3)$，这给求触发器的激励信号 $D_i(i = 0,1,2,3)$ 提供了便利。由表 7.3.1 可知，D_i 是关于现态 $Q_0Q_1Q_2Q_3$ 及输入 $V_0V_1V_2$ 的函数，D_i 为 1 意味着 Q_i^{n+1} 为 1，即控制器进入 T_i 状态，故观察控制器的 ASM 图，在什么条件下，控制器会进入 T_i 状态，从而直接写出 D_i 的表达式。

表 7.3.2 每态一个触发器方法的编码表

T_0	T_1	T_2	T_3	Q_0	Q_1	Q_2	Q_3	T_0	T_1	T_2	T_3	Q_0	Q_1	Q_2	Q_3
0	0	0	0	∅	∅	∅	∅	1	0	0	0	1	0	0	0
0	0	0	1	0	0	0	1	1	0	0	1	∅	∅	∅	∅
0	0	1	0	0	0	1	0	1	0	1	0	∅	∅	∅	∅
0	0	1	1	∅	∅	∅	∅	1	0	1	1	∅	∅	∅	∅
0	1	0	0	0	1	0	0	1	1	0	0	∅	∅	∅	∅
0	1	0	1	∅	∅	∅	∅	1	1	0	1	∅	∅	∅	∅
0	1	1	0	∅	∅	∅	∅	1	1	1	0	∅	∅	∅	∅
0	1	1	1	∅	∅	∅	∅	1	1	1	1	∅	∅	∅	∅

下面以求 D_0 为例，控制器进入 T_0 状态的条件是控制器处于 T_0 状态，且 $V_0=0$，或控制器处于 T_3 状态，故

$$D_0=T_0\overline{V}_0+T_3$$

同理可得

$$D_1=T_0V_0+T_2\overline{V}_2$$

$$D_2=T_1\overline{V}_1+T_1V_1=T_1$$

$$D_3=T_2V_2$$

输出信号的表达式为

$$INT=T_0$$

$$ADD=T_1V_1$$

$$SHIFT=T_2$$

$$ASSIGN=T_3$$

根据以上方程，画出控制器的逻辑图，如图 7.3.5 所示。

系统开始工作时，系统应处于初始状态 T_0，代表初始状态 T_0 的触发器应处于 1 状态，而其他触发器处于 0 状态。控制器初始状态可以利用触发器的异步置“0”或异步置“1”端进行预置。为了取得要求的初始状态，把异步复位信号接到 F_1、F_2、F_3 触发器异步置“0”端（R 端），触发器 F_0 的异步置“1”端（S 端）（见图 7.3.5）。每态一个触发器方法实现控制器采用的是小规模集成电路。

2. 控制器设计举例

例 7.3.1 状态转移图是实现控制器的重要依据，已知控制器的状态转移图如图 7.3.6 所示，试分别采用每态一个触发器法、VHDL 语言描述法设计该控制器。

图 7.3.6 中控制器有 7 个状态 *idle*、*decision*、*writedata*、*read*1、*read*2、*read*3、*read*4，所以选用 7 个 D 触发器 $Q_0Q_1Q_2Q_3Q_4Q_5Q_6$，并分别用 Q_0=1，Q_1=1，…，Q_6=1 表示，控制器有 3 个输入条件 *ready*、*read_write*、*burst*，为简化，分别用 V_0、V_1、V_2 表示，该电路没有输出。

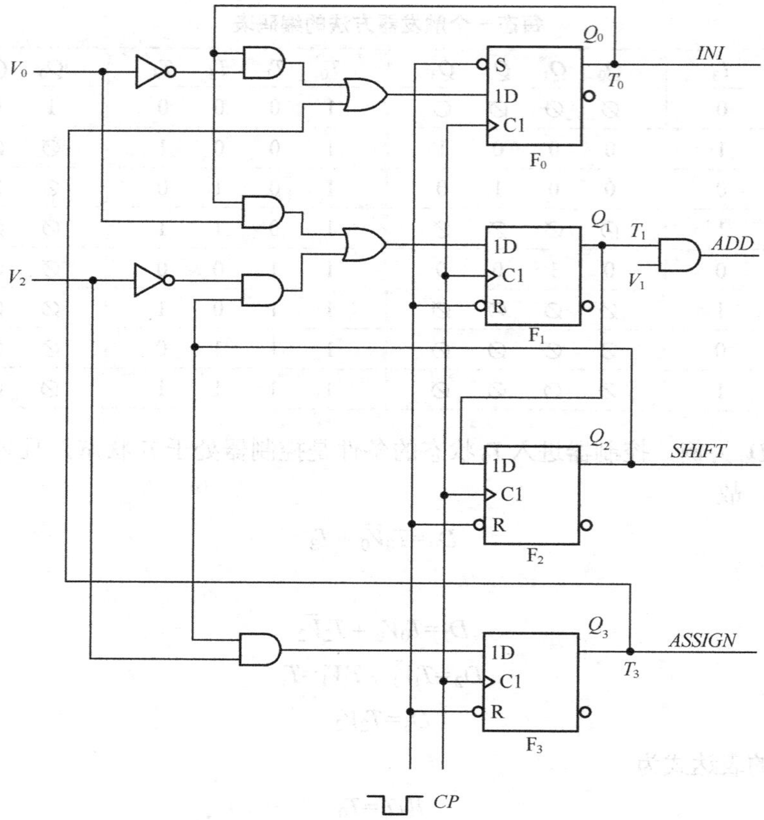

图 7.3.5　用每态一个触发器实现的控制器逻辑图

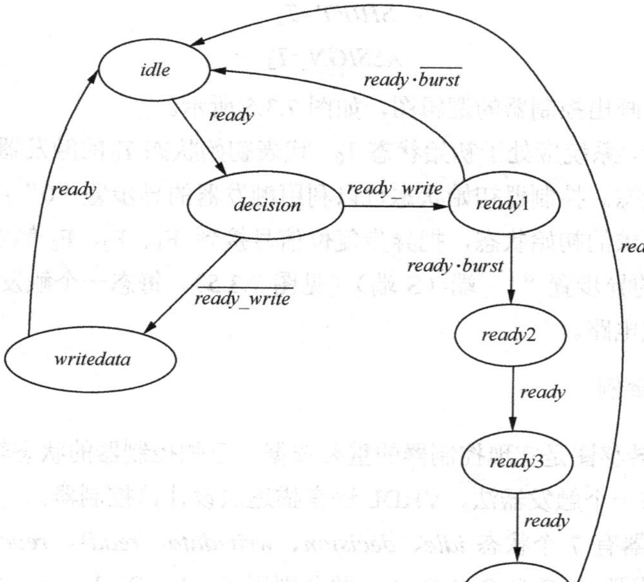

图 7.3.6　例 7.3.1 状态转换图

激励方程为

$$D_0=Q_2 \cdot V_0 + Q_3 \cdot V_0 \cdot \overline{V_2} + Q_6 \cdot V_0$$

$$D_1=Q_0 \cdot V_0$$

$$D_2=Q_1 \cdot \overline{V_1}$$

$$D_3=Q_1 \cdot V_1$$

$$D_4=Q_3 \cdot V_0 \cdot V_2$$

$$D_5=Q_4 \cdot V_0$$

$$D_6=Q_5 \cdot V_0$$

采用每态一个触发器法实现的电路如图 7.3.7 所示。

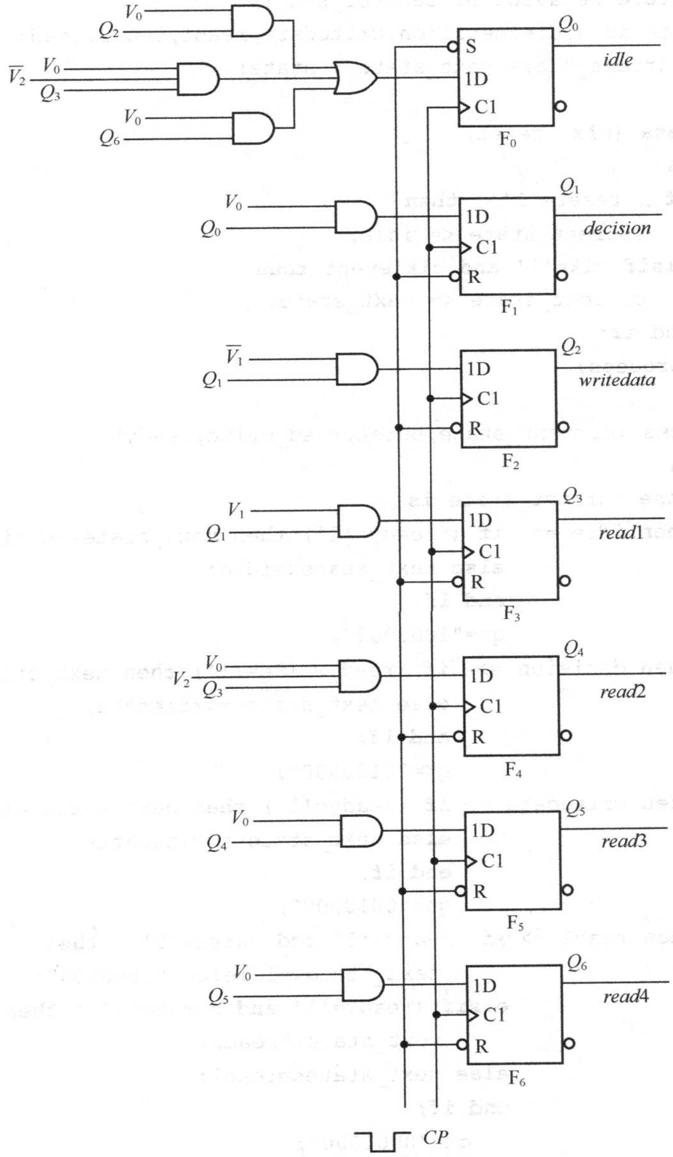

图 7.3.7 例 7.3.1 电路图

采用 VHDL 语言描述该控制器时，定义 $Q_0Q_1Q_2Q_3Q_4Q_5Q_6$ 为输出端口，*ready*、*read_write*、*burst*、*clk*、*reset* 为输入端口，源代码如下。

```
library ieee;
use ieee.std_logic_1164.all;

entity control_std is
   port (clk,burst,read_write,ready,reset: in std_logic;
          q : out std_logic_vector (6 downto 0));
end;

architecture behavior of control_std is
type state is (idle,decision,writedata,read1,read2,read3,read4);
signal current_state,next_state : state;
begin
   process (clk, reset)
   begin
      if ( reset='1' ) then
         current_state <= idle;
      elsif clk='1' and clk'event then
         current_state <= next_state;
      end if;
   end process;

   process (current_state,burst,read_write,ready)
   begin
      case current_state is
      when idle =>  if ( ready='1') then next_state<=decision;
                    else next_state<=idle;
                    end if;
                    q<="1000000";
      when decision =>  if (read_write='1') then next_state<=read1;
                        else next_state<=writedata;
                        end if;
                        q<="0100000";
      when writedata => if (ready='1') then next_state<=idle;
                        else next_state<=writedata;
                        end if;
                        q<="0010000";
      when read1 => if (ready='1' and burst='0' ) then
                       next_state<=idle;q<="1000000";
                    elsif (ready='1' and burst='0' ) then
                       next_state<=read2;
                    else next_state<=read1;
                    end if;
                       q<="0001000";
      when read2 =>  if (ready='1') then next_state<=read3;
```

```
                else next_state<=read2;
                end if;
                q<="0000100";
        when read3 => if (ready='1') then next_state<=read4;
                  else next_state<=read3;
                  end if;
                  q<="0000010";
        when read4 => if (ready='1') then next_state<=idle;
                  else next_state<=read4;
                  end if;
                  q<="0000001";
        end case;
     end process;
  end behavior;
```

在 Xilinx ISE 9.1i 环境下进行功能仿真（Behavioral Simulation），仿真结果如图 7.3.8 所示。由图 7.3.8 可知，对应控制器的 7 个状态 *idle*、*decision*、*writedata*、*read*1、*read*2、*read*3、*read*4，端口 q 分别输出 1000000、0100000、0010000、0001000、0000100、0000010、0000001，用每态一个触发器法给出状态编码。需注意的是，Xilinx ISE 9.1i 在编译时，选用 3 位触发器来实现控制器（状态 *idle*、*decision*、*writedata*、*read*1、*read*2、*read*3、*read*4 分别编码为 000、001、011、010、100、101、110），即采用传统的触发器级数最少法设计时序电路，而非采用每态一个触发器法设计时序电路，故 q 输出为组合输出。Xilinx ISE 9.1i 综合（synthesize）后给出的实现电路如图 7.3.9 所示。

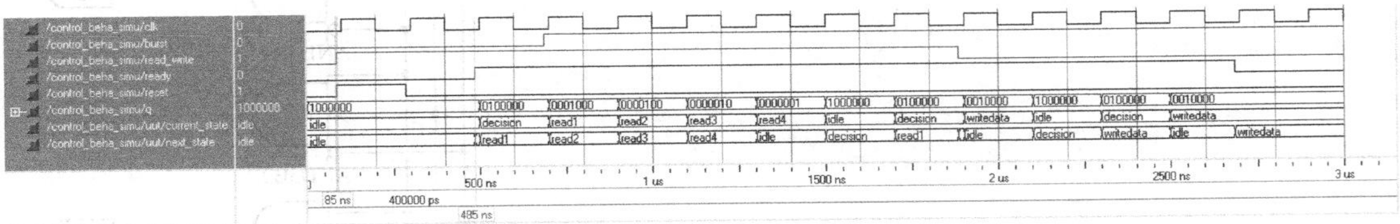

图 7.3.8 例 7.3.1 功能仿真结果

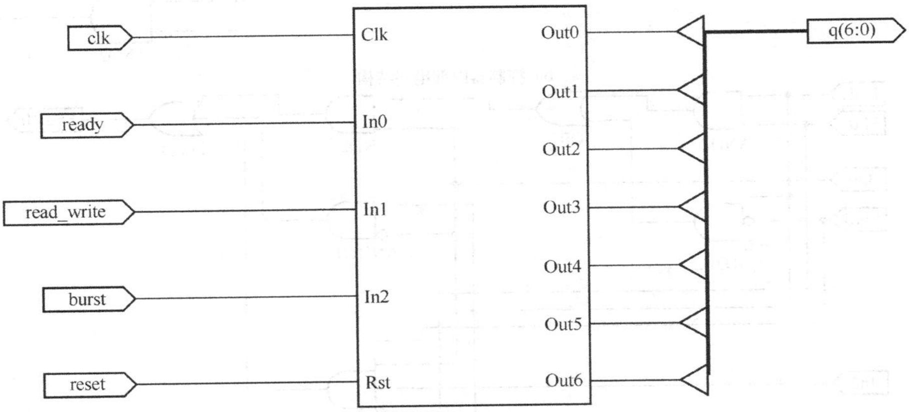

（a）控制器电路符号

图 7.3.9 例 7.3.1 综合后的实现电路

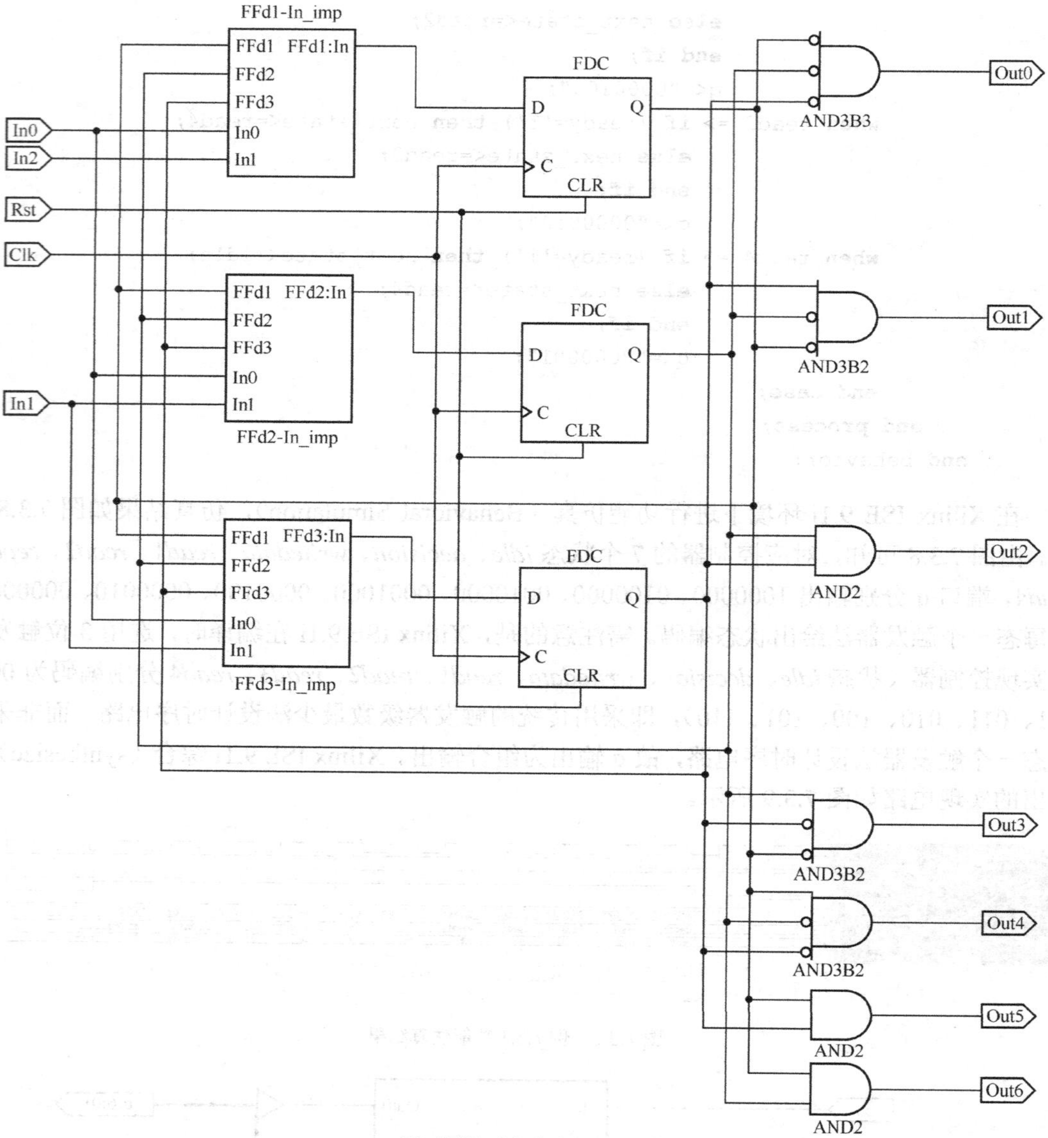

（b）控制器内部电路结构

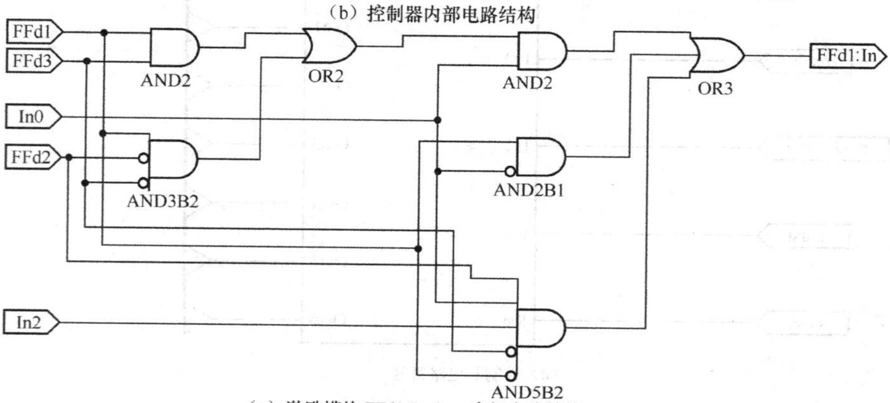

（c）激励模块 FFd1-In_imp 内部电路结构

图 7.3.9　例 7.3.1 综合后的实现电路（续）

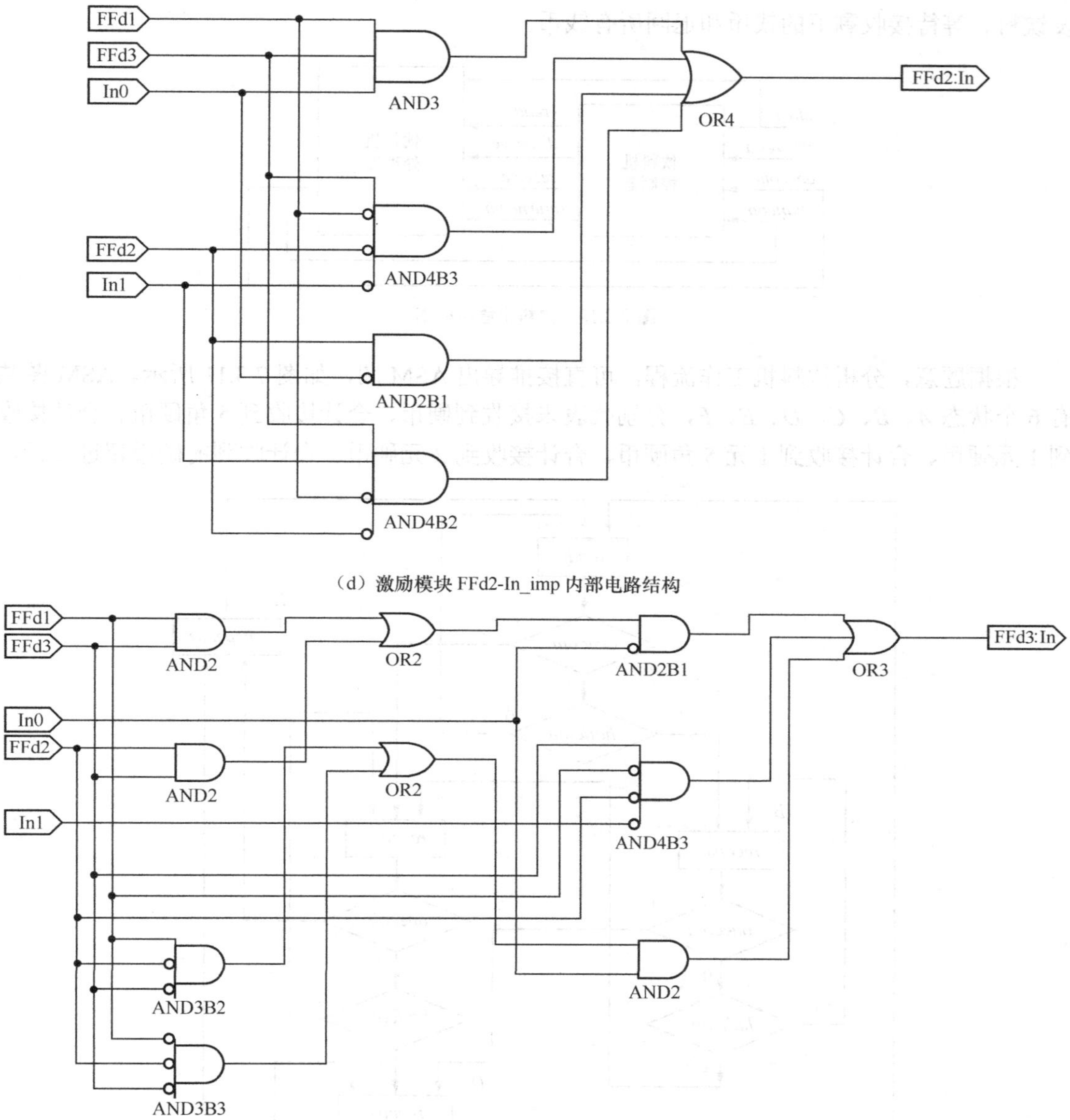

（d）激励模块 FFd2-In_imp 内部电路结构

（e）激励模块 FFd3-In_imp 内部电路结构

图 7.3.9　例 7.3.1 综合后的实现电路（续）

例 7.3.2　假设一台饮料出售机出售的某种饮料价格为 2 元，机器只能接收 1 元和 5 角的硬币（其他类型的硬币将被饮料机拒绝）。一旦机器接收到的钱币共计 2 元，则分发该饮料；若收到的硬币超过 2 元，则退回所有钱币。饮料机有两个指示灯：一个指示等待下一次交易；另一个提示等待接收剩下的钱币。试画出该饮料出售机的 ASM 图，并用 VHDL 语言来描述其控制器。

分析题意，可得系统框图 7.3.10，其中 *clock* 为时钟信号，*reset* 为复位信号，*onecoin* 和 *halfcoin* 是处理器发出的两个状态信号，分别表示饮料机接收到 1 元硬币和 5 角硬币，*ready*、*dispense*、*receive* 和 *returncoin* 为控制器发给处理器的命令信号，分别代表等待新的交易、分发饮料、等待接收剩下的钱币和退回所有钱币。

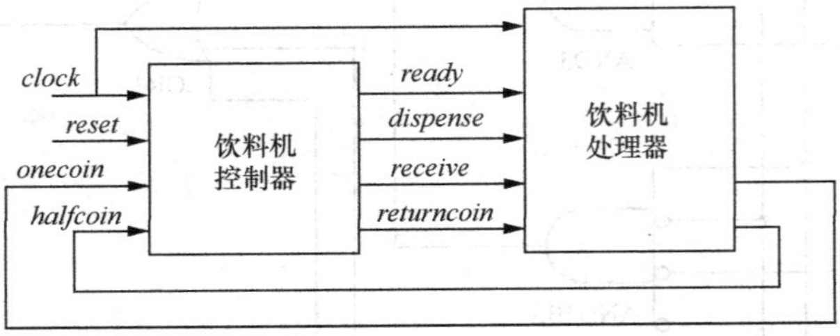

图 7.3.10　饮料出售机框图

根据题意，分析饮料机工作流程，可直接推导出 ASM 图，如图 7.3.11 所示。ASM 图共有 6 个状态 *A*、*B*、*C*、*D*、*E*、*F*，分别代表未接收到硬币、合计接收到 5 角硬币、合计接收到 1 元硬币、合计接收到 1 元 5 角硬币、合计接收到 2 元硬币、合计收到的硬币超过 2 元。

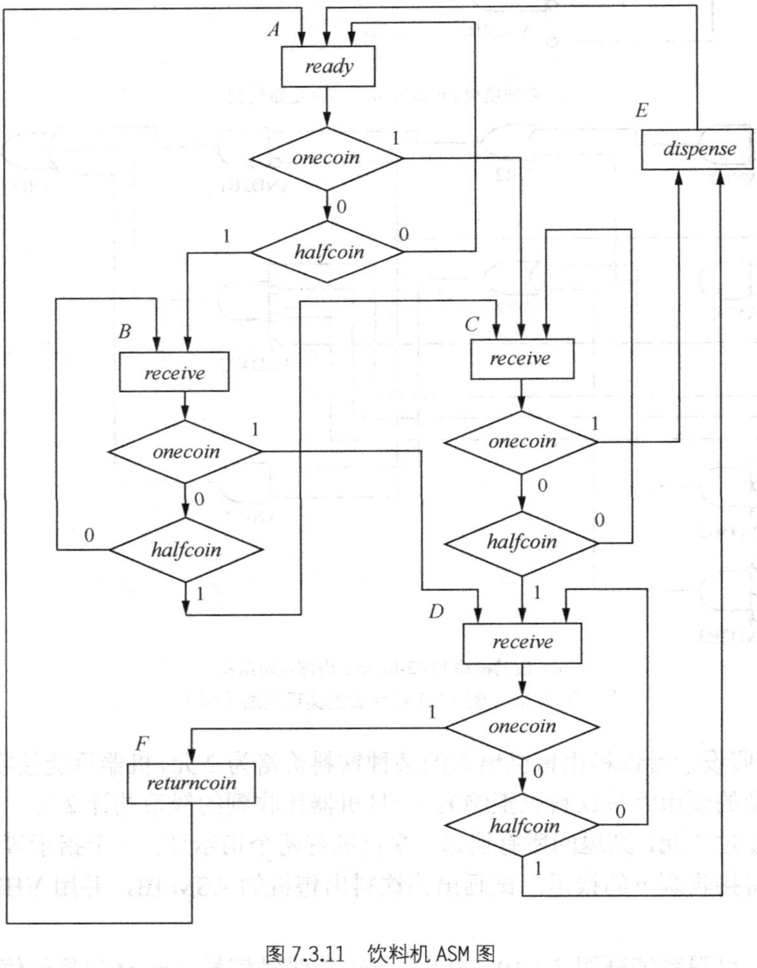

图 7.3.11　饮料机 ASM 图

根据 ASM 图直接采用 VHDL 语言描述该控制器，定义 *ready*、*dispense*、*receive*、*returncoin* 为输出端口，*clock*、*reset*、*onecoin*、*halfcoin* 为输入端口，源代码如下。

```
library IEEE;
use IEEE.STD_LOGIC_1164.ALL;
use IEEE.STD_LOGIC_ARITH.ALL;
use IEEE.STD_LOGIC_UNSIGNED.ALL;
entity vending is
   port (clock : in  STD_LOGIC;
        reset : in  STD_LOGIC;
        halfcoin : in  STD_LOGIC;
        onecoin : in  STD_LOGIC;
        ready : out  STD_LOGIC;
        receive : out  STD_LOGIC;
        dispense : out  STD_LOGIC;
        returncoin : out  STD_LOGIC);
end vending;

architecture behavioral of vending is
   type state is(A,B,C,D,E,F);
   signal current_state,next_state:state;
begin
   seq:process(clock,reset)is
   begin
      if (reset='1') then
         current_state<=A;
      elsif (rising_edge(clock))then
         current_state<=next_state;
      end if;
   end process seq;
   com:process(onecoin,halfcoin,current_state) is
   begin
      ready<='0';
      dispense<='0';
      receive<='0';
      returncoin<='0';
      case current_state is
      when A =>
         ready<='1';
         if (onecoin='1')then next_state<=C;
         elsif (halfcoin='1')then next_state<=B;
         else next_state<=A;
         end if;
      when B =>
         receive<='1';
         if(onecoin='1')then next_state<=D;
         elsif(halfcoin='1')then next_state<=C;
         else next_state<=B;
         end if;
      when C =>
         receive<='1';
         if (onecoin='1')then next_state<=E;
         elsif(halfcoin='1')then next_state<=D;
         else next_state<=C;
         end if;
      when D =>
```

```
                receive<='1';
                if (onecoin='1') then next_state<=F;
                elsif(halfcoin='1')then next_state<=E;
                else next_state<=D;
                end if;
            when E =>
                dispense<='1';
                next_state<=A;
            when F =>
                returncoin<='1';
                next_state<=A;
            end case;
        end process com;
    end behavioral;
```

程序中用两个进程描述状态机，分别标注为 seq（sequence）和 com（combination）。seq 进程为时序进程，描述状态机中存储电路的逻辑关系，即描述同步或异步清零或置位控制信号、时钟信号驱动下存储电路现态向次态的转移情况。通常，时序进程不负责下一状态的具体状态取值，如 *A*、*B*、*C*、*D* 等，只是当时钟的有效跳变沿到来时，简单地将代表次态的 *next_state* 赋予代表现态的 *current_state*，而 *next_state* 的值由其他进程根据实际情况来确定。com 进程为组合进程，描述状态机中组合电路的逻辑关系，即依据输入信号、存储电路现态的值给出激励信号（下一状态 *next_state*）、输出信号的值。

在 Xilinx ISE 9.1i 环境下进行功能仿真，仿真结果如图 7.3.12 所示。图 7.3.12 中，模拟 3 次购买情况：依次投入 4 个 5 角硬币（合计 2 元）；依次投入 1 个 1 元硬币、1 个 5 角硬币、1 个 1 元硬币（合计 2.5 元）；依次投入 2 个 1 元硬币（合计 2 元）。输出端 *dispense*、*returncoin* 和 *dispense* 对应变为高电平，即表示分发饮料、退回所有钱币、分发饮料。Xilinx ISE 9.1i 综合后给出的实现电路如图 7.3.13 所示。

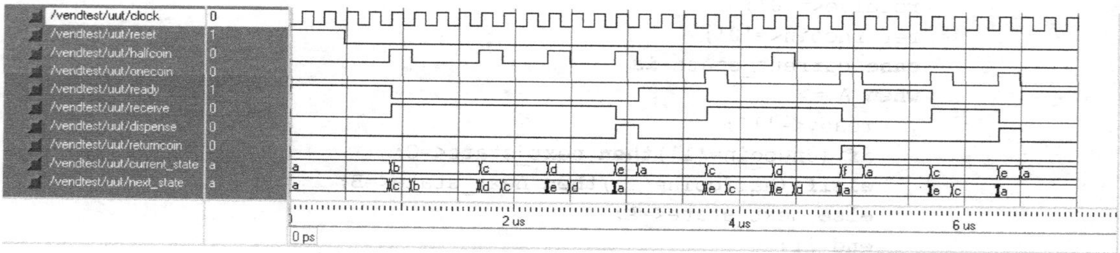

图 7.3.12　例 7.3.2 功能仿真结果

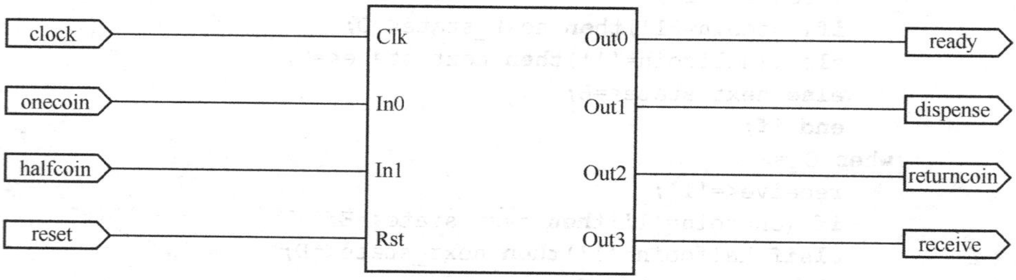

（a）控制器电路符号

图 7.3.13　例 7.3.2 综合后的实现电路

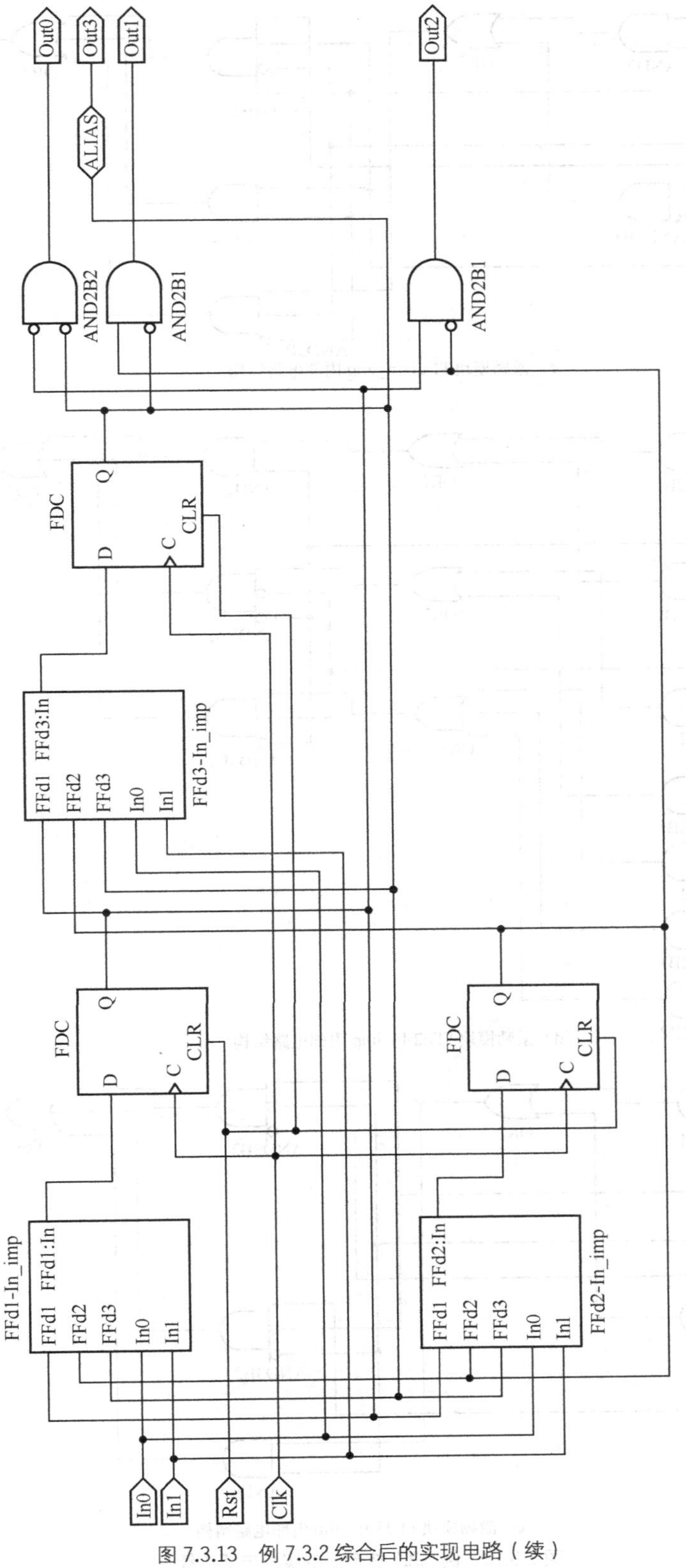

(b) 控制器内部电路结构

图 7.3.13 例 7.3.2 综合后的实现电路（续）

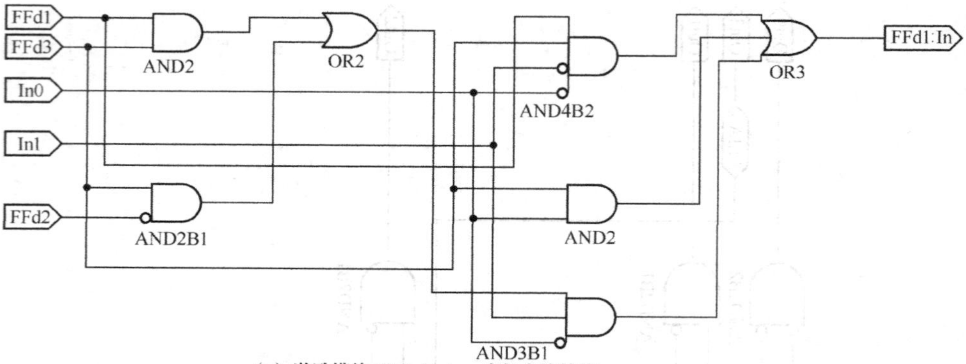

（c）激励模块 FFd1-In_imp 内部电路结构

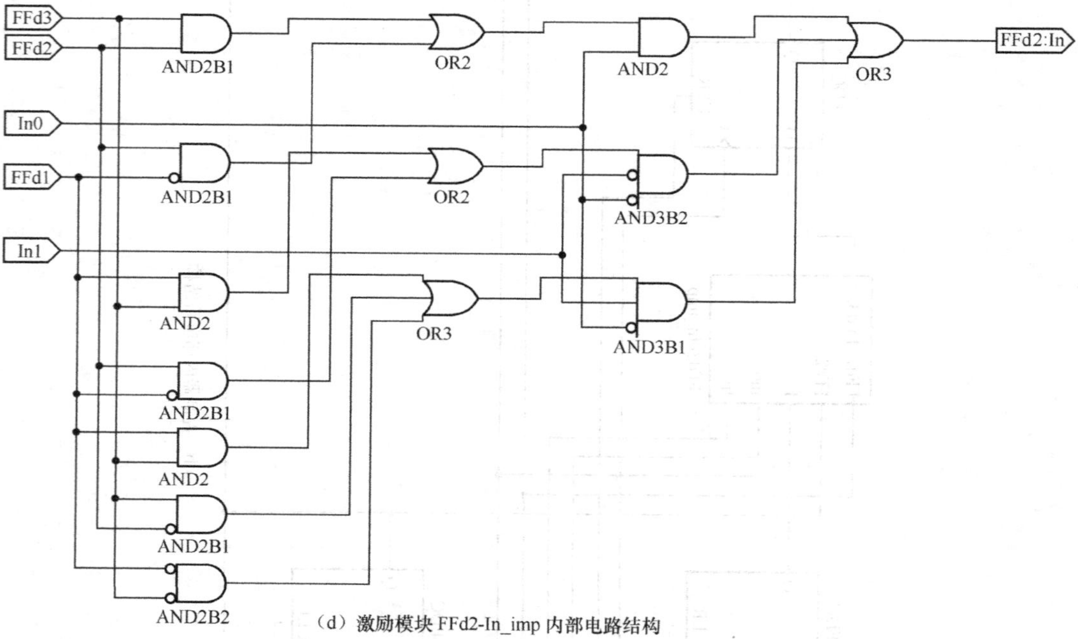

（d）激励模块 FFd2-In_imp 内部电路结构

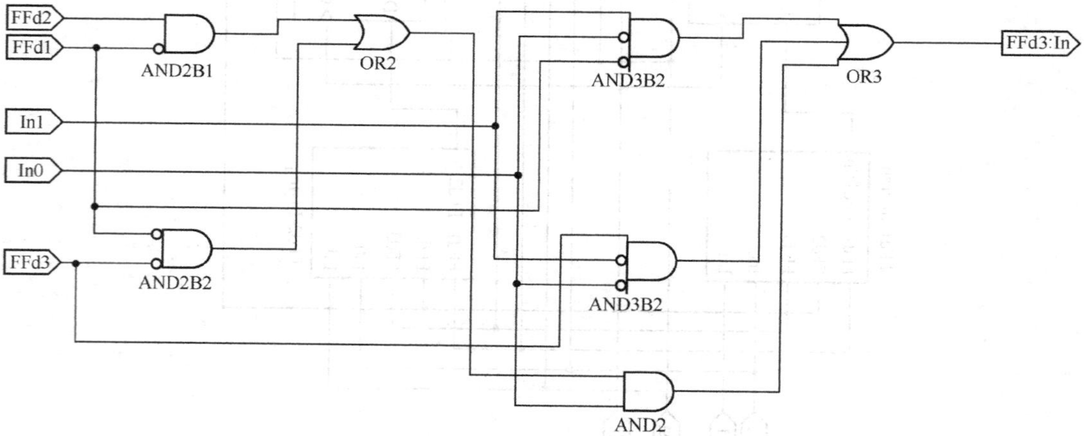

（e）激励模块 FFd3-In_imp 内部电路结构

图 7.3.13　例 7.3.2 综合后的实现电路（续）

例 7.3.2 中涉及有限状态机的状态转移描述、激励逻辑（次态逻辑）描述、输出逻辑描述共三个方面，用 seq 进程描述状态转移，用 com 进程描述激励逻辑和输出逻辑，这种描述方式称为双进程描述方式。用 VHDL 语言描述有限状态机时，通常有三种描述方式：三进程描述方式、双进程描述方式、单进程描述方式。若状态转移、激励、输出分别用三个进程描述，则称为三进程描述；若其中两个用一个进程描述，剩下的用另一个进程描述，则称为双进程描述；若只使用一个进程来描述状态转移、激励、输出，则称为单进程描述。双进程描述方式中，最常用的形式是激励、输出描述集中在一个进程，状态转移描述占用另一个进程。这种形式可以把有限状态机的组合电路和存储电路分开，有利于测试。

7.4 数字系统设计及 VHDL 实现

7.3 节介绍了控制器的设计，控制器是数字系统的一个模块（或子系统），本节基于自顶向下法介绍二进制乘法器、交通灯管理系统、A/D 转换系统三个数字系统的完整设计过程，为便于读者从电路的图形描述方式顺利过渡到文本描述方式，每个实例给出两种设计结果：基于 MSI、SSI 的电路图和基于 VHDL 的源程序。

7.4.1 二进制乘法器设计

数字乘法器设计涉及数据处理流程控制及具体的数据处理，是一个完整的数字系统设计。本节对控制器、数据处理器的设计作了详细的介绍，以加深读者对数字系统设计步骤及 VHDL 的理解。后续两个实例的设计过程相对较简洁。

例 7.4.1 设计一个求两个 4 位二进制数之积的数字乘法器。被乘数为 *DX*，乘数为 *DY*，求两数之积的命令信号为 *START*，*Z* 为乘积。

1．系统设计

为了导出算法，我们先来回顾求解两数之积的手算过程。假定乘数和被乘数都是 r 位的正二进制数，观察表 7.4.1，可以得到如下的规律。

① 两个 r 位的二进制数相乘，乘积为 $2r$ 位；

② 乘数的第 i（$i=1,2,\cdots,r$）位为 0 时，第 i 位的**部分积**为 0，第 i 位为 1 时，第 i 位的部分积是被乘数；

③ 求和时，第 i（$i=2,3,\cdots,r$）位的部分积相对于第 i-1 位的部分积左移一位。

表 7.4.1　　乘法的手算过程

运算过程	算式说明
1010	被乘数
× 1101	乘数
1010	第一部分积
0000	第二部分积
1010	第三部分积
+ 1010	第四部分积
10000010	乘积=部分积之和

数字电路中实现累加比较方便。为此，我们可以把乘法过程的一次多数相加，改为累计求和，累计的和称为**部分和**，并把它存入累加寄存器，其过程见表 7.4.2。

从表 7.4.2 可看到，如果乘数第 i 位为 0，第 i 个部分积为 0，如果第 i 位为 1，第 i 个部分积为左移 i–1 位的被乘数，部分积累计加入累加器中，形成部分和。

根据乘法的算法过程我们可以导出算法流程图，如图 7.4.1（a）所示，与此相对应的系统初始结构如图 7.4.1（b）所示。算法过程如下：在计算开始之前，乘数存入寄存器 Q，被乘数存入寄存器 M 的 r+1 到 2r 位，累加寄存器 A 清 0。当外部命令 *START* 出现时，乘法运算开始。若乘数 $Q=0$，则运算结束；若 $Q\neq 0$，则检验 Q 的最低有效位 Q_1。当 Q_1=1 时，$A\leftarrow A+M$；当 Q_1=0 时，则 A 加零。无论 Q_1 为 0 或为 1，Q 右移一次，M 左移一次，并在输入端移入 0。乘法结束时，累加寄存器 A 的内容即为运算结果，并将 A 的数据赋予寄存器 Z。

表 7.4.2　　累计部分积的乘法过程

运算过程	算式说明
1010	被乘数
×1101	乘数
00000000	累加器初始内容
+1010	第一部分积
00001010	第一部分和
+ 0000	第二部分积
00001010	第二部分和
+1010	第三部分积
00110010	第三部分和
+ 1010	第四部分积
10000010	乘积=第四部分和

这种方案的优点是算法容易理解，便于控制器设计，缺点是寄存器使用效率太低，如被乘数寄存器 M，虽然只存放 r 位，但要 2r 位的长度。

为提高寄存器使用效率，采用 r 位被乘数寄存器 M，部分积仍由 M 提供，为得到正确的部分积，采取部分和向相反方向移位的方法，即部分和向右移。算法流程图如图 7.4.2（a）所示，在该方案中，累加寄存器 A 为 r+1 位（A_r～A_0），A_r 位存放求和过程的进位输出，乘数寄存器 Q 为 r 位。在求积过程中是一步一步把部分和右移进行累加，求和过程中，把累加器 A 和乘数寄存器 Q 看作是合成寄存器，新的部分和形成之后，A 和 Q 联合右移一次，右移出 A 的数据位移进 Q 的最左端。该方案中，乘数寄存器 Q 具有双重责任，在计算开始时，Q 存放 r 位乘数，乘法结束时，经过 r 次移位，Q 存放的是乘积的低 r 位有效位，乘积的高 r 位有效位存放于累加器 A 中（A_{r-1}～A_0），即乘积的结果存放在 A、Q 联合寄存器中。这种方案提高了寄存器的使用效率，但它是以延长运算时间作为代价的，每次求积必须完成 r 次右移操作，而图 7.4.1 的算法中，当 $Q=0$ 时，运算即结束。

我们采用图 7.4.2（a）的算法，与之相对应的系统初始结构如图 7.4.2（b）所示，采用计数器 CNT 累计移位次数，系统初始化时，CNT 清 0，因为乘数 Q 为 4 位，所以，当 *CNT*=4 时，操作结束。也可以在操作开始时计数器置入 4（*CNT*=4），伴随着每一次移位，计数器减 1，当 *CNT*=0 时，乘法操作结束。

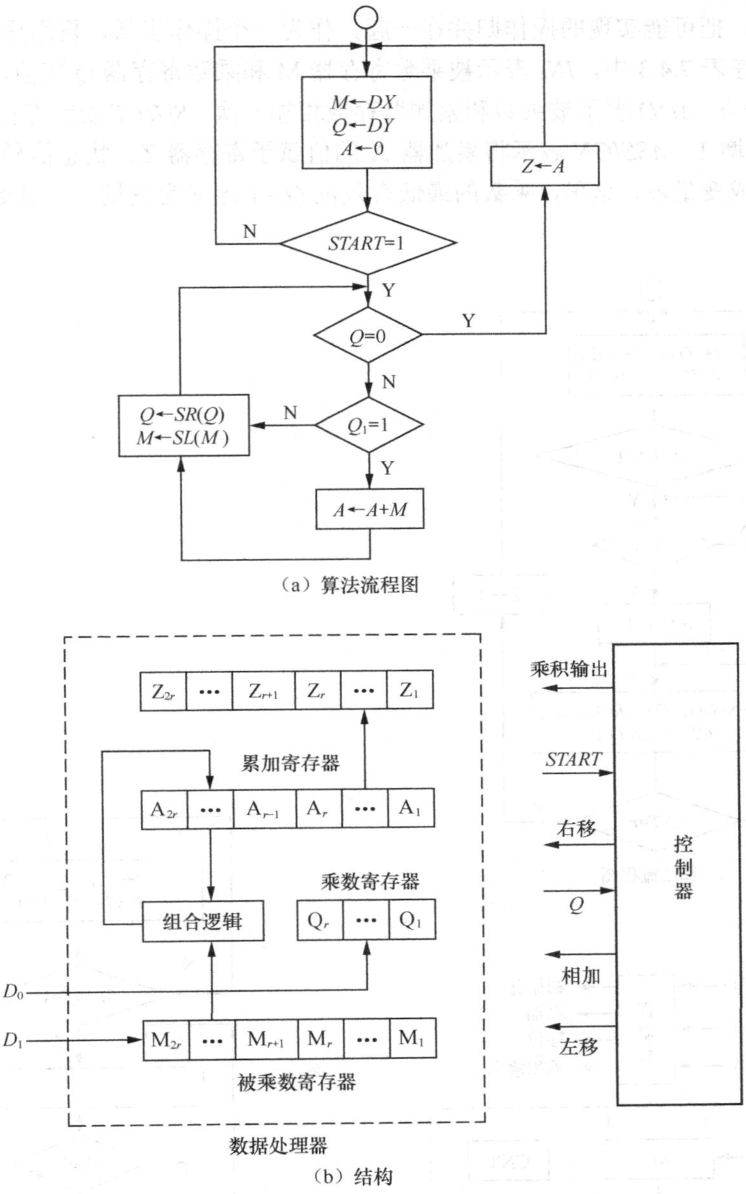

图 7.4.1 乘法器的算法与结构一

2. 逻辑设计

根据 ASM 图的建立原则，将算法流程图 7.4.2（a）转换成 ASM 图，如图 7.4.3 所示。注意，在算法流程中，运算结束的判据为 CNT=4，而转换成 ASM 图后，判据变为 CNT=3，请读者自行分析原因。

（1）数据处理器设计

数据处理器的设计过程是根据 ASM 图，求出数据处理器要完成的寄存器传输操作，列出处理器明细表。根据图 7.4.3 所示的 ASM 图得到乘法器的处理器明细表，如表 7.4.3 所示。

在转换过程中，把可能实现的操作归并在一起，作为一个操作步骤，再用适当的助记符号表示控制信号。在表 7.4.3 中，*INI* 表示被乘数寄存器 M 和乘数寄存器 Q 赋值，累加器 A 清 0，计数器 CNT 清 0。*ADD* 表示被乘数和累加器存数相加一次。*SHIFT* 表示寄存器 A、Q 联合右移一次，CNT 增 1。*ASSIGN* 表示将累加器 A 的值赋予寄存器 Z。状态信号及外部输出激励信号的定义构成变量表，这里，乘数的最低有效位 Q_1=1 定义为变量 V_1，计数器 CNT=3 定义为变量 V_2。

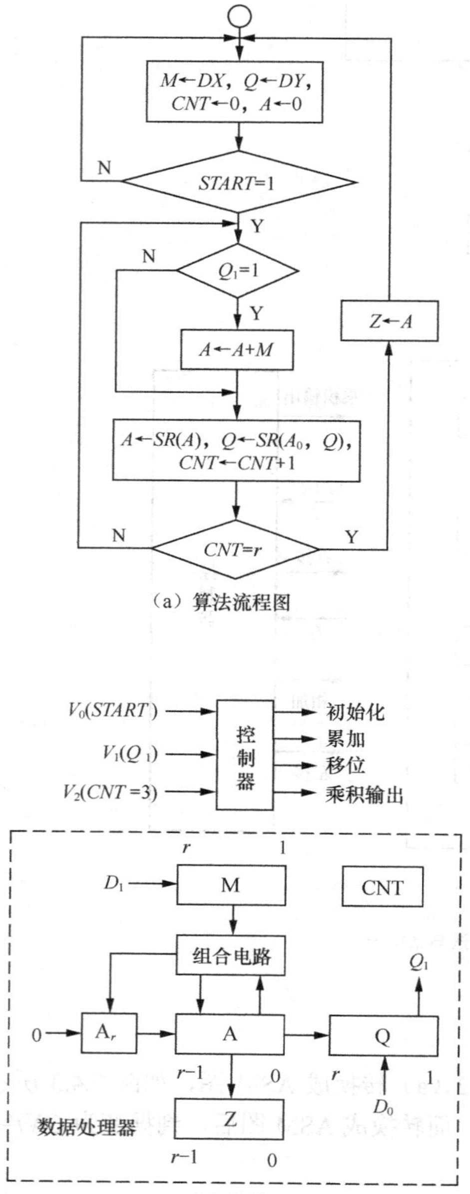

（a）算法流程图

（b）结构

图 7.4.2　乘法器的算法与结构二

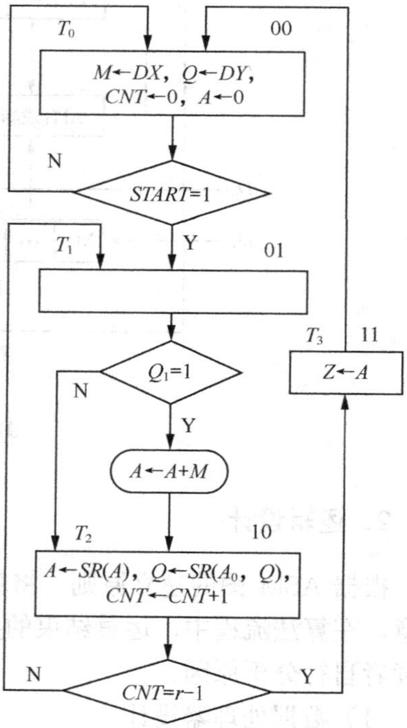

图 7.4.3　乘法器的 ASM 图

表 7.4.3 数据处理器明细表

操作表		变量表	
控制信号	操作	变量	定义
INI	$M \leftarrow DX, Q \leftarrow DY, CNT \leftarrow 0, A \leftarrow 0$	V_1	$Q_1=1$
ADD	$A \leftarrow A+M$	V_2	$CNT=3$
$SHIFT$	$A \leftarrow SR(A), Q \leftarrow SR(A_0,Q), CNT \leftarrow CNT+1$		
$ASSIGN$	$Z \leftarrow A$		

（2）控制器设计

将图 7.4.3 中的操作用表 7.4.3 中的控制信号表示，即可得控制器的 ASM 图，如图 7.3.1 所示，从而推导出控制器的状态转移、输出表，见表 7.3.1。

3. 电路设计

（1）数据处理器设计

根据处理器明细表，选择能完成这些操作的集成电路，进行电路连接。观察表 7.4.3，处理器包含累加寄存器 A、被乘数寄存器 M、乘数寄存器 Q、输出寄存器 Z、计数器 CNT 和并行加法器。下面分别介绍各个寄存器、计数器、加法器的选择及相互间电路连接关系设计。

① 寄存器 A。累加寄存器 A 有 5 位，涉及的寄存器操作有清 0、置数、右移、保持，而且清 0 是同步方式。根据这些操作选择一个合适的集成芯片实现寄存器 A。如果将清 0 操作用同步置 0 来代替，寄存器 A 可以选用四位移位寄存器 74194 和 DFF 7474 实现，DFF 作为寄存器 A 的最高有效位。74194 功能表见表 7.4.4，器件的功能取决于芯片控制端 M_1 和 M_0 的状态。当 $M_1=M_0=1$ 时，寄存器为置数方式；当 $M_1=M_0=0$ 时，寄存器为保持方式；当 $M_1=0$，$M_0=1$ 时，寄存器右移；当 $M_1=1$，$M_0=0$ 时，寄存器左移。根据处理器明细表（表 7.4.3）和 74194 的功能表（表 7.4.4），填写 74194 功能控制端 M_1、M_0 的真值表，见表 7.4.5。由于各控制信号是互斥的，即同一时刻只能有一个信号有效，表 7.4.5 可细化为表 7.4.6，根据表 7.4.6 可求出 M_1、M_0 的逻辑表达式。

表 7.4.4 74194 功能表

M_1	M_0	功能
0	0	保持
0	1	右移
1	0	左移
1	1	置数

表 7.4.5 M_1、M_0 真值表

控制信号	M_1	M_0
INI	1	1
ADD	1	1
$SHIFT$	0	1
$ASSIGN$	0	0

表 7.4.6 M_1、M_0 的细化真值表

INI ADD SHIFT ASSIGN	M_1	M_0
0 0 0 0	0	0
1 ∅ ∅ ∅	1	1
∅ 1 0 0	1	1
∅ ∅ 1 ∅	0	1
∅ ∅ ∅ 1	0	0

$$M_1 = INI + ADD$$

$$M_0 = INI + ADD + SHIFT$$

DFF 的激励端 D 在 ADD 信号有效时，应接收加法器的进位输出位 CO，其他情况下接收 0，故有

$$D = CO \cdot ADD$$

② 被乘数寄存器 M。寄存器 M 用来接收、存放被乘数，具有并行置数和保持功能即可。为了减少集成电路类型，这里也选用 74194。在初始化时（INI=1），令 $M_1 = M_0 = 1$，利用并行置数操作把被乘数输入寄存器 M，其余情况下，令 $M_1 = M_0 = 0$，被乘数保持不变。故有

$$M_1 = INI$$

$$M_0 = INI$$

③ 乘数寄存器 Q。乘数寄存器 Q 应具有并行置数、移位和保持功能，为减少集成电路类型，仍选用 74194。初始化时（INI=1），Q 执行并行输入操作；在控制信号 $SHIFT$ 作用下，Q 执行右移操作；其余情况下，Q 保持。所以

$$M_1 = INI$$

$$M_0 = INI + SHIFT$$

④ 输出寄存器 Z。输出寄存器 Z 具有并行置数和保持功能即可，选用两片 74194。在 $ASSIGN$ 作用下，Z 执行并行输入操作；其余情况下，Z 保持。所以

$$M_1 = ASSIGN$$

$$M_0 = ASSIGN$$

⑤ 计数器 CNT。计数器 CNT 应具有增 1 和同步清 0 的功能，这里选用 4 位二进制同步计数器 74163，74163 功能表见表 7.4.7。令 $P = T = SHIFT$，实现计数器增 1 操作；令 $\overline{CR} = \overline{INI}$，实现计数器清 0 操作。当 CNT=3 时乘法结束，CNT=3 即输出 $Q_3Q_2Q_1Q_0$=0011，故状态变量 $V_2 = Q_1Q_0$。

表 7.4.7 74163 功能表

$\overline{CR}$	$\overline{LD}$	P	T	CP	功 能
0	∅	∅	∅	↑	清 0
1	0	∅	∅	↑	并入
1	1	0	∅	∅	保持
1	1	∅	0	∅	保持
1	1	1	1	↑	计数

⑥ 并行加法器。并行加法器应能完成两个 4 位二进制数的相加，并要有进位输出，这里选用 4 位超前进位全加器 74283。

加法器（74283）的输出通过两输入与门送至 74194 的输入端，与门的另一端由 $\overline{INI}$ 控制，确保当 INI=1（$\overline{INI}$=0）时，74194 同步清 0。寄存器 A 中的右移操作是数据从高位移向低位，在 74194 中右移操作是从 Q_0 移向 Q_3，所以 74283 输出数据的最高有效位 S_3 接寄存器的 Q_0，最低有效位 S_0 接 Q_3。

4 位二进制数乘法器的数据处理器的逻辑框图如图 7.4.4 所示。

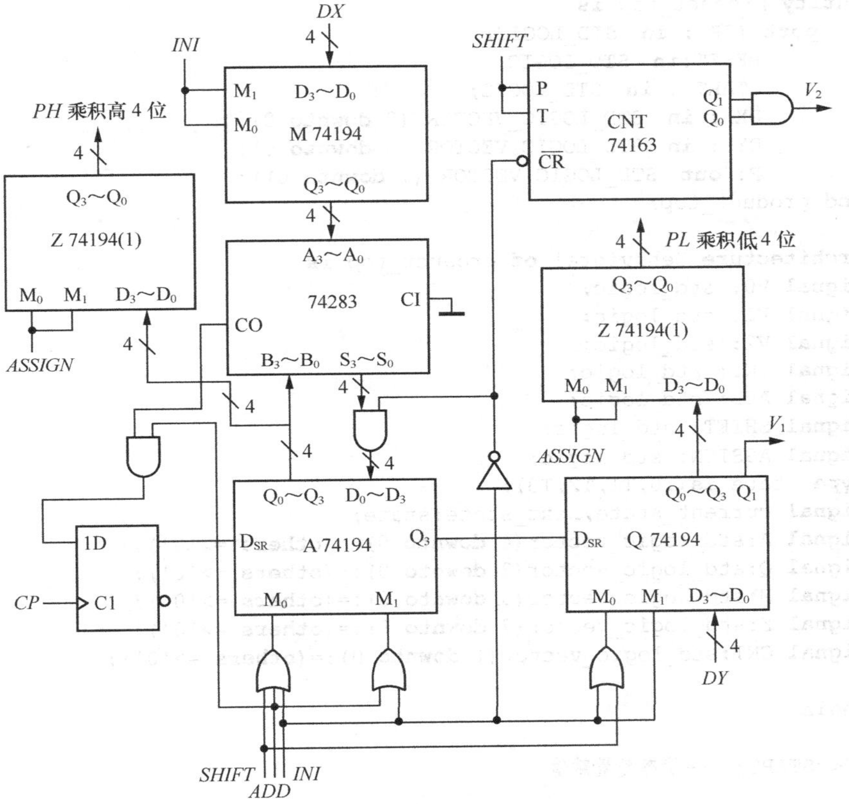

图 7.4.4　乘法器的数据处理器逻辑框图

（2）控制器设计

控制器可以采用 SSI 电路设计、MSI 电路设计或每态一个触发器设计，详情参见 7.3 节。

4．物理设计

进行逻辑仿真确认无误后，进行印制线路板设计、MSI 和 SSI 芯片安装、调试，或在 PLD 开发板上对可编程器件进行编程、调试。

根据乘法器的 ASM 图（图 7.4.3）和数据处理器明细表（表 7.4.3），可以直接用 VHDL 语言描述乘法器。乘法器的输入端口包括 *DX*（3:0）、*DY*（3:0）、*CP*、*START*、*RESET*，分别表示被乘数、乘数、时钟、启动信号、复位信号；输出端口包括 *P*（7:0），表示乘积。源程序如下。

```
library IEEE;
use IEEE.STD_LOGIC_1164.ALL;
use IEEE.STD_LOGIC_ARITH.ALL;
use IEEE.STD_LOGIC_UNSIGNED.ALL;

---- Uncomment the following library declaration if instantiating
---- any Xilinx primitives in this code.
--library UNISIM;
--use UNISIM.VComponents.all;

entity product_top is
   port (CP : in  STD_LOGIC;
        RESET:in  STD_LOGIC;
        START : in  STD_LOGIC;
        DX : in  STD_LOGIC_VECTOR (3 downto 0);
        DY : in  STD_LOGIC_VECTOR (3 downto 0);
        P: out  STD_LOGIC_VECTOR (7 downto 0));
end product_top;

architecture Behavioral of product_top is
signal V0: std_logic;
signal V1: std_logic;
signal V2: std_logic;
signal INI: std_logic;
signal ADD: std_logic;
signal SHIFT: std_logic;
signal ASSIGN: std_logic;
type state is(T0,T1,T2,T3);
signal current_state,next_state:state;
signal A:std_logic_vector(4 downto 0):=(others =>'0');
signal Q:std_logic_vector(3 downto 0):=(others =>'0');
signal M:std_logic_vector(3 downto 0):=(others =>'0');
signal Z:std_logic_vector(7 downto 0):=(others =>'0');
signal CNT:std_logic_vector(1 downto 0):=(others =>'0');

begin

V0<=START;  --状态变量赋值

control_seq:process(CP,RESET)  --控制器的时序进程
begin
   if RESET='1' then current_state<=T0;
   elsif rising_edge(CP) then
      current_state<=next_state;
   end if;
end process control_seq;

control_com:process(current_state,V0,V1,V2)  --控制器的组合进程
begin
   INI<='0';
   ADD<='0';
   SHIFT<='0';
   ASSIGN<='0';
   case current_state is
   when T0=> if V0='1' then next_state<=T1;
            else next_state<=T0;
```

```
                end if;
                INI<='1';
    when T1=> if V1='1' then ADD<='1';
                end if;
                next_state<=T2;
    when T2=> if V2='1' then next_state<=T3;
                else next_state<=T1;
                end if;
                SHIFT<='1';
    when T3=> next_state<=T0;
                ASSIGN<='1';
    end case;
end process control_com;

dataprocess:process(CP,INI,ADD,SHIFT,ASSIGN)  --数据处理器进程
begin
      if rising_edge(CP) then
         if INI='1' then  --初始化
            M<=DX;
            Q<=DY;
            A<=(others=>'0');
            CNT<=(others=>'0');
         end if;
         if ADD='1' then  --累加
            A<=A+M;
         end if;
         if SHIFT='1' then  --移位
            Q(2 downto 0)<=Q(3 downto 1);
            Q(3)<=A(0);
            A(3 downto 0)<=A(4 downto 1);
            A(4)<='0';
            if CNT="0011" then CNT<=(others=>'0');
            else CNT<=CNT+1;
            end if;
         end if;
         if ASSIGN='1' then  --乘积输出
            Z<=A(3 downto 0)&Q;
         end if;
      end if;
end process dataprocess;

V2<='1' when CNT="0011" else '0';  --状态变量赋值
V1<= Q(0);
P<=Z;   --输出赋值
end Behavioral;
```

在 Xilinx ISE 9.1i 环境下进行功能仿真，仿真结果如图 7.4.5 所示。图 7.4.5（a）中，模拟 3 次运算：$DX(3:0)$=0010，$DY(3:0)$=0001；$DX(3:0)$=0100，$DY(3:0)$=0010；$DX(3:0)$=1000，$DY(3:0)$=0011。输出端 $P(7:0)$对应为 00000010、00001000、00011000，实现了 $DX \times DY = P$ 功能。图 7.4.5（b）为第一次运算过程的详细信息，读者可结合图 7.4.3 乘法器的 ASM 图进行分析。Xilinx ISE 9.1i 综合后的乘法器电路符号如图 7.4.6 所示，其内部实现电路较复杂，涉及的门电路、触发器较多，这里不再详细介绍。

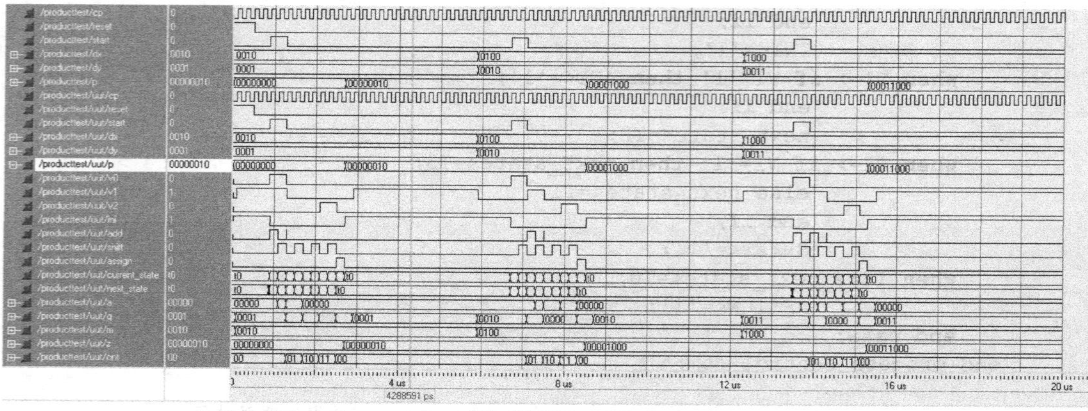

(a) 连续三次运算仿真

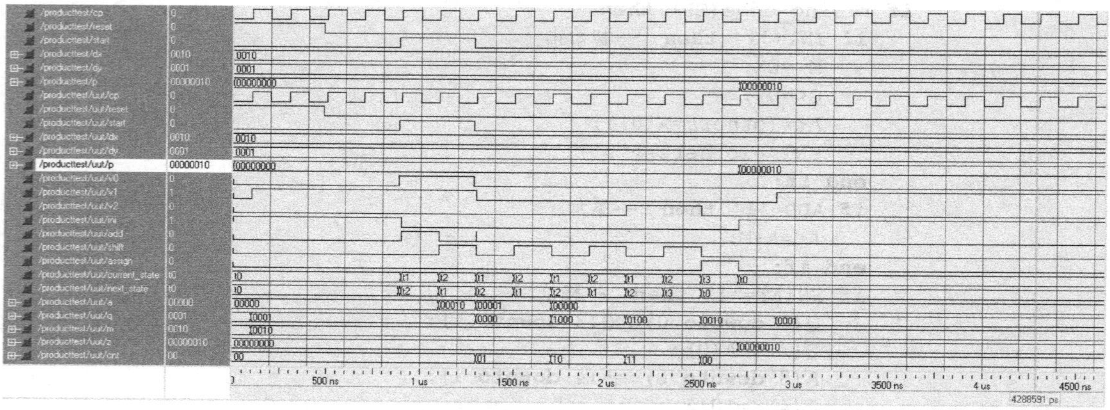

(b) 第一次运算仿真

图 7.4.5 例 7.4.1 功能仿真结果

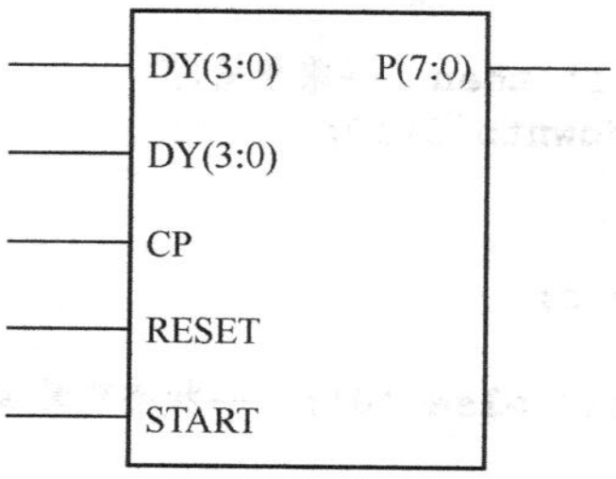

图 7.4.6 例 7.4.1 综合后的乘法器电路符号

7.4.2 交通灯管理系统设计

实际的交通灯管理系统是一个非常复杂的控制系统，本节做了简化处理，忽略左、右转向信号灯。感兴趣的读者可在本节内容基础上添加左、右转向信号灯，设计出功能更完善的交通灯管理系统。

例 7.4.2 在主干道和次干道的十字交叉路口，设置交通灯管理系统，管理车辆运行。其示意图如图 7.4.7 所示，在次干道设置传感器，当次干道上有车时，传感器(sensor)输出 *SEN*=1。

主干道车辆通车有优先权，次干道无车时始终保持主干道车辆畅通，主干道绿灯亮，次干道红灯亮。当次干道上有车时，系统开始计时，当主干道通车时间达到 16s 时，主干道交通灯由绿经黄变红，次干道交通灯由红变绿。若次干道继续有车要求通行时，其绿灯可以继续亮，但最长时间被限定为 16s；若次干道已无车辆或有车辆但 16s 计时到，则次干道交通灯由绿经黄变红，主干道交通灯由红变绿。黄灯亮的时间设定为 4s。

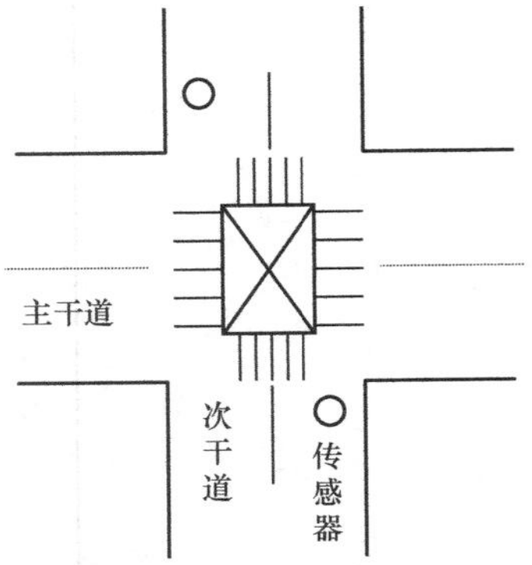

图 7.4.7 十字路口交通灯和传感器示意图

1. 系统设计

分析题意，得到交通灯管理系统的初始结构，如图 7.4.8 所示。控制器的输入信号包括传感器输出信号 *SEN*、16s（Sixteen Seconds）计时信号 *SS*、4s（Four Seconds）计时信号 *FS*；输出信号包括定时器清零（Clear）信号 *CLR*，定时器增 1 信号 *ADD*，控制主干道（Principal arterial）和次干道（Minor arterial）通行状态的信号 *PP*（Principal arterial Passing through，主干道通行）、*PW*（Principal arterial Waiting，主干道等待）、*MP*（Minor arterial Passing through，次干道通行）、*MW*（Minor arterial Waiting，次干道等待）。处理器包括交通灯驱动电路和定时器电路两部分，其输入信号包括 *PP*、*PW*、*MP*、*MW*、*CLR*、*ADD*，输出信号包括 *SS*、*FS*、*PG*（Principal arterial Green traffic lights，主干道绿色交通灯亮）、*PY*（Principal arterial Yellow traffic lights，主干道黄色交通灯亮）、*PR*（Principal arterial Red traffic lights，主干道红色交通灯亮）、*MG*（Minor arterial Green traffic lights，次干道绿色交通灯亮）、*MY*（Minor arterial Yellow traffic lights，次干道黄色交通灯亮）、*MR*（Minor arterial Red traffic lights，次干道红色交通灯亮）。

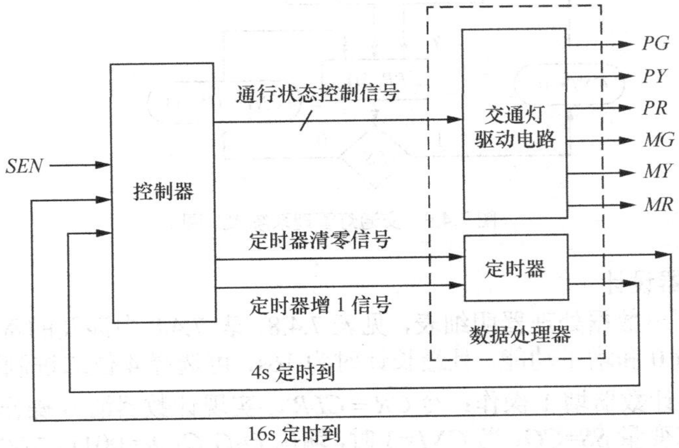

图 7.4.8 交通灯管理系统初始结构框图

2. 逻辑设计和电路设计

依据初始结构图（图 7.4.8）建立 ASM 图，如图 7.4.9 所示。

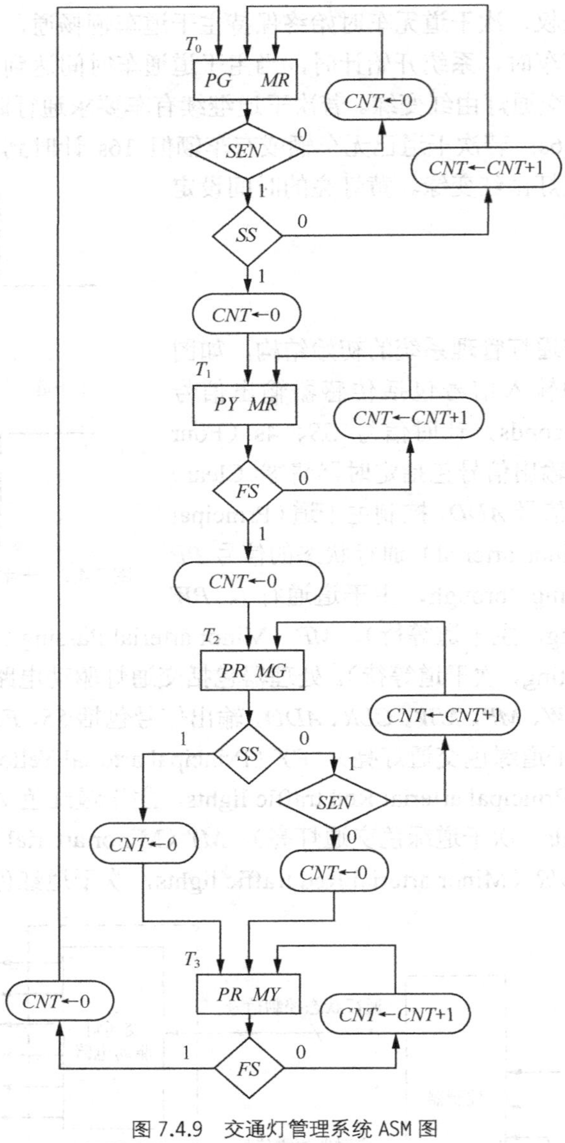

图 7.4.9 交通灯管理系统 ASM 图

（1）数据处理器设计

由图 7.4.9 可列出数据处理器明细表，见表 7.4.8。表 7.4.8 中涉及的寄存器只有 CNT，要求 CNT 具有同步清 0 和增 1 功能，且最长计时为 16s，可选择 4 位二进制同步计数器 74163，令 $P=T=ADD$ 实现计数器增 1 操作；令 $\overline{CR}=\overline{CLR}$，实现计数器清 0 操作。当 CNT=15 时，输出 CO=1，故状态变量 SS=CO；当 CNT=3 时，输出 $Q_3Q_2Q_1Q_0$=0011，故状态变量 $FS=Q_1Q_0$。电路图如图 7.4.10 所示。

交通灯驱动电路为一组合电路，可根据明细表列出其真值表，见表 7.4.9，驱动电路如图 7.4.11 所示。

表 7.4.8 **交通灯管理系统中数据处理器明细表**

操作表		变量表	
控制信号	操作	变量	定义
PP	*PG*=1,*MR*=1	*SS*	*CNT*=15
PW	*PY*=1,*MR*=1	*FS*	*CNT*= 3
MP	*PR*=1,*MG*=1		
MW	*PR*=1,*MY*=1		
CLR	*CNT*←0		
ADD	*CNT*←*CNT*+1		

表 7.4.9 **交通灯驱动电路真值表**

输入	输出					
	PG	*PY*	*PR*	*MG*	*MY*	*MR*
PP	1	0	0	0	0	1
PW	0	1	0	0	0	1
MP	0	0	1	1	0	0
MW	0	0	1	0	1	0

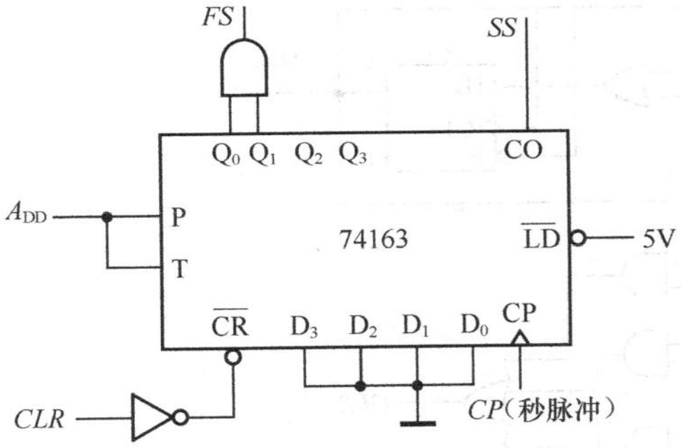

图 7.4.10 定时器逻辑图

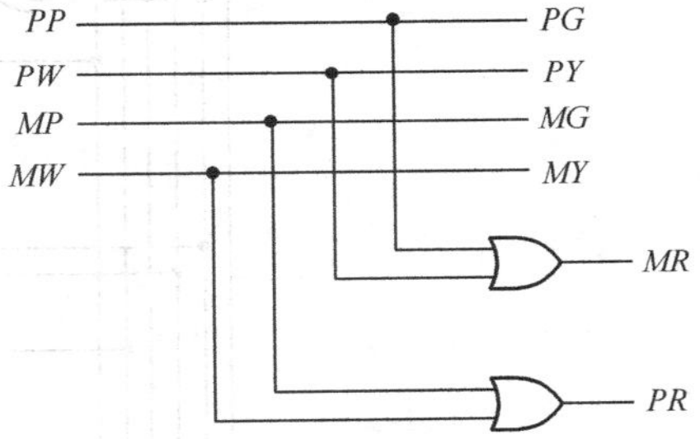

图 7.4.11 交通灯驱动电路逻辑图

（2）控制器设计

根据每态一个触发器的方法设计控制器。系统共有 4 个状态 T_0、T_1、T_2、T_3，需 4 个触发器，这里选用 DFF。根据 ASM 图（图 7.4.9）直接推导激励信号为

$$D_0 = T_0 \cdot (\overline{SEN} + \overline{SS}) + T_3 \cdot FS$$

$$D_1 = T_0 \cdot SEN \cdot SS + T_1 \cdot \overline{FS}$$

$$D_2 = T_1 \cdot FS + T_2 \cdot \overline{SS} \cdot SEN$$

$$D_3 = T_2 \cdot (SS + \overline{SEN}) + T_3 \cdot \overline{FS}$$

输出信号为

$$PP = T_0$$

$$PW = T_1$$

$$MP = T_2$$

$$MW = T_3$$

$$CLR = T_0 \cdot (\overline{SEN} + SS) + T_1 \cdot FS + T_2 \cdot (SS + \overline{SEN}) + T_3 \cdot FS$$

$$ADD = T_0 \cdot SEN \cdot \overline{SS} + T_1 \cdot \overline{FS} + T_2 \cdot \overline{SS} \cdot SEN + T_3 \cdot \overline{FS}$$

由此可得控制器电路图，如图 7.4.12 所示。

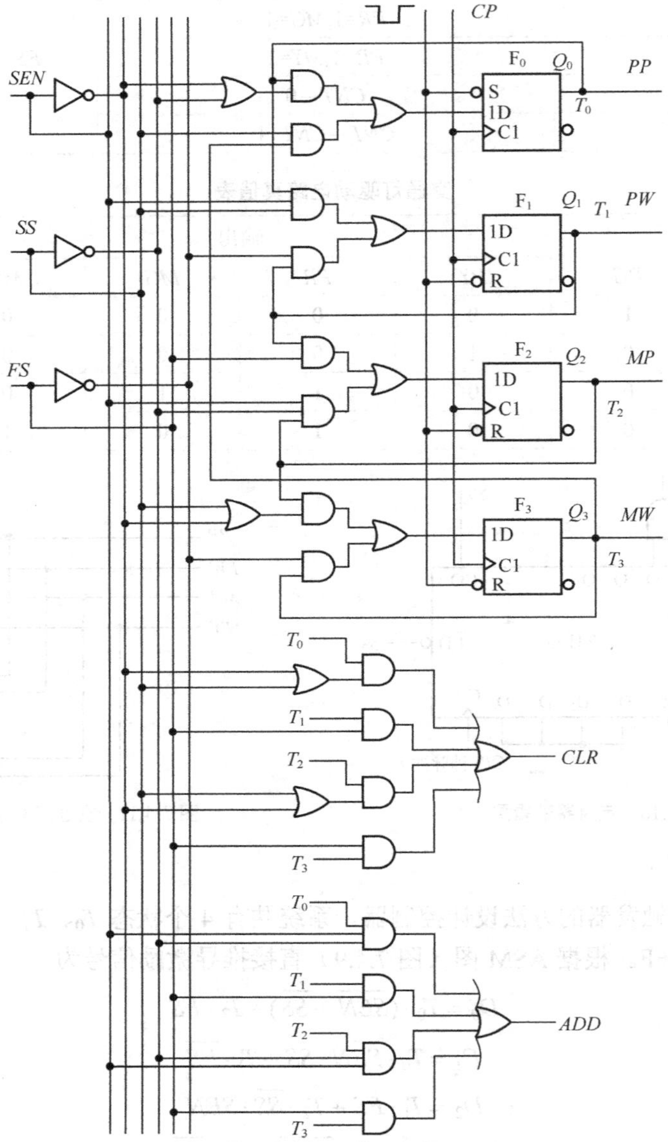

图 7.4.12 控制器逻辑图

3. 物理设计

进行逻辑仿真确认无误后，进行印制线路板设计、MSI 和 SSI 芯片安装、调试，或在 PLD 开发板上对可编程器件进行编程、调试。

上述为采用电路图方式进行设计，下面采用文本描述方式进行设计。根据交通灯管理系统 ASM 图（图 7.4.9）和数据处理器明细表（表 7.4.8），直接用 VHDL 语言描述。交通灯管理系统的输入端口包括 *SEN*、*CP*、*RESET*，分别表示传感器输出信号、时钟、复位信号；输出端口包括 *PG*、*PY*、*PR*、*MG*、*MY*、*MR*，分别表示主干道绿色、黄色、红色交通灯和次干道绿色、黄色、红色交通灯。源程序如下。

```
library IEEE;
use IEEE.STD_LOGIC_1164.ALL;
use IEEE.STD_LOGIC_ARITH.ALL;
use IEEE.STD_LOGIC_UNSIGNED.ALL;
---- Uncomment the following library declaration if instantiating
---- any Xilinx primitives in this code.
--library UNISIM;
--use UNISIM.VComponents.all;
entity trafficsystem is
   port ( cp : in  STD_LOGIC;
        reset : in  STD_LOGIC;
        sen : in  STD_LOGIC;
        pg : out  STD_LOGIC;
        py : out  STD_LOGIC;
        pr : out  STD_LOGIC;
        mg : out  STD_LOGIC;
        my : out  STD_LOGIC;
        mr : out  STD_LOGIC);
end trafficsystem;
architecture Behavioral of trafficsystem is
signal ss:std_logic:='0';
signal frs:std_logic:='0';
signal pp:std_logic:='0';
signal pw:std_logic:='0';
signal mp:std_logic:='0';
signal mw:std_logic:='0';
signal clr:std_logic:='0';
signal add:std_logic:='0';
signal cnt:std_logic_vector(3 downto 0):=(others=>'0');
type state is (t0,t1,t2,t3);
signal current_state,next_state:state;
begin
seq:process(cp,reset)  --控制器时序进程
begin
   if reset='1' then  current_state<=t0;
   elsif(rising_edge(cp)) then current_state<=next_state;
   end if;
end process seq;
com:process(current_state,sen,ss,frs)  --控制器组合进程
begin
   pp<='0';
   pw<='0';
   mp<='0';
   mw<='0';
   clr<='0';
```

```
            add<='0';
            case current_state is
            when t0 =>
                pp<='1';
                if sen='0' then
                    next_state<=t0;
                    clr<='1';
                elsif ss='0' then
                    next_state<=t0;
                    add<='1';
                else
                    next_state<=t1;
                    clr<='1';
                end if;
            when t1=>
                pw<='1';
                if frs='0' then
                    next_state<=t1;
                    add<='1';
                else
                    next_state<=t2;
                    clr<='1';
                end if;
            when t2=>
                mp<='1';
                if ss='1' then
                    next_state<=t3;
                    clr<='1';
                elsif sen='1' then
                    next_state<=t2;
                    add<='1';
                else
                    next_state<=t3;
                    clr<='1';
                end if;
            when t3=>
                mw<='1';
                if frs='0' then
                    next_state<=t3;
                    add<='1';
                else
                    next_state<=t0;
                    clr<='1';
                end if;
            end case;
    end process com;
    driver:process(pp,pw,mp,mw)  --交通灯驱动进程
    begin
    pg<=pp;
    py<=pw;
    mg<=mp;
    my<=mw;
    mr<=pp or pw;
```

```
pr<=mp or mw;
end process driver;
timer:process(cp,add,clr)  --定时器进程
begin
   if rising_edge(cp) then
      if clr='1' then cnt<=(others=>'0');
      elsif add='1' then cnt<=cnt+1;
      end if;
   end if;
end process timer;
frs<='1' when cnt="0011" else '0';   --4s 定时信号
ss<='1' when cnt="1111" else '0';   --16s 定时信号
end Behavioral;
```

在 Xilinx ISE 9.1i 环境下进行功能仿真，结果如图 7.4.13 所示。图 7.4.13（a）中，执行了 2 个周期（控制器从 T_0 状态转换到 T_3 状态为一个周期），图 7.4.13（b）为第一个周期执行时的详细情况。首先，传感器输出信号 *SEN* 为 0，表明次干道无车辆通行，系统一直处于 T_0 状态，主干道亮绿灯（*PG*=1），次干道亮红灯（*MR*=1）。当传感器输出信号变为 1 后，定时器（*CNT*）开始计时，当定时器变为 1111 时，16s 定时信号 *SS*=1，下一个时钟（*CP*）上升沿到，系统转入 T_1 状态，主干道亮黄灯（*PY*=1），次干道亮红灯（*MR*=1），同时，定时器清零，变为 0000，重新计时；当定时器变为 0011 时，4s 定时信号 FS=1，下一个时钟（*CP*）上升沿到，系统转入 T_2 状态，主干道亮红灯（*PR*=1），次干道亮绿灯（*MG*=1），同时，定时器清零，变为 0000，重新计时；当定时器变为 1111 时，16s 定时信号 *SS*=1，下一个时钟（*CP*）上升沿到，系统转入 T_3 状态，主干道亮红灯（*PR*=1），次干道亮黄灯（*MY*=1），同时，定时器清零，变为 0000，重新计时；当定时器变为 0011 时，4s 定时信号 FS=1，下一个时钟（*CP*）上升沿到，系统转入 T_0 状态，主干道亮绿灯（*PG*=1），次干道亮红灯（*MR*=1），同时，定时器清零，变为 0000，重新计时。

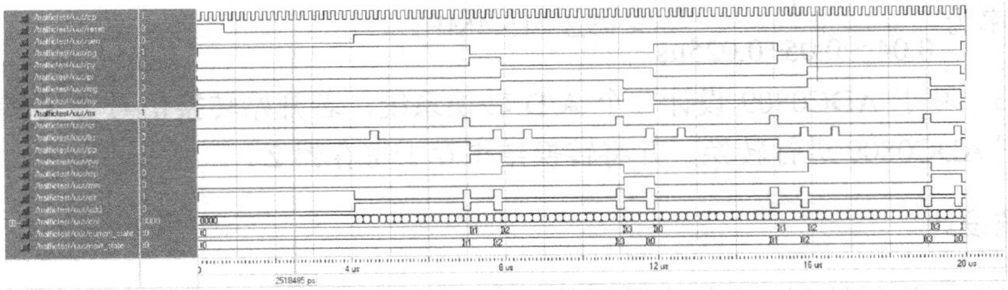

（a）连续执行 2 个周期情况

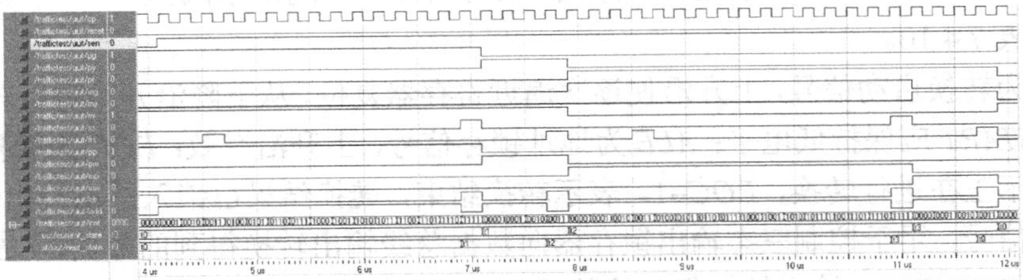

（b）执行第 1 个周期情况

图 7.4.13　例 7.4.2 功能仿真结果

Xilinx ISE 9.1i 综合后的交通灯管理系统电路符号如图 7.4.14 所示，其内部实现电路较复杂，这里不再介绍。

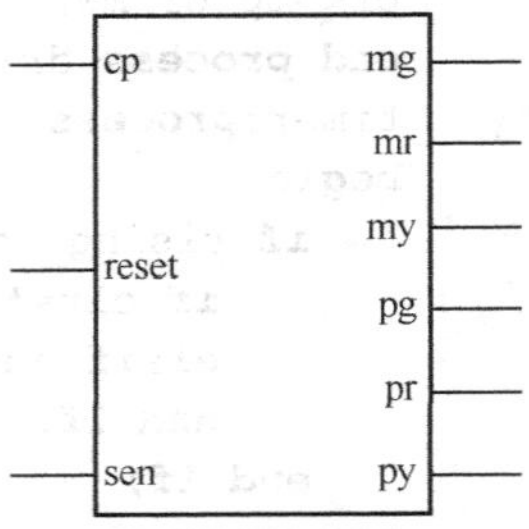

图 7.4.14　交通灯管理系统电路符号

7.4.3　A/D 转换系统设计

对 ADC 器件进行采样控制，通常的方法是用单片机完成，编程简单，控制灵活，但缺点是完成一次转换需要的控制时间较长，只能用于低速率采样的 ADC。设单片机时钟频率为 12MHz，完成一次转换需要执行 20 条指令（包括初始化、启动、等待、读取），单片机每条指令平均执行时间为两个系统时钟周期（对于 CIP-51 内核，70%的指令的执行时间为 1 或 2 个系统时钟周期），则每条指令耗时约为 $2\times\frac{1}{12}\mu s=0.167\mu s$，完成一次转换单片机约需要 $20\times0.167\mu s=3.34\mu s$。设 ADC 的采样周期（从启动采样到完成将模拟信号转换为数字信号的时间）为 20μs，则完成一次转换至少需要 23.34μs，即最高采样速率约为 $\frac{1}{23.34\mu s}\approx 42.8kHz$。

如果使用 FPGA 来控制 ADC，包括将采得的数据存入 RAM（FPGA 内部 RAM 存储时间小于 10ns），整个采样周期需要 4～5 个状态即可完成，每个状态持续时间最短为一个时钟周期，设 FPGA 的时钟频率为 100MHz（周期为 0.01μs），FPGA 需占用 0.04～0.05μs，约为单片机占用时间 3.34μs 的 0.012～0.015，考虑 ADC 的采样周期，则完成一次转换需要 20.04～20.05μs，即最高采样速率为 $\frac{1}{20.04\sim20.05\mu s}\approx 49.9kHz$。

对采样周期更短的 ADC，控制器占用时间在整个转换过程中所占的比重提升，为提高采样速率，常采用 FPGA 作为控制器，而不能采用单片机。如 ADC 采样周期为 0.025μs，若控制器采用单片机，则最高采样速率约为 $\frac{1}{3.34+0.025\mu s}\approx 0.3MHz$，若改用 FPGA 作控制器，则最高采样速率为 $\frac{1}{0.04\sim0.05+0.025\mu s}\approx 13.3\sim15.4MHz$。

例 7.4.3　基于 ADC0809 设计一个 A/D 转换系统，若开始转换信号 B_C 有效（设高电平有效），则 ADC0809 进行转换，并将转换结果存于寄存器 Z。

1. 系统设计

对 ADC0809 进行控制，必须先理解其工作时序，然后据此做出转换系统的算法流程图。为便于说明，画出 ADC0809 的工作时序图，如图 7.4.15 所示。图 7.4.15 中各参数的含义及取值要求见表 7.4.10。

START 为转换启动信号，上升沿使逐次逼近寄存器复位，从下降沿开始进行转换，在 A/D 转换期间，*START* 应保持低电平；*ALE* 为地址锁存信号，上升沿有效；*EOC* 为转换结束信号，*EOC*=0，表示正在进行转换，*EOC*=1，表示转换结束，转换结果已锁入三态输出锁存器；*OE* 为输出允许信号，用于控制三态输出锁存器向数据总线输出转换得到的数据，*OE*=0，输出数据总线呈高阻，*OE*=1，输出转换得到的数据。

设 ADC0809 的 A/D 转换时钟（*CLK*）频率为 640kHz，则时钟周期为 1/640kHz=1.5625μs，*EOC* 延迟时间按最大值计算，为 8×1.5625μs+2μs=14.5μs，故设计一个计数器 CNT 用来延时，

确保 *EOC* 变为低电平后，再查询 *EOC* 是否变为 1。为便于讨论，设系统时钟（*CP*）频率与 A/D 转换时钟相同，也为 640kHz，因 14.5μs/1.5625μs=9.28，该计数器模值取 10。因 t_{H1},t_{H0} 的最大值为 250ns，小于系统时钟周期 1.5625μs，故 *OE*=1 之后的下个 *CP* 有效沿即可读取转换结果，若系统时钟周期小于 250ns（频率大于 4MHz），应设计一个计数器进行延时，确保转换数据稳定后再读取。依据图 7.4.15，可画出转换系统的算法流程图，如图 7.4.16 所示。

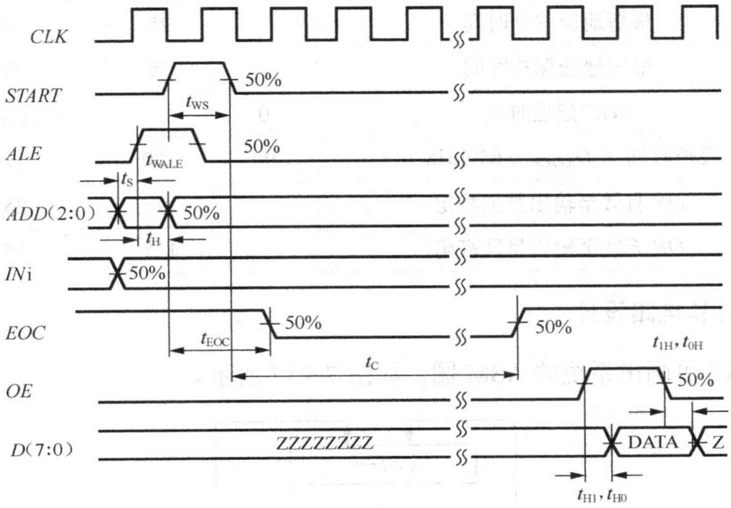

图 7.4.15 ADC0809 工作时序图

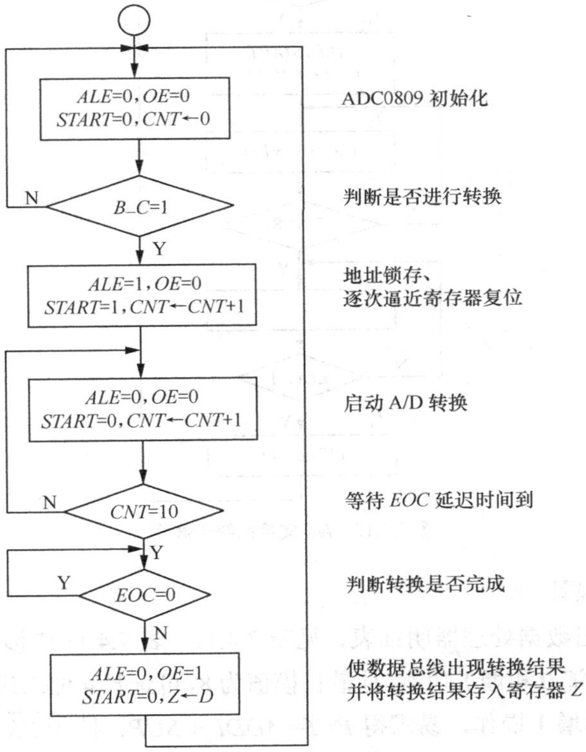

图 7.4.16 ADC 转换系统算法流程图

表 7.4.10　　　　ADC0809 电气特性

（在 $V_{CC}=V_{REF(+)}=5V$，$V_{REF(-)}=GND$，$t_r=t_f=20ns$，$T_A=25°C$ 条件下）

符号	含义	最小	典型	最大	单位
t_{WS}	*START* 最小脉冲宽度		100	200	ns
t_{WALE}	*ALE* 最小脉冲宽度		100	200	ns
t_S	最短地址建立时间		25	50	ns
t_H	最短地址保持时间		25	50	ns
t_{EOC}	*EOC* 延迟时间	0		$8\,T_{CLOCK}+2$	μs
t_C	转换时间（$f_{CLOCK}=640kHz$）	90	100	116	μs
t_{H1},t_{H0}	*OE* 有效至输出数据稳定		125	250	ns
t_{1H},t_{0H}	*OE* 无效至输出呈现高阻		125	250	ns

2. 逻辑设计和电路设计

依据图 7.4.16 可画出系统的 ASM 图，如图 7.4.17 所示。

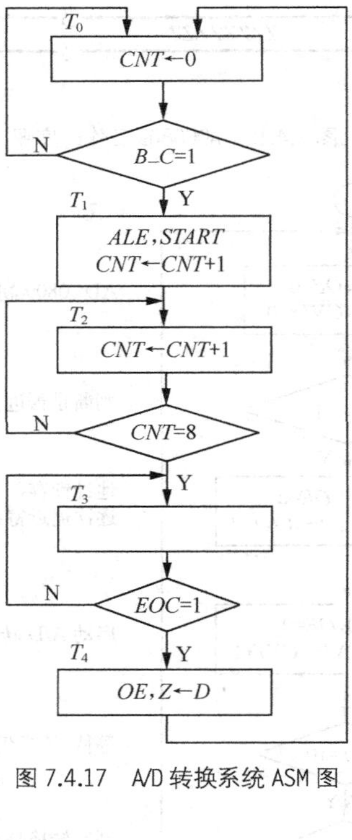

图 7.4.17　A/D 转换系统 ASM 图

（1）数据处理器设计

由图 7.4.17 可列出数据处理器明细表，见表 7.4.11。表 7.4.11 中涉及的寄存器有 CNT 和 Z，要求 CNT 具有同步清 0 和增 1 功能，且最长模值为 8，可选择 4 位二进制同步计数器 74163，控制 *P*、*T* 实现计数器增 1 操作，易求得 $P=T=ADDL+SUP$；控制 $\overline{CR}$ 实现计数器清 0 操作，可得 $\overline{CR}=\overline{INT}$。当 $CNT=8$ 时，输出 $TE=1$，故状态变量 $TE=Q_3$；要求寄存器 Z 具有置数和保持功能，为减少集成电路的种类，仍采用 74163，其 $P=T=LOCK$。对 ADC0809，易得 $START=ALE=ADDL$，$OE=LOCK$，$E\_C=EOC$。电路图如图 7.4.18 所示。

表 7.4.11　　A/D 转换系统数据处理器明细表

操作表		变量表	
控制信号	操作	变量	定义
INI	$CNT \leftarrow 0$	*TE*	$CNT=8$
ADDL	$ALE=1, START=1$ $CNT \leftarrow CNT+1$	*E_C*	$EOC=1$
SUP	$CNT \leftarrow CNT+1$		
LOCK	$OE=1, Z \leftarrow D$		

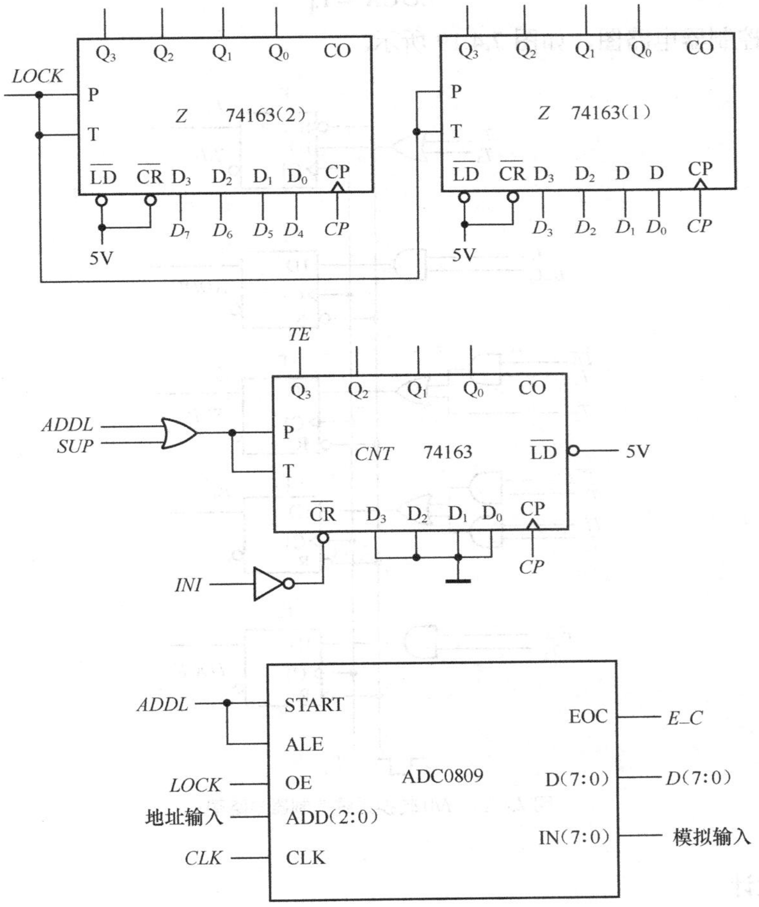

CP：系统时钟　　　　*CLK*：640kHz，A/D 工作时钟

图 7.4.18　A/D 转换系统数据处理器电路图

（2）控制器设计

根据每态一个触发器的方法设计控制器。系统共有 5 个状态 T_0、T_1、T_2、T_3、T_4，需 5 个触发器，这里选用 DFF。根据 ASM 图（图 7.4.17）直接推导激励信号为

$$D_0 = T_0 + T_4$$
$$D_1 = T_0 \cdot B\_C$$
$$D_2 = T_1 + T_2 \cdot \overline{TE}$$
$$D_3 = T_2 \cdot TE + T_3 \cdot \overline{E\_C}$$
$$D_4 = T_3 \cdot E\_C$$

输出信号为

$$INI = T_0$$
$$ADDL = T_1$$
$$SUP = T_2$$
$$LOCK = T_4$$

由此可得控制器电路图，如图 7.4.19 所示。

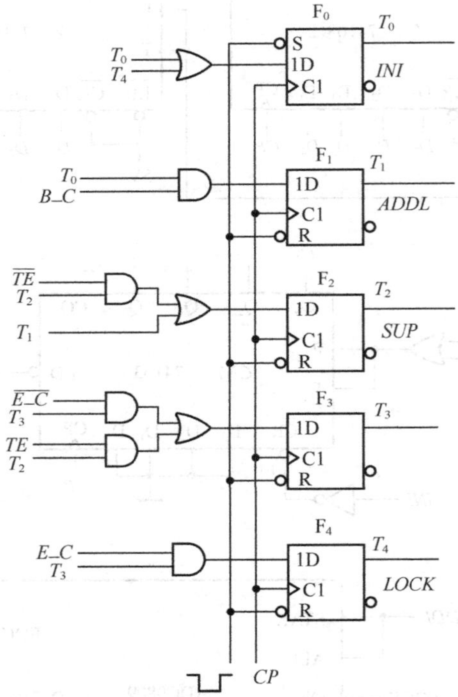

图 7.4.19　A/D 转换系统控制器电路图

3. 物理设计

进行逻辑仿真确认无误后，进行印制线路板设计、MSI 和 SSI 芯片安装、调试，或在 PLD 开发板上对可编程器件进行编程、调试。

A/D 转换系统中除 ADC0809 外，其余部分可以采用 FPGA 实现，下面采用文本描述方式对该部分进行设计。根据 A/D 转换系统 ASM 图（图 7.4.17）和数据处理器明细表（表 7.4.11），可得 A/D 转换系统的结构框图，如图 7.4.20 所示。

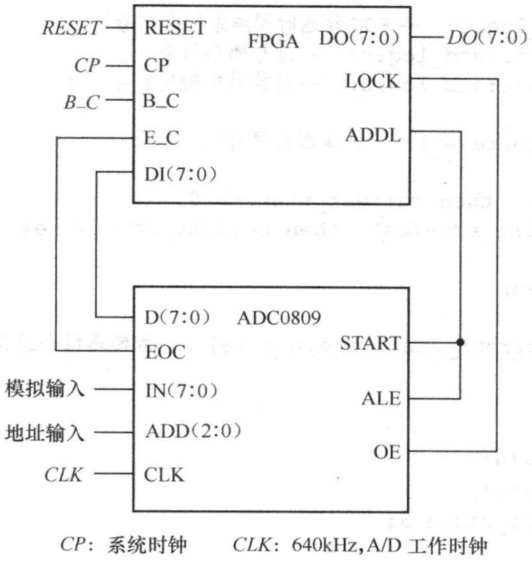

图 7.4.20 A/D 转换系统的结构框图

系统的输入端口包括 *RESET*、*CP*、*B_C*、*E_C*、*DI*（7:0），分别表示复位、时钟、开始转换、转换结束、转换结果；输出端口包括 *DO*（7:0）、*LOCK*、*ADDL*，表示 FPGA 读取的 A/D 转换结果、ADC0809 输出锁存、地址锁存。VHDL 源程序如下。

```
library IEEE;
use IEEE.STD_LOGIC_1164.ALL;
use IEEE.STD_LOGIC_ARITH.ALL;
use IEEE.STD_LOGIC_UNSIGNED.ALL;

---- Uncomment the following library declaration if instantiating
---- any Xilinx primitives in this code.
--library UNISIM;
--use UNISIM.VComponents.all;

entity ADCSYS is
   port ( reset : in  STD_LOGIC;
        cp : in  STD_LOGIC;
        b_c : in  STD_LOGIC;
        e_c:in  STD_LOGIC;
        di: in  STD_LOGIC_VECTOR(7 downto 0);
        lock:out  STD_LOGIC;
        addl:out  STD_LOGIC;
        do : out  STD_LOGIC_VECTOR (7 downto 0));
end ADCSYS;

architecture Behavioral of ADCSYS is
type state is(t0,t1,t2,t3,t4);
signal current_state,next_state: state:=t0;
signal cnt:std_logic_vector(3 downto 0):=(others=>'0');  --定时器，时间长度为
EOC 延迟时间
signal z:std_logic_vector(7 downto 0):=(others=>'0');  --寄存器 Z
signal ini:std_logic;  --初始化信号
signal sup:std_logic;  --转换启动信号
```

```
signal te:std_logic;  --EOC 延迟时间结束标志信号
signal temp_addl:std_logic;  --地址锁存信号
signal temp_lock:std_logic;  --转换数据输出锁存信号
begin
reg:process (cp,reset)  --控制器时序进程
begin
   if reset='1' then current_state<=t0;
   elsif (rising_edge(cp)) then current_state<=next_state;
   end if;
end process reg;

com:process(current_state,b_c,e_c,te)  --控制器组合进程
begin
   ini<='0';
   sup<='0';
   temp_addl<='0';
   temp_lock<='0';
   case current_state is
   when t0=>
      ini<='1';
      if b_c='1' then next_state<=t1;
      else next_state<=t0;
      end if;
   when t1=>
      temp_addl<='1';
      next_state<=t2;
   when t2=>
      sup<='1';
      if te='1' then next_state<=t3;
      else next_state<=t2;
      end if;
   when t3=>
      if e_c='1' then next_state<=t4;
      else next_state<=t3;
      end if;
   when t4=>
      temp_lock<='1';
      next_state<=t0;
   end case;
end process com;

data_process:process (cp,ini,temp_addl,sup,temp_lock)  --数据处理器进程
begin
   if rising_edge(cp) then
      if ini='1' then cnt<=(others=>'0');
      end if;
      if (temp_addl='1' or sup='1') then cnt<=cnt+1;
      end if;
      if temp_lock='1' then z<=di;
      end if;
   end if;
end process data_process;

te<='1' when cnt="1000" else '0';
addl<=temp_addl;
lock<=temp_lock;
```

```
do<=z;
end Behavioral;
```

在 Xilinx ISE 9.1i 环境下进行功能仿真，结果如图 7.4.21 所示。图 7.4.21（a）中，连续执行了 2 次 A/D 转换（控制器从 T_0 状态转换到 T_4 状态为一次转换），图 7.4.21（b）为第一次转换时的详细情况。开始转换信号 *B_C* 有效（*B_C*=1）后，地址锁存信号 *ADDL* 有效（*ADDL*=1）并持续一个系统时钟周期，在 *ADDL* 的下降沿启动 ADC0809 开始转换，启动信号 *SUP* 有效（*SUP*=1），计数器 CNT 开始计数，当计数到 8 时，*EOC* 延迟时间结束标志信号 *TE* 有效（*TE*=1），此时转换结束信号 *E_C* 已变为低电平（*E_C*=0），经过 t_C 后，*E_C*=1，表示转换结束，输出锁存信号 *LOCK* 有效（*LOCK*=1），在数据总线 *DI*（7:0）上出现转换结果，随后出现的系统时钟有效沿将转换结果读入 FPGA 内的 Z 寄存器，并出现在输出端口 *DO*（7:0）。需注意的是，数据总线 *DI*（7:0）上转换结果的持续时间段应为 *LOCK* 上升沿之后 $t_{H1}(t_{H0})$ 至 *LOCK* 下降沿之后 $t_{1H}(t_{0H})$，受仿真软件限制，输入数据 *DI*（7:0）改变只能出现在时钟有效沿（本例题为上升沿）之前，而 *LOCK* 为输出信号，其上升沿出现在时钟上升沿之后，故出现了 *LOCK* 有效之前 ADC0809 转换结果就已稳定出现这一反常现象，但它对仿真结果并无影响。

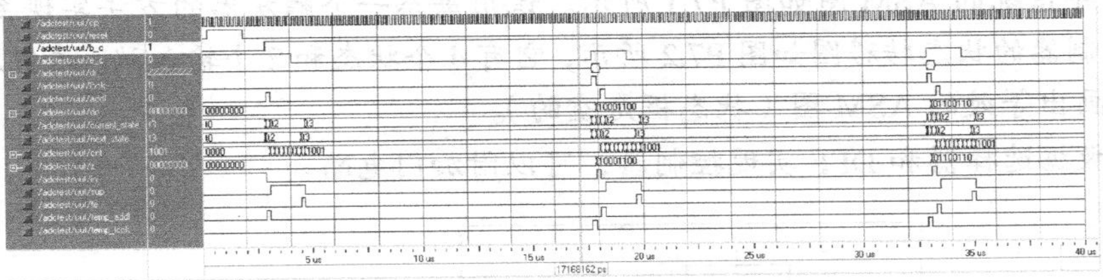

（a）连续执行 2 次 A/D 转换情况

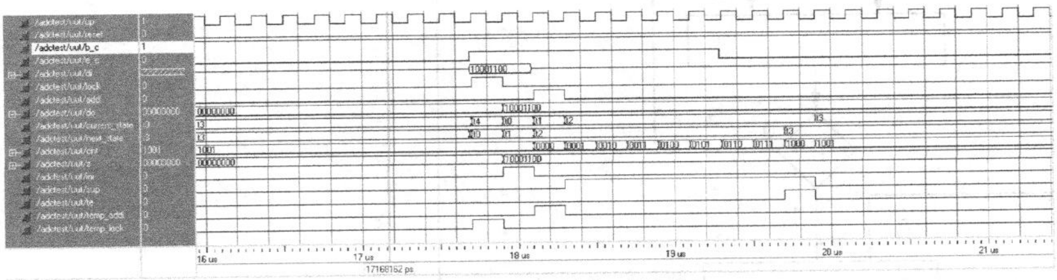

（b）执行第 1 次转换时情况

图 7.4.21　例 7.4.3 功能仿真结果

Xilinx ISE 9.1i 综合后的电路符号如图 7.4.22 所示。

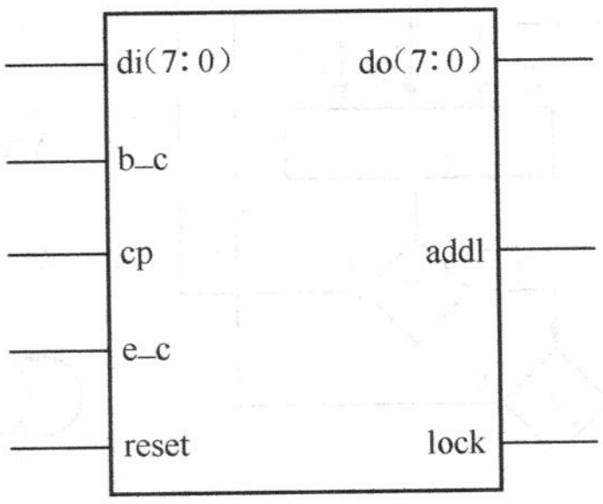

图 7.4.22　例 7.4.3 电路符号

习题

7.1 试述算法流程图和ASM图的相同和相异处，如何将算法流程图转换为ASM图？

7.2 在T_1状态下，如果控制输入YZ=10，系统实现条件操作——寄存器REG增1，并转换到状态T_2。试按上述条件画出一个部分ASM图。

7.3 试分别画出满足下列状态转换要求的数字系统的ASM图。

（1）如果$X=0$，控制器从状态T_1变到状态T_2；如果$X=1$，产生一个条件操作，并从状态T_1变到状态T_2。

（2）如果$X=1$，控制器从状态T_1变到状态T_2，然后变到状态T_3；如果$X=0$，控制器从状态T_1变到状态T_3。

（3）在T_1状态下，若$XY=00$，变到状态T_2；若$XY=01$，变到状态T_3；若$XY=10$，变到状态T_1；否则变到状态T_4。

7.4 设电路的输入为X，输出为Z，当X在连续的4个时钟周期内输入全“0”或全“1”时，输出为“1”，否则输出为“0”，试画出该电路的ASM图。

7.5 数字系统的ASM图如图P7.1所示。试用每态一个触发器的方法实现系统控制器。

7.6 控制器的状态转移图如图P7.2所示，它有4个状态和2个输入端。请完成下列问题。

（1）试画出等效的ASM图（状态框是空的）。

（2）用数据选择器和DFF实现控制器，可以附加门电路。

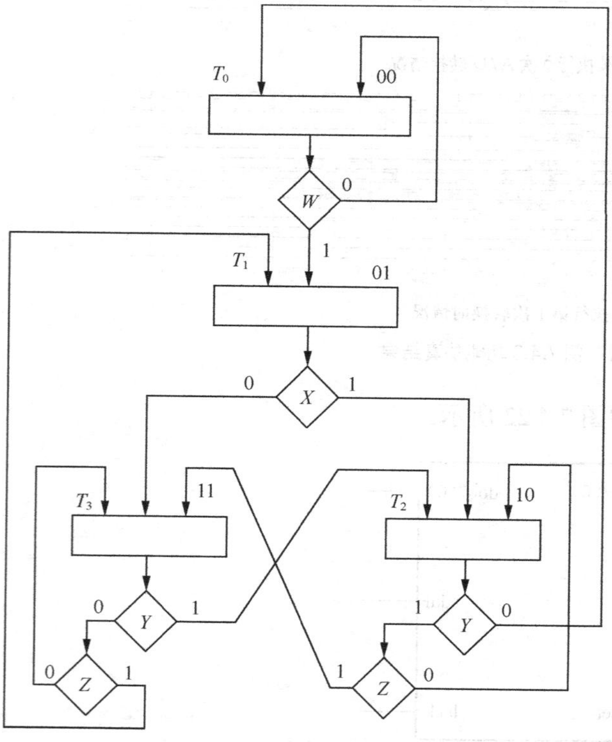

图 P7.1

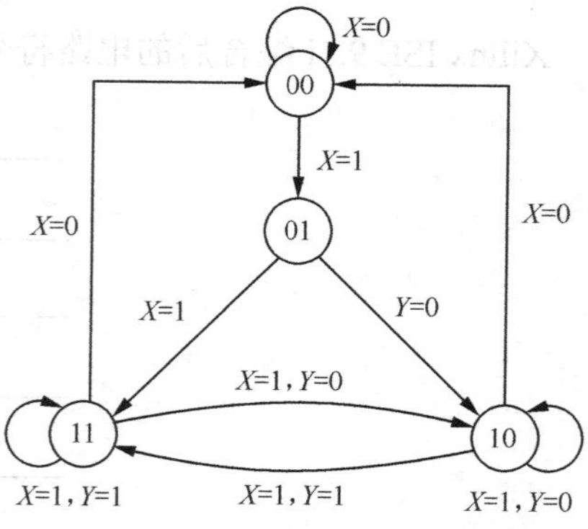

图 P7.2

7.7 根据图 P7.3 所示 ASM 图，分别用每态一个触发器法、多路选择器—寄存器—译码器法设计控制器。

7.8 根据图 P7.4 所示 ASM 图，写出控制器状态转移图，用每态一个触发器法设计控制器。

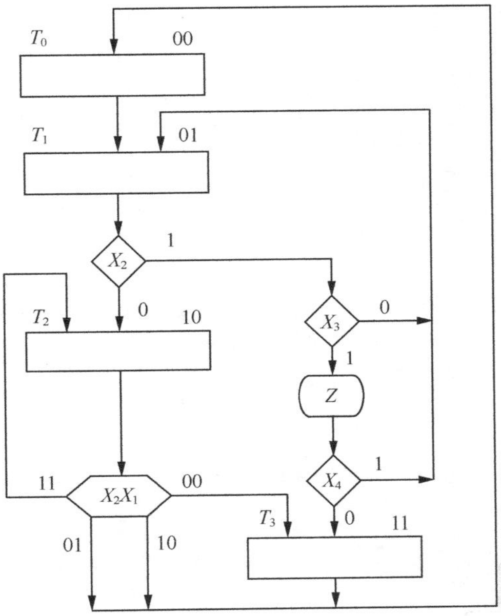

图 P7.3

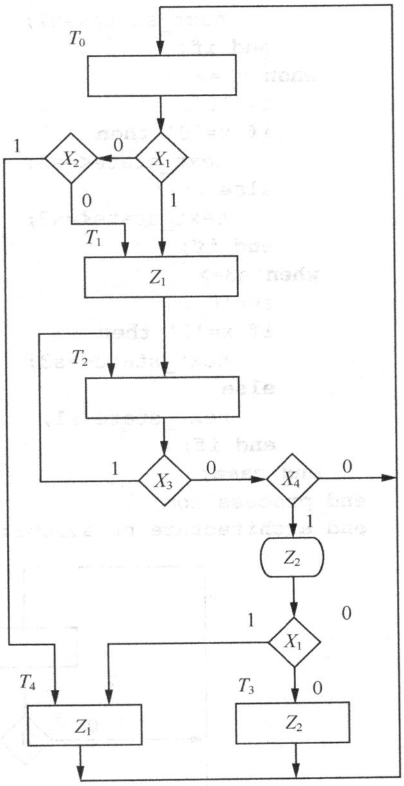

图 P7.4

7.9 图 P7.5 所示的 ASM 图的状态可以化简，请画出简化后的 ASM 图。

7.10 某系统 ASM 图的部分 VHDL 描述如下，请补全该程序，并画出该系统的 ASM 图。

```
entity state_machine is
port (x,reset,clock: in bit;
                z: out bit);
end entity state_machine;
architecture behaviour of state_machine is
type state_type is (s0,s1,s2,s3);
signal state, next_state:state_type;
com:process(state,x) is
begin
    case state is
    when s0=>
        z<='0';
        if x='0' then
            next_state<=s0;
        else
            next_state<=s2;
        end if;
```

```
        when s1=>
           z<='1';
           if x='0' then
              next_state<=s0;
           else
              next_state<=s2;
           end if;
        when s2=>
           z<='0';
           if x='0' then
              next_state<=s2;
           else
              next_state<=s3;
           end if;
        when s3=>
           z<='0';
           if x='0' then
              next_state<=s3;
           else
              next_state<s1;
           end if;
        end case;
    end process com;
    end architecture behaviour;
```

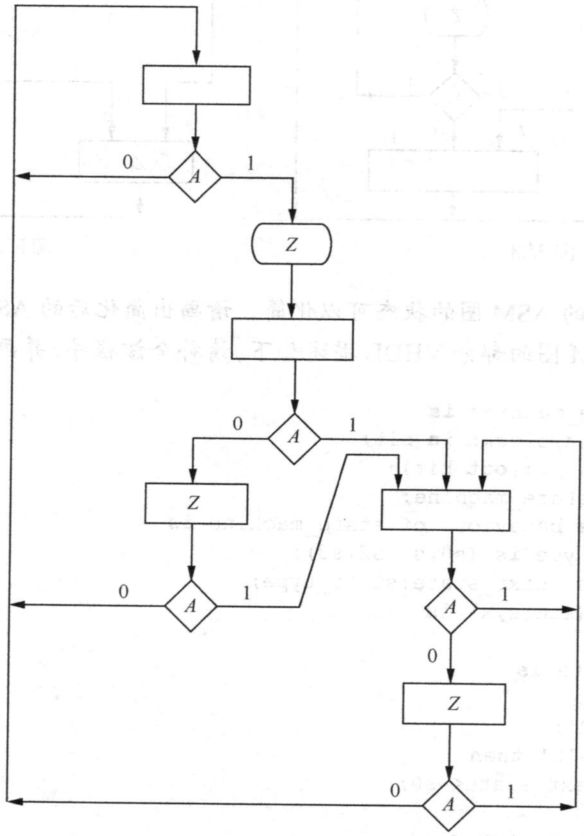

图 P7.5

7.11 用 VHDL 语言设计一个数字系统，它有 3 个四位寄存器 A、B 和 C，并实现下列操作。

（1）启动信号出现，传送两个二进制数给 A 和 B；

（2）如果 $A<B$，左移 A 的内容，结果传送给 C；

（3）如果 $A>B$，右移 B 的内容，结果传送给 C；

（4）如果 $A=B$，将数传给 C。

7.12 某系统实现序列检测，有两输入序列 A 和 B，当两序列对连续出现 A=1 且 B=1，A=1 且 B=0，A=0 且 B=0 时，输出 Z=1，否则输出 0。根据上述要求写出含有两个进程的 VHDL 程序。

7.13 根据题 7.12 要求写出含有 3 个并发进程的 VHDL 程序，其中一个描述触发器激励逻辑（次态逻辑），一个描述次态转移，一个描述输出逻辑。

7.14 根据题 7.12 要求写出只有一个进程的 VHDL 程序。

7.15 设计一个能进行时、分、秒计时的十二小时制或二十四小时制的数字钟。该数字钟具有闹钟功能，能在设定的时间发出闹铃音；能非常方便地对小时、分钟进行手动调节以校准时间；每逢整点，产生报时音报时。数字钟系统框图如图 P7.6 所示。

7.16 设计一个可容纳四组参赛的数字式抢答器，每组设一个按钮供抢答使用。抢答器具有第一信号鉴别和锁存功能，使除第一抢答者外的按钮不起作用；设置一个重新抢答按钮，按下后（低电平），第一信号鉴别和锁存、组别显示、答题计时复位，松开后（高电平），开始抢答，用指示灯显示抢答组别，扬声器发出 3s 的提示音；设置犯规电路，对提前抢答和超时答题（超过 3min）的组别给出警告音，并由组别显示电路显示出犯规组别；设置一个计分电路，每组开始预置 10 分，由主持人记分，答对一次加 1 分，答错一次减 1 分。数字式抢答器系统框图如图 P7.7 所示。

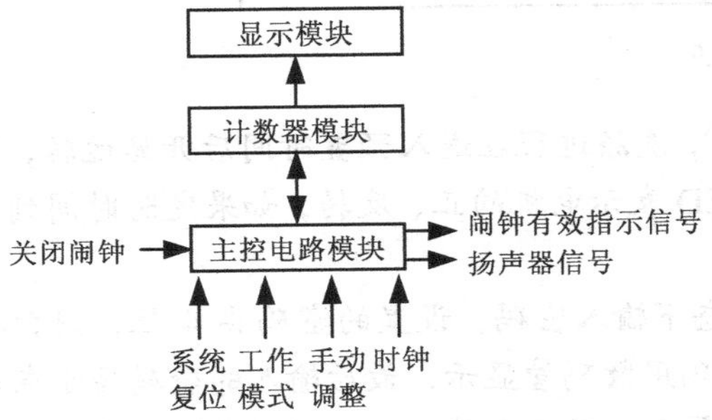

图 P7.6

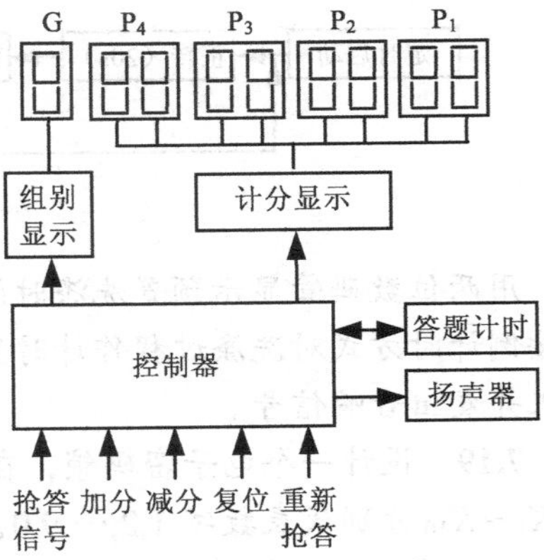

图 P7.7

7.17 设计一个能进行拔河游戏的电路。电路使用 15 个发光二极管表示拔河的“电子绳”，开机后只有中间一个发亮，此即拔河的中心点。游戏甲乙双方各持一个按钮，迅速地、不断地按动产生脉冲，哪一方按得快，亮点就向该方移动，每按一次，亮点移动一次。亮点移到任一方终端二极管，这一方就获胜，此时双方按钮均无作用，输出保持，只有复位后才使亮点恢复到中心。由裁判下达比赛开始命令后，甲乙双方才能输入信号，否则，输入信号无效。用数码管显示获胜者的得分（盘数），每次比赛结束自动给获胜方加分。拔河游戏机系统框图如图 P7.8 所示。

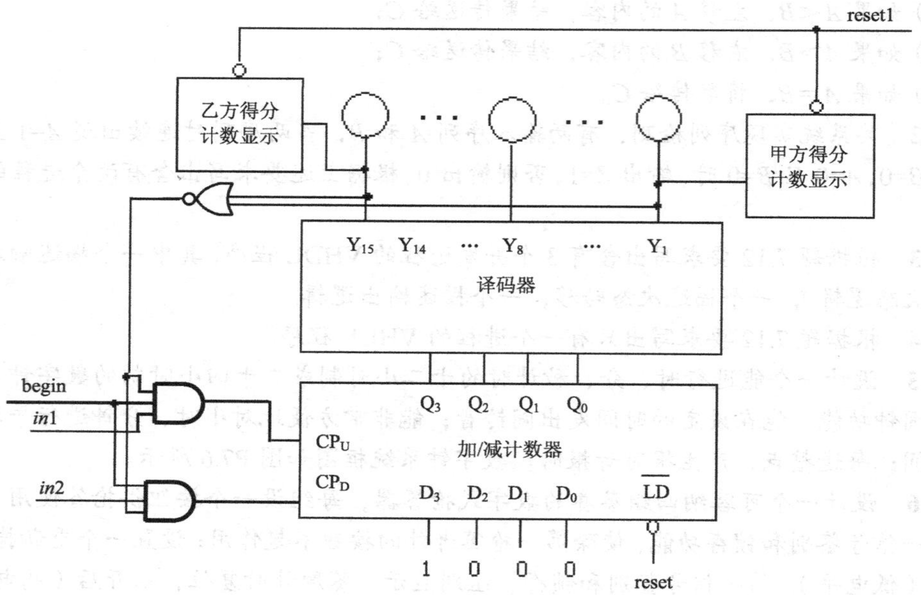

P7.8

7.18 设计一个洗衣机洗涤程序控制器，控制洗衣机的电机运转。洗衣机电机运转规律如图 P7.9 所示。

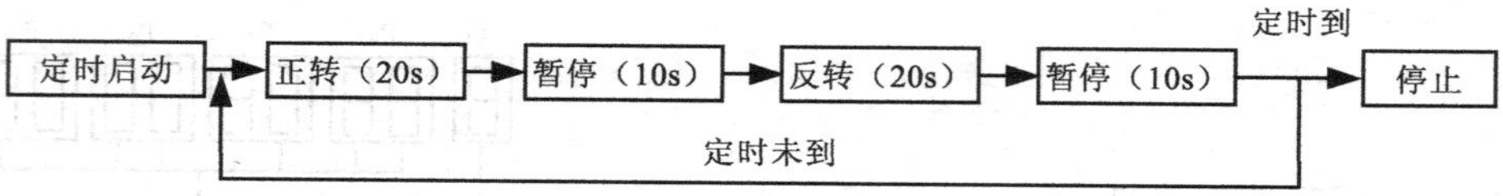

P7.9

用两位数码管显示预置洗涤时间（分钟数），洗涤过程在送入预置时间后开始运转，洗涤中按倒计时方式对洗涤过程作计时显示，用 LED 表示电机的正、反转，如果定时时间到，则停机并发出音响信号。

7.19 设计一个电子密码锁，在锁开的状态下输入密码，设置的密码共 4 位，用数据开关 $K_1 \sim K_{10}$ 分别代表数字 1,2,⋯,9,0，输入的密码用数码管显示，最后输入的密码显示在最右边的数码管上，即每输入一位数，密码在数码管上的显示左移一位。可删除输入的数字，删除的是最后输入的数字，每删除一位，密码在数码管的显示右移一位，并在左边空出的位上补充“0”。用一位输出电平的状态代表锁的开闭状态。为保证密码锁主人能打开密码锁，设置一个万能密码，在主人忘记密码时使用。

7.20 设计一个由甲乙双方参赛，有裁判的三人乒乓球游戏机。用 8 个 LED 排成一条直线，以中点为界，两边各代表参赛双方的位置，其中一只点亮的 LED 指示球的当前位置，点亮的 LED 依此从左到右，或从右到左，其移动的速度应能调节。当“球”（点亮的那只 LED）

运动到某方的最后一位时，参赛者应能果断地按下位于自己一方的按钮开关，即表示启动球拍击球，若击中则球向相反方向移动，若未击中，球掉出桌外，则对方得一分。设置自动记分电路，甲乙双方各用两位数码管进行记分显示，每计满11分为1局。甲乙双方各设一个发光二极管表示拥有发球权，每隔2次自动交换发球权，拥有发球权的一方发球才有效。

7.21 设计一个自动售邮票机，用开关电平信号模拟投币过程，每次投一枚硬币，但可以连续投入数枚硬币。机器能自动识别硬币金额，最大为1元，最小为5角。设定票价为2.5元，每次售一张票。购票时先投入硬币，当投入的硬币总金额达到或超过票的面值时，机器发出指示，这时可以按取票键取出票。如果所投硬币超过票的面值则会提示找零钱，取完票以后按找零键则可以取出零钱。

第8章 数模转换和模数转换

内容提要 本章系统地讲述了 D/A、A/D 转换的基本原理和常见的典型电路。在 DAC 电路中，分别介绍了权电阻网络 DAC 和倒 T 型 R-2R 电阻网络 DAC；在 ADC 电路中，主要讨论了逐次逼近式 ADC、并行比较式 ADC 和双积分式 ADC。在讲述各种转换电路的基础上，还着重讨论了 ADC 和 DAC 的主要参数和意义。

自然界中存在的物理量大多数为模拟形式，如工业控制过程中遇到的压力、温度、液位、流量等，信号处理中遇到的语音信号的强弱、无线电波的频率、天线转角的大小等。在早期的电子处理设备中，均使用传感器将这些自然量转化为模拟信号后，使用模拟电路对其进行处理，最终得到需要的信号。

但随着电子设计复杂度的增加、速度和精度的提高，一方面使用模拟电路处理模拟信号变得越来越困难，另一方面 20 世纪中后叶广泛应用的计算机和数字信号处理器在计算方面显示出高速和高精度的特点（最初这两者仅仅用于纯数值计算），使得人们很自然地产生了“变换（Transfer）”的思想，即：将模拟信号转变为数字信号后，由数字处理系统进行处理，然后再将得到的数字信号变换回模拟信号，以完成信号处理过程。基于这样的思想，很自然地就需要模拟-数字转换器（ADC，Analog to Digital Convertor）和数字-模拟转换器（DAC，Digital to Analog Convertor）来完成这一变换过程，如图 8.0.1 所示。

图 8.0.1 使用 ADC 和 DAC 后的信号处理流程

ADC 和 DAC 是沟通模拟量和数字量的桥梁，很多信号处理算法可以说是在 ADC 和 DAC 使用后，才真正发挥出其巨大力量的。例如，将模拟信号变换为数字信号后，对数字信号做快速傅里叶变换（FFT，Fast Fourier Transfer），再变换为模拟信号，即完成了对最初模拟信号进行连续时间傅立叶变换（CTFT，Continous Time Fourier Transfer）的处理流程，而这在电子设计在早期几乎是不可完成的。

本章着重介绍常用的 DAC 和 ADC 的类型及原理，并结合具体器件和重要指标（速度和精度）进行讲解。

8.1 数模转换（D/A）

本节主要介绍数模转换及相关器件的基本原理与实现方法。

8.1.1　数模转换原理

DAC 将输入的二进制数字量转换成模拟量，以电压或电流的形式输出。常见 DAC 一般由数码缓冲寄存器、模拟电子开关、参考电压、解码网络和求和电路等组成，如图 8.1.1 所示。

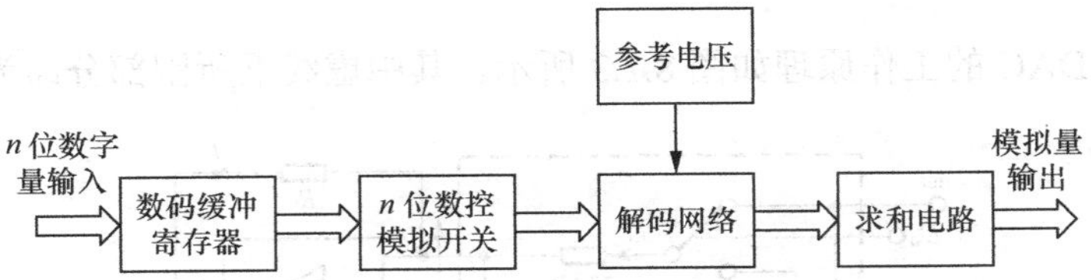

图 8.1.1　DAC 结构方框图

其结构实质上是一个译码器，输出的模拟电压 u_o 和输入数字量 D 之间成正比关系，U_{REF} 为参考电压。

$$u_o = KDU_{REF} \tag{8.1.1}$$

其中，K 为一固定常数，可称为转换增益因子，不同类型的 DAC 对应各自不同的 K 值。

因为

$$D = D_{n-1}\cdot 2^{n-1} + D_{n-2}\cdot 2^{n-2} + \cdots + D_1\cdot 2^1 + D_0\cdot 2^0 = \sum_{i=0}^{n-1} D_i 2^i$$

所以

$$\begin{aligned} u_o &= KDU_{REF} \\ &= K\left[D_{n-1}\cdot 2^{n-1} + D_{n-2}\cdot 2^{n-2} + \cdots + D_1\cdot 2^1 + D_0\cdot 2^0\right]\cdot U_{REF} \\ &= KU_{REF}\sum_{i=0}^{n-1} D_i 2^i \end{aligned} \tag{8.1.2}$$

这反映了输入的数字量与输出模拟量之间的线性关系，这种对应关系可以用图 8.1.2 表示，图中 n=4。

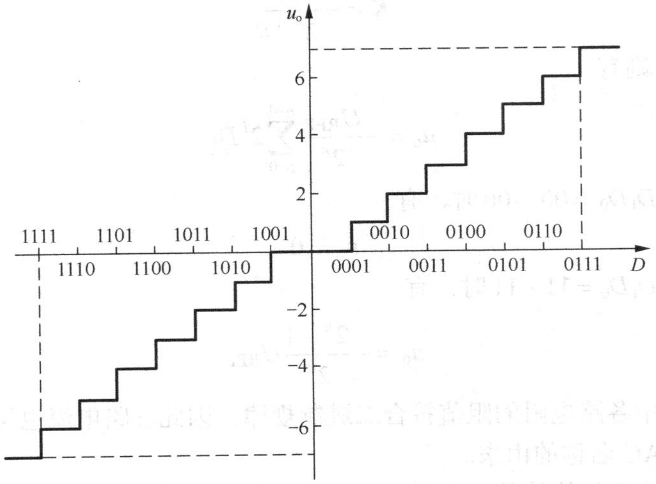

图 8.1.2　DAC 的输入 D 与输出 u_o 之间的关系

8.1.2 常见的 DAC 结构

常见的 DAC 结构有权电阻网络结构和倒 T 型 R-$2R$ 电阻网络结构。

1. 权电阻网络 DAC

权电阻网络 DAC 的工作原理如图 8.1.3 所示。其中虚线框所围部分即为权电阻网络。

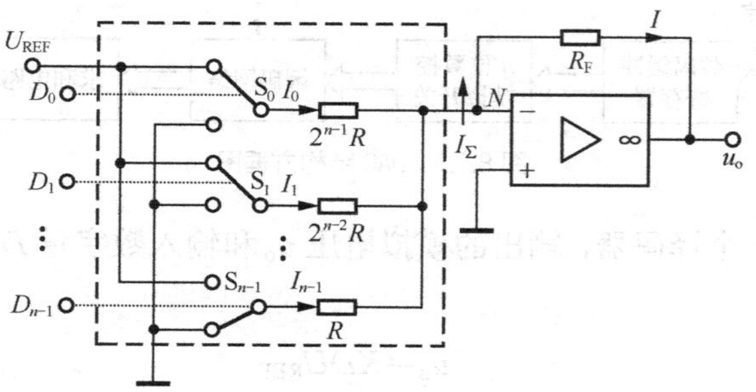

图 8.1.3 权电阻网络 DAC 工作原理图

当数字输入 D_i=0 时，S_i 接地；当 D_i=1 时，S_i 接 U_{REF}。

$$I_i = \frac{U_{REF}D_i}{2^{n-1-i}R} = \frac{U_{REF}2^iD_i}{2^{n-1}R}$$

$$I_\Sigma = \sum_{i=0}^{n-1} I_i = \frac{U_{REF}}{2^{n-1}R}\sum_{i=0}^{n-1}2^iD_i$$

根据运算放大器反向加法电路的特性，可得输出电压为

$$u_o = -I_\Sigma R_F = -\frac{U_{REF}R_F}{2^{n-1}R}\sum_{i=0}^{n-1}2^iD_i = KU_{REF}\sum_{i=0}^{n-1}2^iD_i \tag{8.1.3}$$

式（8.1.3）符合式（8.1.1）和式（8.1.2）的结论，这里

$$K = -\frac{R_F}{2^{n-1}R}$$

若令 R_F=R/2，则有

$$u_o = -\frac{U_{REF}}{2^n}\sum_{i=0}^{n-1}2^iD_i$$

当 $D_{n-1}D_{n-2}\cdots D_1D_0 = 00\cdots00$ 时，有

$$u_o = 0$$

当 $D_{n-1}D_{n-2}\cdots D_1D_0 = 11\cdots11$ 时，有

$$u_o = -\frac{2^n-1}{2^n}U_{REF}$$

由于译码网络中各路电阻的阻值符合二进制规律，因此各路电流也符合二进制规律，这就是权电阻网络 DAC 名称的由来。

这种电路的优点是结构简单，直观；缺点是权电阻的阻值相差较大，很难做到每个电阻

的高精度值。

2．倒 T 型 *R*-2*R* 电阻网络 DAC

图 8.1.4 所示是一种实用且工作原理简明的倒 T 型 *R*-2*R* 电阻网络 DAC 电路。在该电路中只有 *R* 和 2*R* 两种规格的电阻，因此较好地解决了电阻值的种类和精度的问题。

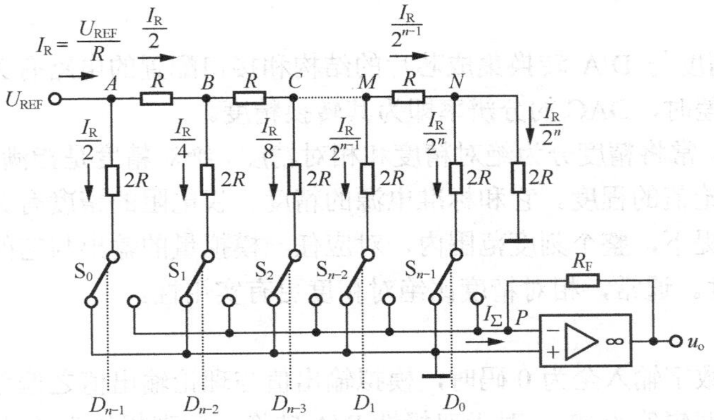

图 8.1.4　倒 T 型 *R*－2*R* 电阻网络 DAC 工作原理图

由图 8.1.4 可知，不论各开关处于何种状态，S_0～S_{n-1} 的各点电位均可认为 0（虚地或实地）。这样，从右到左观察图中 *N*，*M*，…，*C*，*B*，*A* 各点，从各点向右看对地的电阻值均为 *R*；从左到右分析，可得出各路的电流分配，其规律是 $I_R/2$，$I_R/4$，…，$I_R/2^{n-1}$，$I_R/2^n$，也满足按权分布的要求。从而可得

$$u_o=-\frac{U_{REF}R_F}{R}\left(D_{n-1}2^{-1}+D_{n-2}2^{-2}+D_{n-3}2^{-3}+\cdots+D_0 2^{-n}\right)$$

$$=-\frac{U_{REF}R_F}{2^n R}\left(D_{n-1}2^{n-1}+D_{n-2}2^{n-2}+D_{n-3}2^{n-3}+\cdots+D_0 2^0\right)$$

$$=-\frac{U_{REF}}{2^n}\frac{R_F}{R}\sum_{i=0}^{n-1}D_i 2^i=KU_{REF}D$$

倒 T 型 *R*-2*R* 电阻网络 DAC 的优点是使用电阻的种类少，只有 *R* 和 2*R*，提高了制造精度；缺点是使用的电阻个数比较多。

倒 T 型 *R*-2*R* 电阻网络 DAC 是目前集成 DAC 中转换速度较高且使用较多的一种，如 8 位 D/A 转换器 DAC0832，就是采用倒 T 型 *R*-2*R* 电阻网络。

8.1.3　DAC 的主要参数和意义

衡量一个 DAC 的性能，可以采用许多参数。生产 DAC 芯片的厂家提供了芯片的各种参数供用户选择，现就一些主要参数介绍如下。

1．静态参数

（1）分辨率

分辨率即输入数字发生单位数码变化时，所对应输出模拟量（电压或电流）的变化量。

在实际使用中，表示分辨率高低更常用的方法是采用输入数字量的位数。对于 n 位 DAC，共有 2^n 个不同电压值。

$$分辨率=\frac{\Delta u}{U_{\max}}=\frac{KU_{\mathrm{REF}}1}{KU_{\mathrm{REF}}\left(2^n-1\right)}=\frac{1}{2^n-1}$$

DAC 的位数越高，分辨率就越高，其转换精度也就越高。

（2）精度

DAC 的转换精度与 D/A 转换集成芯片的结构和接口配置的电路有关。一般说来，不考虑其他 DA 转换误差时，DAC 的分辨率即为其转换精度。

在实际使用时，常将精度分为绝对精度和相对精度。绝对精度是指满刻度数字量输入时，模拟量输出接近理论值的程度。它和标准电源的精度、权电阻的精度有关。相对精度指在满刻度已经校准的前提下，整个刻度范围内，对应任一模拟量的输出与它的理论值之差。它反映了 DAC 的线性度。通常，相对精度比绝对精度更有实用性。

（3）失调误差

失调误差是指数字输入全为 0 码时，模拟输出值与理论输出值之偏差。对于单极性 D/A 转换，模拟输出的理想值为 0V；对于双极性 D/A 转换，此理想值为负域满量程。

一定温度下的失调误差可以通过外部调整措施进行补偿。有些 D/A 集成芯片设置有调零端，通过外接电位器调零。有些转换器不设置专门的调零端，要求用户采取外接校正电路加到运算放大器求和端来消除输出失调电压或电流。

（4）增益误差

增益误差是指实际转换的增益与理论增益之间的偏差值。在一定温度下，该误差也可以通过外部调整措施实现补偿。

（5）温度系数

温度系数是指在规定的使用温度范围内，温度每变化 1℃，增益、零点、精度等参数的变化量。

（6）馈送误差

馈送误差是指杂散信号通过 DAC 器件内部电路耦合到输出端而造成的误差。

（7）线性误差

D/A 转换的理想特征应是线性的，但实际上存在误差，模拟输出偏离理想输出的最大值为线性误差。

2. 动态参数

（1）建立时间（t_s）

建立时间 t_s 是描述 D/A 转换速率快慢的一个重要参数，一般指的是输入数字量变化后，输出模拟量稳定到相应数值范围内所经历的时间。DAC 中的电阻网络、模拟开关及驱动电路均为非理想性器件，各种寄生参量和开关延迟等都会限制转换速度。实际建立时间的长短不仅与转换器本身的转换速率有关，还与数字量变化的大小有关。输入数字从全 0 变到全 1（或从全 1 变到全 0）时，建立时间最长，称为满量程变化的建立时间。一般器件手册上给出的都是满量程变化建立时间。

根据建立时间的 t_s 长短，DAC 分为以下几档。

低速　　　$t_s \geqslant 100\mu s$

中速　　　$t_s = 100 \sim 10\mu s$

高速　　　$t_s = 10 \sim 1\mu s$

较高速　　$t_s = 1\mu s \sim 100ns$

超高速　　$t_s < 100ns$

（2）尖峰

尖峰是输入数码发生变化时刻产生的瞬时误差。尖峰的持续时间虽然很短（一般为数十纳秒数量级），但幅值可能很大，在有些应用场合必须采取措施加以避免。

8.1.4 集成 DAC 及其应用举例

DAC0830 系列包括 DAC0830、DAC0831 和 DAC0832，是 CMOS 工艺实现的 8 位乘法 D/A 转换器，可直接与其他微处理器接口。该电路采用双缓冲寄存器，使它能方便地应用于多个 D/A 转换器同时工作的场合。数据输入能以双缓冲、单缓冲或直接通过三种方式工作。0830 系列各电路的原理、结构及功能都基本相同，参数指标略有不同。现在以使用最多的 DAC0832 为例进行说明。

DAC0832 是用 CMOS 工艺制成的 20 只脚双列直插式单片 8 位 D/A 转换器。它由 8 位输入寄存器、8 位 DAC 寄存器和 8 位 D/A 转换器三大部分组成。它有两个分别控制的数据寄存器，可以实现两次缓冲，所以使用时有较大的灵活性，可根据需要接成不同的工作方式。

1．内部结构与引脚功能

DAC0832 芯片上各引脚（见图 8.1.5）的名称和功能说明如下。

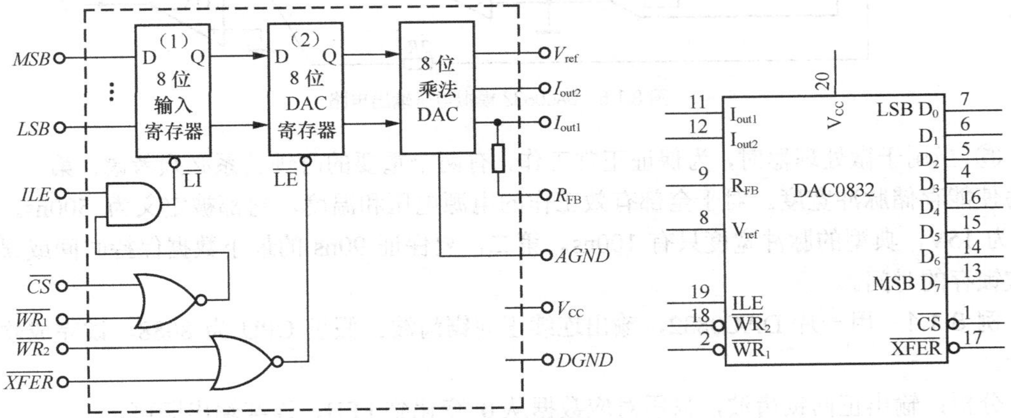

图 8.1.5 DAC0832 内部结构与引脚图

$\overline{CS}$：片选信号，输入低电平有效。

ILE：输入锁存允许信号，输入高电平有效。

$\overline{WR_1}$：输入寄存器写信号，输入低电平有效。

$\overline{WR_2}$：DAC 寄存器写信号，输入低电平有效。

$\overline{XFER}$：数据传送控制信号，输入低电平有效。

D_0～D_7：8 位数据输入端，D_0 为最低位，D_7 为最高位。

I_{out1}：DAC 电流输出 1。此输出信号一般作为运算放大器的一个差分输入信号（通常接反相端）。

I_{out2}：DAC 电流输出 2，$I_{out1}+I_{out2}=$ 常数。

R_{FB}：接反馈电阻。

V_{ref}：参考电压输入，可在+10～－10V 之间选择。

V_{CC}：数字部分的电源输入端，可在+5～+15V 范围内选取，+15V 时为最佳工作状态。

AGND：模拟地。

DGND：数字地。

2．应用特性

① DAC0832 是与微处理器完全兼容的 DAC，故可以充分利用微处理器的控制能力对芯片的控制端进行管理。

② 有两级锁存控制功能，能实现多通道 D/A 的同步转换输出。

③ 内部无参考电压，需外接参考电源电路。

④ 该芯片为电流输出型 DAC，要获得模拟电压输出时，需外加转换电路。图 8.1.6 所示为 DAC0832 和两级运算放大器组成的模拟电压输出电路，a 点输出的为单极性模拟电压，b 点输出的为双极性模拟电压。

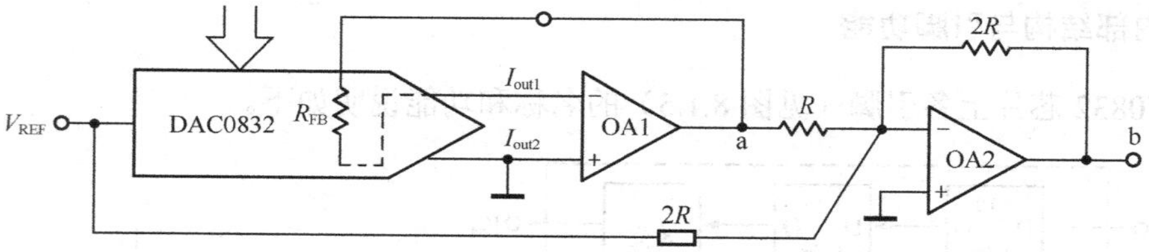

图 8.1.6　DAC0832 模拟电压输出电路

⑤ 当用于微处理器时，为保证正常工作，有两个重要的时钟关系必须考虑：第一，最小的写使能存储脉冲宽度。对于全部有效工作的电源电压和温度，它都被定义为 500ns，但若 V_{CC} 为 15V，典型的脉冲宽度只有 100ns。第二，要保证 90ns 的最小数据保持时间或误差数据被锁存的时间。

例 8.1.1　用一片 DAC0832，输出连续正向锯齿波。假设 CPU 为 8088，试完成软硬件设计。

分析：输出正向锯齿波，只需对应数据从 0 变化到 FFH，连续输出即可。

硬件电路设计如图 8.1.7 所示，经分析可知，此时的端口地址是 81H。

程序设计如下。

```
MOV AL, 0
AGAIN: OUT 81H, AL
    INC AL
JMP AGAIN
```

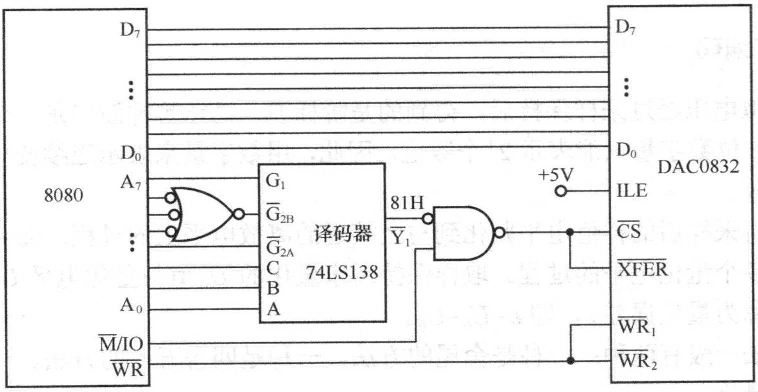

图 8.1.7 DAC 0832 与 CPU 8088 连接电路

8.2 模数转换（A/D）

本节主要介绍模数转换及相关器件的基本原理与实现方法。

8.2.1 模数转换的一般过程

A/D 转换相当于一个编码过程，它对输入的模拟量进行二进制编码，输出一个与模拟量大小成一定比例关系的数字量。A/D 转换过程通过采样、保持、量化和编码四个步骤完成。

1．采样和保持

采样是指周期性地抽取模拟信号的瞬时值，将连续时间信号变为离散时间信号的过程，如图 8.2.1 所示，$U_I(t)$ 是输入的模拟信号，$U_S(t)$是经过采样后的信号。

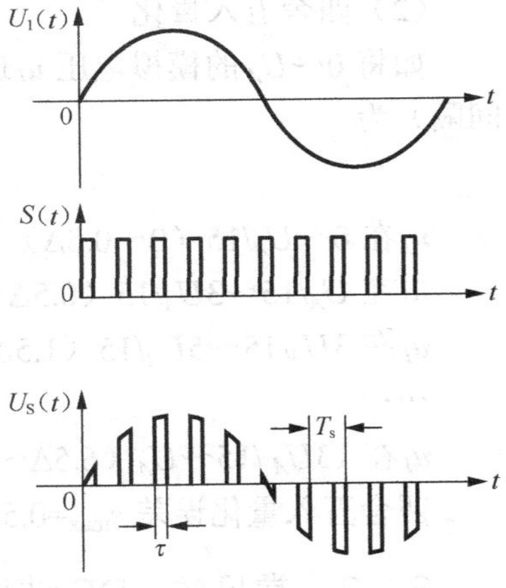

图 8.2.1 模拟信号的采样过程

为了使采样信号不失真，必须满足 Nyquist 采样定理：对于低通信号，采样后不失真的条件是采样时钟的频率不低于信号中最高频率分量的 2 倍（对于其具体原理，读者可以参见相关信号分析的书籍）。

为了便于后续的量化和编码操作，在两次采样之间必须使样值保持不变，因此一般在采样电路之后添加保持电路以保持样值。图 8.2.2（a）所示为一种采样保持电路，由一个电容、一个场效应管和一个射随器组成。

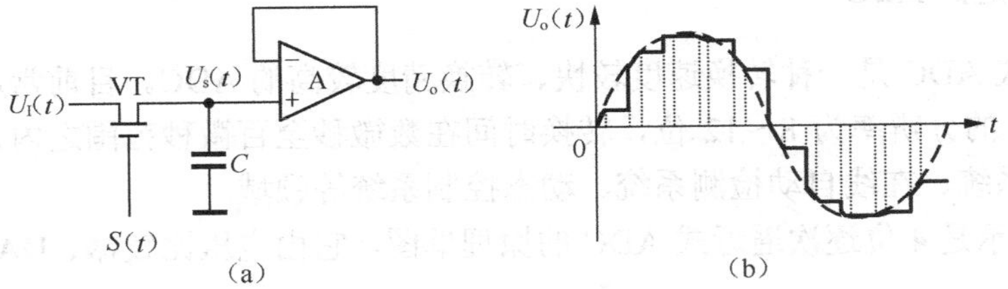

图 8.2.2 采样信号的样值保持

2. 量化和编码

输入的模拟电压经过采样保持后，得到的是阶梯波。而该阶梯波仍是一个可以连续取值的模拟量，但 n 位数字量只能表示 2^n 个数值。因此，用数字量来表示连续变化的模拟量时就有一个近似问题。

量化是指将采样后的样值电平归化到与之接近的离散电平上的过程。而编码是指用二进制数码来表示各个量化电平的过程。取样保持后未量化的 U_o 值与量化电平 U_q 值通常是不相等的，其差值称为量化误差 ε，即 $\varepsilon=U_o-U_q$。

量化的方法一般有两种：一种是舍尾的方法，一种是四舍五入的方法。

（1）舍尾量化

如将 0～U_A 的模拟电压 u_I 进行舍尾量化并 3 位编码，则舍尾的量化单位（也称量化间隔）为

$$\Delta = U_A/2^n = U_A/2^3 = U_A/8$$

u_I 在 0～$U_A/8$（0～Δ）之间被量化为 0，编码为 000；

u_I 在 $U_A/8$～$2U_A/8$（Δ～2Δ）之间被量化为 Δ，编码为 001；

u_I 在 $2U_A/8$～$3U_A/8$（2Δ～3Δ）之间被量化为 2Δ，编码为 010；

……

u_I 在 $7U_A/8$～U_A（7Δ～8Δ）之间被量化为 7Δ，编码为 111。

舍尾量化误差 $\varepsilon_{max}=\Delta$。

（2）四舍五入量化

如将 0～U_A 的模拟电压 u_I 进行四舍五入量化并 3 位编码，则舍尾的量化单位（也称量化间隔）为

$$\Delta = 2U_A/(2^{n+1}-1) = 2U_A/15$$

u_I 在 0～$U_A/15$（0～0.5Δ）之间被量化为 0，编码为 000；

u_I 在 $U_A/15$～$3U_A/15$（0.5Δ～1.5Δ）之间被量化为 Δ，编码为 001；

u_I 在 $3U_A/15$～$5U_A/15$（1.5Δ～2.5Δ）之间被量化为 2Δ，编码为 010；

……

u_I 在 $13U_A/15$～U_A（6.5Δ～7.5Δ）之间被量化为 7Δ，编码为 111。

四舍五入量化误差 $\varepsilon_{max}=0.5\Delta$，比舍尾量化的误差减小了一半。

8.2.2 常见的 ADC 结构

1. 逐次逼近式 ADC

逐次逼近式 ADC 是一种转换速度较快、转换精度较高的 ADC。目前常用的单片集成逐次逼近式 ADC 的分辨率为 8～12 位，转换时间在数微秒至百微秒范围之内，广泛地应用于高速数据采集系统、在线自动检测系统、动态控制系统等领域。

图 8.2.3 所示是 4 位逐次逼近式 ADC 的原理框图。它由电压比较器、DAC、时序分配器和寄存器构成。

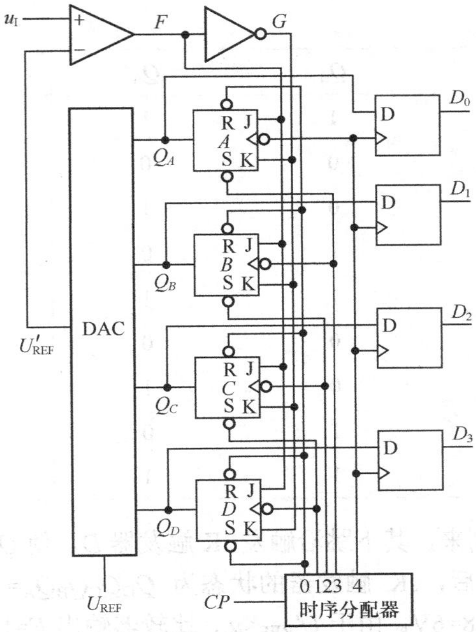

图 8.2.3 4 位逐次逼近式 ADC 原理图

A/D 转换开始前逐次逼近式 ADC 先将逐次逼近寄存器清“0”；开始转换以后，第 0 个时钟脉冲首先将寄存器最高位置成 1，使输出数字为 100…0。这个数码被 DAC 转换成相应的模拟电压 U'_{REF}，并送到比较器中与 u_{I} 进行比较。若 $u_I < U'_{\mathrm{REF}}$，说明数字过大，故将最高位的 1 清除置零；若 $u_I \geqslant U'_{\mathrm{REF}}$，说明数字还不够大，应将这一位保留。然后，按同样的方法将次高位置成 1，经过比较以后确定这个 1 是保留还是清除。这样逐位比较下去，一直到最低位为止。比较完毕后，寄存器中的状态就是所要求的数字量输出。

下面举例说明其工作过程。

假设 DAC 的基准电压 U_{REF}=8V，采样保持信号电压 u_{I}=6.25V。

首先，在节拍脉冲 CP_0 作用下，使 JK 触发器的状态置为 $Q_DQ_CQ_BQ_A$=1000，则 DAC 输出参考电压 $U'_{\mathrm{REF}}=(8/16)U_{\mathrm{REF}}$（DAC 输出见表 8.2.1），所以 U'_{REF}=4V。由于 $U'_{\mathrm{REF}} < u_{\mathrm{I}}$，比较器输出 F=1，G=0。这样，各级触发器的 J=1，K=0。

表 8.2.1 **DAC 输出**

Q_D	Q_C	Q_B	Q_A	U'_{REF}
0	0	0	0	0
0	0	0	1	$(1/16)U_{\mathrm{REF}}$
0	0	1	0	$(2/16)U_{\mathrm{REF}}$
0	0	1	1	$(3/16)U_{\mathrm{REF}}$
0	1	0	0	$(4/16)U_{\mathrm{REF}}$
0	1	0	1	$(5/16)U_{\mathrm{REF}}$
0	1	1	0	$(6/16)U_{\mathrm{REF}}$

续表

Q_D	Q_C	Q_B	Q_A	U'_{REF}
0	1	1	1	$(7/16)U_{REF}$
1	0	0	0	$(8/16)U_{REF}$
1	0	0	1	$(9/16)U_{REF}$
1	0	1	0	$(10/16)U_{REF}$
1	0	1	1	$(11/16)U_{REF}$
1	1	0	0	$(12/16)U_{REF}$
1	1	0	1	$(13/16)U_{REF}$
1	1	1	0	$(14/16)U_{REF}$
1	1	1	1	$(15/16)U_{REF}$

接着，节拍脉冲 CP_1 到来，其下跳沿触发 JK 触发器 D，使 Q_D=1，同时 CP_1 使触发器 C 置 1。这样，在 CP_1 作用后，JK 触发器的状态为 $Q_DQ_CQ_BQ_A$=1100。DAC 输出参考电压 $U'_{REF}=(12/16)U_{REF}=(12/16)\times8=6V$。由于 $U'_{REF}<u_I$，比较器输出 F=1，G=0。这样，各级触发器的 J=1, K=0。

CP_1 作用结束后，CP_2 节拍脉冲到来，其下跳沿触发 JK 触发器 C，使 Q_C=1。同时 CP_2 使触发器 B 置 1。这样，在 CP_2 作用后，JK 触发器的状态为 $Q_DQ_CQ_BQ_A$=1110。DAC 输出参考电压 $U'_{REF}=(14/16)U_{REF}=(14/16)\times8=7V$。由于 $U'_{REF}>u_I$，比较器输出 F=0，G=1。这样，各级触发器的 J=0，K=1。

CP_2 作用结束后，CP_3 节拍脉冲到来，其下跳沿触发 JK 触发器 B，使 Q_B=0。同时 CP_3 使触发器 A 置 1。这样，在 CP_3 作用下，JK 触发器的状态为 $Q_DQ_CQ_BQ_A$=1101。DAC 输出参考电压 $U'_{REF}=(13/16)U_{REF}=(13/16)\times8=6.5V$。由于 $U'_{REF}>u_I$，比较器输出 F=0，G=1。这样，各级触发器的 J=0，K=1。

CP_3 作用结束后，CP_4 节拍脉冲到来，其下跳沿触发 JK 触发器 A，使 $Q_A=0$，JK 触发器的状态为 $Q_DQ_CQ_BQ_A$=1100。CP_4 节拍脉冲的上升沿触发暂存器各 D 触发器，将 JK 触发器状态 1100 存入到暂存器中。暂存器的输出 $D_3D_2D_1D_0$=1100，即为输入模拟电压 u_I=6.25V 的二进制代码。

暂存器输出的是并行二进制代码。同时从上面分析中可见，比较器 F 端顺序输出的恰好是 1100 串行输出的二进制代码。

逐次逼近型 ADC 完成一次数据转换所需要的时钟周期个数为（n+1），其中 n 为二进制代码位数，完成一次数据转换所需要的时间为$(n+1)T_{CP}$，其中 T_{CP} 为时钟脉冲周期。

2. 并行比较式 ADC

并行比较式 ADC 是一种转换速度快、转换原理最直观的 ADC。一个 3 位二进制并行比较式 ADC 的原理框图如图 8.2.4 所示。

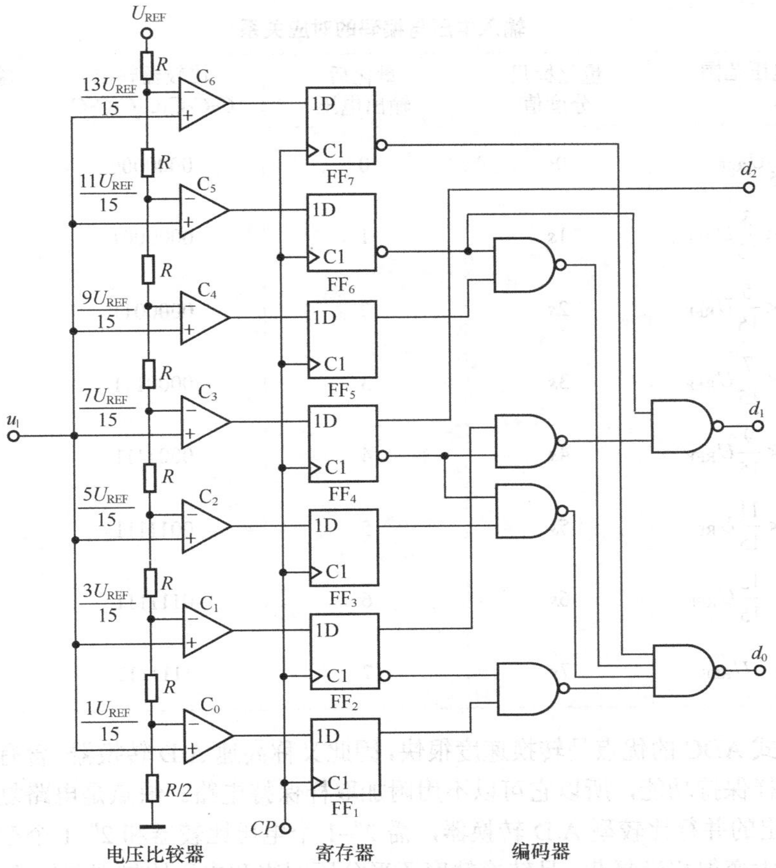

图 8.2.4　3 位二进制并行比较式 ADC 原理框图

下面举例说明其工作原理。

设输入模拟电压的范围 u_I=0～8V, u_{Imax}=8V；输出三位二进制代码（n=3）。

采用四舍五入的量化方式，量化间隔 $s=\dfrac{2u_{Imax}}{2^{n+1}-1}=\dfrac{2}{15}u_{Imax}=\dfrac{16}{15}\text{V}$。

量化标尺是用电阻分压器形成 $\dfrac{1}{15}U_{REF},\dfrac{3}{15}U_{REF},\cdots,\dfrac{13}{15}U_{REF}$ 各分度值，并作为各比较器 C_1～C_7 的比较参考电平。

因采用四舍五入法量化，第一个比较器的参考电平应取 $\dfrac{s}{2}=\dfrac{1}{15}\cdot U_{REF}=\dfrac{8}{15}\text{V}$。

采样保持后的输入电压 u_I 与这些分度值相比较，当 u_I 大于比较参考电平时，比较器输出 1 电平，反之输出 0 电平，从而各比较器输出电平的状态就与输入电压量化后的值相对应。各比较器输出并行送至由 D 触发器构成的寄存器内，再经过编码电路将比较器的输出转换成 3 位二进制代码 $B_2B_1B_0$。

输入电压与编码的对应关系见表 8.2.2。

理论上，上述转换过程只要 1 个时钟周期就可以得到输出数据，但实际上却往往安排 2 个时钟周期来完成一次转换，第一个时钟周期用来采样，把输入信号寄存在可锁存电压比较器中，后一个时钟周期对比较结果进行逻辑编码，并输出数据。

表 8.2.2　　输入电压与编码的对应关系

输入模拟电压范围 u_I / V	量化标尺分度值	量化后输出电压	比较器输出 $C_7C_6C_5C_4C_3C_2C_1$	输出二进制编码 $B_2B_1B_0$
$0 \leqslant u_I < \frac{1}{15}U_{REF}$	$0s$	0	0000000	000
$\frac{1}{15}U_{REF} \leqslant u_I < \frac{3}{15}U_{REF}$	$1s$	1	0000001	001
$\frac{3}{15}U_{REF} \leqslant u_I < \frac{5}{15}U_{REF}$	$2s$	2	0000011	010
$\frac{5}{15}U_{REF} \leqslant u_I < \frac{7}{15}U_{REF}$	$3s$	3	0000111	011
$\frac{7}{15}U_{REF} \leqslant u_I < \frac{9}{15}U_{REF}$	$4s$	4	0001111	100
$\frac{9}{15}U_{REF} \leqslant u_I < \frac{11}{15}U_{REF}$	$5s$	5	0011111	101
$\frac{11}{15}U_{REF} \leqslant u_I < \frac{13}{15}U_{REF}$	$6s$	6	0111111	110
$\frac{13}{15}U_{REF} \leqslant u_I < U_{REF}$	$7s$	7	1111111	111

逐次逼近式 ADC 的优点是转换速度很快，因此又称高速 A/D 转换器。含有寄存器的 A/D 转换器兼有取样保持功能，所以它可以不用附加取样保持电路。缺点是电路复杂，对于一个 n 位二进制输出的并行比较型 A/D 转换器，需 2^n-1 个电压比较器和 2^n-1 个触发器，编码电路也随 n 的增大变得相当复杂。且转换精度还受分压网络和电压比较器灵敏度的限制。因此，逐次逼近式 ADC 适用于高速、精度较低的场合。

3. 双积分式 ADC

双积分式 ADC 又称双斜率 ADC。它先将模拟电压 u_I 转换成与之大小对应的时间 T，再在时间间隔 T 内用计数器对固定频率计数，计数器所计的数字量就正比于输入模拟电压。因此双积分式 ADC 属于间接转换的类型。

图 8.2.5 为双积分式 ADC 的控制逻辑电路。

电路的工作过程可分为以下几个阶段。

（1）电路启动的初始化

电路启动时，计数器置零，D 触发器 F_n 的 Q_n=0，使开关 S 切换至采样电压 u_i。同时，电容并联开关断开，使积分电容从零状态开始工作。

（2）积分电路对采样电压进行积分运算

初始化结束，积分电路立即对采样电压 u_i 进行积分运算。积分电路的输出电压随时间的变化规律有下式决定：

$$U_A = -\frac{1}{\tau}\int u_i \mathrm{d}t = -\frac{1}{\tau}u_i t = -\frac{t}{\tau}u_i$$

其中 t 为充电时间。积分电路输出电压呈直线下降。

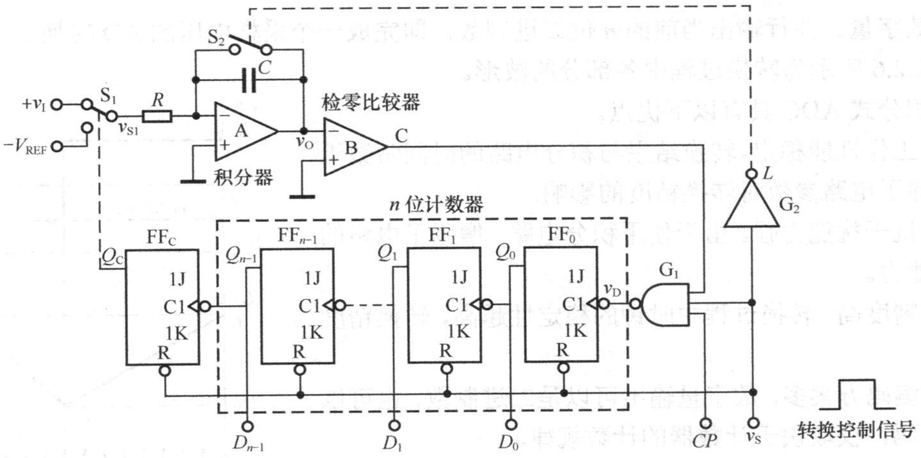

图 8.2.5　双积分式 ADC 的控制逻辑电路

（3）计数器计数

由于 $u_i>0$，积分开始就使 $U_A<0$，过零比较器输出 $U_C=1$。时钟脉冲与门 G 打开，时钟 CP 通过与门，于是计数器在积分开始时就进行计数。

计数器经过 2^n 个时钟脉冲，即经历 $T_1=2^nT_{CP}$ 之后，如图 8-10（c）所示，计数器 Q_{n-1}～Q_0 重新置零时，$U_A=U_{A0}$。于是有

$$U_A=U_{A0}=-\frac{T_1}{\tau}u_i=-\frac{2^nT_{CP}}{\tau}u_i$$

（4）电压切换开关 S 切换

由于进位，$Q_n=1$，导致电压开关切换到参考电压 $-U_{REF}$。于是积分电路对参考电压进行积分运算。由于积分电路的初始值等于 U_{A0}，积分输出电压

$$U_A=U_{A0}-\frac{1}{\tau}\int -U_{REF}dt=-\frac{2^nT_{CP}}{\tau}u_i+\frac{t}{\tau}U_{REF}$$

由于采样电压与参考电压的极性相反，则积分输出波形呈直线上升。此时，时钟脉冲门仍处于打开状态，计数器从 0 开始对参考电压积分过程计数。

（5）参考电压积分结束

当 $U_A=0$ 时，过零比较器输出 $U_C=0$，时钟脉冲门关闭，计数器停止计数，计时器的计数为 N。积分经历的时间为 $T_2=NT_{CP}$。如图 8-10（c）所示。

（6）转换结束，输出数字量

在参考电压积分结束时，$U_A=0$。于是，

$$U_A=-\frac{2^nT_{CP}}{\tau}u_i+\frac{NT_{CP}}{\tau}U_{REF}=0$$

$$\frac{NT_{CP}}{\tau}U_{REF}=\frac{2^nT_{CP}}{\tau}u_i$$

$$u_i=\frac{N}{2^n}U_{REF}$$

由上式可见，计数器的计数 N 与采样电压成正比，N 即为采样电压 u_i 对应的二进制代码

表示的数字量。并行输出当前的 n 位二进制数，即完成一个采样电压的 AD 转换。

图 8.2.6 所示为转换过程中各部分的波形。

双积分式 ADC 具有以下优点。

① 工作性能稳定。转换结果与积分电路的时间常数无关，消除了电路参数对转换精度的影响。

② 抗干扰能力强。由于使用积分电路，增强了电路的抗干扰能力。

③ 精度高。转换过程中时钟的稳定性越高，转换精度越高。

④ 编码方案多。数字量输出可以是二进制数，也可以是 BCD 码，仅取决于计数器的计数规律。

其缺点是转换速度低，一般都在每秒几十次以内。因此双积分式 ADC 广泛用于精度要求较高、而速度要求不高的仪表中，如数字万用表等。

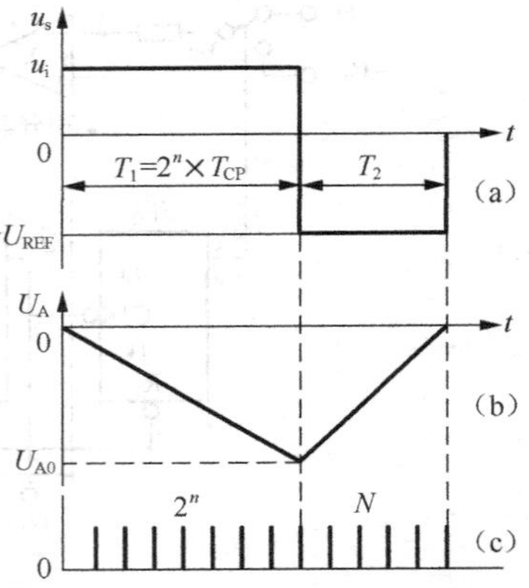

图 8.2.6 双积分式 ADC 的控制逻辑电路

8.2.3 ADC 的主要参数和意义

1. 分辨率

分辨率指 ADC 对输入模拟信号的最小分辨能力。从理论上讲，一个 n 位二进制数输出 ADC 应能区分输入模拟电压的 2^n 个不同量级，能区分输入模拟电压的最小值为满量程输入的 $1/2^n$。在最大输入电压一定时，输出位数愈多，量化单位愈小，分辨率愈高。例如，ADC 输出为 8 位二进制数，输入信号最大值为 5V，其分辨率为 $5V/2^8=19.53mV$。

2. 转换精度

转换精度通常是以输出误差的最大值形式给出。它表示 ADC 实际输出的数字量和理论上的输出数字量之间的差别，常用最低有效位的倍数表示。如给出相对误差小于等于±$LSB/2$，这就表明实际输出的数字量和理论上应得到的输出数字量之间的误差小于最低位的半个字。

3. 转换时间和转换速度

转换时间是指 ADC 从转换信号到来开始，到输出端得到稳定的数字信号所经过的时间。转换速度为其倒数。转换速度与转换电路的类型有关。不同类型的转换器，其转换速度相差很大。并行 ADC 转换速度最高，8 位二进制输出的单片 ADC 其转换时间在 50ns 内，逐次逼近型 ADC 转换速度次之，一般在 10～50μs，也有的可达数百纳秒。双积分式 ADC 转换速度最慢，其转换时间约在几十毫秒至几百毫秒间。实际应用中，应从系统总的位数、精度要求、输入模拟信号的范围及输入信号极性等方面综合考虑 ADC 的选用。

集成 ADC 按转换速度分类，小于 20μs（大于 50kHz）的为高速型；20～300μs（3.3～50kHz）的为中速型；大于 300μs（小于 3.3kHz）的为低速型。

8.2.4　集成 ADC 及其应用举例

ADC0809 是采用 CMOS 工艺制成的 8 位八通道逐次逼近型 A/D 转换器，采用 28 只引脚的双列直插封装。

ADC0809 的指标参数如下。

分辨率：　8 位
精度：　8 位
转换时间：　100μs
增益温度系数：　20×10^{-6}/℃
输入电平：　TTL
功耗：　15mW

1．内部结构与引脚功能

ADC0809 的内部结构图和引脚图如图 8.2.7 所示。

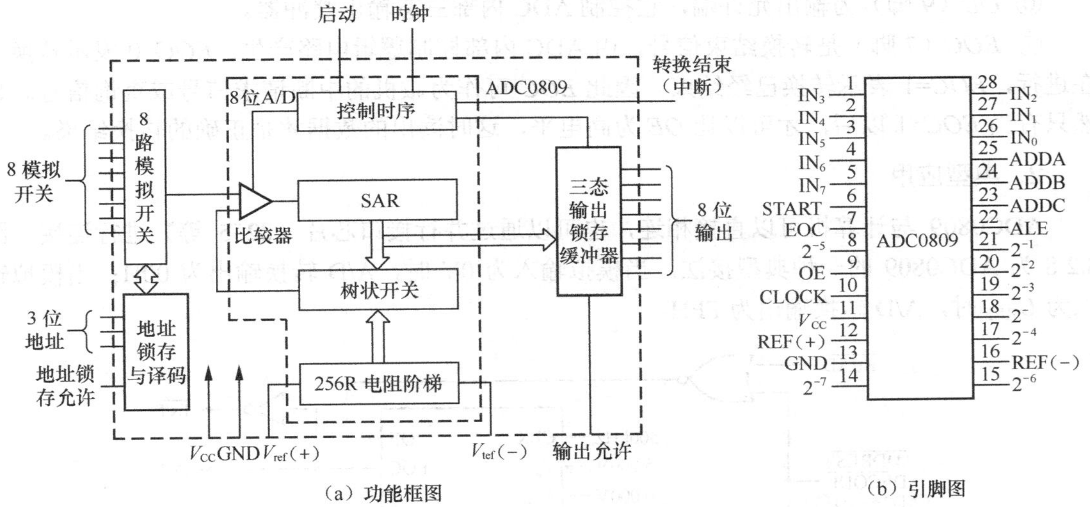

图 8.2.7　ADC0809 内部结构与引脚

ADC0809 有三个主要组成部分：256 个电阻组成的电阻阶梯及树状开关、逐次比较寄存器 SAR 和比较器。电阻阶梯和树状开关是 ADC0809 的一个特点，另一个特点是它含有一个 8 通道单端信号模拟开关和一个地址译码器。地址译码器选择 8 个模拟信号之一送入 ADC 进行 A/D 转换，因此适用于数据采集系统。表 8.2.3 为其通道选择表。

图 8.2.7（b）为引脚图，各引脚功能如下。

① IN_0～IN_7 是 8 路模拟输入信号。

② *ADDA*、*ADDB*、*ADDC* 为地址选择端。

③ 2^{-1}～2^{-8} 为变换后的数据输出端。

④ *START*（6 脚）是启动输入端。

⑤ *ALE*（22 脚）是通道地址锁存输入端。当 *ALE* 上升沿到来时，地址锁存器可对 *ADDA*、*ADDB*、*ADDC* 锁定。下一个 *ALE* 上升沿允许通道地址更新。实际使用中，要求 ADC 开始

转换之前地址就应锁存，所以通常将 *ALE* 和 *TART* 连在一起，使用同一个脉冲信号，上升沿锁存地址，下降沿则启动转换。

表 8.2.3　**ADC0809 通道选择表**

地址输入			选中通道
ADDC	ADDB	ADDA	
0	0	0	IN_0
0	0	1	IN_1
0	1	0	IN_2
0	1	1	IN_3
1	0	0	IN_4
1	0	1	IN_5
1	1	0	IN_6
1	1	1	IN_7

⑥ *OE*（9 脚）为输出允许端，它控制 ADC 内部三态输出缓冲器。

⑦ *EOC*（7 脚）是转换结束信号，由 ADC 内部控制逻辑电路产生。*EOC*=0 表示转换正在进行，*EOC*=1 表示转换已经结束。因此 *EOC* 可作为微机的中断请求信号或查询信号。显然只有当 *EOC*=1 以后，才可以让 *OE* 为高电平，这时读出的数据才是正确的转换结果。

2．典型应用

ADC0809 与计算机可以直接相连，也可以通过并行接口芯片（8255 等）进行连接。图 8.2.8 为 ADC0809 的一种典型接法。当模拟输入为 0V 时，A/D 转换输出为 00H；当模拟输入为 U_{REF} 时，A/D 转换输出为 FFH。

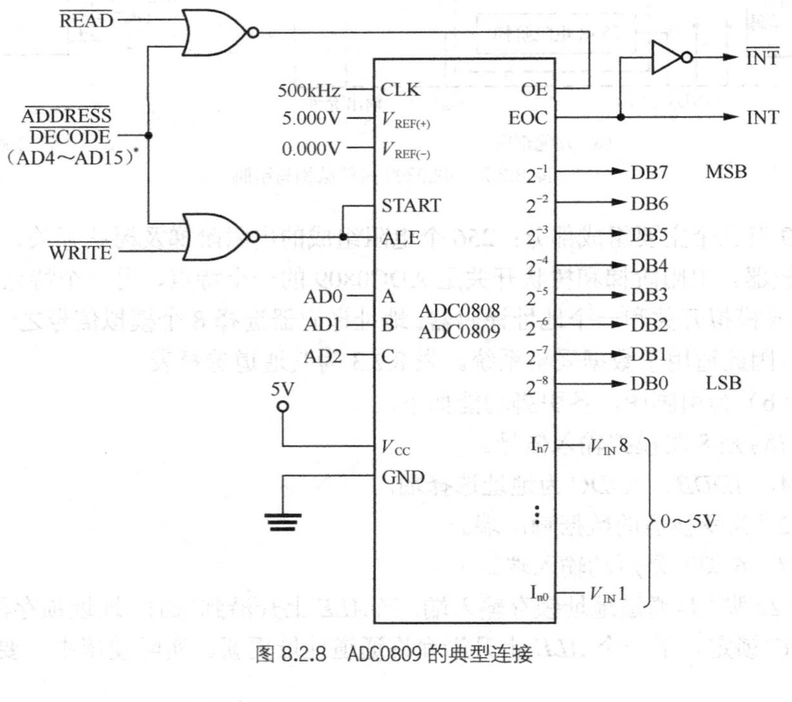

图 8.2.8　ADC0809 的典型连接

EOC 为中断请求信号，可根据系统总线的要求选用 *INT* 或 $\overline{INT}$ 信号。*START* 与 *ALE* 连接在一起，利用其上升沿锁存通道地址 *A*、*B*、*C*，在下降沿开始 *A/D* 转换。

来自 CPU 的读写控制信号，采用 I/O 指令时，分别由 $\overline{I/OW}$ 和 $\overline{I/OR}$ 提供，其他地址译码器对 A_7～A_3 进行译码；采用存储器指令时，则分别由存储器读和存储器写提供，由地址译码器对 A_{15}～A_3 进行译码。

习题

8.1 有一个 DAC 电路，n=8，其分辨率是多少？

8.2 DAC 和 ADC 的主要技术指标是什么？DAC 和 ADC 的主要参数是什么？

8.3 若 T 型 DAC 电路中 $R=R_F$=10kΩ，U_{REF}=5V，求对应输入 011、101、110 这三种情况下的输出电压 u_o。

8.4 一个 8 位逐次逼近式 ADC 要求转换时间小于 200ns，则时钟周期 T_{CP} 应为多少？

8.5 有一个 ADC 电路，u_{Imax}=10V，$n = 4$，试分别求出采用舍尾量化和四舍五入量化方式时的量化单位Δ。如果 u_I=6.28V，则转换后的数字量为多少？

8.6 A/D 转换通常需要经过哪几个步骤来完成？

8.7 试分析双积分式 ADC 与逐次逼近式 ADC 和并行比较式 ADC 的区别。

8.8 双积分型 ADC 中计数器是十进制的，其最大容量 $N_1=(2000)_{10}$，时钟频率 f_{CP}=10kHz，$-U_{REF}$=−6V，试求：

（1）完成一次转换的最长时间；

（2）已知计数器计数值 $D=(369)_{10}$ 时，对应输入模拟电压 u_I 的值。

附录 A VHDL 简介

VHDL 的英文全名是 Very-High-Speed Integrated Circuit Hardware Description Language，诞生于 1982 年。1987 年底，VHDL 被 IEEE 和美国国防部确认为标准硬件描述语言。自 IEEE 公布了 VHDL 的标准版本 IEEE-1076（简称 87 版）之后，各 EDA 公司相继推出了自己的 VHDL 设计环境，或宣布自己的设计工具可以和 VHDL 接口。1993 年，IEEE 对 VHDL 进行了修订，从更高的抽象层次和系统描述能力上扩展 VHDL 的内容，公布了新版本的 VHDL，即 IEEE 标准的 1076-1993 版本（简称 93 版）。

VHDL 主要用于描述数字系统的结构、行为、功能和接口。除了含有许多具有硬件特征的语句外，VHDL 的语言形式和描述风格与句法十分类似于一般的计算机高级语言。VHDL 的程序结构特点是将一项工程设计，或称设计实体（可以是一个元件、一个电路模块或一个系统）分成外部（或称可视部分，即端口）和内部（或称不可视部分，即涉及实体的内部功能和算法完成部分）。在对一个设计实体定义了外部界面后，一旦其内部开发完成，其他的设计就可以直接调用这个实体。这种将设计实体分成内外部分的概念是 VHDL 系统设计的基本点。

应用 VHDL 进行工程设计的优点是多方面的。

① VHDL 具有很强的行为描述能力，这为避开具体的器件结构，从逻辑行为上描述和设计大规模电子系统提供了重要保证。

② VHDL 丰富的仿真语句和库函数，使得在任何大系统的设计早期就能查验设计系统的功能可行性，随时可对设计进行仿真模拟。

③ VHDL 语句的行为描述能力和程序结构决定了它具有支持大规模设计的分解和已有设计的再利用功能。

A.1 VHDL 基本结构

一个完整的 VHDL 程序，或者说设计实体，通常要求最低能为 VHDL 综合器所支持，并能作为一个独立的设计单元，即元件的形式而存在的 VHDL 程序。在 VHDL 程序中，通常包含实体（ENTITY）、结构体（ARCHITECTURE）、配置（CONFIGURATION）、包集合（PACKAGE）和库（LIBRARY）5 个部分。其中实体和结构体这两个基本结构是必需的，它们可以构成最简单的 VHDL 程序。

A.1.1 实体

实体是 VHDL 程序的基本单元，它规定了设计单元的输入输出端口信号或引脚，是设计单元对外的一个通信界面。

实体语句结构如下。

```
ENTITY 实体名  IS
   PORT(端口表);
   ……
END ENTITY 实体名;
```

端口是对基本设计单元与外部接口的描述，其功能相当于电路图符号的外部引脚。端口可以被赋值，也可以当作逻辑变量用在逻辑表达式中。其一般书写格式为

```
PORT (端口名 : 端口模式  数据类型;
      端口名 : 端口模式  数据类型;
      … …);
```

端口模式有以下几种类型。

① 输入（IN）：只允许信号进入实体。

② 输出（OUT）：只允许信号离开实体。

③ 双向模式（INOUT）：允许信号双向传输，既可以进入实体，也可以离开实体，双向模式端口允许引入内部反馈。

④ 缓冲（BUFFER）：允许信号输出到实体外部，但同时也可以在实体内部引用该端口的信号。缓冲端口既能用于输出，也能用于反馈。

A.1.2 结构体

结构体也叫构造体。结构体描述了基本设计单元（实体）的结构、行为、元件及内部连接关系，也就是说它定义了设计实体的功能，规定了设计实体的数据流程，制定了实体内部元件的连接关系。

结构体的语句格式为

```
ARCHITECTURE 结构体名  OF  实体名 IS
   [定义语句]
BEGIN
   [功能描述语句]
END  结构体名;
```

结构体信号定义语句必须放在关键词 ARCHITECTURE 和 BEGIN 之间，用于对结构体内部将要使用的信号、常数、数据类型、元件、函数和过程加以说明。

例 A.1.1 2 选 1 数据选择器

```
ENTTITY mux2 IS
PORT   (d0, d1: IN BIT;
          sel: IN BIT;
           s: OUT BIT);
```

```
END  mux2;
ARCHITECTURE  dataflow  OF  mux2  IS
   SIGNAL  sig: BIT;       --信号定义语句（内部信号，无方向）
BEGIN
sig <= (d0 AND sel) OR (NOT sel AND d1);
s<=sig;              --功能描述语句
END dataflow;
```

A.1.3 库

库是经编译后的数据的集合，它存放包集合定义、实体定义、结构定义和配置定义。

库语句的格式为

```
LIBRARY  库名;
USE  库名.包名.all;
```

USE 语句指明库中的程序包。一旦说明了库和程序包，整个设计实体都可以进入访问或调用，但其作用范围仅限于所说明的设计实体。USE 语句的使用将使所说明的程序包对本设计实体部分或全部开放。例如：

```
LIBRARY IEEE;
USE IEEE.STD_LOGIC_1164.ALL;
USE IEEE.STD_LOGIC_1164.STD_ULOGIC;
```

A.1.4 包集合

包集合用来单纯地罗列 VHDL 中所要用到的信号定义、常数定义、数据类型、元件语句、函数定义和过程定义等。它是一个可编译的设计单元，也是库结构中的一个层次。使用包集合时可以用 use 语句说明。例如：

```
use  ieee.std_logic_1164.all ;
```

该语句表示在 VHDL 程序中使用名为 std_logic_1164 的包集合中的所有定义或说明项。一个包集合由包头和包体两大部分组成。

包集合的书写格式为

```
PACKAGE    包集合名    IS
    [说明语句] ;
END    包集合名;
PACKAGE    BODY   包集合名    IS
    [说明语句]
END    BODY ;
```

包头部分：由函数、过程、类型、元件、常量组成，全部对外可见。

包体部分：由包头中指定的函数和过程的程序体组成，并具体给出描述实现该函数功能的语句和数据的赋值。包体是一个可选项，也就是说，包可以只由包头构成。

例 A.1.2 自定义包 mypackage

```
package mypackage is    --包头
    Function minimum (a ,b : in std_logic_vector )
```

```
        Return std_logic_vector ;  --说明可用于外部的常数与类型
    constant maxint : integer := 16 # FFFF# ;
    type arithmetic_mode_type is (signed ,unsigned) ;
    End mypack ;
    package body mypack is
       function minimum (a , b :in std_logic_vector )
          return    std_logic_vector    is
       begin
          if a < b then
             return a ;
          else
             return b;
          end if ;
       end minimum ;
    end mypack ;
```

利用 use 语句，用户可以使用做好的包。但 use 语句必须在 entity 之前，在 library 之后。例如：

```
library ieee;
library mylib ;
use ieee.std_logic_1164.all;
use mylib.mypackage.all ;
entity myentity is
   port (a : in std_logic ;
      b: out std_logic ) ;
         ……
```

上面的例子假定在设计库 mylib 中编译。系统必须有一个指示器指出库 mylib 在什么位置，即对应哪个目录。这个例子还指定了 mypackage.all。语句中 all 的意义是可以使用 package 中所有内容。如果只用程序包中定义的函数 minimum，则必须写成

```
use mylib.mypackage.minimum ;
```

如果要用不同程序包中的几个不同的函数，则必须写成

```
library mylib , ieee ;
use mylib. Mypackage. Minimum, ieee.std_logic_1164.all ;
```

或

```
library mylib ;
library ieee ;
use mylib. mypackage.minimum ;
use ieee.std_logic_1164.all ;
```

A.1.5 配置

一个实体可以对应多个结构体，配置语句把一个具体的结构体和实体结合在一起。它常用来进行调试源程序，通过配置语句进行多种方案的分析，选择出最佳的方案。

例 A.1.3 有一个实体，它有 2 个不同的结构体：rtl 和 behv。配置指明哪个结构体要被模拟。

其中，名字为 mux_rtl 的配置指明用 rtl，名字为 mux_behv 的配置指明用 behv。

```
entity mux is
……
end mux ;
architecture behv of mux is
begin
……
end behv ;   --结构体 behv
architecture rtl of mux is
begin
……
end rtl ;  --结构体 rtl
configuration mux_behv of mux is
    for behv
    end for ;
end mux_behv;    --结构体 behv 的默认配置
configuration mux_ rtl of mux is
    for rtl
    end for ;
end mux_rtl  ;    --结构体 rtl 的默认配置
```

根据所编译的是上面哪一个配置，决定要模拟的是 behv 还是 rtl。综合工具通常忽略所有的配置，而对最后输入的结构体进行综合。

总之，配置更多地用于模拟，而较少用于设计硬件。

A.2 VHDL 语法规则

A.2.1 注释

为了保证 VHDL 程序的可读性，在程序行的末尾以双连下画线“—”表示，其后的文字是对本行程序的注释部分。

A.2.2 标识符

VHDL 的标识符有英文字母（a～z、A～Z）、数字（0～9）和下画线（_），使用规则如下。

① 标识符的第一个字符必须是英文字母。
② 标识符的最后一个字符不能是下画线字符。
③ 标识符不允许连续出现 2 个下画线字符。
④ 标识符不区分字母大小写。
⑤ VHDL 的保留字（关键字）不能作为标识符使用。
合法使用标识符举例：Data_in ,rest1 , res_12d, reg。

非法使用标识符举例：clk , 3data_in , a__bus , select , x_clk_ , reg#logic。

A.2.3 数的表示

VHDL 数字表示法有十进制表示法、二进制表示法、八进制表示法和十六进制表示法。

① 十进制数：123、3E8、34_561(= 34561)。

② 以基数表示的数。

二进制数 11000100：2#11000100#;

八进制数 377：8# 377 #;

十六进制数 C4：16# C4 #。

③ 实数：12.0、0.0、346_415.675、532.4E – 2。

为了提高数字的可读性，在相邻数字之间允许插入下画线。允许在数前面出现若干个 0，但不允许在数之间存在空格。

A.3 VHDL 的数据对象

A.3.1 常量

常量是设计者给实体中某一常量名赋予的固定值。一般地说，常量赋值在程序开始前进行说明，数据类型在实体说明语句中指明。常量说明的一般格式为

```
CONSTANT 常量名 : 数据类型 := 表达式;
```

例 A.3.1 CONSTANT width : integer := 8;

A.3.2 变量

变量仅用在进程、函数、过程结构中，变量是一个局部量，变量的赋值立即生效，不产生赋值延时。变量书写的一般格式为

```
VARIABLE 变量名: 数据类型 约束条件 := 表达式 ;
```

例 A.3.2 Variable result : std_logic := ‘0’ ;

A.3.3 信号

信号是电子电路内部硬件连接的抽象。它除了没有数据流动方向说明之外，其他性质几乎和前面所述“端口”概念一致。信号通常在构造体、包集合和实体中说明。信号的一般书写格式为

```
SIGNAL 信号名: 数据类型、约束条件 :=  表达式 ;
```

例 A.3.3 signal sys_clk：bit := ‘0’ ;

A.4 VHDL 的数据类型

A.4.1 整数类型

整数类型严格地说与算术整数相似，通常所有预定的算术函数，像加、减、乘和除都适于整数类型，并且必须支持从$-(2^{31}-1)$到$(2^{31}-1)$的范围的整数。

尽管整数值在电子系统中可以用一系列二进制位值来表示。但是，整数不能看作是位矢量，也不能按位来进行访问，对整数不能用逻辑操作符，当需要进行操作时，可以用转换函数将整数转换成位矢量。

例 A.4.1 Type twos_comp is integer range –32768 to 32768 ;

A.4.2 浮点类型

浮点类型值被用于表达大部分实数。和整数一样，浮点类型也同样受到范围限制。它是从–1.0E38 到+1.0E38 范围内的实数。

注意：综合工具常常不支持浮点类型（特别是用于可编程逻辑的那些综合工具），因为这需要大量的资源来进行算术的操作。

A.4.3 枚举类型

在逻辑电路中，所有的数据都是用“1”或“0”来表示的，但是人们在考虑逻辑关系时，只有数字往往是不方便的。在 VHDL 中，可以用符号名来代替数字。枚举类型数据的定义格式为

```
TYPE 数据类型名 IS（元素，元素，……）；
```

例 A.4.2 Type Two_level_logic is (‘0’, ‘1’) ;

A.4.4 物理类型

物理类型可用来表示距离、电流和时间等物理量，它的值常作为测试单元。

物理类型中的时间（time）类型是预定义的，可直接使用，其他物理类型可根据需要自己定义。物理类型数据的定义格式为

```
Type <类型名> is <类型范围>；
```

例 A.4.3 电流（current）

```
Type current is range 0 to 10E9 ;
units
na ;  --基本单元(10-9a)
ua = 1000na ;  --次级单元，应为基本单位的整数倍
ma =1000ua ;  --次级单元
a = 1000ma ;  --次级单元
end units ;
```

A.4.5 数组类型

一个数组类型的对象由相同类型的多个元素所组成，最常用的数组类型是由 IEEE.1076 和 IEEE_1164 标准所预先定义的那些。其一般格式为

```
TYPE 数据类型名 IS ARRAY 范围 OF 原数据类型;
```

例 A.4.4 声　　明：Type word is array (1 to 8) of std_logic ;

数组引用：signal word1, word2 : word ;

数组赋值：word1 [5]　<= '1' ;

A.4.6 记录类型

数组是由同一类型数据集合起来形成的，而记录则是将不同类型的数据和数据名组织在一起而形成的新客体。记录类型数据的定义格式为

```
Type 数据类型名 is record
   元素名 :  数据类型名;
   元素名 :  数据类型名;
   ………
End  record ;
```

例 A.4.5 Type　month_name (Jan, Feb, Mar, Apr, May, Jun, Jul, Aug, Sep, Oct, Nov, Dec);

```
Type  date  is  record   --记录类型
   day : Integer  range  1  to   31 ;
   month : month_name ;
   year : Integer  range   0  to  3000 ;
end  record ;
```

A.4.7 子类型

子类型是一个具有限制条件的类型。子类型通常用来定义具有一定限制条件的基本类型的数据对象。其一般书写格式为

```
subtype  子类型名  is   数据类型名  [范围] ;
```

子类型说明包括一个类型名或子类型名，后跟一个任选的限制，这个限制既可以是范围限制，也可以是下标限制。

例 A.4.6 subtype lowercase_letter is character range 'a' to 'z' ;　--字母取值 a～z

```
subtype  register  is  bit_vector  (7 downto  0) ;
```

A.5 VHDL 的运算操作符

A.5.1 逻辑运算符

逻辑运算符共有 NOT、AND、OR、NAND、NOR、XOR 6 种，均可对 STD_LOGIC、

BIT、STD_LOGIC_VECTOR 等逻辑型数组及布尔型数据进行逻辑运算。

A.5.2 算术运算符

算术运算符共有 10 种，分别是+（加）、–（减）、*（乘）、/（除）、MOD（求模）、REM（取余）、+（正）、–（负）、**（指数）、ABS（取决对值）。

A.5.3 关系运算符

关系运算符有 6 种，它们分别是=（等于）、/=（不等于）、<（小于）、<=（小于等于）、>（大于）、>=（大于等于）。

A.5.4 并置运算符

并置运算符“&”用于位的连接。

A.6 VHDL 的常用编程语句

A.6.1 顺序描述语句

顺序语句是用来定义进程、函数和过程的行为。顺序语句完全按照程序中出现的顺序执行；在结构层次中，前面语句的执行结果可能直接影响后面语句的结果。

1. if 语句

if 语句根据一个或多个条件选择程序执行的顺序，语法如下。

```
if <条件> then <顺序语句>
[[elsif <条件> then <顺序语句>]
else <顺序语句>]
end if
```

例 A.6.1 用 if 语句描述二选一数据选择器。

```
library ieee;
use ieee.std_logic_1164.all;
entity mux2 is
port(d:in std_logic_vector(1 downto 0);
   a0: in std_logic;
   y: out std_logic);
end mux2;
architecture archmux of mux2 is
begin
   process (d,a0)
   begin
      if (a0='0') then
         y<= d(0);
      else
         y<= d(1);
```

```
      end if;
   end process ;
end archmux ;
```

例 A.6.2 用 if 语句描述四选一数据选择器。

```
library ieee ;
use ieee.std_logic_1164.all ;
entity mux4 is
port(d : in std_logic_vector(3 downto 0) ;
   a : in std_logic_vector(1 downto 0) ;
   y : out  std_logic ) ;
end mux4 ;
architecture archmux of mux4 is
begin
   process(d ,a)
   begin
      if (a="00")then   y<= d(0) ;
      elsif (a="01")then    y<= d(1) ;
      elsif (a="10")then    y<= d(2) ;
      else
         y<= d(3) ;
      end if ;
   end process ;
end archmux ;
```

2. case 语句（开关语句）

在 VHDL 中，case 语句一般用于描述总线或编码、译码的行为及状态机。

case 语句是 VHDL 提供的另一种形式的条件控制语句，它根据所给表达式的值域选择执行语句集。它的可读性比 if 语句要强得多，阅读者很容易找出条件式和动作的对应关系。case 语句的一般书写格式为

```
case <表达式> is
   when <值>  =>  <语句> ;
   when <值>|<值>|……|<值>  =>  <语句> ;
   when <离散范围> =>  <语句> ;
   when others  =>  <语句> ;
end case ;
```

例 A.6.3 用 case 语句描述一个四选一多路选择器。

```
library ieee ;
use ieee.std_logic_1164.all ;
entity mux4 is port
    (d : in  std_logic_vector(3 downto 0) ;
   a: in  std_logic_vector(1 downto 0);
   y : out std_logic ) ;
end mux4 ;
architecture mux4_behave of mux4 is
begin
```

```
        B: process (d,a)
        begin
            case a is
            when  "00" => y <=d(0) ;
            when  "01" => y <=d(1) ;
            when  "10" => y <=d(2) ;
            when  others => y <=d(3) ;
            end  case ;
        end process;
    end archmux;
```

A.6.2 并发描述语句

在 VHDL 中，能进行并发处理的语句有进程（process）语句、并发信号赋值语句、条件信号赋值语句、选择信号赋值语句、并发过程调用语句、块（block）语句等。

1. 进程语句

Process 语句具有如下特点。

① 可以与其他进程并发运行，并可存取实体或结构体中定义的信号。

② 进程结构中的所有语句按书写顺序执行。

③ 为启动进程，在进程结构中必须包含一个显式的敏感信号表或包含一个 wait 语句，即只有敏感信号表中 wait 语句后的敏感信号发生变化，进程才被启动。

④ 进程之间通过信号传递，实现相互通信。

进程语句的一般书写格式为

```
[进程名] process <敏感信号>
    变量说明语句
Begin
    顺序说明语句
end process [进程名];
```

例 A.6.4 比较器设计。

```
Architecture behavioral of compare is
begin
    p1:process(A ,B)
    begin
        if (A = B) then
            C <= '1' ;
        else
            C <= '0' ;
        end if ;
    end process p1 ;
end behavioral ;
```

2. 并发信号赋值语句

并发信号赋值语句书写格式为

```
<对象> <= <表达式> ;
```

例 A.6.5 减法器设计。

```
library ieee ;
use ieee.std_logic_1164.all ;
use ieee.std_logic_unsigned.all ;
use ieee.std_logic_arith.all ;
entity subtraction is prot (in1 , in2 : in integer;
                    out1 : out integer ) ;
end subtraction ;
architecture almost_simplest of subtraction is
begin
   process (in1 ,in2)
   begin
      out1 <= in2 - in1 ( after  8ns ) ;
   end process ;
end almost_simplest ;
```

3. 条件信号赋值语句

条件信号赋值语句书写格式为

```
signal_name <=  value_1  when  condition1  else
       ……
       value_N ;
```

例 A.6.6 用一组条件信号赋值语句描述一个可用于选通四位总线的四选一多路选择器。

```
library ieee ;
use ieee.std_logic_1164.all ;
entity mux4 is port
   (d : in std_logic_vectot ( 3 downto 0) ;
   s : in std_logic_vector ( 1 downto 0 ) ;
   y : out std_logic) ;
end mux4 ;
architecture archmux of mux4 is
begin
   y <= d(0)when a = "00" else
      d(1)when a = "01" else
      d(2)when a = "10" else
      d(3) ;
end archmax;
```

4. 选择信号赋值语句

选择信号赋值语句书写格式为

```
with selection_signal select
   signal_name  <=  expression1 when valuce1 ;
                    expression2 when valuce2 ;
                    …….
```

```
                    expression N when valuce N ;
end data_flow ;
```

例 A.6.7 使用选择信号赋值语句定义一个译码器。

```
library ieee ;
use ieee.std_logic_1164.all ;
entity decoder is port
    (enable : in bit ;
   sel : in bit_vector ( 2 downto 0) ;
   yout : out bit_vector ( 7 downto 0) ) ;
end decoder ;
architecture selected of decoder is
   signal z : bit_vector ( 7 downto 0 ) ;
begin
   with sel select
      z <=  "00000001" when "000" ,
         "00000010" when "001" ,
         "00000100" when "010" ,
         "00001000" when "011" ,
         "00010000" when "100" ,
         "00100000" when "101" ,
         "01000000" when "110" ,
         "10000000" when "111" ,
         "00000000" when others;
   process (enable)
   begin
      if enable=1 then
         yout <= z ;
      else yout <= "00000000" ;
      end if ;
   end process ;
end selected ;
```

5. 元件说明语句、元件例化语句

在一个大型设计中，通常采用层次化的设计方法，即一个实体（称顶层实体）中通常包含若干个元件（实体），并将其相互连接起来。元件可以嵌套，即低层次元件又可以包含更低一层的元件。利用层次化描述方法可以将已有的设计成果方便地用到新的设计中，大大提高了设计效率。例如，某系统由若干个插件板组成，每一插件又由若干个已生成的基本单元电路组成，各 ASIC 电路又由若干个已生成的基本单元电路组成，则采用层次化的结构来设计这个系统，将会使工作量大大降低。元件说明语句一般书写格式为

```
COMPONENT 元件名
   [GENERIC 说明]
   PORT 说明
END  COMPONENT ;
```

注意：

① 元件说明中的端口名必须和该元件所对应实体中的端口名保持一致，即 port 后括号

中的信号名、信号排列顺序都要一致。

② 元件说明出现在 architecture 和 begin 之间。

元件例化语句出现在结构体的语句部分，其一般的书写格式为

```
<标号名>: <元件名> [generic  map (<类属关联表>)]
port  map  (<端口关联表>);
```

6. 参数映射语句

generic 语句用于实现不同层次之间信息的传递，如位矢量长度、数据总线宽度、器件延时时间等参数的传递。如果 generic 参数说明为整数类型，则此语句可以被 VHDL 综合器所综合。

generic 语句可以使器件模块化、通用化，使用 generic 语句和参数映射语句 generic map 可以调用模块建立新的电路结构。

例 A.6.8 参数传递应用。and2 元件是一个带传输延迟时间参数的二输入与门电路，其 VHDL 描述如下。

```
entity and2 is
   generic (delay : time := 10ns );
   port ( a,b : in bit ;
     c : out bit );
end and2;
architecture behave of and2 is
begin
   u1 : and2 generic map (5ns)
      port map (ina ,inb ,s1) ;
   u2 : and2 generic map (10ns)
      port map (inc , ind , s2) ;
   u3 : and2 generic map (12ns)
      port map ( s1 , s2 , q) ;
end behave ;
```

7. 端口映射语句

端口映射语句将现成元件的端口信号映射成高层次设计电路中的信号。映射方法有两种：位置映射和名称映射。

① 位置映射方法。所谓位置映射方法就是在下一层元件端口说明中的信号书写顺序位置和 port map( )中指定的实际信号书写顺序位置一一对应。

例如，在二输入与门 and2 中，端口的输入输出定义为

```
port ( a , b : in bit ; c : out bit );
```

在设计引用时，元件例化语句为

```
U1 : and2 port map ( ina , inb , s1) ;
```

即：在 u1 中，ina→a , inb→b , s1→c。

② 名称映射方法。将设计中的信号连接到元件的某个端口，通过使用结合运算符“=>”

实现。

例如，采用名称映射方法实现二输入与门的端口映射：

```
U1 : and2 port map ( a=>ina , b=>inb , c=>s1) ;
```

此时，port map ( )中指定的实际信号的书写顺序可随意规定。

A.7 基本逻辑电路的 VHDL 设计

例 A.7.1 8/3 线优先编码器 74148 的 VHDL 程序设计。

```
library ieee ;
use ieee,std_logic_1164.all ;
entity p74148 is
   port (en , in0 , in1 , in2 , in3 , in4 , in5 , in6 , in7 : in std_logic ;
      yen , yex , y0 , y1 , y2 : out  std_logic ) ;
end p74148;
architecture rtl of p74148 is
   Signal temp_in : std_logic_vector ( 7 downto 0 ) ;
   Signal temp_out : std_logic_vector ( 4 downto 0) ;
begin
   temp_in <= in7 & in6 & in5 & in4 & in3 & in2 & in1 & in0 ;
   process ( en , temp_in )
   begin
      if ( en = '0' ) then
         if (temp_in = "11111111" ) then
         temp_out <= "11110" ;
      elsif ( temp_in (7) = '0'  ) then
         temp_out <= "00001" ;
      elsif ( temp_in (6) = '0'  ) then
         temp_out <= "00101" ;
      elsif ( temp_in (5) = '0' ) then
         temp_out <= "01001" ;
      elsif ( temp_in (4) = '0'  ) then
         temp_out <= "01101" ;
      elsif ( temp_in (3) = '0'  ) then
         temp_out <= "10001" ;
      elsif ( temp_in (2) = '0' ) then
         temp_out <= "10101" ;
      elsif  ( temp_in (1) = '0'  )  then
         temp_out <= "11001" ;
      elsif  ( temp_in (0) = '0'  )  then
         temp_out <= "11101" ;
      else
         temp_out <= "11111" ;
      end if ;
      y2    <=  temp_out (4) ;
      y1    <=  temp_out (3) ;
      y0    <=  temp_out (2) ;
      yex   <=  temp_out (1) ;
```

```
        yen    <=  temp_out (0) ;
      end process ;
   end rtl ;
```

例 A.7.2　六进制计数器的设计。

```
library ieee ;
use ieee.std_logic_1164.all ;
use ieee.std_logic_arith.all ;
entity counter6 is
   port (en , clr , cp : in std_logic ;
      qa , qb , qc : out std_logic) ;
end counter6 ;
architecture rtl of counter6 is
   signal q : std_logic_vector ( 2 downto 0 ) ;
   subtype countm6 is integer range 0 to 5;
begin
   process (cp)
      variable qb : countm6;
   begin
      if ( cp' event and cp ='1' ) then
         if ( clr = '0' ) then
            q6 := 0 ;
         elsif ( en = '1' ) then
            if ( q6 = 5 ) then
               q6 := 0 ;
            else
               q6 := q6 + 1 ;
            end if ;
         end if ;
      end if ;
      q <= conv_std_logic_vector ( q6 , 3 )
      qa <= q (0) ;
      qb <= q(1) ;
      qc <= q (2) ;
      end process ;
 end rtl ;
```

附录B Verilog 简介

Verilog HDL 是一种硬件描述语言，用于从算法级、门级到开关级的多种抽象设计层次的数字系统建模。被建模的数字系统对象的复杂性可以介于简单的门和完整的电子数字系统之间。数字系统能够按层次描述，并可在相同描述中显式地进行时序建模。

Verilog HDL 具有下述描述能力：设计的行为特性、设计的数据流特性、设计的结构组成以及包含响应监控和设计验证方面的时延和波形产生机制。所有这些都使用同一种建模语言。此外，Verilog HDL 提供了编程语言接口，通过该接口可以在模拟、验证期间从设计外部访问设计，包括模拟的具体控制和运行。

Verilog HDL 不仅定义了语法，而且对每个语法结构都定义了清晰的模拟、仿真语义。因此，用这种语言编写的模型能够使用 Verilog 仿真器进行验证。语言从 C 编程语言中继承了多种操作符和结构。Verilog HDL 提供了扩展的建模能力，其中许多扩展最初很难理解。但是，Verilog HDL 的核心子集非常易于学习和使用，这对大多数建模应用来说已经足够。当然，完整的硬件描述语言足以对从最复杂的芯片到完整的电子系统进行描述。

B.1 Verilog HDL 基本程序结构

用 Verilog HDL 描述的电路设计就是该电路的 Verilog HDL 模型，也称为模块，是 Verilog 的基本描述单位。模块描述某个设计的功能或结构以及与其他模块通信的外部接口，一般来说一个文件就是一个模块，但并不绝对如此。模块是并行运行的，通常需要一个高层模块通过调用其他模块的实例来定义一个封闭的系统，包括测试数据和硬件描述。一个模块的基本架构如下。

```
module module_name (port_list)
       //声明各种变量、信号
       reg //寄存器
       wire//线网
       parameter//参数
       input//输入信号
       output/输出信号
       inout//输入输出信号
       function//函数
```

```
        task//任务
        ……
       //程序代码
        initial assignment
        always assignment
        module assignment
        gate assignment
        UDP assignment
        continous assignment
    endmodule
```

说明部分用于定义不同的项，例如模块描述中使用的寄存器和参数。语句用于定义设计的功能和结构。说明部分可以分散于模块的任何地方，但是变量、寄存器、线网和参数等的说明必须在使用前出现。一般的模块结构如下。

```
module <模块名> (<端口列表>)
<定义>
<模块条目>
endmodule
```

其中，<定义>用来指定数据对象为寄存器型、存储器型、线型以及过程块。<模块条目>可以是 initial 结构、always 结构、连续赋值或模块实例。

例 B.1.1 二选一选择器的 Verilog 实现。

```
module muxtwo(out, a, b, s1);
       input a, b, s1;
       output out;
       reg out;
       always @ (s1 or a or b)
              if (!s1) out = a;
              else out = b;
endmodule
```

模块的名字是 muxtwo，模块有 4 个端口：三个输入端口 a、b 和 s1，一个输出端口 out。由于没有定义端口的位数，所有端口大小都默认为 1 位；由于没有定义端口 a, b, s1 的数据类型，这 3 个端口都默认为线网型数据类型。输出端口 out 定义为 reg 类型。

如果没有明确的说明，则端口都是线网型的，且输入端口只能是线网型的。

B.2 Verilog HDL 的数据类型和运算符

B.2.1 标志符

标志符可以是一组字母、数字、下画线_和符号$的组合，且标志符的第一个字符必须是字母或者下画线。另外，标志符是区别大小写的。下面给出标志符的几个例子。

```
Clk_100MHz
diag_state
_ce
P_o1_02
```

需要注意的是，Verilog HDL 定义了一系列保留字，叫作关键字，具体资料可查阅相关标准。只有小写的关键字才是保留字，因此在实际开发中，建议将不确定是否是保留字的标志符首字母大写。例如，标志符 if（关键字）与标志符 IF 是不同的。

B.2.2 数据类型

数据类型用来表示数字电路硬件中的数据存储和传送元素。Verilog HDL 中总共有 19 种数据类型，这里只介绍 4 个常用的数据类型：wire 型、reg 型、memory 型和 parameter 型，其他类型可以参见相关的参考书。

1. wire 型

wire 型数据常用来表示以 assign 关键字指定的组合逻辑信号。Verilog 程序模块中输入、输出信号类型默认为 wire 型。wire 型信号可以用作方程式的输入，也可以用作 assign 语句或者实例元件的输出。

wire 型信号的定义格式为

```
wire [n-1:0] 数据名 1，数据名 2，……数据名 N;
```

这里，总共定义了 *N* 条线，每条线的位宽为 ***n***。下面给出几个例子。

```
wire [9:0] a, b, c; // a, b, c 都是位宽为 10 的 wire 型信号
wire d;
```

2. reg 型

reg 是寄存器数据类型的关键字。寄存器是数据存储单元的抽象，通过赋值语句可以改变寄存器存储的值，其作用相当于改变触发器存储器的值。reg 型数据常用来表示 always 模块内的指定信号，代表触发器。通常在设计中要由 always 模块通过使用行为描述语句来表达逻辑关系。在 always 块内被赋值的每一个信号都必须定义为 reg 型，即赋值操作符的右端变量必须是 reg 型。

reg 型信号的定义格式为

```
reg [n-1:0] 数据名 1，数据名 2，……数据名 N;
```

这里，总共定义了 *N* 个寄存器变量，每条线的位宽为 ***n***。下面给出几个例子。

```
reg [9:0] a, b, c; // a, b, c 都是位宽为 10 的寄存器
reg d;
```

reg 型数据的默认值是未知的。reg 型数据可以为正值或负值。但当一个 reg 型数据是一个表达式中的操作数时，它的值被当作无符号值，即正值。如果一个 4 位的 reg 型数据被写入–1，在表达式中运算时，其值被认为是+15。

reg 型和 wire 型的区别在于：reg 型保持最后一次的赋值，而 wire 型则需要持续的驱动。

3. memory 型

Verilog 通过对 reg 型变量建立数组来对存储器建模，可以描述 RAM、ROM 存储器和寄

存器数组。数组中的每一个单元通过一个整数索引进行寻址。memory 型通过扩展 reg 型数据的地址范围来达到二维数组的效果，其定义的格式为

```
reg [n-1:0] 存储器名 [m-1:0];
```

其中，reg [n-1:0]定义了存储器中每一个存储单元的大小，即该存储器单元是一个 *n* 位位宽的寄存器；存储器后面的[m-1:0]则定义了存储器的大小，即该存储器中有多少个这样的寄存器。例如：

```
reg [15:0] ROMA [7:0];
```

这个例子定义了一个存储位宽为 16 位、存储深度为 8 的存储器。该存储器的地址范围是 0 到 8。

需要注意的是：对存储器进行地址索引的表达式必须是常数表达式。

尽管 memory 型和 reg 型数据的定义比较接近，但二者还是有很大区别的。例如，一个由 *n* 个 1 位寄存器构成的存储器是不同于一个 *n* 位寄存器的。

```
reg [n-1 : 0] rega; // 一个 n 位的寄存器
reg memb [n-1 : 0]; // 一个由 n 个 1 位寄存器构成的存储器组
```

一个 *n* 位的寄存器可以在一条赋值语句中直接进行赋值，而一个完整的存储器则不行。

```
rega = 0; // 合法赋值
memb = 0; // 非法赋值
```

如果要对 memory 型存储单元进行读写，必须要指定地址。例如：

```
memb[0] = 1; // 将 memb 中的第 0 个单元赋值为 1。
reg [3:0] Xrom [4:1];
Xrom[1] = 4'h0;
Xrom[2] = 4'ha;
Xrom[3] = 4'h9;
Xrom[4] = 4'hf;
```

4. parameter 型

在 Verilog HDL 中用 parameter 来定义常量，即用 parameter 来定义一个标志符表示一个常数。采用该类型可以提高程序的可读性和可维护性。

```
parameter 型信号的定义格式为
parameter 参数名 1 = 数据名 1;
```

下面给出几个例子。

```
parameter s1 = 1;
parameter [3:0] S0=4'h0,
S1=4'h1,
S2=4'h2,
S3=4'h3,
S4=4'h4;
```

B.2.3 模块端口

模块端口是指模块与外界交互信息的接口，包括以下 3 种类型。
input：模块从外界读取数据的接口，在模块内不可写。
output：模块往外界送出数据的接口，在模块内不可读。
inout：可读取数据也可以送出数据，数据可双向流动。

B.2.4 常量集合

Verilog HDL 有下列 4 种基本的数值。
0：逻辑 0 或“假”；
1：逻辑 1 或“真”；
x：未知；
z：高阻。
其中 x、z 是不区分大小写的。Verilog HDL 中的数字由这 4 类基本数值表示。

Verilog HDL 中的常量分为 3 类：整数型、实数型以及字符串型。下画线符号“_”可以随意用在整数和实数中，没有实际意义，只是为了提高可读性。例如，56 等效于 5_6。

1. 整数

整数型可以按简单的十进制数格式以及基数格式两种方式书写。
（1）简单的十进制格式
简单的十进制数格式的整数定义为带有一个“+”或“−”操作符的数字序列。下面是这种简单十进制形式整数的例子。

```
45   十进制数 45
-46  十进制数-46
```

简单的十进制数格式的整数值代表一个有符号的数，其中负数可使用两种补码形式表示。例如，32 在 6 位二进制形式中表示为 100000，在 7 位二进制形式中为 0100000，这里最高位 0 表示符号位；−15 在 5 位二进制中的形式为 10001，最高位 1 表示符号位，在 6 位二进制中为 110001，最高位 1 为符号扩展位。
（2）基数表示格式
基数格式的整数格式为

```
[长度] '基数 数值
```

长度是常量的位长，基数可以是二进制、十进制、十六进制之一。数值是基于基数的数字序列，且数值不能为负数。下面是一些具体实例。

```
6'b9  6 位二进制数
5'o9  5 位八进制数
9'd6  9 位十进制数
```

2．实数

实数可以用下列两种形式定义。

（1）十进制计数法，例如：

```
2.0
16539.236
```

（2）科学计数法

这种形式的实数举例如下，其中 e 与 E 相同。

```
235.12e2  其值为 23512
5e-4  其值为 0.0005
```

根据 Verilog 语言的定义，实数通过四舍五入隐式地转换为最相近的整数。

3．字符串

字符串是双引号内的字符序列。字符串不能分成多行书写。例如：

```
"counter"
```

用 8 位 ASCII 值表示的字符可看作是无符号整数，因此字符串是 8 位 ASCII 值的序列。为存储字符串“counter”，变量需要 8×7 位。

```
reg [1: 8*7] Char;
Char = ''counter'';
```

B.2.5　运算符和表达式

在 Verilog HDL 语言中运算符所带的操作数是不同的，按其所带操作数的个数可以分为 3 种。

单目运算符：带一个操作数，且放在运算符的右边。

双目运算符：带两个操作数，且放在运算符的两边。

三目运算符：带三个操作数，且被运算符间隔开。

Verilog HDL 语言参考了 C 语言中大多数算符的语法和句义，运算范围很广，其运算符按其功能分为下列 9 类。

1．基本算术运算符

在 Verilog HDL 中，算术运算符又称为二进制运算符，有下列 5 种。

＋ 加法运算符或正值运算符，如 s1+s2; +5;

－ 减法运算符或负值运算符，如 s1–s2; –5;

* 乘法运算符，如 s1*5;

/ 除法运算符，如 s1/5;

% 模运算符，如 s1%2。

在进行整数除法时，结果值要略去小数部分；在取模运算时，结果的符号位和模运算第一个操作数的符号位保持一致，见表 B.2.1 的说明。

表 B.2.1　　整数除法和取模运算的结果位数

运算表达式	结果	说明
12.5/3	4	结果为 4，小数部分省去
12%4	0	整除，余数为 0
–15%2	–1	结果取第一个数的符号，所以余数为–1
13/–3	1	结果取第一个数的符号，所以余数为 1

注意：在进行基本算术运算时，如果某一操作数有不确定的值 *X*，则运算结果也是不确定值 *X*。

2．赋值运算符

赋值运算分为连续赋值和过程赋值两种。

（1）连续赋值

连续赋值语句和过程块一样也是一种行为描述语句，有的文献中将其称为数据流描述形式，但本书将其视为一种行为描述语句。

连续赋值语句只能用来对线网型变量进行赋值，而不能对寄存器变量进行赋值，其基本的语法格式为

```
线网型变量类型 [线网型变量位宽] 线网型变量名;
assign #(延时量) 线网型变量名 = 赋值表达式;
例如:
wire a;
assign a = 1'b1;
```

一个线网型变量一旦被连续赋值语句赋值之后，赋值语句右端赋值表达式的值将持续对被赋值变量产生连续驱动。只要右端表达式任一个操作数的值发生变化，就会立即触发对被赋值变量的更新操作。

在实际使用中，连续赋值语句有下列几种应用。

① 对标量线网型赋值，例如：

```
wire a, b;
assign a = b;
```

② 对矢量线网型赋值，例如：

```
wire [7:0] a, b;
assign a = b;
```

③ 对矢量线网型中的某一位赋值，例如：

```
wire [7:0] a, b;
assign a[3] = b[1];
```

④ 对矢量线网型中的某几位赋值，例如：

```
wire [7:0] a, b;
assign a[3:0] = b[3:0];
```

⑤ 对任意拼接的线网型赋值，例如：

```
wire a, b;
wire [1:0] c;
assign c ={a ,b};
```

（2）过程赋值

过程赋值主要用于两种结构化模块（initial 模块和 always 模块）中的赋值语句。在过程块中只能使用过程赋值语句（不能在过程块中出现连续赋值语句），同时过程赋值语句也只能用在过程赋值模块中。

过程赋值语句的基本格式为

<被赋值变量><赋值操作符><赋值表达式>

其中，<赋值操作符>是"="或"<="，它分别代表了阻塞赋值和非阻塞赋值类型。

过程赋值语句只能对寄存器类型的变量（reg、integer、real 和 time）进行操作，经过赋值后，上面这些变量的取值将保持不变，直到另一条赋值语句对变量重新赋值为止。过程赋值操作的具体目标可以是以下几种。

① reg、integer、real 和 time 型变量（矢量和标量）；

② 上述变量的一位或几位；

③ 上述变量用{}操作符所组成的矢量；

④ 存储器类型，只能对指定地址单元的整个字进行赋值，不能对其中某些位单独赋值。

例 B.2.1 一个过程赋值的例子。

```
reg c;
always @(a)
   begin
   c = 1'b0;
end
```

3. 关系运算符

关系运算符总共有以下 8 种。

> 大于

>= 大于等于

< 小于

<= 小于等于

== 逻辑相等

!= 逻辑不相等

=== 实例相等

!== 实例不相等

在执行关系运算符时，如果操作数之间的关系成立，返回值为 1；关系不成立，则返回

值为 0；若某一个操作数的值不定，则关系是模糊的，返回的是不定值 X。

实例算子“===”和“!==”可以比较含有 X 和 Z 的操作数，在模块的功能仿真中有着广泛的应用。所有的关系运算符有着相同优先级，但低于算术运算符的优先级。

4．逻辑运算符

Verilog HDL 中有以下 3 类逻辑运算符。

```
&& 逻辑与
|| 逻辑或
! 逻辑非
```

其中“&&”和“||”是二目运算符，要求有两个操作数；而“!”是单目运算符，只要求一个操作数。“&&”和“||”的优先级高于算术运算符。

5．条件运算符

条件运算符的格式为

```
y = x ? a : b;
```

条件运算符有 3 个操作数，若第一个操作数 y = x 是 True，算子返回第二个操作数 a，否则返回第三个操作数 b。

例如：

```
wire y;
assign y = (s1 == 1) ? a : b;
```

嵌套的条件运算符可以实现多路选择。例如：

```
wire [1:0] s;
assign s = (a >=2 ) ? 1 : (a < 0) ? 2: 0;
```

执行上述程序后，当 $a \geqslant 2$ 时，$s=1$；当 $a<0$ 时，$s=2$；在其余情况，$s=0$。

6．位运算符

作为一种针对数字电路的硬件描述语言，Verilog HDL 用位运算来描述电路信号中的与、或以及非操作，总共有 7 种位逻辑运算符。

```
~ 非
& 与
| 或
^ 异或
^~ 同或
~& 与非
~| 或非
```

位运算符中除了“~”，都是二目运算符。位运算对其自变量的每一位进行操作，例如，s1&s2 的含义就是 s1 和 s2 的对应位相与。如果两个操作数的长度不相等的话，将会对较短的数高位补零，然后进行对应位运算，使输出结果的长度与位宽较长的操作数长度保持一致。例如：

```
s1 = ~s1;
var = ce1 & ce2;
```

7. 移位运算符

移位运算符只有“<<”（左移）和“>>”（右移）两种，左移一位相当于乘 2，右移一位相当于除 2。其使用格式为

```
s1 << N; 或 s1 >>N
```

其含义是将第一个操作数 s1 向左（右）移位，所移动的位数由第二个操作数 N 来决定，且都用 0 来填补移出的空位。

在实际运算中，经常通过不同移位数的组合来计算简单的乘法和除法。例如 *s*1*20，因为 20=16+4，所以可以通过 *s*1<<4+*s*1<<2 来实现。

8. 拼接运算符

拼接运算符可以将两个或更多个信号的某些位并接起来进行运算操作。其使用格式为

```
{s1, s2, … , sn}
```

将某些信号的某些位详细地列出来，中间用逗号隔开，最后用一个大括号表示一个整体信号。

在工程实际中，拼接运算得到了广泛使用，特别是在描述移位寄存器时。

例 B.2.2 拼接符的 Verilog 实例。

```
reg [15:0] shiftreg;
always @( posedge clk)
shiftreg [15:0] <= {shiftreg [14:0], data_in};
```

9. 一元约简运算符

一元约简运算符是单目运算符，其运算规则类似于位运算符中的与、或、非，但其运算过程不同。约简运算符对单个操作数进行运算，最后返回一位数，其运算过程为：首先将操作数的第一位和第二位进行与、或、非运算；然后再将运算结果和第三位进行与、或、非运算；依次类推直至最后一位。

常用的约简运算符的关键字和位操作符关键字一样，仅仅是单目运算和双目运算的区别。

例 B.2.3 一元约简运算符的 Verilog 实例。

```
reg [3:0] s1;
reg s2;
s2 = &s1; //&即为一元约简运算符“与”
```

B.3 Verilog HDL 的常用编程语句

B.3.1 结构描述形式

通过实例进行描述的方法，将 Verilog HDL 预先定义的基本单元实例嵌入到代码中，监控实例的输入。Verilog HDL 中定义了 26 个有关门级的关键字，比较常用的有 8 个。在实际

工程中，简单的逻辑电路由逻辑门和开关组成，通过门原语可以直观地描述其结构。

基本的门类型关键字有 and、nand、nor、or、xor、xnor、buf、not。

Verilog HDL 支持的基本逻辑部件是由该基本逻辑器件的原语提供的。其调用格式为

```
门类型 <实例名> (输出，输入1，输入2，……，输入N)
```

例如，nand na01(na_out, a, b, c); 表示一个名字为 na01 的与非门，输出为 na_out，输入为 a, b, c。

例 B.3.1 一个简单的全加器例子。

```
module ADD(A, B, Cin, Sum, Cout);
input A, B, Cin;
output Sum, Cout;
// 声明变量
wire S1, T1, T2, T3;
xor X1 (S1, A, B),
  X2 (Sum, S1, Cin);
and A1 (T3, A, B),
  A2 (T2, B, Cin),
  A3 (T1, A, Cin);
or O1 (Cout, T1, T2, T3);
endmodule
```

在这一实例中，模块包含门的实例语句，也就是包含内置门 xor、and 和 or 的实例语句。门实例由线网型变量 S1、T1、T2 和 T3 互连。由于未指定顺序，门实例语句可以以任何顺序出现。

门级描述本质上也是一种结构网表。在实际中的使用方式为：先使用门逻辑构成常用的触发器、选择器、加法器等模块，再利用已经设计的模块构成更高一层的模块，依次重复几次，便可以构成一些结构复杂的电路。其缺点是不易管理，难度较大，且需要一定的资源积累。

B.3.2 数据流描述形式

数据流型描述一般都采用 assign 连续赋值语句来实现，主要用于实现组合功能。连续赋值语句右边所有的变量受持续监控，只要这些变量有一个发生变化，整个表达式被重新赋值给左端。这种方法只能用于实现组合逻辑电路，其格式为

```
assign L_s = R_s;
```

例 B.3.2 一个利用数据流描述的移位器。

```
module mlshift2(a, b);
input a;
output b;
assign b = a<<2;
endmodule
```

在上述模块中，只要 a 的值发生变化，b 就会被重新赋值，所赋值为 a 左移两位后的值。

B.3.3 行为描述形式

行为型描述主要包括过程结构、语句块、时序控制、流控制 4 个方面，主要用于时序逻辑功能的实现。

1. 过程结构

过程结构采用下面 4 种过程模块来实现，具有强的通用型和有效性。

```
initial 模块
always 模块
任务（task）模块
函数（function）模块
```

一个程序可以有多个 initial 模块、always 模块、task 模块和 function 模块。initial 模块和 always 模块都是同时并行执行的，区别在于 initial 模块只执行一次，而 always 模块则是不断重复地运行。另外，task 模块和 function 模块能被多次调用。

（1）initial 模块

在进行仿真时，一个 initial 模块从模拟 0 时刻开始执行，且在仿真过程中只执行一次，在执行完一次后，该 initial 就被挂起，不再执行。如果仿真中有两个 initial 模块，则同时从 0 时刻开始并行执行。

initial 模块是面向仿真的，是不可综合的，通常被用来描述测试模块的初始化、监视、波形生成等功能。其格式为

```
initial begin/fork
```

块内变量说明

```
时序控制 1  行为语句 1;
......
时序控制 n  行为语句 n;
end/join
```

其中，begin…end 块定义语句中的语句是串行执行的，而 fork…join 块语句中的语句定义是并行执行的。当块内只有一条语句且不需要定义局部变量时，可以省略 begin…end/ fork…join。

例 B.3.3 下面给出一个 initial 模块的实例。

```
initial begin
// 初始化输入向量
clk = 0;
ar = 0;
ai = 0;
br = 0;
bi = 0;
// 等待 100ns，全局 reset 信号有效
#100;
ar = 20;
```

```
ai = 10;
br = 10;
bi = 10;
end
```

（2）always 模块

和 initial 模块不同，always 模块是一直重复执行的，并且可被综合。always 过程块由 always 过程语句和语句块组成，其格式为

```
always @ (敏感事件列表) begin/fork
        块内变量说明
        时序控制 1  行为语句 1;
        ……
        时序控制 n  行为语句 n;
end/join
```

其中，begin…end/fork…join 的使用方法和 initial 模块中的一样。敏感事件列表是可选项，但在实际工程中却很常用，而且是比较容易出错的地方。敏感事件表的目的就是触发 always 模块的运行，而 initial 后面是不允许有敏感事件表的。

敏感事件表由一个或多个事件表达式构成，事件表达式就是模块启动的条件。当存在多个事件表达式时，要使用关键词 or 将多个触发条件结合起来。Verilog HDL 的语法规定：对于这些表达式所代表的多个触发条件，只要有一个成立，就可以启动块内语句的执行。例如：

```
always@ (a or b or c) begin
……
end
```

语句中，always 过程块的多个事件表达式所代表的触发条件是：只要 *a*、*b*、*c* 信号的电平有任意一个发生变化，begin…end 语句就会被触发。

always 模块主要是对硬件功能的行为进行描述，可以实现锁存器和触发器，也可以用来实现组合逻辑。利用 always 实现组合逻辑时，要将所有的信号放进敏感信号列表，而实现时序逻辑时却不一定要将所有的结果放进敏感信号列表。敏感信号列表未包含所有输入的情况称为不完整事件说明，有时可能会引起综合器的误解，产生许多意想不到的结果。

例 B.3.4 下例给出敏感事件未包含所有输入信号的情况。

```
module and3(f, a, b, c);
input a, b, c;
output f;
reg f;
always @(a or b )begin
f = a & b & c;
end
endmodule
```

其中，由于 *c* 不在敏感变量列表中，所以当 *c* 值变化时，不会重新计算 *f* 值。所以上面的程序并不能实现 3 输入的与门功能行为。正确的 3 输入与门应当采用下面的表述形式。

```
module and3(f, a, b, c);
```

```
input a, b, c;
output f;
reg f;
always @(a or b or c )begin
   f = a & b & c;
end
endmodule
```

2. 语句块

语句块就是在 initial 或 always 模块中位于 begin…end/fork…join 块定义语句之间的一组行为语句。语句块可以有个名字，写在块定义语句的第一个关键字之后，即 begin 或 fork 之后，可以唯一地标识出某一语句块。如果有了块名字，则该语句块被称为一个有名块。在有名块内部可以定义内部寄存器变量，且可以使用“disable”中断语句。块名提供了唯一标识寄存器的一种方法。

例 B.3.5 语句块使用例子。

```
always @ (a or b )
begin : adder1
  c = a + b;
end
```

上述语句定义了一个名为 adder1 的语句块，实现输入数据的相加。

语句块按照界定不同分为串行块和并行块两种。

① begin…end，用来组合需要顺序执行的语句，被称为串行块。

例 B.3.6 串行块使用例子。

```
parameter d = 50;
reg[7:0] r;
begin //由一系列延迟产生的波形
   # d r = ' h35 ;  //语句 1
   # d r = ' hE2 ;  //语句 2
   # d r = ' h00 ;  //语句 3
   # d r =' hF7 ;  //语句 4
   # d -> end_wave;  //语句 5，触发事件 end_wave
end
```

串行块的执行特点如下。

a. 串行块内的各条语句是按它们在块内的语句逐次逐条顺序执行的，当前一条执行完之后，才能执行下一条。如例 B.3.6 中语句 1 至语句 5 是顺序执行的。

b. 块内每一条语句中的延时控制都是相对于前一条语句结束时刻的延时控制。如例 B.3.6 中语句 2 的时延为 2d。

c. 在进行仿真时，整个语句块总的执行时间等于所有语句执行时间之和。如例 B.3.6 中语句块中总的执行时间为 5d。

② fork…join，用来组合需要并行执行的语句，被称为并行块。

例 B.3.7 并行块使用例子。

```
parameter d = 50;
reg[7:0] r;
fork //由一系列延迟产生的波形
    # d r = ' h35 ;  //语句 1
    # 2d r = ' hE2 ;  //语句 2
    # 3d r = ' h00 ;  //语句 3
    # 4d r = ' hF7 ;  //语句 4
    # 5d -> end_wave;  //语句 5，触发事件 end_wave
join
```

并行块的执行特点如下。

a. 并行语句块内各条语句是各自独立地同时开始执行的，各条语句的起始执行时间都等于程序流程进入该语句块的时间。如例 B.3.7 中语句 2 并不需要等语句 1 执行完才开始执行，它与语句 1 是同时开始的。

b. 块内每一条语句中的延时控制都是相对于程序流程进入该语句块的时间而言的。如例 B.3.7 中语句 2 的延时为 2d。

c. 在进行仿真时，整个语句块总的执行时间等于执行时间最长的那条语句所需要的执行时间，如例 B.3.7 中整个语句块的执行时间为 5d。

③ 混合使用。在分别对串行块和并行块进行了介绍之后，还需要讨论一下二者的混合使用。混合使用可以分为下面两种情况。

串行块和并行块分别属于不同的过程块时，串行块和并行块是并行执行的。例如,一个串行块和并行块分别存在于两个 initial 过程块中，由于这两个过程块是并行执行的，所以其中所包含的串行语句和并行语句也是同时并行执行的。在串行块内部，其语句是串行执行的；在并行块内部，其语句是并行执行的。

当串行块和并行块嵌套在同一过程块中时，内层语句可以看作是外层语句块中的一条普通语句，内层语句块什么时候得到执行是由外层语句块的规则决定的；而在内层语句块开始执行时，其内部语句怎么执行就要遵守内层语句块的规则。

3. 时序控制

Verilog HDL 提供了两种类型的显示时序控制，一种是延时控制，在这种类型的时序控制中通过表达式定义开始遇到这一语句和真正执行这一语句之间的延迟时间。另外一种是事件控制，这种时序控制是通过表达式来完成的，只有当某一事件发生时才允许语句继续向下执行。

（1）延时控制

延时控制的语法为

```
# 延时数 表达式;
```

延时控制表示在语句执行前的“等待时延”，下面给出一个例子。

例 B.3.8 延时控制例子。

```
initial
begin
   #5 clk = ~clk;
end
```

延时控制只能在仿真中使用，是不可综合的。在综合时，所有的延时控制都会被忽略。

（2）事件控制

事件控制分为两种：边沿触发事件控制和电平触发事件控制。

边沿触发事件是指指定信号的边沿信号跳变时发生指定的行为，分为信号的上升沿和下降沿控制。上升沿用 posedge 关键字来描述，下降沿用 negedge 关键字描述。边沿触发事件控制的语法格式为

第一种：@(<边沿触发事件>) 行为语句；

第二种：@(<边沿触发事件 1> or <边沿触发事件 2> or …… or <边沿触发事件 n>) 行为语句；

例 B.3.9 边沿触发事件计数器。

```
reg [4:0] cnt;
always @(posedge clk) begin
    if (reset)
       cnt <= 0;
    else
       cnt <= cnt +1;
end
```

上面这个例子表明：只要 *clk* 信号有上升沿，那么 *cnt* 信号就会加 1，完成计数的功能。这种边沿计数器在同步分频电路中有着广泛的应用。

电平触发事件是指指定信号的电平发生变化时发生指定的行为。电平触发事件控制的语法格式为

第一种：@(<电平触发事件>) 行为语句；

第二种：@(<电平触发事件 1> or <电平触发事件 2> or …… or <电平触发事件 n>) 行为语句；

例 B.3.10 电平触发计数器。

```
reg [4:0] cnt;
always @(a or b or c) begin
     if (reset)
        cnt <= 0;
     else
        cnt <= cnt +1;
end
```

其中，只要 *a*，*b*，*c* 信号的电平有变化，信号 *cnt* 的值就会加 1，这可以用于记录 *a*，*b*，*c* 变化的次数。

4．流控制

流控制语句包括 3 类，即跳转、分支和循环语句。

（1）if 语句

if 语句的语法为

```
if (条件1)
```

```
        语句块 1
    else if (条件 2)
        语句块 2
    ……
    else
        语句块 n
```

如果条件 1 的表达式为真（或非 0 值），那么语句块 1 被执行，否则语句块不被执行，然后依次判断条件 2 至条件 *n* 是否满足，如果满足就执行相应的语句块，最后跳出 if 语句，整个模块结束。如果所有的条件都不满足，则执行最后一个 else 分支。在应用中，else if 分支的语句数目由实际情况决定；else 分支也可以省略，但会产生一些不可预料的结果，生成本不期望的锁存器。

例 B.3.11 下面给出一个 if 语句的例子，并说明省略 else 分支所产生的一些结果。

```
always @(a1 or b1)
begin
   if (a1) q<= d;
end
```

if 语句只能保证当 $a1=1$ 时，q 才取 d 的值，但程序没有给出 $a1=0$ 时的结果。因此在缺少 else 语句的情况下，即使 $a1=0$ 时，q 的值会保持 $a1=1$ 的原值，这就综合成了一个锁存器。

如果希望 $a1=0$ 时，q 的值为 0 或者其他值，那么 else 分支是必不可少的。下面给出 $a1=0$，$q=0$ 的设计。

```
always @(a1 or b1)
begin
       if (a1) q <= d;
       else q <= 0;
end
```

（2）case 语句

case 语句是一个多路条件分支形式，其用法和 C 语言的 csae 语句是一样的。

例 B.3.12 下面给出一个 case 语句的例子。

```
reg [2:0] cnt;
case (cnt)
          3'b000: q = q + 1;
          3'b001: q = q + 2;
          3'b010: q = q + 3;
          3'b011: q = q + 4;
          3'b100: q = q + 5;
          3'b101: q = q + 6;
          3'b110: q = q + 7;
          3'b111: q = q + 8;
          default: q <= q+ 1;
endcase
```

需要指出的是，case 语句的 default 分支虽然可以省略，但是一般不要省略，否则会和 if 语句中缺少 else 分支一样，生成锁存器。

例 B.3.13 case 语句的 Verilog 实例。

```
always @(a1[1:0] or b1)
begin
     case (a1)
     2'b00: q <= b'1;
     2'b01: q <= b'1 + 1;
end
```

这样就会生成锁存器。一般为了使 case 语句可控，都需要加上 default 选项。

```
always @(a1[1:0] or b1)
begin
       case (a1)
       2'b00: q <= b1;
       2'b01: q <= b1 + 1;
       default: q <= b1 + 2;
end
```

在实际开发中，要避免生成锁存器的错误。如果用 if 语句，最好写上 else 选项；如果用 case 语句，最好写上 default 项。遵循上面两条原则，就可以避免发生这种错误，使设计者更加明确设计目标，同时也增加了 Verilog 程序的可读性。

此外，还需要解释在硬件语言中使用 if 语句和 case 语句的区别。在实际中如果有分支情况，尽量选择 case 语句。这是因为 case 语句的分支是并行执行的，各个分支没有优先级的区别。而 if 语句的选择分支是串行执行的，是按照书写的顺序逐次判断的。如果设计没有这种优先级的考虑，if 语句和 case 语句相比，需要占用额外的硬件资源。

（3）循环语句

Verilog HDL 中提供了 4 种循环语句：for 循环、while 循环、forever 循环和 repeat 循环。其语法和用途与 C 语言很类似。

a．for 循环照指定的次数重复执行过程赋值语句。for 循环的语法为

```
for(表达式 1; 表达式 2; 表达式 3) 语句
```

for 循环语句最简单的应用形式是很容易理解的，其形式为

```
for(循环变量赋初值; 循环结束条件; 循环变量增值)
```

例 B.3.14 for 语句的应用实例。

```
for(bindex = 1; bindex <= size; bindex = bindex + 1)
   result = resul + (a <<(bindex-1));
```

b. while 循环执行过程赋值语句直到指定的条件为假。如果表达式条件在开始不为真（包括假、x 以及 z），那么过程语句将永远不会被执行。while 循环的语法为

```
while (表达式) begin
......
end
```

例 B.3.15 while 语句的应用实例。

```
while (temp) begin
   count = count + 1;
end
```

c．forever 循环语句连续执行过程语句。为跳出这样的循环，中止语句可以与过程语句共同使用。同时，在过程语句中必须使用某种形式的时序控制，否则 forever 循环将永远循环下去。forever 语句必须写在 initial 模块中，用于产生周期性波形。forever 循环的语法为

```
forever begin
……
end
```

例 B.3.16 forever 语句的应用实例。

```
initial
forever begin
   if(d) a = b + c;
   else a= 0;
end
```

d．repeat 循环语句执行指定循环数，如果循环计数表达式的值不确定，即为 *x* 或 *z* 时，那么循环次数按 0 处理。repeat 循环语句的语法为

```
repeat(表达式) begin
……
end
```

例 B.3.17 repeat 语句的应用实例。

```
repeat (size) begin
   c = b << 1;
end
```

B.3.4 混合设计模式

在模型中，结构描述、数据流描述和行为描述可以自由混合。也就是说，模块描述中可以包括实例化的门、模块实例化语句、连续赋值语句以及行为描述语句的混合，它们之间可以相互包含。使用 always 语句和 initial 语句（切记只有寄存器类型数据才可以在模块中赋值）来驱动门和开关，而来自于门或连续赋值语句（只能驱动线网型）的输出能够反过来用于触发 always 语句和 initial 语句。下面给出一个混合设计方式的实例。

例 B.3.18 用结构和行为实体描述一个 4 位全加器。

```
module adder4(in1, in2, sum, flag);
input [3:0] in1;
input [3:0] in2;
output [4:0] sum;
output flag;
```

```
wire c0, c1, c2;

fulladd u1 (in1 [0], in2 [0], 0, sum[0], c0);
fulladd u2 (in1 [1], in2 [1], c0, sum[1], c1);
fulladd u3 (in1 [2], in2 [2], c1, sum[2], c2);
fulladd u4 (in1 [3], in2 [3], c2, sum[3], sum[4]);

assign flag = sum ? 0 : 1;
endmodule
```

在这个例子中，用结构化模块计数 sum 输出，用行为级模块输出标志位。

B.4 基本逻辑电路的 Verilog HDL 设计

例 B.4.1 使用 Verilog 实现 3/8 译码器。

```
module decoder3to8(din, reset, dout);
   input [2:0] din;
   input reset;
   output [7:0] dout;

   reg [7:0] dout;

   always @(din or reset)
   begin
      if(!reset)
         dout = 8'b0000_0000;
      else
         case(din)
            3'b000: dout = 8'b0000_0001;
            3'b001: dout = 8'b0000_0010;
            3'b010: dout = 8'b0000_0100;
            3'b011: dout = 8'b0000_1000;
            3'b100: dout = 8'b0001_0000;
            3'b101: dout = 8'b0010_0000;
            3'b110: dout = 8'b0100_0000;
            3'b111: dout = 8'b1000_0000;
         endcase
   end
endmodule
```

例 B.4.2 实现同步 Mealy 状态机的 Verilog HDL 三 always 块代码模板。

```
module nameofmodule ( );
//Define interfaces
input reset, ;
output ;
reg ;

//Define states' codes
```

```
parameter [2:0] idle=3'b001,
      state1=3'b010,
      state2=3'b100;
reg current_state,next_state;

//1st always
always @ (posedge clk or negedge reset)
begin
   if(!reset)
      current_state<=idle;
   else
      current_state<=next_state;
end

//2nd always
always @ *
begin
case(current_state)
idle:
begin
   case(input_vector)
   xxx:next_state<=statex;
   xxx:next_state<=statex;
   xxx:next_state<=statex;
   endcase
end
state1:
begin
   case(input_vector)
   xxx:next_state<=statex;
   xxx:next_state<=statex;
   xxx:next_state<=statex;
   endcase
end
state2:
begin
   case(input_vector)
   xxx:next_state<=statex;
   xxx:next_state<=statex;
   xxx:next_state<=statex;
   endcase
end
endcase
end

//3rd always
always @ *
begin
//initialization of output vector
output_vector=N'b000;
//outputs in each state
```

```
case(current_state)
idle:
begin
   output_vector= ;
end
state1:
begin
   output_vector= ;
end
state2:
begin
   output_vector= ;
end
endcase
end

endmodule
```

附录 C 集成门电路及逻辑电平

逻辑门电路可以由分立元件构成，但目前大量使用的是集成逻辑门电路。集成门电路按内部有源器件的不同可分为三大类：一类为双极型晶体管集成门电路，主要有晶体管逻辑门（TTL，Transistor-transistor Logic）、射极耦合逻辑门（ECL，Emitter Coupled Logic）和集成注入逻辑门（I^2L，Integrated Injection Logic）等几种类型；一类为单极型场效应管集成门电路，包括 NMOS（Negative Metal Oxide Semiconductor）电路、PMOS（Positive Metal Oxide Semiconductor）电路和 CMOS（Complementary Metal Oxide Semiconductor）电路等；另一类是新型的双极型 CMOS（BiCMOS）集成电路，这种门电路的逻辑部分采用 CMOS 结构，输出级采用双极型晶体管，从而兼有 CMOS 电路的低功耗和双极型电路低输出阻抗的优点。目前，最常用的集成门电路是 TTL、CMOS 和 BiCMOS 门电路。

最早的 TTL 门电路是 74 标准系列，后来分别出现了 74H（High-speed TTL）系列、74L（Low-power TTL）系列、74S（Schottky TTL）系列、74LS（Low-power Schottky TTL）系列、74AS（Advanced Schottky TTL）系列、74ALS（Advanced Low-power Schottky TTL）系列、74F（Fast TTL）系列等。各系列之间的差别主要是功耗和平均传输延迟时间。和二极管、三极管等分立元件组成的门电路相比，它具有结构简单、工作稳定、速度快等优点。但是 TTL 电路也存在一个严重的缺点，这就是它的功耗比较大。由于这个原因，用 TTL 电路只能制作成小规模集成电路和中规模集成电路，而无法制作成大规模集成电路和超大规模集成电路，正逐渐被 CMOS、BiCMOS 等电路取代。

与 TTL 相比，CMOS 集成门具有输入阻抗高、功耗小、电源电压范围宽（3～18V）、集成度高等优点。其品种包括 4000 系列的 CMOS 电路以及 74 系列的高速 CMOS 电路。4000 系列是最早投放市场的 CMOS 集成电路产品。由于其传输延迟时间很长，可达 100ns 左右，且带负载能力较弱，因此目前已经基本淘汰。74 系列的高速 CMOS 电路是目前用得最多的门电路之一。其中，74 系列的高速 CMOS 电路又分为三大类：HC 为 CMOS 工作电平；HCT 为 TTL 工作电平（它可与 74LS 系列互换使用）；HCU 适用于无缓冲级的 CMOS 电路。CMOS 门电路不断改进工艺，正朝着高速、低耗、大驱动能力、低电源电压的方向发展。

BiCMOS 集成电路的输入门电路采用 CMOS 工艺，其输出端采用双极型推拉式输出方式，既具有 CMOS 的优势，又具有双极型的长处，已成为集成门电路的新宠。随着 BiCMOS 集成电路的推出，普通双极型门电路的长处正在逐渐消失，一些曾经占主导地位的 TTL 系列产品逐渐退出市场。

表示数字电压的高、低电平通常称为逻辑电平。TTL 和 CMOS 的逻辑电平按典型电压分为四类：5V 系列、3.3V 系列、2.5V 系列和 1.8V 系列。其中，5V TTL 和 5V CMOS 逻辑电平是通用的逻辑电平。3.3V 及以下的逻辑电平称为低电压逻辑电平，即 LVTTL 电平，如 3.3V LVTTL、2.5V LVTTL、3.3V LVCMOS、2.5V LVCMOS 等。另外，LVDS 是一种常用的高速逻辑电平。LVDS（Low Voltage Differential Signal）即低电压差分信号，LVDS 接口又称 RS644 总线接口，是 20 世纪 90 年代才出现的一种数据传输和接口技术。

常用电平标准参数见表 C.0.1，不同厂商生产的芯片，逻辑电平参数可能会略有不同，建议使用过程中通过查看芯片手册进一步确认。

表 C.0.1　　常用电平标准参数

逻辑电平	V_{cc}	V_{ih}	V_{il}	V_{oh}	V_{ol}
TTL	5.0V	2.0V	0.8V	2.4V	0.5V
LVTTL	3.3V	2.0V	0.8V	2.4V	0.4V
LVTTL	2.5V	1.7V	0.7V	2.0V	0.2V
LVTTL	1.8V	1.17V	0.63V	1.35V	0.45V
CMOS	5.0V	3.5V	1.5V	4.45V	0.5V
LVCMOS	3.3V	2.0V	0.8V	2.4V	0.4V
LVCMOS	2.5V	1.7V	0.7V	2.0V	0.4V
LVCMOS	1.8V	1.17V	0.63V	1.35V	0.45V
LVDS	3.3V/5V	1.252V	1.249V	1.252V	1.249V

表格中出现的几种逻辑电平定义如下。

① 输入高电平门限（V_{ih}）：保证逻辑门的输入为高电平时所允许的最小输入高电平，当输入电平高于 V_{ih} 时，则认为输入电平为高电平。

② 输入低电平门限（V_{il}）：保证逻辑门的输入为低电平时所允许的最大输入低电平，当输入电平低于 V_{il} 时，则认为输入电平为低电平。

③ 输出高电平门限（V_{oh}）：保证逻辑门的输出为高电平时的输出电平的最小值，逻辑门的输出为高电平时的电平值都必须大于此 V_{oh}。

④ 输出低电平门限（V_{ol}）：保证逻辑门的输出为低电平时的输出电平的最大值，逻辑门的输出为低电平时的电平值都必须小于此 V_{ol}。

参考文献

[1] 张顺兴，黄丽亚，杨恒新. 数字电路与系统设计. 南京：东南大学出版社，2006.

[2] 闫石主. 数字电子技术基础. 北京：高等教育出版社，第五版，2008.

[3] Stephen Brown, Zvonko Vranesic，夏宇闻，须毓孝，等，译. 数字逻辑基础与 Verilog 设计. 北京：机械工业出版社，2008.

[4] 徐志军译. 数字设计. 第四版. 北京：电子工业出版社，2010.

[5] 黄正瑾. 在系统编程技术及其应用. 第二版. 南京：东南大学出版社，1999.

[6] 付春燕. VHDL 硬件描述语言. 北京：北京国防工业出版社，2002.

[7] 余璆译. 数字电子技术. 第十版. 北京：电子工业出版社，2013.

[8] James O. Hamblen, Tyson S. Hall, Michael D. Furman Rapid Prototyping of Digital Systems. Springer-Verlag New York Inc.，2008.

[9] Seetharaman Ramachandran, Digital VLSI Systems Design: A Design Manual for Implementation of Projects on FPGAs and ASICs Using Verilog, Springer-Verlag New York Inc，2007.

[10] Victor P. Nelson, et al. Digital logic circuit analysis and design. Prentice Hall, 1995. 数字逻辑电路分析与设计.英文影印版. 北京：清华大学出版社，1997.

[11] 田耘，徐文波. Xilinx FPGA 开发实用教程. 北京：清华大学出版社. 2008.

[12] Clive M. Maxfield. The Design Warrior's Guide to FPGAs: Devices, Tools, and Flows. Singapore: Elsevier. 2007.

[13] Steve Kilts. Advanced FPGA Design: Architecture, Implementation, and Optimization. New York: Wiley-Interscience. 1978.

Digital Circuits and System Designs

数字电路与系统设计

本书是由多年教授该课程的一线教师在总结教学改革经验的基础上编写而成的，是南京邮电大学数字电路课程教学实践的结晶。为紧跟时代发展和适应社会对人才的需求，本书对传统教学内容进行了重新设计。全书特色如下。

- 强化自顶向下的设计理念。尽量运用概念去描述和分析设计对象，不必过早考虑实现该设计的具体电路、元器件和工艺，以抓住问题的主要矛盾，避免纠缠细节。
- 提供丰富的案例讲解。本书通过多个案例，详细介绍了如何设计一个系统化的、思路清晰、可靠性高、维护性好的数字系统。
- VHDL编程实例浅显易懂。本书通过浅显实用的VHDL实例讲解，尽可能让读者在潜移默化中理解VHDL语言的精髓。
- 顺应发展趋势，打造国际课程。在门电路中缩减了逐渐退出的TTL门电路，重点介绍CMOS门电路。本书的门电路符号均采用美标标准：IEEE Std 91a –1991中的特定外形图形符号。

黄丽亚 博士、教授，现为南京邮电大学电子科学与工程学院副院长。美国加州大学圣迭戈分校（UCSD）访问学者。曾获江苏省“青蓝工程”优秀青年骨干教师培养对象，校一等奖教金，首届校教学标兵，青年教师授课竞赛一等奖，十佳教师评选中获“最佳教学奖”和“最具魅力奖”，大学生课外科技活动优秀指导老师。

人民邮电出版社
教学服务与资源网
www.ptpedu.com.cn

教材服务热线：010–81055256
人民邮电出版社教学服务与资源网：www.ptpedu.com.cn

ISBN 978-7-115-37738-8

ISBN 978-7-115-37738-8
定价：54.00 元

封面设计：董志桢